T0074005

Industrielle Produkt-Service Systeme

Horst Meier · Eckart Uhlmann
Hrsg.

Industrielle Produkt-Service Systeme

Entwicklung, Betrieb und Management

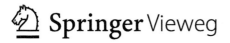

Herausgeber
Horst Meier
Lehrstuhl für Produktionssysteme
Ruhr-Universität Bochum
Bochum, Deutschland

Eckart Uhlmann
Institut für Werkzeugmaschinen und
Fabrikbetrieb
Technische Universität Berlin
Berlin, Deutschland

ISBN 978-3-662-48017-5   ISBN 978-3-662-48018-2 (eBook)
DOI 10.1007/978-3-662-48018-2

Die Deutsche Nationalbibliothek verzeichnet diese Publikation in der Deutschen Nationalbibliografie; detaillierte bibliografische Daten sind im Internet über http://dnb.d-nb.de abrufbar.

Springer Vieweg
© Springer-Verlag GmbH Deutschland 2017

Gedruckt auf säurefreiem und chlorfrei gebleichtem Papier

Springer Vieweg ist Teil von Springer Nature
Die eingetragene Gesellschaft ist Springer-Verlag GmbH Deutschland
Die Anschrift der Gesellschaft ist: Heidelberger Platz 3, 14197 Berlin, Germany

Vorwort

Der globale Wettbewerb über Preis, Qualität und Technologie führt bei gleichzeitig schwindendem Technologie- und Qualitätsvorsprung des deutschen Maschinen- und Anlagenbaus gegenüber Schwellenländern zu einem verstärkten Konkurrenzdruck. Die bisherigen klassischen Erfolgsfaktoren Technologie und Qualität stoßen im globalen Markt an ihre Grenzen, sodass langfristig Unternehmen mit einem ausschließlich reinen Sachleistungsangebot nicht die notwendigen Gewinnmargen erzielen können. Um diesem Trend entgegenzuwirken, wurde im industriellen Umfeld das reine Sachleistungsangebot um industrielle Dienstleistungen erweitert. Der Anteil von industriellen Dienstleistungen am Gesamtumsatz liegt bei etwa 20 %, stagniert jedoch seit etwa 15 Jahren. Eine differenziertere Betrachtung des Dienstleistungsangebots zeigt jedoch, dass Hersteller komplexer Produkte im Durchschnitt häufiger industrielle Dienstleistungen anbieten als Hersteller mittelkomplexer oder einfacher Erzeugnisse und somit in der Lage sind, auch höhere Umsatzanteile zu generieren. Begründet wird dies durch den Wettbewerbsvorteil aus der Fokussierung auf den Kundennutzen, der durch intelligent integrierte und flexibel anpassbare Sach- und Dienstleistungsanteile gezielt und effektiv erfüllt wird.

Der durch die Deutsche Forschungsgemeinschaft geförderte Sonderforschungsbereich/ Transregio 29 (SFB/TR29) „Engineering hybrider Leistungsbündel – dynamische Wechselwirkungen von Sach- und Dienstleistungen in der Produktion" hat die Etablierung eines solchen innovativen nutzenorientierten Produktverständnisses aus Sach- und Dienstleistungen zum Forschungsziel. In fünfzehn Teilprojekten und fünf Transferprojekten mit Industriepartnern wurden Lösungen für die Planung, den Betrieb und die Evaluation von hybriden Leistungsbündeln entwickelt und praktisch erprobt.

Der erste Band aus dem SFB/TR29 erschien 2012. Hierin sind die frühen Phasen der Entstehung von hybriden Leistungsbündeln fokussiert, für die die geeigneten Methoden und Werkzeuge entwickelt wurden.

Der vorliegende zweite Band aus dem SFB/TR29 fasst die Entwicklung von Engineeringmethoden zusammen, bei welchen die Integration der entstandenen Werkzeuge und die Berücksichtigung der Dynamik im HLB-Lebenszyklus durch flexible und wandlungsfähige Geschäftsmodelle sowie die Robustheit hybrider Leistungsbündel in der Erbringung im Fokus liegen.

Hierbei steht der Entwicklungsbereich vor der Herausforderung, die Vorgehensweisen und Werkzeuge der Systementwicklung hybrider Leistungsbündel phasengerecht zu konfigurieren. Der Betrieb hybrider Leistungsbündel hingegen wird von der Fragestellung dominiert, wie HLB unter dynamischen Randbedingungen robust erbracht werden können. Und nicht zuletzt bedarf es einer Lebenszyklus übergreifenden Entwicklung geeigneter Methoden und Werkzeuge des Managements, um die Heterogenität und Dynamik hybrider Leistungsbündel zu bewältigen. Das aufgesetzte ontologiebasierte Lifecycle-Management System bildet die zentrale Plattform für das Daten-, Prozess- und Kollaborationsmanagement. Abschließend ermöglicht das Demonstratorszenario die kundenindividuelle Identifizierung, Erprobung und Validierung von HLB-Geschäftsprozessen. Die effiziente Modellierung der HLB-Geschäftsprozesse gelingt durch den Einsatz von Prozess-Fraktalen, die kundenindividuell attribuiert werden.

Die folgenden zwanzig wissenschaftlichen Beiträge dokumentieren nachhaltig das übergeordnete Forschungsziel des SFB/TR29 Industriesystemanbieter in die Lage zu versetzen, sich zu Industrielösungsanbietern von integrierten Sach- und Dienstleistungen zu entwickeln.

Hierbei wurde der bisherige Begriff „Hybride Leistungsbündel (HLB)" durchgängig durch die international eingeführte Bezeichnung „Industrielle Produkt-Service Systeme (IPSS)" ersetzt.

Berlin, Bochum   Prof. Dr. h.c. Dr.-Ing. Eckart Uhlmann
im Mai 2016   (Sprecher SFB/TR29 von 2013 bis 2015)
                                        Prof. Dr.-Ing. Horst Meier
                                        (Sprecher SFB/TR 29 von 2006 bis 2012)

Inhaltsverzeichnis

Produktverständnis im Wandel

1

Eckart Uhlmann und Horst Meier

1.1 Handlungsbedarf und Potenziale

1.1.1 Globaler Wettbewerb

Der deutsche Maschinen- und Anlagenbau befindet sich im globalen Wettbewerb. Zwar konnte die deutsche Werkzeugmaschinenindustrie auch im Jahr 2013 laut Schätzungen des VEREINS DEUTSCHER WERKZEUGMASCHINENFABRIKEN, Frankfurt, einen Umsatz von 14,6 Mrd. € erzielen, was einem Wachstum von 3 % im Vergleich zum Vorjahr entspricht [VDW14]. Jedoch ist der globale Maschinen- und insbesondere Werkzeugmaschinen- markt von einer beispiellosen Entwicklung der Schwellenländer gekennzeichnet. Als Bei- spiel für diesen globalen Wettbewerb soll im Folgenden das Schwellenland China näher betrachtet werden. Wie in Abb. 1.1 verdeutlicht, hat China seit der Weltwirtschaftskrise 2009 seinen Exportumsatz im Bereich Maschinen- und Transportequipment, zu dem laut Definition der WORLD TRADE ORGANIZATION, Genf, Schweiz, u. a. Maschinen zur Ener- giererzeugung, Spezialmaschinen und metallverarbeitende Maschinen gehören, weiter gesteigert und seinen Vorsprung zu Deutschland erheblich ausgebaut [WOR14].

E. Uhlmann (✉)
Fachgebiet Werkzeugmaschinen und Fertigungstechnik, Technische Universität Berlin,
Berlin, Deutschland
E-Mail: eckart.uhlmann@iwf.tu-berlin.de

H. Meier (✉)
Lehrstuhl für Produktionssysteme (LPS), Ruhr-Universität Bochum, Bochum, Deutschland
E-Mail: Meier@lps.ruhr-uni-bochum.de

© Springer-Verlag GmbH Deutschland 2017
H. Meier, E. Uhlmann (Hrsg.), *Industrielle Produkt-Service Systeme*,
DOI 10.1007/978-3-662-48018-2_1

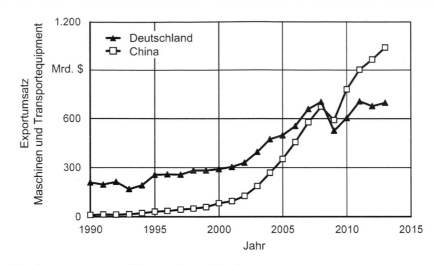

Abb. 1.1 Exportumsatz von China und Deutschland

Zwar ist dieser Vorsprung im Bereich der Werkzeugmaschinen noch nicht vorhanden, was durch das Verhältnis von 7,816 Mrd. € Exportvolumen auf deutscher Seite zu 1,540 Mrd. € auf chinesischer Seite belegt wird [VDW14]. Jedoch ist mittel- bis langfristig mit einer steigenden Marktakzeptanz chinesischer Werkzeugmaschinen auf dem deutschen Markt zu rechnen [NÜR12, PYP14]. Diese Entwicklung zeichnet sich in anderen Branchen bereits ab, wie anhand der Entwicklung deutscher Importe aus China erkennbar wird (Abb. 1.2) [STA15]. Der Anteil chinesischer Waren ist von 1,4 % im Jahre 1990 auf 8,7 % im Jahre 2014 gestiegen.

1.1.2   Restriktionen klassischer Erfolgskriterien

China befindet sich in einer beispiellosen wirtschaftlichen Entwicklung und holt zu westlichen Industrienationen hinsichtlich Qualität und Technologieniveau weiter auf. Aufgrund der momentanen Situation in Deutschland von einem konstanten Vorsprung gegenüber chinesischen Herstellern auszugehen, wäre ein Trugschluss, wie ein Blick zurück in die Geschichte zeigt: Die Bezeichnung „Made in Germany" diente gegen Ende des 19. Jahrhunderts als Kennzeichnung, um minderwertige und sogar plagiierte deutsche Waren von britischen Erzeugnissen abzugrenzen [HOL08]. Binnen weniger Jahrzehnte gelang es deutschen Herstellern, diese Kennzeichnung in ein weltweit anerkanntes Gütesiegel umzuwandeln. China ist bereits heute vor Deutschland und Japan mit 13,45 Mrd. € Produktionsvolumen der weltweit größte Produzent von Werkzeugmaschinen [VDW14]. Noch bestehende Qualitäts- und Technologiedefizite werden durch einen konsequent betriebenen Wissenstransfer kompensiert. Dies geschieht auf mehreren Ebenen: Zum einen werden durch Partnerschaften und Akquisitionen Technologien und Know-how erfahrener Firmen genutzt. Ein Beispiel hierfür ist die Übernahme der Firma Schiess GmbH,

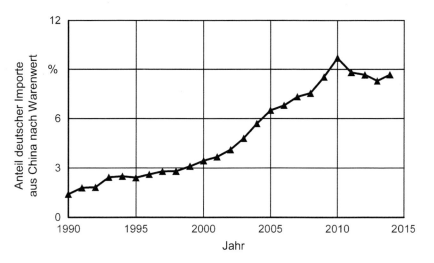

Abb. 1.2 Anteil deutscher Importe aus China nach Warenwert

Aschersleben, durch das Unternehmen SHENYANG MACHINE TOOL GROUP, Shenyang, China. Nach der Übernahme der Chinesen im Jahr 2004 wurde der Umsatz bis 2011 verdreifacht und eine Europazentrale in Berlin errichtet, um als attraktiver Arbeitgeber für deutsche Ingenieure zu gelten [SCH11]. Zum anderen vollzieht sich der Wissenstransfer bereits auf akademischer Ebene. Bereits heute stellt China neben der Türkei den größten Anteil ausländischer Studenten in Deutschland [STA14] und es existieren über 500 Kooperationen zwischen chinesischen und deutschen Universitäten [WAH10], viele davon im ingenieurswissenschaftlichen Bereich. Auch in China selbst werden Maßnahmen durchgeführt, um die Qualität der universitären und gewerblichen Ingenieursausbildung zu verbessern und die Anzahl der Absolventen zu erhöhen [ABE04].

Am Markt selbst sind immer mehr chinesische Hersteller in der Lage, Kundenbedürfnisse zu erkennen und mit innovativen Produkten Trends zu setzen, anstatt westliche Wettbewerber nachzuahmen. Bereits heute nutzen 56 % der Deutschen chinesische Produkte bzw. Marken [GER14]. Mit dem Qoros 3 des chinesischen Herstellers QOROS, Schanghai, China, hat erstmals ein in China entwickeltes und produziertes Auto fünf Sterne im europäischen NCAP-Crashtest erreicht [EUR13]. Auch im Konsumgüterbereich demonstrieren Unternehmen wie LENOVO, Peking, China oder HUAWEI, Shenzhen, China, bereits erfolgreich, wie sich chinesische Produkte und Marken auf dem deutschen Markt gegenüber der westlichen Konkurrenz behaupten können. Diese sinkende Skepsis gegenüber chinesischen Produkten wird sich letztendlich auch auf den Investitionsgüterbereich ausweiten.

Eine Differenzierung über Technologie und Qualität wird für produzierende Unternehmen in europäischen Hochlohnländern aufgrund der aufgezeigten Tendenzen immer schwieriger [SCH10]. Ein Schlüssel zur Marktdifferenzierung stellt die Abkehr vom reinen Sachleistungsgeschäft hin zur Integration von Sach- und Dienstleistungsanteilen dar, welche auf kundenindividuelle Problemstellungen zugeschnitten sind [BEL97].

1.1.3   Umsätze industrieller Dienstleistungen

Der Umsatzanteil industrieller Dienstleistungen am Gesamtumsatz deutscher Unternehmen aus der Branche des Maschinen- und Anlagenbaus beträgt über die letzten zehn Jahre betrachtet zwischen 15 % und 20 % [ISI07, UHL13, VDMA01, VDMA12]. Nach BACKHAUS UND KLEIKAMP [BAC01] kann das Dienstleistungsgeschäft in zwei Kategorien eingeteilt werden. Auf der einen Seite werden produktbegleitende Dienstleistungen angeboten und erbracht, mit der Zielsetzung, den Absatz des Kernproduktes zu steigern. Als immaterielle Bestandteile tragen sie zur Problemlösungskraft der angebotenen Industriegüter bei. Auf der anderen Seite steht das Performance Contracting, bei dem der Industriegüterhersteller neue Geschäftsmodelle entwickelt. Das eigentliche Kernprodukt steht nicht mehr im Fokus der Betrachtung, sondern der Verkauf von Verfügbarkeits- und Ergebnisgarantien.

Das gleichberechtigte Vorhandensein dieser beiden Dienstleistungstypen existiert derzeit in der industriellen Praxis nicht. Heutzutage werden über 75 % des Dienstleistungsumsatzes mit den produktbegleitenden Dienstleistungen Ersatzteilverkauf, Montage und Inbetriebnahme sowie Wartung, Inspektion und Instandsetzung generiert. Demgegenüber beträgt der Umsatzanteil von Dienstleistungen, die dem Performance Contracting zuzuordnen sind, wie Leasingmodelle und Betreibermodelle, 0,8 % bzw. 0,1 % [VDMA12]. Aus diesen Zahlen könnte geschlussfolgert werden, dass das Performance Contracting für ein erfolgreiches Dienstleistungsgeschäft keinen großen Einfluss besitzt. Um die Rolle von Leasingmodellen und Betreibermodellen differenzierter bewerten zu können, hat das FRAUNHOFER-INSTITUT FÜR SYSTEM- UND INNOVATIONSFORSCHUNG, Karlsruhe, eine Umfrage durchgeführt, in der die Einflussfaktoren auf den Umsatz von Dienstleistungen untersucht wurden. Demzufolge erzielen Hersteller komplexer Kernprodukte die höchsten Umsätze im Dienstleistungsgeschäft. Darüber hinaus können Unternehmen, die Softwareerstellung, Leasing, Vermietung, Finanzierung oder Betreibermodelle anbieten, deutlich häufiger mit ihrem Dienstleistungsgeschäft Umsatz generieren [ISI13]. Während produktbegleitende Dienstleistungen oftmals als kostenloser Zusatz zum Kernprodukt wahrgenommen werden, ist bei den aufgezählten Dienstleistungen eine höhere Preisbereitschaft seitens der Kunden vorhanden. Somit ist davon auszugehen, dass der systematische Ausbau dieser Dienstleistungen im Rahmen innovativer Geschäftsmodelle den Dienstleistungsanteil am Gesamtumsatz steigern kann.

1.1.4   Enabler für innovative Geschäftsmodelle

Neben den skizzierten Markttrends sind verschiedene technische Entwicklungen festzustellen, welche das Angebot und die Erbringung innovativer Geschäftsmodelle fördern. Besonders die Unterstützung von unternehmensübergreifenden Kooperationen bei der Erbringung von Dienstleistungen durch geeignete IT-Architekturen und standardisierte Schnittstellen ist in diesem Zusammenhang zu nennen. Derartige Kooperationen können

Anbieter in die Lage versetzen, gegenüber einem Kunden trotz eingeschränkter Ressourcen als umfassender Lösungsanbieter aufzutreten, indem erforderliche Leistungsanteile von externen Netzwerkpartnern als integrierter Teil der Gesamtlösung erbracht werden [KER06, MEI13, STU07]. Technologien wie das Internet der Dinge oder Service-orientierte Architekturen tragen dazu bei, dass unternehmensübergreifende Kooperationen, sog. horizontale Kooperationen [KAG13], sich von ERP- und MES-Ebene bis auf die Fertigungsebene verlagern [KLE06]. Die immer stärker verbreitete Verfügbarkeit von Breitband-Internetverbindungen unterstützt diesen Trend durch die Bereitstellung der benötigten Infrastruktur. Auf diese Weise wird es dem Anbieter beispielsweise ermöglicht, die Vergabe von Produktions-, Instandhaltungs- und Versorgungsprozessen nach Bedarf in Echtzeit auszuschreiben, das geeignetste Angebot automatisch gemäß definierter Zielkriterien auszuwählen und den entsprechenden Netzwerkpartner zu beauftragen. Dieser Trend wird flankiert von der fortschreitenden Miniaturisierung von Komponenten der Informations- und Kommunikationstechnologie sowie verbesserten Bedienschnittstellen. Hierdurch besitzt der Anbieter z. B. die Möglichkeit, die Erbringung seiner aus Sach- und Dienstleistungen bestehenden Leistungsbündel automatisiert bzw. teilautomatisiert zu beeinflussen. Diese Einflussnahme reicht von der Überwachung des Maschinenzustands bis hin zu der Unterstützung von Personal externer Netzwerkpartner durch entsprechende Assistenzsysteme und die Dokumentation der erbrachten Prozesse.

Auch auf gesellschaftlicher Ebene finden Entwicklungen statt, welche die Akzeptanz innovativer Geschäftsmodelle begünstigen. Nach der Akkumulationskultur der Nachkriegszeit und der Wegwerfhaltung der achtziger und neunziger Jahre des zwanzigsten Jahrhunderts existiert derzeit eine Auktions- und Upgrade-Kultur im B2C-Bereich [BLÄ11]. Nach einer repräsentativen Befragung des INSTITUTS FÜR HANDEL & INTERNATIONALES MARKETING der UNIVERSITÄT DES SAARLANDES, Saarbrücken, können sich 94,4 % der befragen Personen die Inanspruchnahme eines B2C-Mietkonzeptes materieller Güter vorstellen [ZEN13]. Darüber hinaus haben bereits 82,1 % der Befragten Erfahrungen mit derartigen Konzepten gemacht. Das bekannteste Beispiel dieses Konzepts ist das Carsharing. Das Angebot temporärer Nutzungsformen existiert nicht nur für materielle Güter, sondern ebenfalls für immaterielle Güter. Auch für diese Konzepte besteht die Motivation für die Inanspruchnahme in der nutzungsbezogenen Abrechnung und der Minimierung der Anschaffungskosten. Für diese Art der Güter können sich 60,8 % der befragten Personen eine Nutzung vorstellen. 46,6 % der Befragten haben diese Konzepte bereits in Anspruch genommen. Beispiele dieses Konzepts sind die Bereitstellung von Musik, Filmen oder Speicherplatz.

Die Verantwortlichen der Studie gehen davon aus, dass die Bedeutung von Sharing-Konzepten im B2B ebenfalls steigen wird. Dafür sprechen die Variabilisierung der Kosten und die damit einhergehenden Kosteneinsparpotenziale bei der direkten Inanspruchnahme der Konzepte durch Unternehmen. Speziell für temporäre Nutzungsformen immaterieller Güter liegen die Vorteile in der Reduktion des Verwaltungsaufwandes und der schnelleren Bedarfsanpassung, für die keine eigene Infrastruktur unterhalten werden muss [ZEN13].

1.2   Industrielle Produkt-Service Systeme

1.2.1   Meilensteine innovativer Geschäftsmodelle

Innovative Geschäftsmodelle stellen die Kernvoraussetzung für eine langfristige Wettbewerbsfähigkeit von Unternehmen dar. So belegen empirische Studien, dass Geschäftsmodellinnovationen mit einem höheren Erfolgspotenzial für das Unternehmen verbunden sind als reine Produkt- und Prozessinnovationen. Eine von THE BOSTON CONSULTING GROUP, Boston, USA, [BCG09] durchgeführte Studie zeigt, dass Unternehmen mit Geschäftsmodellinnovationen über einen Zeitraum von fünf Jahren durchschnittlich sechs Prozent profitabler als Unternehmen mit reinen Produkt- und Prozessinnovationen sind. Dabei sind Geschäftsmodellinnovationen oftmals Variationen von Bestehendem in anderen Branchen, Märkten oder Kontexten. So sind rund 90 % der Geschäftsmodelleinnovationen Rekombinationen von Elementen in bereits bestehenden Geschäftsmodellen [GAS13].

Dementsprechend haben sich erste Geschäftsmodelle bereits im 18. Jahrhundert etabliert (Abb. 1.3). Das wohl bekannteste Geschäftsmodell aus dieser Zeit stammt von BOULTON UND WATT, die 1775 ein gemeinsames Unternehmen gründeten, mit dem Ziel, die

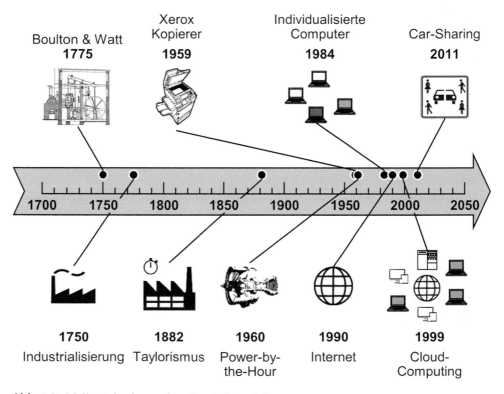

Abb. 1.3 Meilensteine innovativer Geschäftsmodelle

von JAMES WATT konstruierte und gegenüber der von THOMAS NEWCOMEN verbesserten Dampfmaschine zu vertreiben [BAC10]. Bereits zur Markteinführung der Dampfmaschine wurde die Überlassung und Wartung gegen ein nutzungsabhängiges Entgelt, das ein Drittel der durch den Einsatz der innovativen Dampfmaschine eingesparten Energie betrug, angeboten [SCH65]. Mit der Einführung des Ertragsmechanismus ging die technologische Weiterentwicklung der Dampfmaschine einher. So wurde für die Registrierung der Kolbenbewegungen, die für Berechnung des Nutzungsentgelts notwendig war, ein manipulationssicherer Zähler entwickelt und eingesetzt [SCH65]. Einige Jahre später führte WATT die Pferdestärke als Maßeinheit für die Leistung ein und verlangte jährlich 5 £ pro Pferdestärke [BES11].

Der Einsatz von Geschäftsmodellen mit einem nutzungsabhängigen Entgelt ist in der Zeitgeschichte oftmals mit der Einführung hochinnovativer Produkte verbunden. Beispielsweise entwickelte XEROX, Norwalk, USA, im Jahr 1959 einen automatischen Fotokopierer mit einer Kopierrate von mehreren tausend Kopien pro Tag. Im Vergleich zu konventionellen Kopiergeräten war das innovative Produkt von XEROX, Norwalk, USA, um den Faktor sieben teurer. Um trotzdem einen kommerziellen Erfolg zu ermöglichen, konnten Kunden für einen monatlichen Betrag von 95 $ das Gerät inkl. 2.000 Kopien nutzen. Für jede weitere Kopie wurde ein Entgelt von 4 Cent verlangt. Ein weiteres Beispiel ist das „Power-by-the-Hour" Geschäftsmodell des ehemaligen britischen Flugtriebwerkherstellers BRISTOL SIDDELEY ENGINES, Bristol, UK. Hierbei wurde dem Kunden für einen festen Betrag pro Betriebsstunde die einwandfreie Nutzung des Triebwerks garantiert. Das „Power-by-the-Hour"-Geschäftsmodell wird mittlerweile von vielen Triebwerksherstellern, wie z. B. GENERAL ELECTRIC, Fairfield, USA, oder PRATT & WHITNEY, East Hartford, USA, angeboten.

Ein Meilenstein zur Etablierung innovativer Geschäftsmodelle wurde durch die Einführung des kommerziellen Internets im Jahr 1990 geschaffen. So startete 1999 die Firma SALESFORCE, San Francisco, USA, Anbieter von Cloud-Computing-Lösungen für Unternehmen, einen Dienst zum Bereitstellen von Software über das Internet, verknüpft mit der Erbringung einer Lizenzmiete. Mit dem gleichen Konzept startete im selben Jahr der erste Online-Videomarkt, der vom Anbieter NETFLIX, Los Gatos, USA, betrieben wird. Das Internet als technischer Enabler für innovative Geschäftsmodelle wird insbesondere beim Themenkomplex Mobilität deutlich. Erste lokal begrenzte Carsharing Konzepte in Deutschland gehen bis in das Jahr 1990 zurück. Doch erst das vom Unternehmen CAR2GO, Leinfelden-Echterdingen, gestartete Carsharing Konzept konnte eine signifikante Anzahl an aktiven Nutzern vorweisen.

Die skizzierten Geschäftsmodelle sind dadurch charakterisiert, dass das Anbieterunternehmen Prozessverantwortung während des Betriebs des Kernprodukts übernimmt und in Abhängigkeit der erbrachten Leistung des Kernprodukts entlohnt wird. Im Rahmen der wissenschaftlichen Auseinandersetzung dieser Geschäftsmodelle haben sich in den einzelnen Disziplinen unterschiedliche Begriffe für diese Form der Dienstleistungsintegration etabliert.

1.2.2 Begriffsverständnis

Die fortschreitende Veränderung der Wahrnehmung von Dienstleistungen vom kostenlosen Add-on eines Produkts zu integralen Bestandteilen komplexerer Leistungsbündel hat zur Einführung eigener Begrifflichkeiten geführt. Der Begriff Servitization bezeichnet allgemein den Wandel vom reinen Produktanbieter hin zum Lösungsanbieter, bei dem Dienstleistungen eine führende Position im Angebot einnehmen [VAN88]. Das Product-Service System (PSS) hingegen ist eine spezielle Ausprägung der Servitization, bei dem der Fokus auf der Nutzung des Sachleistungsanteils und nicht auf dem Verkauf liegt. Somit profitiert der Kunde durch eine Veränderung der Risikoverteilung und durch geringere Kosten, die klassischerweise mit Eigentum einhergehen [BAI07]. Hybride Leistungsbündel (HLB) bzw. Industrielle Produkt-Service Systeme (IPSS) bezeichnen PSS im industriellen B2B-Kontext und sind weiterhin gekennzeichnet durch die integrierte und sich gegenseitig determinierende Planung, Entwicklung, Erbringung und Nutzung von Sach- und Dienstleistungsanteilen [MEI12]. Die Integration der Produkt- und Dienstleistungsbestandteile ermöglicht zum einen das Auftreten von Synergieeffekten. Zum anderen erfolgt eine Integration in die Wertschöpfungsprozesse des Kunden. Die Integrativität stellt dabei nicht nur die technisch-organisatorische Zusammenführung einzelner Leistungsbestandteile, sondern auch deren Einbettung in die Wertschöpfungsprozesse des Kunden sicher. Somit wird die Basis für die Generierung eines umfangreichen Kundennutzens gebildet [BAC10]. Alle Ansätze vereint, dass die Sach- und Dienstleistungen als gleichberechtigte Leistungsbestandteile betrachtet werden und eine kundenindividuelle Ausrichtung für die Problemlösung aufweisen. Darüber hinaus stellen die Dienstleistungen eine Umsatzquelle dar und fungieren nicht nur als kostenloses Add-on. Innerhalb der betriebswirtschaftlichen Literatur sind die Begriffe Solution Selling sowie Integrated Solutions gebräuchlich. Unter diesen Begriffen werden individuelle Angebote für komplexe Kundenprobleme verstanden, die aus einer integrierten Kombination aus Produkten und Dienstleistungen bestehen, welche dem Kunden einen Wert liefern, der höher ist als der der einzelnen Komponenten [EVA11].

Im Rahmen dieses Sammelwerks wird der Begriff der Industriellen Produkt-Service Systeme (IPSS) verwendet, wobei der Begriff wie in der bereits genannten Definition von MEIER ET AL. [MEI12] verstanden wird.

1.2.3 Systematisierung von IPSS

Mit der wissenschaftlichen Auseinandersetzung des Ansatzes Industrieller Produkt-Servie Systeme ging das Bestreben der Systematisierung einher. MONT [MON02] entwickelte in diesem Zusammenhang ein Modell, in dem die unterschiedlichen Formen möglicher Anwendungen von IPSS systematisiert werden. Dabei wurde eine Kategorisierung in nutzenorientierte und ergebnisorientierte IPSS vorgenommen. Diese Unterteilung wurde sukzessive weiterentwickelt und mündete in die Arbeit von TUKKER [TUK04], der die drei Hauptkategorien produktorientiert, nutzenorientiert und ergebnisorientiert mit insgesamt acht Unterkategorien identifizieren konnte. Auf Grundlage dieser Arbeit beschreiben

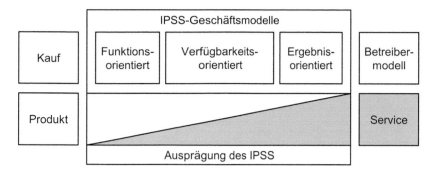

Abb. 1.4 Beispielhafte Ausprägungen von IPSS-Geschäftsmodellen nach MEIER ET AL. [MEI05]

MEIER ET AL. [MEI05] IPSS-Geschäftsmodelle, die die Grundlage für die Erfüllung von Kundennutzen bilden. Demnach erfolgt die Kategorisierung der IPSS-Geschäftsmodelle in funktionsorientiert, verfügbarkeitsorientiert sowie ergebnisorientiert (Abb. 1.4).

Im Rahmen einer funktionsorientierten IPSS-Geschäftsmodellausprägung übernimmt der Kunde die Verantwortung für die Sachleistungsanteile im Betrieb. Der IPSS-Anbieter fördert den Absatz der Sachleistungsanteile, indem geeignete Dienstleistungsanteile im Betrieb zur Verfügung gestellt werden. Die Auswahl und der Erbringungszeitpunkt der Dienstleistungsanteile obliegen den Kunden. Eine größere Prozessverantwortung übernimmt der IPSS-Anbieter innerhalb der verfügbarkeitsorientierten IPSS-Geschäftsmodellausprägung. In diesem Fall garantiert der IPSS-Anbieter eine bestimmte Verfügbarkeit der Sachleistungsanteile. Demzufolge ist die Übernahme von Prozessverantwortung im Betrieb erforderlich, um die Wartungsmaßnahmen und etwaige Instandsetzungsmaßnahmen durchführen zu können. Ein Teil des Produktionsrisikos geht somit in den Verantwortungsbereich des IPSS-Anbieters über. Den größten Teil des Produktionsrisikos trägt der IPSS-Anbieter in der ergebnisorientierten IPSS-Geschäftsmodellausprägung. Dabei garantiert er eine bestimmte Anzahl an Erzeugnissen, die mit den Sachleistungsanteilen im Betrieb hergestellt werden. Somit übernimmt der IPSS-Anbieter das gesamte Produktionsrisiko, da die generierbaren Erlöse direkt von den fehlerfrei produzierten Erzeugnissen abhängen.

Die beschriebenen IPSS-Geschäftsmodellausprägungen stellen Anhaltspunkte für mögliche Kunden-Anbieter-Beziehungen im Rahmen von IPSS dar. Um die gesamte Spannbreite möglicher IPSS-Geschäftsmodelle abbilden zu können, ist eine genauere Untersuchung notwendig. Im Kap. 13 wird dafür ein branchen- sowie industrieübergreifendes Verständnis geschaffen, in dem IPSS-Geschäftsmodelle durch den Einsatz von Partialmodellen systematisiert und somit die Darstellung der Folgen für den IPSS-Anbieter und Kunden innerhalb unterschiedlicher IPSS-Geschäftsmodellkategorien ermöglicht werden.

1.2.4 Lebenszyklus

Der Lebenszyklus für die kundenindividuelle Entwicklung und Erbringung von IPSS kann in die Phasen Planung, Entwicklung, Implementierung, Betrieb und Auflösung gegliedert werden (Abb. 1.5) [MEI12].

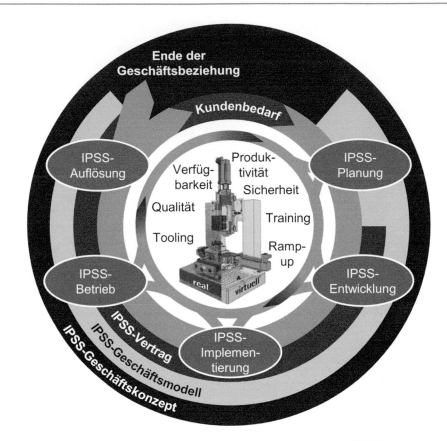

Abb. 1.5 Lebenszyklusphasen eines IPSS nach MEIER UND UHLMANN [MEI12]

Die Phase der Planung wird durch den ersten Kundenkontakt initialisiert und dient der Identifikation der Kundenbedürfnisse für die lösungsneutrale Ableitung der Kundenanforderungen sowie der Verhandlung über die Inhalte bei der Vertragsgestaltung. Auf Grundlage der Kundenbedürfnisse und -anforderungen erfolgt in der Entwicklungsphase die Erarbeitung möglicher IPSS-Konzepte für die daran anschließende integrierte Ausgestaltung der Sach- und Dienstleistungsanteile. Weiterhin erfolgt in dieser Phase die Festlegung der Risiko- und Aufgabenverteilung der Geschäftsbeziehung im Rahmen der Geschäftsmodellentwicklung. Dabei ist die Interaktion mit der Konzeptentwicklung und der Ausgestaltung der Sach- und Dienstleistungsanteile unabdingbar [BOß14]. In der Implementierungsphase werden die Sachleistungsanteile produziert und die logistischen Prozesse, die für die Auslieferung der Sachleistungsanteile erforderlich sind, durchgeführt. Gleichzeitig erfolgt der Potenzialaufbau für die Dienstleistungserbringung. Die Betriebsphase eines IPSS ist dadurch gekennzeichnet, dass die Sachleistungsanteile genutzt und die Dienstleistungsanteile durch das Netzwerk erbracht werden. Die Langfristigkeit der Betriebsphase eines IPSS kann dazu führen, dass sich Rahmenbedingungen beim Kunden verändern, die eine Anpassung des IPSS erforderlich machen. Dafür werden sogenannte

Flexibilitätsoptionen in der IPSS-Entwicklung antizipiert, die zu einem vorbestimmten Zeitpunkt oder auf Wunsch des Kunden während der Betriebsphase in Anspruch genommen werden können. Die Geschäftsbeziehung zwischen dem IPSS-Anbieter und dem Kunden endet in der Auflösungsphase. In Abhängigkeit des IPSS-Geschäftsmodells ist die Durchführung von logistischen Prozessen für den Abbau und Transport der Sachleistungsanteile notwendig. Darüber hinaus muss das aufgebaute Potenzial für die Dienstleistungserbringung abgezogen werden.

1.3 Anwendungsbeispiel

Die industrielle Anwendungsmöglichkeit des wissenschaftlichen Ansatzes Industrieller Produkt-Service Systeme soll in den verschiedenen Kapiteln dieses Buches an einem fiktiven Szenario aus dem Bereich der Mikroproduktionstechnik verdeutlicht werden. Innerhalb der betrachteten Kunden-Anbieter-Beziehung existieren das Kundenunternehmen Omichron und der IPSS-Anbieter MicroS+. Omichron ist ein Hersteller mechanischer Armbanduhren, der zukünftig Chronografen im hochpreisigen Segment anbieten möchte. Die Mikrofräsbearbeitung der Uhrwerkplatten wurde bislang extern durchgeführt, so dass im Unternehmen kein Know-how für diese Fertigungstechnologie vorhanden ist. Für die Herstellung der Chronografen, die individuell gestaltet werden müssen, möchte Omichron die Uhrwerkplatten zukünftig in der eigenen Fertigung herstellen. Für dieses spezifische Anforderungsprofil soll der IPSS-Anbieter MicroS+ ein IPSS entwickeln und erbringen. Da zu Beginn der Geschäftsbeziehung bei Omichron das Know-how für die effiziente Herstellung der Uhrwerkplatten nicht vorhanden ist, bietet MicroS+ zunächst ein ergebnisorientiertes IPSS-Geschäftsmodell an. Innerhalb dieses ersten Zeitraums wird die Mikrofräsmaschine in der Fertigung von Omichron integriert und durch das Personal von MicroS+ betrieben. Die Erlöse generiert MicroS+ in dieser Phase in Abhängigkeit der Anzahl fehlerfrei hergestellter Uhrwerkplatten. Parallel zur Fertigung schult MicroS+ das Personal von Omichron, um es für den Betrieb der Mikrofräsmaschine zu befähigen. Die Schulungsmaßnahme ist notwendig, da bereits in der IPSS-Entwicklung eine Flexibilitätsoption vorgesehen wurde, durch deren Inanspruchnahme ein Wechsel zu einem verfügbarkeitsorientierten IPSS-Geschäftsmodell veranlasst wird. Anschließend übernimmt Omichron die Fertigungsverantwortung an der Mikrofräsmaschine durch den Einsatz des geschulten Personals und entlohnt MicroS+ auf Grundlage der realisierten technischen Verfügbarkeit. Während der Erbringung des verfügbarkeitsorientierten IPSS-Geschäftsmodells identifiziert MicroS+ Maschinenstillstände, die auf das Fehlen von Mikrofräswerkzeugen zurückzuführen sind. Um die Produktivität der Fertigung bei Omichron zu erhöhen, erweitert MicroS+ die Verfügbarkeitsgarantie um einen organisatorischen Anteil. In der Folge übernimmt MicroS+ die Beschaffung der Mikrofräswerkzeuge und garantiert deren Verfügbarkeit (Abb. 1.6).

Die unterschiedlichen Konfigurationen der Sachleistungsanteile für die Erbringung der unterschiedlichen IPSS-Geschäftsmodellausprägungen sind prototypisch an einem

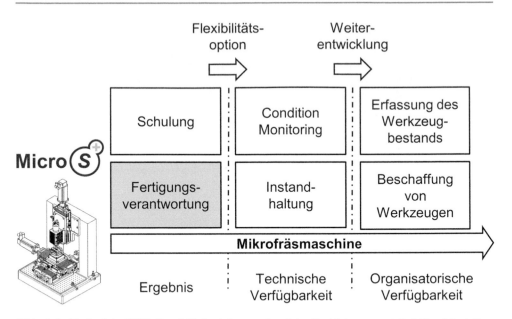

Abb. 1.6 Verlauf der IPSS-Geschäftsbeziehung anhand des Sachleistungsanteils Mikrofrässtation

technischen Demonstrator implementiert. Hierbei handelt es sich um ein typisches Fertigungssystem der Mikroproduktionstechnik, dessen technische Ausprägung eine große Rolle spielt, da sie den speziellen Charakteristiken von IPSS gerecht werden muss. Dies spiegelt sich vor allem in der hohen Modularisierung der Komponenten, sowohl hardware- als auch steuerungstechnisch, wider. Diese Modularität wird vor allem durch den Einsatz eines Softwareagentensystems erreicht, welches zur automatisierten Kommunikation zwischen Parteien, Akteuren und Systemen im IPSS-Betrieb dient (Kap. 10). Auf diese Weise kann den geschilderten Geschäftsmodellwechseln mit der benötigten Flexibilität und geringem Implementierungsaufwand begegnet werden. Im Falle eines Wechsels der Prozessverantwortung können sowohl Sach- als auch Dienstleistungsanteile schnell integriert und genutzt werden. Über rollenabhängige Bedienoberflächen werden unterschiedliche Informations- und Interessenslagen von Kunde, Anbieter und ggf. externen Netzwerkpartnern berücksichtigt. Zur Überwachung des Betriebsverhaltens der Mikrofräsmaschine durch den Anbieter für die Garantie der technischen Verfügbarkeit ist die Mikrofrässpindel, die Kernkomponente der Mikrofräsmaschine, mit integrierter Sensorik und Anbindung an das Agentensystem ausgestattet. Durch die proaktive Erkennung der Notwendigkeit von Wartungseinsätzen kann die Wahrscheinlichkeit von Stillstandszeiten minimiert werden. Für die zusätzliche Garantie der organisatorischen Verfügbarkeit durch den Anbieter können zusätzliche Funktionen über das Agentensystem bereitgestellt werden. Hierzu zählen die Überwachung des Bestands der Mikrofräswerkzeuge und die Detektion des Bedarfs sowie das Auslösen von Beschaffungsmaßnahmen durch das Agentensystem.

1.4   Struktur des Sammelwerks

Für den Wandel von traditionellen, sachleistungsorientierten Unternehmen hin zu einem IPSS-Anbieter ist ein tief greifendes Umdenken notwendig, das unterschiedliche Unternehmensbereiche und Lebenszyklusphasen tangiert. Im Rahmen dieses Sammelwerks wird zwischen den Sektionen Entwicklung, Betrieb und Management unterschieden, in denen die spezifischen Ergebnisse der Teilprojekte des Sonderforschungsbereichs Transregio 29 (SFB/TR29) vorgestellt werden, der von der Deutschen Forschungsgemeinschaft (DFG) gefördert wurde.

Die Sektion Entwicklung behandelt Fragestellungen, die für die Entwicklungsabteilungen produzierender Unternehmen beim Wandel zum Lösungsanbieter relevant sind. Hier ist vor allem die gleichberechtigte Betrachtung von Sach- und Dienstleistungsanteilen bei der Planung und Entwicklung problemspezifischer Lösungen zu sehen. Der sich hieraus ergebende, erweiterte Lösungsraum aus materiellen und immateriellen Komponenten erfordert geeignete Unterstützungswerkzeuge. Auch die Kollaboration sowohl zwischen unterschiedlichen Domänen als auch beteiligten Netzwerkpartnern während des gesamten Entwicklungsprozesses ist eine Herausforderung, der mit neuen Methoden begegnet werden muss. Neben der Entwicklung steht weiterhin das Marketing von IPSS im Fokus der Betrachtungen. Hier sind vor allem die Kundenindividualität von IPSS sowie die Betrachtung einzelner Buying-Center-Mitglieder beim Kunden wichtig.

In der Sektion Betrieb steht die Erbringung von Leistungsanteilen durch den IPSS-Anbieter im Vordergrund. Hier ist eine Kernfrage, wie ein IPSS-Anbieter Dienstleistungsanteile wirtschaftlich sowie robust gegen äußere Einflüsse erbringen kann. Dabei sollen die Potenziale der Automatisierungstechnik sowie der modernen Informations- und Kommunikationstechnologien ausgeschöpft werden. Weiterhin stellt die Dokumentation und Nutzung des im IPSS-Betrieb generierten Wissens eine Chance für den IPSS-Anbieter dar, seine Kenntnisse über die Nutzung des IPSS zu verbessern und als Feedback in die Entwicklung und das Marketing zurückzuführen. Ein weiterer wesentlicher Punkt ist die Koordination des Wertschöpfungsnetzwerks und vor allem die echtzeitfähige, dynamische Planung der für die Erbringung notwendigen Ressourcen.

Die Sektion Management beleuchtet lebenszyklusübergreifende Herausforderungen des IPSS-Anbieters. Hierzu zählt das Lifecycle-Management, welches im Gegensatz zum klassischen Sachleistungsgeschäft komplexeren Produktstrukturen und der erhöhten Dynamik in Folge der Kundenindividualität und der Dienstleistungsintegration gerecht werden muss. Auch das Controlling von IPSS verändert sich aufgrund der Flexibilität, die aus dem lebenszyklusübergreifenden Charakter entsteht. Eine neue Herausforderung bei IPSS ist die systematische Entwicklung von Geschäftsmodellen, welche für die individuellen Problemstellungen des Kunden nutzenstiftend und für den IPSS-Anbieter profitabel sind. Weiterhin ist die Frage zu klären, wie Mitarbeiterkompetenzen für die tägliche Arbeit in interdisziplinären und unternehmensübergreifenden Teams gefördert werden können, um sie zur Bearbeitung komplexer IPSS-spezifischer Fragestellungen zu befähigen. Darüber hinaus erfordert die Entwicklung und Erbringung industrieller Produkt-Service Systeme die lebenszyklusübergreifende Modellierung der kundenindividuellen Geschäftsprozesse, damit diese in der Entwicklung simuliert und in der Erbringung ausgeführt werden kön nen.

Dieses Sammelwerk schließt mit der Sektion Anwendung, in der die wesentlichen Erkenntnisse beschrieben werden, die beim Transfer der wissenschaftlichen Ergebnisse des SFB/TR29 in die industrielle Anwendung generiert wurden.

Literatur

[ABE04]   Abele, E.; Bitzer, A.: Universitäre und gewerbliche Ausbildung im chinesischen Werkzeugmaschinenbau: Zusammenfassung der Ergebnisse einer Studie des PTW der TU Darmstadt – Zusammenfassung der Ergebnisse einer Studie des PTW der TU Darmstadt. In: ZWF Zeitschrift für wirtschaftlichen Fabrikbetrieb 99 (2004) 11, S. 609–613.

[BAC01]   Backhaus, K.; Kleikamp, C.: Marketing von investiven Dienstleistungen. In: Handbuch Dienstleistungsmanagement. Hrsg.: Bruhn, M.; Meffert, H. Wiesbaden: Gabler, 2001, S. 73–101.

[BAC10]   Backhaus, K.; Becker, J.; Beverungen, D.; Frohs, M.; Knackstedt, R.; Müller, O.; Steiner, M.; Weddeling, M.: Vermarktung hybrider Leistungsbündel – Das ServPay-Konzept. Berlin, Heidelberg: Springer, 2010.

[BAI07]   Baines, T. S.; Lightfoot, H.; Steve, E.; Neely, A.; Greenough, R.; Peppard, J.; Roy, R.; Shehab, E.; Braganza, A.; Tiwari, A.; Alcock, J.; Angus, J.; Bastl, M.; Cousens, A.; Irving, P.; Johnson, M.; Kingston, J.; Lockett, H.; Martinez, V.; Michele, P.; Tranfield, D.; Walton, I.; Wilson, H.: State-of-the-art in product service-systems. Journal of Engineering Manufacture 221 (2007) 10, S. 1543–1552.

[BCG09]   Lindgardt, Z.; Reeves, M.; Stalk, G.; Deimler, M. S.: Business Model Innovation: When the game gets tough, change the game. Boston: Boston Consulting Group, 2009.

[BEL97]   Belz, C.; Schuh, G.; Groos, S. A.; Reinecke, S.: Erfolgreiche Leistungssysteme in der Industrie. In: Industrie als Dienstleister. Hrsg.: Belz, C. et al. St. Gallen: Thexis, 1997, S. 14–107.

[BLÄ11]   Blättel-Mink, B.; Bender, S.-F.; Dalichau, D.; Erdmann, L.: Nachhaltiger Konsum in der Internetökonomie: Entwicklung einer integrativen Forschungsperspektive. In: Wiederverkaufskultur im Internet – Chancen für nachhaltigen Konsum am Beispiel von eBay. Hrsg.: Behrendt, S.; Blättel-Mink, B.; Clausen, J. Berlin, Heidelberg: Springer, 2011, S. 7–41.

[BOß14]   Boßlau, M.: Business Model Engineering – Gestaltung und Analyse dynamischer Geschäftsmodelle für industrielle Produkt-Service-Systeme. Schriftenreihe des Lehrstuhls für Produktionssysteme, Ruhr-Universität Bochum. Hrsg.: Meier, H. Aachen: Shaker, 2014.

[EUR13]   Euro NCAP: Crashtestergebnis Qoros 3 Sedan.

[EVA11]   Evanschitzky, H.; Wangenheim, F. V.; Woisetschläger, D. M.: Service & solution innovation: Overview and research agenda. Industrial Marketing Management 40 (2011) 5, S. 657–660.

[GER14]   German Institute of Global and Area Studies: Deutschland und China – Wahrnehmung und Realität – Die Huawei-Studie 2014. Berlin, 2014.

[HOL08]	Holst, I.; Bräunlein, P.: „Made in Germany": Wie deutsche Produkte die Welt erober-ten. URL: http://www.spiegel.de/wissenschaft/mensch/made-in-germany-wie-deutsche-pro-dukte-die-welt-eroberten-a-549197.html (Zugriff: 2015-04-20).
[ISI07]	Fraunhofer ISI: Service-Innovation in der Industrie. Karlsruhe, 2007.
[ISI13]	Fraunhofer ISI: Dienstleistungen strategisch anbieten. Karlsruhe, 2013.
[KAG13]	Kagermann, H.; Wahlster, W.; Helbig, J.: Recommendations for implementing the stra-tegic initiative INDUSTRIE 4.0: Final report of the Industrie 4.0 Working Group. Frankfurt, 2013.
[KER06]	Kersten, W.; Zink, T.; Kern, E.-M.: Wertschöpfungsnetzwerke zur Entwicklung und Produktion hybrider Produkte: Ansatzpunkte und Forschungsbedarf. In: Wertschöp-fungsnetzwerke – Festschrift für Bernd Kaluza. Hrsg.: Kaluza, B.; Blecker, T.; Gemün-den, H. G. Berlin: Erich Schmidt, 2006, S. 189–202.
[KLE06]	Kletti, J.: MES - Manufacturing Execution System: Moderne Informationstechnologie zur Prozessfähigkeit der Wertschöpfung – Moderne Informationstechnologie zur Pro-zessfähigkeit der Wertschöpfung. Berlin, Heidelberg: Springer, 2006.
[MEI05]	Meier, H.; Uhlmann, E.; Kortmann, D.: Hybride Leistungsbündel. wt Werkstattstech-nik online 95 (2005) 7/8, S. 528–532.
[MEI12]	Meier, H.; Uhlmann, E.: Hybride Leistungsbündel – ein neues Produktverständnis. In: Integrierte Industrielle Sach- und Dienstleistungen – Vermarktung, Entwicklung und Erbringung hybrider Leistungsbündel. Hrsg.: Meier, H.; Uhlmann, E. Berlin, Heidel-berg: Springer, 2012, S. 1–21.
[MEI13]	Meier, H.; Dorka, T.; Morlock, F.: Architecture and Conceptual Design for IPS²-Execution Systems. In: Procedia CIRP 7 (2013), S. 365–370.
[MON02]	Mont, O. K.: Clarifying the concept of product-service system. Journal of Cleaner Production 10 (2002), S. 237–245.
[NÜR12]	Nürnberg, J.: Werkzeugmaschinen: China forciert Technologiesprung. In: Produktion (2012) 38, S. 7.
[PYP14]	Pyper, M.: Werkzeugmaschinen: Chinesische Hersteller auf dem Sprung. In: Produkti-on (2014) 4/5, S. 14.
[RES11]	Rese, M.; Meier, H.; Gesing, J.; Boßlau, M.: HLB-Geschäftsmodelle: Partialmodellie-rung zur Systematisierung von Geschäftsmodellen „Hybrider Leistungsbündel" (HLB). wt Werkstattstechnik online 101 (2011) 7/8, S. 498–504.
[SCH65]	Scheerer, Frederic M.: Invention and Innovation in the Watt-Boulton Steam-Engine Venture. In: Technology and culture: The international quarterly oft he Society fort he History of Technology 6 (1965), Nr. 2, S. 165–187.
[SCH10]	Schuh, G.; Boos, W.; Völker, M.: Grundlagen für hybride Leistungsbündel für den europäischen Werkzeugbau. In: Integration von Produkt & Dienstleistung – Hybride Wertschöpfung. Hrsg.: Böhmann, T.; Leimeister, J. M. Norderstedt: Books on De-mand, 2010, S. 2071–2082.
[SCH11]	Schnitzler, L.: Chinas Maschinenbauer SYMG zieht nach Berlin. URL: http://www.wiwo.de/unternehmen/europazentrale-chinas-maschinenbauer-symg-zieht-nach-ber-lin/5225714.html (Zugriff: 2015-04-20).
[STA14]	Statistisches Bundesamt: Studierende an Hochschulen – Fachserie 11 Reihe 4.1: Win-tersemester 2013/2014 – Wintersemester 2013/2014. Wiesbaden, 2014.
[STA15]	Statistisches Bundesamt: Außenhandelsstatistik Deutschland nach Jahren und Län-dern. Wiesbaden, 2015.
[STU07]	Sturm, F.; Bading, A.; Schubert, M.: Investitionsgüterhersteller auf dem Weg zum Lö-sungsanbieter: Eine empirische Studie. Stuttgart: Fraunhofer IRB, 2007.

[TUK04]   Tukker, A.: Eight types of product-service system: eight ways to sustainability? Experiences from SusProNet. Business Strategy and the Environment 13 (2004) 4, S. 246–260.

[UHL13]   Uhlmann, E.; Raue, N.; Geisert, C.: Unterstützungspotenziale der Automatisierungstechnik im technischen Kundendienst. Berlin: Fraunhofer IPK, 2013.

[VAN88]   Vandermerwe, S.; Rada, J.: Servitization of Business: Adding Value by Adding Services. European Management Journal 6 (1988) 4, S. 314–324.

[VDMA01] VDMA: Produktbezogene Dienstleistungen im Maschinen- und Anlagenbau – Zusammenfassung der Ergebnisse der Tendenzbefragung 2001. Frankfurt, 2001.

[VDMA12] VDMA: VDMA-Kennzahlen Kundendienst 2012. Frankfurt, 2012.

[VDW14]   VDW: Die deutsche Werkzeugmaschinenindustrie im Jahr 2013. Frankfurt, 2014.

[WAH10]   Wahlers, M.; Wiethoff, E.-M.: Gemeinsame Deutsch-Chinesische Studien- und Promotionsprogramme. Bonn: HRK Hochschulrektorenkonferenz, 2010.

[WOR14]   World Trade Organization: International Trade and Market Access Data – Statistics Database: Weltweites Exportvolumen im Sektor Maschinenbau und Transportequipment 1980 – 2013 (Zugriff: 2015-04-20).

[ZEN13]   Zentes, J.; Freer, T.; Beham, F.: Neue Mietkonzepte: Nutzen statt Haben – Potenziale und Herausforderungen für Unternehmen. Saarbrücken: Institut für Handel & Internationales Marketing, 2013.

Teil I

Entwicklung

Vertrieb Industrieller Produkt-Service Systeme

2

Julian Everhartz, Kira Maiwald und Jan Wieseke

Unternehmen im industriellen Sektor erweitern ihr klassisches Leistungsangebot – traditionellerweise bestehend aus (isolierten) Sach- und Dienstleistungen – zunehmend um integrierte und individualisierte Kombinationen dieser beiden Komponenten. Vielfach werden diese neuen Angebotsformen als Industrielle Produkt-Service Systeme (IPSS) bezeichnet. Der Wandel hin zum IPSS-Anbieter zieht zahlreiche Konsequenzen für das anbietende Unternehmen nach sich, unter anderem einen deutlichen Wandel der Anforderungen und konkreten Handlungsfelder des Vertriebs. Dieser Aspekt wird in dem folgenden Beitrag fokussiert. Dabei werden Themen adressiert, die sowohl aus wissenschaftlicher Sicht bisher weitestgehend unerforscht sind, als auch aus einer Praktiker-Perspektive eine große Relevanz für den Erfolg von IPSS- Anbietern haben. Da Industrielle Produkt-Service Systeme eine vergleichsweise neue Form industrieller Angebote darstellen, gibt es auf dem Gebiet des IPSS-Vertriebs aktuell nur wenige Forschungsansätze und Studien.

Unter IPSS-Vertrieb werden sämtliche Bemühungen der Kundenkontaktmitarbeiter eines IPSS-Anbieters in der Anbahnung, Konzeption, Abwicklung und Nachbetreuung eines (potenziellen) IPSS-Kunden subsumiert. Beginnend mit einem initialen Kontakt zwischen potenziellem Kunden und IPSS-Vertriebsmitarbeiter, über Aspekte der Koordination und Konzeption der IPSS-Entwicklung sowie der Implementierung und Inbetriebnahme beim Kunden bis zur Begleitung und Betreuung über den gesamten IPSS-Lebenszyklus ist der Vertrieb die zentrale Schnittstelle zwischen IPSS-Anbieter und IPSS-Kunden.

Insofern können die unternehmerischen Bestrebungen eines IPSS-Anbieters auch nur dann Erfolg haben, wenn der Vertrieb als Schnittstelle zwischen Anbieter- und Kundenunternehmen die notwendigen Tätigkeiten und Aufgaben optimal erfüllen kann. Insbesondere

J. Everhartz • K. Maiwald • J. Wieseke (✉)
Marketing Department, Ruhr-Universität Bochum, Bochum, Deutschland
E-Mail: julian.everhartz@rub.de; kira.maiwald@rub.de; jan.wieseke@ruhr-uni-bochum.de

© Springer-Verlag GmbH Deutschland 2017
H. Meier, E. Uhlmann (Hrsg.), *Industrielle Produkt-Service Systeme*,
DOI 10.1007/978-3-662-48018-2_2

vor dem Hintergrund einer erhöhten Interaktivität der Zusammenarbeit zwischen Anbieter und Kunde innerhalb des Vertriebsprozesses industrieller Product Service Systems kommt dem Vertrieb die zentrale Aufgabe zu, diesen Interaktionsprozess zu koordinieren und zu steuern und dabei sowohl den Wünschen und Anforderungen des Kunden Rechnung zu tragen als auch im Sinne des IPSS-Anbieters zu handeln [HAA11].

Klassische Transaktionen isolierter Produkte und Dienstleistungen waren für den Vertrieb vor allem dadurch gekennzeichnet, dass relativ autonom die bereits produzierten Sachleistungen dem Kunden vorgestellt und er dadurch von ihrer Vorteilhaftigkeit überzeugt werden konnte. [MON05]. Da IPSS kundenindividuell erstellt werden und einzigartig in ihrer Ausgestaltung sind [MEI10], ist dies nun kaum mehr möglich. Vielmehr muss der Vertrieb im IPSS-Fall Kunden beraten und informieren, weshalb Vertriebsmitarbeiter häufig als ‚Consultants‘ verstanden werden [ULA14].

Das folgende Kapitel zum Thema Vertrieb Industrieller Produkt-Service Systeme ist zweigeteilt. Zunächst werden in Abschn. 2.1 die Besonderheiten des Vertriebs von IPSS konzeptionell herausgearbeitet. Einige der dort vorgestellten Aspekte wurden im Rahmen dieser Einleitung schon kurz angerissen. So behandelt ein Unterkapitel die Unterschiedlichkeit der Vertriebsfunktion zwischen klassischen, separaten Sach- und Dienstleistungen und IPSS. Des Weiteren wird auf die veränderte Abfolge von Produktion und Präsentation dem Kunden gegenüber eingegangen, sowie das Aufkommen neuer Geschäftsmodelle als zentrale Veränderung des Arbeitsumfelds des Vertriebs beschrieben. Als zentrale Herausforderung wird zudem auf die Multipersonalität des kundenseitigen Entscheidungsgremiums in der Beschaffungssituation eingegangen. Dieses Unterkapitel liefert wichtige Grundlagen für die in Abschn. 2.2 dargestellten empirischen Analysen zum IPSS-Vertrieb. Hier werden zwei empirische Studien im Kontext des IPSS-Vertriebs ausführlich vorgestellt und insbesondere die gewonnenen Implikationen für IPSS-Anbieter herausgearbeitet. Dieses Kapitel zum Vertrieb von IPSS schließt mit einer Zusammenfassung der gewonnenen Erkenntnisse und einem Ausblick auf zukünftige Entwicklungen im IPSS-Bereich aus der Perspektive des Vertriebs.

2.1 Besonderheiten im Vertrieb Industrieller Produkt-Service Systeme

Der Vertrieb Industrieller Produkt-Service Systeme unterscheidet sich fundamental von klassischen Transaktionen standardisierter Produkte und Dienstleistungen auf Industriegütermärkten. Allerdings treffen einige der im Folgenden beschriebenen Facetten nicht nur auf IPSS zu, sondern sind auch gültig für andere komplexe industrielle Angebote, die streng genommen nicht unter dem Begriff IPSS subsumiert werden. Nichtsdestotrotz haben die im Folgenden erläuterten Aspekte substanzielle Auswirkungen auf den Vertrieb von IPSS und werden daher an dieser Stelle dargestellt. Darüber hinaus bilden diese Besonderheiten die Grundlage für die weitere und tiefergehende Analyse des Vertriebsprozesses von IPSS im Rahmen der durchgeführten empirischen Studien, die im weiteren Verlauf dieses Kapitels beschrieben werden.

2.1.1 Vermarktung vor Leistungserstellung

Ein zentrales Merkmal, welches in nahezu allen Definitionen eines IPSS vorkommt, ist die Tatsache, dass IPSS immer einen einzigartigen und individuellen Ansatz zur Lösung eines spezifischen Kundenproblems darstellen [STO11]. Dieses spezifische Kundenproblem rührt aus den individuellen Gegebenheiten, Abläufen und Kapazitäten jedes einzelnen Kunden her und muss daher auch individuell adressiert werden. Daraus resultiert, dass auch die Herangehensweise zur Lösung eines solchen Problems immer wieder an die jeweilige Situation angepasst und adaptiert werden muss [ESP10]. Insofern gleicht der verfolgte Ansatz, welcher für einen Kunden gewählt wurde, in den seltensten Fällen der Vorgehensweise bzgl. eines anderen Kunden.

Dieser Fakt hat bedeutsame Implikationen für den Vertrieb Industrieller Produkt-Service Systeme. Durch die Individualität der zu konzipierenden Lösung kann ein IPSS-Vertriebler kaum auf bereits vorhandene IPSS in einem initialen Kundengespräch verweisen, die dem Kunden die Wirksamkeit und Natur ‚seines‘ zukünftigen IPSSs verdeutlichen. Anders als im traditionellen Vertrieb mehr oder weniger standardisierter Produkte und Dienstleistungen, in dem das jeweilige Produkt dem Kunden präsentiert und vorgeführt werden kann, muss der Vertrieb vielmehr die generellen Kompetenzen und Fähigkeiten des IPSS-Anbieters in den Mittelpunkt der Überzeugungsstrategie stellen, da eine Präsentation der Charakteristika, Eigenschaften und Arbeitsweisen des zukünftigen IPSS zu diesem Zeitpunkt kaum möglich sein wird. Insofern findet im Vertrieb von IPSS eine Vermarktung der eigenen Lösungsfähigkeiten und der Expertise vor der eigentlichen Leistungserstellung in Form eines konkreten IPSS statt.

Eine Möglichkeit, diesem Ablauf im Kundengespräch Rechnung zu tragen und dennoch den Kunden mittels bereits erfolgreich implementierter IPSS von den eigenen Fähigkeiten zu überzeugen, ist der Einsatz von Referenzen als Kommunikationsinstrument. Im Referenzmarketing wird in diesem Sinne eine bereits bestehende Kundenbeziehung zwecks Überzeugung eines neuen Kunden eingesetzt [JAL10]. Da dieser Einsatz des bestehenden Kunden eine relativ offene Bezeichnung für verschiedene vorstellbare Möglichkeiten ist, gibt es ein breites Spektrum unterschiedlicher Referenzarten. Referenzen werden hinsichtlich ihrer Komplexität und der zugrunde liegenden Interaktivität zwischen Anbieter, Referenzkunden und potenziellem Neukunden unterschieden [MAI13]. Eine einfache Fallbeschreibung eines vorherigen Projekts kann dabei schon als Referenz zur Vermittlung der eigenen Problemlösungsfähigkeit dienen und dem potenziellen Kunden die eigene Expertise verdeutlichen. Solche Fallstudien sind somit ein einfaches Referenzinstrument, ihre Komplexität und Interaktivität sind begrenzt. Darüber hinaus gibt es komplexere und umfangreichere Ansätze, ehemalige Kunden im Rahmen von Referenzmarketing in die Überzeugungsstrategie hinsichtlich potenzieller neuer Kunden einzubinden, bspw. den Referenzbesuch. Hier gewährt ein bereits vorhandener Kunde eines industriellen Anbieters potenziellen Neukunden dieses Anbieters Einblick in die eigene unternehmerische Tätigkeit (bspw. durch einen Einblick in die Produktionsstätten) und im Speziellen einen Einblick in das gemeinsam mit dem Anbieter durchgeführte Projekt. Bei einem solchen Einsatz des Referenzmarketings sind naturgemäß die Komplexität und die Interaktivität wesentlich höher als bei einer bloß schriftlich dokumentierten Fallstudie.

2.1.2   Aufkommen und Bedeutung neuer Geschäftsmodelle

Im Zuge der Veränderung industrieller Angebote weg von isolierten Sach- und Dienstleistungskomponenten hin zu integrierten und individualisierten Industriellen Produkt-Service
Systemen lässt sich zunehmend feststellen, dass auch die Ausgestaltung der Beziehung zwischen Anbieter und Kunde sich wandelt [BRA05]. Dabei realisieren industrielle Anbieter
vermehrt, dass sie ein besonderes Kundenbedürfnis adressieren können, wenn sie verstärkt
selbst in der Betriebsphase eines IPSS tätig werden. So erkennen industrielle Anbieter, dass
Kunden es als enorme Entlastung empfinden, wenn sie sich auf ihre Kernkompetenzen und
-prozesse konzentrieren können und der Anbieter entscheidende Aspekte und Tätigkeiten
während des Betriebs eines IPSS übernimmt [GAL02]. Diese Entlastung kann sowohl relativ standardisierte Leistungen, wie Reparatur, Wartung und Instandhaltung, umfassen aber
auch soweit reichen, dass ganze Teilprozesse oder gar der komplette Betriebsprozess vom
IPSS-Anbieter durchgeführt wird. Diese Entwicklung spiegelt sich wieder in dem Aufkommen neuer Geschäftsmodelle im Vertriebsprozess umfassender Lösungen (s. Kap. 13).

Durch dieses neuerliche Angebot der Prozessausführung durch IPSS-Anbieter ergibt sich
die Notwendigkeit, einen genaueren Blick auf Aspekte der Aufgabenteilung, wandelnde
Verantwortungsbereiche und Gewinnaufteilung zu werfen. Für den Vertrieb eines IPSS-
Anbieters ergeben sich aus dem Aufkommen neuer Geschäftsmodelle weitreichende Veränderungen in seiner Arbeitsweise dem Kunden gegenüber. Zunächst ist es unabdingbar, dass ein
Vertriebsmitarbeiter eines IPSS-Anbieters bei einem initialen Kundengespräch mit einem
potenziellen IPSS-Kunden dessen spezifische Ausgangssituation, seine vorhandenen Kapazitäten und Ressourcen, sowie die Managementhaltung bezüglich neuer Geschäftsmodelle erfasst, um im nächsten Schritt der IPSS-Entwicklung auf genau diese Aspekte in einer Art und
Weise eingehen zu können, die eine maximale Kundenzufriedenheit erzeugt.

Der Bedeutung der Ausgangssituation potenzieller IPSS-Kunden und ihre Auswirkungen
auf die IPSS-Konzeption in Bezug auf die Aufgabenteilung zwischen Anbieter und Kunde
wird in Studie 1 besondere Bedeutung geschenkt. Anhand einer Analyse empirischer
Daten wird hier untersucht, welche kundenseitigen Faktoren die Wahl eines eher klassischen Geschäftsmodells fördern bzw. welche Faktoren die neuartigen, kooperationsintensiven Geschäftsmodelle begünstigen.

2.1.3   Multipersonalität im Prozess der Kundenentscheidung

Forschung auf dem Gebiet des organisationalen Beschaffungsverhaltens – und somit
auch bzgl. komplexer industrieller Leistungen wie IPSS – ist kein neuer Forschungs-
zweig innerhalb der Wirtschaftswissenschaften. Während der frühen 70er-Jahre be-
gannen Forscher sich mit Unternehmen, die wiederum anderen Unternehmen gegenüber
als Kunden auftreten, und dem dazugehörigen Entscheidungsprozess auseinanderzu-
setzen [SHE73, WEB72]. WEBSTER UND WIND [WEB72] können als Initiatoren dieses

Forschungstrends angesehen werden, da sie die ersten waren, die einen bedeutsamen Unterschied zwischen organisationalen Beschaffungsprozessen und privaten Beschaffungsprozessen identifizierten: Die Existenz von Gruppenentscheidungen [WEB72]. Während private Konsumenten zumeist autonom eine individuelle Entscheidung bzgl. einer Beschaffung treffen [KEL74], unterscheidet sich der organisationale Prozess meist grundlegend davon. Unternehmen bilden häufig ein Gremium, welches über die schlussendliche Entscheidung referiert, das sogenannte Buying Center [COO91].

Buying Center umfassen Individuen, die unterschiedlichen Hierarchien und Abteilungen zugehören, so dass die notwendigen Kompetenzen, Erfahrungen, und Wissensgebiete möglichst vieler Blickwinkel im Beschaffungsprozess vertreten sind [HOW06]. Des Weiteren wird dieses Buying Center zumeist für jede anstehende Beschaffung neu zusammengestellt [JOH81, SPE79]. Daher ist es für den Vertrieb eines IPSS-Anbieters von größter Relevanz, die jeweiligen spezifischen Rollen verschiedener Hierarchieebenen und Fachgebiete zu erkennen und somit adressieren zu können. Diese Identifikation ist notwendig, um die Buying Center Mitglieder von der Vorteilhaftigkeit eines IPSS auf einem individuellen Level zu überzeugen, da jedes Buying Center Mitglied unterschiedliche Informationen heranzieht, um das Beschaffungsobjekt und den Beschaffungsprozess zu beurteilen [COO91].

Die Notwendigkeit einer kollektiven Entscheidung innerhalb des Buying Centers unter Zuhilfenahme von Expertenwissen und Erfahrungen durch die jeweiligen Buying Center Mitglieder, anstatt eine einzelne Person – bspw. den Einkäufer – eine Entscheidung treffen zu lassen, ist umso größer, je größer die Relevanz dieser Entscheidung für das jeweilige Unternehmen ist und je weitreichender die resultierenden Konsequenzen. Daher ist gerade im IPSS-Kontext der Einsatz eines Buying Centers sehr wahrscheinlich, da IPSS in den meisten Fällen einen großen Einfluss auf das beschaffende Unternehmen haben und die Beschaffung häufig organisationale Veränderungen auslöst [TUL07]. Dies kommt unter anderem dadurch zustande, dass IPSS sehr komplex sind [STR01], da unterschiedliche Sach- und Dienstleistungskomponenten entwickelt und miteinander kombiniert bzw. integriert worden sind [HOB98]. Des Weiteren sind IPSS immer kundenindividuell und somit ein sehr spezifisches Angebot [BON10], welches ein einzigartiges Kundenproblem adressiert [WIS99]. Demzufolge ist auch der Beschaffungsprozess eines IPSSs wesentlich komplexer als für ein isoliertes Produkt oder eine isolierte Dienstleistung, da die heterogenen Produkt- und Servicekomponenten verschiedenste Abteilungen und Individuen betreffen, die alle unterschiedliche Anforderungen und Vorstellungen haben. Deswegen verlassen sich Kunden häufig nicht auf die Beurteilung einer potenziellen Beschaffungsentscheidung durch eine einzelne Person sondern involvieren unterschiedliche Mitarbeiter mit heterogenem Wissen und Erfahrungsschatz in den Beschaffungsprozess.

In ihrer wegweisenden Arbeit aus dem Jahr 1972 identifizierten WEBSTER UND WIND [WEB72] über verschiedene Unternehmen und Branchen hinweg fünf grundlegende Rollen, die die Buying Center Mitglieder typischerweise einnehmen:

- **Entscheider** (Decider): Ein Manager aus einer höheren Hierarchieebene, zumeist mit formaler Autorisierung und Verantwortung bzgl. der Entscheidung [WEB72]. In Situationen mit großer Tragweite wird diese Rolle häufig vom Geschäftsführer selbst bekleidet, bei geringerer Relevanz werden oft Projektmanager oder Mitarbeiter auf vergleichbaren Hierarchieebenen zu Entscheidern.
- **Benutzer** (User): Meist ein Mitarbeiter in einer Funktion, die sehr eng mit der Produktion zusammenarbeitet oder gar im täglichen Umgang mit dem Beschaffungsobjekt sein wird. Der Benutzer verfügt in der Regel über großes technisches und anwendungsrelevantes Wissen. Im engsten Sinne sind Benutzer immer diejenigen, deren tägliches Arbeitsumfeld maßgeblich durch die Beschaffung beeinflusst wird [WEB72]. Häufig wird der Terminus aber in einem breiteren Kontext verwendet und umfasst dann Mitarbeiter, die im weiteren Sinne mit operativen Aspekten der Produktion, wie z. B. Workflow und Prozess-Planung, beschäftigt sind.
- **Einkäufer** (Buyer): Klassischerweise die unternehmensinterne Person, die mit Beschaffungsentscheidungen jeglicher Art betraut ist. Einkäufer haben meist fundiertes Markt- und Produktwissen, kennen die gängigen Lieferanten und deren jeweilige Vor- und Nachteile und wickeln Beschaffungsprozesse vor allen Dingen unter organisatorischen bzw. prozessoralen Aspekten ab [WEB72].
- **Türöffner** (Gatekeeper): Dieser Kategorie wird die Funktion zugewiesen, den Informationsfluss in das Buying Center bzw. aus dem Buying Center heraus zu steuern. Daher werden als klassische Beispiele Personen genannt, die mit der Organisation des Beschaffungsprozesses betraut sind wie z. B. eine Sekretärin.
- **Beeinflusser** (Influencer): Diese Kategorie steht für sämtliche Unternehmensfunktionen, die am Beschaffungsprozess beteiligt sind und nicht in die bisherigen Kategorien eingeordnet werden können. Hierunter fallen demzufolge Mitarbeiter aus mittelbar involvierten Abteilungen wie Servicetechniker, Personen, die mit der Planung und Konzeption der Produktionsstätten betraut sind etc.

Diese sehr heterogenen Rollen unterschiedlicher Individuen während organisationaler Beschaffungsprozesse zeigen zum einen auf, welche Strategie mit der Zusammenstellung und Nutzung eines Buying Centers verfolgt wird. Gerade die Heterogenität der unterschiedlichen Expertisen und die damit einhergehenden unterschiedlichen Perspektiven auf Beschaffungsobjekte und -entscheidungen sind ein substanzieller Vorteil gegenüber Ein-Personen-Entscheidungen. Zum anderen wird deutlich, dass an den Vertrieb – also die andere Seite des Beschaffungsprozesses – wesentlich höhere Anforderungen gestellt werden, als wenn nur eine einzelne Person überzeugt werden müsste. Im Falle von Multipersonalität muss im Vorfeld wesentlich gründlicher und intensiver geplant und organisiert werden, welche Informationen für welches Buying Center Mitglied von Relevanz sind und welche Informationen evtl. Reaktanz erzeugen können.

Dieser Prozess der Auswahl und Übermittlung unterschiedlicher Informationen an die verschiedenen Buying Center Mitglieder und deren Beurteilung im Kontext des IPSS-Vertriebs wird in Studie 2 adressiert, in deren Rahmen eine empirische Untersuchung zu dieser Thematik durchgeführt wurde.

2.2 Empirische Analysen des Vertriebsprozesses von IPSS unter Berücksichtigung der Besonderheiten des IPSS-Vertriebs

Wie bereits in Abschn. 2.1 angeführt, bringt der Vertrieb Industrieller Produkt-Service Systeme Besonderheiten mit sich, die sowohl IPSS-Anbieter als auch IPSS-Kunden in Vertriebsprozessen beeinflussen. Um die Auswirkungen dieser Besonderheiten zu analysieren und daraus Implikationen zu gewinnen, die im täglichen Alltag eines IPSS-Anbieters eine große Relevanz aufweisen, wurden verschiedene empirische Studien im Themenfeld des IPSS-Vertriebs durchgeführt (die im folgenden beschriebenen Studien sind Teil der Dissertation von EVERHARTZ) [EVE15], die im Jahr 2015 erscheint. Diese werden in den nun folgenden Unterkapiteln ausführlich vorgestellt. Ein besonderes Augenmerk ist dabei auf die Implikationen der Studien gerichtet, da diese in besonderer Weise dazu geeignet sind, IPSS-Anbietern Handlungsempfehlungen und -möglichkeiten aufzuzeigen.

2.2.1 Studie 1: Der Einfluss der initialen Kundensituation auf die IPSS-Geschäftsmodellausgestaltung

2.2.1.1 Motivation und zugrunde liegende Forschungsfragen

Die erste Studie adressiert die Tatsache, dass IPSS eine individuelle und spezifische Lösung für einen einzelnen Kunden darstellen, die exakt auf dessen Ausgangssituation zugeschnitten ist. Daraus lässt sich schließen, dass in der Konzeption eines kundenindividuellen IPSS genau diese Ausgangssituation adressiert werden muss, um ein optimales Ergebnis im Sinne des Kunden erzielen zu können.

Wie bereits eingangs erwähnt, obliegt es der Vertriebsmitarbeiterin / dem Vertriebsmitarbeiter bzw. dem Vertriebsteam, in einem ersten initialen Kundengespräch einen Eindruck über die Ausgangssituation des Kunden zu erlangen. Problematisch an dieser Aufgabe ist, dass sich industrielle Kunden in vielen Fällen nicht bewusst sind bzw. nicht eindeutig artikulieren können, wie eine optimale Konzeption eines IPSS aus ihrer Sicht erfolgen müsse [BON09]. Insofern ist die Erfassung der Ausgangssituation des Kunden keine simple Befragung dieser, sondern vielmehr muss der jeweilige Vertriebsmitarbeiter ein Gespür dafür entwickeln, wie der jeweilige Kunde bestimmten Aspekte der IPSS-Konzeption gegenüber eingestellt ist, an welcher Stelle der Kunde Engpässe im eigenen unternehmerischen Handeln hat und welche Bedürfnisse und Anforderungen ein Kunde an ein IPSS stellt [COV07]. Da zahlreiche dieser Aspekte nicht explizit geäußert werden, muss der Vertriebsmitarbeiter sich die Räumlichkeiten und Kapazitäten des Kunden sehr aufmerksam anschauen und auch im Kundengespräch immer wieder auf Aspekte achten, die für die Konzeption des IPSS von entscheidender Bedeutung sein können.

In einem nächsten Schritt ist es dann die Aufgabe des IPSS-Vertriebs, die gewonnenen Erkenntnisse und Eindrücke der Kundensituation in das eigene Unternehmen zu transferieren. Die Abteilungen, die maßgeblich an der IPSS-Entwicklung beteiligt sind, sind darüber in Kenntnis zu setzen [RES09], um so dafür zu sorgen, dass in einem nächsten Aufeinandertreffen dem Kunden ein IPSS präsentiert werden kann, welches genau seinen spezifischen Bedürfnissen und Anforderungen entspricht. Dabei geht es in der durchgeführten Studie vor allem darum, auf Basis der Ausgangssituation des Kunden Rückschlüsse auf das zu wählende Geschäftsmodell zu ziehen. Wie bereits in Abschn. 2.1.2 dargestellt, erkennen industrielle Anbieter vermehrt, dass das Betreiben des Beschaffungsobjekts oftmals nicht zu den Kernkompetenzen und -prozessen des Kunden gehört. Sie bieten daher auch häufig eine Form der Zusammenarbeit an, in der auch der Betrieb innerhalb der Verantwortlichkeit des Anbieters liegt und nur das Ergebnis des Prozesses zwischen Anbieter und Kunde ausgetauscht wird. Somit befinden sich IPSS-Kunden häufig in einer Situation, die einer traditionellen Make-or-Buy-Entscheidung entspricht.

Die bisherigen Ausführungen sind sehr intuitiv und folgen der eindeutigen Logik, den Kunden und seine individuelle Ausgangssituation in den Mittelpunkt sämtlicher Bemühungen zu stellen. Umso erstaunlicher ist es, dass es auf dem Gebiet der Forschung bzgl. IPSS im speziellen aber auch industrieller Gesamtlösungen im Allgemeinen nur sehr sporadische Ansätze gibt, den Einfluss der Ausgangssituation des Kunden auf die finale Ausgestaltung und Konzeption des Beschaffungsobjekts zu untersuchen. Diese Lücke innerhalb der Forschung zum Vertrieb komplexer Industriegüter und IPSS wird durch die empirische Untersuchung adressiert, indem die folgenden Forschungsfragen aufgeworfen und beantwortet werden:

- Welchen Einfluss hat die Ausgangssituation des potenziellen Kunden auf entscheidende Aspekte der IPSS-Entwicklung / Konzeption?
- Wird eine der fundamentalen Entscheidungen der IPSS-Konzeption – die Frage nach der Aufteilung der Verantwortlichkeiten zwischen Anbieter und Kunde (Make-or-Buy) – durch die initiale Ausgangssituation des Kunden determiniert bzw. beeinflusst?
- Welchen Einfluss haben Charakteristika des zugrunde liegenden Prozessen, den das IPSS adressiert?
- Wie wirkt sich die Ausstattung des Kunden mit qualifizierten Mitarbeitern auf die Aufteilung der Verantwortlichkeit zwischen Anbieter und Kunde aus?
- Welchen Einfluss hat die im Kundenunternehmen verfolgte Managementphilosophie auf die vollzogene Aufgabenteilung?
- Welche Faktoren / Moderatoren können die zuvor identifizierten Zusammenhänge beeinflussen / verändern?

2.2.1.2 Theoretische Grundlagen und Entwicklung des Forschungsmodells

Die theoretische Grundlage für die folgende empirische Untersuchung wurde bereits in der ersten Förderperiode des Sonderforschungsbereichs, TR 29: Engineering hybrider Leistungsbündel' geschaffen. Hier entwickelten RESE ET AL. [RES09] den so genannten IPSS-Kompass, ein konzeptioneller Ansatz zur Bestimmung, ob sich Kunden für einen Fremdbezug eines Prozessoutputs entscheiden oder es bevorzugen ein entsprechendes IPSS zu beziehen, um somit den Prozess in Eigenregie durchführen zu können. Ferner adressiert der IPSS-Kompass noch eine zweite Dimension, die Fragestellung nach automatischer oder manueller Prozessausführung. RESE ET AL. [RES09] identifizierten zwölf

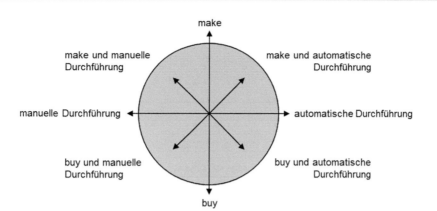

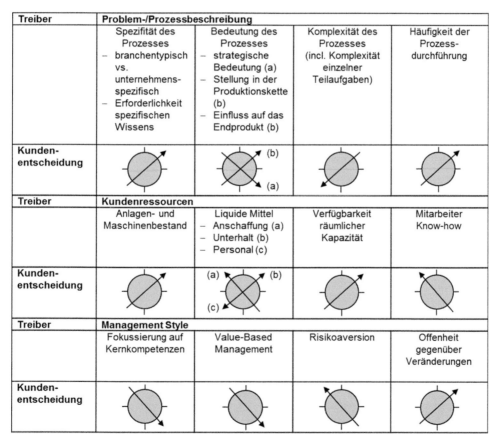

Abb. 2.1 IPSS-Kompass

Treiber dieser beiden Entscheidungsdimensionen und argumentierten, dass sich aus der Ausprägung eines jeden Treibers Rückschlüsse auf die schlussendliche Wahl zwischen Fremdbezug und Eigenfertigung bzw. automatischer vs. manueller Durchführung ziehen lassen [RES09]. Abb. 2.1 zeigt die grafische Illustration des IPSS-Kompass nach Rese et al. [RES09].

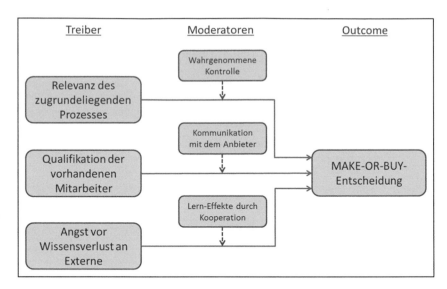

Abb. 2.2 Forschungsmodell Studie 1

Der IPSS-Kompass nach Rese et al. [RES09] liest sich wie folgt: Im oberen Teil der Abbildung ist der Kompass mit seinen acht unterschiedlichen Ausprägungen abgebildet. Interessiert man sich nun bspw. für die Auswirkungen einer hohen Spezifität des zugrunde liegenden Prozesses (unterer Teil der Abbildung, Kasten oben links), kann man in der Spalte ‚Kundenentscheidung' ablesen, wohin die Kompassnadel ausschlägt und dies mit der oberen generischen Kompass vergleichen. Dies führt in dem vorliegenden Beispiel einer hohen Spezifität des Prozesses zu dem Fall einer eigenen Durchführung (make) mit automatischer Prozessausführung.

Der von Rese et al. [RES09] entwickelte IPSS-Kompass bildet die konzeptionelle Grundlage für die im Rahmen der zweiten Förderperiode durchgeführte empirische Erhebung. Hierfür wurden vorab durch Experteninterviews drei wichtige Treiber sowie jeweilige Moderatoren dieser Zusammenhänge identifiziert. Abb. 2.2 zeigt das zugrunde liegende Forschungsmodell.

Wie in der Abbildung zu sehen, wurden die drei Treiber *Relevanz des zugrunde liegenden Prozesses, Qualifikation der vorhandenen Mitarbeiter* und *Angst vor Wissensverlust an Externe* in ihrem Einfluss auf die Entscheidung zwischen Make-or-Buy hin untersucht. Darüber hinaus wurde untersucht, ob die drei Moderatoren *Wahrgenommene Kontrolle, Kommunikation mit dem Anbieter* und *Lern-Effekte durch Kooperation* die identifizierten Zusammenhänge zwischen den Treibern und dem Outcome beeinflussen. Es folgt eine kurze Beschreibung der im Modell verwendeten Konstrukte:

- *Relevanz des zugrunde liegenden Prozesses*: Diese Konstrukt misst die Bedeutung des auszuführenden Prozesses für das Kundenunternehmen und beeinflusst daher maßgeblich die Entscheidung zwischen Eigenfertigung oder Fremdbezug.
- *Qualifikation der vorhandenen Mitarbeiter*: Bildet ab, inwiefern die vorhandenen Mitarbeiter hinsichtlich Qualifikationen und Ausbildung in der Lage sind, den zugrunde liegenden Prozess auszuführen.

- *Angst vor Wissensverlust an Externe*: Spiegelt wieder, inwiefern – insbesondere auf Managementebene – eine Gefahr wahrgenommen wird, bei Unternehmenskooperationen proprietäres Wissen und Know-How an unternehmensexterne Parteien zu verlieren.
- *Wahrgenommene Kontrolle*: Spiegelt wider, ob das Kundenunternehmen während der Zusammenarbeit mit dem anbietenden Unternehmen Kontrolle hinsichtlich der Abläufe, Prozesse und auftretender Probleme verspürt.
- *Kommunikation mit dem Anbieter*: Dieser Aspekt spiegelt wider, ob eine intensive Kommunikation zwischen Kunden und Anbieterunternehmen vorliegt.
- *Lern-Effekte durch die Kooperation*: Bildet ab, inwiefern das Kundenunternehmen einen Wissensgewinn durch die Kooperation mit dem Anbieter erwartet.
- *MAKE-OR-BUY-Entscheidung*: Ist die abhängige Variable in der empirischen Analyse. Bildet ab, ob sich das Kundenunternehmen für die Eigenfertigung (make) oder den Fremdbezug (buy) entschieden hat.

2.2.1.3 Studiendesign und Eckpfeiler der empirischen Erhebung

Zunächst wurden die konzeptionellen Arbeiten der ersten Förderperiode, der IPSS-Kompass, mittels eines umfassenden Literatur-Reviews modifiziert und erweitert. Danach wurde die Thematik in Tiefeninterviews mit Praktikern diskutiert, um einerseits die Relevanz und Richtigkeit der Vorgehensweise bzw. der zugrunde liegenden Forschungsfrage zu untermauern und um andererseits auf Aspekte zu stoßen, die bisher keine Berücksichtigung fanden. Außerdem wurde in diesem Rahmen um eine Einschätzung der wichtigsten Treiber einer Make-or-Buy-Entscheidung gebeten, um aus der Fülle der zunächst identifizierten Treiber diejenigen auszuwählen, welche die größte Praxisrelevanz aufweisen.

In einem nächsten Schritt wurde ein Fragebogen entworfen, der geeignet ist, die relevanten Aspekte des IPSS-Kompasses empirisch zu erheben. Dieser Fragebogen wurde auf internationalen Messen im Industriegüterbereich an Teilnehmer ausgehändigt, die mit Beschaffungsentscheidungen komplexer industrieller Sach- und Dienstleistungskombinationen für ihre jeweiligen Arbeitgeber betraut sind. So war es möglich, 237 Teilnehmer für die Umfrage zu gewinnen, die in verschiedenen Maschinenbau-Branchen beschäftigt sind.

Die Auswertung der Daten erfolgte als moderierte logistische Regression, da die abhängige Variable nur zwei Ausprägungen (make oder buy) annehmen kann. Des Weiteren wurden verschiedene Tests zur Gültigkeit und Stabilität der vorgenommenen Messung sowie zur Gesamtbeurteilung der logistischen Regression durchgeführt, die durchweg positive Ergebnisse lieferten.

2.2.1.4 Ergebnisse und Implikationen für Forschung und Praxis

Die Ergebnisse der logistischen Regressionsanalyse liefern interessante und bedeutsame Erkenntnisse bzgl. des Einflusses kundenseitiger Faktoren auf eine Make-or-Buy-Entscheidung im IPSS-Kontext. Zunächst einmal ist eine der wichtigsten Erkenntnisse der durchgeführten Studie, dass die Ausgangssituation des Kunden in seinen bereits vorhandenen Ressourcen und Kapazitäten einen entscheidenden Einfluss auf das von ihm präferierte Geschäftsmodell hat. Darüber hinaus liefert die statistische Auswertung der durchgeführten Befragung die Erkenntnis, dass Kunden, deren durchzuführender Prozess

Einflussfaktoren	Wahl des Geschäftsmodells	Implikationen für IPSS Anbieter
Direkter Effekt: Relevanz des zugrundeliegenden Prozesses	Make-Option wird mit größerer Wahrscheinlichkeit gewählt als Buy-Option	Bei hoher Relevanz des Prozesses sollten Kunden Angebote unterbreitet werden, bei denen sie selber den Prozess ausführen
Direkter Effekt: Mangelnde Qualifikation der vorhandenen Mitarbeiter	Buy-Option wird mit größerer Wahrscheinlichkeit gewählt als Make-Option	Bei mangelnder Qualifikation der Kundenmitarbeiter sollten IPSS-Anbieter Angebote konzipieren, die die Produktionsverantwortung beim Anbieter überlässt.
Direkter Effekt: Angst vor Wissensverlust an Externe	Make-Option wird mit größerer Wahrscheinlichkeit gewählt als Buy-Option	Befürchten Kunden Wissen an Externe zu verlieren, sollte ihnen ein Angebot unterbreitet werden, in dem sie selber den Prozess ausführen
Moderation: Relevanz des zugrundeliegenden Prozesses X Wahrgenommene Kontrolle	Buy-Option wird wahrscheinlicher	IPSS-Anbieter können Kunden dazu bewegen, die Buy-Option mit größerer Wahrscheinlichkeit zu wählen, indem sie ihnen das Gefühl von Kontrolle über den Prozess vermitteln
Moderation: Qualifikation der vorhandenen Mitarbeiter X Kommunikation mit dem Anbieter	Kein Effekt	Kommunikation zwischen Anbieter und Kunde hat keinen Einfluss auf die Wahl des Geschäftsmodells
Moderation: Angst vor Wissensverlust an Externe X Lern-Effekte durch Kooperation	Buy-Option wird wahrscheinlicher	Durch die Kommunikation auftretender Lern-Effekte können Kunden ebenfalls zur Wahl Buy-Option bestärkt werden

Abb. 2.3 Ergebnisse und Implikationen

eine hohe Relevanz für ihre unternehmerische Tätigkeit aufweist, dazu tendieren, die Make-Option zu wählen. Das Gleiche gilt für Kunden, die befürchten, über eine enge Kooperation mit einem externen Anbieter Wissen zu verlieren, auch hier wird die Make-Option favorisiert. Im Gegensatz dazu zeigen die Ergebnisse, dass die Buy-Option gewählt wird, wenn Kunden nicht über ausreichend qualifiziertes Personal verfügen.

Bei der Analyse möglicher Moderatoren, die die zuvor identifizierten Zusammenhänge weiter bestärken bzw. abschwächen, sind zwei Aspekte als signifikant hervorgetreten. Zum einen schwächt ein großes Ausmaß an gefühlter Kontrolle über die interorganisationale Zusammenarbeit den Zusammenhang zwischen hoher Prozessrelevanz und der Make-Option ab. Zum anderen wird der Zusammenhang zwischen großer Angst vor Wissensverlust und der Make-Option dadurch gemindert, dass sich Kunden Lern-Effekte durch die Zusammenarbeit mit dem Anbieter versprechen.

Aus den identifizierten Ergebnissen lassen sich wichtige Erkenntnisse und Implikationen für IPSS-Anbieter gewinnen. Zunächst einmal ist festzuhalten, dass IPSS-Anbieter die Ausgangssituation des Kunden sehr genau analysieren müssen und die richtigen Rückschlüsse aus dieser Analyse in die IPSS-Konzeption einfließen lassen müssen. Dafür ist es wichtig, die Kundenkontakt-Mitarbeiter (zumeist Vertriebsmitarbeiter) für diese Aufgabe zu sensibilisieren und auszubilden.

Des Weiteren zeigt die Analyse, dass insbesondere Aspekte aus dem Themenbereich des Wissensmanagement einen Einfluss auf die Wahl des Geschäftsmodells haben. So zeigen die Ergebnisse, dass in Fällen einer großen und bedeutsamen Wissensbasis (hohe Relevanz der Prozesses, Angst vor Wissensverlust), dieses Wissen zunehmend davor geschützt wird, an Externe zu gelangen, indem die Make-Option gewählt wird.

Eine weitere bedeutsame Implikation der durchgeführten Studie ist, dass es durchaus für IPSS-Anbieter Möglichkeiten gibt, die Entscheidung ihrer Kunden zwischen Eigenfertigung und Fremdbezug zu beeinflussen. So werden in der durchgeführten Analyse die wahrgenommene Kontrolle bzw. die Aussicht auf Lern-Effekte als zwei Mechanismen bzw. Strategien aufgezeigt, die die vorher identifizierten Zusammenhänge zwischen Prozessrelevanz bzw. Angst vor Wissensverlust und der Wahl der Make-Option abschwächen. Abb. 2.3 liefert einen Überblick über die Ergebnisse der empirischen Studie und die daraus abgeleiteten praxisrelevanten Implikationen.

2.2.2 Studie 2: Überzeugung des Kunden durch individuelle Informationsgabe

2.2.2.1 Motivation und zugrunde liegende Forschungsfragen

Grundlage für die empirische Analyse der Wirkung unterschiedlicher Informationsgaben während IPSS-Beschaffungsprozessen ist das Phänomen der Multipersonalität organisationaler Kundenentscheidungen. Wie bereits in Abschn. 2.1.3 ausgeführt, sind viele Beschaffungsprozesse industrieller Güter davon gekennzeichnet, dass nicht ein einzelnes Individuum über die anstehende Beschaffung entscheidet, sondern dass ein Gremium aus verschiedenen Experten und von der Beschaffung tangierten Mitarbeitern gebildet wird, welche ihr jeweiliges Fachwissen und ihre Erfahrung in die Beurteilung des Beschaffungsobjektes einbringen.

Für IPSS-Anbieter ist die Berücksichtigung unterschiedlicher Individuen und die daraus resultierende Notwendigkeit der gezielten Informationsgabe vor dem Hintergrund des jeweiligen Fachgebiets bzw. Entscheidungsprofils von besonderer Bedeutung, da IPSS meist weitreichende Konsequenzen und Veränderungen innerhalb des beschaffenden Unternehmens nach sich ziehen. Daher werden potenzielle IPSS-Kunden eine solche Beschaffung sehr gründlich abwägen und analysieren und möglichst alle beteiligten Individuen ihre Einschätzung abgeben lassen. Daher kann ein IPSS-Anbieter über gezielte und personenspezifische Informationsgaben sehr genau steuern, dass die jeweiligen Buying Center Mitglieder auch nur genau die Information erhalten, die für sie von Relevanz sind und so vermeiden, dass unnötige Informationen oder ein Übermaß an Informationsgabe von den wichtigen Fakten ablenken oder gar Reaktanz innerhalb des Prozesses erzeugen.

Da die individuelle Informationsgabe von großer Relevanz ist, ist es umso erstaunlicher, dass bisher noch keine empirische Studie durchgeführt wurde, die explizit misst, welche Informationen an welches Buying Center Mitglied kommuniziert werden müssen. Um diese Forschungslücke zu adressieren, beantwortet die durchgeführte Studie folgende Forschungsfragen:

- Welche Informationen müssen die jeweiligen Buying Center Mitglieder im Beschaffungsprozess von IPSS erhalten, damit sie diesen als zufriedenstellend bewerten? Gibt es Unterschiede in der Bewertung bzw. der Berücksichtigung unterschiedlicher Informationen zwischen den Buying Center Mitgliedern?
- Werden Informationen grundsätzlich als positiv während des Beschaffungsprozesses angesehen oder gibt es Konstellationen, in denen bestimmte Arten von Informationen einen negativen Einfluss auf die Zufriedenheit eines bestimmten Buying Center Mitglieds mit dem Beschaffungsprozess haben?
- Welche Rolle spielt die Ausgestaltung des zugrunde liegenden IPSS auf die Zufriedenheit der Buying Center Mitglieder mit bestimmten Informationen. Hat das Verhältnis zwischen Sach- und Dienstleistungsanteilen einen Einfluss auf die Wirksamkeit bestimmter Informationen?

2.2.2.2 Theoretische Grundlagen und Entwicklung des Forschungsmodells

Das Phänomen der Multipersonalität von Entscheidungsprozessen bildet die Grundlage der durchgeführten Studie. Gerade die Heterogenität der beteiligten Individuen und die daraus resultierenden unterschiedlichen Anforderungen an Informationen während des Beschaffungsprozesses eines IPSS machen es für einen erfolgreichen IPSS-Vertriebsprozess erforderlich, unterschiedliche Informationen jeweils personenspezifisch bereitzustellen. Bei der zugrunde liegenden Studie wurde sich auf die drei wichtigsten Rollen innerhalb eines Buying Centers konzentriert. So wurde die Wirkung der verschiedenen Informationskategorien auf Entscheider, Einkäufer und Verwender hin untersucht. Das Aussparen der Rollen des Beeinflussers sowie des Türöffners hat sowohl inhaltliche wie auch organisatorische Gründe. Zum einen ist dieses Vorgehen in anderen bisherigen Studien vorzufinden [MAS86, TÖL11], da den zwei genannten und nicht berücksichtigten Rollen allgemeine keine so große Bedeutung zugeschrieben wird wie Entscheidern, Einkäufern und Verwendern. Zum anderen sind die beiden nicht berücksichtigten Rollen deutlich schwieriger direkten Unternehmensfunktionen zuzuweisen.

In der bisherigen Forschungslandschaft gibt es zwar eine Vielzahl an Studien, die sich im Allgemeinen mit organisationalen Beschaffungsprozessen und im Speziellen mit Fragestellungen zu Themen des Buying Centers [HOW06, JOH81, KEL74, TÖL11] auseinandersetzen, allerdings gibt es bisher kaum Ansätze, den verschiedenen Buying Center Rollen konkrete Informationskategorien zuzuordnen. Daher wurden für diese Studie vier unterschiedliche Kategorien von Informationen identifiziert und verwendet. Die Identifikation dieser Kategorien erfolgte unter Mithilfe von Praktikern, die schon über einen langen Zeitraum für ihr jeweiliges Unternehmen im Rahmen von Buying Centern an Beschaffungsprozessen teilnehmen. Durch die dort geführten Gespräche und die anschließende Systematisierung und Kategorisierung der Informationen ergaben sich vier distinkte Informationskategorien, die im Folgenden kurz beschrieben werden:

- **Wirtschaftliche Informationen**: In diese Kategorie fallen alle Informationen, die die ökonomische Seite eines Beschaffungsobjekts betreffen. Darunter fallen sowohl Aspekte, die entstehende Kosten aufzeigen, als auch Informationen, die über einen längeren Zeitraum das Beschaffungsobjekt in eine Kosten-Nutzen Relation stellen (bspw. Total Cost of Ownership).
- **Produktionsbezogene Informationen**: Diese Kategorie umfasst Informationen bzgl. des operativen Betriebs des Beschaffungsobjekts wie z. B. Produktions- und Stillstandszeiten, Energie- und Ressourcenverbrauch etc.
- **Prozessbezogene Informationen**: Hier werden sämtlich Information subsumiert, die Auskunft über die um das Beschaffungsobjekt anfallenden Prozesse und Abläufe geben. Beispiele hierfür sind Informationen bzgl. der Abwicklung von Reparatur und Wartung, Lieferzeiten, Vorhandensein von Ersatzteilen etc.
- **Handhabungsbezogene Informationen**: Die Kategorie beinhaltet alle Informationen, die den täglichen Arbeitsalltag im Umgang mit dem Beschaffungsobjekt adressieren. Hierunter fallen Aspekte wie Steuerung und Bedienung, Ergonomie, besondere Anforderungen an die Qualifikation des ausführenden Personals etc.

Zusätzlich zu den identifizierten Informationskategorien wurde in der Studie festgehalten, wie das jeweilige IPSS in Bezug auf Sach- und Dienstleistungsanteile konzipiert ist. Dahinter steht die Überlegung, dass es je nach Aufteilung zwischen Sachleistungen und Dienstleistungen eine unterschiedliche Wirkung der den Buying Center Mitgliedern präsentierten bzw. übermittelten Informationen gibt. Dies adressiert die Annahme, dass bei

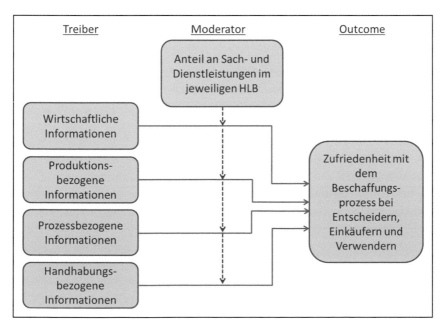

Abb. 2.4 Forschungsmodell Studie 2

einem IPSS mit 80 prozentigem Sachleistungsanteil und 20 prozentigem Dienstleistungsanteil andere Informationen kommuniziert werden müssen, als im Falle einer umgekehrten
Aufteilung.

Das der Studie zugrunde liegende Forschungsmodell wird grafisch in Abb. 2.4 dargestellt.

2.2.2.3 Studiendesign und Eckpfeiler der empirischen Erhebung

Die Studie zur Wirkung unterschiedlicher Informationsgaben für verschiedene Buying
Center Mitglieder wurde abermals empirisch durchgeführt. Dafür wurde zunächst, wie
bereits oberhalb beschrieben, der Dialog mit Experten und Praktikern gesucht, um sich der
Relevanz der Thematik zu versichern und erste Eindrücke und Ideen zu erhalten, welche
Informationen in IPSS-relevanten Beschaffungsprozessen zum Einsatz kommen. Dies
resultierte in der Identifikation der vier distinkten Entscheidungskategorien.

Danach wurde ein Fragebogen entwickelt, der die Messung des Einsatzes der unterschiedlichen Informationsarten, die Ausgestaltung des jeweiligen Beschaffungsobjekts
hinsichtlich der Sach- und Dienstleistungsanteile, die jeweilige Rolle des Befragten in
Beschaffungssituationen sowie die Zufriedenheit des Befragten mit dem Beschaffungsprozess beinhaltete. Auf internationalen Messen der Automatisierungsbranche wurden
Messeteilnehmer zur Teilnahme an der Befragung ermutigt, wodurch eine schlussendliche
Anzahl von 240 Befragten erzielt werden konnte. Mittel moderierter Regressionsanalyse
wurde das oben vorgestellte Forschungsmodell analysiert.

2.2.2.4 Ergebnisse und Implikationen für Forschung und Praxis

Die erste und umfassendste Erkenntnis der durchgeführten empirischen Studie ist die Tatsache, dass die untersuchten Buying Center Mitglieder einen sehr heterogenen Informationsbedarf in IPSS-Vertriebsprozessen haben. So konnte identifiziert werden, dass
Entscheider keineswegs Zufriedenheit mit dem Beschaffungsprozess verspüren, wenn sie
die gleichen Informationen vorgelegt bekommen wie bspw. Verwender oder Einkäufer.

Im Detail zeigen die Ergebnisse, dass Entscheider die größte Zufriedenheit mit dem
Beschaffungsprozess verspüren, wenn sie mit Informationen bzgl. der anfallenden und
relevanten Prozesse versorgt werden. Keine andere der vorgestellten Informationskategorien
erwies sich als signifikant für die Zufriedenheit dieser Buying Center Rolle. Die Analyse
der Rolle des Einkäufers hingegen ergab, dass Mitarbeiter in dieser Rolle durch zwei
Informationskategorien, wirtschaftliche und prozessrelevante Informationen, Zufriedenheit
mit dem Beschaffungsprozess verspüren. Verwender haben laut der Studie den breitesten
Informationsbedarf. Für diese Rolle sind sowohl wirtschaftliche und produktionsbezogene
als auch handhabungsbezogene Informationen relevant für die Zufriedenheitsbildung, wobei produktionsbezogene Informationen den stärksten Einfluss aufweisen.

Darüber hinaus deuten die Ergebnisse der Analysen darauf hin, dass bestimmte
Konstellationen zwischen Buying Center Rollen und kommunizierten Informationen negativ für die Zufriedenheitsbildung sind. So haben bspw. handhabungsbezogene Informationen,
die an Einkäufer und Entscheider kommuniziert werden, einen negativen Einfluss auf deren
Zufriedenheit. Allerdings sind die identifizierten negativen Zusammenhänge zwischen

Einflussfaktoren	Buying Center Rolle: Entscheider	Buying Center Rolle: Einkäufer	Buying Center Rolle: Verwender	Einfluss des Sach- bzw. Dienstleistungs- anteils
Wirtschaftliche Informationen	Kein Effekt	Positiver Einfluss auf die Zufriedenheit	Positiver Einfluss auf die Zufriedenheit	Mit zunehmendem Dienstleistungs- anteil steigt die Zufriedenheit durch wirtschaftliche Informationen
Produktbezogene Informationen	Kein Effekt	Kein Effekt	Positiver Einfluss auf die Zufriedenheit	Mit zunehmendem Dienstleistungs- anteil sinkt die Zufriedenheit durch produktionsbezogen e Informationen
Prozessbezogene Informationen	Positiver Einfluss auf die Zufriedenheit	Positiver Einfluss auf die Zufriedenheit	Kein Effekt	Mit zunehmendem Dienstleistungs- anteil steigt die Zufriedenheit durch prozessbezogene Informationen
Handhabungsbe- zogene Informationen	Kein Effekt	Kein Effekt	Positiver Einfluss auf die Zufriedenheit	Mit zunehmendem Dienstleistungs- anteil sinkt die Zufriedenheit durch handhabungsbezog ene Informationen

Abb. 2.5 Zusammenfassung der Ergebnisse

bestimmten Informationskategorien in der zugrunde liegenden Studie nicht signifikant, und bedürfen daher einer weitergehenden Analyse.

Interessante Ergebnisse brachte die Analyse der Interaktionseffekte (der Sach- bzw. Dienstleistungsanteil in dem vorliegenden IPSS) zutage. Es wird deutlich, dass die Ausgestaltung des IPSS in Bezug auf die Verteilung von Sach- und Dienstleistungskomponenten den Effekt bestimmter Informationskategorien auf die verspürte Zufriedenheit beeinflusst. Zum einen zeigt sich, dass mit zunehmendem Anteil an Dienstleistungen innerhalb des IPSS die Wirksamkeit wirtschaftlicher Informationen zunimmt. Eine mögliche Erklärung dieses Ergebnisses ist, dass wirtschaftliche Informationen eine Möglichkeit darstellen, die schwierige Beurteilung von Dienstleistungen mittels ökonomischen Fakten abzusichern. Zwei weitere Interaktionseffekte wurden identifiziert. Mit zunehmendem Dienstleistungsanteil steigt der Einfluss prozessrelevanter Informationen, wohingegen der Einfluss handhabungsbezogener Informationen sinkt. Eine Zusammenfassung der Ergebnisse ist in Abb. 2.5 zu finden.

Die Interpretation der Ergebnisse der empirischen Analyse bringt einige spannende und wichtige Erkenntnisse für den Vertrieb hybrider Leistungsbündel zutage. Zunächst muss festgehalten werden, dass die im Beschaffungsprozess von Kunden hinzugezogenen Experten eines Buying Centers einen sehr heterogenen Informationsbedarf haben. Hier ist es für den IPSS-Vertrieb daher notwendig, im Vorfeld gewisse Vorbereitungen hinsichtlich

des Inhalts unterschiedlicher Informationen zu treffen, um diese dann auch personenspezifisch übermitteln zu können. Dafür ist es erforderlich, dass der Vertrieb ein tief greifendes Verständnis der unterschiedlichen Rollen eines Buying Center entwickelt, um diese
identifizieren und adressieren zu können.

Darüber hinaus zeigen die Ergebnisse, dass die falschen Informationen für das jeweilige
Buying Center Mitglied schnell einen negativen Effekt auf die Zufriedenheit mit dem
Beschaffungsprozess haben können. Hierfür muss der IPSS-Vertrieb sensibilisiert sein,
um nicht Gefahr zu laufen, fälschlicherweise anzunehmen, dass mehr Informationen automatisch zu mehr Zufriedenheit führen.

Eine wichtige Erkenntnis, die im operativen IPSS-Vertrieb eine große Rolle spielt, ist
die Tatsache, dass die zugrunde liegende Ausgestaltung zwischen Sach- und Dienstleistungsanteilen einen Einfluss auf den Zusammenhang zwischen bestimmten Information
und der resultierenden Zufriedenheit des jeweiligen Buying Center Mitglieds hat. Der
IPSS-Vertrieb sollte also seine Informationsstrategie immer auch an die Ausgestaltung des
IPSS anpassen.

Zuletzt ist eine Erkenntnis hervorzuheben, die sowohl aus wissenschaftlicher wie auch
aus praktischer Sicht von großer Relevanz ist. Die in der Studie identifizierten Ergebnisse
der Wirksamkeit bestimmter Informationen für die jeweiligen Buying Center Rollen weisen zum Teil deutlich von den in der bisherigen Literatur zugeschriebenen Zusammenhängen
ab. Klassischer Weise wird Entscheidern meist die Berücksichtigung wirtschaftlicher
Informationen zugeschrieben, Verwendern die Berücksichtigung handhabungsbezogener
Informationen. Die hier identifizierten Mechanismen weisen zum Teil davon ab bzw. zeigen ein breiteres Spektrum an relevanten Informationen für bestimmte Buying Center
Rollen. Insofern scheint es im Beschaffungsprozess eines IPSSs andere bzw. erweiterte
Verantwortlichkeiten und Funktionen der einzelnen Buying Center Rollen zu geben, als
dies klassischerweise in der Literatur beschrieben ist. Abb. 2.6 gibt eine Übersicht über die
Implikationen für Wissenschaft und Praxis.

2.3   Zusammenfassung und Ausblick

Im Rahmen dieses Kapitels wurde aufgezeigt, dass dem Vertrieb im IPSS-Kontext eine
ganz besondere Rolle zukommt. So ist der Vertriebsmitarbeiter immer die unmittelbare
Schnittstelle zwischen IPSS-Anbieter und IPSS-Kunden, und begleitet die Zusammenarbeit über den gesamten Lifecycle hinweg. Da der Lebenszyklus eines IPSSs deutlich länger ist als eines standardisierten Produktes und das IPSS an sich wesentlich komplexer, hat
diese Aufgabe eine wesentlich weitreichendere Bedeutung als im Falle standardisierter
Leistungen.

In Abschn. 2.1 wurden verschiedene Anforderungen an den Vertrieb aus den speziellen
Charakteristika von IPSS abgeleitet. Zum einen steht der Vertrieb vor einem fundamentalen
Wandel grundlegender Strategien im Kundengespräch. Da ein IPSS-Vertriebsmitarbeiter nie-
mals den potenziellen Kunden mittels eines bestehenden Produkts überzeugen kann, müssen

Buying Center Rolle	Implikationen für IPSS Anbieter
Rollenübergreifend	• IPSS Anbieter sollten rollenspezifische Informationen übermitteln, da die unterschiedlichen Buying Center Rollen heterogenen Informationsbedarf haben • IPSS-Vertriebler sollten geschult sein, die unterschiedlichen Rollen eines Buying Centers zu identifizieren und somit mit spezifischen Informationen zu versorgen • Zu viele (unterschiedliche) Informationsgaben können sich negativ auf die Zufriedenheit der Buying Center Mitglieder auswirken • Das Verhältnis aus Sach -und Dienstleistungen innerhalb eines IPSS hat einen Einfluss auf die Wirksamkeit bestimmter Informationen. Mit steigendem Dienstleistungsanteil tragen wirtschaftliche und prozessbezogene Informationen stärker zur Zufriedenheit bei, wohingegen produktionsbezogene und handhabungsbezogene Informationen weniger wirksam werden
Entscheider	• Die Zufriedenheit von Entscheidern hängt maßgeblich von der Kommunikation prozessbezogener Informationen ab. Daher anderen Informationsarten sollten daher nicht proaktiv an Entscheider kommuniziert werden • Der Rolle des Entscheiders sollte große Bedeutung im IPSS-Vertriebsprozess zukommen, da Entscheider in vielen Fällen den größten Einfluss auf eine Beschaffungsentscheidung ausüben
Einkäufer	• Einkäufern sollten hauptsächlich Informationen bzgl. der Wirtschaftlichkeit eines IPSS sowie bzgl. der anfallenden Prozesse kommuniziert werden
Verwender	• Verwendern sollten mehrere Informationsarten kommuniziert werden, da sie den breitesten Informationsbedarf im Beschaffungsprozess aufweisen. Lediglich prozessbezogene Informationen haben sich als unwirksam herausgestellt • Die Rolle des Verwenders ist häufig durch verschiedene Unternehmens-funktionen besetzt. Daher kann in diesem Fall die genaue Tätigkeit eines Verwenders wichtig sein, um ihm die adäquaten Informationen zu kommunizieren

Abb. 2.6 Übersicht Implikationen für Praxis und Wissenschaft

hier neue Strategien angewendet werden. So ist es von vorrangiger Bedeutung, Kunden von der Lösungsfähigkeit und den vorhandenen Kompetenzen eines Anbieters zu überzeugen. Eine Möglichkeit kann es daher sein, bereits bestehende Kundenbeziehungen und -projekte als Referenzen anzuführen, die dem Kunden einen Eindruck über den Ablauf und die Ausgestaltung einer zukünftigen Zusammenarbeit gibt. Des Weiteren wurde im Rahmen des Abschn. 2.1 auf das Aufkommen neuer Geschäftsmodelle im IPSS-Kontext verwiesen. Diese veränderten Leistungsangebote erfordern, dass Vertriebsmitarbeiter sich ein sehr genaues Bild der Prozesse und Abläufe des Kunden verschafft, um dessen spezielle Ausgangssituation mittels einer optimalen Geschäftsmodell-Ausgestaltung adressieren zu können. Zuletzt wurde auf das Phänomen der kundenseitigen Multipersonalität in Beschaffungsprozessen verwiesen. Hier ist der Vertrieb damit konfrontiert, diese unterschiedlichen, am Entscheidungsprozess beteiligten Individuen des IPSS-Kunden personenspezifisch zu adressieren, um eine möglichst breite Zustimmung im Kundenunternehmen zu erzielen.

In Abschn. 2.2 wurden ausgewählte empirische Studien zu den zuvor elaborierten Phänomenen vorgestellt. Die erste Studie adressiert dabei die zuvor erwähnte Thematik neuer Geschäftsmodelle im IPSS-Kontext. Als erste empirische Studie zu diesem Themenfeld konnte nachgewiesen werden, dass die initiale Kundensituation einen substanziellen Einfluss auf die Wahl eines bestimmten Geschäftsmodells hat. Dies belegt wiederum die Notwendigkeit, Vertriebsmitarbeiter für eine genaue und detaillierte Aufzeichnung und Analyse der Kundensituation zu sensibilisieren. Darüber hinaus identifiziert die Studie die wahrscheinliche Wahl eines Geschäftsmodells auf Basis dreier Einflussfaktoren. Von großer Bedeutung ist zudem die Erkenntnis, dass IPSS-Anbieter über gezielte Aktivitäten bzw. Strategien in der Lage sind, die schlussendliche Wahl eines Geschäftsmodells zu beeinflussen. Dies ist gerade in dem Fall von höchster Relevanz, in dem IPSS-Anbieter vor zurückhaltendem Interesse ihrer Kunden an neuen Geschäftsmodellen stehen.

Die zweite vorgestellte Studie fokussiert den Themenbereich der Multipersonalität des Kundenentscheidungsprozesses. Hier wird empirisch belegt, dass die unterschiedlichen Individuen des Kundenunternehmens verschiedene Arten von Informationen in ihrer Evaluation des IPSS benötigen. Dies wiederum erfordert vom Vertrieb eines IPSS-Anbieters eine genaue Planung und Adressierung dieser heterogenen Informationsbedarfe, um im Beschaffungsprozess maximale Zufriedenheit bei den Mitarbeitern des Kunden erzeugen zu können. Darüber hinaus konnte gezeigt werden, dass der IPSS-Vertrieb immer die Ausgestaltung des Beschaffungsobjekts in seiner Informationsgabe berücksichtigen muss, da unterschiedliche Sach- und Dienstleistungsanteile zu verschiedenen Wirkmechanismen unterschiedlicher Informationskategorien führen.

Mit dem vorliegenden Beitrag wurden einige Aspekte des Vertriebs hybrider Leistungsbündel adressiert und erforscht. Nichtsdestotrotz gibt es noch viele Facetten des Vertriebsprozesses, die einer weiteren und tief greifenden Forschung bedürfen. Direkt anknüpfend an die hier durchgeführten Studien drängen sich weitere Forschungsfragen auf. So könnte die in Abschn. 2.2.1 durchgeführte Studie zu Geschäftsmodellen eine detailliertere Unterscheidung zwischen verschiedenen Geschäftsmodellen und deren jeweilige Treiber erfahren, um der Vielzahl der unterschiedlichen Kooperationsvarianten in der Praxis Rechnung zu tragen. Auch wäre die Analyse der Wirksamkeit von Referenzen als Kommunikationsinstrument eine notwendige Erweiterung der bisherigen Forschung auf dem Gebiet des IPSS-Vertriebs, um Erkenntnisse darüber zu sammeln, mit welchen Ansätzen potenzielle Kunden von der Vorteilhaftigkeit eines IPSSs überzeugt werden können.

Literatur

[BON09] Bonney, F. L.; Williams, B. C.: From Products to Solutions: The Role of Salesperson Opportunity Recognition. European Journal of Marketing 43 (2009) 7, S. 1032–1052.
[BON10] Bonnemeier, S.; Burianek, F.; Reichwald, R.: Revenue models for integrated customer solutions: Concept and organizational implementation. Journal of Revenue & Pricing Management 9 (2010) 3, S. 228–238.
[BRA05] Brady, T.; Davies, A.; Gann, D. M.: Creating value by delivering integrated solutions. International Journal of Project Management 23 (2005) 5, S. 360–365.
[COO91] Cooper, M. B.; Dröge, C.; Daugherty, P. J.: How Buyers and Operations Personnel Evaluate Service. Industrial Marketing Management 20 (1991) 1, S. 81–85.

[COV07] Cova, B.; Salle, R.: Introduction to the IMM special issue on "Project marketing and the marketing of solutions" a comprehensive approach to project marketing and the marketing of solutions. Industrial Marketing Management 36 (2007) 2, S. 138–146.

[ESP10] Esper, T.; Ellinger, A.; Stand, T.; Flint, D.; Moon, M.: Demand and Supply Integration: A Conceptual Framework of Value Creation through Knowledge Management. Journal of the Academy of Marketing Science 38 (2010) 1, S. 5–18.

[EVE15] Everhartz, J.: A Holistic View on Selling Complex Customer Solutions: Analyses of the Customer and the Supplier Perspective. Dissertation wird 2015 veröffentlicht.

[GAL02] Galbraith, J. R.: Organizing to Deliver Solutions. Organizational Dynamics 31 (2002) 2, S. 194–207.

[HAA11] Haas, A.; Snehota, I.; Corsaro, D.: Creating value in business relationships: The role of sales. Industrial Marketing Management 41 (2001) 1, S. 94–105.

[HOB98] Hobday, M.: Product complexity, innovation and industrial organization. Research Policy 26 (1998) 6, S. 689–710.

[HOW06] Howard, P.; Doyle, D.: An examination of buying centres in Irish biotechnology companies and its marketing implications. Journal of Business & Industrial Marketing 21 (2006) 4/5, S. 266–280.

[JAL10] Jalkala, A.; Salminen, R. T.: Practices and functions of customer reference marketing – Leveraging customer references as marketing assets. Industrial Marketing Management 39 (2010) 6, S. 975–985.

[JOH81] Johnston, W. J.; Bonoma, T. V.: The Buying Center: Structure and Interaction Patterns. Journal of Marketing 45 (1981) 3, S. 143–156.

[KEL74] Kelly, J. P.: Functions Performed in Industrial Purchasing Decisions with Implications for Marketing Strategy. Journal of Business Research 2 (1974) 4, S. 421–434.

[MAI13] Maiwald, K.; Pick, D.: The Effectiveness of B2B Customer Reference Practices. Proceedings of the ANZMAC Conference, Auckland, 2013.

[MAS86] Mast, K. E.; Hawes, J. M.: Perceptual Differences Between Buyers and Engineers. Journal of Purchasing & Materials Management 22 (1986) 1, S. 2–6.

[MEI10] Meier, H.; Roy, R.; Seliger, G.: Industrial Product-Service Systems – IPS². CIRP Annals – Manufacturing Technology 59 (2010), S. 607–627.

[MON05] Moncrief, W.; Marshall, G. W.: The evolution of the seven steps of selling. Industrial Marketing Management 34 (2005) 1, S. 13–22.

[RES09] Rese, M.; Strotmann, W.; Karger, M.: Which industrial product service system fits best? International journal of manufacturing technology and management 20 (2009) 5, S. 640–653.

[SHE73] Sheth, J. N.: A Model of Industrial Buyer Behavior. Journal of Marketing 37 (1973) 4, S. 50–56.

[SPE79] Spekman, R. E.; Stern, L. W.: Environmental Uncertainty and Buying Group Structure: An Empirical Investigation. Journal of Marketing 43 (1979) 2, S. 54–64.

[STO11] Storbacka, K.: A solution business model: Capabilities and management practices for integrated solutions. Industrial Marketing Management 40 (2011) 5, S. 699–711.

[STR01] Stremersch, S.; Wuyts, S.; Frambach, R. T.: The Purchasing of Full-Service Contracts: An Exploratory Study within the Industrial Maintenance Market. Industrial Marketing Management 30 (2001) 1, S. 1–12.

[TÖL11] Töllner, A.; Blut, M.; Holzmüller, H. H.: Customer solutions in the capital goods industry: Examining the impact of the buying center. Industrial Marketing Management 40 (2011) 5, S. 712–722.

[TUL07] Tuli, K. R.; Kohli, A. K.; Bharadwaj, S. G.: Rethinking Customer Solutions: From Product Bundles to Relational Processes. Journal of Marketing 71 (2007) 3, S. 1–17.

[ULA14] Ulaga, W.; Loveland, J. M.: Transitioning from product to service-led growth in manu-facturing firms: Emergent challenges in selecting and managing the industrial sales force. Industrial Marketing Management 43 (2014) 1, S. 113–125.

[WEB72] Webster Jr., F. E.; Wind, Y.: A General Model for Understanding Organizational Buying Behavior. Journal of Marketing 36 (1972) 2, S. 12–19.

[WIS99] Wise, R.; Baumgartner, P.: Go Downstream- The New Profit Imperative in Manufacturing. Havard Business Review 77 (1999) 5, S. 133–141.

Projektorientierter Zuschnitt des IPSS-Entwicklungsprozesses

3

Hoai Nam Nguyen und Rainer Stark

3.1 Einführung und Motivation

Industrielle Produkte sind aus der klassischen Sicht technische Maschinen, die bestimmte Aufgaben wie Drehen und Fräsen in einer industriellen Umgebung ausführen. Dementsprechend ist die operative Entwicklung solcher Produkte auf deren technische Umsetzung fokussiert. Dabei standen technologische Entwicklungen im Vordergrund, die gewünschte Funktionen erfüllen. Klassische Themen wie Qualitätssicherung, Anforderungsmanagement, Kosteneinsparung und schnelle Markteinführung spielten in diesem Zusammenhang eine bedeutende Rolle.

Der Fokus bei IPSS liegt dagegen beim Nutzen, den industrielle Produkte (in diesem Zusammenhang auch Kernprodukte) gemeinsam mit „weiteren Produkten" für den Kunden erbringen können. „Weitere Produkte" sind in diesem Kontext aufeinander abgestimmte Softwarelösungen, Dienstleistungen und/oder weitere technischen Produkte, welche den Funktionsumfang der angebotenen Leistung erweitern bzw. das Kernprodukt optimieren, sodass die Kundengrundbedürfnisse erfüllt werden können [BOC13]. Die Schwerpunkte der operativen Entwicklung von IPSS liegen daher bei:

1. der Generierung des Kundennutzens durch geschickte Kombination des Kernproduktes mit „weiteren Produkten" für den Kunden unter Berücksichtigung der Beteiligten in dem Anbieternetzwerk,

H.N. Nguyen • R. Stark (✉)
Fachgebiet Industrielle Informationstechnik, Technische Universität Berlin,
Berlin, Deutschland
E-Mail: rainer.stark@tu-berlin.de

© Springer-Verlag GmbH Deutschland 2017   41
H. Meier, E. Uhlmann (Hrsg.), *Industrielle Produkt-Service Systeme*,
DOI 10.1007/978-3-662-48018-2_3

2. der Gestaltung eines integrierten Lösungsentwicklungsprozesses unter Betrachtung der kausalen Zusammenhänge zwischen Entwicklungsaktivitäten unterschiedlicher Fachdomänen,

3. der Entwicklung von innovativen Geschäftsmodellen, die Geschäftsbeziehungen lösungsorientiert und gewinnbringend gestalten und

4. der Absicherung der Zusammenwirkung der (Teil-)Lösungen aus unterschiedlichen Fachdomänen (Software, Dienstleistungen, technischen Produkten und Betriebsumgebung).

3.1.1   IPSS Entwicklung in der Industrie und Forschung

Vereinzelt können IPSS Angebote im europäischen Raum identifiziert werden [MÜL14]. Der Austausch mit den Pionier-Unternehmen im Rahmen des PSS Benchmarking Klub zeigt den Mangel an Standards für die IPSS Entwicklung. Manche Unternehmen setzen noch auf klassisches Projektmanagement für die Entwicklung ihrer IPSS. Unternehmen mit fortgeschrittener IPSS Entwicklung definieren dagegen grobe Meilensteinpläne als Leitfaden, an denen jedoch erkannt werden kann, dass Produkte und Dienstleistungen getrennt von- und nacheinander entwickelt werden. Oft startet ein IPSS Entwicklungsprozess mit der Definition von zu erbringenden Dienstleistungen. Änderungs-/Erweiterungsanforderungen an die bereits existierenden Produkte werden erst danach gestellt und die Änderungsentwicklung für das Kernprodukt wird ausgeführt. Eine integrierte Entwicklung von Produkt und Dienstleistungen ist kaum zu erkennen, ganz zu schweigen von einer integrierten Entwicklung aller zur Lösung gehörenden Produkte. Ebenfalls werden Geschäftsmodelle unabhängig von Produkten und Dienstleistungen entwickelt; meistens vor der Dienstleistungsentwicklung. Darüber hinaus wird das Thema der gemeinsamen Absicherung von Produkten und Dienstleistungen kaum in den IPSS Entwicklungsprozessen in der Industrie betrachtet. Lediglich an den übergreifenden Meilensteinen zwischen Hauptphasen sind Tests vorgesehen.

Die Forschung zum Thema Entwicklungsprozesse für IPSS hat sich bisher auf den allgemeinen Ablauf der IPSS Entwicklung fokussiert. Es wurden unterschiedliche high-level Entwicklungsprozesse mit unterschiedlichen Schwerpunkten vorgeschlagen, welche den generischen Ablauf der integrierten IPSS-Entwicklung grob beschreiben [LIN06, SPA06, SAK07, AUR10, MÜL14]. Für die operative Planung eines IPSS-Entwicklungsprojektes bedarf es jedoch einer Anpassung der generischen Prozesse an die Unternehmens-, Produkt- und Projektgegebenheiten. Die Studie von GERICKE [GER11] zeigte, dass die high-level Prozesse für die IPSS Entwicklung sehr grob und nicht ausreichend für die operative Entwicklung von IPSS sind. Ein Workshop mit industriellen Partnern und Forschern aus der IPSS Forschungsdomäne hat ebenfalls das Fehlen von operativen Methoden und Prozessen bestätigt [NGU13].

3.1.2 Zielstellung und Ergebnisse im Überblick

In diesem Kapitel wird eine Methode zur Ableitung operativer Prozesse für die IPSS-Entwicklung vorgestellt: Die Methode zur Operationalisierung des IPSS-Entwicklungsprozesses. Das Ziel dieser Methode ist es, den Verantwortlichen bei der Definition eines detaillierten unternehmensspezifischen IPSS-Entwicklungsprozesses sowie bei der wiederkehrenden Ablaufplanung von IPSS-Entwicklungsprojekten zu unterstützen. Die Operationalisierung des IPSS-Entwicklungsprozesses ist die Aufgabe von Projekt- und/oder Programmmanagern im Unternehmen, welche Produkte und dafür vorgesehene Dienstleistungen integriert entwickeln wollen oder müssen. Mit der Methode zur Operationalisierung des IPSS-Entwicklungsprozesses wird eine halbautomatische Erstellung konkreter, ausführbarer Projektpläne unter Berücksichtigung der Projektrandbedingungen möglich. Mit dem strukturierten Vorgehen aus der vorgestellten Methode kann eine höhere Qualität der zu entwickelnden IPSS sowie eine optimale Erfüllung von Kundengrundbedürfnissen erreicht werden. Die Methode bietet außerdem große Potenziale für Zeiteinsparungen bei der Projektplanung (durch die halbautomatische Generierung des Projektplans) und bei der Durchführung (durch den für das Projekt zugeschnitten Entwicklungsprozess).

Damit die in der Forschung entwickelten innovativen Theorien und Methoden in einem traditionellen Unternehmen effektiv eingesetzt werden können, bedarf es einer geeigneten Vorgehensweise zu ihrer Einführung. Die hier vorgestellte Vorgehensweise unterstützt bei der Identifikation von benötigtem Wissen unterschiedlicher Rollen im IPSS-Entwicklungsprozess und bei der Auswahl geeigneter Vermittlungsmethoden und Instrumente für die betroffenen Akteure im IPSS-Entwicklungsprozess.

3.2 Operationalisierung des IPSS-Entwicklungsprozesses

Die Operationalisierung befähigt ein Unternehmen dazu, auf der Prozessmanagement-Ebene eine hohe Detaillierung des IPSS-Entwicklungsprozesses zu erreichen sowie individuelle Entwicklungsabläufe auf der Projektebene zu gestalten (Abb. 3.1).

Dafür wird ein detaillierter IPSS-Entwicklungsprozess als Referenz bereitgestellt, welcher in Disziplinen und speziell für IPSS definierte Entwicklungsphasen gegliedert ist. Dieser spezielle IPSS-Entwicklungsprozess dient als Grundlage für die in zwei Schritten erfolgende Ableitung von projektorientierten Entwicklungsabläufen. Der erste Schritt ist der Zuschnitt des detaillierten IPSS-Entwicklungsprozesses mittels spezifischer Kriterien, welche die Gegebenheiten eines IPSS-Entwicklungsprojektes widerspiegeln. Im zweiten Schritt werden Verantwortlichkeiten sowie der Zeitplan festgelegt. Diese Vorgehensweise ermöglicht eine standardisierte Planung unterschiedlicher Entwicklungsprojekte (z. B. Neu- und Weiterentwicklungen). Der detaillierte IPSS-Entwicklungsprozess und die besonderen Kriterien samt ihrer Auswirkungen auf die Gestaltung des detaillierten Entwicklungsprozesses werden in Abschn. 3.2.1 genau dargelegt. Damit wird die Projektplanung der IPSS-Entwicklung im industriellen Kontext unterstützt und anwendbar gemacht.

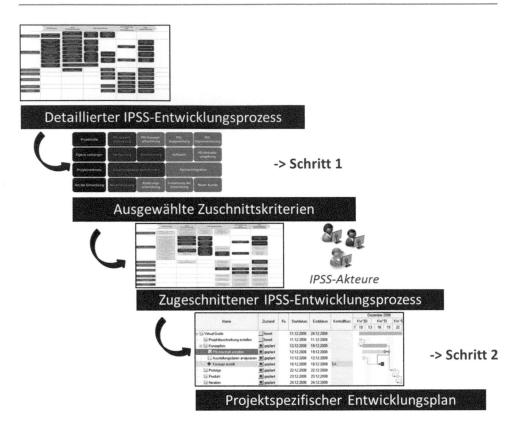

Abb. 3.1 Ablauf der Operationalisierung des IPSS-Entwicklungsprozesses

3.2.1 Der detaillierte IPSS-Entwicklungsprozess

Die Grundlage für die Operationalisierung ist der detaillierte IPSS-Entwicklungsprozess, der in diesem Abschnitt beschrieben wird. Sein allgemeiner Aufbau umfasst drei Bereiche:

1. Phasen der IPSS-Entwicklung werden nacheinander durchlaufen und überspannen den gesamten IPSS-Entwicklungsprozess.
2. Disziplinen der IPSS-Entwicklung sind individuelle Teilgebiete, welche jedoch im integrierten IPSS-Entwicklungsprozess auch enges Zusammenwirken erfordern.
3. Vorgehensbausteine sind einzelne Bündel von zusammengehörigen Aktivitäten, welche im IPSS-Entwicklungsprozess vorkommen und der jeweiligen Disziplin und Phase zugeordnet sind. Am Ende jedes Vorgehensbausteins ist ein zugehöriger Meilenstein definiert. Damit die kausale Abhängigkeit der Vorgehensbausteine besser dargestellt werden kann, wird in der Beschreibung der Entwicklungsphasen von Meilensteinen statt von Vorgehensbausteinen gesprochen.

Abb. 3.2 Phasen des detaillierten IPSS-Entwicklungsprozesses

3.2.1.1 Phasen des detaillierten IPSS-Entwicklungsprozesses

Der IPSS-Entwicklungsprozess ist aufgeteilt in fünf Phasen (Abb. 3.2). Dazu gehören die IPSS-Planung, die IPSS-Konzeptionierung, die IPSS-Ausgestaltung, die IPSS-Prototypisierung sowie die IPSS-Implementierung. Am Ende jeder Phase befindet sich ein Quality Gate, welches erst nach Erreichen aller vordefinierten Anforderungen passiert werden darf.

Phasen der IPSS-Entwicklung haben in der reellen Durchführung eine unterschiedliche Dauer. Wenn alle Bestandteile eines IPSS neu entwickelt werden müssen, dauert die IPSS-Ausgestaltung in der Regel am längsten, denn in dieser Phase müssen einzelne Bestandteile des IPSS ausgearbeitet werden. Im Falle, dass alle Bestandteile vorhanden sind und keine großen Anpassungen durchgeführt werden müssen, verkürzt sich die Dauer dieser Phase deutlich. Relativ zu anderen Phasen ist die IPSS-Planung dagegen am kürzesten. Dies kann sich jedoch schnell ändern, wenn bestehende IPSS-Konzepte und -Bestandteile „nur" noch für einen neuen Kunden ein wenig angepasst werden. In diesem Fall werden die Phasen IPSS-Planung und -Implementierung die meiste Zeit in Anspruch nehmen. Die reelle Dauer der einzelnen Phasen hängt jedoch von vielen Faktoren ab (z. B. Branche, Reifegrade der Bestandteile, Vorhandensein einzelner Abteilungen und „Make or Buy" Entscheidungen).

Beispielsweise dauerte ein IPSS-Entwicklungsprojekt in der Mikroproduktion (Kap. 1) insgesamt 30 Monate (IPSS-Implementierungsphase wurde nicht durchgeführt). Davon nahmen IPSS-Planung 6, IPSS-Konzeptionierung 8, IPSS-Ausgestaltung 14 und IPSS-Prototypisierung 2 Monate in Anspruch.

3.2.1.1.1 IPSS-Planung

In der IPSS-Planung werden die Anforderungen der Kunden und die Rahmenbedingungen der Umgebung erfasst, um eine Entscheidungsgrundlage für die Durchführung des Entwicklungsprojektes zu erarbeiten. In Abb. 3.3 ist die IPSS-Planung mit ihren Meilensteinen abgebildet. Schwerpunkt dieser Phase ist es, Kenntnisse über grundlegende Kundenbedürfnisse zu gewinnen. Denn auch wenn die Kunden sich dessen eventuell nicht bewusst sind, ist ihr Bedürfnis nicht der Kauf und Besitz eines Produktes, sondern der Nutzen, den das Produkt ihnen bringt. Daher steht dieser auch im Fokus der IPSS-Entwicklung. Weiterhin müssen auch Risiken der Entwicklung sowie des Anbietens der zu entwickelnden Lösung identifiziert, mögliche Kernbestandteile abgewogen und die Fähigkeiten des Anbieterunternehmens geprüft werden. Ziel ist dabei eine grobe Planung und Einschätzung der Umsetzbarkeit und Wirtschaftlichkeit eines möglichen

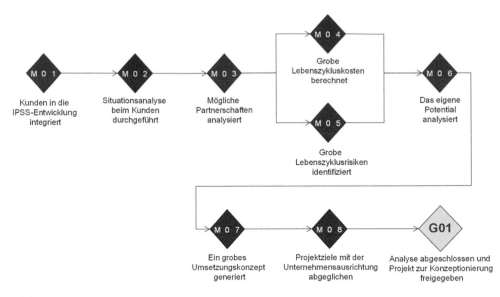

Abb. 3.3 IPSS-Planung

IPSS. In der IPSS-Planung existiert dementsprechend lediglich eine erste Idee bzw. eine Kundenanfrage, die in den nächsten Schritten bearbeitet bzw. weiter ausgearbeitet werden muss. Dafür muss auch geklärt werden, wer die Verantwortung für die ersten Schritte im Projekt trägt und wie das Projekt organisiert wird. Die grobe Projektidee wird vom Projektleiter und seinem Team mithilfe einer speziellen Methode (z. B. IPSS-Layer-Methode [MÜL14]) analysiert und bewertet. Daraufhin wird eine erste Zielversion formuliert und in geeigneter Form für die Freigabeentscheidung aufbereitet. In dieser Phase muss sich ein IPSS-Anbieter möglicherweise folgende Fragen stellen:

- Wie steht der Kunde zur Datenüberwachung? Eine automatisierte Betriebsdatenerfassung ist für ein umfangreiches und innovatives IPSS nahezu unumgänglich.
- Welche innovativen Geschäftsbeziehungen könnten sich aus dem IPSS ableiten? Wie können Dienstleistungen optimal monetarisiert werden, um den Gewinn zu steigern?
- Welche Lebenszyklusrisiken beherbergt ein mögliches IPSS? Stehen ausreichend Ressourcen für eine IPSS-Entwicklung zur Verfügung?
- Welche Partnerschaften sind vorhanden? Welche Rolle können sie spielen und wie ist ihre Verfügbarkeit?

3.2.1.1.2 IPSS-Konzeptionierung

In der IPSS-Konzeptionierung (Abb. 3.4) werden entsprechend der ermittelten Kundenbedürfnisse und Rahmenbedingungen Konzepte und Geschäftsmodelle des IPSS entwickelt (z. B. mit Methoden aus Kap. 4 und Kap. 13). Dabei spielen Szenarien des IPSS-Betriebs eine bedeutende Rolle, denn sie ermöglichen eine Einsicht in die tatsächliche Nutzung des IPSS. Gegenseitige Wechselwirkungen der zusammengesetzten Bestandteile (Produkt und

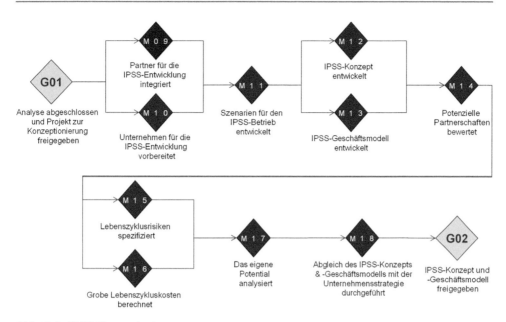

Abb. 3.4 IPSS-Konzeptionierung

Dienstleistungen sowie Software und Betriebsumgebung) mit dem Geschäftsmodell können damit optimiert werden. Dafür muss zum Beispiel festgestellt werden, ob die Technologie, die für das IPSS benötigt wird, vorhanden ist und ob alle Bestandteile des IPSS von dem Anbieter selbst entwickelt und produziert werden können (Analyse des eigenen Potenzials). Weiterhin ist es eventuell notwendig, Bereiche des Unternehmens zu erweitern oder eine Partnerschaft einzugehen, falls sich herausstellt, dass für die IPSS-Entwicklung Ressourcen fehlen. Eine Kernressource sind beispielsweise Mitarbeiter, die mit der IPSS-Thematik vertraut sind. Wenn ein IPSS im eigenen Unternehmen entwickelt werden soll, muss ebenfalls sichergestellt werden, dass der IPSS-Gedanke vom Personal verstanden wird, um ein funktionierendes IPSS entwickeln zu können. Anderenfalls werden mögliche Partner ausgewählt, bewertet und integriert. Dabei werden Schulungen zur IPSS-Theorie sowie der Umgang mit IPSS-Werkzeugen entsprechend organisiert, damit die optimale Zusammenarbeit gesichert werden kann.

Innerhalb der IPSS-Konzeptionierung werden außerdem Projektziele mit der Unternehmensausrichtung abgeglichen. Wenn das Unternehmen auf die Produktion spezialisiert ist, passt eine Ausweitung der Dienstleistungsabteilung, die für das Anbieten eines IPSS notwendig ist, evtl. nicht in die Unternehmensstrategie.

Ein weiterer Schwerpunkt der IPSS-Konzeptionierung ist der IPSS-Geschäftsmodellentwurf. Anders als bei dem üblichen einmaligen Verkauf eines Produktes wird bei einem IPSS meist ein Vertrag über eine längere Laufzeit geschlossen. Daraus resultiert ein stetiger Einnahmenfluss kleinerer Beträge im Gegensatz zu einer Einmalzahlung bei einem Produktverkauf. Um ein sinnvolles IPSS-Geschäftsmodell zu entwerfen, werden daher schon am Anfang der IPSS-Entwicklung sämtliche Lebenszykluskosten so genau wie möglich spezifiziert und berechnet.

3.2.1.1.3 IPSS-Ausgestaltung

Nach der Klärung der Nutzungsszenarien für das IPSS sowie der Auswahl eines passenden Konzeptes kommt die Phase, in der die groben Vorstellungen ausdetailliert werden – die IPSS-Ausgestaltung (Abb. 3.5). In dieser Phase werden alle einzelnen Bestandteile eines IPSS konkretisiert, die Bestandteile des ausgewählten IPSS-Konzepts sind. Beispielsweise, wenn zum IPSS-Konzept ein Produkt (z. B. Mikrofräsmaschine), Dienstleistungen (z. B. Maschinenschulung) und eine Software (z. B. für Management für die Überwachung der Mikrofräsmaschine) gehören, werden sie in dieser Phase ausdetailliert und ggf. ausgestaltet. Das bedeutet beispielsweise, dass ein detaillierteres Konzept der Mikrofräsmaschine erarbeitet und ausgestaltet wird, sofern keine passende Maschine bereits im Portfolio vorhanden ist. Im Falle, dass ein Produkt aus dem Unternehmensportfolio gewählt und die für das IPSS angepasst wird, wird die Anpassungsentwicklung auch in dieser Phase stattfinden. Das gleiche gilt für andere Bestandteile des ausgewählten IPSS-Konzepts (Dienstleistung, Software und Betriebsumfeld).

Bei der Ausgestaltung der Bestandteile werden Entscheidungen zu konkreten Umsetzungen der Konzepte getroffen. Dabei können diese Entscheidungen das ausgewählte Geschäftsmodell sehr stark beeinflussen. Zum Beispiel, wenn ein Überwachungssensor

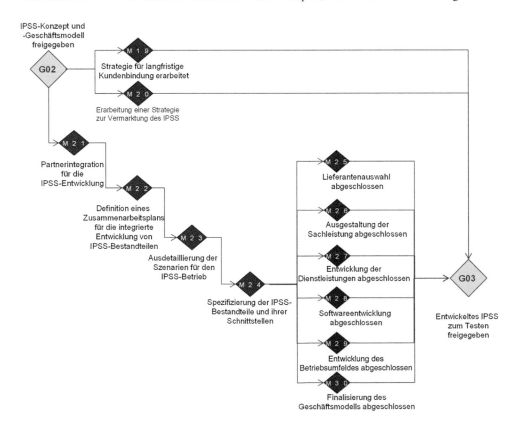

Abb. 3.5 IPSS-Ausgestaltung

wegen zu extremen Betriebsbedingungen nicht wie vorgesehen in das Produkt integriert werden kann, muss die Verfügbarkeitsgarantie in dem Geschäftsmodell revidiert und ggf. gestrichen werden.

Besondere Bedeutung haben außerdem Schnittstellen zwischen allen Bestandteilen des anzubietenden IPSS. Da ein IPSS aus unterschiedlichen Bestandteilen besteht, müssen Schnittstellen verschiedenster Art berücksichtigt werden. Diese sind nicht nur technische Schnittstellen zwischen physischen Bestandteilen und Software-Bestandteilen, sondern auch Schnittstellen zwischen diesen und den ausführenden Dienstleistungsmitarbeitern. Dies macht die Abstimmung besonders schwierig, da es sich nicht um eindeutig austauschbare Daten handelt, sondern um die Bereitstellung interpretierbarer Informationen sowie um die Bereitstellung einfacher und schneller Eingabemechanismen für Dienstleistungsmitarbeiter.

Für den Fall, dass der IPSS-Anbieter nicht die gesamte Lösung selbst herstellen und bereitstellen kann, wird er auf bestehende Partnerschaften zurückgreifen bzw. neue Partnerschaften eingehen müssen. Dabei werden in dieser Phase drei Arten der Partnerschaften unterschieden – Lieferanten, Entwicklungspartner und Anbieterpartner. Lieferanten sind Partner, die dem IPSS-Anbieter physische und/oder Software-Bestandteile gemäß eines Auftrags liefern (z. B. Werkzeuglieferanten). Entwicklungspartner sind besondere Partner, die in die Ausdetaillierung des IPSS eingebunden sind und spezielle, angepasste Lösungen anbieten. Diese erfordern eine besonders enge Kommunikation, damit die extern entwickelten Komponenten problemlos in die weiteren Bestandteile eingefügt werden können. Beispielsweise sind das Sensorhersteller, die einen besonderen Sensor für die spezielle Mikrofräsmaschine des IPSS-Anbieters entwickeln und daher in den Entwicklungsprozess des IPSS-Anbieters miteinbezogen werden müssen. Anbieterpartner sind dagegen Partner, die einen Teil des IPSS mit anbieten und das Geschäftsmodell mit dem Kunden mitgestalten (z. B. besondere Schulungen für Maschinenbedienung, Stromlieferanten). Für die ausgewählten Partner, die in die IPSS-Entwicklung integriert werden, müssen Zusammenarbeitspläne für die integrierte Entwicklung der IPSS-Bestandteile definiert werden.

Neben technischen und organisatorischen Entwicklungstätigkeiten sollen in dieser Phase auch geschäftsbezogene Aspekte berücksichtigt werden. Mit einem IPSS wird eine langfristige Geschäftsbeziehung mit den Kunden angestrebt. Dementsprechend sollen Strategien für eine langfristige Kundenbindung, wie z. B. wiederkehrende unentgeltliche Zusatzleistungen, erarbeitet werden. Daneben werden Strategien zur Vermarktung des IPSS erarbeitet, damit neue Kunden für das IPSS gewonnen werden können. Außerdem werden bereits die einzelnen Bestandteile des IPSS, sowie das Zusammenwirken abhängiger Bestandteile getestet.

3.2.1.1.4 IPSS-Prototypisierung

In der IPSS-Prototypisierung (Abb. 3.6) werden alle Bestandteile des IPSS zusammen getestet. Dabei handelt es sich um einen IPSS-Prototypen, der einen Großteil der finalen Bestandteile beinhaltet, welche zu diesem Zeitpunkt unterschiedliche Reifegrade aufweisen. So wird zum Beispiel im Sinne der Sachleistungsentwicklung eine Mikrofräsmaschine

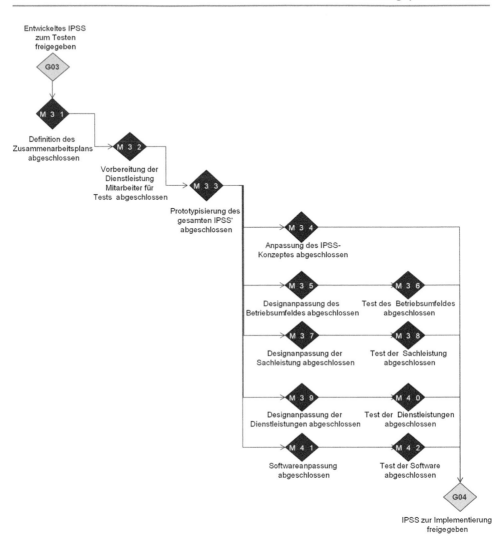

Abb. 3.6 IPSS-Prototypisierung

in ihrem vorläufigen, aber bereits funktionierenden Zustand hergestellt und mit der zugehörigen Software ausgestattet, wie zum Beispiel die Bedienungsschnittstelle und die Betriebsdatenerfassung. Zusätzlich wird das Betriebsumfeld, in welchem sich das IPSS beim Kunden befinden wird, simuliert (z.B. Platzangebot, Umgebungsklima) und es werden Dienstleistungen wie die Wartung der Maschine getestet. Das Ziel hierbei ist, neue Erkenntnisse über den tatsächlichen Betrieb des IPSS zu erlangen und zu testen wie die verschiedenen Bestandteile zusammenwirken. Fehler, die in diesem Stadium der Entwicklung identifiziert werden, können schneller und einfacher behoben werden, als Fehler, die erst nach der Auslieferung festgestellt werden. Außerdem können im Laufe der Tests noch Ideen und Verbesserungsvorschläge aufkommen, die dann gegebenenfalls noch umgesetzt werden können.

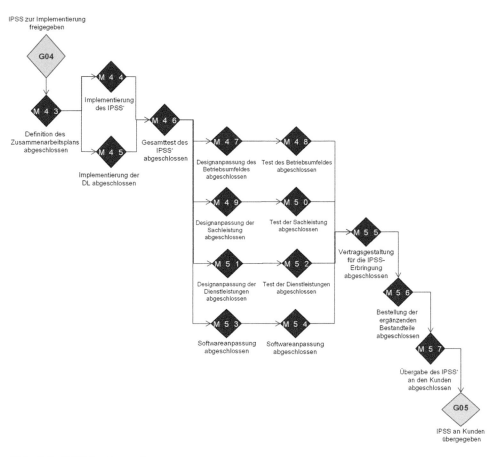

Abb. 3.7   IPSS-Implementierung

3.2.1.1.5   IPSS-Implementierung

In der Phase der IPSS-Implementierung (Abb. 3.7) wird das IPSS in die vertraglich verein-barte Umgebung überführt. Dazu werden die abschließenden Tests durchgeführt, um die vollständige Funktionalität der technischen Produkte, sowie die problemlose abgestimmte Durchführung der Dienstleistungen sicherzustellen. Dabei kann es noch zu Problemen kommen, falls sich zum Beispiel die tatsächliche Betriebsumgebung (z. B. Platzangebot, Umgebungsklima) verändert hat. Außerdem werden eventuelle Schulungen für das Perso-nal vor Ort durchgeführt und das IPSS in den Produktionsprozess des Kunden integriert. Schließlich wird der Vertrag unterschrieben, welcher das Geschäftsmodell und die fortlau-fenden Geschäftsbeziehungen regelt, wie zum Beispiel eventuelle Eigentumswechsel.

3.2.1.2 Disziplinen des detaillierten IPSS-Entwicklungsprozesses

Der IPSS-Entwicklungsprozess ist in sieben Disziplinen aufgeteilt. Dabei handelt es sich um phasenübergreifende Tätigkeitsbereiche mit zusammenhängenden Aktivitäten der

IPSS-Entwicklung. Ergebnisse der Aktivitäten einer Disziplin sind von Ergebnissen aller anderen Disziplinen trennbar. Diese können sich jedoch gegenseitig stark beeinflussen. Die Disziplinen der IPSS-Entwicklung gliedern sich in:

- Unternehmensmanagement
- IPSS-Entwicklungsmanagement
- Geschäftsmodellentwicklung
- Sachleistungsentwicklung
- Dienstleistungsentwicklung
- Softwareentwicklung
- Betriebsumfeldentwicklung

3.2.1.2.1 Unternehmensmanagement

Der Begriff des Unternehmensmanagement umfasst Aufgabenbereiche, die sich mit den strategischen Belangen eines Unternehmens befassen. Darunter fällt auch die Entscheidung, ob angehende Entwicklungsprojekte zu der strategischen Ausrichtung des Unternehmens passen und ob Projekte durchgeführt/gestartet werden.

Die Integration des Unternehmensmanagements in den Entwicklungsprozess des IPSS ist sehr wichtig, da die Entscheidung für das Anbieten eines IPSS umfassende Konsequenzen für das Unternehmen mit sich bringen kann. Beispielsweise möchte der Kunde ein IPSS mit verfügbarkeitsorientiertem Geschäftsmodell haben, der Anbieter hat aber noch keine Dienstleistungsabteilung, um die Wartung und Instandhaltung durchzuführen. Soll das Unternehmen eine eigene Dienstleistungsabteilung aufbauen oder soll es sich mit einem Partner zusammenschließen? Möglicherweise passt das Geschäftsmodell gar nicht in die Unternehmensstrategie, da das Unternehmen auf den Verkauf der Sachleistung angewiesen ist und die lange Wartezeit für ratenweise Einnahmen eines IPSS finanziell nicht tragbar ist. Eine Entscheidung für den Aufbau einer eigenen Dienstleistungsabteilung hat tief greifende Konsequenzen, auf die ein klassisches Entwicklungsteam keinen Einfluss hat, wie z. B. Erarbeitung von Plänen für die Organisationsentwicklung.

3.2.1.2.2 IPSS-Entwicklungsmanagement

Das IPSS-Entwicklungsmanagement ist in erster Linie mit der operativen Projektarbeit in den frühen Phasen der IPSS-Entwicklung (Planung und Konzept) betraut. Hier liegt der Fokus auf der Sicherstellung der integrierten Konzeptionierung (Definition einer Lösung aus technischem Produkt, Dienstleistungen und Infrastruktur) sowie der Definition einer passenden Geschäftsbeziehung. Dabei ist die Erfassung der genauen und grundlegenden Kunden- und Anbieterbedürfnisse sowie ihre Berücksichtigung im IPSS-Konzept die Hauptaufgabe dieser Disziplin. In den späten Phasen der IPSS-Entwicklung (Phase IPSS-Ausgestaltung, -Prototypisierung und -Implementierung) ist das IPSS-Entwicklungsmanagement für die Definition der Schnittstellen aller IPSS-Bestandteile sowie für die Koordination ihrer integrierten Ausgestaltung und Tests zuständig. Die Ausgestaltung der IPSS-Bestandteile bedeutet die Entwicklung der Bestandteile in ihrer eigenen Domäne (Produktentwicklung, Softwareentwicklung, Dienstleistungsentwicklung, Bauingenieurwesen) mit ihren spezifischen Methoden und Werkzeugen. Ebenfalls zum IPSS-Entwicklungsmanagement gehören die Risiko- und Wirtschaftlichkeitsbewertung und die Entscheidung über mögliche Partnerschaften. Außerdem ist eine ausführliche Dokumentation und zielführende Vermarktung des Entwicklungsprojektes notwendig.

3.2.1.2.3 Geschäftsmodellentwicklung

Die Disziplin Geschäftsmodellentwicklung beschäftigt sich z. B. mit der Ausgestaltung und Entwicklung des Geschäftsmodells, also der Architektur der Wertschöpfungs-, Ertrags- und Risikomodelle. Die Erweiterung der Disziplin durch „Produktstrategie" bietet neue Möglichkeiten für die Gestaltung der Geschäftsbeziehungen zu Kunden. Es müssen Strategien erarbeitet werden, um neue Kunden zu gewinnen sowie bestehende Kunden zu halten. Um durchsetzbare und gewinnbringende Preise des IPSS definieren zu können, sind eine Markt- und Wettbewerbsanalyse, sowie eine Kostenkalkulation durchzuführen. Während der Ausgestaltung der IPSS-Bestandteile ergeben sich eventuell neue Erkenntnisse, die eine Anpassung des Geschäftsmodells erfordern. Wenn sich beispielsweise das vorgesehene Überwachungssystem nicht in die Sachleistung integrieren lässt, kann kein verfügbarkeitsorientiertes Geschäftsmodell angeboten werden. Die Anpassungen des Geschäftsmodells (z. B. von einem ergebnisorientiertes Geschäftsmodell zu einem verfügbarkeitsorientierten Geschäftsmodell) setzt möglicherweise eine Anpassung einer Dienstleistung voraus (z. B. von Technologieberatung zur Schulung des Umgangs mit der Technologie). Nach den Tests und Anpassungen der IPSS-Bestandteile und dem erfolgreichen Durchspielen der gewünschten Betriebsszenarien kann der Vertrag mit dem Kunden geschlossen werden. Inhalt dieses Vertrages sind Service Level Agreement Vereinbarungen, Weiterentwicklungsvereinbarungen sowie die Zahlungsform. Zur Vertragsgestaltung gehören ebenfalls Strafen (z. B. Verringerung der Zahlungen des Kunden bei schlechter Leistungserbringung des Anbieters) und Anreize (z. B. Bonusleistungen für den Kunden bei besonders hilfreicher Zusammenarbeit).

3.2.1.2.4 Sachleistungsentwicklung

In der Sachleistungsentwicklung finden sich die Aktivitäten der klassischen Produktentwicklung, wie z. B. die Entwicklung mechatronischer Systeme wieder. Die klassische Produktentwicklung findet erst in der IPSS-Ausgestaltung statt. In den früheren Phasen bildet die Sachleistungsentwicklung einen Informations-Input bei der gemeinschaftlichen Definition der gesamten Lösung. Außer der eigenständigen Entwicklung der Sachleistung muss diese auch mit der Dienstleistungsentwicklung abgestimmt werden. Es müssen Schnittstellen in der Sachleistung vorgesehen werden, die für die Ausführung der Dienstleistungen benötigt werden. Diese Schnittstellen müssen erreichbar sein (z. B. Bedienelemente nicht zu klein und nicht zu hoch angebracht) und die zu übertragenden Informationen müssen angemessen dargestellt werden (z. B. Texte auf Display ausreichend groß). Die Sachleistung wird anschließend im gesamten IPSS-Kontext getestet, in der Phase der Implementierung auch in der endgültigen Umgebung. Sollte das Ergebnis nicht wie gewünscht sein, werden die Tests nach Anpassungen iterativ wiederholt. Die Sachleistung könnte nach neuen Erkenntnissen aus den Tests noch einige Schwachstellen enthalten. Denkbar ist zum Beispiel, dass vereinbarte Arbeitsschritte, die an einer Maschine (Sachleistung) nicht durchgeführt werden können, Änderungen an der Sachleistung hervorrufen.

3.2.1.2.5   Dienstleistungsentwicklung

Die Dienstleistungsentwicklung ist für die Dienstleistungs- und Erbringungsprozesse, welche für das IPSS ausgearbeitet werden, sowie für den Kapazitätsaufbau und für die Schulung des Dienstleistungspersonals zuständig. Die Dienstleistungsentwicklung ist nicht so aufwendig wie die Sachleistungsentwicklung, aber dafür mit viel vorrausschauendem Denken verbunden. Es muss von Beginn der Entwicklung an sichergestellt werden, dass die in das IPSS integrierten Dienstleistungen durchführbar sind. Dies muss auch an Prototypen unterschiedlicher Reifegrade geschehen und kann durch Simulation der Prozesse oder Probedurchläufe der Dienstleistungen realisiert werden. Um Fehlentwicklungen zu vermeiden, ist eine regelmäßige, enge Kommunikation mit den restlichen Disziplinen notwendig. Die Dienstleistung wird im gesamten IPSS-Kontext getestet, in der Phase der Implementierung auch in der endgültigen Umgebung. Nach den Tests können Schwachstellen der Dienstleistung aufgedeckt worden sein. Denkbar ist z. B. dass die Dienstleistung auch noch einmal angepasst werden muss, wenn sich das Betriebsumfeld verändert. Es könnte z. B. zusätzlich vereinbart werden, dass ein Produkt, z. B. ein Fräsbauteil, stärker nachbearbeitet werden muss als vorher angenommen. Somit würde sich die Dienstleistung ausweiten müssen.

3.2.1.2.6   Softwareentwicklung

Software kann eine sehr bedeutende Rolle bei einem IPSS spielen. Sie automatisiert Funktionen (z. B. automatische Regulierung von Temperatur) und unterstützt Mitarbeiter bei der Durchführung ihrer Tätigkeiten (z. B. Data Mining (Erkennung von Mustern in Betriebsdaten und Analyse von Ursachen und möglichen Lösungen), Dokumentation, Auswertung von Daten). Dabei ist eine Abstimmung mit allen anderen IPSS-Bestandteilen notwendig. In der Softwareentwicklung wird produktunabhängige Software für das IPSS ausgearbeitet (z. B. Service Plattform zum Ablesen und Auswerten von Betriebsdaten). Die Software wird im gesamten IPSS-Kontext getestet, in der Phase der Implementierung als auch in der endgültigen Umgebung. Nach der Auswertung der Testergebnisse könnten neue Schwachstellen der Software identifiziert worden sein. Beispielsweise könnte sich herausstellen, dass der Sachleistung Bedienungselemente, wie z. B. Tasten oder Knöpfe zur Eingabe, fehlen. Dann könnten bei der Nachrüstung der Sachleistung neue Softwarefunktionen notwendig sein, um die Eingabetasten mit Funktionen zu belegen.

3.2.1.2.7 Betriebsumfeldentwicklung

Für ausgewählte Geschäftsmodelle (Verfügbarkeitsgarantie) ist die Sicherstellung des optimalen Betriebsumfeldes von zentraler Bedeutung. Eine feuchte, staubige Umgebung sowie eine schwankende Arbeitsfläche können die Funktion der Mikrofräsmaschine deutlich beeinträchtigen und damit die Garantie der Leistungen stark beeinflussen. In den meisten Fällen muss das Betriebsumfeld sehr genau analysiert und gegebenenfalls umgestaltet werden. Dies ist eine Aufgabe der Betriebsumfeldentwicklung, deren weitere Tätigkeiten unter anderem die Infrastruktur, die Logistik sowie die Fundamente (unter Umständen muss der Untergrund der Maschine neu aufgebaut werden) und das Raumklima umfassen. Das Betriebsumfeld wird weiterhin im gesamten IPSS-Kontext getestet, in der Phase der Implementierung und in der endgültigen Umgebung. Es ist beispielsweise denkbar, dass die Luftfeuchtigkeit sich seit der letzten Messung verändert hat, so muss das Design für das Betriebsumfeld angepasst werden.

3.2.2 Kriterien des Prozesszuschnitts

Die Zuschnittskriterien (Abb. 3.8) spiegeln die Projektrandbedingungen wider, dienen der Anpassung des IPSS-Entwicklungsprozesses an das jeweilige Projekt und beeinflussen die Ausprägung des Projektplans. Sie sind dabei mit den einzelnen Vorgehensbausteinen des Projektplans logisch verknüpft. So wird über die Ausprägungen der Zuschnittskriterien bestimmt, ob die betroffenen Vorgehensbausteine in den zugeschnittenen Projektplan übernommen werden oder nicht. Für die IPSS-Entwicklung wurden vier verschiedene Zuschnittskriterien definiert, welche jeweils unterschiedliche Ausprägungen besitzen können. Dabei kann bei einigen der Zuschnittskriterien jeweils immer nur eine Ausprägung zutreffen, wobei bei den anderen mehrere Ausprägungen ausgewählt werden können. Die einzelnen Zuschnittskriterien und die zugehörigen Ausprägungen haben sich aus den diversen Experteninterviews, Workshops und der Anwendung der Operationalisierungsmethode in den Anwendungsbeispielen ergeben.

3.2.2.1 Zuschnittskriterium: Projektziele

In dem Zuschnittskriterium „Projektziele" spiegelt sich der Reifegrad des zu entwickelnden IPSS wider. Dabei kommt es zum einen darauf an, welcher Reifegrad das Entwicklungsprojekt bereits besitzt. Wurde beispielsweise in der Vergangenheit ein IPSS entwickelt, so ist nur noch eine IPSS-Implementierung notwendig. Daraus ergeben sich andere Anforderungen an den Entwicklungsprozess als wenn eine IPSS-Gesamtentwicklung durchgeführt werden soll.

Ebenfalls kann es gewünscht sein, zunächst nur ein IPSS-Konzept zu entwickeln, um beispielsweise eine Einschätzung der Machbarkeit, Risiken oder Kosten durchzuführen. Für diesen Fall würden dann die Vorgehensbausteine für die IPSS-Implementierung beim Zuschnitt wegfallen. Für dieses Zuschnittskriterium kann nur eine Ausprägung ausgewählt werden.

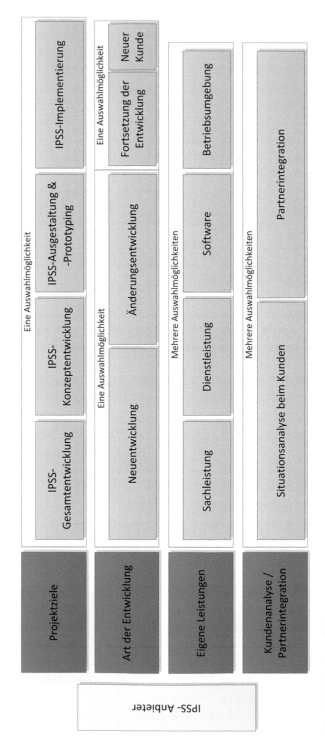

Abb. 3.8 Zuschnittskriterien

Die **IPSS-Gesamtentwicklung** repräsentiert folglich alle notwendigen Aktivitäten zur Planung und zum Management des gesamten Entwicklungsprojektes aus Sicht eines IPSS-Anbieters. Dieser Projekttyp umfasst die Entwicklung von der ersten Idee, über die Konzeptionierung, Instanziierung bis zur Implementierung. Unter eine IPSS-Gesamtentwicklung fällt ebenfalls die Überprüfung einer Machbarkeit als auch die Entwicklung eines Schauplatzes, wobei sich hierbei lediglich die Motivation und Ausgangslage unterscheiden. IPSS-spezifische Kriterien der IPSS-Gesamtentwicklung sind die integrierte Konzeptionierung der Sach- und Dienstleistungen, die Ausarbeitung des passenden Geschäftsmodells und die eng abgestimmte Ausarbeitung und Erprobung der einzelnen IPSS-Bestandteile. Zusätzlich umfasst die IPSS-Gesamtentwicklung ökonomische Abschätzungen und die vor der Freigabe der Gesamtentwicklung durchzuführende Phase der IPSS-Implementierung, in der das IPSS in der realen Umgebung erprobt werden muss. Anders als bei den klassischen Entwicklungsprozessen, bei denen das Konzept nur ein Teil des gesamten Entwicklungsprozesses ist, ist bei der IPSS-Entwicklung die **Konzeptentwicklung** die Hauptphase. Das Ergebnis kann sogar die strategische Ausrichtung des Unternehmens langfristig verändern. Dies kann beispielsweise eine neue Geschäftsform (Ertragsmodelle/ Verkaufsformen (z. B. Pooling)) oder eine Rücknahme der Sachleistungen bzw. der Infrastruktur bestimmen. Die IPSS-Konzeptentwicklung umfasst die Aktivitäten der Entwicklung von der ersten Idee bis zur Fertigstellung des Konzeptes. Dies kann beispielsweise nötig sein, um neue Märkte und Kunden zu erschließen und somit langfristige Erfolge sicherzustellen. Weiterhin kann eine Potenzialanalyse von einem IPSS unter dem Projektziel IPSS-Konzeptentwicklung durchgeführt werden. Eine Prüfung des Businessplans mit Ideen für neue Märkte können mit Abschätzung der Risiken sowie Kosten realisiert werden. In diesem Projekttyp werden das IPSS-Konzept und das passende Geschäftsmodell entwickelt. Es wird entschieden, ob neue Geschäftsbeziehungen und damit verbunden ein möglicher Aufbau neuer bzw. eine Änderung bestehender Organisationseinheiten (z. B. Dienstleistungsabteilung) trotz der Kompatibilität mit der Unternehmensstrategie gewünscht sind und sowohl für den Kunden als auch für den Anbieter am besten geeignet sind. So könnte z. B. der Anbieter am Wertschöpfungsprozess des Kunden beteiligt oder ein dynamischer Austausch zwischen Dienstleistung und Sachleistung vorgesehen sein. Denkbar sind auch dynamische Wechsel der Geschäftsmodelle während der Geschäftsbeziehungen. Dabei könnte zum Beispiel der Kunde zunächst sowohl Sach- als auch Dienstleistungen erhalten und später nur noch eine dieser Leistungen in Anspruch nehmen. Somit kann es bei der IPSS-Entwicklung durchaus sinnvoll sein, zunächst ein Konzept zu erstellen, ohne unmittelbar eine konkrete Entwicklung durchzuführen. Die IPSS-Ausgestaltung und das IPSS_Prototyping setzen ein bereits vorhandenes IPSS-Konzept voraus und beinhalten Aktivitäten, um die Entwicklung der Bestandteile und des Systems des IPSS zu managen. IPSS-spezifisch ist die integrierte sowie eng abgestimmte Ausarbeitung und Erprobung der einzelnen IPSS-Bestandteile. Zusätzlich kommt die vor der Freigabe der

Gesamtentwicklung durchzuführende zusätzliche Phase der IPSS-Implementierung, in der das IPSS in der realen Umgebung erprobt werden muss.

Bei der **IPSS-Implementierung** werden nur Aktivitäten durchgeführt, die für die Einführung des fertig entwickelten IPSS beim Kunden nötig sind. Folglich ist eine Voraussetzung für die Auswahl dieser Ausprägung, dass ein bereits entwickeltes IPSS vorhanden ist. Unter Umständen muss nach der Erprobung eine Anpassung aller Bestandteile (Sach- als auch Dienstleistungen) erfolgen. Durch diesen Projekttyp wird geklärt, ob die IPSS-Betriebsszenarien in der realen Umgebung, also in der vereinbarten Betriebsumgebung, erfüllt werden. Weiterhin werden bekannte IPSS-spezifische Fragestellungen aus anderen Phasen anhand der realen Situation wiederholt. Dazu gehört die Beantwortung folgender Fragestellungen: Läuft die Aufteilung der Aufgaben problemlos? Kann der dynamische Austausch der SL und DL unter operativen Zuständen durchgeführt werden? Andernfalls, wo treten Abweichungen zu den erwarteten Ergebnissen auf? Wie gut funktionieren die veränderten oder neuen Organisationseinheiten (z. B. Dienstleistungsabteilung)? Ist die real Geschäftsbeziehung nach einer Hochrechnung weiterhin wirtschaftlich? Diese Phase schließt die IPSS-Entwicklung ab, womit der Aufbau und Testlauf des IPSS in der reellen Umgebung (beim Kunden oder im eigenen Prüfstand) verbunden ist.

3.2.2.2 Zuschnittskriterium: Art der Entwicklung

Bei einem IPSS entsteht auf Grund des integrierten Angebots von Sach- und Dienstleistung eine langfristige Kundenbeziehung. Während dieser Beziehung kann es unter Umstände vorkommen, dass sich die Kundenbedürfnisse ändern oder eine Optimierung der einzelnen Bestandteile des IPSS durchgeführt werden muss. In diesem Fall muss zwar auch eine IPSS-Entwicklung durchgeführt werden, jedoch liegen hier andere Voraussetzungen vor, als wenn es sich um eine Entwicklung für einen komplett neuen und unbekannten Kunden handelt. Diese Umstände werden durch das Zuschnittskriterium „Art der Entwicklung" abgebildet. Für dieses Kriterium kann nur eine Ausprägung ausgewählt werden.

Nicht jede IPSS-Entwicklung ist eine Neuentwicklung. Bei **Änderungsentwicklungen** kann es sich um Änderungen bestehender Lösungen sowie Änderungen von Teilen der Lösungen (Upgrade der Teile – neue Version des Produkts / Software / Prozess) handeln. Diese Ausprägungen werden im Folgenden näher beschrieben. Wegen der langfristigen Geschäftsbeziehung werden Änderungsentwicklungen erwünscht (z. B. aufgrund von Änderungen der Kundenbedürfnisse, Evolution der einzelnen Bestandteile, Optimierungswünsche für einzelne Bestandteile). Wird beispielsweise ein IPSS bereits angeboten und der Kunde wünscht eine Verbesserung oder eine Anpassung vom Anbieter, muss auf Grund neuer strategischer Ziele eine Optimierung bzw. Änderung durchgeführt werden. In diesem Fall sind unterschiedliche Daten und Informationen vorhanden. Einzelne Aufgabenbereiche der IPSS-Entwicklung müssen dann nicht wiederholt werden.

Im Verlauf der Definition und Ermittlung der Zuschnittskriterien wurden ebenfalls IPSS-spezifische Einflussfaktoren identifiziert, welche jedoch keinen Einfluss auf den IPSS-Entwicklungsprozess haben. Aus diesem Grund wurden diese in den Zuschnittskriterien nicht berücksichtigt. Hier sind beispielsweise die folgenden Punkte zu nennen:

- Änderung des Geschäftsmodells nach einem festgelegten Zeitraum (Flexibilitätsoptionen) ->Einfluss auf die Ausprägung des Geschäftsmodells
- Eigentumsverhältnisse ->Einfluss auf die Ausprägung des Konzeptes
- Risikoverteilungen ->Einfluss auf die Ausprägung des Konzeptes

3.2.2.3 Zuschnittskriterium: Eigene Leistungen

Das Zuschnittskriterium „Eigene Leistungen" definiert, für welche IPSS-Bestandteile der Anbieter zuständig ist (sei es Neuentwicklung oder Änderungsentwicklung). Für dieses Kriterium können mehrere Ausprägungen gleichzeitig ausgewählt werden. So wird beispielsweise ein IPSS-Anbieter, welcher neben der Kompetenz für die Produktkomponente bereits große Erfahrung im Bereich Dienstleistung besitzt, sowohl die Sach- als auch die Dienstleistung eigenständig entwickeln, falls keine anderen Umstände dagegensprechen (z. B. knappe Ressourcen).

Die **Sachleistung** definiert die eigentliche Sachleistungsentwicklung für einen IPSS-Bestandteil, wobei sich die funktionalen Anforderungen aus dem IPSS-Konzept und dem IPSS-Entwurf ergeben. Das Kriterium wird ausgewählt, wenn der IPSS-Anbieter für die Sachleistung verantwortlich ist. Darunter fallen alle technischen Produkte und Bestandteile des IPSS. Dies können zum Beispiel die hauptsächliche Maschine, die den Hauptzweck des IPSS erfüllt, die Sensoreinheit, die Betriebsdaten sammelt und weiterleitet, aber auch Geräte zur Beeinflussung der Betriebsumgebung sein, welche beispielsweise dafür zuständig sind, eine konstante Temperatur zu halten. Oft handelt es sich bei den Sachleistungen um mechatronische Systeme, welche aus mechanischen und elektronischen Bauteilen sowie implementierter Software bestehen.

Die **Dienstleistung** definiert die eigentliche Dienstleistungsentwicklung für einen IPSS-Bestandteil, wobei sich die Anforderungen an den Dienstleistungsprozess sowie deren Randbedingungen aus dem IPSS-Konzept und dem IPSS-Entwurf ergeben. Diese Auswahl wird getroffen, wenn der IPSS-Anbieter für die Dienstleistung verantwortlich ist. Diese können Leistungen wie Schulungen und Beratungen umfassen, um die Funktionsweise des IPSS zu vermitteln und zu optimieren. Zusätzlich können diese je nach Vereinbarung (bzw. Geschäftsmodell (doppel ll)) beinhalten.

Die **Software** definiert die eigentliche Softwareentwicklung für einen IPSS-Bestandteil, wobei sich die Anforderungen an die Software sowie deren Schnittstellen aus dem IPSS-Konzept und dem IPSS-Entwurf ergeben. Das Kriterium wird ausgewählt, wenn der IPSS-Anbieter für die Software verantwortlich ist. Unter dem Punkt Software befinden sich alle virtuellen Programme und Funktionen, welche für das IPSS programmiert werden. Dies sind zum Beispiel die Bedienungsschnittstelle, die Software zur Überwachung des Betriebes und des Zustandes sowie die Regelung des Betriebsumfeldes. Weiterhin bildet vor allem die Software zur Analyse und Auswertung der gesammelten Daten oft eine wichtige Funktion innerhalb des gesamten IPSS.

Die **IPSS-Betriebsumgebung** definiert die Entwicklung der Betriebsumgebung für das IPSS, wobei sich die Anforderungen und Randbedingungen aus den vorherigen Analysen sowie dem IPSS-Konzept und dem IPSS-Entwurf ergeben. Diese Auswahl wird getroffen, wenn der IPSS-Anbieter für die Betriebsumgebung verantwortlich ist. Es kann zum Beispiel vorkommen, dass für eine sehr präzise Maschine hohe Anforderungen an den Untergrund, auf dem sie steht, gestellt werden und dieser sich nur in geringen Ausmaßen bewegen/verformen darf. Außerdem muss gewährleistet werden, dass im Umfeld der Maschine genug Platz für Wartungsarbeiten und Reparaturen vorhanden ist. Sollte die Maschine in eine bestehende Produktionskette eingefügt werden, so muss sichergestellt werden, dass die Schnittstellen zu anderen Bestandteilen funktionieren.

Bei einer IPSS-Konzeptentwicklung entfällt das Zuschnittskriterium „Eigene Leistungen", da hier noch keine Entwicklungsarbeit an den einzelnen IPSS-Elementen geleistet werden muss.

3.2.2.4 Zuschnittskriterium: Projektmerkmale

Für das Zuschnittskriterium „Projektmerkmale" können wieder mehrere Ausprägungen gleichzeitig ausgewählt werden. Zum einen muss bestimmt werden, ob eine **Situationsanalyse** beim Kunden notwendig ist. Dies ist beispielsweise bei einem verfügbarkeitsorientierten IPSS sehr wichtig, da hier sichergestellt werden muss, dass das Betriebsumfeld beim Kunden das auch erlaubt. Hierunter fallen Einflussfaktoren wie die Umgebungstemperatur oder die Feuchtigkeit. Werden diese Faktoren nicht hinreichend überprüft, kann dies bei einem solchen Geschäftsmodell schnell zu einem hohen Risiko führen.

IPSS stellt eine Erweiterung der traditionellen Verkaufsangebote dar. Für die Erweiterung der angebotenen Leistungen, muss der IPSS-Anbieter bei Bedarf Partnerschaften eingehen und so ein IPSS-Anbieternetzwerk aufbauen. Für eine abgestimmte, integrierte Zusammenarbeit, müssen **Partner** in die IPSS-Entwicklung integriert werden. Eine eigenständige Entwicklung ohne Partner macht auch das Merkmal Partnerintegration überflüssig. Sind jedoch Partner vorhanden, so muss dieses Merkmal ausgewählt werden.

3.2.3 Anwendungsbeispiel

Im Rahmen der Forschungsarbeit im Sonderforschungsbereich Transregio 29 ist ein fiktives Mikroproduktionsszenario entstanden. Gegenstand des Szenarios ist die Herstellung von Uhrenplatten.

Die Firma Omichron, die mechanische Uhren entwickelt, produziert und verkauft, möchte die Uhrenplatten in Eigenregie fertigen. Bisher wurden diese von einem Zulieferer bezogen, der einen weitaus größeren Kundenstamm hat. Dadurch ist das Design der Uhrenplatten schlecht individualisierbar und die Fertigungsflexibilität begrenzt. Das Ziel ist es, eine Uhrenplatte selbst zu designen und herzustellen sowie in den Produktionsablauf von Omichron einzugliedern. Omichron besitzt aber weder die Kapazitäten noch die Kompetenzen für die Entwicklung einer Maschine, die veränderbare individuelle Uhrenplatten produzieren kann.

An dieser Stelle setzt das IPSS an. Ein wiederum fiktives Unternehmen MicroS+ entwickelt eine solche Maschine und betreibt sie innerhalb der Produktionskette eigenständig beim Kunden Omichron vor Ort. Die Anlage geht dabei vorerst nicht in das Eigentum von Omichron über.

Für den Zuschnitt des IPSS-Entwicklungsprozesses bedeutet dieses Szenario eine neue IPSS-Gesamtentwicklung (Auswahl Projektziel: „IPSS-Gesamtentwicklung"; Art der Entwicklung: „Neuentwicklung"). Um den neuen Kunden und seine Bedürfnisse besser kennenzulernen wird innerhalb der IPSS-Entwicklung eine Situationsanalyse beim Kunden Omichron durchgeführt. Das IPSS besteht aus der Mikrofräsmaschine, welche die Sachleistung darstellt, und Dienstleistungen wie Wartung, Inspektion, Instandsetzung und Betrieb der Maschine sowie Vermittlung von Betriebs-Know-How. Eine eigenständige Softwareentwicklung oder eine besondere Entwicklung der IPSS-Betriebsumgebung ist hier nicht erforderlich. Ebenfalls kann auf eine Partnerintegration verzichtet werden, da der Anbieter MicroS+ über die erforderlichen Entwicklungskapazitäten verfügt, und bereits Erfahrung in der IPSS-Entwicklung besitzt.

Als Ergebnis des Projektzuschnitts entsteht unter Anwendung der erläuterten Kriterien (Abb. 3.9) ein projektspezifischer Ablauf des Entwicklungsprozesses, bestehend aus 46 Meilensteinen in den gesamten fünf Phasen. Stellvertretend ist in Abb. 3.10 die Phase IPSS-Ausgestaltung, und die Auswirkungen des Zuschnitts auf diese, dargestellt.

Wenn sich im Laufe der Zeit Omichron als Kunde genügend Know-How angeeignet hat, ist ein Wechsel des Geschäftsmodells, also vom Nutzer einer Service-Leistung hin zum Uhrenplattenhersteller, möglich. In diesem Fall wird wieder ein Entwicklungsprojekt gestartet, dessen Prozess ebenfalls mit den vorgestellten Prozess und Kriterien zugeschnitten werden kann.

3.3 Einführung der neuen Vorgehensweise in konventionellen Unternehmen

Die Vorgehensweise zur Vermittlung der IPSS-Entwicklungsmethodik (Abb. 3.11) wurde basierend auf den Erkenntnissen aus der engen Zusammenarbeit mit Experten auf dem Gebiet des Change Managements, auf den Abstimmungen mit den Partnern im TR29 sowie auf zahlreichen Impulsen aus der Literatur definiert. Zunächst wurde durch Literatur-Recherchen explorativ der Stand der Technik der Vorgehensweise zur Vermittlung und Einführung neuer Technologien, Methoden und IT-Systeme ermittelt. Im Anschluss wurden die Werkzeuge und die Instrumente in Zusammenarbeit mit Experten aus der Change Management Domäne in Form von acht Arbeitstreffen verfeinert. Die Vorgehensweise besteht aus den vier Bausteinen: „Analyse der Unternehmenskultur", „Zuordnung von den Beteiligten zu den Vermittlungsmodulen", „Vermittlungsmodule" und „Einrichtung einer entwicklungsbegleitenden Unterstützungsrolle". Diese werden im Folgenden näher erläutert.

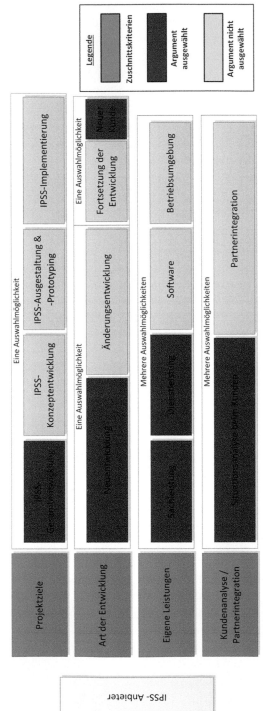

Abb. 3.9 Ausgewählte Zuschnittskriterien in dem Szenario

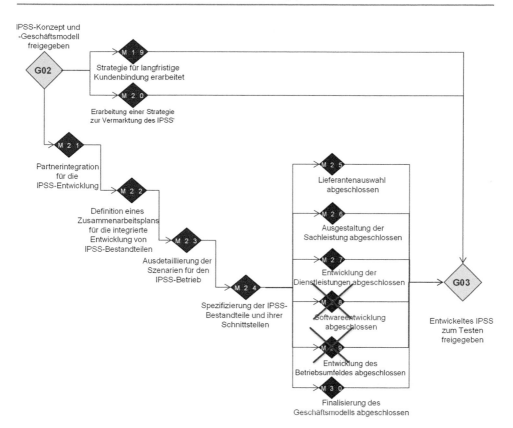

Abb. 3.10 Auswirkung des Zuschnitts auf die Meilensteine in der Phase IPSS-Ausgestaltung

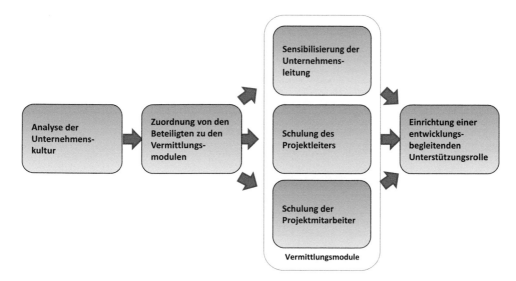

Abb. 3.11 Ablauf der Vermittlung

3.3.1 Analyse der Unternehmenskultur

Durch die Analyse der Unternehmenskultur wird die Basis für eine angepasste Vermittlung geschaffen. Die Kenntnisse über Werte, Denkhaltung und Umgangsformen sind die Grundlage für eine Festlegung der Kommunikationsform, welche mitentscheidend für den Vermittlungserfolg ist. Für die Ermittlung der Unternehmenskultur kann sowohl eine direkte Analyse (z. B. eine Befragung) als auch eine indirekte Analyse (z. B. Analyse der Webseite oder Unternehmensgeschichte) durchgeführt werden.

3.3.2 Zuordnung der Beteiligten zu den Vermittlungsmodulen

Mit einem Hilfsinstrument zur Zuordnung der Beteiligten zu den Wissensmodulen werden die an dem Entwicklungsvorhaben mitwirkenden Personen in drei Gruppen aufgeteilt. Durch die strategische Relevanz von IPSS für Anbieterunternehmen muss die Geschäftsführung zu einem gewissen Teil mit der IPSS-Theorie vertraut gemacht werden. Neben der Geschäftsführung sind es die Projektmanager, die für den Erfolg der IPSS-Entwicklung zuständig sind und somit neben der IPSS-Theorie vertiefende Kenntnisse über Planung und Durchführung einer IPSS-Entwicklung haben müssen. Zuletzt ist der einzelne Entwickler als Projektmitarbeiter aktiv und direkt mit der Generierung von IPSS-Inhalten beschäftigt, sodass dieser Gruppe die IPSS-Theorie sowie IPSS-Methoden und Werkzeuge zur Ideen- und Anforderungsgenerierung näher gebracht werden müssen. Für jede der drei Gruppen wurden Vermittlungsmodule erarbeitet, denen im Anschluss der entsprechende Wissensbedarf zugewiesen wurde (Abb. 3.12).

Beteiligte Unternehmensebenen	Wissensbedarf		Vermittlungs-module
Unternehmens-führung	Verständnis für IPSS, Vorteile, Risiken & Veränderungen		Sensibilisierung der Unternehmens-leitung
	• IPSS-Theorie & IPSS-Terminologie • Generisches Vorgehensmodell		
Operatives Management	Verständis für IPSS, Kenntnisse zur Planung und Durchführung der IPSS-Entwicklung		Schulung des Projektleiters
	• IPSS-Theorie & -Terminologie • Generisches Vorgehensmodell	• IPSS-Layermethode • IPSS-Anforderungscheckliste • IPSS-Operationalisierungs-methodik • IPSS-Vermittlungsmethodik	
Projektmitarbeiter	Verständnis für IPSS, sicherer Umgang mit Methoden zur Ideen- & Anforderungsgenerierung		Schulung der Projekt-mitarbeiter der IPSS-Entwicklung
	• IPSS-Theorie & -Terminologie • Generisches Vorgehensmodell	• IPSS-Layermethode • IPSS-Anforderungscheckliste	

Abb. 3.12 Zuordnung der Beteiligten zu den Vermittlungsmodulen

3.3.3   Vermittlungsmodule

Es wird zwischen drei Vermittlungsmodulen unterschieden: Sensibilisierung der Unternehmensleitung, Schulung des Projektleiters und Schulung der Projektmitarbeiter. Für die Vermittlungsmodule wurden ein allgemeiner Ablauf festgelegt sowie für die Zielgruppe geeignete Vermittlungsmethoden und -instrumente vorgeschlagen. Im Folgenden werden die Vermittlungsmodule näher beschrieben.

3.3.3.1 Sensibilisierung der Unternehmensleitung
Möchte ein Unternehmen IPSS anbieten, so sind damit erhebliche Veränderungen, wie beispielsweise eine Anpassung des bestehenden Entwicklungsprozesses und eine stärkere Einbindung des Kunden in die IPSS-Entwicklung, verbunden. Damit diese Änderungen den gewünschten Erfolg bringen, müssen diese von der Unternehmensleitung konsequent unterstützt und gefördert werden. Dazu ist es erforderlich, die Unternehmensleitung dahingehend zu sensibilisieren, dass diese die Vorteile, Risiken und Herausforderungen bei der Umsetzung der erforderlichen Veränderungen im Unternehmen kennen und verstehen. Dieses Wissen kann durch die Kombination von Frontalunterricht (z. B. für die IPSS-Theorie) und Workshops (z. B. mit der IPSS-Layer-Methode zum Verständnis des Lösungssystems) vermittelt werden. Als Unterstützung bei der Vermittlung können spezielle Poster dienen. Für das Nachschlagen nach der aktiven Vermittlung können Pocket Cards (z. B. zur IPSS-Layer-Methode) sowie ein speziell aufbereitetes Wiki mit Definitionen und Beschreibungen (z. B. zum Entwicklungsprozess) bereitgestellt werden. Die Vermittlung soll mit Unterstützung eines Coaches durchgeführt werden, der sowohl Fachexpertise in der IPSS-Theorie als auch im Change Management besitzt.

3.3.3.2 Schulung des Projektleiters
Bei der Vermittlung der IPSS-Theorie an den Projektleiter der gesamten IPSS-Entwicklung kann ähnlich wie bei der Sensibilisierung der Unternehmensführung vorgegangen werden. Eine seiner Aufgaben ist die Ablaufplanung für das IPSS-Entwicklungsprojekt. Da die IPSS-Entwicklung sich von der Entwicklung eines technischen Produkts und der Dienstleistungsentwicklung unterscheidet, bekommt der Projektleiter das generische Vorgehensmodell der IPSS-Entwicklung für die grobe Übersicht des IPSS-Entwicklungsablaufes vermittelt. Zum anderen wird ihm die Operationalisierungsmethode der IPSS-Entwicklung vermittelt, mit der er das IPSS-Entwicklungsprojekt planen kann. Die Instrumente und Methoden können durch Workshops (z. B. für die Definition von einem unternehmensspezifischen IPSS-Entwicklungsprozess) und Trainings (z. B. für die Softwarenutzung) vermittelt werden. Die Nutzung von Pocket Cards und die Initialisierung eines Wikis Cards und ein Wiki nach der aktiven Vermittlung sind ebenfalls zu empfehlen.

3.3.3.3 Schulung der Projektmitarbeiter der IPSS-Entwicklung
Dem Projektteam werden für das effiziente Arbeiten spezielle Methoden und Instrumente der IPSS-Entwicklung (z. B. IPSS-Layer-Methode, IPSS-Anforderungscheckliste, IPSS-Geschäftsmodell) vermittelt. Hierfür sind insbesondere Workshops in Kombination mit

Game Based Learning Ansätzen zu empfehlen. Diese bieten durch ihre spielerische Ausrichtung eine bessere Akzeptanz bei den Beteiligten. Pocket Cards und ein Wiki können in
diesem Fall ebenfalls nach der aktiven Vermittlung eingesetzt werden.

3.3.4   Einrichtung einer entwicklungsbegleitenden Unterstützungsrolle

Um nach der IPSS-spezifischen Wissensvermittlung die Methoden und Werkzeuge zielgerichtet einzusetzen, ist es sinnvoll, eine unternehmensweite Unterstützungsrolle zur IPSS-
Entwicklungsmethodik einzurichten. Diese Rolle sollte von einem erfahrenen Mitarbeiter
ausgeführt werden, wobei entsprechende zeitliche Ressourcen dafür zur Verfügung gestellt werden müssen. Diese mit dem IPSS-Wissen vertraute Person soll allen Beteiligten
für Fragen zur Verfügung stehen und dadurch eine effiziente Nutzung der Methoden und
Werkzeuge sicherstellen.

Eine detaillierte Beschreibung der Vorgehensweise zur Vermittlung soll demnächst veröffentlicht werden. In dieser Veröffentlichung ist auch eine Diskussion relevanter Vorge-
hensmodelle aus dem Bereich des Change Managements vorgesehen, die an dieser Stelle
aufgrund von Umfangsbeschränkungen nicht geführt werden kann.

3.4   Zusammenfassung, Diskussion und Ausblick

Mit der Operationalisierung der IPSS-Entwicklung wurde ein detaillierter IPSS-Entwicklungsprozess und ein umfassendes Werkzeug zu dessen Anpassung an ein spezifisches
IPSS-Entwicklungsprojekt vorgestellt. Dabei wurden Argumente und Ziele der Anwendung der Operationalisierungsmethode aufgezeigt, sowie der IPSS-Entwicklungsprozess
in seine Bestandteile aufgeteilt, beschrieben und erklärt. Um die Anwendung der Methode zu erleichtern, wurde ein Prinzip vorgestellt, welches den Anwender durch den projektspezifischen Zuschnitt des IPSS-Entwicklungsprozesses führt. Die Vorgehensweise
hierbei sowie die Auswirkungen der einzelnen Kriterien wurden jeweils erläutert. Um
dieses Vorgehen zu erleichtern, wurde am Fachgebiet Industrielle Informationstechnik an der TU Berlin dazu eine Softwareunterstützung entwickelt. In einem Anwendungsbeispiel wurde der gesamte Prozess noch einmal veranschaulicht. Weiterhin wurde
auf die Thematik der Vermittlung der IPSS-Entwicklungsmethodik eingegangen, indem
detailliert dargestellt wurde, wie das IPSS-Paradigma erfolgreich in ein Unternehmen
eingeführt werden kann.

Für das erfolgreiche Entwickeln von IPSS in Unternehmen ist es jedoch zusätzlich noch
von großer Bedeutung, dass vor der Anwendung der Operationalisierungsmethode der detaillierte IPSS-Entwicklungsprozess auf das eigene Unternehmen spezifisch angepasst
wird. So können je nach Unternehmensstruktur und Entwicklungspräferenzen Aktivitäten
der Vorgehensbausteine oder ganze Vorgehensbausteine an eine andere Stellen verschoben,

aber auch hinzugefügt oder entfernt werden. Gegebenenfalls müssen auch die Auswirkungen der Zuschnittskriterien entsprechend angepasst werden, um die gewünschten Ergebnisse zu erhalten. Nur mithilfe dieser spezifischen Anpassungen kann sichergestellt werden, dass der entstehende IPSS-Entwicklungsprozess für das Unternehmen durchführbar und zielführend ist. Des Weiteren ist zu betonen, dass die Kundenorientierung für die IPSS-Entwicklung von großer Bedeutung ist und in jeder Phase der Entwicklung berücksichtigt werden sollte. Denn im Normalfall ist jedes IPSS ein Unikat und auf den jeweiligen Kunden individuell zugeschnitten. Um die Vorzüge eines IPSS voll auszuschöpfen, ist daher nicht nur eine kundenorientierte, sondern eine kundenintegrierte Entwicklung die optimale Herangehensweise.

Von wesentlicher Bedeutung für den Erfolg einer IPSS-Entwicklung, jedoch bisher von der Industrie und Forschung kaum beachtet, ist die Befähigung industrieller Unternehmen, IPSS-Entwicklungsstände zu bewerten und den Entwicklungsablauf zu steuern. Die Fähigkeit, IPSS-Entwicklungen zu steuern, ist eine der grundlegenden Voraussetzungen für die erfolgreiche IPSS-Implementierung am Markt. Durch den domänenübergreifenden (Sach- und Dienstleistungen, Software etc.) Lösungsraum von IPSS braucht es Bewertungs- und Steuerungswerkzeuge, die den domänenspezifischen Anforderungen gerecht werden und gleichzeitig domänenübergreifend funktionieren. Diese sollen es den Entwicklungsmanagern und -ingenieuren ermöglichen, die Komplexität der Abhängigkeiten zwischen Sach- und Dienstleistungen zu beherrschen sowie andere IPSS-spezifische Eigenschaften, wie innovative Geschäftsmodelle und den erweiterten Lebenszyklus, zu berücksichtigen. Der Erfolg der Entwicklung eines IPSS hängt stark davon ab, wie gut und vollständig die an den vorgeschriebenen Meilensteinen ausgearbeiteten Ergebnisse sind. Das sind beispielsweise erfasste Kundenbedürfnisse und -anforderungen, mit Kunden ausgearbeitete IPSS-Systemarchitekturen, ausgewählte IPSS-Konzepte oder definierte IPSS-Entwürfe. Ein anderer Erfolgsfaktor für die IPSS-Entwicklung ist die Prozess- und Projektsteuerung, welche zur Aufgabe hat, wechselwirkende und integrierte Entwicklungsaktivitäten der Sach- und Dienstleistungsdomäne zu bewerten und den Projektablauf bei Ineffizienz anzupassen. Dies bildet die Grundlage für die Steuerung des gesamten Entwicklungsablaufes und ist somit wichtig für die Qualität der entwickelten Lösungen und des Erfolges des IPSS-Anbieters.

Literatur

[AUR10] Aurich, J. C.; Clement, M. H.: Produkt-Service Systeme. Gestaltung und Realisierung. Berlin, Heidelberg: Springer, 2010.

[BOC13] Bochnig, H.; Uhlmann, E.; Nguyễn, H. N.; Stark, R.: General Data Model for the IT Support for the Integrated Planning and Development of Industrial Product-Service Systems. In: Product-Service Integration for Sustainable Solutions. Proceedings of the 5th CIRP International Conference on Industrial Product-Service Systems, Bochum, Germany, March 14th – 15th, 2013. Hrsg.: Meier, H. Berlin, Heidelberg: Springer, 2013, S. 521–533.

[GER11] Gericke, K.; Blessing, L.: Comparisons of design methodologies and process models across domains: a literature review. In: Proceedings of the 18th International Conference on Engineering Design (ICED 11), Impacting Society through Engineering Design, Vol. 1: Design Processes, Lyngby/Copenhagen, Denmark, 15.-19.08.2011. Hrsg.: Culley, S. Great Britain: Design Society, 2011.

[LIN06]   Lindahl, M.; Sundin, E.; Sakao, T.; Shimomura, Y.: An interactive design methodology for service engineering of functional sales concepts: a potential design for environment methodology. In: Towards a closed loop economy. LCE 2006; Proceedings of the 13th CIRP International Conference on Life Cycle Engineering, Katholieke Universiteit Leuven, Belgium, May 31st – June 2nd, 2006. Hrsg.: Duflou, J.R. Leuven: Katholieke Univ. Leuven, 2006.

[MÜL14]   Müller, P.: Integrated engineering of products and services. Berichte aus dem Produktionstechnischen Zentrum Berlin. Hrsg.: Stark, R. Stuttgart: Fraunhofer IRB, 2014.

[NGU13]   Nguyen, H. N.; Müller, P.; Stark, R.: Transformation Towards an IPS2 Business: A Deployment Approach for Process-based PSS Development Projects. In: The Philosopher's Stone for Sustainability. Hrsg.: Shimomura, Y., Kimita, K. Berlin, Heidelberg: Springer, 2013, S. 251–256.

[SAK07]   Sakao, T.; Shimomura, Y.: Service Engineering: a novel engineering discipline for producers to increase value combining service and product. Sustainable Production and Consumption: Making the Connection 6 (2007) 15. S. 590–604.

[SPA06]   Spath, D.; Demuß, L.: Entwicklung hybrider Produkte – Gestaltung materieller und immaterieller Leistungsbündel. In: Service Engineering. Hrsg.: Bullinger, H.-J., Scheer, A.-W. Berlin, Heidelberg: Springer, 2006, S. 463–502.

Die frühen Phasen der IPSS-Entwicklung

4

Charakteristische Herausforderungen und methodische Unterstützung (1)

Michael Herzog, Matthias Köster, Tim Sadek und Beate Bender

4.1 Einleitung

Die wirtschaftlichen Potenziale innovativer IPSS-Geschäftsmodelle[1] sind ebenso viel diskutiert wie die damit einhergehenden Herausforderungen, denen ein Anbieter gegenübersteht. Für eine effiziente und risikominimierte spätere Erbringung dieser Geschäftsmodelle ist es notwendig, technologie-intensive Produkte und industrielle Dienstleistungen lebenszyklusübergreifend zu bündeln und die Integration bereits während der Entwicklung zu berücksichtigen. Ein Unternehmen, welches die strategische Entscheidung getroffen hat, sein Portfolio um innovative IPSS-Geschäftsmodelle wie Verfügbarkeits- oder Ergebnisgarantien zu erweitern, muss das Verständnis seines Entwicklungsprozesses zwangsläufig fundamental überdenken.

Den frühen Phasen der Ideen- und Konzeptfindung wird im industriellen Alltag bisher wenig Bedeutung beigemessen, da es sich in über 90 Prozent aller Entwicklungen um sogenannte Anpassungskonstruktionen handelt, welche meist keine Überarbeitung der Prinziplösung erfordern [PAH07]. Durch den propagierten Paradigmenwechsel von einer produktzentrierten hin zu einer kundennutzenorientierten Denkweise im Kontext industri-

---

[1] Mit Verweis auf Kap. 13 wird der Geschäftsmodellbegriff nach Rese et al. [RES11] wie folgt definiert: „Das Geschäftsmodell charakterisiert die Geschäftsbeziehung zwischen einem Anbieter und einem Nachfrager sowie gegebenenfalls dritten Parteien über den Lebenszyklus des IPSS. Es beschreibt den Nutzen, die Erlöse, die Risikoverteilung und die Eigentumsverhältnisse für alle Parteien im IPSS-Netzwerk, sowie deren organisationale Umsetzung."

M. Herzog • M. Köster • T. Sadek • B. Bender (✉)
Lehrstuhl für Produktentwicklung (LPE), Ruhr-Universität Bochum,
Bochum, Deutschland
E-Mail: herzog@lpe.ruhr-uni-bochum.de; koester@lpe.ruhr-uni-bochum.de; sadek@lmk.rub.de;
bender@lpe.ruhr-uni-bochum.de

© Springer-Verlag GmbH Deutschland 2017
H. Meier, E. Uhlmann (Hrsg.), *Industrielle Produkt-Service Systeme*,
DOI 10.1007/978-3-662-48018-2_4

eller Produkt-Service Systeme nehmen diese Phasen nun jedoch eine entscheidende Rolle
ein und zeichnen sich durch folgende Charakteristika aus [HER14a]:

- Interdependenzen mit der Entwicklung kundenindividueller Geschäftsmodelle
- Langfristigkeit der Entscheidungen
- Neues Verständnis von Prinziplösung

Diese Charakteristika bewirken IPSS-spezifische Herausforderungen für den Prozess der
Konzept- und Ideenfindung selbst sowie für die darin agierenden Individuen, Teams und
Organisationen. Der hieraus erwachsende Forschungsbedarf kann einerseits aus dem
Stand der Wissenschaft, aber auch aus gesammelten Erfahrungen im industriellen Umfeld
motiviert und argumentiert werden. Das vorrangige Ziel des vorliegenden Kapitels liegt
daher in der Sensibilisierung für die Wichtigkeit und Komplexität der frühen Phasen der
IPSS-Entwicklung. Darüber hinaus sollen allerdings auch theoretisch fundierte Lösungsansätze für die methodische Unterstützung aufgezeigt werden, welche ein Unternehmen
dazu befähigen, industrielle Produkt-Service Systeme effektiv und effizient entwickeln zu
können. Der Beitrag folgt daher einer Dreigliedrigkeit, mithilfe derer zunächst anhand
eines industriellen Fallbeispiels die Anders- und Neuartigkeit des Verständnisses der Entwicklungsaufgabe beschrieben wird (Abschn. 4.2). Darauf aufbauend werden die besonderen Herausforderungen abgeleitet (Abschn. 4.3) und abschließend ein methodischer
Lösungsansatz, die „IPSS-Systempartitionierung", vorgestellt (Abschn. 4.4). Um das Thema
der frühen Phasen der IPSS-Entwicklung in einem anwendungsbezogenen Kontext zu beleuchten, wird der vorliegende Beitrag in Kap. 17 (Die frühen Phasen der IPSS-Entwicklung in der Anwendung) nicht nur ergänzt sondern auch abgerundet. Dem-entsprechend
erfolgen dort auch eine gesamtheitliche Zusammenfassung und ein themenbezogener
Ausblick.

4.2   Charakteristika der frühen Phasen der IPSS-Entwicklung

Im Allgemeinen umfassen die frühen Phasen eines Entwicklungsprozesses die Schritte der
Aufgabenklärung sowie des Konzipierens [PAH07]. Ziel dieser Phasen ist die Erstellung
einer Prinziplösung, um letztendlich eine Aussage über die grundsätzliche Machbarkeit in
Bezug auf technologische, fertigungstechnische und kostenbezogene Risiken ableiten zu
können [PAH07]. Der Begriff „Prinziplösung" kann dabei synonym zu disziplinenspezifi-
schen Bezeichnungen wie Prinzipielle Lösung, Konzept, Lösungskonzept, Lösungsarchitektur und Systementwurf betrachtet werden [VDI93, VDI97, VDI04]. Die prinzipielle
Lösung trifft dabei die grundlegende Festlegung zur physikalischen und logischen Wir-
kungsweise sowie der Art und Anordnung von festen Körpern, Fluiden und Feldern oder
bei Software zu Algorithmen und Datenstrukturen. Im Kontext industrieller Produkt-Service Systeme kann das übergeordnete Verständnis aufgrund des generischen Ansatzes
zwar aufgegriffen werden, jedoch wandelt sich die Tragweite von Begrifflichkeiten wie

Funktionen, Wirkprinzipien und Machbarkeit fundamental [HER14a]. Die nachfolgende Fallstudie eines realen IPSS-Beispiels aus dem Energiesektor soll das neue Verständnis der frühen Entwicklungsphasen veranschaulichen [KÖS11].

Case Study: Industrielle Produkt-Service Systeme im Energiesektor
Die Nutzung von industrieller Abwärme, die als Verlustwärme in unterschiedlichsten Herstellungs-prozessen entsteht (z. B. in Gießereien, der Stahlindustrie und in der metall-verarbeitende Industrie) und zumeist in die Atmosphäre geleitet wird, stellt ein vielversprechendes Potenzial zur nachhaltigen Energiebereitstellung und zur Verringerung des Primärenergiebedarfs bereit [THU08]. Um diese Abwärme nutzbar machen zu können, verfolgen Unternehmen grundsätzlich zwei Strategien:

- **Betriebsinterne Weiternutzung zur Steigerung der Prozesseffizienz**: Direkte Weiternutzung der Abwärme im Hochtemperaturbereich (oberhalb von 600 °C) unter Verwendung investitionsintensiver Anlagen. Indirekte Weiternutzung der Abwärme im Mittel- und Niedertemperaturbereich mithilfe von Wärmepumpen oder der Transformation von Abwärme in elektrische Energie unter Verwendung des ORC-Verfahrens[2] [HUN01]. Die erfolgreiche Anwendung dieser Lösungen macht jedoch spezifisches technologisches Know-How notwendig, über welches die Unternehmen bisher meist nicht verfügen.
- **Weitergabe der gewonnenen Energie an Dritte Parteien**: Verwendung CO_2-freier Nutzwärme aus Abfallwärme für eine nachhaltige Versorgung öffentlicher Einrichtungen wie z. B. Schwimmbädern, Krankenhäusern, Schulen oder Verwaltungseinrichtungen durch die Einspeisung in ein Nah- oder Fernwärmenetz. Nachteilig hierbei ist jedoch die mangelnde Flexibilität (gefordertes Temperaturniveau, Infrastruktur, Abhängigkeit vom Netzbetreiber).

Trotz der enormen wirtschaftlichen und sozialen Vorteilhaftigkeit der verschiedenen Abwärmenutzungskonzepte (z. B. Effizienzsteigerung betriebsinterner Herstellungsprozesse, nachhaltige Energieversorgung), stehen einer flächendeckenden Verbreitung bisher zahlreiche Unsicherheiten (z. B. Investition, Umgang mit der Technologie, Bedarfsschwankungen) entgegen. Sowohl aus Sicht der Unternehmen als Abwärmequellen, als auch aus Sicht möglicher Wärmekunden besteht folglich der Bedarf nach neuen flexiblen Lösungen, mit denen trotz einer zeitlichen und räumlichen Entkopplung von Abwärmeerzeugung und -verbrauch eine stabile Wärmeerzeugung gewährleistet werden kann.

Das Unternehmen LaTherm GmbH,[3] Dortmund, greift diesen Bedarf auf und vertreibt eine innovative Lösung, die auf dem Einsatz neuartiger mobiler Wärmespeichertechnologien beruht und eine völlig neue Wertschöpfung ermöglicht. Mit diesem Ansatz kann eine kostengünstige, dezentrale und CO_2-freie Wärmeversorgung realisiert werden. Eine Analyse

---

[2] Der Organic Rankine Cycle (ORC) beschreibt ein Verfahren zum Betrieb von Dampfturbinen mit einem alternativen Arbeitsmedium.
[3] http://www.latherm.de/.

der gewählten Lösung gibt Aufschluss darüber, dass die mit diesem Konzept generierten Wertschöpfungs- und Flexibilitätspotenziale erst durch die Integration von technischen Produkten und Dienstleistungen, innovativen IuK (Informations- und Kommunikation)-Technologien und einem auf das Lösungskonzept abgestimmten innovativen Geschäftsmodell realisiert werden kann. Im Zentrum steht ein sogenannter Latentwärmespeicher, bei dem die Speicherung der Wärme latent über den Phasenwechsel eines Phasenwechselmaterials (ähnlich eines handelsüblichen Wärmekissens) erfolgt. Dadurch ist es möglich, große Wärmemengen von der Wärmequelle zu einem möglichen Wärmekunden zu transportieren. Dabei kann der Speicherprozess unterbrochen und wieder angefahren werden. Um den Transportprozess zu befähigen, besitzt der Latentwärmespeicher die Größe und Bauform eines Standard-20-Fuß-Containers und kann auf diese Weise mit einem LKW befördert werden. Um auf die Unterschiedlichkeit der Kundensegmente reagieren zu können bietet das Unternehmen LaTherm zwei Konfigurationen ihrer Abwärmenutzungslösung an, die wiederrum mit unterschiedlichen Geschäftsmodellen einhergehen. Abhängig vom darin definierten Nutzenversprechen unterscheidet sich die gewählte Lösungsarchitektur hinsichtlich Art, Anzahl und Interdependenzen von Sach- und Dienstleistungen (s. Abb. 4.1, Abb. 4.2).

Das erste Geschäftsmodell „Verkauf plus Service" adressiert produzierende Unternehmen, welche selbstständig Abwärme nutzen und die Wärmelieferung an einen oder mehrere Wärmekunden vornehmen möchten. Im Rahmen dieses Geschäftsmodells ist das Unternehmen eigenständig für den Transport und die Bereitstellung der Abwärme beim Kunden verantwortlich und muss hierfür geeignete Ressourcen vorsehen. Zudem übernimmt das Unternehmen selbstständig das Risiko für die Akquise von Wärmekunden. In Abhängigkeit des Wärmebedarfes bei den belieferten Wärmekunden kann als Bemessungsgrundlage für die Abrechnung ein nutzungsabhängiges Erlösmodell mit den Wärmekunden vereinbart werden (Preis pro genutzte thermische Energie). Hierfür verkauft LaTherm die bedarfsspezifisch notwendige Menge an Wärmespeichern. Hierin integriert sind Dienstleistungen zur Funktionserhaltung der Wärmespeicher und zur Installation der Wärmespeicher beim Unternehmen und den Wärmekunden. Über den transaktionalen Verkauf der Wärmespeicher hinaus werden die Aufwände (Arbeitseinsatz, Material etc.) von LaTherm für die Erbringung der genannten Dienstleistungen gemessen und letztendlich abgerechnet. Wie bereits zuvor angedeutet verfügen die abwärmeproduzierenden Unternehmen in der Regel nicht über ausreichende Kompetenzen (z. B. Umgang mit der Technologie, optimale Abwärmenutzung). Daher stellt LaTherm zusätzlich eine „Smart-Metering"-Lösung zur optimalen Ausnutzung der Wärmespeicher bereit. Hierzu werden die Wärmespeicher mit einem auf die Dienstleistung abgestimmten Elektronikpaket ausgestattet. Über eine Mobilfunkverbindung sendet der Container damit zeitnah seine Leistungsdaten an das LaTherm-Informationssystem. Dies ermöglicht es den Unternehmen, jederzeit die Leistung des Containers zu überwachen und ihn bestmöglich zu nutzen. Die webbasierte Anwendung hilft beim Prognostizieren des idealen Wechselzeitpunktes und informiert, sobald der Container be- oder entladen ist. So können die Wechsel Just-In-Time angestoßen und Wechselzyklen effizient geplant werden.

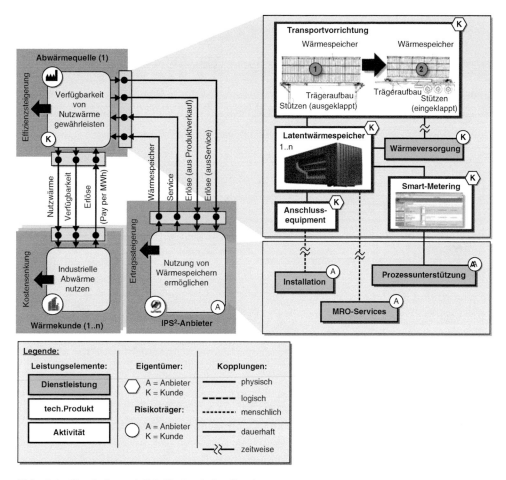

Abb. 4.1 Geschäftsmodell 1: Verkauf plus Service

Das zweite Geschäftsmodell des Wärmecontracting richtet sich an Unternehmen, die ihre bislang ungenutzte Abwärme verwerten möchten, ohne in die notwendige Technologie investieren zu müssen und ohne das Risiko für die Wärmelieferung selbst zu übernehmen, wie es im ersten betrachteten Geschäftsmodell der Fall war. Hierfür fungiert LaTherm als Mediator zwischen Wärmequellen und Wärmesenken. Die zur Wärmelieferung benötigten Wärmespeicher verbleiben im Eigentum der Firma LaTherm. Diese akquiriert selbst die notwendigen Wärmekunden und schließt mit diesen einen Vertrag ab, im Rahmen dessen den Wärmekunden bedarfsorientiert Nutzwärme bereitgestellt und berechnet wird (Preis pro genutzte thermische Energie). Um diese letztendlich anbieten zu können, bezieht LaTherm die notwendige Wärmemenge aus der Abwärme der Industrieunternehmen. Es entsteht somit eine Erfolgsbeteiligung zwischen LaTherm und den Unternehmen. Orientiert am Nutzenverständnis hat LaTherm ein integriertes Lösungskonzept von aufeinander abgestimmten, menschlichen und organisatorischen Aktivitäten einschließlich der erforderlichen technischen Produktartefakte generiert.

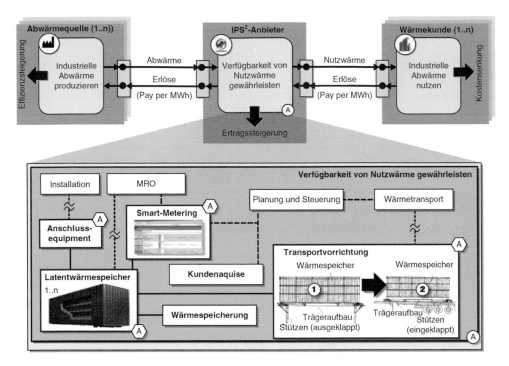

Abb. 4.2 Geschäftsmodell 2: Wärmecontracting

Anhand des Fallbeispiels können nun die bereits zuvor skizzierten Charakteristika der frühen Entwicklungsphasen aufgezeigt und nachfolgend beschrieben werden.

Interdependenzen mit der Entwicklung kundenindividueller Geschäftsmodelle
Traditionell verfolgen Unternehmen im klassischen Maschinen- und Anlagenbau transaktionsbasierte Geschäftsmodelle, in denen die Produkte vom Kunden in Auftrag gegeben und letztendlich ausgeliefert werden [MEI10]. Der Anbieter hat nach Inbetriebnahme seine Gewährleistungspflichten zu erfüllen, trägt jedoch darüber hinaus keinerlei weitere Verantwortung während der späteren Nutzungsphase [HER14b]. Die Produktentwicklung erfolgt dementsprechend unter verhältnismäßig fest definierten wirtschaftlichen und organisatorischen Randbedingungen. Um jedoch den maximal möglichen Nutzen des Kunden zu adressieren, ist es notwendig, über die Systemgrenzen des eigentlichen Produktes sowie dessen Lebenszyklus hinauszudenken. Im LaTherm Beispiel wäre der Besitz von Produkten zur Abwärmenutzung nicht von direktem Nutzen, da die Unternehmen nicht über das notwendige Know-How verfügen. Somit wird eine Abkehr von traditionellen hin zu innovativen, dienstleistungsorientierten Geschäftsmodellen notwendig, was weitreichende Auswirkungen auf den Entwicklungsprozess mit sich bringt. Die Gegenüberstellung der beiden aufgezeigten Angebote von LaTherm zeigt die wechselseitige Beeinflussung von technischen Produktartefakten, Dienstleistungen und dem nutzenorientierten Geschäftsmodell sehr anschaulich. Es wird erkennbar, dass die Variation des Geschäftsmodells in einer Veränderung der sach- und dienstleistungsintergierten Lösungsarchitektur mündet. Im Umkehrschluss

eröffnet die bewusste, explizite Integration und Variation von Sach- und Dienstleistungsanteilen das Potenzial zur Generierung neuer, innovativer und gesamtnutzenmaximierender
Geschäftsmodelle. Demnach sind lösungsdeterminierende Eigenschaften des Geschäftsmodells zwingend in den frühen Phasen der Ideen- und Konzeptfindung zu berücksichtigen. Die
starke Wechselwirkung zwischen IPSS-Konzept und -Geschäftsmodell führt zudem dazu,
dass erst ein integrierter Prozess der Lösungsgenerierung und -variation sowohl des sach-
und dienstleistungsintegrierten Lösungskonzeptes als auch der Geschäftsmodellparameter
zu einem Gesamtoptimum führen kann. Nur auf diese Weise können einerseits die individuellen Kundenbedürfnisse und andererseits die Interessen des IPSS-Anbieters und seiner
Netzwerkpartner bestmöglich erfüllt werden [KÖS14].

Langfristigkeit der getroffenen Entscheidungen
Die in den frühen Entwicklungsphasen getroffenen Entscheidungen definieren auch im
klassisch produktzentrierten Sinne maßgeblich die Eigenschaften des entstehenden Erzeug-
nisses. Wie bereits erläutert, endet die Anbieter-Kunden-Beziehung in transaktionsbasierten Geschäftsmodellen jedoch meist nach der Inbetriebnahme der Produkte. Innovative
Geschäftsmodelle manifestieren sich in langfristigen Verträgen. Durch eben diese Langfristigkeit entsteht für den Kunden ein erweiterter Nutzen, da die mit in der Zukunft liegenden
Ereignissen verknüpften Risiken (z. B. Gesetzesänderungen, Maschinenausfälle, Kapazitätsschwankungen, Auslastung) mithilfe der Erlösmechanismen auf den Anbieter übertragen
werden können [HER14b]. Die in den frühen Entwicklungsphasen festgelegten Prinziplösungen müssen den erweiterten Zeithorizont berücksichtigen. Die zu treffenden Entscheidungen unterliegen dabei aufgrund der enormen Dynamik der Randbedingungen einer
hohen Unsicherheit und sind aus Sicht des Anbieterunternehmens umsatz- und erfolgsrele-
vant. Das Geschäftsmodell des Wärmecontracting der Firma LaTherm zeigt diesen Umstand
sehr deutlich. Ändert sich beispielsweise im Laufe der Vertragslaufzeit der Wärmebedarf
der Kunden, ist es notwendig, die Anzahl der Wärmequellen zu erhöhen (Akquise). Im
Zuge dessen müssen sowohl die Anzahl der Container als auch die Wechsel- und Instand-
haltungszyklen (Wärmetransport, MRO-Services) angepasst werden.

Ein neues Verständnis von Prinziplösung
Um als Anbieter die benannten innovativen Geschäftsmodelle risikominimiert erbringen zu
können, ist es notwendig, eine aufeinander abgestimmte, sach- und dienstleistungsintegrierte Lösungsarchitektur zu entwickeln. IPSS-Prinziplösungen erweitern die auf physikalische
Effekte und geometrisch-, stoffliche Merkmale ausgelegte technische Betrachtung um
dienstleistungsbezogene Aspekte. Hierfür ist es notwendig das Zusammenspiel von materiellen und immateriellen Systemelementen (z. B. Maschinen oder Werkzeuge, Menschen,
Softwareelemente) im prozessualen Kontext, das heißt innerhalb zeitlicher Abläufe und
organisatorischer Zuständigkeiten festzulegen. Aufgrund der engen Wechselwirkung zu
geschäftsmodellspezifischen Aspekten (z. B. Erlösmechanismen, Risikoverteilung, Eigen-
tumsrechte), entstehen darüber hinaus weitere neue Gestaltungsbereiche. Neben eher operativen sozio- und produktionstechnischen Fragestellungen sind während der Konzipierung
strategisch weitreichende Entscheidungen zu treffen. Aspekte der Strategieentwicklung

sowie des Innovations-, Kooperations- und Zuliefermanagements sind dabei ebenso von zentraler Bedeutung wie Fragen der Standortwahl oder der Erlösgenerierung. Die Prinziplösung fungiert als erfolgsentscheidender Weichensteller und legt nicht nur den Grundstein für den weiteren Verlauf des Entwicklungsprozesses sondern determiniert die Zusammenarbeit der verschiedenen Domänen und Akteure während der weiteren IPSS-Lebenszyklusphasen [KÖS14]. Die enorme Heterogenität der potenziellen Lösungsbestandteile (z. B. Phasenwechselmaterial, Latentwärmespeicher, Kundenakquiseprozesse, Zustandsüberwachungssoftware) sowie die Größe des theoretischen Lösungsraums befördern einen hohen Grad an Systemkomplexität. Hierdurch entstehen enorme Herausforderungen für einen effizienten Entwicklungsprozess sowie die darin beteiligten Entwickler.

4.3   Herausforderungen in den frühen Phasen der IPSS Entwicklung

Anhand der in der Fallstudie LaTherm erläuterten Charakteristika lassen sich die wichtigsten Herausforderungen der frühen Phasen der Entwicklung industrieller Produkt-Service Systeme ableiten. Zunächst ist es aufgrund der Komplexität der Entwicklungsaufgabe zweckmäßig, den Gesamtprozess grundlegend zu strukturieren. Hierfür schlagen MÜLLER UND STARK [MÜL10a] in Anlehnung an das etablierte V-Modell der Mechatronik eine übergeordnete Vorgehensweise im Sinne eines Referenzprozesses vor. Dieser trägt einerseits der notwendigen Domänenintegration als auch dem iterativen, schleifenartigen Durchlaufen einzelner Arbeitsschritte und Sprünge zwischen diesen Rechnung. Die frühen Phasen der IPSS-Entwicklung umfassen neben der Planung, in der die Klärung der Entwicklungsaufgabe im Zentrum steht, auch die sich anschließende Konzipierung. Aufgrund der Analogie zur Mechatronik folgt diese Phase dem etablierten Begriffsverständnis und wird mit „Systementwurf" bezeichnet [VDI04]. Hierbei steht die Abstraktion des Entwicklungsproblems zu IPSS-Funktionen (vgl. Abschn. 4.4.) und die Suche und Auswahl geeigneter Lösungsprinzipien zur Erfüllung der formulierten IPSS-Funktionen im Mittelpunkt. Charakteristisch ist hierbei die Berücksichtigung der bereits zuvor benannten geschäftsmodellspezifischen Aspekte. Auf diese Weise findet ein stetiger Abgleich zwischen den Eigenschaften des IPSS-Geschäftsmodells und dem IPSS-Konzept statt. Nachdem im Rahmen des IPSS-Systementwurfs die generelle Machbarkeit geprüft sowie die Vorteilhaftigkeit des gewählten Konzeptes gegenüber alternativen Lösungskonzepten nachgewiesen wurde, erfolgt die Weitergabe der gesammelten Informationen an die Phase des domänenspezifischen Entwurfs, im Rahmen dessen die verschiedenen IPSS-Konzeptbestandteile mithilfe etablierter Methoden, Werkzeuge und Vorgehensweisen der verschiedenen Domänen weiter konkretisiert und ausgestaltet werden. Dabei ist es von besonderer Wichtigkeit, dass die bereits im Systementwurf identifizierten bzw. determinierten Schnittstellen und Wechselwirkungen zwischen den Domänen nachverfolgt und überwacht werden. Die sich anschließende Systemintegration führt die Teillösungen des domänenspezifischen Entwurfs in einem integrierten Gesamtsystem zusammen. Dabei ist die Berücksichtigung von Interdependenzen im Gesamtsystem (Erkennen und Eliminieren von Unverträglichkeiten) sicherzustellen. Das vorliegende Buchkapitel fokussiert zwar die frühen Phasen der IPSS-Entwicklung, verweist jedoch auf die Kap. 2, 3, 5, 6 welche sich mit weiteren Aspekten der IPSS-Entwicklung beschäftigen.

Probleme und Potenziale aufdecken – Ideen finden

Im IPSS-Kontext existiert eine direkte Wechselwirkung zwischen Geschäfts- und Konzeptmodell. Die im Entwicklungsprozess zunächst durchzuführende Problemanalyse und Ideenfindung muss diesem Umstand Rechnung tragen. In einem Top-Down Ansatz können herkömmliche Technologien in neuen Geschäftsmodellen Anwendung finden (z. B. Leasing). Jedoch ist auch der Bottom-Up Ansatz möglich, wo neue Technologien erst ein bestimmtes Geschäftsmodell ermöglichen (z. B. Zustandsüberwachung mit Condition-Monitoring Systemen). Die Identifikation des Kundennutzens erfordert eine umfassende Analyse der vorliegenden Kundensituation. Das setzt enorme Kenntnis der komplexen Unternehmens- und Produktionsprozesse voraus. Die Potenziale für eine Steigerung des Nutzens sind dabei vielfältig. Es kann eine Technologie oder deren Verfügbarkeit verbessert oder erweitert werden. Darüber hinaus können auch strategische Fragestellungen (Aufbau von Know-How in einer spezifischen Fertigungstechnologie) adressiert werden. Machbarkeitsstudien für die Ableitung von Nutzenversprechen erfordern umfangreiches Fach- und Methodenwissen der Projektverantwortlichen. Die Rolle des Vertriebsmitarbeiters bzw. des Selling Centers unterschiedet sich dabei fundamental von einer traditionellen Betrachtung (s. Kap. 2). Unabdingbar ist darüber hinaus eine partnerschaftliche und vertrauensbasierte Anbieter-Kunden-Beziehung, welche zu einer vollkommen neuen Dimension der Kundenintegration in den Entwicklungsprozess führt. Jedes IPSS-Geschäftsmodell ist per Definition kundenindividuell [MEI10]. Die IPSS-Entwicklung startet daher stets auf der „grünen Wiese", da eine neuartige Zusammenstellung von Systemelementen erforderlich ist. Die reine Konfiguration bestehender Subsystembestandteile ist hier nicht möglich. Die Herausforderung ist es möglichst früh, die sich aus dem Geschäftsmodell ergebenden Risiken antizipieren und die für die Lösungsarchitektur und Lösungsbestandteile (z. B. einzelne Maschinen oder Menschen) relevanten Anforderungen ableiten zu können.

Multiple Zukunft vorausdenken – Wandel gestalten

Aufgrund von definierten Freiräumen innerhalb relationaler Verträge[4] sowie der Langfristigkeit der darin geregelten Anbieter-Kundenbeziehung ist das industrielle Produkt-Service System einer hohen Dynamik ausgesetzt. Zum Zeitpunkt der initialen Konzipierung ist daher eine umfassende Analyse des gesamten Lebenszyklus notwendig, um dynamische Einflussgrößen und deren potenzielle Risiken identifizieren zu können. Der Umgang mit komplexen Zukunftsszenarien und die systematische Ableitung strategischer Entscheidungen (z. B. Flexibilität der Lösungsarchitektur, Modularität der Leistungsbestandteile) sind

---

[4] Im Gegensatz zu klassischen transaktionalen Verträgen, regeln relationale Verträge die langfristige, kooperative bzw. integrative Zusammenarbeit der Vertragspartner. Um der aus der Langfristigkeit entstehenden Unsicherheit zu begegnen, zeichnen sich relationale Verträge durch eine definierte Unvollständigkeit aus um flexible auf ex ante nicht festlegbare Ereignisse zu reagieren [SAD09].

dabei IPSS-spezifische Entwicklungsthemen [SAD10]. Innerhalb eines zu definierenden
Korridors möglicher Anpassungen muss diese Dynamik möglichst früh in der Entwicklung
berücksichtigt werden (s. Kap. 12). Wenn dieser Korridor im Betrieb verlassen wird ist ein
Rücksprung in den Entwicklungsprozess möglich und nötig. Der Entwicklungsprozess eines
spezifischen IPSS wird demnach nicht definiert abgeschlossen, sondern kann während des
gesamten Lebenszyklus wiederholt durchlaufen werden [MÜL10a].

Concurrent Engineering hoch zwei – Integration lebenszyklusübergreifender Domänen
Der erweiterte Problem- und Lösungsraum stellt die handelnden Akteure vor neuartige
Gestaltungsaufgaben. Die sach- und dienstleistungsintegrierte Entwicklung Industrieller
Produkt-Service Systeme stellt einen wissensintensiven Prozess dar, der die Integration
und intensive Zusammenarbeit unterschiedlicher technischer und ökonomischer Domänen
erfordert [MCA11]. Die relevanten Wissensdomänen können zunächst wie folgt gegelie-
dert werden [KÖS14]:

- **Lebensphasenübergreifende Domänen**: Diese widmen sich den mit IPSS verbundenen Querschnittsaufgaben (z. B. LifeCycle Management, Lebenszykluskostenrech-
  nung, Controlling, Wissensmanagement)
- **Lebensphasenbezogene Domänen**: Diese partizipieren bezüglich eines lebenspha-
  senbezogenen Gestaltungsbereiches an domänenspezifischen Gestaltungsprozessen
  (z. B. Planung, Entwicklung, Betrieb)

Im Rahmen der frühen Entwicklungsphasen fokussieren die Wissensdomänen der Planung
und Entwicklung die IPSS-Betriebsphase und die hierin enthaltenen Gestaltungsbereiche.
Tab. 4.1 gibt einen Überblick über die relevanten Leistungs- und Gestaltungsbereiche.[5]
Die aufgeführten Domänen manifestieren sich in Form konkreter Teilsysteme eines Industriellen Produkt-Service Systems und bilden (gebündelt in der sogenannten Architektur
der Wertschöpfung als Teil des IPSS-Geschäftsmodells) die konstitutive Basis für die
Leistungserstellung bzw. die Realisierung eines definierten Nutzenversprechens. Bezogen
auf die beschriebenen Gestaltungsbereiche des IPSS-Geschäftsmodelles existieren somit
weitere Domänen, die ebenfalls im Rahmen der IPSS-Planung und Entwicklung zu
berücksichtigen sind und die strategische Gestaltungsbereiche u. a. bzgl. des Nutzen-, Ri-
siko- und Ertragsmodells adressieren [KÖS14]. Abb. 4.3 veranschaulicht das Zusammenwirken der beteiligten Domänen. Der hohe Grad an Heterogenität kann als bedeutendste
Herausforderung in der IPSS-Entwicklung betrachtet werden.

Traditionelle, produktzentrierte Entwicklungsprozesse werden häufig mit der Methode
des Concurrent Engineering[6] hinsichtlich Durchlaufzeit, Kosten und Qualität optimiert.

---

[5]An dieser Stelle sei auf die Fokussierung auf Investitionsgüter im Maschinen- und Anlagenbau
hingewiesen. Bei einer Übertragung auf den Business-to-Business Bereich ist eine Anpassung der
Inhalte und Elemente notwendig.

[6]Im deutschen Sprachraum wird der Ansatz des Concurrent Engineering als „Integrierte Produktentwicklung" bezeichnet [EHR07].

Tab. 4.1 Relevante Domänen in der IPSS-Entwicklung [KÖS14]

	Begriff	Inhalt (Beispielhaft)	Elemente
Produktion	Erzeugung von Gütern (Produkten) aus der Kombination von materiellen/ immateriellen Produktions- faktoren	Planung und Auswahl von Fertigungsverfahren, Technologieketten, Produktionsabläufe und Arbeitsmittel	Anlagen, Maschinen, Werkzeuge, Vorrichtungen, Rohstoffe, Halbzeuge, Fertigteile, Betriebsmittel
Instandhaltung	Gesamtheit aller technischen und administrativen Maßnahmen zur Erhaltung/ Rückführung des funktionsfähigen Zustandes	Sicherung der technische Funktionsfähigkeit von Maschinen, Gewährleistung der Verfügbarkeit, Ersatzteilmanagement	Wartung, Inspektion, Instandsetzung, Verbesserung
Logistik	Planung, Konzeption und Gestaltung des mit der Erbringung eines Nutzen- versprechens verbundenen Materialflusses	Beschaffungs-, Produktions-, Distributions- und Entsorgungslogistik	Lager, Umschlagplätze, Fördersysteme, Fahrzeuge, Ersatzteile, Güter
Support	Jede Art von wissensintensiver, lösungsorientierter Beratungs-/ Unterstützungs-/ Betreuungs- oder Schulungsleistung	Anlaufbetreuung, Betriebsdatenerfassung, Teleservice, Leistungsüberprüfungen, Schulungen/ Lern- dienstleistung, Vertriebs- unterstützung, Beratung	Informationen, Daten/ EDV, IT/Kommunikation, Wissen/Kompetenzen
Geschäftsmodell	Charakterisiert die Geschäftsbeziehung zwischen einem Anbieter und einem Nachfrager sowie ggf. dritten Parteien über den Lebenszyklus	Definition von Nutzen, Erlösmechanismen, der Risikoverteilung und der Eigentumsverhältnisse für alle Parteien im IPSS- Netzwerk, Festlegung der organisat. Umsetzung;	Anbieter, Kunde, Wertschöpfungspartner, Nutzen, Organisation, Risiko, Vergütung, Eigentumsverhältnisse,

Das zeitparallele Abarbeiten von Entwicklungsaufgaben in einem interdisziplinären Projektteam spielt hierbei eine zentrale Rolle. Trotz der Vorteilhaftigkeit dieses organisatorischen Ansatzes stellt er die Unternehmen, aufgrund unterschiedlicher Sichtweisen und Fachsprachen, Abteilungsegoismen aber auch domänenspezifischen Entwicklungs- und Modellierungswerkzeugen vor enorme Schwierigkeiten.

Diese bereits bestehende Problematik wird nun aufgrund des umfassenden Lösungsansatzes industrieller Produkt-Service Systeme besonders in den frühen Entwicklungsphasen weiter

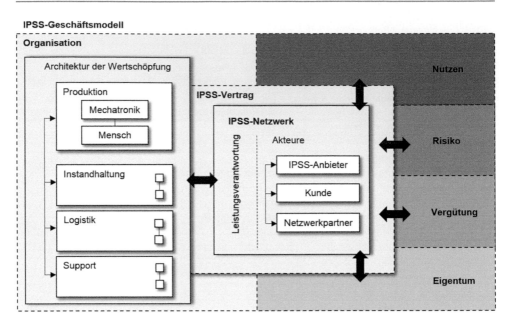

Abb. 4.3 Zusammenwirken der an der IPSS-Konzeptentwicklung beteiligten Domänen

verschärft. Für die Erbringung innovativer IPSS-Geschäftsmodelle (z. B. Verfügbarkeits- oder Ergebnisgarantien) ist eine Bündelung vielfältiger, fachspezifischer Kernkompetenzen zwingend erforderlich. Im Normalfall dürfte diese Bündelung innerhalb eines Unternehmens nicht vorliegen. Industrielle Produkt-Service Systeme werden daher nicht nur innerhalb eines Netzwerks erbracht [MEI10], sondern auch „industrialisiert" (z. B. Produktion der materiellen Bestandteile, Schulung von Wartungstechnikern) und entwickelt. Aufgrund der Einmaligkeit der Entwicklungsaufgabe ist es darüber hinaus denkbar, dass die Notwendigkeit der Einbeziehung von Entwicklungspartnern im Verlauf der frühen Phasen erst deutlich wird. Eine weitere spezifische Herausforderung liegt in der Tatsache begründet, dass die Zuweisung der Verantwortlichkeit für eine spätere Aktivität im Betrieb (z. B. Transportprozesse) auf einen Netzwerkpartner, für den gewählten Partner zu späteren Erlösströmen führt. Die Zusammenarbeit der beteiligten funktions- und unternehmensübergreifenden Rollen in einem IPSS-Entwicklungsprozess unterscheidet sich damit fundamental von der traditionellen Projektarbeit. Es entsteht eine „Enthierarchisierung" der Aufbauorganisation des eigenen Unternehmens sowie der entstehenden Kooperationen im Netzwerk.

4.4 Methodische Unterstützung in den frühen Phasen der IPSS-Entwicklung

Das beschriebene komplexe Zusammenspiel der Domänen zu beherrschen, das heißt die Dauer, Inhalte und Schnittstellen von domänenbezogenen Aufgaben zu definieren und Meilensteine sowohl innerhalb als auch außerhalb der eigenen Grenzen festzulegen, stellt

Unternehmen vor enorme Herausforderungen und legitimiert damit den Handlungsbedarf für die nachfolgend beschriebene methodische Unterstützung. Aufgrund der vielfältigen Interdependenzen zwischen IPSS- Systembestandteilen sind Überschneidungen zwischen domänenbezogenen Aufgaben möglich, sodass der Systementwurf nur über einen domänenübergreifenden Ansatz erfolgen kann, welcher die vielfältigen Integrationspunkte explizit berücksichtigt [KÖS14]. Die Problematik der Domänenintegration ist auch in anderen Anwendungsbereichen zu verzeichnen:

- **Informatik**: Einteilung physischer oder logischer Datenspeicher in zusammenhängende Speichersegmente
- **Embedded Systems**: Zuweisung der Funktionserfüllung auf Hardware- und Softwarekomponenten unter Berücksichtigung von Randbedingungen (Leistungsanforderungen, Zielkosten)
- **Mechatronische Systeme**: Aufteilen eines mechatronischen Systems auf mehrere Funktionseinheiten oder Module unter Berücksichtigung der zu ihrer Realisierung genutzten technischen Spezialgebiete (Mechanik, Elektrotechnik, Informationstechnik) nach funktionalen und räumlichen Gesichtspunkten
- **Produktionssysteme**: Hierarchische Gliederung des Fertigungssystems in Werke, Stationen und Arbeitsstationen unter Berücksichtigung von Kosten- und Zeitaspekten

Die Aufgabe der Zerlegung und Aufteilung des Gesamtsystems in domänenspezifische Teilsysteme wird in den genannten Bereichen unter dem Begriff der Partitionierung beschrieben [KÖS14]. Eine Systempartitionierung umfasst in Abhängigkeit des Gestaltungsobjektes unterschiedliche Dimensionen, die wiederum unterschiedliche Systemmerkmale adressieren. Wie in Abb. 4.4 zusammenfassend veranschaulicht, lassen sich bezüglich industrieller Produkte-Service Systeme vier verschiedene Dimensionen und damit Sichten auf den Gestaltungsgegenstand identifizieren:

- Funktionale Partitionierung (z. B. Festlegen struktureller Beziehung der erforderlichen Lösungsbestandteile)
- Interaktionsbezogen Partitionierung (z. B. Zuweisung der für die Leistungserbringung verantwortlichen Netzwerkpartner)
- Räumlich Partitionierung (z. B. Räumliche Verteilung der einzelnen Lösungsbestandteile)
- Zeitliche Partitionierung (z. B. Festlegung der zeitlich logischen Reihenfolge der Leistungserbringung)

Partitionierungsprobleme sind dadurch gekennzeichnet, dass die Anzahl der möglichen Partitionierungsalternativen, der sog. Lösungsraum, sehr groß sein kann. Die Partitionierung ist demnach verbunden mit einem Optimierungsprozess. Die Ermittlung der optimalen Partition erfolgt dabei meist modellbasiert unter Anwendung von konstruktiven und/ oder heuristischen, iterativen Optimierungsalgorithmen. Im Kontext industrieller Produkt-Service Systeme kann Systempartitionierung daher wie folgt definiert werden [KÖS14]:

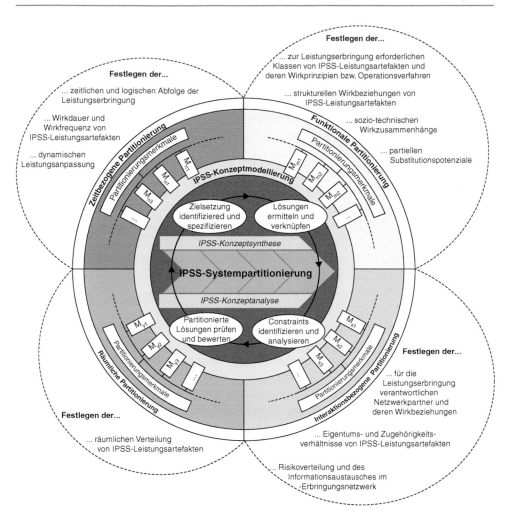

Abb. 4.4 Partitionierungssichten im Kontext industrieller Produkt-Service Systeme

▶ Unter IPSS-Systempartitionierung wird die kollaborative, wissensintensive Tätigkeit verstanden, mit der im Systementwurf eines industriellen Produkt-Service Systems implizit und explizit festgelegt wird, in welcher Weise die verschiedenen Leistungsartefakte eines IPSS zusammenwirken sollen, um ein gefordertes Nutzenversprechen zu realisieren. Das Ziel besteht dabei in der Optimierung der Eigenschaften des resultierenden integrierten Gesamtsystems vor dem Hintergrund der individuellen Kundenbedürfnisse und Anforderungen, anbieterspezifischer Entwurfsbeschränkungen (constraints) sowie IPSS-spezifischer Entwicklungsprämissen. Die IPSS-Systempartitionierung erfolgt schwerpunktmäßig in den frühen Entwicklungsphasen und geht einher mit der Synthese, Analyse, Variation, Bewertung und Auswahl von IPSS-Konzepten. Die IPSS-Systempartitionierung umfasst sowohl funktionale, als auch räumliche, interaktions- und zeitbezogene Aspekte.

Der Handlungsbedarf für eine methodische Unterstützung der Systempartitionierung in den frühen Phasen der IPSS-Entwicklung lässt sich in folgenden Punkten zusammenfassen. Diese gliedern darüber hinaus das weitere Kapitel:

- **Modellierungsansatz**: Um den jeweiligen Stand eines IPSS-Partitionierungsprozesses abbilden zu können und eine intuitive, modellbasierte Entwicklung alternativer Partitionen zu unterstützen, ist es notwendig, einen Modellierungsansatz bereitzustellen. Zu diesem Zweck muss das Modell den Partitionierungssichten und den damit verbunden Systemmerkmalen Rechnung tragen. Das Konzeptmodell dient somit als Arbeits- und Diskussionsgrundlage und stellt dadurch ein geeignetes Kommunikationsmittel für eine domänenübergreifende Kollaboration dar.
- **Flexibler Vorgehensleitfaden für die IPSS-Systempartitionierung**: Zur effizienten und effektiven Bewältigung der Entwicklungsaufgabe muss ein logisch strukturiertes Vorgehens zur Generierung, Analyse, Variation, Bewertung und Auswahl von IPSS-Partitionen zur Verfügung gestellt werden. Im Sinne eines modellbasierten Vorgehens wird der Modellierungsansatz genutzt, um die einzelnen, im Vorgehen definierten Arbeitsschritte zu unterstützen.
- **Methodenbausteine für die Unterstützung der verschiedenen Arbeitsschritte**: Um den spezifischen Herausforderungen der Systempartitionierung begegnen zu können, sind Methodenbausteine von Nutzen, welche die funktionale, räumliche, interaktionsbezogene und zeitbezogene Partitionierung von IPSS-Konzepten in den Mittelpunkt stellen. Aufgrund der Komplexität des Lösungsraumes und des involvierten heterogenen Wissens ist vor allem die Generierung und Variation sowie die Analyse und Bewertung der Systempartitionen zu unterstützen.

4.4.1 Modellierungsansatz zur Systempartitionierung Industrieller Produkt-Service Systeme

Um die gegenseitigen Wechselwirkungen des IPSS-Geschäftsmodells und dem partitionierten Konzeptmodell nicht nur berücksichtigen, sondern darüber hinaus auch bewusst determinieren zu können ist es notwendig, diese beiden Aspekte in einem integrierten Modellierungsansatz zusammenzuführen. Im Rahmen der IPSS-Konzeptmodellierung beschreibt SADEK [SAD12] sämtliche Modellinhalte auf drei systemkohärenten Modellierungsebenen (IPSS-Funktions-, IPSS-Objekt- und IPSS-Prozessebene). Um die im Geschäftsmodell relevanten interaktionsorientierten Merkmale repräsentieren zu können, wird eine zusätzliche Modellierungsebene, die IPSS-Leistungsebene eingeführt.

Auf den jeweiligen Modellierungsebenen ist es nun möglich, wie in Abb. 4.5 veranschaulicht, die relevanten Partitionierungssichten zu adressieren. Die systematische Aufteilung von Partitionierungssichten auf die drei Ebenen bietet einerseits die Möglichkeit, die Komplexität der IPSS-Konzeptentwicklungsaufgabe zu reduzieren. Andererseits bietet die bewusste Separation von Partitionierungsinhalten die Grundlage für einen flexiblen,

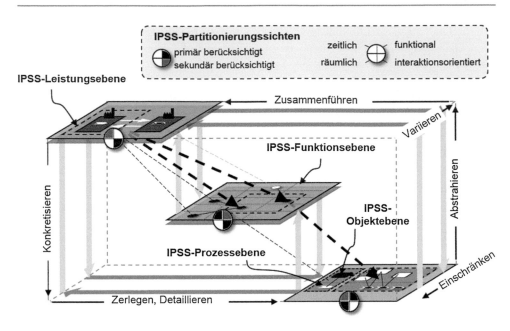

Abb. 4.5 Rahmenwerk zur IPSS-Systempartitionierung

sukzessiven Partitionierungsprozess, in dem insbesondere die gegenseitige Determinierung der vier Partitionierungssichten unterstützt wird. Jedes der berücksichtigten Modellelemente dient zur Beschreibung eines Teilaspekts des partitionierten industriellen Produkt-Service Systems unter Berücksichtigung eines gewissen Konkretisierungs- und Detaillierungsgrades. Auf der zugehörigen Modellierungsebene lassen sich die Modellelemente über ebenenspezifische Relationen miteinander verknüpfen. Das Gesamtmodell ergibt sich, indem die Modellelemente wie dargestellt ebenenübergreifend miteinander vernetzt werden.

IPSS-Leistungsebene Der grundsätzliche Aufbau der IPSS-Leistungsebene ist dem „e³-value"-Modell nach Gordijn [GOR01] entlehnt. Dieses Modell wird im Bereich e-Business dazu genutzt, den Zusammenhang zwischen Leistungserbringern und -empfängern abzubilden. Es ist jedoch aufgrund des generischen Charakters auf die Problematik industrieller Produkt-Service Systeme übertragbar (s. Abb. 4.6). Dementsprechend ist es möglich, die Wertschöpfungspartner eines IPSS-Netzwerks anhand des Modellelements „Akteur" zu charakterisieren. Die verschiedenen Akteure stehen über den gerichteten Austausch sogenannter „Nutzenobjekte" in Beziehung zueinander. Die jeweils empfangenen Nutzenobjekte wirken sich positiv auf die Nutzensteigerung eines Akteurs aus. Diese Nutzensteigerung hat dabei stets einen direkten Bezug zu den Kundenbedürfnissen (z. B. Effizienzsteigerung, Ertragssteigerung, Kostensenkung). Zur Realisierung eines Nutzenversprechens (Austausch von Nutzenobjekten) müssen die Akteure im Laufe des Lebenszyklus „Wertschöpfungsaktivitäten" erbringen. Diese Wertschöpfungsaktivität lässt sich im Sinne des nutzenorientierten Paradigmenwechsels als sach- und dienstleistungsintegrierendes Leistungsangebot interpretieren, welches wiederrum aus einzelnen

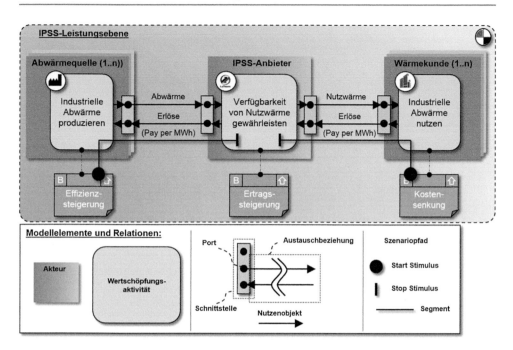

Abb. 4.6 Grundlegender Aufbau, Modellelemente und Relationen der IPSS-Leistungsebene

IPSS-Leistungsartefakten[7] oder einer Komposition komplementärer IPSS-Leistungsartefakte in einem Leistungsbündel bestehen kann.

IPSS-Funktionsebene Die zur Erbringung der Wertschöpfungsaktivität notwendigen
Leistungsartefakte werden funktional auf der IPSS-Funktionsebene beschrieben (Abb. 4.7).
IPSS-Funktionen werden relational zu Funktionszusammenhängen verknüpft. Darüber
hinaus liegt ein besonderes Augenmerk auf der Modellierung der Risikoverteilung
zwischen den einzelnen Akteuren. Neben der rein relationsstrukturellen Abhängigkeit der
Funktionen (benötigt/ermöglicht) wird auf dieser Modellierungsebene eine zeitlogische
Gliederung der IPSS-Funktionen berücksichtigt. Durch die Unterscheidung in Basis- und
Anpassungsfunktionen ist es möglich eine intendierte Veränderung der Leistungsbündel-
architektur zu diskreten Zeitpunkten in der IPSS-Betriebsphase zu determinieren und
somit der lebenslaufinduzierten Dynamik Rechnung zu tragen.

---

[7] Im Kontext industrieller Produkt-Service Systeme ist eine trennscharfe Unterscheidung von Sach-
und Dienstleistungen nicht weiter möglich und zweckmäßig. Um den Integrativen Gedanken
Rechnung zu tragen formuliert SADEK ein neues Integrationsprinzip. Ein Industrielles Produkt-
Service System, das zur Erfüllung einer kundenindividuellen Leistung konzipiert wird, wird prinzipiell durch die Kombination von funktionserfüllenden IPSS-Leistungsartefakten gebildet. Zur
Erfüllung dieser Funktion ist sowohl ein IPSS-Objekt (materielle/immaterielle Struktur), als auch
ein IPSS-Prozess (zustandsverändernde Operation) notwendig [SAD12].

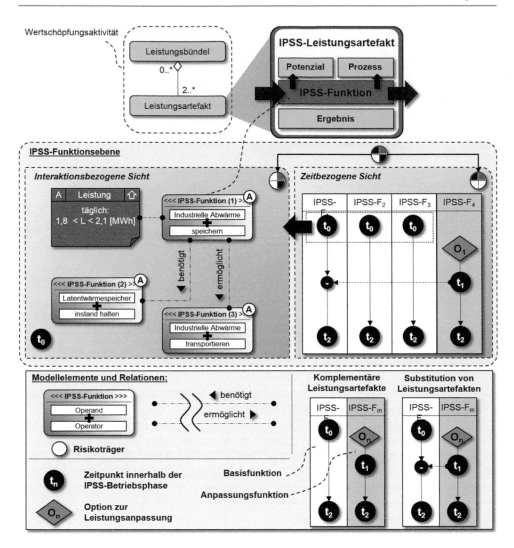

Abb. 4.7 Grundlegender Aufbau, Modellelemente und Relationen der IPSS-Funktionsebene

IPSS-Objekt- und Prozessebene Wie in der heterogenen IPSS-Konzeptmodellierung nach
SADEK [SAD09] bereits definiert, werden die erforderlichen Leistungspotenziale und
-prozesse zur Realisierung eines funktionserfüllenden Leistungsartefaktes mithilfe von
IPSS-Objekten und IPSS-Prozessen auf den dafür vorgesehenen Ebenen modelliert. Auf
der IPSS-Objektebene werden technische, menschliche und organisationsbezogene
Objekte mittels physikalischer, struktureller und soziotechnischer Relationen zu Objekt-
zusammenhängen verknüpft (Abb. 4.8). Technische Objekte stellen wiederum mechatronische Systeme dar, welche in der Lage sind, IPSS-Prozesse entsprechend zu
automatisieren. Demgegenüber stellen menschliche IPSS-Objekte humane Individuen
dar, welche mit technischen Systemen in Verbindung treten können und damit soziotech-
nische Systeme bilden. Aggregierte sozio-technische Systeme bilden wiederrum

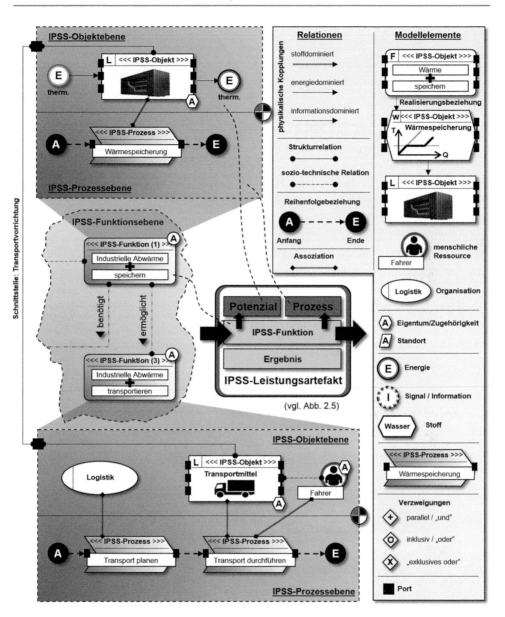

Abb. 4.8 Grundlegender Aufbau , Modellelemente und Relationen der IPSS-Objekt/Prozessebene

organisationsbezogene Objekte. Diese agieren als Kollektiv und übernehmen organisatorische Aufgaben im Kontext der Leistungserstellung. Durch die Zuweisung von Eigentums- und Zugriffsrechten ist es möglich, die für Dienstleistungen per Definition vorgesehene Integration des externen Faktors (technische oder menschliche Kundenressourcen) in der Leistungserstellung abbilden zu können. IPSS-Prozesse dienen der Beschreibung der diskreten Operationen und zustandsorientierten Abläufe zur Erfüllung einer IPSS-Funktion. Zur Generierung von IPSS-Prozesszusammenhängen werden ausgehend

von einem Startpunkt, IPSS-Prozesse mithilfe gerichteter Relationen, zeitlich und logisch
miteinander verknüpft. Da im Rahmen der IPSS-Prozessmodellierung neben sequenziellen auch Alternativ- und Parallelverzweigungen möglich sind, werden zudem die Verknüp-
fungsregeln „und", „oder" und „exklusivoder" in die Modellierung einbezogen.

4.4.2 Flexibler Vorgehensleitfaden für die IPSS-Systempartitionierung

Um das grundsätzliche Vorgehen der IPSS-Systempartitionierung strukturieren zu können, wird der in Abb. 4.9 veranschaulichte Vorgehensleitfaden empfohlen. In Ergänzung
zum V-Modell der IPSS-Entwicklung (vgl. Abschn. 4.3.) trägt dieser den besonderen Herausforderungen der Domänenintegration und der daraus resultierenden Komplexität besonders in den frühen Phasen Rechnung. Mit der Einführung des Vorgehensleitfadens wird
eine Effizienzsteigerung des Partitionierungsprozesses angestrebt, was insbesondere
durch eine bessere Koordination und durch eine Reduktion unnötiger Iterationen erreicht
werden soll. Mit diesem Ziel werden im Sinne einer Makro-Logik allgemeingültige
Arbeitsschritte beschrieben. Die Abarbeitung dieser Schritte ist dabei in der vorgegebenen

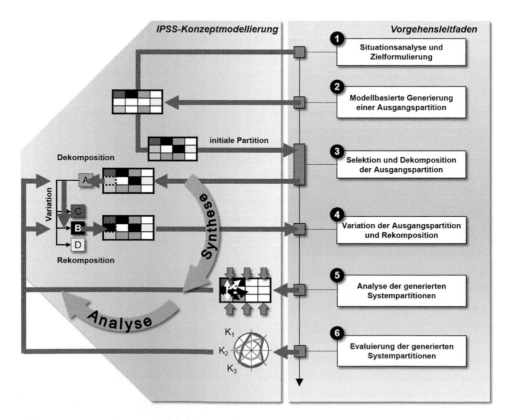

Abb. 4.9 Flexibler Vorgehensleitfaden für die IPSS-Systempartitionierung

Reihenfolge als zweckmäßig zu betrachten. Jedoch soll der Vorgehensleitfaden weniger als starres Korsett, vielmehr als Referenzprozess verstanden werden, der flexibel und problemspezifisch an unterschiedliche Entwicklungsaufgaben angepasst werden kann. Je nach Aufgabenstellung ist es somit sinnvoll, die dargestellte Bearbeitungsreihenfolge zu variieren und einzelne Partitionierungsaspekte mehr oder weniger stark in den Vordergrund zu stellen. Die damit eher als „Bausteine" zu verstehenden Schritte des Vorgehensleitfadens sind „Situationsanalyse und Zielformulierung", „Modellbasierte Generierung einer Ausgangspartition", „Selektion und Dekomposition der Ausgangspartition", „Variation der Ausgangspartition und Rekomposition", „Analyse der generierten Systempartitionen" und „Evaluierung der generierten Systempartition". Zentral ist die enge Verknüpfung mit dem IPSS-Konzeptmodell. Dieses wird in den einzelnen Arbeitsschritten genutzt, um Entwicklungsfortschritte erzielen und dokumentieren zu können.

Die IPSS-Systempartitonierung beginnt mit dem Planen und Klären der Entwicklungsaufgabe. Hierzu müssen die artikulierten Kundenbedürfnisse möglichst vollständig aufgenommen und die nicht artikulierten Kundenbedürfnisse mithilfe von z. B. Checklisten und verschiedenen Analysemethoden erfasst werden. Die Kenntnis und Analyse der kundenseitigen Wertschöpfungsprozesse sind dabei von zentraler Bedeutung, um Probleme bzw. Nutzensteigerungspotenziale identifizieren und hieraus einen kundenindividuellen, nutzenorientierten Lösungsansatz erarbeiten zu können. Mit dem nächsten Schritt der modellbasierten Generierung einer Ausgangspartition erfolgt der Einstieg in den eigentlichen Systempartitionierungszyklus. Besonders bei Neuentwicklungen bietet sich an dieser Stelle ein deduktives Vorgehen an, bei dem ausgehend von einer gesamtsystemorientierten Sicht die IPSS-Systempartitionierung auf der IPSS-Leistungsebene initialisiert wird. Auf einem definierten Nutzenversprechen basierend kann eine Dekomposition der Problemlösung in Subsysteme und Komponenten sowie Teilprozesse und Prozessschritte vorgenommen werden. Folglich schließt die Definition von akteurbezogenen Austauschbeziehungen und Wertschöpfungsaktivitäten und deren Detaillierung in funktionserfüllende IPSS-Leistungsartefakte an. IPSS-Funktionen bieten den Einstieg zur sukzessiven Detaillierung- und Konkretisierung von IPSS-Objekten und IPSS-Prozessen auf der untersten Modellierungsebene. Bei den nun folgenden Partitionierungsschritten steht die Variation, Bewertung und Auswahl von IPSS-Systempartitionen im Vordergrund. In Anlehnung an das methodische Vorgehen eines iterativen Optimierungsverfahrens wird ausgehend von einer gegebenen Startlösung schrittweise der mögliche Lösungsraum erkundet, um letztendlich anhand von Bewertungskriterien ($K_{1..n}$) unter den generierten Lösungsvarianten die optimale Lösung auszuwählen. Der Partitionierungszyklus wird initiiert, indem in der Selektionsphase die Ausgangspartition dekomponiert und ein zu optimierender Bestandteil ausgewählt wird. In der zweiten Phase erfolgt die Variation des extrahierten Lösungsbausteins durch bewusste, explizite Partitionierung anhand der definierten Partitionierungssichten. Während sich eine funktionale Variation beispielsweise an den Lösungselementtypen (technisch, menschlich) orientiert, werden im Rahmen einer räumlichen Partitionierung die Leistungsbestandteile bewusst verschiedenen Standorten zugeordnet. Die durch explizite Lösungsvariation gefundenen Lösungsbausteine werden anschließend in das bestehende IPSS-Konzeptmodell integriert und zu einer alternativen Partition rekombiniert. Aufgrund des im vorangegangenen Syntheseschritt variierten bzw. neu hinzugefügten Konzeptbestandteils ist nun eine Analyse der Verträglichkeiten und der Wechselwirkungen mit den angrenzenden, bereits existenten Konzeptbestandteilen erforderlich. Hierzu sind nicht nur die relevanten IPSS-Konzeptmodellelemente, sondern insbesondere deren Relationen zueinander zu betrachten und vor dem Hintergrund der Zielerfüllung zu untersuchen. In der abschließenden Evaluierungsphase wird die Güte der gefundenen IPSS-Systempartition mit Hilfe einer Bewertungsmethode überprüft. Anhand spezifischer Gütekriterien ist zu bestimmen, ob eine zulässige Lösung für die formulierten Anforderungen und die aufgestellten Entwurfsbeschränkungen identifiziert wurde. Im Verlauf der IPSS-Systempartitionierung werden die Schritte der einzelnen Phasen des Partitionierungszyklus solange iterativ durchlaufen, bis ein zulässiges, der Zielsetzung entsprechend optimales IPSS-Lösungskonzept gefunden ist.

4.4.3 Methodenbausteine für die Unterstützung der verschiedenen Arbeitsschritte

In der Forschungslandschaft sind in den letzten Jahren zahlreiche methodische Hilfsmittel entwickelt worden, welche darauf abzielen, die beteiligten Akteure in der Bewältigung der einzelnen Arbeitsschritte des Vorgehensleitfadens zu unterstützen (Tab. 4.2). Im Rahmen dieses Buchbeitrags erfolgt zunächst eine tabellarische Übersicht über die wichtigsten Ansätze. Für eine weiterführende Auseinandersetzung sei an dieser Stelle auf die Literatur verwiesen.

Ergänzend hierzu wird in diesem Kapitel exemplarisch ein methodisches Hilfsmittel zur Generierung von IPSS-Systempartitionen vertiefend beschrieben. Zur Unterstützung dieses Arbeitsschrittes werden einem Entwicklerteam sogenannte „Partitionierungsmus-

Tab. 4.2 Methoden und Hilfsmittel in den frühen Phasen der IPSS-Entwicklung

Methodische Unterstützung	Quelle	Vorrangig in Arbeitsschritt					
		1	2	3	4	5	6
IPSS-Kompass	[RES10]	x					
PSS-Layer Methode	[MÜL09]	x	x				
PSS-Anforderungscheckliste	[MÜL10b]	x					x
Customer Value Chain Analysis	[DON06]	x					
Activity Modelling Cycle (AMC)	[MAT06]	x					
House of Service	[MAN10]	x				x	
TRIZ	[KOL11]	x		x	x		
Open Innovation	[CHE11]		x				
IPSS-Partitionierungsmuster	[KÖS14]		x				
IPSS-Grundwortschatz			x				
Variationsstrategien				x	x		
IPSS-Gamestorming					x		
IPSS-Laddering Technique				x		x	
Kundennutzenorientierte Bewertungsmethode							x

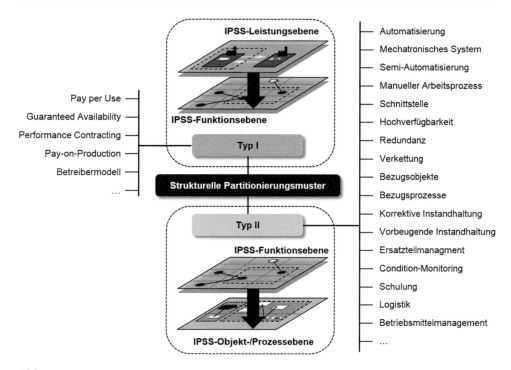

Abb. 4.10 Strukturelle Partitionierungsmuster

ter" empfohlen, welche auf Basis einer umfassenden Analyse exemplarischer IPSS aus dem industriellen aber auch universitären Umfeld, entstanden sind.[8]

Die bereitgestellten Muster werden als Schablonen für die Lösung wiederkehrender Partitionierungsprobleme interpretiert und entsprechen damit grundlegend dem Charakter von „Entwurfsmustern", welche in unterschiedlichen Ausprägungen etwa in der Architektur oder der Softwareentwicklung Verwendung finden. Dabei lassen sich im Kontext der IPSS-Systempartitionierung „Prozedurale Muster" (Wiederkehrende Handlungen und Handlungsfolgen) sowie „Strukturelle Muster" (Allgemein formulierte Lösungsbausteine und -strukturen) unterscheiden. Durch strukturelle Muster (s. Abb. 4.10) lassen sich analog zu Checklisten kreative Denkprozesse und die Intuition der beteiligten Entwickler anregen.

Dabei wird bei „Strukturellen Mustern Typ 1" der Übertritt von der IPSS-Leistungs- zur IPSS-Funktionsebene befähigt. Bei „Strukturellen Mustern Typ 2" hingegen steht der Übergang von der IPSS-Funktions- auf die IPSS-Objekt-/Prozessebene im Fokus. Trotz der dargelegte Differenzierung ist aufgrund der in den Mustern berücksichtigten Vernetzung dennoch die Möglichkeit gegeben, eine ebenenübergreifende, mustergestützte Erzeugung von IPSS-Systempartitionen über die drei Modellierungsebenen hinweg vorzunehmen. Abb. 4.11 verdeutlicht exemplarisch ein mögliches Partitionierungsmuster. Neben einer aussagekräftigen

---

[8] Insgesamt konnten über 40 ausreichend und nachvollziehbar dokumentierte Beispiele industrieller Produkt-Service Systeme identifiziert und für die Ableitung der Muster genutzt werden.

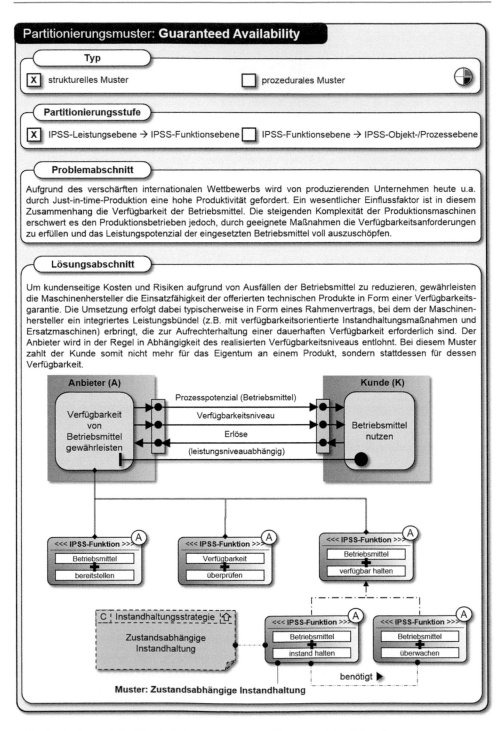

Abb. 4.11 Exemplarisches Partitionierungsmuster „Guaranteed Availabilty"

Benennung (Guaranteed Availability) und der Zuordnung des Musters zu einer gewählten Partitionierungsstufe ist für den Anwender bzw. Entwickler zunächst die Problembeschreibung von hoher Relevanz. Hierdurch ist es möglich die real vorliegende Problemstellung mit der im Muster adressierten abzugleichen und somit die grundsätzliche Eignung im eigenen Kontext abzusichern. Im Anschluss werden mithilfe des Lösungsabschnittes bewusst abstrakt formulierte Modellelemente (Hier: Akteure, Wertschöpfungsaktivitäten, Nutzenobjekte, IPSS-Funktionen) problemorientiert beschrieben und dienen im Entwicklungsprozess damit als Denkanstoß und Ansatzpunkt, um die generische Lösung auf das konkrete Problem anzuwenden und zu spezifizieren.

Literatur

[CHE11]   Chesbrough, H.: Open Services Innovation – Rethinking Your Business to Grow and Compete in a New Era. San Francisco: Wiley, 2011.

[DON06]   Donaldson, K. M.; Ishii, K.; Sheppard, S. D.: Customer Value Chain Analysis. In: Research in Engineering Design, Vol. 16, 2006, S. 174-183.

[EHR07]   Ehrlenspiel, K.: Integrierte Produktentwicklung – Denkabläufe, Methodeneinsatz, Zusammenarbeit. München: Carl Hanser, 2007.

[GOR01]   Gordijn, J.; Akkermans, H.: e^3-value: Designing and Evaluation of e-Business Models. In: IEEE Intelligent Systems, Vol. 16, Issue 4, 2001, S. 11–17.

[HER14a] Herzog, M.; Meuris, D.; Bender, B.; Sadek, T.: Konzipierung industrieller Produkt-Service Systeme – Neuartige Herausforderungen für Prozesse, Akteure und Organisationen. wt Werkstattstechnik online 104 (2014) 7/8, S. 463–468.

[HER14b] Herzog, M.; Meuris, D.; Bender, B.; Sadek, T.: The nature of risk management in the early phase of IPS^2 design. In: Product Services Systems and Value Creation – Proceedings of the 6th CIRP Conference on Industrial Product-Service Sytems, Windsor, Canada, May 1st – 2nd, 2014. Hrsg.: ElMaraghy, H., 2014, S. 206–211.

[HUN01]   Hung, T.-C.: Waste heat recovery of organic Rankine cycle using dry fluids. In: Journal of Energy Conversion and Management 42 (2001), S. 539–553.

[KOL11]   Koltze, K.; Souchkov, V.: Systematische Innovation – TRIZ-Anwendung in der Produkt- und Prozessentwicklung. München: Carl Hanser, 2011.

[KÖS11]   Köster, M.; Sadek, T.: A Product-Service System for industrial Waste Heat Recovery Using Mobile Latent Heat Accumulators. In: Proceedings of the ASME 2011 International Mechanical Engineering Congress & Exposition IMECE2011, 11.-17. November, Denver, Colorado, USA, 2011, S. 1331–1340.

[KÖS14]   Köster, M.: Ein Beitrag zur modellbasierten Systempartitionierung industrieller Produkt-Service Systeme. Bochum, Ruhr-Universität Bochum, Diss, München: Dr. Hut, 2014.

[MAN10]   Mannweiler, C.; Möhrer, J.; Fiekers, C.: Planung investiver Produkt-Service Systeme. In: Produkt-Service Systeme – Gestaltung und Realisierung. Hrsg.: Aurich, J. C.; Clement, M. Heidelberg: Springer, 2010, S. 15–30.

[MAT06]   Matzen, D.; McAloone, T. C.: A Tool for Conceptualising in PSS Development. In: Pro-ceedings of the 17th Symposium „Design for X", Neukirchen, 12. – 13. Oktober, 2006, S. 131–140.

[MCA11] McAloone, T. C.: Boundary Conditions for a New Type of Design Task: Understanding Product/Service Systems. In: The Future of Design Methodology. Hrsg.: Birkhofer, H. London: Springer, 2011, S. 113–124.

[MEI10] Meier, H.; Roy, R.; Seliger, G.: Industrial Product-Service System (IPS^2). In: CIRP Annals – Manufacturing Technology 59 (2010) 2, S. 607–627.

[MÜL09] Müller, P.; Kebir, N.; Stark, R.; Blessing, L.: PSS Layer Method – Application to Microenergy Systems. In: Introduction to Product/Service-System Design. Hrsg.: Sakao, T.; Lindahl, M. London: Springer, 2009, S. 3–30.

[MÜL10a] Müller, P.; Stark, R.: A Generic PSS Development Process Model based on Theory and an empirical Study. In: Proceedings of the international Design Conference – Design 2010, Dubrovnik, Kroatien, 17. – 20. Mai, 2010, S. 361–370.

[MÜL10b] Müller, P.; Schulz, F.; Stark, R.: Guideline to elict requirements on industrial product-service systems. In: Industrial Product-Service Sytems (IPS^2) – Proceedings of the 2nd CIRP IPS^2 Conference, Linköping University, Linköping, Schweden, April 14th – 15th, 2010. Hrsg.: Sakao, T.; Larsson, T. Linköping: University, 2010, S. 109–117.

[PAH07] Pahl, G.; Beitz, W.; Feldhusen, J; Grote K.-H.: Konstruktionslehre – Grundlagen erfolgreicher Produktentwicklung; Methoden und Anwendung. Berlin: Springer, 2007.

[RES10] Rese, M.; Strotmann, W.-C.; Karger, M.: Which industrial product service system fits best? Evaluating flexible alternatives based on customers' preference drivers. In: Journal of Manufacturing Technology Management 20 (2010) 5, S. 640–653.

[RES11] Rese, M.; Meier, H.; Gesing, J.; Boßlau, M.: HLB-Geschäftsmodelle – Partialmodellierung zur Systematisierung von Geschäftsmodellen „Hybrider Leistungsbündel" (HLB). wt Werkstattstechnik online 101 (2011) 7/8, S. 498–504.

[SAD09] Sadek, T.: Ein modellorientierter Ansatz zur Konzeptentwicklung industrieller Produkt-Service Systeme. Schriftenreihe des Lehrstuhls für Maschinenelemente und Konstruktionslehre, Ruhr-Universität Bochum. Aachen: Shaker, 2009.

[SAD10] Sadek, T.; Köster, M.; Herzog, M.: Initial Decision Making (IDM) in the early Stage of Product-Service System Development. In: Proceedings of the 8th International Conference on Manufacturing Research ICMR 2010, Durham, GB, 2010, S. 361–369.

[SAD12] Sadek, T.; Köster, M.: Sach- und dienstleistungsintegrierte Konzeptentwicklung. In: Integrierte Industrielle Sach- und Dienstleistungen. Vermarktung, Entwicklung und Erbringung hybrider Leistungsbündel. Hrsg.: Meier, H.; Uhlmann, E. Berlin, Heidelberg: Springer, 2012, S. 137–161.

[THU08] Thumann, A.; Metha, D. P.: Handbook of Energy Engineering. Lilburn: The Fairmont Press, 2008.

[VDI93] VDI-Richtlinie 2221 (05.1993) Methodik zum Entwickeln und Konstruieren technischer Systeme und Produkte. Berlin: Beuth.

[VDI97] VDI-Richtlinie 2222 (06.1997) Blatt 1: Konstruktionsmethodik – Methodisches Entwickeln von Lösungsprinzipien. Berlin: Beuth.

[VDI04] VDI-Richtlinie 2206 (06.2004) Entwicklungsmethodik für mechatronische Systeme. Berlin: Beuth.

Assistenzsystem – IPSS-CAD als informationstechnische Unterstützung der integrierten Sach- und Dienstleistungsentwicklung in der IPSS-Entwurfsphase

5

Holger Bochnig, Eckart Uhlmann und Alexander Ziefle

5.1 Einleitung

Das integrierte Angebot von Sach- und Dienstleistungen als Leistungsbündel führt zu neuen Konzepten und Nutzenmodellen. Um den Entwickler während der Planungs- und Entwicklungsphasen zu unterstützen, bedarf der integrierte Entwicklungsansatz neuartiger Methoden und rechnerunterstützter Werkzeuge.

Dabei müssen die zahlreichen Wechselwirkungen zwischen den Sach- und Dienstleistungen berücksichtigt werden. Die Ausgestaltung einer Sachleistungskomponente beeinflusst, welche begleitenden Dienstleistungen notwendig sind und wie diese ausgeprägt sein müssen. Dies schließt die Auswirkungen in der Betriebsphase, wie z. B. geringe oder hohe Lebenszykluskosten, mit ein. Umgekehrt erfordert eine bestimmte Dienstleistung spezielle physische Produkte oder eine angepasste Konstruktion der betreffenden Produktmerkmale. Als Beispiele für die beiden Wechselwirkungsrichtungen seien zum einen der Einsatz von verschleißbehafteten Maschinenkomponenten und deren Wartung mit entsprechendem Aufwand genannt. Zum anderen benötigt eine Condition-Monitoring-Dienstleistung die physische Sensorintegration in das Produkt und die konstruktive Ausgestaltung der Befestigungselemente. Aus diesen Wechselwirkungen wird deutlich, dass die Entwicklung von hybriden Leistungsbündeln (IPSS) umfassendes, domänenübergreifendes Wissen sowohl aus den Bereichen Produktentwicklung und Konstruktion als auch dem Service Engineering voraussetzt.

H. Bochnig • E. Uhlmann (✉) • A. Ziefle
Fachgebiet Werkzeugmaschinen und Fertigungstechnik, Technische Universität Berlin, Berlin, Deutschland
E-Mail: holger.bochnig@iwf.tu-berlin.de; eckart.uhlmann@iwf.tu-berlin.de; alexander.ziefle@iwf.tu-berlin.de

© Springer-Verlag GmbH Deutschland 2017
H. Meier, E. Uhlmann (Hrsg.), *Industrielle Produkt-Service Systeme*,
DOI 10.1007/978-3-662-48018-2_5

Weiterhin ist es für die Entwicklung der besten Lösung notwendig, den gesamten IPSS-Lebenszyklus in die Betrachtung einzubeziehen, da die Betriebsphase zunehmend in den Verantwortungsbereich und somit in den Fokus des IPSS-Anbieters fällt. Der Hersteller oder Verkäufer wandelt sich zum Lösungsanbieter, so dass die Geschäftsbeziehung zum Kunden regelmäßig über den Zeitpunkt des Verkaufs und der Lieferung des Produkts hinausgeht.

Diese Faktoren ergeben einen besonders hohen Komplexitätsgrad für den Entwickler hybrider Leistungsbündel. Daten aus den unterschiedlichsten Fachgebieten müssen zusammengefügt und verwendet werden, um kundenindividuelle Lösungen zu erarbeiten sowie in enger Interaktion mit dem Kunden das für ihn zugeschnittene IPSS zu generieren. Zusammenfassend lässt sich die Entwicklung hybrider Leistungsbündel im Vergleich zur klassischen Produktkonstruktion oder dem Service Engineering als komplexer und mit höheren Anforderungen an den Entwickler verbunden charakterisieren.

Für die Bewältigung solcher komplexer Aufgaben ist die Unterstützung auf Basis der Informationstechnik erforderlich. Während die informationstechnische Unterstützung im Bereich der Produktentwicklung seit Jahrzehnten etabliert ist, gibt es entsprechende Werkzeuge für das Service Engineering erst seit neuerer Zeit. Informationstechnische Unterstützungswerkzeuge für die gemeinsame, integrierte Sach- und Dienstleistungsentwicklung fehlen aufgrund des Neuheitsgrads dieses integrativen Ansatzes.

Am Institut für Werkzeugmaschinen und Fabrikbetrieb (IWF) der TU Berlin wurde ein IT-gestütztes Assistenzsystem als Unterstützungswerkzeug für die integrierte Planung und Entwicklung hybrider Leistungsbündel entwickelt und in einem prototypischen Softwaresystem umgesetzt [UHL09, UHL10b, UHL10c, UHL12a]. Es führt den Entwickler durch alle IPSS-Planungs- und Entwicklungsprozesse und unterstützt bei der Entwicklung der Produkte und den zugehörigen Dienstleistungen. Dabei steht die frühzeitige und fortwährende Berücksichtigung der Wechselwirkungen zwischen den Sach- und Dienstleistungen im Vordergrund. Um den Komplexitätsgrad dieser Entwicklungsaufgabe zu reduzieren, werden Modulbibliotheken und Technologiedatenbanken zur Verfügung gestellt, die eine Wiederverwendung entwickelter Komponenten ermöglichen. In ihnen werden das zusammengeführte Wissen über die Sach- und die zugehörigen Dienstleistungen sowie die vorentwickelten hybriden Leistungsmodule abgelegt und verwaltet.

5.2 Framework des Assistenzsystems als informationstechnisches Unterstützungswerkzeug für den gesamten Planungs- und Entwicklungsprozess

Für die klassische Produktentwicklung sowie die IT-Systementwicklung existiert eine Reihe von etablierten Methodiken, die die jeweiligen Entwicklungsprozesse generisch bis detailliert beschreiben. Zu den bekanntesten Entwicklungsmethodiken gehören die VDI Richtlinie 2221 [VDI93], die Entwicklungsmethodik nach Pahl/Beitz [PAH07] und im Bereich der Informationstechnologie das V-Model [IAB04]. Der Bereich der

Dienstleistungsentwicklung ist weniger gut strukturiert. Im DIN-Fachbericht 75 wird ein Phasenmodell für die Entwicklung von Dienstleistungen auf einer sehr abstrakten und generischen Ebene beschrieben [DIN98]. Dienstleistungsklassen im Ingenieurbereich werden in der VDI-Richtlinie 4510 definiert und anhand eines Phasenschemas für die Entwicklung von Ingenieurdienstleistungen dargestellt [VDI06]. Detailliertere Prozessmodelle stehen nicht zur Verfügung.

Es ist sinnvoll, die Systemarchitektur des Assistenzsystems an eine aktuell verfügbare Methodik anzulehnen, die jedoch an die integrierte, gleichzeitig stattfindende Sach- und Dienstleistungsentwicklung angepasst werden muss. Aufgrund der weiter fortgeschrittenen und detaillierteren Entwicklungsmethodiken im Bereich der technischen Produkte wurde die VDI-Richtlinie 2221 als allgemeine methodische Vorgehensweise ausgewählt. Sie zeichnet sich durch eine klare Struktur aus und unterteilt den Entwicklungsprozess in Arbeitsabschnitte, die in definierte Arbeitsergebnisse münden. Die Arbeitsabschnitte und ihre jeweiligen Lösungsprozesse werden häufig in Partialmodellen dargestellt. Diese eignen sich gut für eine systematische Aufteilung in Softwaremodule im IT-System. Die definierten Ergebnisse der Arbeitsabschnitte lassen sich für die Definition und Beschreibung der Schnittstellen zwischen den Softwaremodulen verwenden, um die Module zu verbinden und im Gesamtsystem zusammenzufügen. Somit bietet sich ein modularer Aufbau des Assistenzsystems an. Dieser Architekturansatz ermöglicht ebenso eine zukünftige Erweiterung durch das Hinzufügen neuer Softwaremodule und Methoden.

In Abb. 5.1 ist die gewählte modulare Softwarearchitektur des Assistenzsystems dargestellt [UHL10a]. Sie besteht aus 16 Modulen, von denen zwei übergreifende bzw.

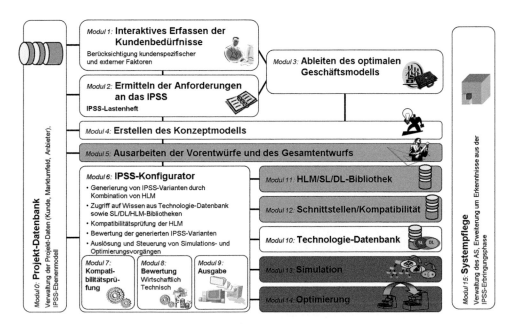

Abb. 5.1 Modulare Softwarearchitektur des IPSS-Assistenzsystems

Querschnittsaufgaben abdecken. Das Projekt-Datenbank-Modul, das auf der linken Seite abgebildet ist, speichert und verwaltet die Daten der Partialmodelle, die von den anderen Modulen generiert oder bearbeitet werden. Beispiele der hier abgelegten Informationen sind Kunden-, Markt- und Wettbewerberdaten, Daten über den IPSS-Anbieter, über Auftragsnehmer, Anforderungen, das IPSS-Modell, etc. Das Softwaremodul „Systempflege" auf der rechten Seite beinhaltet Aufgaben wie die Administration und die Wartung von Software und der Datenbasis, die Integration von Feedback und generiertem Wissen aus der IPSS-Entwicklungs- und Betriebsphase sowie die Erweiterung auf und Anpassung an domänenfremde Anwendungsfelder. Auf datentechnischer Ebene ermöglicht dieses Modul weiterhin die Aufnahme von hybriden Leistungsmodulen von weiteren Anbietern zusammen mit der damit verbundenen Pflege der Schnittstellen- und Kompatibilitätsdatenbank.

Der **IPSS-Entwicklungsprozess** beginnt aufgrund der kundenindividuellen Ausrichtung mit der Erfassung der Kundenbedürfnisse und der relevanten Randbedingungen. Die Integration des Kunden in den Entwicklungsprozess stellt einen Eckpfeiler für das Anbieten kundenindividueller Lösungen dar. Somit kommt der Interaktionsschnittstelle zwischen dem IPSS-Anbieter und dem Kunden eine herausragende Bedeutung zu. Im Assistenzsystem wird diese Aufgabe von Modul 1 erfüllt, das die Bedürfnisse aufnimmt. Indem dem Kunden mögliche Lösungen direkt aufgezeigt werden können, findet ein Wissenstransfer statt, der es dem Kunden ermöglicht, seine Bedürfnisse präzise und konkret zu benennen. Neben den kundenspezifischen Randbedingungen müssen ebenso externe Faktoren wie die Infrastruktur, der Markt, Wettbewerber, geltende Gesetze, etc. berücksichtigt und erfasst werden. Diese Aspekte werden oft nicht explizit zur Sprache gebracht, da sich der Kunde darüber eventuell nicht bewusst ist oder keine Kenntnisse darüber besitzt. Es besteht auch die Möglichkeit, dass der Kunde Aspekte, die sich aus dem Stand der Technik oder dem Marktumfeld ergeben, stillschweigend voraussetzt. Dennoch müssen diese Bedürfnisse und Randbedingungen als Ausgangspunkt für die Entwicklung eines hybriden Leistungsbündels aufgenommen werden.

Im Modul 2 werden aus den erfassten Bedürfnissen die **IPSS-Anforderungen** abgeleitet. Die explizit oder implizit artikulierten Bedürfnisse stellen auf der einen Seite eine möglichst lösungsneutrale Problemformulierung dar. Die Anforderungen beschreiben hingegen die zu entwickelnde, fallspezifische Lösung. Das Ergebnis des zweiten Moduls ist analog zum Lastenheft in der klassischen Produktentwicklung das **IPSS-Lastenheft**. Modul 3 bildet einen parallellaufigen Entwicklungsschritt, in dem ein optimales Geschäftsmodell ausgewählt wird, von dem sowohl der Kunde als auch der IPSS-Anbieter profitieren. In Modul 4 werden aus den Inputs des IPSS-Lastenhefts und des Geschäftsmodells ein Funktions- und ein Konzeptmodell (Kap. 4) generiert, die die Grundlage für die Konfigurierung bilden. Für die Konfigurierung eines hybriden Leistungsbündels ist insbesondere die Funktionsstruktur von Bedeutung, da über die Funktionen der Zugriff auf vorentwickelte hybride Leistungsmodule erfolgt. **Hybride Leistungsmodule (HLM)** (auch: Produkt-Service-Modul, PSM) bestehen aus variablen Anteilen von physischen Artefakten

(Sachleistungen) und immateriellen Dienstleistungen und erfüllen eine oder mehrere Funktionen. Im generellen Ansatz, der hybriden Leistungsbündeln zugrunde liegt, wird eine prinzipielle Austauschbarkeit von hybriden Leistungsmodulen mit unterschiedlichen Sach- und Dienstleistungsanteilen, die zusammen dieselbe Funktion erfüllen, vorausgesetzt. So könnte ein HLM, das ausschließlich Dienstleistungsprozesse beinhaltet, durch eines nur mit materiellen Artefakten ersetzt werden. Entsprechendes gilt für die Gegenrichtung.

In der Entwurfs- und Ausarbeitungsphase (Modul 5) werden die hybriden Leistungsmodule entwickelt, sofern sich in der HLM-Bibliothek noch keine passenden, bereits entwickelten HLM befinden. Die Konfigurierung eines hybriden Leistungsbündels findet in den Modulen 6 bis 9 statt. Hier werden mögliche Lösungsvarianten generiert und bewertet. Das Konfiguratormodul arbeitet vor allem mit den Daten aus der HLM-Bibliothek (Modul 10) und den Datenbanken, in denen die Wechselwirkungen und Kompatibilitätsbeziehungen zwischen den hybriden Leistungsmodulen abgelegt sind (Modul 11). In einer Technologiedatenbank im Modul 12 wird technologiespezifisches Wissen über Fertigungsverfahren mit den Anwendungsbereichen und Prozessparametern bereitgestellt.

5.3 Informationstechnische Unterstützung der integrierten Sach- und Dienstleistungsentwicklung in der IPSS-Entwurfsphase

Die hybriden Leistungsmodule, die im nachfolgenden Schritt zum vollständigen IPSS konfiguriert werden, werden in der **IPSS-Entwurfsphase** mit ihren integrierten Sach- und Dienstleistungsbestandteilen detailliert ausgestaltet. Der zunehmende Detaillierungsgrad der tieferliegenden HLM-Ebenen und ihrer inhärenten Wechselwirkungen führt zu einer hohen Komplexität und Heterogenität. Daraus ergibt sich eine erschwerte Kommunikation zwischen den beteiligten fachlichen Domänen. Eine Differenzierung in Domänen ist notwendig, da sich benötigte Daten je nach Aufgabe unterscheiden und dementsprechend aufbereitet werden müssen. Die **Domänen** entsprechen den zugehörigen Entwicklungsabteilungen wie beispielsweise Mechanik, Elektronik und Service-Entwicklung. Den Domänen stehen die kompletten Entwicklungsdaten zur Verfügung. Um die Übersichtlichkeit zu gewährleisten, werden ihnen die relevanten Daten separat dargestellt.

Um Komplexität abzubauen, wurden leicht zu erfassende grafische Darstellungen der Sach- und Dienstleistungsintegration erarbeitet. Mit diesen werden Entwicklungsprozesse und Informationsflüsse transparent und nachvollziehbar. Während die bisherige IT-Unterstützung der Produktentwicklung seit Jahrzehnten verfügbar ist, finden IT-Softwarewerkzeuge in der Dienstleistungsentwicklung erst in jüngerer Zeit Verwendung. Um eine IT-Unterstützung einer integrierten Entwicklung umzusetzen, ist zunächst eine Systematisierung der Sachleistungs- und Dienstleistungsbestandteile notwendig.

5.4   Sachleistungssystematisierung

Eine funktionale Aufgliederung der Sachleistungsstruktur auf drei verschiedenen Abstraktionsniveaus ermöglicht erst die beabsichtigte detaillierte Betrachtung der Wechselwirkungen zwischen verschiedenen Domänen. Die Detaillierung reicht von einem hohem Abstraktionsniveau (Gesamtsystem Maschine), über ein mittleres (Verschleißteile), bis hin zu einem sehr geringen Abstraktionsniveau (hydrostatisch gelagerte Führungen). Die festgelegten Kategorien bilden dabei allgemeine Gruppen, die sich grundsätzlich nicht ausschließen. Durch die Verwendung verschiedener Abstraktionsniveaus wird eine gute Übersichtlichkeit sichergestellt. Das gezielte Auffinden von Sachleistungen wird durch die Systematisierung vereinfacht und ermöglicht zugleich die Modellierung und datentechnische Verarbeitung von Wechselwirkungen zwischen Sachleistungen und zwischen Sach- und Dienstleistungen.

5.5   Dienstleistungssystematisierung

Es existieren bereits Ansätze zur Systematisierung von Dienstleistungen, die eine hohe Heterogenität bis zu Widersprüchen aufweisen. Ziel ist daher eine **Dienstleistungssystematisierung** mit einheitlichem Detaillierungsgrad, Abstraktionsniveau und Reifegrad auf mehreren Gliederungs- oder Hierarchieebenen, um ein Maximum an Struktur und Systematisierung zu erreichen. Im Rahmen von IPSS liegt der Fokus bei der Dienstleistungssystematisierung auf industriellen Dienstleistungen. Im industriellen Bereich handelt es sich dabei um Leistungen zwischen privatwirtschaftlichen Unternehmen, wobei Primärleistungen gegenüber einem externen Kunden erbracht werden und Sekundärdienstleistungen unternehmensintern entstehen. Gerade die Primärleistungen der industriellen Dienstleistungen sind dabei für hybride Leistungsbündel wichtig, da diese maßgeblich den Lösungsraum des Kundenangebots für den IPSS-Anbieter bereitstellen [UHL11].

Die industriellen Dienstleistungen sollen auf einem Abstraktionsniveau jeweils möglichst umfassend erfasst werden. Als Gliederungskriterium dient eine funktionale Betrachtung, wie sie ebenfalls bei Kortmann und Corsten et al. genutzt wurde [COR07, KOR07]. Ergänzend wurden die **Dienstleistungskategorien** voneinander abgegrenzt, so dass eine überschneidungsfreie und homogene Struktur erreicht wird.

Über eine Literaturanalyse von Dienstleistungsarten im industriellen Umfeld wurden Dienstleistungen identifiziert und in eine Struktur gebracht, die zunächst auf drei Ebenen mit jeweils einheitlichem Abstraktionsniveau und Detaillierungsgrad enumerativ und strukturiert die Dienstleistungen erfasst und funktional gliedert. Dabei wird die Systematisierung abhängig vom Detaillierungsgrad in die folgenden Ebenen untergliedert:

1. Ebene: Unterteilung in Organisatorische und Operative Dienstleistung
2. Ebene: Funktionale Grobgliederung
3. Ebene: Funktionale Feingliederung

Auf der vierten Gliederungsebene befinden sich Anwendungsbeispiele, welche die Einteilung der Dienstleistungen veranschaulichen. Tab. 5.1 zeigt die ersten zwei Ebenen der Dienstleistungssystematisierung.

In Tab. 5.2 ist exemplarisch die Dienstleistungs-Kategorie „End-of-Life Services" aus der Oberkategorie „Operative Dienstleistung" zusammen mit der dritten und der Beispiel-Ebene dargestellt.

Basierend auf den Ergebnissen liegt ein einheitlicher Detaillierungsgrad für jede der vorhandenen Hierarchieebenen vor. Durch die methodische Dienstleistungserfassung wurde zum einen die angestrebte Vollständigkeit ermöglicht und zum anderen eine gute Übersichtlichkeit sichergestellt. Das gezielte Auffinden von Dienstleistungen wird durch die Systematisierung vereinfacht und ermöglicht die Modellierung sowie datentechnische Verarbeitung von Wechselwirkungen zwischen Dienstleistungen und zwischen Sach- und Dienstleistungen.

Tab. 5.1
Dienstleistungssystematisierung

Nr.	Beschreibung
1	Organisatorische Dienstleistungen
1.1	Planung, Projekt- & Prozessmanagement
1.2	Monetäres / Finanzen
1.3	Personal
1.4	Marketing
1.5	Controlling
1.6	Risikomanagement
1.7	Qualitätsmanagement
1.8	Knowledge Management
1.9	Rechtsbeistand
2	Operative Dienstleistungen
2.1	F&E
2.2	Einkauf
2.3	Produktion
2.4	Vertrieb
2.5	Logistik
2.6	Inbetriebnahme
2.7	Instandhaltung
2.8	End-of-Life Services
2.9	ICT Services
2.10	Wissensgenerierende Dienstleistungen
2.11	Konformitätsdienstleistungen
2.12	Veränderungsdienstleistungen

Tab. 5.2 Auszug der Dienstleistungssystematisierung anhand von „End-of-Life-Services" mit Beispielen

Nr.	Beschreibung
2	Operative Dienstleistungen
2.8	End-of-Life Services
2.8.1	Wiederverwendung (Bsp.: Refurbishment)
2.8.2	Weiterverwendung (Bsp.: Nutzendowncycling)
2.8.3	Wiederverwertung (Bsp.: Materialrecycling)
2.8.4	Weiterverwertung (Bsp.: Materialdowncycling)
2.8.5	Deponierung

Die enumerativen Ansätze in der Literatur ohne hierarchische Gliederung können diese Vorteile nicht aufweisen. Weiterhin wird durch die funktionale Gliederung den Dienstleistungen auf der unteren Gliederungsebene zusätzlich eine Semantik von den darüber liegenden Ebenen zugewiesen.

5.6 Dienstleistungssymbolik

Zur Visualisierung der Dienstleistungs-Integration in IPSS-Konstruktionszeichnungen wurden für die Dienstleistungen der drei Gliederungsebenen und den Beispielen Symbole in Form von Icons, die eine Unterform von Piktogrammen sind, unter Beachtung der Gestaltgesetze und unter Bezug bestehender Symbole in Normen, Richtlinien und Fachliteratur erstellt. Die Gestaltgesetze sind Thesen aus der Wahrnehmungspsychologie: der Gestaltpsychologie [GOL02]. Je nach Autor schwankt die Anzahl an Gestaltgesetzen zwischen sieben und 114 [CHA02, STA97, WAR12]. Diese lassen sich jedoch in die folgenden Kategorien einordnen: Gliederung in Bereiche, Unterscheidung von Figur und Grund, Geschlossenheit und Gruppierung, Integration in Bezugsrahmen, Prinzip der guten Gestalt und Gesetz der Prägnanz. Die Beachtung der Gestaltgesetze ermöglicht die Konzipierung von Symbolen/Icons, die gut strukturiert, leicht und intuitiv begreifbar sind [HEI04, KHA05, ZIM99]. Auf Basis dieser Erkenntnisse wurde die in Abb. 5.2 dargestellte Dienstleistungssymbolik entwickelt.

5.7 Methodik der integrierten Entwicklung von Sach- und Dienstleistungsbestandteilen

Ein Entwickler muss möglichst frühzeitig die komplexen Auswirkungen von Entscheidungen überblicken. Dies gilt insbesondere während der Ausgestaltungsphase, in der erstmals im Entwicklungsverlauf konkrete Umsetzungen betrachtet werden.

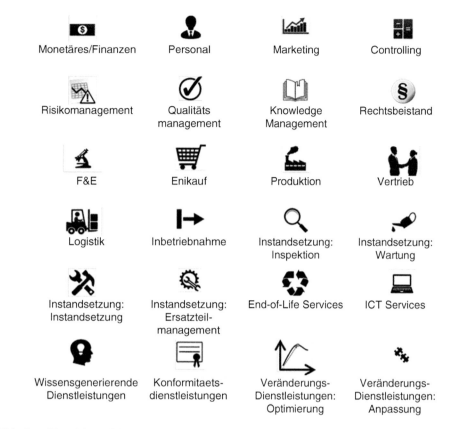

Abb. 5.2 Entwickelte Dienstleistungssymbolik

Der Komplexitätsgrad, mit dem die Informationsfülle zu den Sach- und Dienstleistungsbestandteile und ihren Wechselwirkungen bereitgestellt wird, beeinflusst die Effizienz und den Erfolg der Entwicklung. Durch die Erweiterung des auf Seiten der Produktentwicklung seit Jahrzehnten bewährten CAD-Ansatzes mit den Dienstleistungsbestandteilen der hybriden Leistungsmodule entstand das IPSS-CAD als IT-basierte Entwicklungsunterstützung, die die gleichzeitige, integrierte Detailentwicklung von IPSS-Leistungsbestandteilen ermöglicht. Im Rahmen Entwicklung von HLM soll die integrierte Sach- und Dienstleistungsentwicklung anhand der mechatronischen Domäne, bestehend aus Mechanik, Elektronik/Elektrotechnik und Informatik, und Dienstleistungsdomäne betrachtet werden.

Diese Domänen verfügen über etablierte Softwarewerkzeuge. Deren Funktionalität ist jedoch nicht auf die integrierte Entwicklung von Sach- und Dienstleistungen ausgelegt. Deshalb sollen die bereits bestehenden domänenspezifischen Softwarelösungen durch das **IPSS-CAD-Modul** des Assistenzsystems, wie in Abb. 5.3 dargestellt, erweitert und verknüpft werden. Im Zentrum des IPSS-CAD Modells befindet sich die

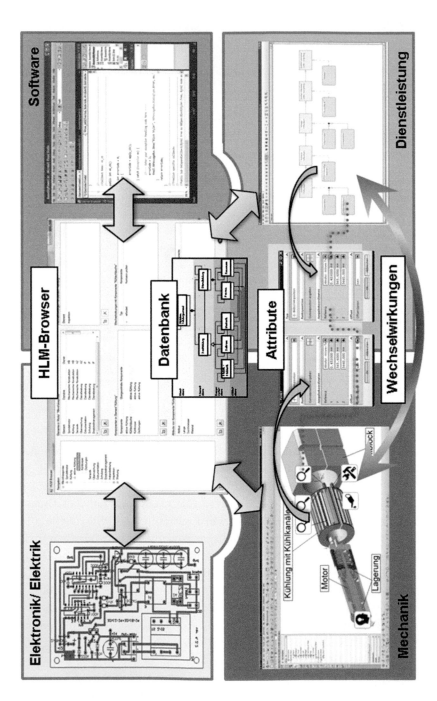

Abb. 5.3 IPSS-CAD: Integrierte Produkt- und Dienstleistungsentwicklung [UHL12b]

zentrale Datenbank. Zur Interaktion mit dieser und zwischen den Domänen dienen die etablierten Softwarewerkzeuge mit angepasster und erweiterter Nutzer-Oberfläche. Diese Interaktionen werden durch definierte und in der Datenbank hinterlegte Wechselwirkungen ermöglicht. Dadurch wird es möglich, beispielsweise Synchronisations- oder Abgleichprozesse automatisch durchzuführen und somit die Komplexität zu verringern.

Um die integrierte Entwicklung informationstechnisch umsetzen zu können, wird eine einheitliche Darstellungsform benötigt, welche die IPSS/HLM-Bestandteile und Wechselwirkungen abbilden kann. Als Erstes muss die Struktur der Leistungsbestandteile definiert werden. Die Betrachtung der Wechselwirkungen geschieht nicht nur zwischen Leistungsmodulen, sondern es wird die Wechselwirkung zwischen den einzelnen Leistungsbestandteilen auf detaillierter Ebene betrachtet.

5.8 Datenmodell zur Strukturierung eines hybriden Leistungsmoduls

Zur Abbildung der Entwicklungselemente wurde eine generische Struktur des IPSS-Produktdatenmodells erarbeitet [BOC13]. Für die Erzeugung dieses Modells wurden die Phasen von der Planung bis zur Detailentwicklung von IPSS basierend auf einem generischen IPSS-Entwicklungsprozess untersucht. Die Ergebnisse der einzelnen Phasen (disziplinspezifische Daten) und ihre strukturellen Beziehungen wurden definiert und ergeben das **IPSS-Produktdatenmodell**. Abb. 5.4 zeigt das Modell mit den identifizierten Elementen [UHL10a].

Die Planung des IPSS beginnt mit dem Erwerb der Kundenbedürfnisse in der Planungsphase. Die Integration des Kunden in der Planung und Entwicklung ist ein wesentlicher Punkt für die Bereitstellung von IPSS. Aus den Kundenanforderungen werden in der Konzeptphase das IPSS-Pflichtenheft und das **IPSS-Nutzenmodell**, eine Funktionsstruktur sowie ein Konzeptmodell generiert. Die Funktionsstruktur ist eine Darstellung des beabsichtigten Verhaltens (die Funktionen) eines IPSS ohne Angabe eines HLM (Sach- oder Dienstleistung), die die Funktion erfüllen soll. Zum Beispiel kann eine Funktion „Temperaturüberwachung" beschrieben werde. Temperaturüberwachung beschreibt ein funktionelles Verhalten eines IPSS, das die genaue Temperatur eines Produkt-Elements liefert, welche für die Wartung benötigt werden könnte. In der anschließenden Modularisierungsphase werden auf Basis des Konzeptmodells nach logischen und funktionalen Kriterien hybride Leistungsmodule definiert und das Grundgerüst der Leistungsbestandteile aufgestellt.

In der letzten Phase, der Detailentwicklung, ist es oftmals erforderlich, verschiedene Varianten und mögliche Lösungen von HLM zu erzeugen und auszuwerten. Um dies zu ermöglichen, wird eine einheitliche Datenstruktur benötigt. Eine definierte Struktur der in der Detailentwicklung vorliegenden Daten wird durch das entwickelte Datenmodell

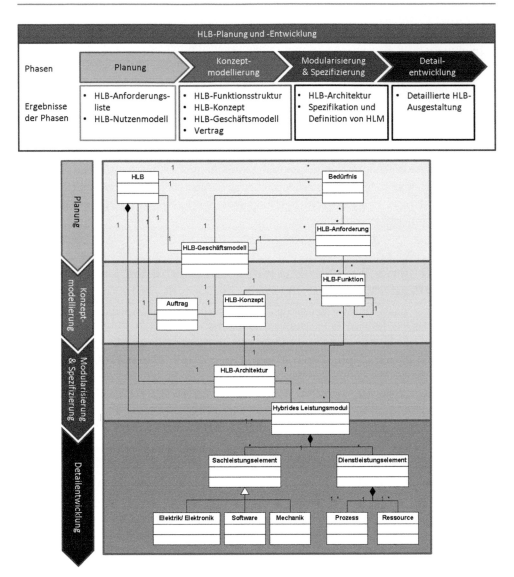

Abb. 5.4 IPSS-Produktdatenmodell mit Entwicklungsphasen

realisiert, welches ein hybrides Leistungsmodul in Sach- und Dienstleistungselemente untergliedert. Weiterhin erfolgt die Gliederung jedes **Elements** in seine **Komponenten**
und **Attribute**. Die Sachleistungskomponenten entstammen aus den drei Domänen
Mechanik, Elektronik/Elektrotechnik, Informatik, während die Dienstleistungselemente aus Prozessen (inklusive der Prozessschritte und deren Reihenfolge) und Ressourcen
(z. B. Personal, Werkzeuge, Verbrauchsmaterial oder Hilfsmittel) bestehen. Attribute
sind Merkmale von Komponenten, Prozessen und Ressourcen, wie z. B. Masse, Dauer

eines Prozessschrittes und Qualifizierung eines Technikers. Die letzte Ebene der Struktur bilden die **Instanzen**. Jedes Attribut besitzt eine bestimmte Instanz, also einen Wert oder einen Zustand.

5.9 Systematisierung der Wechselwirkungen zwischen Sach- und Dienstleistungen

Die integrierte Entwicklung von IPSS macht es notwendig, die **Wechselwirkungen** zwischen IPSS-Elementen zu beschreiben. Diese Abhängigkeiten können auf verschiedenen Ebenen innerhalb eines IPSS gefunden werden. Die höchste Stufe, die in der Ausgestaltungsphase betrachtet wird, ist das hybride Leistungsmodul. Durch die bereits erläuterte Systematisierung von Dienstleistungen und Sachleistungen können die Wechselwirkungen zwischen allen beteiligten Domänen (Mechanik, Elektronik/Elektrotechnik, Informatik und Dienstleistungen) in der IPSS-Entwicklung modelliert werden. Dazu wird eine generische Methode mit einem Datenmodell zur Strukturierung eines hybriden Leistungsmoduls benötigt, Abb. 5.5.

Innerhalb jeder Ebene eines Moduls, aber auch zwischen Modulen können Wechselwirkungen existieren. Die Modellierung der Wechselwirkungen zwischen den Leistungsbestandteilen auf den verschiedenen Ebenen erfolgt durch Relationen die in dem bereits bestehenden Datenmodell ergänzt werden. Auf der Ebene der Komponente bestehen die Beziehungen aus den Typen „erfordert", „ermöglicht" und „kompatibel" und auf der Ebene der Attribute aus „identisch", „mindestens" und „höchstens". Da Instanzen nicht losgelöst und nur in Verbindung mit dem zugehörigen Attribut betrachtet werden, bilden sie

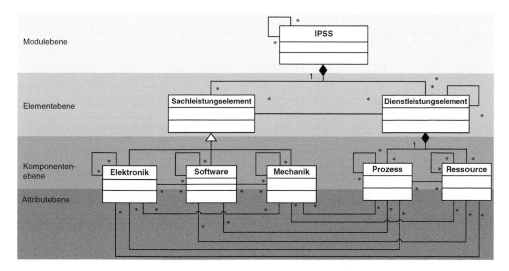

Abb. 5.5 Wechselwirkungen zwischen Leistungsbestandteilen eines hybriden Leistungsmoduls

eine Systematisierungsebene. Die tiefste Detaillierungsebene, an der Wechselwirkungen abgebildet werden können, stellt die Attributebene dar.

5.10 IPSS-Produktstruktur erweitert mit Wechselwirkungen an einem Demonstratorbeispiel

Abb. 5.6 verdeutlicht das Modell an Hand eines generischen Beispiels, bei dem im Rahmen der Entwicklung eines Antriebs-HLM ein Selbsttest ausgestaltet werden soll.

Das Antriebs-HLM mit Selbsttest besteht aus dem Sachleistungselement „Mikrofrässpindel" und dem Dienstleistungselement „Selbsttest". Der Selbsttest ist eine Art der periodischen Zustandsüberwachung der Mikrofrässpindel, wobei Temperatur, Schwingungsfrequenz der Lager und Druckluftverfügbarkeit anhand von Sensoren geprüft wird. Eine Komponente des Selbsttests ist der Prozess „Temperaturmessung". Dieser „erfordert" die mechanische Sachleistungskomponente „Thermoelement" als Bestandteil der Mikrofrässpindel. Beim Selbsttest wird der Gradient der erreichten Beharrungstemperatur bestimmt, um Temperaturstabilität zu signalisieren. Da die Beharrungstemperatur in der Realität keinen konstanten Wert erreicht, ist hier die Festlegung einer Temperaturtoleranz sinnvoll. Das bedeutet aber auch, dass die Messgenauigkeit des Thermoelements „mindestens" der Temperaturtoleranz der Beharrungstemperatur entsprechen muss.

5.11 Modellierung von Wechselwirkungen

Aus der schon erfolgten Konzeptmodellierung (vgl. Kap. 4) liegen als Eingangsdaten ein Konzept zur Ausgestaltung eines hybriden Leistungsmoduls und die Partitionierung der Leistungsbestandteile auf die entsprechenden Domänen vor. Um verschiedene Entwick-

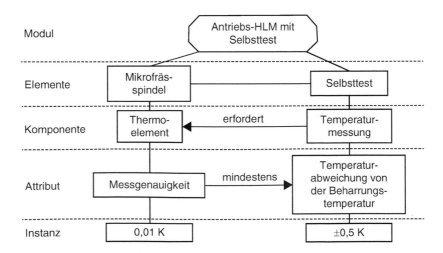

Abb. 5.6 HLM-Datenstruktur am Beispiel Antrieb mit Selbstest

lungsstränge mit Hilfe von Informationsflüssen abzugleichen oder zu synchronisieren, ist die Erzeugung einer Wechselwirkung notwendig, insbesondere wenn die Entwicklungsaufgaben voneinander abhängig sind. In diesem Fall müssen die Aufgaben simultan bei kontinuierlichem Informationsaustausch oder iterativ bearbeitet werden [UHL12b].

Die Modellierung einer Wechselwirkung beginnt mit einer Analyse des HLM für das Erkennen von Abhängigkeiten zwischen Entwicklungssträngen. Abhängigkeiten können aber auch noch während der Entwicklung erkannt und eingefügt werden. Bei Identifizierung einer Abhängigkeit wird die Wechselwirkung durch den Entwickler einer Domäne modelliert. Dazu wird eine Datenstruktur mit der integrierten Wechselwirkung erstellt. Bei fortschreitender Detaillierung der Entwicklung wird das Datenmodell aufgebaut und mit Daten gefüllt. Schon bei der Erzeugung einer Wechselwirkung ohne weitere Detaillierung auf unteren Ebenen, kann bereits eine Wechselwirkung auf oberster Abstraktionsebene modelliert werden. Die somit eingetragenen Wechselwirkungen geben dem Entwickler eine konkrete Übersicht über Abhängigkeiten und relevante Schnittstellen zu umgebenden Modulen und Leistungsbestandteilen. Die Konkretisierung der Wechselwirkung und auch des Datenmodells eines hybriden Leistungsmoduls kann im Laufe der Detailentwicklung beim Abarbeiten der Übersicht bzw. bei Vorliegen der Informationen aus anderen Domänen erfolgen.

Aufbauend auf der Datenstruktur mit integrierten Wechselwirkungen eines Moduls werden auf diese Weise die Leistungsbestandteile des gesamten hybriden Leistungsbündels modelliert. Durch bestehende definierte Wechselwirkungsbeziehungen zwischen Domänen ist es möglich, benötigte Informationen automatisiert an eine Domäne zu übergeben, ohne dass der Entwickler eine entsprechende Anfrage senden muss.

5.12 Vorteile der Datenstruktur und integrierten Wechselwirkungen

Die Modellierung der Datenstruktur und integrierten Wechselwirkungen ermöglicht die Identifizierung von Fehlermöglichkeiten, fehlender Plausibilität oder Widersprüchen im Entwicklungsprozess von IPSS. Durch die Modellierung der Abhängigkeiten wird die Schaffung von Kompatibilität unterstützt. So wird in fortschreitender Detailentwicklungsphase der Abstimmungsbedarf zwischen Leistungsbestandteilen reduziert oder vereinfacht. Außerdem kann das Schnittstellenbewusstsein beim Entwickler durch die Modellierung der Wechselwirkungen verstärkt werden.

Im Bereich des Wissensmanagements bringt die Modellierung der Datenstruktur und integrierten Wechselwirkungen den Vorteil, dass das Entwicklungswissen explizit festgehalten, formalisiert und damit wiederverwendbar wird. Beispielsweise können aus inhaltlichen Wechselwirkungen Prozess- und Projektwissen abgeleitet werden. Darüber hinaus können die Datenstrukturen und integrierten Wechselwirkungen als Basis von Simulationen herangezogen werden [BOC11].

Ein weiterer Vorteil bei der Modellierung der Datenstruktur und intergierten Wechselwirkungen ist die Möglichkeit, die Substituierbarkeit von Sach- und Dienstleistungen – und somit die Grundidee der hybriden Leistungsbündel – abzubilden und zu modellieren. Dies

wird durch die Verkettungsmöglichkeiten von mehr als zwei Elementen mittels Wechselwirkungsbeziehungen unterstützt. Ebenfalls möglich ist ein Variantenmanagement, bei dem
Fallunterscheidungen in der Wechselwirkungsmodellierung abgebildet werden. Schließlich
ist es möglich, Formelzusammenhänge in die Modellierung einzubeziehen und somit eine
parametrische Entwicklung zu ermöglichen.

5.13 Variantenvergleich in der Entwurfsphase und Berechnungsalgorithmen

Um den Entwickler bei der Auswahl zwischen Lösungsvarianten zu unterstützen, ist ein
Variantenvergleich notwendig. Im Hinblick auf Standardisierungspotenziale und der de-
taillierten Systematisierung von Sach- und Dienstleistungen erfolgt die Bewertung unter
Zuhilfenahme von sach- und dienstleistungsspezifischen Kriterien. Diese werden direkt
aus den zugehörigen Attributen abgeleitet, denen in der Datenbank konkrete Werte zuge-
ordnet sind. Somit ergeben sich bei den Sachleistungen klassische Bewertungsgrößen wie
Gewicht, Abmessung oder auf Dienstleistungsebene die Anzahl auszuführender Prozesse,
Anzahl des benötigten Personals oder Anzahl benötigter unterschiedlichen Qualifikationen.

Aufgrund der integrierten Entwicklung von den Sach- und Dienstleistungsbestandteilen reicht die Betrachtung von elementspezifischen Kriterien nicht aus. Es ergeben sich
zusätzlich hybride Kriterien, welche mehreren Domänen zugeordnet werden können. Solche hybriden Kriterien sind vor allem die Anzahl der Wechselwirkungen, als Maß der
Komplexität, ebenso die Anzahl der Funktionen oder auch die Kosten bei Sach- als auch
bei Dienstleistungselementen welche direkt miteinander verglichen werden können. Die
umfassende Auflistung der Bewertungskriterien ist dabei in der Datenbank hinterlegt.
Des Weiteren bilden Sie den Ausgangspunkt für die Berechnungsalgorithmen, welche
zur Bestimmung eines geeigneten hybriden Leistungsmodules dienen. Die verwendeten
Kriterien können dabei in quantifizierbare und nicht quantifizierbare Faktoren unterteilt
werden. Je nach betrachteter Größe ist dafür eine Kumulation, eine Durchschnittsbildung,
direkter Vergleich oder eine geeignete (umfassende) Berechnungsvorschrift heranzuzie-
hen. Komplexe Berechnungsvorschriften sind dabei vorwiegend bei nicht direkt quantifi-
zierbaren Größen wie Sicherheitsvorschriften, Normen und Gesetzen zu finden.

5.14 Softwaretechnische Umsetzung in ein Unterstützungswerkzeug für den Entwurf hybrider Leistungsmodule

Die Implementierung der Methoden und Algorithmen in eine Software zur Unterstützung
des Entwurfs hybrider Leistungsmodule erfolgte in einer Prototypentwicklung ein IPSS-
CAD-Softwarewerkzeugs auf Basis des CAD-Softwarepakets Siemens PLM NX (vormals

UGS/Unigraphics NX). Der Schwerpunkt liegt auf der Modellierung und Visualisierung der hybriden Leistungsmodule und der Wechselwirkungen zwischen den Sach- und Dienstleistungsbestandteilen im Bereich der mechanischen Konstruktion, Abb. 5.7. Das CAD-Softwarepaket Siemens PLM NX ist eine einheitliche Umgebung für Konstruktion, Simulation, Werkzeugbau und NC-Bearbeitung und erlaubt durch die offene Programmierschnittstelle die Funktionserweiterung und Anbindung an externe Anwendungen. Die Programmierschnittstelle NX Open Common Application Programming Interface (API) auf Basis der .NET-Plattform erlaubt eine optimale Integration in das Assistenzsystem unter Nutzung der Programmiersprache C#. Durch Simulation und Berechnung von Ein- und Ausbauvorgängen einschließlich dynamischer Kollisionsprüfung und Erzeugung von Hüllgeometrien der Produkte lassen sich bereits in der digitalen Phase Prozesse für spätere Montage-, Demontage-, Wartungs- und Instandhaltungsarbeiten beurteilen.

Die Rolle des IPSS-CAD als Teil des IPSS-Assistenzsystems kann wie folgt charakterisiert werden: Es führt den Entwickler durch alle Schritte der Entwicklung hybrider Leistungsmodule und unterstützt die Abstimmung zwischen verschiedenen Entwicklungssträngen, indem es Methoden zur Definition und Modellierung von Wechselwirkungen zwischen Leistungsbestandteilen anbietet und dadurch unnötigen Kommunikationsaufwand vermeidet. Attribute, Geometrien, Product Manufacturing Information (PMI), zugehörige Baugruppen, etc., leiten sich zum Teil direkt aus dem CAD-Modell ab, können aber jederzeit auch manuell vom Konstrukteur angelegt, ergänzt und geändert werden und als Ausgangsinformationen für die Definition der Wechselwirkungen dienen. Im Entwicklungsfrontend für die Disziplin Mechanik (IPSS-CAD/M) werden die Wechselwirkungen zwischen mechanischen Sachleistungskomponenten und anderen Leistungsbestandteilen, vorrangig Dienstleistungskomponenten, durch Symbole grafisch dargestellt.

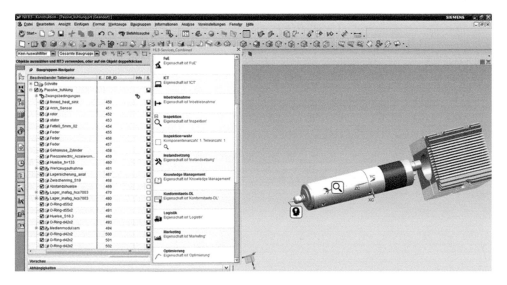

Abb. 5.7 Tagging am Beispiel des HLM Werkzeugspindel

Den Sach- oder Dienstleistungskomponenten können durch Zuweisung von Kategorien eine Semantik und spezifische Eigenschaften zugewiesen werden. Sobald eine ausreichende Basis von entwickelten hybriden Leistungsmodulen vorhanden ist, ermöglicht dies eine Erweiterung des Systems, um dem Entwickler auf Basis vergangener Erfahrungen passende Leistungsbestandteile aus anderen Domänen, z. B. Dienstleistungsprozesse, vorzuschlagen. Ebenso kann die Erstellung vertriebsstrategisch präferierter Leistungsmodule bei den Vorschlägen des IPSS-Assistenzsystems entsprechend forciert werden.

Beispielsweise ist bei einem angestrebten Know-How-Aufbau die verstärkte Inanspruchnahme von Mitarbeiterschulungen denkbar. Gleichermaßen sind vorgefertigte Templates für bestimmte Branchen, Unternehmen oder Key-Account Manager denkbar.

Weiterhin erlaubt das IPSS-Assistenzsystem sowohl aus den disziplinspezifischen Entwicklungsfrontends des IPSS-CAD als auch über ein eigenständige HLM-Browser-Software Zugriff auf die Moduldatenbank (Abb. 5.8), so dass Entwickler aus verschiedenen Domänen sowie Projektmanager, etc., jederzeit einen vollständigen und aktuellen Überblick über vorhandene, zu entwickelnde und in Entwicklung befindliche Leistungsmodule erhalten können.

Zur Erfüllung der beschriebenen Funktionen wurde das IPSS-CAD in einer Drei-Schichten-Architektur durch Module auf der Datenhaltungsschicht, Logikschicht und Präsentationsschicht implementiert. Dabei greifen jeweils die höheren Schichten auf die Methoden und Schnittstellen der niedrigeren Schichten zu, Abb. 5.9.

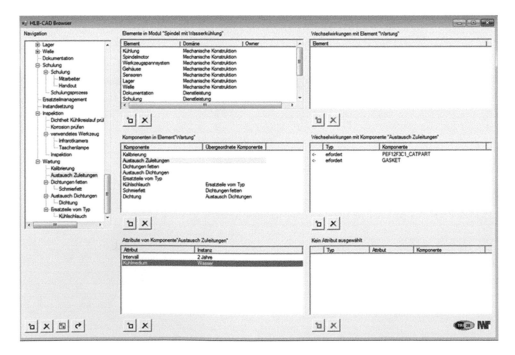

Abb. 5.8 Formular-GUI zur Abfrage der Datenbank

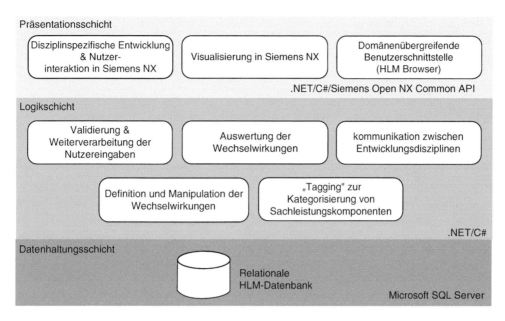

Abb. 5.9 Softwareimplementierung in einer Drei-Schichten-Architektur

5.15   Anwendung für das IPSS-Assistenzsystem

Die Modellierung von Wechselwirkungen kann mit der Sachleistungs- und Dienstleistungs-Systematisierung durch das Assistenzsystem maßgeblich unterstützt werden. Je nachdem, welcher Detaillierungsgrad vom Entwickler gewünscht wird, werden unterschiedlich umfangreiche Darstellungen realisiert.

Die Vorteile und der Nutzen der Dienstleistungs- und Sachleistungs-Systematisierung, sowie die dadurch ermöglichte Modellierung der Wechselwirkung erlauben eine frühe Identifikation und Berücksichtigung des wechselseitigen Bedarfs. Somit können spätere Anpassungen der Komponenten durch nicht erfasste Abhängigkeiten oder Inkompatibilitäten auf ein Minimum reduziert werden. Ebenfalls ist eine Erinnerung des Entwicklers durch das Assistenzsystems bei Nichtbeachtung der Abhängigkeiten durch die zentrale, einheitliche Datenbasis möglich. Durch die Modellierung der Wechselwirkungen kann das Assistenzsystem besonders bei verantwortungsüberschreitenden Wechselwirkungen (beispielsweise zwischen zwei Abteilungen) die Be- und Abstimmung von Schnittstellen erheblich erleichtern.

Eine umfassende Datenbank, welche Sach- und Dienstleistungsbestandteile sowie die Wechselwirkungen verwaltet, ermöglicht auch automatische Informationsflüsse. Der daraus folgende Nutzen für den Entwickler ist eine Reduzierung der Komplexität. Unterstützend wirken dabei die Kombination aus Vorschlagswesen (für bisher nicht modellierte Wechselwirkungen) sowie die Erinnerungsfunktion (für in dem Moment nicht beachtete oder sogar im Konflikt stehende Wechselwirkungen). Ein weiterer Vorteil für den Anwender des

Assistenzsystems ist die mögliche selektive Visualisierung der Wechselwirkungen. Je nachdem welcher Detaillierungsgrad vom Konstrukteur gewünscht wird, können unterschiedlich umfangreiche Darstellungen realisiert werden.

Literatur

[BOC11]   Bochnig, H.; Uhlmann, E.; Gegusch, R.; Seliger, G.: Knowledge Feedback to the IPS^2 Development. In: Functional Thinking for Value Creation – Proceedings of the 3rd CIRP International Conference on Industrial Product Service Systems, Technische Universität Braunschweig, Braunschweig, Germany, May 5th – 6th, 2011. Hrsg.: Hesselbach, J.; Herrmann, C. Berlin, Heidelberg: Springer, 2011, S. 219–224.

[BOC13]   Bochnig, H.; Uhlmann, E.; Nguyen, H.; Stark, R.: General Data Model for the IT Support for the Integrated Planning and Development of Industrial Product-Service Systems. In: Product-Service Integration for Sustainable Solutions – Proceedings of the 5th CIRP International Conference on Industrial Product-Service Systems, Bochum, Germany, March 14th – 15th, 2013. Hrsg.: Meier, H. Berlin, London: Springer, 2013, S. 521–534.

[CHA02]   Chang, D.; Dooley, L.; Touvinen, J.: Gestalt theory in visual screen design: a new look at an old subject. In: Proceedings of the WCCE 2001 Australian Topics: Selected Papers from the Seventh World Conference on Computers in Education, Copenhagen, Denmark. Hrsg.: McDougall, A.; Murnane, J.; Chambers, D. Melbourne: Australian Computer Society, 2002, S. 5–12.

[COR07]   Corsten, H.; Gössinger, R.: Dienstleistungsmanagement. Oldenbourg, München u. a.: Wissenschaftsverlag, 2007.

[DIN98]   DIN-Fachbericht 75 (1998) Service Engineering: Entwicklungsbegleitende Normung (EBN) für Dienstleistungen. Berlin: Beuth.

[GOL02]   Goldstein, E.; Ritter, M.; Herbst, G.: Wahrnehmungspsychologie. Heidelberg: Spektrum Akademischer Verlag, 2002.

[HEI04]   Heinecke, A.: Mensch-Computer-Interaktion. Leipzig: Carl Hanser, 2004.

[IAB04]   Industrieanlagen-Betriebsgesellschaft mbH: Das V-Modell, http://v-modell.iabg.de/, 2004.

[KHA05]   Khazaeli, C.: Systemisches Design – Intelligente Oberflächen für Information und Interaktion. Reinbek: Rohwolt Taschenbuch, 2005.

[KOR07]   Kortmann, D.: Dienstleistungsgestaltung innerhalb hybrider Leistungsbündel. Schriftenreihe des Lehrstuhls für Produktionssysteme, Ruhr-Universität Bochum. Hrsg.: Meier, H. Aachen: Shaker, 2007.

[LOT06]   Lotter, B.; Wiendahl, H.-P.: Montage in der industriellen Produktion. Ein Handbuch für die Praxis.Berlin, New York: Springer, 2006.

[PAH07]   Pahl, G.; Beitz, W.; Feldhusen, J.; Grote, K.-H.: Engineering Design: A Systematic Approach.London: Springer, 2007.

[STA97]   Stary, J.: Visualisieren. Ein Studien- und Praxisbuch. Berlin: Cornelsen, 1997.

[UHL09]   Uhlmann, E.; Bochnig, H.: Computer Aided IPS^2 Development. In: Industrial Product-Service Systems. Dynamic Interdependency of Products and Services in the Production Area. Seminar proceedings, Paper and Presentations Volume. Hrsg.: Meier, H. Aachen: Shaker, 2009, S. 31–36.

[UHL10a]   Uhlmann, E.; Bochnig, H.: IT-gestützte Anforderungsgenerierung für hybride Leistungsbündel. wt Werkstattstechnik online 100 (2010) 7/8, S. 578–583.

[UHL10b]   Uhlmann, E.; Bochnig, H.: IT-Unterstützung für die Entwicklung hybrider Leistungs-
           bündel. In: Hybride Technologien in der Produktion. Hrsg.: Brecher, C.; Krüger, J.;
           Uhlmann, E.; Verl, A. Düsseldorf: VDI, 2010, S. 22–33.
[UHL10c]   Uhlmann, E.; Bochnig, H.; Stelzer, C.: Characterization of Customer Requirements in
           IPS^2 creation. In: Industrial Product-Service Sytems (IPS^2) – Proceedings of the 2nd
           CIRP IPS^2 Conference, Linköping University, Linköping, Schweden, April 14th –
           15th, 2010. Hrsg.: Sakao, T.; Larsson, T. Linköping: University, 2010, S. 399–405.
[UHL11]   Uhlmann, E.; Stelzer, C.; Bochnig, H.; Raue, N.; Gabriel, C.: Dienstleistungsanteile
           hybrider Leistungsbündel. wt Werkstattstechnik online 101 (2011) 7/8, S. 511–515.
[UHL12a]   Uhlmann, E.; Bochnig, H.: Assistenzsystem zur Ausgestaltung hybrider Leistungsbün-
           del. In: Integrierte Industrielle Sach- und Dienstleistungen. Vermarktung, Entwicklung
           und Erbringung hybrider Leistungsbündel. Hrsg.: Meier, H.; Uhlmann, E. Berlin, Hei-
           delberg: Springer 2012, S. 89–111.
[UHL12b]   Uhlmann, E.; Bochnig, H.: PSS-CAD: An Approach to the Integrated Product and
           Service Development. In: The philosopher's stone for sustainability – Proceedings of
           the 4th CIRP International Conference on Industrial Product-Service Systems, Tokyo,
           Japan, November 8th – 9th, 2012. Hrsg.: Shimomura, Y.; Kimita, K. Berlin, Heidel-
           berg: Springer, 2012, S. 61–66.
[VDI93]   VDI-Richtlinie 2221 (05.1993) Methodik zum Entwickeln und Konstruieren techni-
           scher Systeme und Produkte. Berlin: Beuth.
[VDI06]   VDI-Richtlinie 4510 (05.2006) Ingenieur-Dienstleistungen und Anforderungen an In-
           genieur-Dienstleister.Berlin: Beuth.
[WAR12]   Ware, C.: Information visualization. Perception for design: Interactive technologies.
           Boston: Morgan Kaufmann, 2012.
[ZIM99]   Zimbardo, P.; Gerrig, R.; Hoppe-Graff, S.: Psychologie. Berlin: Springer, 1999.

Bewertung von IPSS-Erbringungsprozessen 6

Arne Viertelhausen und Horst Meier

6.1 Einleitung

Erbringungsprozesse sind integrierter Bestandteil industrieller Produkt-Service Systeme (IPSS). Während im Rahmen der Entwicklung von Sachleistungen zahlreiche Vorgehensweisen, Methoden und Werkzeuge vorliegen, um unterschiedliche Entwicklungszustände gezielt zu bewerten, fehlt es derzeit an einer entsprechenden Methodik, um die Erbringungsprozesse eines industriellen Produkt-Service Systems bereits während der IPSS-Entwicklung systematisch zu evaluieren. Erschwerend wirken in diesem Zusammenhang die konstitutiven Merkmale von Dienstleistungen und damit auch von Erbringungsprozessen. Dabei handelt es sich um die Merkmale Immaterialität, das Uno-actu-Prinzip sowie die Integration externer Faktoren, im Sinne der Koproduktion mit dem Kunden. Zentrale Zielgrößen eines Erbringungsprozesses während der Nutzungsphase eines IPSS sind die Produktivität, die Qualität und die Stabilität. Derzeitige Ansätze ermöglichen die Bewertung dieser Zielgrößen jedoch erst nach der Durchführung eines Erbringungsprozesses und greifen damit oftmals zu spät. In dem vorliegenden Beitrag wird ein neuartiger Ansatz vorgestellt, der es ermöglicht, die Produktivität, Qualität und Stabilität bereits während der Entwicklung eines IPSS effizient und effektiv zu antizipieren. Einen weiteren Schwerpunkt im Zuge der Entwicklung von Erbringungsprozessen bildet das Thema Wandlungsfähigkeit. Die hohe Dynamik industrieller Produkt-Service Systeme erfordert auch eine erhöhte Wandlungsfähigkeit der Erbringungsprozesse. Der vorliegende Artikel zeigt daher zudem, welche

A. Viertelhausen • H. Meier (✉)
Lehrstuhl für Produktionssysteme (LPS), Ruhr-Universität Bochum, Bochum, Deutschland
E-Mail: viertelhausen@lps.ruhr-uni-bochum.de; Meier@lps.ruhr-uni-bochum.de

© Springer-Verlag GmbH Deutschland 2017
H. Meier, E. Uhlmann (Hrsg.), *Industrielle Produkt-Service Systeme*,
DOI 10.1007/978-3-662-48018-2_6

exogenen und endogenen Einflüsse auf die Wandlungsfähigkeit eines Erbringungsprozesses wirken und wie negativen Einflüssen gezielt im Rahmen des Prozessdesigns entgegengewirkt werden. Abschließend wird eine prototypische Softwarelösung vorgestellt, die die automatisierte Bewertung der Erbringungsprozesse industrieller Produkt-Service Systeme unterstützt.

6.2   Konzept der Bewertungsmethodik

Im Zuge der IPSS-Entwicklung gilt es, alternative Erbringungsprozesse hinsichtlich ihrer im Rahmen der IPSS-Nutzung zu erwartenden Qualität, Produktivität und Stabilität gezielt zu bewerten. Um diese Zielgrößen bereits in der Entwicklung von industriellen Produkt-Service Systemen antizipieren zu können, müssen zunächst mögliche exogene und endogene Einflussfaktoren, die zu einem Qualitäts-, Produktivitäts- und/oder Stabilitätsverlust während der IPSS-Erbringung führen können, systematisch definiert werden. Ihre Einordnung in ein Portfoliodiagramm ermöglicht wiederum deren zielgerichtete Nutzung im Rahmen der Bewertung. Die methodische und formelbasierte Bewertung bildet darauf aufbauend die Grundlage für die effiziente, effektive antizipative Bewertung unterschiedlicher IPSS-Erbringungsprozesse. Ein Portfolio mit wandlungsfähigkeitsspezifischen Wirkzusammenhängen im Kontext von Erbringungsprozessen ermöglicht es wiederum, bereits in der IPSS-Entwicklung auf unerwartete Ergebnisse im Rahmen der IPSS-Nutzung schnell reagieren zu können.

Nachfolgend wird ein Überblick über die Bestandteile der Bewertungsmethodik vorgestellt:

1. Systematisierung (Hierarchieordnung) exogener und endogener Einflussfaktoren mithilfe eines Portfoliodiagramms
2. Methoden und Formeln zur Bewertung der Produktivität, Qualität und Stabilität von IPSS-Erbringungsprozessen in der IPSS-Entwicklung
3. Empfehlungen zur Erweiterung des Erbringungsprozessdesign unter Berücksichtigung der definierten exogenen und endogenen Einflussfaktoren
4. Portfolio über wandlungsfähigkeitsspezifische Wirkzusammenhänge
5. Softwareprototyp zur Unterstützung der automatischen Bewertung von IPSS-Erbringungsprozessen

Das Vorgehen zur Erarbeitung der gennannten Teilergebnisse, die Teilergebnisse selbst sowie der Zusammenhang zwischen ihnen sind in der in der Abb. 6.1 dargestellt und werden nachfolgend erläutert.

Die literaturbasierte Analyse stellt die möglichst vollständige Erfassung und Betrachtung aller Einflussgrößen sicher. Dazu sind in dem Abschn. 6.3 und Abschn. 6.4 die Betrachtungsräume Umweltunsicherheit (exogene Einflussfaktoren) und Verhaltensunsicherheit (endogene Faktoren) definiert und systematisch dargestellt.

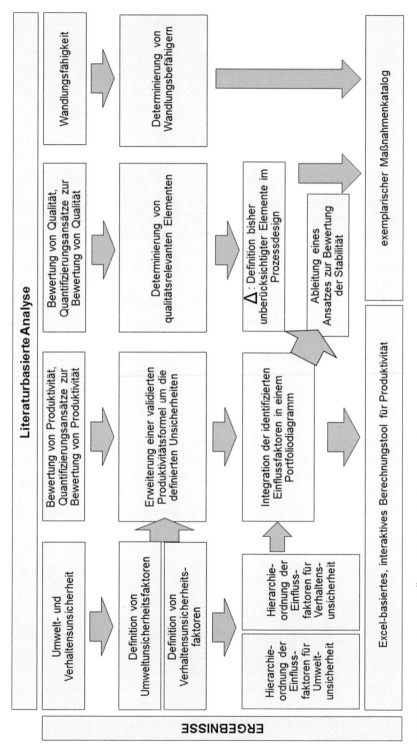

Abb. 6.1 Zusammenhang und Übersicht über das Bewertungskonzept

6.3   Umweltunsicherheit (exogene Faktoren)

Die Umweltunsicherheit wird in drei Gruppen gegliedert: Globale Umwelt, Aufgabenumwelt und interne Umwelt. Diese Gruppen spiegeln die unterschiedlichen Facetten der Umweltunsicherheit eines Unternehmens wieder.

Die Gruppe der **globalen Umwelt** ist wiederum in die Untergruppen „makroökomische, politisch-rechtliche, soziokulturelle, technologische und ökologische Umwelt" unterteilt [HEI08, MEF09, THO10].

- **Makroökonomische Umweltfaktoren**: Substitutionsprodukte, Markteintrittsbarrieren, Konjunktur, Größe des Absatzmarktes, Wachstum des Marktes im Zielland,Bruttosozialprodukt, Pro-Kopf-Einkommen, Kaufkraft, Nachfrageunsicherheit, Marktentwicklungen, Angebot und Nachfrage, Wettbewerbsintensität, Wechsel von Konsumentenpräferenzen, Preisunsicherheit, schwankende Wechselkurse, steigender Rohstoffpreis, Lohnkosten, Zinsentwicklungen [HEI08, HIC11, MEF09, REI95, VOL07].
- **Politisch-rechtliche Umweltfaktoren:** Rechtsordnung, Heimatrecht, Gastlandrecht, internationales Recht, angepasste Rechtsordnung, politische Institutionen, Änderungen der Wirtschaftspolitik, Änderungen der Wettbewerberpolitik, Änderungen der Sozialordnung, politische Stabilität, Wirtschaftsabkommen, tarifäre Handelshemmnisse, nicht-tarifäre Handelshemmnisse, Arbeitskämpfe, staatliche Organe, Außenhandelspolitik, Rechtssystem, rechtliche Regelungen [HEI08, MEF09, SAG07, THO10].
- **Soziokulturelle Umweltfaktoren:** Ausprägungen der Gesellschaft, demografische Merkmale, Wertesystem, Bildungssystem, Berufsstruktur, Religion, Medieneinfluss, einflussreiche Einzelpersonen, Gepflogenheiten, Bildungsstand, soziales Verhalten, einflussreiche Gruppen, kulturelle Institutionen [HEI08, MEF09, SAG07, THO10].
- **Technologische Umweltfaktoren:** Geschwindigkeit technologischer Entwicklungen, fehlende Absehbarkeit technologischer Trends, technologischer Paradigmenwechsel, verkürzte Produktlebenszeiten, Dynamik technischer Entwicklungen, Verfügbarkeit technischer Innovationen, Verfügbarkeit von Technologien, neue Techniken, Wandel innerhalb der Branche [BER08, HEI08, HIC11, MEF09, THO10].
- **Ökologische Umwelt:** Geografische Faktoren, Infrastruktur, Grad der Umweltverschmutzung, Ressourcenausstattung, Klima, Topografie, Naturereignisse, Katastrophen, Umweltzustände, natürliche Ressourcen [HEI08, LAN11, MEF09, REI95, SAG07, THO10].

Zur Gruppe der **Aufgabenumwelt** gehören Einflussfaktoren, die in direktem Zusammenhang mit der Aufgabenerfüllung und den Transaktionspartnern in wechselseitiger Beeinflussung stehen [SCH05]. Hier wird in Lieferanten, Abnehmer/ Kunde, Wettbewerber, Ersteller und Branchenkultur differenziert [BER08, HAR04, HEI08, MEF09].

- **Lieferanten:** Verfügbarkeit geeigneter Lieferanten, Nachverhandlungen über Absatzpreise, Dienstleistungen der Lieferanten, Betriebsmittel der Lieferanten [HIC11, THO10, VOL07].

- **Abnehmer/ Kunde:** Endverbraucher, Nachfrageverhalten, Bedürfnisstruktur, Preisbereitschaft, Phase im Lebenszyklus, Beschaffenheit und Größe der Marktsegmente, Vertriebspartner, Nachfragemacht der Partner, Einkaufsvolumen der Partner, Konzentrationsrate der Partner, Distributionsstrukturen, Kundenstruktur [BER08, MEF09].
- **Wettbewerber:** Rivalität der Wettbewerber, Art und Anzahl der Wettbewerber, Größe der Konkurrenten, Leistungsprogramm der Konkurrenten, Marktanteile, Konkurrenzverhältnisse, Wettbewerbsniveau [BER08, HEI08, MEF09, VOL07].
- **Ersteller:** Personal, Motivations- und Bedürfnisstrukturen, Professionalisierung von Mitarbeitern, Kommunikationsbereitschaft, Kommunikationswille, Teamfähigkeit, Konfliktfähigkeit, Auslandserfahrung, Lernfähigkeit, Personal mit benötigter Qualifikation, Führungskräfte, Managementtechniken, Führungswissen und -Erfahrung, Professionalisierung vom Management, Kommunikationsbereitschaft, Wahrnehmungsstrukturen des Managements, Managementphilosophie, Führungsstile [HEI08, MEF09, SCH05, THO10].
- **Branchenkultur:** Marktform, Eintrittsbarrieren, Kapitalintensität der Branche, Wertschöpfung innerhalb der Branche, Lohnkosten der Branche, Leistungsprogramm [MEF09, VOL07].

Die Gruppe der **internen Umwelt** besteht entsprechend bestehender Definitionsansätze aus Ressourcen, Strukturen und Beziehungen innerhalb eines Unternehmens [SCH05]. Darauf aufbauend wird diese Definition um die Bestandteile Systeme, Prozesse, Unternehmensziele und Umgebungsbedingungen erweitert.

- **Ressourcen:** Dienstleistungskapazität, vorhandene Kapazität, Kapazitätsauslastung, immaterielle Güter, Know-How im Unternehmen, Erfahrungswissen, Leistungsmerkmale, Standardisierbarkeit, Servicequalität, Nebenleistung, Finanzkraft, Kapitalstruktur, Liquidität, Kreditwürdigkeit, materielle Güter, Raumverhältnisse, Layout, Ausstattung, Möbel, Beschilderung im Raum, Dekorationsstil, Artefakte [BAR91, FLI09, MEF09].
- **Systeme:** Fertigungssysteme, Fertigungstechnologien, Kapazität der Anlage, Leistungstiefe der Anlage, Fertigungstechnik, Informationssysteme, Informationstechnologie, Informationstechnik [BER08, SAN04, THO10].
- **Prozesse:** Stabilität der Prozesse, Fehlerfreiheit von Prozessen, Wiederholrate.
- **Strukturen:** Organisation, Rechtsform, Größe der Organisation, Alter der Organisation, Art der Gründung, Entwicklungsstadium der Organisation, Prozesse innerhalb der Organisation, Geografische Streuung, Tradition, Eigentumsverhältnisse, Produktionsstruktur [BAR91, BER08, THO10].
- **Unternehmensziele:** Oberste Unternehmensziele, Unternehmensphilosophie, Länderspezifische Marketingziele [MEF09].
- **Beziehungen:** (staatliche) Institutionen, Steuerbehörde, Prüfinstitute, Versicherungen, Finanzgeber, Banken, Finanzierungsgesellschaften, Aktionäre, stille Gesellschafter, (un-)mittelbare Beziehungen zu Unternehmen, Beschaffungsmarkt, Absatzmarkt, Personalmarkt, Finanzmarkt, Beratungsunternehmen, Konkurrenzunternehmungen [SAG07, THO10].
- **Umgebungsbedingungen:** Temperatur, Luftqualität, Lärm, Musik, Geruch [FLI09, MEF09].

Um die definierten und systematisierten exogenen Einflussfaktoren in den IPSS-Entwicklungskontext einordnen zu können, wird ein Portfoliodiagramm entwickelt, welches eine Wertung der ermittelten Faktoren in der Entwicklung ermöglicht. Dies verdeutlicht die Relevanz der Einflussfaktoren für das Prozessdesign und den Designer. Eine ausführliche Definition, der für die IPSS-Entwicklung charakteristischen Merkmale ist in den Ausführungen von LAURISCHKAT zu finden [LAU12]. In diesem Zusammenhang ist die in Abb. 6.2 dargestellte initiale Einordnung der Einflussfaktoren im Portfoliodiagramm je nach Anwendungsszenario dynamisch veränderbar und nur durch z. B. gegebene branchen- oder unternehmensspezifische Zielsetzungen initial determiniert. Das Portfoliodiagramm ist in vier Quadranten unterteilt, welche wiederum den jeweiligen Einflussbereich auf das Prozessdesign sowie die Einflussmöglichkeit des Designers repräsentieren (Abb. 6.2). Jedem Quadranten ist ein, für die endgültige Bewertung von IPSS-Erbringungsprozessen erforderlicher Gewichtungsfaktor ($g(Q_I) = 3$, $g(Q_{II}) = 4$, $g(Q_{III}) = 2$, $g(Q_{IV}) = 1$) zugeordnet. Dieser orientiert sich an der Bedeutung der Inhalte für die IPSS-Entwicklung. Darüber hinaus zeigt das Portfoliodiagramm, in welchen Bereichen stabile, metastabile und instabile Erbringungsprozesse zu erwarten sind. Folglich ist es das Ziel des Entwicklungsteams, Unsicherheiten durch gezielte Designmaßnahmen bestmöglich zu eliminieren.

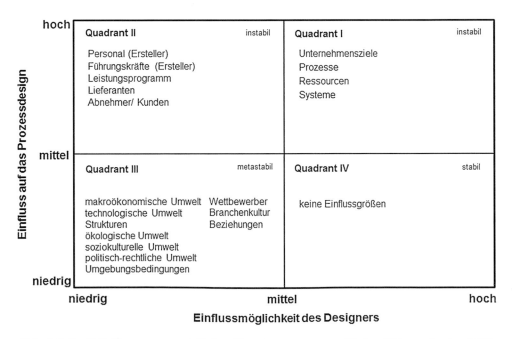

Abb. 6.2 Portfoliodiagramm zur initialen Einordnung exogener Einflussfaktoren in den IPSS-Entwicklungskontext

6.4 Verhaltensunsicherheiten (endogene Faktoren)

Neben den exogenen Faktoren, resultierend aus Umweltunsicherheiten, haben endogene Faktoren, die sich aus Verhaltensunsicherheiten ableiten, ebenfalls Einfluss auf den IPSS-Entwicklungsrahmen. Analog zur Entwicklung des in Abschn. 6.3 vorgestellten Portfoliodiagramms zur Umweltunsicherheit wird in diesem Abschnitt das Portfoliodiagramm zur Verhaltensunsicherheit dargelegt. Aus der literaturbasierten Analyse des Terminus Verhaltensunsicherheit werden die endogenen Einflussfaktoren definiert und mit Hilfe einer Hierarchieordnung systematisiert. Aufgrund der Integration des externen Faktors in die Erbringungsprozesse eines IPSS entstehen Unsicherheiten aus dem unterschiedlichen Verhalten der Transaktionspartner. Grund für das unterschiedliche Verhalten ist die asymmetrische Informationsverteilung der beteiligten Partner, durch die in (un-)bewusster Weise Informationen dem jeweiligen Gegenüber vorenthalten werden [KAA92, SPR90]. Dabei stehen Opportunismus, Qualitätsunsicherheit, Hidden Characteristics, Hidden Actions und Hidden Intentions mit asymmetrischer Informationsverteilung in kausaler Beziehung [WIL73, SPR90, KAA92, WOR01, MEF09].

Hidden Characteristics sind Leistungseigenschaften von Erbringungsprozessen, die nur dem Agenten[1] bekannt sind und zu opportunistischem Verhalten führen, wenn der Prinzipal nicht ausreichend informiert wird. Nach der Leistungserstellung werden die Eigenschaften für den Prinzipal sichtbar [MEF09]. Hidden Actions bezeichnen Aktivitäten während der Leistungserstellung des Agenten, die der Prinzipal weder vor noch nach Erstellung erkennen kann [MEF09]. Hidden Intentions sind geheime Absichten des Agenten, die erst nach Kontraktabschluss für den Prinzipal feststellbar werden.

Moral Hazard bezeichnet das eigennützige Verhalten des Agenten aufgrund gezielter und versteckter Handlungen zum eigenen Vorteil [MEF09]. Der Hold Up wird als nachträgliches Verhandeln von Vertragsbestandteilen zur Nutzenmaximierung des Agenten bezeichnet. Dabei ist der Prinzipal vertraglich an den Agenten gebunden und ist kaum in der Lage die Beziehung zu beenden [MEF09].

- **Qualitätsunsicherheit:** Mangelnde (Produkt-) Kontrollmöglichkeiten [WOR01].
- **Opportunismus:** Strategische Offenbarung asymmetrisch verteilter Information, beschränkte Rationalität der Geschäftspartner [MUE12, WIL73].
- **Asymmetrische Information:** Informationsdefizite, Kundeninformation, Probleminformation, Marktinformation, Leistungsinformation, Grad des Informationsstandes, fach- und zeitgerechte Bereitstellung von Informationen, Kenntnis und Informationsstand über Bedarf und Notwendigkeit der Mitwirkung [GRU98, KAA92, KLI01].

---

[1] In der Prinzipal-Agenten-Theorie wird eine Auftragsbeziehung zwischen einem Agenten und einem Prinzipal untersucht. Als Prinzipal wird in der Regel der Nachfrager einer Leistung verstanden. Ein Prinzipal weist gegenüber dem Agenten (Anbieter) ein Informationsdefizit auf und steht in dessen Abhängigkeit [MEF09].

- **Hidden Characteristics:** Leistungsqualität, Qualität des Kontaktpartners, Preisgestaltung (Zusammenhang von Preis und Qualität), Ehrlichkeit, Qualifikation des Personals, Vorhandensein benötigter Unterlagen, Dokumente, Modelle und Richtlinien, Kompetenz des Personals [KLI01, MEF09, SPR90].
- **Hidden Actions:** Moral Hazard , Anstrengung, Fleiß, Wille, Motivation am produktiven Mitwirken, Bemühungen, Motivation, Kreativität, Qualifikation, Talent [SPR90, KAA92, KLI01, WOR01, MEF09].
- **Hidden Intentions:** Hold Up, verminderter Leistungswille des Personals, Fairness, Sorgfalt, Offenheit, Ehrlichkeit, Entgegenkommen, Kulanz [KLI01, MEF09, SPR90].
- **Reaktionen der Beteiligten:** Kognitive Reaktionen, Ansichten, Kategorisierung, symbolische Bedeutung, Erwartungshaltung, emotionale Reaktionen (Stimmung), Lust und Unlust, Erregung und Nicht-Erregung, Überlegenheit, Dominanz, Ergebenheit, Unterordnung, physiologische Reaktionen, Schmerz, Bequemlichkeit, physische Passform [FLI09].

Die oben aufgeführten Gruppen der endogenen Einflussfaktoren sind in der Abb. 6.3 einer initialen Einordnung in die jeweiligen Quadranten unterzogen. Es wird bei der Einordnung davon ausgegangen, dass die aufgeführten endogenen Einflussfaktoren einen hohen Einfluss auf das Prozessdesign haben und daher im oberen Bereich des Diagramms eingeordnet sind. Grund dafür sind die hauptsächlich durch das menschliche Verhalten geprägten Faktoren, die äußerst individuell und schwer vorhersehbar sind. In diesem Zusammenhang sind die Reaktionen der Beteiligten in Form von kognitiven und emotionalen Reaktionen wie die Erwartungshaltung und Stimmung zu nennen. Die den Kunden bzw. Prinzipals

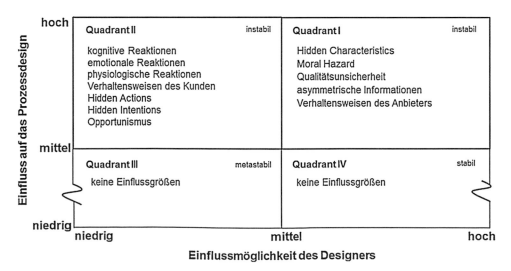

Abb. 6.3 Portfoliodiagramm zur initialen Einordnung endogener Einflussfaktoren in den IPSS-Entwicklungskontext

zugeordneten Faktoren sind dem Quadranten II (höchster Gewichtungsfaktor) zugeordnet, da die Einflussmöglichkeiten des Designers auf die durch den Kunden verursachten Faktoren deutlich geringer zu bewerten sind, als jene Einflussmöglichkeiten auf Faktoren, die dem Anbieter bzw. Agenten zuzuordnen sind und im Quadranten I (Gewichtungsfaktor drei) zu finden sind. Jedoch ist die vorgeschlagene Einordnung nicht generalisierbar und daher dem jeweiligen Anwendungsfall entsprechend anzupassen.

6.5   Bewertung von IPSS-Erbringungsprozessen

Als zentrale Bewertungskriterien werden die Produktivität, die Qualität und die Stabilität von Erbringungsprozessen betrachtet.

Für die quantitative Bewertung der Produktivität von IPSS-Erbringungsprozessen in der IPSS-Entwicklung, im Sinne einer antizipativen Bewertung, bildet eine literaturbasierte Analyse mathematischer Formeln zur Produktivitätsberechnung die Basis. Dies ist die Grundlage für eine belastbare Erweiterung einer bereits validierten Produktivitätsformel für die definierten exogenen und endogenen Einflussfaktoren. Die Analyse und Bewertung vorhandener Produktivitätsformeln [COR94, COR07, EGB12, HOE05, KUT12, LAS06, ROS10] resultiert darin, dass die durch CORSTEN [COR94] geprägte und durch LASSHOF [LAS06] erweiterte Produktivitätsformel für Dienstleistungen als Anknüpfungspunkt für die Bewertung der Produktivität von IPSS-Erbringungsprozessen dient.

LASSHOF [LAS06] hat aufbauend auf den Ergebnissen von CORSTEN ein Produktivitätsverständnis P entwickelt, das den Input in kundeninduzierte und kundenunabhängige Anteile untergliedert. Die Erweiterung durch LASSHOF integriert zudem einen Leistungsfähigkeitsgrad L der beteiligten Akteure und bildet somit deren Know-how ab. Der Leistungsfähigkeitsgrad L ist definiert als das Verhältnis von vorhandener Befähigung (L_{ist}) zu geforderter Befähigung (L_{soll}). Diese Beziehungen sind in nachstehender Formel zusammengefasst.

$$P = \frac{O_{EK}}{I_{ku} + I_{ki} \cdot \dfrac{1}{L}} \tag{6.1}$$

mit O_{EK} = Output der Endkombination; I_{ku} = kundenunabhängiger Input; I_{ki} = kundeninduzierter Input; L = Leistungsfähigkeitsgrad.

Darauf aufbauend sind die exogenen und endogenen Einflussfaktoren durch die folgende Erweiterung in die nachstehende Formel integriert:

$$P = \frac{O_{EK}}{I_{ku} + I_{ki} \cdot \dfrac{1}{L}} \cdot U \tag{6.2}$$

$$mit \ U = \sum_{4}^{i=1} \frac{1}{g_{Q_i}} \cdot \frac{A_i}{n} \qquad\qquad (6.3)$$

Der Unsicherheitsterm U setzt sich aus der Summe der Produkte des jeweils betrachteten Quadranten des Portfoliodiagramms zusammen. Anhand der Formel zum Unsicherheitsterm wird das Konzept im Folgenden erläutert. Es wird dazu der reziproke Wert des Gewichtungsfaktors (g_{Qi}) aus dem betrachteten Quadranten i mit dem Verhältnis, aus Anzahl der darin befindlicher Einflussfaktoren (A_i) zur Gesamtanzahl der Einflussfaktoren (n) im gesamten Portfoliodiagramm, multipliziert. Die Summen werden dabei über die ganzzahlige Zählvariable i definiert. Der Endwert (vier) der Zählvariablen ist dabei äquivalent zur Anzahl der Quadranten im Portfoliodiagramm.

Für den Einsatz als Werkzeug zur Bewertung der Produktivität in der IPSS-Entwicklung ist der erweiterte mathematische Zusammenhang in einem Softwaretool abgebildet, das in Abschn. 6.7 näher beschrieben ist. Dieses Softwaretool ermöglicht es dem IPSS-Entwicklungsteam interaktiv, eigene Einschätzungen zu Unsicherheitsfaktoren durchzuführen. In diesem Zusammenhang kann der Anwender auf die in den vorangegangen Abschnitten vordefinierten Einstufungen innerhalb der Portfoliodiagramme zurückgreifen. Diese Einstufungen lassen sich verändern und sind durch weitere Unsicherheiten erweiterbar. Als Ergebnis erhält der Anwender einen durch Unsicherheiten beeinflussten Produktivitätswert, der verdeutlicht, welches Ausmaß Unsicherheiten auf die Produktivität eines IPSS-Erbringungsprozesses nehmen können. Dadurch wird das Bewusstsein für die Berücksichtigung von exogenen und endogenen Einflussfaktoren in der IPSS-Entwicklung geschaffen.

Die Untersuchung der bestehenden Ansätze zur Quantifizierung der Dienstleistungsqualität zeigt, dass sich existierende Ansätzen im Wesentlichen auf den Vergleich von Erwartungen zu qualitätsrelevanten Merkmalen und der Wahrnehmungen bzw. Erfahrungen derselben stützen [BRU95, HAA98, KAI05, SCH94]. Maßgebend sind in diesem Zusammenhang der Servqual-Ansatz nach PARASURAMAN ET AL. und die durch die Autoren definierten Qualitätsdimensionen *Materielles Umfeld, Zuverlässigkeit, Reaktionsbereitschaft, Leistungskompetenz* und *Einfühlungsvermögen* [PAR85]. Weitere Ansätze nutzen Verhältniszahlen, durch die die Qualität in indirekter Weise abgebildet wird [BOH10]. Zum Beispiel kann eine Qualitätsabschätzung über Indikatoren wie: geplante Mitarbeiterstunden pro Auftrag, geplante Anzahl von Serviceeinsätzen zur Gesamtdauer der Serviceeinsätze, Wartezeiten im Verhältnis zur Gesamtzeit des Serviceeinsatzes erfolgen [VIE14].

Die Analyse von Qualitätsindikatoren, wie sie beispielhaft im vorangehenden Absatz dargestellt sind, zeigt, dass quantitative Ansätze sehr speziell sind und im Kontext von IPSS-Erbringungsprozessen als unterstützende Indikatoren genutzt werden können. Stattdessen wird die Entwicklung eines qualitativen Ansatzes vorgestellt, der den Zusammenhang zwischen den definierten exogenen und endogenen Einflussfaktoren und den Servqual-Dimensionen herausstellt. Je größer demnach die Anzahl der jeweiligen Einflussfaktoren, desto geringer kann die Qualität eines IPSS-Erbringungsprozesses antizipiert werden.

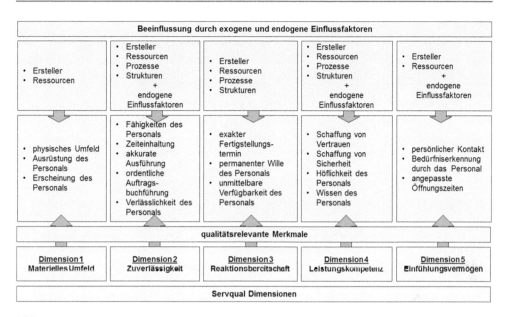

Abb. 6.4 Qualitativer Ansatz zur Bewertung der Qualität von IPSS-Erbringungsprozessen

Die Ergebnisse zur Bewertung der Qualität von IPSS-Erbringungsprozessen sind in der vorstehenden Abb. 6.4 visualisiert.

Entsprechend der in Abb. 6.2 und Abb. 6.3 dargestellten Portfoliodiagramme sind die Wirkungen der exogenen und endogenen Einflussfaktoren auf die Stabilität von IPSS-Erbringungsprozessen in der Entwicklung frühzeitig durch das Entwicklungsteam bewertbar. In diesem Zusammenhang wird somit überprüft, ob es sich um stabile, metastabile oder instabile IPSS-Erbringungsprozesse handelt.

6.6   Wandlungsfähigkeitsspezifische Wirkzusammenhänge

Wandlungsfähigkeit im Kontext von IPSS-Erbringungsprozessen befähigt auf sich dynamisch verändernde Einflussfaktoren zu reagieren und eine kundenorientier Lösung wirtschaftlich anzubieten. Wandlungsbefähiger charakterisieren dabei das Potenzial bzw. die Fähigkeit der Wandlungsfähigkeit [HER05, WIE05]. Unter der Berücksichtigung von literaturbasiert ermittelten Wandlungsbefähigern ist ein Maßnahmenkatalog zur Reduzierung des Einflusses exogener und endogener Einflussfaktoren Tab. 6.1 dargestellt.

Aufgrund der Heterogenität unterschiedlicher IPSS-Erbringungsprozesse sowie deren konstitutiven Merkmale (Immaterialität des Leistungsversprechen und Leistungsergebnis sowie die Integration des externen Faktors) sind individuelle Anpassungen des Maßnahmenkatalogs ggf. notwendig. Eine exemplarische Auseinandersetzung mit ausgewählten Wandlungsbefähigern, den dazugehörigen Maßnahmenvorschlägen und potenziell positiven

Tab. 6.1 Exemplarischer Auszug aus dem Maßnahmenkatalog

Wandlungsbefähiger	Maßnahmenvorschlag	positive Auswirkung/ Veränderung der Faktoren(-gruppe):
Universalität [NYH08]	Dimensionierung und Gestaltung von Objekten für verschiedene Aufgaben	Qualifikation von Personal; Ersteller, Systeme; Strukturen; technologische Umwelt;
Modularität [NYH08]	standardisierte Einheiten und Elemente	Qualitätsunsicherheit; Hidden Characteristics; Prozesse; Umgebungsbedingungen; Ressourcen
Mobilität [NYH08]	keine räumliche Bindung, mobiler Einsatz	Systeme; ökologische Umwelt (Katastrophen);
Skalierbarkeit [NYH08]	technische, räumliche und personelle Erweiterung und Reduzierung	makroökonomische Umwelt (Kaufkraft, Nachfrage); technologische Umwelt; Abnehmer/ Kunde; Systeme
Kompatibilität [NYH08]	Vernetzungsfähigkeit, Ausbau der Kommunikationsschnittstellen	asymmetrische Information; Opportunismus
Automatisierung [SCH10]	Reduzierung der menschlichen, manuellen Tätigkeiten	Reaktionen der Beteiligten; Hidden Actions; Hidden Intentions;
Anreizsysteme	Einbindung verantwortlicher Akteure mit Aussicht auf Boni	Opportunisms; Hidden Actions, Hidden Intentions; Hidden Characteristics
Neutralität [SCH10]	keine gegenseitige negative Beeinflussung von Objekten	Systeme; Prozesse; Strukturen
Schnelligkeit [SCH10]	Möglichkeiten zur schnellen Anpassbarkeit an temporäre Gegebenheiten	makroökonomische Umwelt; ökologische Umwelt; technologische Umwelt; Reaktionen der Beteiligten

Auswirkungen soll die Wirkzusammenhänge im IPSS-Entwicklungskontext verdeutlichen. Eine Kopplung mehrere Wandlungsbefähiger bei einer Maßnahme kann die positive Auswirkung auf Unsicherheitsfaktoren verstärken.

Die Modularität als Wandlungsbefähiger wirkt in erster Linie der Qualitätsunsicherheit entgegen, indem in der Planungsphase für IPSS-Erbringungsprozesse standardisierte Prozesseinheiten gebildet werden. Detaillierte Standards von Teilprozessen für z. B. Serviceeinsätze ermöglichen zum einen die einfache und zügige Zusammenstellung eines gesamten Erbringungsprozesses und zum anderen auf dynamische Einflüsse und Unsicherheiten zu reagieren. Die Teilprozesse sind entsprechend den Anforderungen der potenziellen Anwendungsfälle konzipiert und können modular gegeneinander ausgetauscht werden. Dies hat zur Folge, dass Erbringungsprozesse definiert ablaufen und die Fehleranfälligkeit verringert wird. Des Weiteren wird dadurch opportunistisches Verhalten des Leistungserbringers unterbunden und die Transparenz erhöht, was wiederum die Unsicherheit bei IPSS-Erbringungsprozessen schmälert.

Werden Möglichkeiten zur örtlichen Unabhängigkeit und dem mobilen Einsatz von industriellen Produkt-Service Systemen, so entspricht dies dem Befähiger Mobilität. Ökologische Faktoren wie Naturereignisse, klimatische Veränderungen oder sogar Katastrophen verlieren den negativen Einfluss auf die Erbringungsprozesse, da diese an geografisch günstigere Orte verlagert werden können. Makroökonomische Unsicherheiten, die z. B. durch Schwankungen von Angebot und Nachfrage entstehen können werden durch die Skalierbarkeit eines IPSS verringert. Möglichkeiten zur technischen, -räumlichen und personellen Erweiterung und Reduzierung der IPSS-Komponenten sind geeignete Maßnahmen.

Asymmetrische Informationsverteilung bei Anbieter und Kunden, z. B. durch unterschiedlichen Wissenstand, führt oftmals zu opportunistischem Verhalten der Parteien. Der Ausbau von Kommunikationsschnittstellen und die Erhöhung der gegenseitigen Vernetzung wirken dieser Unsicherheit entgegen.

Im Falle hoher Unsicherheiten bei IPSS-Erbringungsprozesserstellung durch z. B. eingebundenes Kundenpersonal, das eigennütziges Verhalten oder geschäftsschädigende, geheime Absichten verfolgt, ist die Reduzierung menschlicher, manueller Tätigkeiten durch Automatisierung anzuraten.

6.7 IT-gestützte Bewertung von IPSS-Erbringungsprozessen

Nachdem in den vorangegangen Abschnitten die Entwicklung der einzelnen Schritte zur Bewertung von IPSS-Erbringungsprozessen theoretisch hergeleitet wurde, wird in diesem Abschnitt das Vorgehensmodell und die prototypische Softwarelösung vorgestellt. Zunächst wird das Vorgehen bei einer IPSS-Erbringungsprozessbewertung anhand Abb. 6.5 visualisiert.

Wie Abb. 6.5 zu entnehmen ist, handelt es sich bei der Einordnung der Unsicherheitsfaktoren um einen sich wiederkehrenden Prozess, der im Softwareprototypen bedienungsfreundlich abgebildet ist. Aus der Sammlung endogener und exogener Faktoren werden in einem Dialog mit dem IPSS-Erbringungsprozessentwickler die Faktoren entnommen, die in die Bewertung des IPSS-Erbringungsprozess eingebracht werden sollen. Der jeweilige Unsicherheitsfaktor wird hinsichtlich seines Einflusses auf das Prozessdesign entlang der vertikale Achse des Portfoliodiagramms positioniert. Es wird dabei überprüft inwieweit der entwickelte IPSS-Erbringungsprozess (das Prozessdesign) negativ beeinflusst wird. Die Position des Unsicherheitsfaktors auf der horizontalen Achse des Diagramms wird anhand der Einflussmöglichkeiten des IPSS-Entwicklers (Designer) beurteilt, der dem betrachteten Faktor unterschiedliche stark entgegenwirken kann. Dies sind die Arbeitsschritte zur Einordnung in das Portfoliodiagramm und müssen für alle der zu betrachtenden Unsicherheitsfaktoren durchzuführen. Nach interaktiver Eingabe der Unsicherheitsfaktoren bildet der hinterlegte Algorithmus den Unsicherheitsterm U (s. Abschn. 6.5) und daraus die erweiterte Produktivitätskennzahl, die Stabilitäts- und Qualitätsaussage.

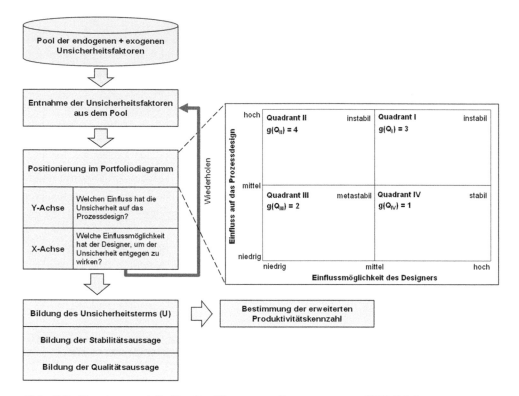

Abb. 6.5 Vorgehensmodell für die IT-gestützte Bewertung von IPSS-Erbringungsprozessen [VIE14]

Das Datenmodell für das IPSS-Erbringungsprozessbewertungstool veranschaulicht die Struktur und die Zusammenhänge der notwendigen Bestandteile (s. Abb. 6.6). Ein IPSS-Modul besteht folglich aus einer Sachleistung und einer Dienstleistung. Für die Betrachtung von Erbringungsprozessen und deren Bewertung ist an dieser Stelle nur Dienstleistungsteil dargestellt. Zur Erbringungsprozessbewertung gehören zwangsläufig die Klassen Produktivität, Qualität und Stabilität. Das IPSS-Modul besitzt zudem Supportinformationen, die es aus den Kennzahlen der drei vorgenannten Dimensionen bezieht. Diese Informationen werden dem übergeordneten IPSS-Lifecylce Management System (s. Kap. 11) über eine web-basierte Schnittstelle zu Verfügung gestellt und weiterverarbeitet. Dort werden die generierten Bewertungsinformationen zentral organisiert.

Die Produktivitätskennzahl und die gebildete Stabilitäts- und Qualitätsaussage werden grafisch aufbereitet und ausgegeben. Die Benutzeroberfläche mit einer exemplarischen Bewertung eines IPSS-Erbringungsprozess ist in Abb. 6.7 dargestellt. Im rechten Bereich der Abbildung ist ein Netzdiagramm zur Visualisierung des Ausprägungsgrad der Qualitätsdimensionen abgedruckt. Mittig ist das Ergebnis einer IPSS-Erbringungsprozessbewertung zu sehen.

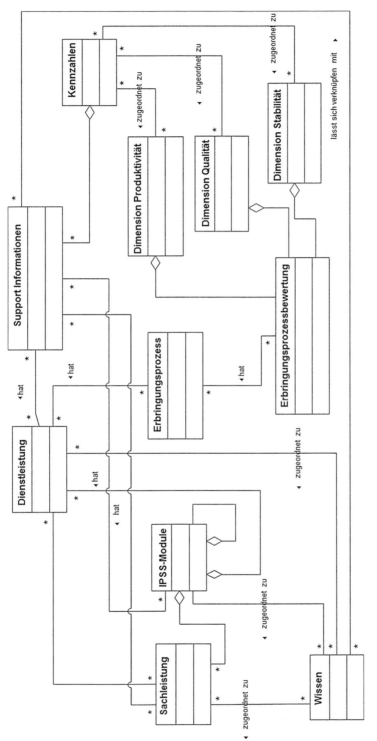

Abb. 6.6 UML (Unified Modeling Language)-Datenmodell des IPSS-Erbringungsprozessbewertungstool [VIE14]

Abb. 6.7 Grafische Benutzeroberfläche des IPSS-Erbringungsprozessbewertungstool [VIE14]

6.8   Zusammenfassung

In dem vorliegenden Kapitel wird ein umfassender Ansatz zur Bewertung der Produktivität, Qualität und Stabilität der Erbringungsprozesse industrieller Produkt-Service Systeme vorgestellt. Die aufgeführten Methoden und Werkzeuge ermöglichen es, bereits in der IPSS-Entwicklung eine antizipative Evaluation der Zielkriterien Produktivität, Qualität und Stabilität vorzunehmen. Damit ist im Vergleich zu bestehenden Ansätzen erstmals eine Beurteilung vor der eigentlichen Ko-Produktion mit dem Kunden möglich. In der Entwicklungsphase wird dadurch das Bewusstsein des Entwicklungsteams für mögliche Unsicherheitsfaktoren in der Erbringungsphase erhöht. Schadhafte Auswirkungen durch Unsicherheitsfaktoren können mit Hilfe von Wandlungsbefähigern und dazu entwickelten Maßnahmen frühzeitig bekämpft und sogar unterbunden werden. Der entwickelte Softwareprototyp bietet zudem eine Unterstützung zur automatisierten Bewertung unterschiedlicher Erbringungsprozessdesigns. Die Vergleichbarkeit alternativer Erbringungsprozessdesigns für diverse Konzeptmodelle (s. Kap. 4) trägt mit Hilfe der visualisierten Kennzahlen und Diagrammen zu einer effizienten IPSS-Entwicklung und Ausgestaltung (s. Kap. 5) bei. Im Sinne der integrierten Betrachtung unterschiedlicher Leistungsbestandteile im Kontext von IPSS ist das entwickelte Werkzeug zudem in das übergeordnete IPSS-Lifecycle Management System integriert. Dort wird es als Werkzeug für den Freigabeprozesses von IPSS-Erbringungsprozessmodulen eingesetzt und die generierten Kennzahlen zentral verwaltet.

Literatur

[BAR91]   Barney, J.: Firm Resources and substained competitive Advantage. Journal of Management Decisions (1991) 17, S. 99–120.
[BER08]   Bergmann, R.; Garrecht, M.: Organisation und Projektmanagement. Heidelberg: Physica, 2008.
[BRU95]   Bruhn, M.; Stauss, B. (Hrsg.): Dienstleistungsqualität. Wiesbaden: Gabler, 1995.

[BOH10] Bohnert, F.: Kennzahlen im Controlling von Dienstleistungen. In Controlling von Dienstleistungen. Hrsg.: Gleich, R.; Klein, A. Freiburg: Haufe-Mediengruppe, 2010, S. 49–62.

[COR94] Corsten, H.: Produktivitätsmanagement bilateraler personenbezogener Dienst-leistungen. In: Dienstleistungsproduktion. Hrsg.: Corsten, H.; Hilke, W. Wiesbaden: Gabler, 1994, S. 43–77.

[COR07] Corsten, H.; Gössinger, R.: Dienstleistungsmanagement. Oldenburg: Wissenschafts-verlag, 2007.

[EGB12] Egbers, A.: Produktivität logistischer Dienstleistungen – Entwicklung und Anwendung mehrstufiger DEA-Verfahren. Schriftenreihe Logistikmanagement in Forschung und Praxis. Bochum: Dr. Kovac, 2012.

[FLI09] Fließ, S.: Dienstleistungsmanagement. Wiesbaden: Gabler, 2009.

[GRU98] Grund, M.: Interaktionsbeziehungen im Dienstleistungsmarketing. Wiesbaden: Gabler, 1998.

[HAA98] Haas, H.: Dienstleistungsqualität aus Kundensicht. Berlin: Duncker, Humboldt, 1998.

[HAR04] Harms, R.: Entrepeneurship in Wachstumsunternehmen. Wiesbaden: Gabler, 2004.

[HEI08] Heidtmann, V.: Organisation von Supply Chain Management. Wiesbaden: Gabler, 2008.

[HER05] Hernández, R.; Wiendahl, H.: Die wandlungsfähige Fabrik. In: Erfolgsfaktor Flexibilität, Strategien und Konzepte für wandlungsfähige Unternehmen. Hrsg.: Kaluzza, B.; Behrens, S. Berlin, 2005, S. 203–228.

[HIC11] Hickel, A.: Opportunismus in Geschäftsbeziehungen. Wiesbaden: Gabler, 2011.

[HOE05] Höck, M.: Dienstleistungsmanagement aus produktionswirtschaftlicher Sicht. Wiesbaden: DUV/GWV, 2005.

[KAA92] Kaas, K.: Kontraktgütermarketing als Kooperation zwischen Prinzipalen und Agenten. In: Zfbf (Schmalenbachs Zeitschrift für betriebswirtschaftliche Forschung) 44 (1992) 10, S. 885–901.

[KAI05] Kaiser, M.: Erfolgsfaktor Kundenzufriedenheit – Dimensionen und Messmöglichkeiten. Berlin: Erich-Schmidt, 2005.

[KLI01] Klinkers, M.; Günter, B.: Quality Level Agreements. Wiesbaden: Gabler, 2001.

[KUT12] Kutsch, H.; Bertram, M.; von Kortzfleisch, H.: Entwicklung eines Dienstleistungs-produktivitätsmodells (DLPMM) am Beispiel von B2B Software Customizing. Arbeitsberichte des Fachbereiches Informatik. Koblenz: Universität Koblenz-Landau, 2012.

[LAN11] Langer, G.: Unternehmen und Nachhaltigkeit. Wiesbaden: Gabler, 2011.

[LAS06] Lasshof, B.: Produktivität von Dienstleistungen. Wiesbaden: Deutscher Universitäts-Verlag, 2006.

[LAU12] Laurischkat, K.: Product-Service Systems. Schriftenreihe des Lehrstuhls für Produktionssysteme. Hrsg.: Meier, H. Aachen: Shaker, 2012.

[MEF09] Meffert, H.; Bruhn, M.: Dienstleistungsmarketing. Wiesbaden: Gabler, 2009.

[MUE12] Müller, F.: Service Engineering für Logistikkooperationen. Lohmar: Josef Eul, 2012.

[NYH08] Nyhuis, P.; Reinhart, G.; Abele, R. (Hrsg.): Wandlungsfähige Produktionssysteme. Garbsen, Hannover: PZH, 2008.

[PAR85] Parasuraman, A.; Zeithaml, V. A.; Berry, L.: A Conceptual Model of Service Quality and Its Implications for Future Research. The Journal of Marketing 49 (1985) 4, S. 41–50.

[REI95] Reichhardt, M.: Der Beitrag des Transaktionskostenansatzes zu einer Theorie der Transformation von Wirtschaftsordnungen. Frankfurt: Lang, 1995.

[ROS10] Rosenkranz, C.; Torben, B.: Messung, Steuerung & Koordination von Facility Management-Dienstleistungen im Immobilienlebenszyklus. In: Informatik 2010 Service Science – Neue Perspektiven für die Informatik, Beiträge der 40. Jahrestagung der Gesellschaft für Informatik e.V. (GI), Band 1, 27.09. – 1.10.2010, Leipzig. Hrsg.: Fähnrich, K.-P.; Franczyk, B., 2010, S. 647–652.

[SAG07]   Saggau, B.: Organisation elektronischer Beschaffung. Wiesbaden: Gabler, 2007.

[SAN04]   Sander, M.: Marketing-Management. Stuttgart: Lucius und Lucius, 2004.

[SCH94]   Scharitzer, D.: Dienstleistungsqualität – Kundenzufriedenheit. Wien: Service Fachverlag, 1994.

[SCH05]   Schröder, H.: Multichannel-Retailing. Berlin: Springer, 2005.

[SCH10]   Scholz-Reiter, B.; Sowade, S.: Der Beitrag der Selbststeuerung zur Wandlungs-fähigkeit von Produktionssystemen. In: Wandlungsfähige Produktionssysteme. Schriftenreihe der Hochschularbeitsgruppe für Arbeits- und Betriebsorganisation e.V. (HAB). Berlin: GITO, 2010, S. 303–322.

[SPR90]   Spremann, K.: Asymmetrische Information. Zeitschrift für Betriebswirtschaft 60 (1990), S. 561–586.

[THO10]   Thom, N.; Wenger, A.: Die optimale Organisationsform. Wiesbaden: Gabler, 2010.

[VIE14]   Viertelhausen, A.; Dang, B.; Meier, H.; Abramovici, M.: Antizipative Bewertung von Erbringungsprozessen. wt Werkstatttechnik online 104 (2014) 7/8, S. 469–474.

[VOL07]   Voll, J.: Internationalisierung in der Unternehmensentwicklung. Wiesbaden: Gabler Edition Wissenschaft, 2007.

[WIE05]   Wiendahl, H.(Hrsg.): Planung modularer Fabriken. München: Hanser, 2005.

[WIL73]   Williamson, O.: Markets and Hierarchies: Some Elementary Considerations. The American Economic Review 63 (1973) 2, S. 316–325.

Teil II

Betrieb

Management der IPSS-Erbringung - IPSS-Execution System mit integrierter Performance-Messmethode

Thomas Dorka, Friedrich Morlock und Horst Meier

7.1 Einleitung und Motivation

Industrielle Produkt-Service Systeme (IPSS) bestehen aus Sach- und Dienstleistungsanteilen sowie aus industriellen Produkt-Service Modulen (IPSM). Alle Anteile müssen integriert geplant, entwickelt und erbracht werden. Dazu besteht der Lebenszyklus von IPSS aus den Phasen Planung, Entwicklung, Implementation, Betrieb bzw. Erbringung sowie Auflösung bzw. Recycling [MEI12c]. Da IPSS jedoch komplexe sozio-technische Systeme sind, werden die Phasen nicht von einem Anbieter alleine durchgeführt, sondern in einem Netzwerk aus Partnern, zu dem auch der Kunde gehört. So können kundenindividuelle Lösungen entwickelt und angeboten werden.

Nachdem ein IPSS kundenindividuell geplant, entwickelt und implementiert wurde, muss es in der folgenden Phase betrieben bzw. erbracht werden. Je nach vereinbartem Geschäftsmodell (Kap. 13) kann die zu erbringende Leistung bspw. die technische oder organisatorische Verfügbarkeit einer Werkzeugmaschine sein. Hiervon und von der Ausgestaltung des IPSS im Produktmodell [BOC13] ist abhängig, welche Erbringungsprozesse mit welchen Sach- und Dienstleistungsanteilen vom IPSS-Anbieter erbracht werden müssen.

Das Management des Anbieternetzwerks und die Planung und Steuerung der Erbringung sind aufwendige Aufgaben, denen sich ein IPSS-Anbieter in der Erbringungsphase stellen muss. Der Begriff Management bezeichnet dabei einen Teilaspekt

T. Dorka • F. Morlock • H. Meier (✉)
Lehrstuhl für Produktionssysteme (LPS), Ruhr-Universität Bochum, Bochum, Deutschland
E-Mail: dorka@lps.ruhr-uni-bochum.de; morlock@lps.ruhr-uni-bochum.de;
Meier@lps.ruhr-uni-bochum.de

© Springer-Verlag GmbH Deutschland 2017
H. Meier, E. Uhlmann (Hrsg.), *Industrielle Produkt-Service Systeme*,
DOI 10.1007/978-3-662-48018-2_7

der Unternehmensorganisation, insbesondere deren Führung und Leitung [WOL08]. Damit ist das Management der IPSS-Erbringung ein Komplex von Steuerungsaufgaben, die bei der Leistungserstellung und -sicherung in arbeitsteiligen Organisationen erbracht werden müssen [STE13]. Zusammengefasst sind diese Aufgaben die Planung, Koordination und Kontrolle der Ressourcen, die für die Erbringung der IPSS eines Unternehmens benötigt werden [REI10].

Da das Management der Erbringung eine komplexe Aufgabe ist, die nicht ohne Softwareunterstützung erfüllt werden kann, wird ein Softwaresystem benötigt, das den IPSS-Anbieter unterstützen kann [MEI13d]. Bestehende Softwaresysteme sind diesen Anforderungen noch nicht gewachsen. Sie fokussieren entweder nur Sach- oder Dienstleistungen, wie beispielsweise Manufacturing-Execution-System (MES) oder Service-Management-Systeme (SMS), oder decken nur die Unternehmensleitebene ab, wie z. B. Enterprise-Resource-Planning-Systeme (ERP). Eine Erweiterung der bestehenden Systeme hin zu einem integrierten Managementwerkzeug ist nur mit sehr viel Aufwand möglich. Aus diesem Grund ist die Konzeption und Entwicklung eines neuen Softwaresystems sinnvoll.

Dieses neue Softwaresystem wird IPSS-Execution System (IPSS-ES) genannt und kann wie folgt definiert werden: „Ein IPSS-Execution System ist das grundlegende Softwaresystem für die IPSS-Betriebsphase, welches den Anbieter bei der Erbringung von Kundennutzen durch IPSS-Erbringungsplanung, IPSS-Netzwerkmanagement und einer integrierten Performance-Messmethode unterstützt. [MEI13a, MEI13c]

Die Entwicklung eines IPSS-ES mit einer Performance-Messmethode wird in diesem Kapitel vorgestellt. Dafür werden in Abschn. 7.2 die notwendigen Grundlagen und der Stand der Technik eingeführt. Danach wird die Anforderungsentwicklung, das Konzept und der Entwurf eines IPSS-ES in Abschn. 7.3 vorgestellt. Unter diesen Aspekten wird auch auf die IPSS-Performance-Messmethode eingegangen. In Abschn. 7.4 wird die Funktion des Systems im Rahmen eines Anwendungsszenarios demonstriert. Eine Zusammenfassung und ein Ausblick auf mögliche zukünftige Forschungen werden in Abschn. 7.5 präsentiert.

7.2   Grundlagen und Stand der Technik

Um die Grundlagen für die IPSS-Erbringung einzuführen, wird zunächst die Erbringungsorganisation für IPSS erläutert. Ein weiterer wichtiger Aspekt der Erbringungsphase ist die Erbringungsplanung. Um darzulegen, welche Aufgaben ein IPSS-Anbieter während der Erbringung hat, werden diese ebenfalls zusammengefasst.

7.2.1   Organisation der Erbringung

Durch die Heterogenität von IPSS und die damit einhergehende Notwendigkeit für unterschiedlichste Kompetenzen ist die Entwicklung und Erbringung von IPSS in Netzwerken erforderlich. In der Erbringungsphase besteht das Netzwerk aus dem IPSS-Anbieter, dem

IPSS-Kunden, IPSM-Zulieferern sowie Sach- und Dienstleistungszulieferern und wird Anbieternetzwerk genannt. Der Kunde ist an der Erfüllung des Nutzenversprechens durch das IPSS interessiert und beauftragt damit den IPSS-Anbieter. Zur Erbringung des IPSS bringt der Kunde aber je nach Geschäftsmodell auch seine eigenen Ressourcen als zusätzliche externe Faktoren mit in das Netzwerk ein. Der IPSS-Anbieter koordiniert das Anbieternetzwerk und vertritt das IPSS gegenüber dem Kunden. Ein IPSM-Lieferant koordiniert ein eigenständiges IPSS innerhalb einer größeren IPSS-Lösung eines anderen Anbieters. Sach- und Dienstleistungszulieferer liefern Sachleistungen (z. B. Ersatzteile oder Werkzeuge) oder führen Erbringungsprozesse (z. B. Wartung einer Werkzeugmaschine) aus. [MEI12b]

Für die Erbringungsorganisation von IPSS untersuchten MEIER ET AL. [MEI12b] und VÖLKER [VÖL12] mehrere Organisationsansätze wie beispielsweise Selbstkonfiguration oder Modularisierung. Als Ergebnis dieser Analyse wurde ein Ansatz mit virtuellen Organisationen für IPSS empfohlen. Virtuelle Organisationen wurden bereits bei Servicekooperationen von Investitionsgütern eingesetzt [HAR04]. Gründe hierfür sind nach VÖLKER [VÖL12], dass in einem IPSS-Netzwerk mehrere Unternehmen beteiligt sind, die noch andere Geschäftsbeziehungen pflegen. Um ihre Ressourcen besser auszulasten, können diese Unternehmen ihre Ressourcen über virtuelle Organisationseinheiten (VOE) innerhalb eines IPSS-Anbieternetzwerkes zur Verfügung stellen. Dazu werden die Verfügbarkeiten und Fähigkeiten der vom Partner bereitgestellten Ressourcen im Netzwerk sichtbar gemacht. Der IPSS-Anbieter kann schließlich die verfügbaren Ressourcen über die VOE von unterschiedlichen Unternehmen für Erbringungsprozesse auswählen und einplanen.

7.2.2 Erbringungsplanung

Eine wichtige Aufgabe während der Betriebsphase ist die Erbringungsplanung. Im Rahmen von IPSS wird nach MEIER ET AL. [MEI09] zwischen zwei Phasen der Planung unterschieden. Zum einen ermöglicht eine strategische Kapazitätsplanung die Anpassung der vorzuhaltenden Ressourcenkapazitäten an zukünftige Bedarfe, zum anderen erlaubt eine operative Ressourceneinsatzplanung die optimale Nutzung der Ressourcen zur Deckung der aktuellen Bedarfe [LAG14b]. Es existieren jedoch noch nicht viele Ansätze für die Erbringungsplanung von IPSS. Die meisten beschäftigen sich jedoch mit der strategischen Kapazitätsplanung [FUN12, HÜB11, KRU10, LAG14b] und nur wenige mit der operativen Ressourceneinsatzplanung [FUN12].

KRUG [KRU10] stellt ein Rahmenwerk für die strategische Kapazitätsplanung vor. Dabei unterscheidet er zwischen ungewissen, unsicheren und sicheren Prozessen. Ungewisse Prozesse treten zufällig auf und können nicht vorhergesehen werden. Unsichere Prozesse müssen mit einer gewissen Wahrscheinlichkeit durchgeführt werden, aber es steht nicht fest, wann der Prozess stattfinden wird. Sichere Prozesse sind fest abgestimmt und haben einen festgelegten Durchführungszeitpunkt. KRUG [KRU10] argumentiert, dass die Prozesse im Rahmen von Leistungssystemen, zu denen auch IPSS zählen, durch Ausgestaltung eines entsprechenden Geschäftsmodells sicherer gemacht werden können. Ungewisse und unsichere Prozesse können dadurch in den jeweils sichereren Prozesstyp umgewandelt werden. Unter Berücksichtigung einer Planungsintensität, die beschreibt, dass fremdgefertigte oder -bereitgestellte Ressourcen in der Planung aufwendiger sind als Eigenfertigungen oder -bereitstellungen, wird die Kapazitätsplanung darauf aufbauend durchgeführt. Dabei stehen kurze Durchlaufzeiten, hohe Termintreue, hohe Kapazitätsauslastung und geringe Lagerzeiten im Fokus. Während der Planung können sieben IPSS-spezifische Optimierungspotenziale genutzt werden: partielle Substitution von Sach- und Dienstleistungen, Zeitvarianz, Alternativressourcen, Alternativprozesse, Variation der Bereitstellungsgeschwindigkeit, Einbeziehung von Kundenressourcen und Fremdvergabe von Erbringungsprozessen. Die Planung selbst besteht aus den vier Schritten Auflösung der Erbringungsprozesse bis auf Ressourcenebene, Überlastungsanalyse, Optimierung des Tourenplanungsproblems und Inkraftsetzung [KRU10].

Im Gegensatz zu dem oben vorgestellten Ansatz geht HÜBBERS [HÜB11] davon aus, dass die Unsicherheiten bestehen bleiben. Aufbauend auf einem für die Planung erarbeiteten Datenmodell wird von ihm eine Planungssystematik vorgestellt, die aus einer Durchlaufterminierung mittels Netzplantechnik besteht. Reisezeiten werden dabei nur überschlägig berücksichtigt. Basierend auf den ermittelten Kapazitätsbedarfen können dann Kapazitätsanpassungen erfolgen, sofern notwendig [HÜB11].

LAGEMANN [LAG14b] stellt ebenfalls einen Ansatz für eine strategische Kapazitätsplanung vor. Durch die Nutzung von qualitativen und quantitativen Modellen werden zunächst die Kapazitätsbedarfe für die IPSS-Erbringung ermittelt. In einem zweiten Schritt können dann die Bedarfe mit den verfügbaren Kapazitäten abgeglichen werden. Dies erfolgt durch ein Simulationsmodell, das die zeitliche Veränderung von Bedarfen und verfügbaren Kapazitäten über die Zeit betrachtet. In jedem Simulationslauf können dabei Kapazitätsanpassungen untersucht oder geänderte Bedarfsszenarien getestet werden. Basierend auf den Ergebnissen kann dann eine Entscheidung auf der Managementebene erfolgen, die sich auf die Simulationsergebnisse stützt. Die Berücksichtigung von Flexibilitätskorridoren, die eine gewisse Unter- oder Überdeckung der Bedarfe kompensieren können, wird dabei mit einbezogen [LAG14b].

Ein weiterer Ansatz in dieser Reihe wurde von FUNKE [FUN12] entwickelt. Eine adaptive Planungsmethode basierend auf einem genetischen Algorithmus soll sowohl die strategische Kapazitätsplanung als auch die operative Ressourceneinsatzplanung vereinen. Dabei werden die gleichen Annahmen vorausgesetzt, die auch KRUG [KRU10] in seinem Ansatz verwendet. Insbesondere werden die sieben spezifischen Optimierungspotenziale für IPSS genutzt und nur unsichere und sichere Prozesse berücksichtigt. Während der Planung wird hinsichtlich der Erbringungskosten, der Pünktlichkeit der Prozesse und der Auslastung der Ressourcen optimiert. Unter den Aspekt der Kosten fällt auch eine Routenoptimierung, da kürzere Routen geringere Kosten verursachen. Bei der Planung werden auch Zeitfenster für Erbringungsprozesse, Verfügbarkeiten von Menschen, Werkzeugen und Ersatzteilen sowie verschiedene Transportmöglichkeiten berücksichtigt [FUN12].

7.2.3 Aufgaben eines IPSS-Anbieters während der Erbringung

Die Aufgaben eines IPSS-Anbieters während der Erbringung wurden bereits von MEIER ET AL. [MEI13c, MEI13d] untersucht. Der IPSS-Anbieter ist für den gesamten Lebenszyklus der IPSSs, die er anbietet, verantwortlich. Während der Erbringungsphase übernimmt er vor allem organisatorische Aufgaben. Zur Erbringung des Kundennutzens muss der Anbieter geeignete Ressourcen bereitstellen. Die benötigten Ressourcen ergeben sich aus den im IPSS-Produktmodell aufgeführten Anforderungen. In der Entwicklungsphase werden Erbringungsprozesse entwickelt, die im IPSS-Produktmodell enthalten sind. In der Erbringungsphase muss der IPSS-Anbieter nun sicherstellen, dass zu jedem eingeplanten Erbringungsprozess die passenden Ressourcen bereitstehen. Die Abdeckung der Bedarfe kann durch eigene Ressourcen oder durch Ressourcen von Netzwerkpartnern geschehen.

Als zentraler Ansprechpartner für den Kunden („one-face-to-the-customer") und durch die Erbringungsorganisation von IPSS ergibt sich die Aufgabe, das Anbieternetzwerk zu verwalten. Dies umfasst insbesondere die Informationsbereitstellung für die Erbringungsplanung. Der IPSS-Anbieter muss kontinuierlich Verfügbarkeitsstände von seinen eigenen Ressourcen, den Ressourcen der Netzwerkpartner und denen des Kunden einholen. Darauf aufbauend sind Informationen über die generierten Erbringungspläne im Netzwerk zu verteilen. Die Vertraulichkeit und Sicherheit von Informationen und Daten muss dabei berücksichtigt werden. Das Hinzufügen und Entfernen von Netzwerkpartnern ist eine weitere wichtige Netzwerkmanagementaufgabe. Nicht zuletzt fällt die Planung der Erbringungsprozesse während der Erbringung in den Aufgabenbereich des IPSS-Anbieters. Wie bereits beschrieben sind dazu viele Informationen von unterschiedlichen Partnern vorhanden, die koordiniert werden müssen. Hinzu kommt eine Vielzahl an unterschiedlich möglichen Einplanungsmöglichkeiten für die Erbringungsplanung.

Neben diesen Aufgaben übernimmt der IPSS-Anbieter während der gesamten Erbringungsphase überwachende und steuernde Tätigkeiten. Dies beinhaltet zum einen die Überwachung mittels Kennzahlen zur Bewertung der Erbringungsphase, zum anderen auch steuernde Tätigkeiten, die erforderlich sind, sobald definierte Ziele nicht erreicht werden. Das kann beispielsweise eine wiederholte Einplanung von Erbringungsprozessen zur Entstörung einer Maschine sein, wenn die ursprüngliche Entstörung nicht erfolgreich durchgeführt wurde.

Die Komplexität der beschriebenen Aufgaben des IPSS-Anbieters zeigt, dass diese nicht manuell durchgeführt werden können. Dementsprechend ist eine softwarebasierte Unterstützung für den IPSS-Anbieter während der Erbringung erforderlich.

7.3 IPSS-Execution System und IPSS-Performance-Messmethode

Die Unterstützung der Aufgaben eines IPSS-Anbieters ist nicht trivial. Durch den Einsatz von Software können aber Werkzeuge bereitgestellt werden, die das Management der IPSS-Erbringung erleichtern oder sogar erst ermöglichen. Ein Softwaresystem, das diese

Unterstützung bereitstellt, ist ein IPSS-Execution System (IPSS-ES). Neben den Werkzeugen für das Management des Anbieternetzwerks und die Planung der Erbringungsprozesse ist eine IPSS-Performance-Messmethode (PMM) integriert, die die Überwachung und Steuerung der Erbringung einschließlich der Informationsrückführung in die Entwicklung sicherstellt.

7.3.1 Anforderungen an ein IPSS-Execution System

Die Anforderungen an ein IPSS-ES werden zunächst von den Stakeholdern des Systems aufgestellt [ISO29148]. Unter die Stakeholder fallen der IPSS-Anbieter, der IPSS-Kunde sowie die Zulieferer der Sach- und Dienstleistungen sowie der IPSM. Als primärer Nutzer des Systems kommt zudem der IPSS-Erbringungsplaner dazu. Dieser ist verantwortlich für die Erbringungsplanung und -steuerung sowie für die operative Steuerung des Anbieternetzwerks. Als weitere Stakeholder können die während der Erbringung einzuplanenden menschlichen Ressourcen hinzugezählt werden, da sie von den mit dem IPSS-ES erstellten Planungen betroffen sind. Alle aufgezählten Stakeholder haben bestimmte Bedürfnisse, die im Folgenden zusammenfassend erläutert werden.

Zunächst muss das zu entwerfende IPSS-ES in heterogene Softwarelandschaften integrierbar sein. Dies ist zum einen wichtig, damit der IPSS-Anbieter seine bisherigen Softwaresysteme weiter nutzen kann, zum anderen müssen aber auch die Softwaresysteme der anderen Netzwerkpartner, also der IPSS-Kunden und Zulieferer, angebunden werden können, damit ein intensiver Datenaustausch für die Erbringung stattfinden kann. Dies macht es erforderlich, dass ein IPSS-ES ein offenes System ist, das offene Spezifikationen oder Standards für Schnittstellen, Dienste und Austauschformate verwendet [IEEE1003.0]. Aus Sicht des IPSS-Anbieters ist es außerdem notwendig, dass Zulieferer und Kunden jederzeit an das System angebunden oder vom System getrennt werden können. So können die Änderungen im Partnernetzwerk digital im IPSS-ES abgebildet werden. Dies impliziert eine gewisse Selbstkonfigurationsfähigkeit des Systems, damit es sich auf die Zusammensetzung des aktuellen Anbieternetzwerks einstellen kann. Zu den Systemen des IPSS-Anbieters, mit denen ein IPSS-ES Daten austauschen muss, gehören ein IPSS-Lifecycle Management System (IPSS-LMS, Kap. 11), eine Virtual-Lifecycle-Unit (VL-CU) [SEL08] und für jedes IPSS eine Agentensystem zur IPSS-Automatisierung (Kap. 10), auch IPSS-Control System (IPSS-C) [MEI13f] genannt. Das IPSS-LMS kann die grundlegenden Daten aus der Entwicklung liefern, die für das Management der Erbringung benötigt werden [DOR14b]. Dies schließt das IPSS-Produktmodell und die Konfiguration des Anbieternetzwerks mit ein. Die VLCU kann die vom IPSS-ES generierten Daten aufnehmen, um sie für die Wissensgenerierung zu nutzen [SEL08]. IPSS-CS können während der Erbringung die IPSS überwachen und nötigenfalls neue Erbringungsprozesse anfordern, wenn die Erbringung eines im Geschäftsmodell vereinbarten Kundennutzens (Kap. 13) gefährdet ist. Das IPSS-ES muss in einem solchen Fall in Echtzeit eine neue Planung erstellen, damit die Erbringung sichergestellt ist [MEI13f]. Zudem können über die IPSS-CS Rückmeldungen zu den durchgeführten Erbringungsprozessen geliefert werden, die für eine Auswertung der Effizienz und der Effektivität der Erbringung in einer IPSS-Performance-Messmethode verarbeitet werden können [MOR14c].

Eine weitere Funktion, die ein IPSS-ES anbieten muss, ist die automatische oder teilautomatisierte Erbringungsplanung. Die Planung muss eine Terminierung der Erbringungsprozesse und die passende Zuordnung von Ressourcen vornehmen. Der entstehende Erbringungsplan ist die Grundlage für die weitere Erbringung. Er muss allen Partnern, die an der Erbringung beteiligt sind, bereitgestellt werden. Spezifische Erbringungsprozessdaten können dann von den beteiligten Akteuren anhand des Planes vom IPSS-LMS angefordert werden. Trotz des regen Datenaustausches muss aber eine Datensicherheit und -vertraulichkeit im IPSS-ES gesichert sein. Daneben muss die Komplexität des Systems vor den Anwendern verborgen werden, um die Nutzung des Systems zu erleichtern. Eine hohe Verfügbarkeit und Verlässlichkeit sowie eine gute Skalierbarkeit und Wartbarkeit sind ebenso relevant wie eine Plattformunabhängigkeit und Effektivität des Systems [MEI13d].

Die Bedürfnisse der Stakeholder können abgebildet werden auf Systemanforderungen, die das zu entwickelnde System näher beschreiben und sich in funktionale und nicht-funktionale Anforderungen aufteilen lassen. Die funktionalen Anforderungen beschreiben dabei das System oder Systemfunktionen, während nicht-funktionale Anforderungen festlegen, wie das System oder eine Funktion arbeiten muss [GOL11].

Zu den funktionalen Anforderungen für ein IPSS-ES gehören die Annahme von Erbringungsprozessanforderungen, die Erbringungsprozessplanung, die Bereitstellung von Informationen zum Erbringungsplan, die Anbindung von Partnersystemen zur Laufzeit, die Ermöglichung von Datenhaltung und –pflege, die Bereitstellung einer PMM und die Möglichkeit der Selbstkonfiguration des Systems und seiner Komponenten. Zu den nicht-funktionalen Anforderungen gehören die Leistungsanforderungen, die Schnittstellenanforderungen, die Entwurfsbedingungen, die Prozessanforderungen, die Qualitätsanforderungen und die Anforderungen bedingt durch menschliche Faktoren [BAL11, GOL11, ISO25010, LEF11]. Bezüglich der Leistung des Systems wird gefordert, dass eine weiche Echtzeit des Systems gegeben sein muss, damit durch Umplanungen rechtzeitig auf auftretende Ereignisse reagiert werden kann. Weiterhin muss das System skalierbar sein, also unabhängig von der Menge der zu erbringenden IPSS seine Leistung erbringen, und effektiv und effizient arbeiten, was durch eine PMM überprüft und sichergestellt werden kann. Unter die Schnittstellenanforderungen fallen eine webbasierte Bedienoberfläche, die die Komplexität des Systems verdeckt, die Anbindung der Partnersoftwaresysteme durch die Abbildung durch virtuelle Organisationseinheiten im IPSS-ES, die Offenheit der internen Schnittstellen sowie die Anbindung eines IPSS-LMS, einer VLCU und mehrerer IPSS-CS. Modularität, die eine Veränderung des Systems zur Laufzeit ermöglicht, Plattformunabhängigkeit und Portabilität sind die Bedingungen, die den Entwurf des Systems einschränken. Unter dem Aspekt der Qualität des Systems muss sichergestellt werden, dass trotz der geforderten Offenheit eine strenge Datensicherheit und -vertraulichkeit gewährleistet ist. Dies gilt sowohl für Softwareschnittstellen als auch für den manuellen Zugriff auf Daten durch Systemnutzer. Zudem muss das System verlässlich arbeiten und eine höchstmögliche Verfügbarkeit bieten. Unter Berücksichtigung der menschlichen Faktoren besteht noch die Anforderung, dass eine gute Wartbarkeit und Modifizierbarkeit gewährleistet wird [MEI13d, MEI13e].

Aufbauend auf den Anforderungen kann im Folgenden ein Konzept für ein IPSS-ES erarbeitet werden. Der Entwurf kann dann basierend auf dem Konzept erstellt werden.

7.3.2 Konzept und Entwurf für IPSS-Execution Systeme

Als konzeptioneller Lösungsansatz für den Entwurf von IPSS-ES kann ein modulares System dienen, in dem jedes Modul eine oder mehrere Aufgaben des IPSS-Anbieters übernimmt. Durch die Möglichkeit, Module während der Laufzeit hinzuzufügen und zu entfernen, ist gewährleistet, dass das System prinzipiell verfügbar bleibt, auch wenn Systemteile ausgetauscht, hinzugefügt oder entfernt werden. Zudem ist dadurch eine Flexibilität bezüglich des Funktionsumfangs des Systems zu realisieren. VOE werden im IPSS-ES digital repräsentiert, so dass jede VOE einfach hinzugefügt oder entfernt werden kann. Dadurch lässt sich die Dynamik im Anbieternetzwerk im IPSS-ES abbilden und handhaben. Hinter den digitalen VOE im IPSS-ES können die verschiedenen Schnittstellen zu den heterogenen Softwaresystemen der Partner verborgen werden. Schnittstellen zu IPSS-spezifischen Softwaresystemen können in jeweils eigenen Modulen umgesetzt werden (Abb. 7.1) [MEI13c].

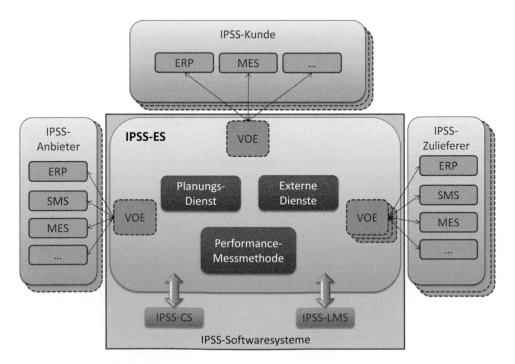

Abb. 7.1 Konzept für IPSS-Execution Systeme nach Meier et al. [MEI13c]

Für ein technisches Konzept, das den Lösungsansatz ermöglicht, können verschiedene Technologien verwendet werden. Zunächst bietet sich als Grundlage eine Cloud Computing-Umgebung an, da dadurch die nötige Rechenkapazität bereitgestellt werden kann, um eine Echtzeitfähigkeit zu ermöglichen, eine dynamische Skalierbarkeit vorhanden ist und eine hohe Verfügbarkeit gewährleistet werden kann. Die Bedienschnittstelle sollte vorrangig auf Rich-Client-Weboberflächen basieren, damit kein Installationsaufwand für Nutzer entsteht und die Anwendungen dennoch jederzeit und überall zur Verfügung stehen. Schnittstellen zu anderen Softwaresystemen können über Webservices realisiert werden. So können verschiedene externe Dienste angekoppelt werden, wodurch eine serviceorientierte Architektur (SOA) entsteht. Diese kann weiterhin auf einem Plug-In-System basieren, damit Komponenten und Module zur Laufzeit ausgetauscht werden können. Die verschiedenen Plug-Ins im System können zudem ebenfalls Dienste anbieten, die in anderen Plug-Ins verwendet werden können. Dadurch wird eine gute Strukturierung des Systems nach dem Grundsatz „separation of concerns" (Trennung der Zuständigkeiten) möglich. Zudem können proprietäre Softwaresysteme von Partnern durch Plug-Ins angebunden werden, die eine VOE repräsentieren. Insgesamt wird eine hohe Dynamik des Systems in Bezug auf Funktionalität und Fremdsystemanbindung realisierbar, die für das Management der IPSS-Erbringung notwendig ist (Abb. 7.2) [MEI12a, MEI13a].

Aufbauend auf den konzeptuellen Überlegungen kann ein grundlegendes Schichtenmodell entworfen werden. Die unterste Schicht stellt die Hardware dar, auf der die darüber liegende Cloud-Schicht basiert. Diese beiden Schichten sollen jedoch nicht weiter betrachtet werden, da in diesem Umfeld keine Veränderungen an der Technik

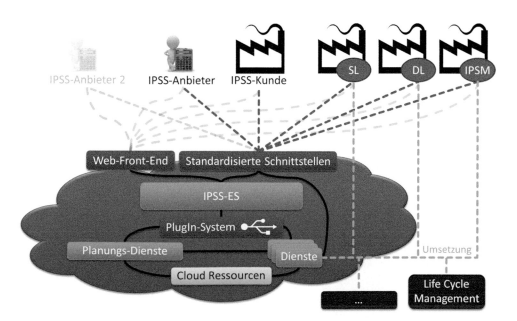

Abb. 7.2 Technisches Konzept für ein IPSS-Execution System nach Meier et al. [MEI12a]

durch ein IPSS-ES vorgenommen werden sollen. Die auf den untersten Schichten basierende Kommunikationsschicht soll im Sinne der Offenheit des Systems nur auf Standards basieren. Damit beeinflusst das IPSS-ES diese Schicht nur in der Art, als dass eine Auswahl an Kommunikationsstandards getroffen werden kann. Die erste Schicht, die in einem IPSS-ES implementiert werden kann, ist die Schicht für externe Dienste. Hier können beispielsweise Routenplanungs- und Logistikdienste angebunden werden, die für die Erbringungsplanung benötigt werden. Zudem können hier die proprietären Schnittstellen zu externen Softwaresystemen realisiert werden. Weiter oben liegt die Datenschicht, in der die spezifischen Datenmodelle für die IPSS-ES-Module liegen. Die Dienste und Funktionen, die in der darüber liegenden Geschäftslogikschicht umgesetzt werden, können somit auf die entsprechenden Datenmodelle zugreifen. Die Geschäftslogik enthält die funktionalen Anteile, die das Management der IPSS-Erbringung unterstützen. Dienste, die von anderen Softwaresystemen zur Nutzung der Funktionalität des IPSS-ES angesprochen werden können. Die oberste Schicht stellt die grafischen Bedienoberflächen für ein IPSS-ES bereit. Die umgesetzte Geschäftslogik kann damit den potenziellen Nutzern des IPSS-ES, insbesondere dem Erbringungsplaner, als Werkzeug angeboten werden, um die Aufgaben des IPSS-Anbieters erfüllen zu können [MEI13c].

Die vorgestellten Schichten stellen die Grundlage für die Referenzarchitektur für ein IPSS-ES bereit. Dennoch werden in der Referenzarchitektur außer der Schichtenarchitektur noch verschiedene andere Architekturmuster vereint, um die Anforderungen an ein IPSS-ES erfüllen zu können. Einige der Muster wurden bereits im technischen Konzept angeschnitten. Eine Verwendung von Plug-In- [BIR05, DUV09], Web- [DAI10], Cloud- [MEL11] und serviceorientierte Architekturmustern [ERL08] für den Aufbau der Architektur für IPSS-ES ist dabei sinnvoll [MEI13a]. Dadurch entsteht die Plug-In- und dienstbasierte Web- und Cloudarchitektur des IPSS-ES (Abb. 7.3). Geschäftslogik und Bedienoberfläche werden dabei eng aneinander gekoppelt, so dass Teile der Geschäftslogik mit in die Bedienoberflächen fließen können. Damit wird zum einen der Server entlastet, zum anderen sind die Weboberflächen dadurch reaktionsschneller. Für die Unterstützung der Weboberflächen wird zudem die Bedienoberflächenschicht geteilt in einen Server- und einen Clientanteil. Die für die Nutzer bereitgestellten Applikationen mit Weboberfläche werden zu so genannten WApps (webbasierte Applikationen [MEI13d]) zusammengefasst. Hierin enthalten sein können sowohl Geschäftslogik als auch die Bedienoberflächenanteile für Client und Server. Durch die Plug-In-Funktionalität kann das System zudem aus verschiedenen Teilen zusammengestellt werden. Jedes Plug-In kann Teile einer oder mehrere Schichten bereitstellen. So kann beispielsweise ein Plug-In einen Kommunikationsstandard in das System integrieren, während ein anderes Bedienoberfläche, Geschäftslogik und Daten kapselt. Auch Rahmenwerke für die verschiedenen Schichten oder Schichtteile können über Plug-Ins eingebunden werden, damit sie für andere Plug-Ins im System zur Verfügung stehen [MEI13c].

Damit die Aufgaben des IPSS-Anbieters im Management der IPSS-Erbringung unterstützt werden können, müssen im Entwurf bereits einige Module vorgesehen werden, die

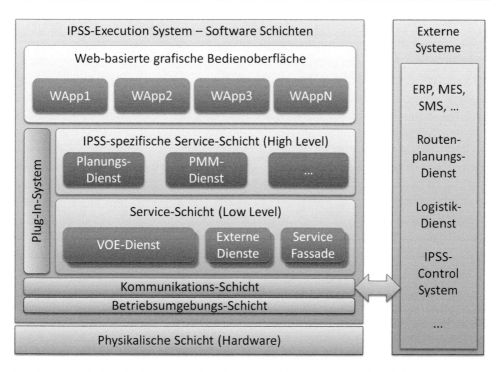

Abb. 7.3 Architektur für IPSS-Execution Systeme nach MEIER ET AL. [MEI13c]

einzeln oder gemeinsam mit anderen Modulen in Plug-Ins umgesetzt werden müssen. Dabei gibt es sowohl notwendige als auch optionale Module. Zu den notwendigen Modulen gehören:

- notwendige Software-Rahmenwerke,
- ein Datenmodul mit den gemeinsamen Datenstrukturen,
- ein Modul, das einen desktopartigen Einstiegspunkt zum IPSS-ES bietet,
- ein Modul mit einem Werkzeug zur Datenpflege,
- ein Modul für die Verwaltung des Partnernetzwerks,
- ein Planungsmodul, das die Erbringungsplanung übernehmen kann,
- ein Administrationsmodul für die Systemverwaltung und
- ein Modul, das eine Performance-Messmethode umsetzt.

Daneben wird für jede anzubindende VOE jeweils ein Modul benötigt. Auch die Anbindung eines IPSS-LMS, mehrerer IPSS-CS und einer VLCU kann über eigenständige Module erfolgen.

   Über optionale Module können weitere Funktionalitäten, wie z. B. ein Abrechnungssystem, in das IPSS-ES eingefügt werden. Die folgenden Module sind vor allem für die Integration in ein IPSS-ES interessant:

- Module für zusätzliche Planungsmethoden oder -algorithmen
- Module für Technologierahmenwerke
- Module für die Einbindung von externen Routenplanungs- oder Logistikdiensten sowie
- Module, die Adapter für den Datenaustausch mit proprietären Softwaresystemen beinhalten.

Wie bereits bei den Modulen ersichtlich, sind die Schnittstellen des offenen IPSS-ES sehr wichtig. Zu diesen Schnittstellen gehören die zu den Softwaresystemen der VOE, die zur Anbindung von IPSS-CS, IPSS-LMS und VLCU sowie die Schnittstellen innerhalb des Systems und zu externen Diensten. Die Schnittstellen innerhalb des Systems und zu externen Diensten richten sich nach den jeweils kooperierenden Systemteilen und können deswegen nur im konkreten Fall genau spezifiziert werden. Dagegen können die Daten, die über die anderen Schnittstellen ausgetauscht werden, einfacher beschrieben werden. Vom IPSS-LMS werden zunächst die für das IPSS-ES relevanten Daten des IPSS-Produktmodells und die Daten über die aktuelle Konfiguration des Anbieternetzwerks übertragen. Jede VOE überträgt zudem regelmäßig Informationen über Ressourcenprofile und Verfügbarkeiten an das IPSS-ES. Der IPSS-Kunde überträgt dadurch auch die Verfügbarkeitszeiten seines IPSS, während derer es für Erbringungsprozesse zur Verfügung steht. Zu einem Ressourcenprofil zählen insbesondere die Kosten einer Ressource (z. B. Stundensätze oder Fixkosten) und die zugeordneten Fähigkeiten bzw. Ersatzteil- oder Werkzeugtypen. Nach der Erbringungsplanung wird vom IPSS-ES der Erbringungsplan an die VLCU, das IPSS-LMS, die IPSS-CS und die VOE übertragen. Er enthält die geplanten Erbringungsprozesse mit Zeiträumen und zugeordneten Ressourcen sowie die eingeplanten Reisen und Übernachtungen. Zwei besondere Schnittstellen gibt es insbesondere mit den IPSS-CS, den Agentensystemen zur IPSS-Automatisierung. Jedes IPSS-CS sendet für jeden durchgeführten Erbringungsprozess eine Rückmeldung. In dieser wird mitgeteilt, wann der Prozess begonnen und beendet wurde, wie viele Fehler während des Prozesses auftauchten und ob der Prozess abgebrochen werden musste. Diese Daten können dann von der IPSS-Performance-Messmethode berücksichtigt werden. Zudem kann jedes IPSS-CS Erbringungsprozesse über eine weitere Schnittstelle anfordern. Es wird angegeben, welcher Prozess angefordert wird, für welches IPSS die Anforderung gilt und wann die Erbringung erfolgen soll [DOR14a].

7.3.3   IPSS-Performance-Messmethode für die Erbringung

Bei den vielfältigen Aufgaben des IPSS-Anbieters während der Erbringungsphase wird er wie oben beschrieben software- und informationstechnisch vom IPSS-ES unterstützt. Um jedoch die Zielvorgaben in der Erbringungsphase zu gewährleisten, ist zusätzlich eine Überwachung und Steuerung erforderlich. Diese Aufgabe während der Erbringung übernimmt die IPSS-Performance-Messmethode, die eine kontinuierliche Optimierung der IPSS-Erbringung hinsichtlich der Effektivität und Effizienz zum Ziel hat. Die Vorgaben für die Erbringungsphase entstehen in der Entwicklung und sind im IPSS-Produktmodell zusammengefasst. Die tatsächliche Überprüfung, ob die geplanten und entwickelten Prozesse und das Anbieternetzwerk in der Lage sind, die gewünschte Effektivität und Effizienz zu erreichen, kann erst in der Erbringungsphase bestimmt werden [MOR14b].

Die Leistung der Erbringungsphase hängt maßgeblich von der Erbringungsplanung und der Durchführung der Erbringungsprozesse ab. Die Erbringungsplanung koordiniert die Ressourcen und Erbringungsprozesse innerhalb des Netzwerks. Die Effektivität und Effizienz in der Erbringung wird von der Erbringungsplanung beeinflusst, da eine schlechte Erbringungsplanung beispielsweise dazu führen kann, dass die Kosten des IPSSs zu hoch sind oder die geplante Pünktlichkeit nicht erreicht wird und damit die Verfügbarkeit der Produktionsmittel sinkt. Neben der Erbringungsplanung kann aber auch die Durchführung der Erbringungsprozesse zu einer niedrigen Leistung führen. Dies kann an den Netzwerkpartnern liegen, die die Erbringungsprozesse durchführen oder an dem Erbringungsprozess selbst. Beispielsweise kann in der Erbringung festgestellt werden, dass ein Netzwerkpartner im Gegensatz zu anderen Netzwerkpartnern nicht in der Lage ist, den Erbringungsprozess in der geplanten und vorgegebenen Zeit durchzuführen. Falls der Erbringungsprozess von mehreren Partnern nicht hinreichend erbracht werden kann, kann die Abweichung auch an dem ausgestalteten Erbringungsprozess liegen, da erst in der Erbringung sichtbar ist, ob die entwickelten Erbringungsprozesse ausführbar sind. Dies führt zu dem Erfordernis bei der Bewertung der IPSS-Erbringung Kennzahlen in die beiden Kategorien Planungskennzahlen, die die Erbringungsplanung oder das Ergebnis der Planung den Erbringungsplan bewerten, und in Erbringungskennzahlen, die die Durchführung der Erbringungsprozesse bewerten, aufzuteilen [MEI13b]. Beispiele für Planungskennzahlen sind die Ressourcenauslastung, Pünktlichkeit oder Umplanungsquoten. Eine typische Erbringungskennzahl ist die Prozessstabilität, die ausdrückt, wie die Durchführungsdauern von Erbringungsprozessen im Vergleich zur Soll-Dauer streuen [MOR14b].

Eine klare Abgrenzung zwischen Erbringungs- und Planungskennzahlen ist dabei nicht immer möglich, da mehrere Kennzahlen sowohl von der Erbringungsplanung als auch vom Erbringungsprozess abhängen. Ein Beispiel hierfür ist die Kennzahl „Mean Down Time", die die durchschnittliche Zeit ausdrückt, die eine Maschine oder ein IPSS nicht betriebsbereit ist. Dies kann an einer schlechten Erbringungsplanung liegen, die die erforderlichen Entstörungen zu spät einplant, oder auch an einer unzureichenden Durchführung des Erbringungsprozesses, bei dessen Durchführung der Servicetechniker die Maschinenstörung nicht beseitigen kann. Dennoch hilft eine Klassifizierung in die beiden Kategorien, um die Aussagen der Kennzahlen besser zu interpretieren und zielführende Maßnahmen zur Verbesserung abzuleiten [MOR14b].

Neben der Erbringungsplanung und den Erbringungsprozessen spielt das IPSS-Execution System als Managementsystem in der IPSS-Erbringung eine wichtige Rolle. Ein störungsfreies IT-Systemverhalten des IPSS-ES ist für eine gute Erbringung unerlässlich.

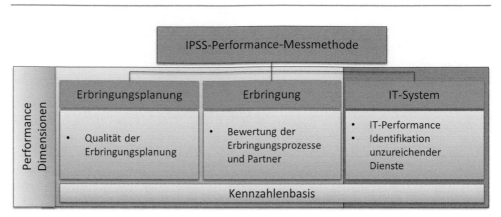

Abb. 7.4 Bewertungsbereiche der IPSS-Performance-Messmethode [MOR14b]

Beispielsweise kann die schlechte IT-Verfügbarkeit eines Routenplanungs-Dienstes dazu führen, dass die Erbringungsplanung unzureichend durchgeführt wird. Deshalb ist die Überwachung von Antwortzeiten und Verfügbarkeiten von IT-Diensten innerhalb der IPSS-Performance-Messmethode erforderlich. Somit ergeben sich für die IPSS-Performance-Messmethode die drei Überwachungsbereiche Erbringungsplanung, Erbringung und IT-System (Abb. 7.4) [MOR14b].

Die Auswahl von Kennzahlen ist stets unternehmensindividuell [FIN13]. Für den Dienstleistungsbereich existieren aktuell zahlreiche Kennzahlen zur Leistungsbewertung [KUM11, STA06, VDI2893]. Ein beispielhafter Auszug von relevanten Kennzahlen einer IPSS-Performance-Messmethode ist in Tab. 7.1 aufgeführt.

Durch die IPSS-Performance-Messmethode ergeben sich für den IPSS-Planer mehrere Einflussmöglichkeiten, um auf eine geringe Leistung in der Erbringung zu reagieren. Unzureichende Planungskennzahlen können von verschiedenen Faktoren abhängen. Der Planungsdienst kann beispielsweise nicht mehr die geforderten Ergebnisse liefern. Hier ist eine Anpassung oder die Verwendung eines anderen Planungsdienstes erforderlich. Durch seine Erfahrung kann der IPSS-Planer aber auch manuelle Eingriffe im Erbringungsplan durchführen, indem Erbringungsprozesse anders terminiert werden. Zusätzlich lassen sich die Planungsgewichte Zeit, Kosten und Auslastung vom IPSS-Planer ändern. Erbringungskennzahlen, die nicht im gewünschten Bereich liegen, können sowohl durch die Ressourcen eines Netzwerkpartners als auch am Erbringungsprozess selbst verursacht werden. Hier ist eine Eskalation an die taktische Ebene des IPSS-Anbieters erforderlich. Wenn die Gründe beim Netzwerkpartner liegen, kann das Hinzufügen eines neuen Partners in das Anbieternetzwerk eine Verbesserung erzielen. Wenn der Grund für die Abweichung der Erbringungskennzahl jedoch am Erbringungsprozess selbst liegt, ist eine Anpassung des Erbringungsprozesses in der IPSS-Entwicklung erforderlich. Bei unzureichenden IT-Kennzahlen ist ein Austausch des betroffenen Dienstes möglich. Eine Übersicht der Einflussmöglichkeiten des IPSS-Planers ist in Abb. 7.5 dargestellt [MOR14b].

Tab. 7.1 Beispielhafter Auszug von Kennzahlen der IPSS-Performance-Messmethode [MOR14b]

KPI	Beschreibung	Datenherkunft
First time fix rate (FTF) [%]	Anteil der Erbringungsprozesse, die bei der ersten Durchführung erfolgreich sind.	IPSS-Control System
Durchführungszeit [Stunden]	Die Zeit, die für die Durchführung des Erbringungsprozesses benötigt wird. Exklusive Vorbereitungszeiten.	IPSS-Control System
Prozessstabilität [%]	Prozentuale Varianz der Durchführungszeiten von Erbringungsprozessen eines Prozesstypens.	IPSS-Control System, IPSS-Execution System
On time delivery (OTD) [%]	Anteil der Erbringungsprozesse, die im geplanten Zeitfenster fertiggestellt wurden	IPSS-Control System
Mean time between failure (MTBF) [Stunden]	Durchschnittliche Zeit zwischen Maschinenausfällen.	IPSS-Control System
Mean down time (MDT) [Stunden]	Mittlere Ausfallzeit der Maschinen in einem definierten Zeitraum.	IPSS-Control System
Reisezeitanteil [%]	Der durchschnittliche Reisezeitanteil des Personals in Relation zur Gesamtarbeitszeit.	IPSS-Execution System
Ressourcenauslastung [%]	Ressourcenarbeitszeit (inclusive Durchführungszeit und Reisezeit) in Relation zu der Gesamtverfügbarkeit der Ressource.	IPSS-Execution System
Umplanungsquote [%]	Anteil der Erbringungsprozesse, die umgeplant wurden, nachdem der Termin dem Kunden und/oder Netzwerkpartner mitgeteilt wurde, in Relation zu allen Erbringungsplänen.	IPSS-Execution System
Akzeptierungsrate [%]	Anteil der Erbringungspläne, die der Kunde und/oder Netzwerkpartner angenommen hat, in Relation zu allen Erbringungsplänen.	IPSS-Execution System

Für die Generierung der Kennzahlen innerhalb der IPSS-Performance-Messmethode sind mehrere Datenquellen erforderlich. Die Daten zur Planungs- und IT-Systembewertung werden im IPSS-ES selbst erzeugt und können daher im System berechnet und ausgegeben werden. Beispielsweise liefert der Erbringungsplan als Ergebnis der Erbringungsplanung alle notwendigen Daten zur Erstellung von Planungskennzahlen. Bei den Erbringungskennzahlen ist jedoch eine Schnittstelle zur Erbringung erforderlich. Ein IPSS-CS spielt hierbei eine wichtige Rolle. Im IPSS-Betrieb nimmt die agentenbasierte IPSS-Regelung in Form eines IPSS-CS Daten des Erbringungsprozesses, wie Anfangs- und Endzeiten oder Fehler des Servicetechnikers, auf. Über einen Webservice sendet das IPSS-CS ein Prozessfeedback an die IPSS-Performance-Messmethode. Mit diesem Prozessfeedback kann die IPSS-Performance-Messmethode Erbringungskennzahlen echtzeitfähig und automatisiert generieren. Die Kennzahlengenerierung ist in Abb. 7.6 dargestellt [MOR14c].

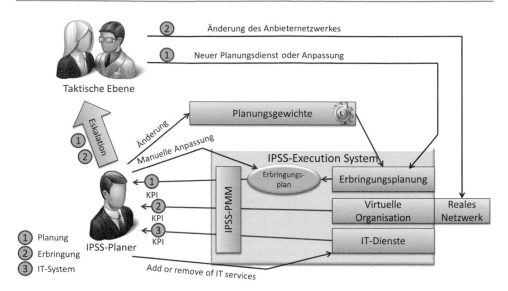

Abb. 7.5 Einflussmöglichkeiten des IPSS-Planers durch die IPSS-Performance-Messmethode [MOR14b]

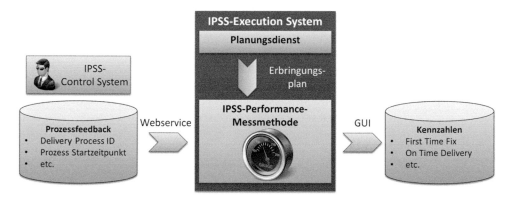

Abb. 7.6 Kennzahlengenerierung in der IPSS-Performance-Messmethode [MOR14c]

7.3.4 Prototyp eines IPSS-Execution Systems

Prototypen werden in der Softwareentwicklung eingesetzt, um Risiken abschätzen zu können, Anforderungen zu ermitteln und Fehler in der Spezifikation früh zu erkennen [PLÖ04]. In diesem Sinne wurde die Entwicklung des Softwareprototyps auch genutzt, um die oben beschriebenen Erkenntnisse zu erarbeiten. Damit wurde er als explorativer Prototyp eingesetzt. Nachdem die Grundlagen ausgearbeitet wurden, wurde der Prototyp als experimenteller Prototyp weiterverwendet, um die vorgeschlagenen Lösungsansätze umzusetzen und zu evaluieren.

Der in Abschn. 7.3.2 vorgestellte Entwurf spiegelt sich also in dem erstellten Prototyp wieder. Es wurden verschiedene Technologien evaluiert, um das Grundsystem aufzubauen. Die Wahl fiel auf die folgende Konfiguration, da sie die Anforderungen am besten unterstützt. Als Programmiersprache wurde Java 7 (https://www.java.com/) eingesetzt, da sie plattformunabhängig ist. Deswegen konnte als Plug-In-Rahmenwerk das auf dem sehr weit verbreiteten Open Service Gateway initiaive (OSGi)-Standard (http://www.osgi.org) basierende Eclipse Equinox (http://eclipse.org/equinox/) genutzt werden. Durch den OSGi-Standard ist auch der Ansatz einer SOA gegeben und es ist prinzipiell möglich, OSGi-Plattformen als verteilte Anwendungen umzusetzen oder Cloud-Anwendungen mit ihnen zu implementieren. Als Webserver und Servlet-Container wurde die Jetty-Software (http://eclipse.org/jetty/) eingesetzt, weil sie sich einfach in das OSGi-System einfügen lässt und die notwendigen Funktionen für Webanwendungen bietet. Die Webanwendungen selbst wurden mit dem Google Web Toolkit (GWT, http://www.gwtproject.org/) umgesetzt, bei dem der Quellcode für die Oberflächen in Java geschrieben werden kann. Der Quellcode wird dann in Browser-unabhängiges JavaScript übersetzt. Zur Unterstützung der Umsetzung wurde die Entwicklungsumgebung Eclipse (https://eclipse.org/) genutzt. Das Testrahmenwerk JUnit (http://junit.org/), die Versionsverwaltung Mercurial (http://mercurial.selenic.com/), das Build-Werkzeug Apache Ant (http://ant.apache.org/) sowie ein Hudson-Server (http://hudson-ci.org/) für die kontinuierliche Integration ermöglichten eine agile Entwicklung der Software.

Basierend auf den beschriebenen Technologien für das Grundsystem wurden dann verschiedene Module als Plug-Ins implementiert. Darunter sind Plug-Ins, die Technologierahmenwerke bereitstellen, wie beispielsweise GWT. Die fachlich wichtigen sind aber das Model-, das Common-, das WAppCenter-, das Planning-, das NetworkEditor-, das Administration-, das LMSAdapter-, das CSAdapter-, das ModelEditor-, das DistanceService- und das VOE-Plug-In.

Das Model-Plug-In enthält das Datenmodell sowie die Datenhaltungsschicht (Persistenzschicht), um das Datenmodell zu speichern und zu laden. Alle anderen Plug-Ins können die Dienste dieses Plug-Ins nutzen, um Daten zu lesen oder zu schreiben. Das Common-Plug-In enthält alle gemeinsamen Komponenten, die für WApps oder Dienste benötigt werden, beispielsweise abstrakte Klassen für die einfache Implementation von Webservices. Das WAppCenter-Plug-In stellt eine Art Desktop bereit, über den die anderen, im System verfügbaren WApps aufgerufen werden können. Das Planning-Plug-In bietet eine solche WApp für die Erbringungsplanung an. In der WApp kann die Planung gestartet, überwacht und gestoppt werden. Während der Planung wird das Distance-Plug-In verwendet, das mehrere Routenplanungsdienste für die Reisezeitberechnung bereitstellt. Das NetworkEditor-Plug-In beinhaltet eine WApp zur Verwaltung des Anbieternetzwerks im IPSS-ES. Die verfügbaren VOE-Plug-Ins der Partner werden hier angezeigt und können aktiviert bzw. deaktiviert werden, um die entsprechende VOE mit ihren Ressourcen für die Erbringung freizuschalten oder zu sperren. Über die WApp, die vom Administrations-Plug-In angeboten wird, können die Nutzer im IPSS-ES verwaltet werden und das Datenmodell ex- oder importiert werden. Die beiden Adapter-Plug-Ins für

IPSS-CS und IPSS-LMS beinhalten jeweils die Schnittstellen für die beiden Systeme. Zudem bieten beide jeweils eine WApp an, mit dem der Datenverkehr nachvollzogen werden kann. Das ModelEditor-Plug-In stellt für die manuelle Anpassung des Datenmodells eine WApp bereit. Über die WApp kann aber sogar auch der für das IPSS-ES relevante Teil des IPSS-Produktmodells vollständig erstellt werden. Nicht zuletzt stellen die VOE-Plug-Ins die Schnittstellen zu den heterogenen Softwaresystemen der Partner dar, über die Ressourcenprofile und Verfügbarkeiten ausgetauscht werden.

7.3.5   Regelkreismodell für die IPSS-Erbringung

Die IPSS-Erbringung wird von strategischen, taktischen und operativen Faktoren beeinflusst. Das Ergebnis der Erbringung wird in den Zielvorgaben auf strategischer, taktischer und operativer Ebene berücksichtigt. Dadurch entstehen Regelkreise, die den verschiedenen Ebenen zugeordnet werden können (Abb. 7.7) [MEI13f, MOR14c].

Auf der operativen Ebene arbeiten IPSS-ES und die Agentensysteme der IPSS-CS zusammen, um die Erbringung zu automatisieren, zu planen und zu steuern. Die grundlegenden Informationen, die für die Erfüllung dieser Aufgabe notwendig sind, stammen aus den darüber liegenden Ebenen. Das Produktmodell und das Anbieternetzwerk haben, ebenso wie die Planungsgewichte bezüglich Kosten, Pünktlichkeit oder Auslastung, Einfluss auf die Erbringungsplanung. Die Zielgrößen, die im Geschäftsmodell vorgegeben sind, beeinflussen das Verhalten des IPSS-CS. So kann das System einen Fokus auf Funktion oder technische bzw. organisatorische Verfügbarkeit legen. Das IPSS-ES führt als Steuerglied die Erbringungsplanung aus und übergibt den Erbringungsplan an das IPSS-CS. Das IPSS-CS überwacht als Messglied jeden geplanten Erbringungsprozess und schickt die Prozessrückmeldung an das IPSS-ES. Sofern ein Erbringungsprozess neu eingeplant oder

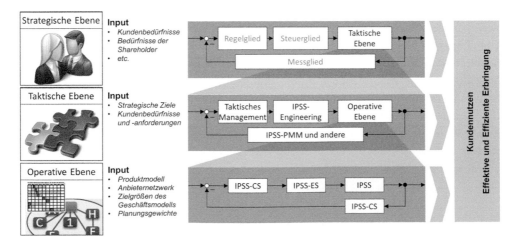

Abb. 7.7   Regelkreismodell für die IPSS-Erbringung nach Morlock et al. [MOR14c]

wiederholt werden muss, meldet das IPSS-CS als Regelglied diese Prozessanforderung an das IPSS-ES, das durch eine operative Umplanung steuernd reagiert. Durch dieses Zusammenspiel werden die Abläufe auf der operativen Ebene automatisiert.

Die Verarbeitung der Prozessrückmeldungen im IPSS-ES erfolgt durch die Performance-Messmethode. Dadurch wird die Verbindung zur taktischen Ebene hergestellt. Die Ergebnisse der Performance-Messmethode können aufzeigen, welche Abweichungen zu gesetzten Zielen bestehen, so dass das taktische Management Änderungen der Vorgaben für die operative Ebene veranlassen kann. Diese Änderungen werden durch das IPSS-Engineering entwickelt und können sich z.B. durch Änderungen des Produktmodells eines IPSS oder in der Zusammensetzung des Anbieternetzwerks manifestieren. Änderungen des Produktmodells können Umgestaltungen von Erbringungsprozessen oder Neuentwicklungen von Leistungsanteilen sein. Auf Basis dieser Daten kann die erneute Planung und Steuerung der Erbringung auf operativer Ebene erfolgen.

Auf die Entscheidungen und Entwicklungen auf taktischer Ebene haben die Vorgaben der strategischen Ebene einen Einfluss. Auf der strategischen Ebene muss das Management die Bedürfnisse von Kunden und Shareholdern berücksichtigen und dabei Vorgaben für das taktische und operative Management machen. Das gemeinsame Ziel aller Ebenen ist es, den vereinbarten Kundennutzen zu erbringen und dabei effektiv und effizient zu arbeiten.

Anhand der weiter oben beschriebenen Schnittstellen und dem Regelkreismodell wird ersichtlich, dass eine enge Zusammenarbeit verschiedener Softwaresysteme im soziotechnischen System IPSS notwendig ist. Um die Erbringung effizient und effektiv gestalten zu können, ist ein hoher Automatisierungsgrad erforderlich. Analog zur Automatisierungspyramide der Sachleistungsproduktion muss die Automatisierung damit auf Dienstleistungen und hybride Leistungen erweitert werden.

Die Automatisierungspyramide besteht prinzipiell aus der Unternehmensleitebene, der Betriebsleitebene und der Prozessleitebene. Für die Produktion sind die Ebenen respektive mit Enterprise-Resource-Planning-Systemen (ERP), Manufacturing-Execution-Systemen (MES) und speicherprogrammierbaren Steuerungen (SPS) besetzt. Für die Dienstleistungserbringung existieren aktuell die Service-Management-Systeme (SMS), die aber nur einige Aspekte der Betriebsleitebene abdecken. Auf Unternehmensleitebene kommen wie bei der Sachleistungsproduktion ERP-Systeme zum Einsatz. Da für die Automatisierung von industriellen Dienstleistungen vorerst nur erste Ansätze existieren, wird die Prozessleitebene softwaretechnisch kaum abgedeckt.

Durch die neuen Softwaresysteme im sozio-technischen System IPSS wird die Automatisierung und Industrialisierung von Dienstleistungen unterstützt und die Betriebsleitebene umfassender berücksichtigt. Das IPSS-ES deckt dabei durch die strategische Kapazitätsplanung den Planungsanteil der Unternehmensleitebene ab, der bei der Sachleistungsproduktion durch die Produktionsplanung und Steuerung (PPS) übernommen wird. Zusätzlich plant und steuert es in Zusammenarbeit mit externen Systemen innerhalb der Betriebsleitebene die Erbringung von IPSS einschließlich ihrer Sach- und Dienstleistungsanteile. Die Prozessleitebene wird zudem durch IPSS-CS [UHL13] und weiteren

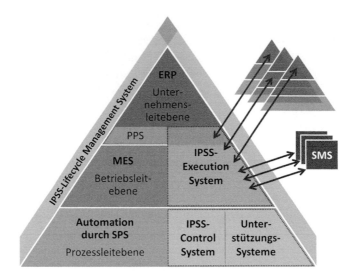

Abb. 7.8 Automatisierungspyramide für Industrielle Produkt-Service Systeme nach MORLOCK
ET AL. [MOR14a]

Unterstützungssystemen für die Dienstleistungserbringung [HÖG12] im Rahmen von
IPSS abgedeckt. Zusammengefasst erweitern die Softwarewerkzeuge, die für die Erbringung von IPSS entwickelt wurden, die Automatisierungspyramide um den Dienstleistungsaspekt (Abb. 7.8) [MOR14a].

7.4 Anwendungsszenario

Im Rahmen eines Szenarios im Umfeld der industriellen Mikrofräsbearbeitung wurden die
oben beschriebenen Ansätze evaluiert. Es existieren bereits einige Veröffentlichungen, die
sich auf dieses Szenario beziehen und es unter verschiedenen Aspekten untersuchen bzw.
für die Evaluation von Methoden und Ansätzen verwenden [MEI12c, VÖL12, MEI13f,
DOR14b].

Nachdem der Kunde *Omichron* den IPSS-Lösungsanbieter *MicroS+* mit der Bereitstellung eines verfügbarkeitsorientierten IPSS beauftragt hat, wurden die Planungs-, Ent-
wicklungs- und Implementierungsphasen von *MicroS+* gemeinsam mit einem Netzwerk
von Partnern durchlaufen. Das Ergebnis der Entwicklung ist das IPSS-Produktmodell
und das Anbieternetzwerk für die Erbringung und wird über das IPSS-LMS an das IPSS-
ES übertragen. Im Anbieternetzwerk sind *MicroS+* als Anbieter, *Omichron* als Kunde
und mehrere Zulieferer von Sach- und Dienstleistungen sowie IPSM. Im Produktmodell
sind die Bestandteile des IPSS aufgeführt, neben dem Standort des IPSS sind dies
insbesondere die ausgestalteten Erbringungsprozesse mit ihren Ressourcenanforderungen, vorgesehenen Erbringungszeiträumen und den möglichen Austauschprozessen. Ein

wichtiger Bestandteil des Produktmodells für das IPSS der Firma *Omichron* ist ein IPSS-CS, das das IPSS und die an ihm durchgeführten Erbringungsprozesse während der Erbringungsphase durch das Agentensystem zu IPSS-Automatisierung überwacht.

Basierend auf dem definierten Anbieternetzwerk können die heterogenen Softwaresysteme der verschiedenen VOE über Plug-Ins an das IPSS-ES angebunden werden. Dadurch können Informationen über die verfügbaren Ressourcen (Mitarbeiter, Werkzeuge und Ersatzteile) mit den Partnern ausgetauscht werden. Die Informationen sind notwendig, um die Erbringungsplanung durchführen zu können. Das Ergebnis der Erbringungsplanung, die die bereitgestellten Ressourcen den zu erfüllenden Erbringungsprozessen zuweist und die Durchführungszeiten terminiert, ist der Erbringungsplan. Da im Szenario eine Verfügbarkeitsgarantie für die Mikrofrässtation gegeben wird, enthält der Erbringungsplan eine regelmäßige Wartung der Mikrofrässpindel. Die Servicetechniker für den Wartungsprozess werden von der Firma *D&L AG* bereitgestellt.

Während der Erbringung wird der Wartungsprozess turnusmäßig wie geplant durchgeführt. Für jede Durchführung eines Erbringungsprozesses sendet das installierte IPSS-CS eine Rückmeldung an das IPSS-ES. Aus den Prozessfeedbacks kann die Performance-Messmethode beispielsweise die Kennzahl „On Time Delivery" (OTD, Prozesspünktlichkeit) ermittelt werden. Im Szenario wird nun angenommen, dass die OTD der Firma *D&L AG* sinkt und dann deutlich unterhalb der vorgegebenen Eingriffsgrenze liegt. Sobald der IPSS-Planer darüber informiert wird, kann eine Eskalation an das taktische Management des IPSS-Anbieters erfolgen. Die Überprüfung des Managements ergibt, dass der Partner *D&L AG* die unzureichende OTD zu verantworten hat. Deswegen wird entschieden, diesen Partner durch ein anderes Unternehmen, das sich in dem Bereich der Spindelwartung bereits etabliert hat, auszutauschen. Diese Änderung des Anbieternetzwerks wird über das IPSS-LMS an das IPSS-ES übertragen, woraufhin das Plug-In für die VOE der Firma *D&L AG* aus dem IPSS-ES entfernt wird. Stattdessen wird das Plug-In des neuen Unternehmens eingebunden. Daraufhin kann eine operative Umplanung die neuen Ressourcenzuweisungen übernehmen.

7.5   Zusammenfassung und Ausblick

Aufbauend auf den Grundlagen der Organisation der IPSS-Erbringung, der IPSS-Planung und den weiteren Aufgaben eines IPSS-Anbieters während der Erbringung wurde ein Softwaresystem für die IT-Unterstützung des Managements für die IPSS-Erbringung vorgestellt. Dazu wurden zunächst die Bedürfnisse der Stakeholder beschrieben und die daraus abgeleiteten Systemanforderungen aufgestellt. Besonders wichtig sind dabei eine Offenheit und eine Selbstkonfigurationsfähigkeit des zu entwickelnden IPSS-ES, die nicht zuletzt aufgrund des dynamischen Anbieternetzwerks notwendig sind. Aufbauend auf den Anforderungen wurde dann das Konzept und der Entwurf für IPSS-ES vorgestellt. Als modulare Anwendung verwendet das IPSS-ES digitale Abbilder der virtuellen Organisationseinheiten (VOE), um Informationen über die zur Verfügung stehenden Ressourcen zu erhalten und erstellte Erbringungspläne zu verteilen. Das Ergebnis des Softwareentwurfs ist eine Plug-In und dienstbasierte Web- und Cloudanwendung.

Die integrierte Performance-Messmethode stellt die Effektivität und Effizienz im IPSS-Betrieb sicher. Dazu wird die Erbringungsplanung und Erbringungsdurchführung mittels geeigneter Kennzahlen bewertet. Diese Unterscheidung ist notwendig, damit identifiziert werden kann, ob die Abweichung an der Erbringungsplanung oder der Erbringungsdurchführung liegt. Zur Kennzahlenermittlung sind verschiedene Schnittstellen innerhalb des IPSS-ES notwendig. Insbesondere Verknüpfungen zu Agentensystemen zu IPSS-Automatisierung (IPSS-Control Systeme, IPSS-CS) über Prozessrückmeldungen sind für Erbringungskennzahlen erforderlich.

Auf der Grundlage des vorgestellten Entwurfs wurde der Prototyp eines IPSS-ES entwickelt. Die wichtigen Module, die zur Unterstützung der Aufgaben des IPSS-Anbieters für das Management der IPSS-Erbringung benötigt werden, wurden als Plug-Ins basierend auf der Spezifikation der OSGi implementiert. Dadurch ist der Funktionsumfang des Systems zur Laufzeit veränderbar und kann sich durch seine serviceorientierte Architektur entsprechend der aktuell verfügbaren Komponenten selbst konfigurieren.

Das Zusammenspiel verschiedener Softwaresysteme auf der strategischen, taktischen und operativen Ebene wurde als Regelkreis dargestellt. Durch den Einsatz der neuen Systeme wird auch die Automatisierungspyramide um den Dienstleistungsaspekt erweitert und wird somit für IPSS anwendbar.

Abschließend wurde die Anwendbarkeit der vorgestellten Ansätze anhand eines Szenarios in der Mikrofräsbearbeitung dargestellt. Mit Hilfe der Performance-Messmethode und dem IPSS-ES konnte so demonstriert werden, wie das Management der IPSS-Erbringung und die kontinuierliche Verbesserung der Effizienz und Effektivität der Erbringung unterstützt wird.

Die vorgestellten Ansätze liefern die Grundlagen für weitere Entwicklungen und die Anwendung in der Industrie. Während die Evaluation von Teilen der vorgestellten Methoden und Systeme bereits in Kap. 18 im Rahmen eines Transferprojekts durchgeführt wurde [LAG14a], ist eine industrielle Umsetzung des Managementsystems der nächste Schritt zur Automatisierung und Industrialisierung der IPSS-Erbringung.

Literatur

[BAL11]   Balzert, H.: Lehrbuch der Softwaretechnik. Lehrbücher der Informatik. Heidelberg: Spektrum Akademischer Verlag. 2011.
[BIR05]   Birsan, D.: On Plug-ins and Extensible Architectures. ACM Queue 3 (2005) 2, S. 40–46.
[BOC13]   Bochnig, H.; Uhlmann, E.; Nguyễn, H. N.; Stark, R.: General Data Model for the IT Support for the Integrated Planning and Development of Industrial Product-Service Systems. In: Product-Service Integration for Sustainable Solutions – Proceedings of the 5th CIRP International Conference on Industrial Product-Service Systems, Bochum, Germany, March 14th – 15th, 2013. Hrsg.: Meier, H. Berlin, London: Springer, 2013, S. 521–533.

[DAI10]   Daigneau, R.: Service Design Patterns. Upper Saddle River, Boston, Indianapolis, u. a.: Addison-Wesley. 2010.

[DOR14a]   Dorka, T.; Morlock, F.; Meier, H.: Data Interfaces of IPS2-Execution Systems – Connecting Virtual Organization Units for the Delivery Management of IPS2. In: Product Services Systems and Value Creation – Proceedings of the 6th CIRP Conference on Industrial Product-Service Sytems, Windsor, Canada, May 1st – 2nd, 2014. Hrsg.: ElMaraghy, H., 2014, S. 373–378.

[DOR14b]   Dorka, T.; Dang, H. B.; Meier, H.; Abramovici, M.: Interaction within Dynamic IPS2 Networks – A Proposal of an IPS2 Lifecycle Management and IPS2 Delivery Management Architecture. In: Product Services Systems and Value Creation – Proceedings of the 6th CIRP Conference on Industrial Product-Service Sytems, Windsor, Canada, May 1st – 2nd, 2014. Hrsg.: ElMaraghy, H., 2014, S. 146–151.

[DUV09]   Duvigneau, M.: Konzeptionelle Modellierung von Plugin-Systemen mit Petrinetzen. Hamburg, Dissertation, 2009. URL: http://ediss.sub.uni-hamburg.de/volltexte/2010/4662/ (Zugriff: 2015-04-28).

[ERL08]   Erl, T.: SOA. Prentice Hall Service-Oriented Computing Series from Thomas Erl. Upper Saddle River, Boston, u. a.: Prentice Hall. 2008.

[FIN13]   Finke, G.; Wandfluh, M.; Hertz, P.: Leistungsmessung Industrieller Services. Auf welche Leistungs-Dimensionen kommt es an? Industrie Management 29 (2013) 1, S. 19–23.

[FUN12]   Funke, B.: Adaptive Planungsmethode zur Terminierung der Erbringungsprozesse hybrider Leistungsbündel. Schriftenreihe des Lehrstuhls für Produktionssysteme. Bochum: Shaker. 2012.

[GOL11]   Goll, J.: Methoden und Architekturen der Softwaretechnik. Studium. Wiesbaden: Vieweg + Teubner Verlag. 2011.

[HAR04]   Hartel, I.: Virtuelle Servicekooperationen. Forschungsberichte für die Unternehmenspraxis Research reports for industrial practice. Zürich: vdf Hochschulverlag an der ETH Zürich. 2004.

[HÖG12]   Höge, B.; Schmuntzsch, U.; Rötting, M.: Multimodale Nutzerinterfaces in hybriden Leistungsbündeln. In: Integrierte Industrielle Sach- und Dienstleistungen. Vermarktung, Entwicklung und Erbringung hybrider Leistungsbündel. Meier, H.; Uhlmann, E. Berlin, Heidelberg: Springer, 2012, S. 217–243.

[HÜB11]   Hübbers, M.: Modell zur Kapazitätsplanung von Dienstleistungsressourcen in Leistungssystemen. Aachen: Apprimus-Verl. 2011.

[IEEE1003.0] IEEE Std 1003.0, (05.1995) IEEE guide to the POSIX Open System Environment (OSE). New York: Institute of Electrical and Electronics Engineers (IEEE).

[ISO25010]   ISO25010 ISO/IEC 25010, (03.2011) Systems and Software Engineering - Systems and Software Quality Requirements and Evaluation (SQuaRE) - System and Software Quality Models. Genf: International Organization for Standardization (ISO).

[ISO29148]   ISO29148 ISO/IEC/IEEE 29148, (12.2011) Systems and Software Engineering - Life Cycle Processes - Requirements Engineering. Genf: International Organization for Standardization (ISO).

[KRU10]   Krug, C. M.: Framework zur strategischen Kapazitätsplanung hybrider Leistungsbündel. Schriftenreihe des Lehrstuhls für Produktionssysteme. Aachen: Shaker. 2010.

[KUM11]   Kumar, U.; Galar, D.; Parida, A.; Stenström, C.; Berges, L.: Maintenance Performance Metrics: A State of the Art Review. In: Proceedings of MPMM. 1st International Conference on Maintenance Performance Measurement and Management. Galar, D.; Parida, A.; Schunnesson, H.; Kumar, U. Luleå: 2011, S. 3–34.

[LAG14a]   Lagemann, H.; Dorka, T.; Meier, H.: Evaluation of an IPS2 Delivery Planning Appro-
            ach in Industry – Limitations and Necessary Adaptations. Procedia CIRP 16 (2014)
            S. 187–192.

[LAG14b]   Lagemann, H.; Meier, H.: Robust Capacity Planning for the Delivery of Industrial
            Product-service Systems. Procedia CIRP 19 (2014) S. 99–104.

[LEF11]   Leffingwell, D.: Agile Software Requirements. Agile Software Development Series.
            Hrsg.: Cockburn, Alistair; Highsmith, Jim. Upper Saddle River, Boston, Indianapolis
            u. a.: Addison-Wesley. 2011.

[MEI09]   Meier, H.; Völker, O.; Krug, C. M.; Funke, B.: Decentral service delivery by means
            of flexible organization. In: Industrial Product-Service Systems. Dynamic interde-
            pendency of products and services in the production area. Transregio 29 Aachen:
            Shaker, 2009, S. 43–48.

[MEI12a]   Meier, H.; Funke, B.; Dorka, T.: Cloud Computing für eine integrierte Leistungssteu-
            erung. Industrie Management 2012 (2012) 1, S. 49–52.

[MEI12b]   Meier, H.; Völker, O.: Aufbau- und Ablauforganisation zur Erbringung hybrider
            Leistungsbündel. In: Integrierte Industrielle Sach- und Dienstleistungen. Vermark-
            tung, Entwicklung und Erbringung hybrider Leistungsbündel. Meier, H.; Uhlmann,
            E. Berlin, Heidelberg: Springer, 2012, S. 137–161.

[MEI12c]   Meier, H.; Uhlmann, E.: Hybride Leistungsbündel–ein neues Produktverständnis. In:
            Integrierte Industrielle Sach- und Dienstleistungen. Vermarktung, Entwicklung und
            Erbringung hybrider Leistungsbündel. Meier, H.; Uhlmann, E. Berlin, Heidelberg:
            Springer, 2012, S. 1–21.

[MEI13a]   Meier, H.; Dorka, T.; Morlock, F.: Hybride Leistungsbündel-Execution System (HLB-
            ES). Plug-In-Framework für eine offene und selbstkonfigurierende Managementsoft-
            ware zur HLB-Erbringung. wt Werkstattstechnik online (2013) 7/8, S. 571–576.

[MEI13b]   Meier, H.; Lagemann, H.; Morlock, F.; Rathmann, C.: Key Performance Indicators
            for Assessing the Planning and Delivery of Industrial Services. 2nd International Th-
            rough-life Engineering Services Conference. Procedia CIRP 11 (2013) S. 99–104.

[MEI13c]   Meier, H.; Dorka, T.; Morlock, F.: Architecture and Conceptual Design for IPS2-Exe-
            cution Systems. In: 46th CIRP Conference on Manufacturing Systems 2013. do Car-
            mo Cunha, P. F. Amsterdam: Elsevier, 2013, S. 365–370.

[MEI13d]   Meier, H.; Morlock, F.; Dorka, T.: Functional Specification for IPS2-Execution Sys-
            tems. In: Product-Service Integration for Sustainable Solutions – Proceedings of the
            5th CIRP International Conference on Industrial Product-Service Systems, Bochum,
            Germany, March 14th – 15th, 2013. Hrsg.: Meier, H. Berlin, London: Springer, 2013,
            S. 507–519.

[MEI13e]   Meier, H.; Dorka, T.: Robust Manufacturing through Integrated Industrial Services -
            The Delivery Management. In: Robust Manufacturing Control. Windt, K. Berlin,
            Heidelberg: Springer, 2013, S. 415–427.

[MEI13f]   Meier, H.; Uhlmann, E.; Raue, N.; Dorka, T.: Agile Scheduling and Control for Indus-
            trial Product-Service Systems. In: Eighth CIRP Conference on Intelligent Computati-
            on in Manufacturing Engineering. Roberto Teti Elsevier, 2013, S. 330–335.

[MEL11]   Mell, P.; Grance, T.: The NIST Definition of Cloud Computing Recommendations of
            the National Institute of Standards and Technology. Nist Special Publication 145
            (2011) 6, S. 1–7.

[MOR14a]   Morlock, F.; Dorka, T.: Automatisierungspyramide für die integrierte Sach- und
            Dienstleistungserbringung. wt Werkstattstechnik online 104 (2014) 7/8, S. 448–452.

[MOR14b]   Morlock, F.; Dorka, T.; Meier, H.: Concept for a Performance Measurement Method for the Organization of the IPS2 Delivery. In: Product Services Systems and Value Creation – Proceedings of the 6th CIRP Conference on Industrial Product-Service Systems, Windsor, Canada, May 1st – 2nd, 2014. Hrsg.: ElMaraghy, H., 2014, S. 57–62.

[MOR14c]   Morlock, F.; Dorka, T.; Meier, H.: Performance Measurement for Robust and Agile Scheduling and Control of Industrial Product-Service Systems. In: Robust Manufacturing Control. Proceedings of the 2nd CIRP Sponsored Conference RoMaC 2014. Windt, K. Elsevier, 2014,

[PLÖ04]   Plösch, R.: Contracts, Scenarios and Prototypes. Berlin, Heidelberg: Springer-Verlag. 2004.

[REI10]   Reid, R. D.; Sanders, N. R.: Operations management. Hoboken (NJ): John Wiley & Sons. 2010.

[SEL08]   Seliger, G.; Gegusch, R.: Automated knowledge generation in the PSS use phase. In: Product service systems. Dynamic interdependency of products and services in the production area. Transregio 29 Aachen: Shaker, 2008, S. 25–30.

[STA06]   Stausberg, M.: Kennzahlen für den Kundenservice. Kissing: WEKA Media. 2006.

[STE13]   Steinmann, H.; Schreyögg, G.; Koch, J.: Management. Lehrbuch. Wiesbaden: Springer Gabler. 2013.

[UHL13]   Uhlmann, E.; Raue, N.; Gabriel, C.: Flexible Implementation of IPS2 through a Service-based Automation Approach. 2nd International Through-life Engineering Services Conference 11 (2013) S. 108–113.

[VDI2893]   VDI2893 VDI 2893, (05.2006) Auswahl und Bildung von Kennzahlen für die Instandhaltung. Berlin: Beuth.

[VÖL12]   Völker, O.: Erbringungsorganisation hybrider Leistungsbündel. Aachen: Shaker. 2012.

[WOL08]   Wolf, J.: Organisation, Management, Unternehmensführung. Wiesbaden: Gabler Verlag / GWV Fachverlage. 2008.

Intellektuelles Kapital in Industriellen Produkt-Service Systemen (IPSS)

8

Jakub Wewior, Holger Kohl und Günther Seliger

8.1 Herausforderungen in IPSS jenseits der Technik

Industrielle Produkt-Service Systeme (IPSS) werden häufig als ein relevanter Beitrag genannt, um den Herausforderungen des globalen Wettbewerbs zu begegnen [BAI07]. Dabei werden primär Geschäftsbeziehungen zwischen Unternehmen adressiert, die im englischen Sprachgebrauch als „business-to-business markets" (B2B) bezeichnet werden [MEI10]. Die Kernidee von IPSS ist, dass Kunden nicht mehr für ein materielles Produkt bezahlen, sondern für einen immateriellen Wert, wie dem Nutzen oder der Verfügbarkeit jenes Produktes [BAI09]. Der Verkauf des Nutzens eines Produktes kann dabei mithilfe der Kombination von Angeboten aus Produkten und Dienstleistungen umgesetzt werden [MEI10]. Die Ausrichtung des Angebots an den tatsächlichen Bedürfnissen eines Kunden, die IPSS darstellen, resultiert in einer Zusammenarbeit bei der Wertschöpfung, an der mindestens zwei Unternehmen beteiligt sind. Diese Art der Wertschöpfungszusammenarbeit wird häufig für Langzeitpartnerschaften der am IPSS beteiligten Unternehmen ausgelegt. Aufgrund der eingeschränkten Möglichkeiten zukünftige Ereignisse vorhersagen zu können, ist die Planung der IPSS-Partnerschaften für lange Zeitperioden verbunden mit Unsicherheiten [RIC09]. Diese Unsicherheiten können sowohl im positiven Fall Chancen für den wirtschaftlichen Erfolg eines IPSS darstellen, als auch im negativen Fall Risiken,

J. Wewior • H. Kohl • G. Seliger (✉)
Fachgebiet Montagetechnik und Fabrikbetrieb, Technische Universität Berlin,
Berlin, Deutschland
E-Mail: wewior@mf.tu-berlin.de; holger.kohl@tu-berlin.de; seliger@mf.tu-berlin.de

© Springer-Verlag GmbH Deutschland 2017
H. Meier, E. Uhlmann (Hrsg.), *Industrielle Produkt-Service Systeme*,
DOI 10.1007/978-3-662-48018-2_8

die den wirtschaftlichen Erfolg einer IPSS-Partnerschaft gefährden. Dies führt zu einer Umstrukturierung der Verantwortlichkeiten und Kostenübernahmen in IPSS im Vergleich zu traditionellen auf Produktverkauf und –besitz ausgelegten Geschäftsbeziehungen [BAI09, RIC09].

Geschäftsbeziehungen, die auf einer Zusammenarbeit bei der Wertschöpfung beruhen, führen zu Netzwerken bestehend aus mindestens einem IPSS-Anbieterunternehmen und einem IPSS-Kundenunternehmen. Die Netzwerkpartner haben einen größeren Vorteil durch die Beteiligung an einer IPSS-Geschäftsbeziehung im Vergleich zu Geschäftsmo-dellen basierend auf einem Produktverkauf [MEI12a]. Der Wechsel von einer Geschäfts-beziehung basierend auf einem Produktverkauf zu einer Geschäftsbeziehung basierend auf einem Nutzenverkauf ist verbunden mit intensiven Kontakten bei der Zusammenarbeit zwischen den Beschäftigten beider Unternehmen. Daher werden IPSS auch als soziotech-nische Systeme bezeichnet [MEI10]. Der soziale und technische Aspekt wird verdeutlicht durch die Kombination von Produkt- und Dienstleistungsangeboten. Die Dienstleistungen werden durch eine Interaktion von den Mitarbeitern untereinander sowie mit den materi-ellen Produkten, auch als Sachleistungen bezeichnet, erbracht. Aufgrund der B2B Ge-schäftsbeziehungen wird im Falle der Produkte von komplexeren technischen Geräten, wie bspw. Werkzeugmaschinen, ausgegangen. Die Interaktionen der Beschäftigten an sich sowie deren reibungsloser Ablauf sind kaum vorhersagbar. Daher werden diese zu den Risiken einer Wertschöpfungszusammenarbeit gezählt. Somit müssen alle am IPSS betei-ligten Beschäftigten mit direktem Kundenkontakt fähig sein unternehmensübergreifende Interaktionen durchzuführen, um einen erfolgreichen IPSS-Betreib zu ermöglichen. Die Fähigkeiten für unternehmensübergreifende Interaktionen umfassen, unter anderem, sozi-ale Kommunikationskompetenzen und Umgangsformen. Diese Fähigkeiten werden insbe-sondere erwähnt, um zu verdeutlichen, dass diese in einem produzierenden Betrieb, der auf einen Produktverkauf spezialisiert ist, lediglich von wenigen Mitarbeitern, meist aus dem Vertrieb, erfordert wird. Bei einer Wertschöpfungszusammenarbeit hingegen werden viele Beschäftigte direkten Kontakt mit Mitarbeitern der jeweils anderen Unternehmen haben [WEW14]. Dies beinhaltet auch Anforderungen einer klaren Zuweisung von Ver-antwortlichkeiten, Aufgaben und dem Zugang zu Geräten oder Informationen über Unter-nehmensgrenzen hinaus [SCH10]. Eine weitere Herausforderung bei der Transformation zu einem IPSS anbietenden Unternehmen ist die Berücksichtigung des Einflusses der Erbringung von Dienstleistungen auf die Organisationsstrukturen. Es werden daher Syste-me benötigt, die die Unternehmensgrenzen zwischen einem IPSS-Anbieter und einem IPSS-Kunden überwinden [BAI09]. Diese Systeme müssen sowohl interne als auch unter-nehmensübergreifende Informationsflüsse berücksichtigen mit dem Fokus auf den Inter-aktionen der beteiligten Personen, um ein erfolgreiches IPSS-Angebot zu ermöglichen [DUR10]. Nichtsdestotrotz werden die Herausforderungen in IPSS-Geschäftsbeziehungen basierend auf Fähigkeiten, Erfahrungen, Organisationskapazitäten und unternehmens-übergreifenden Standards kaum in einer ganzheitlichen Sichtweise berücksichtigt. Dabei birgt die Vernachlässigung jeder einzelnen dieser Herausforderungen ein ernsthaftes Risi-ko für den wirtschaftlichen Erfolg eines IPSS [EDV05].

Dies verdeutlicht die Wichtigkeit Kenntnis darüber zu haben, welche Kompetenzen im Rahmen der Humanressourcen für die Interaktionen im alltäglichen IPSS-Betrieb wichtig sind. Des Weiteren müssen auch die strukturellen Anforderungen an die beteiligten Unternehmen bekannt sein, um eine gute unternehmensübergreifende Interaktion zu ermöglichen. Kompetenzen und strukturelle Anforderungen stellen immaterielle Ressourcen eines Unternehmens dar und werden auch als Intellektuelles Kapital bezeichnet [ALW06]. Für gewöhnlich sind immaterielle Ressourcen schwer zu messen und zu bewerten, weswegen diese häufig nicht berücksichtigt werden bei der Planung und Gestaltung von IPSS. Andererseits haben immaterielle Ressourcen einen großen Einfluss auf die Wettbewerbsfähigkeit von Unternehmen [WIL12]. Somit können für IPSS, als soziotechnische Systeme, die immateriellen Ressourcen von sowohl dem IPSS-Anbieter als auch dem IPSS-Kunden sowie für deren unternehmensübergreifende Interaktionen als erfolgskritisch bezeichnet werden. Dies ist sowohl für die Umsetzung eines erfolgreichen IPSS-Angebots zu verstehen, als auch um insgesamt als jeweiliges Unternehmen wettbewerbsfähig zu bleiben. Aus diesem Grund wird der Fokus im Rahmen dieses Kapitels auf das Intellektuelle Kapital für IPSS-Geschäftsbeziehungen gesetzt, das immaterielle Ressourcen basierend auf personenbezogenen sowie unternehmensbezogenen Fähigkeiten beinhaltet. Da die Angebote von IPSS kundenindividuelle gestaltet sind, ist auch die Zusammensetzung des Intellektuellen Kapitals für die Zusammenarbeit in IPSS unterschiedlich und angebotsspezifisch zu ermitteln.

8.2   Erforschung des Intellektuellen Kapitals

Um intellektuelles Kapital eines Unternehmens zu bestimmen, gibt es unterschiedliche Ansätze. Eine in Österreich und Deutschland häufig verwendete Methode ist die „Wissensbilanz – Made in Germany". Diese basiert auf strukturierten Workshops mit Mitarbeitern eines zu untersuchenden Unternehmens als Teilnehmer. Dabei wird darauf geachtet, dass die Teilnehmerzusammensetzung möglichst das gesamte zu untersuchende Unternehmen abbildet sowie unterschiedliche, hierarchische Ebenen beinhaltet. Die Teilnehmer müssen sich im Rahmen des Workshops zunächst als Gruppe auf die wichtigsten immateriellen Ressourcen als Bestandteil des Intellektuellen Kapitals zur Erreichung der Geschäftsziele einigen und anschließend diese bewerten. Diese Methode hat sich bereits in der Praxis bewährt und wird von vielen Unternehmen angewendet [ALW05a].

Der Anwendungsbereich der Methode „Wissensbilanz – Made in Germany" umfasst sowohl einzelne Organisationseinheiten, Abteilungen, als auch ganze Unternehmen und ermöglicht die Bewertung des aktuellen Intellektuellen Kapitals. Im Falle von IPSS-Geschäftsbeziehungen liegt der Fokus auf Unternehmensgrenzen übergreifenden Interaktionen und somit auf dem Intellektuellen Kapital, das die erfolgreiche Umsetzung dieser Aktivitäten unterstützt. Die Berücksichtigung dieses Intellektuellen Kapitals bereits in der Planungs- und Entwicklungsphase von IPSS hat den Vorteil, dass genügend Zeit zum Aufbau von Kompetenzen und Strukturen als Teil des Intellektuellen Kapitals vorhanden ist. Viele immaterielle Ressourcen lassen sich nicht kurzfristig implementieren, sondern bedürfen einer längerfristigen Umsetzung, weswegen eine Früherkennung wichtig ist. Der Umstand, dass der Betrachtungsgegenstand nun eine unternehmensübergreifende Geschäftsbeziehung ist, bedarf mehr als nur einer Anpassung einer Methode wie der „Wissensbilanz – Made in Germany".

Zunächst sind die potenziellen immateriellen Ressourcen zu identifizieren, die Teil eines für IPSS-spezifischen Intellektuellen Kapitals sind. Hierfür werden die folgenden, in Abb. 8.1 dargestellten Begriffe eingeführt, die als Zwischenschritte bei der Festlegung von IPSS-spezifischem Intellektuellen Kapital gebraucht werden. So setzt sich das IPSS-spezifische Intellektuelle Kapital aus Intellektuellen Kapitalarten zusammen. Dies ist eine Unterteilung, die bspw. in der „Wissensbilanz – Made in Germany" verwendet wird, um die immateriellen Ressourcen zu gruppieren. Hierbei wird häufig eine Unterteilung in personenbezogene immateriellen Ressourcen, dem sogenannten Humankapital, in unternehmensbezogene immateriellen Ressourcen, dem sogenannten Strukturkapital und in externe immateriellen Ressourcen, dem sogenannten Beziehungskapital, verwendet [ALW08]. Jede Intellektuelle Kapitalart kann mehrere immaterielle Faktoren umfassen. Dabei handelt es sich um Begriffe, die beschreiben aus welchen immateriellen Ressourcen die Kapitalart zusammengesetzt ist. Diese wiederum werden durch die immateriellen Elemente konkretisiert. Die Immateriellen Elemente stellen konkrete Kompetenzen, Eigenschaften, Strukturen, Vorgaben oder Maßnahmen dar und ermöglichen auf diese Weise ein klareres Bild was einen immateriellen Faktor genau ausmacht. Zugleich sind diese dadurch nicht auf jedes Betrachtungsbeispiel anwendbar.

Die Grundidee liegt somit darin das anhand der Ermittlung von konkreten, immateriellen Elementen, die wichtig für die Erbringung eines IPSS sind, die immateriellen Faktoren gebildet werden können. Diese immateriellen Faktoren sind die Bestandteile der einzelnen Intellektuellen Kapitalarten, die der Führung der am IPSS beteiligten Unternehmen eine Orientierung ermöglichen, inwieweit die Entwicklung der personenbezogenen, der unternehmensbezogenen oder der externen immateriellen Ressourcen vorangetrieben werden sollte. Zusammen stellt dieser Überblick das Intellektuelle Kapital zur Durchführung einer IPSS-Geschäftsbeziehung dar. Daher muss ein Ansatz konzipiert werden, der Intellektuelles Kapital für eine Wertschöpfungszusammenarbeit identifizieren kann und zugleich bereits während der Planungs- und Entwicklungsphase von IPSS durchführbar ist.

Abb. 8.1 Aufbau von Intellektuellem Kapital

8.3   Fallstudien-Methode zur Identifikation von Intellektuellem Kapital

In diesem Kapitel wird eine Methode zur Identifikation von IPSS-spezifischem Intellektuellem Kapital vorgestellt. Die Methode nutzt das Prinzip von Fallstudien, die zur Analyse von Verhaltensmustern von Individuen sowie Gruppen verwendet werden. Mithilfe des Erzeugens von bestimmten situationsbedingten Aufgaben lassen sich so Rückschlüsse auf bspw. benötigte Eigenschaften ziehen, die zu einer Aufgabenbewältigung beitragen. Dieses Prinzips wird genutzt, um anhand von Rollenspielen Alltagssimulationen zu erzeugen, die es ermöglichen, das zur Durchführung einer geplanten IPSS-Geschäftsbeziehung benötigte Intellektuelle Kapital frühzeitig zu ermitteln.

8.3.1   Methodisches Vorgehen

Die Methode zur Identifizierung von Intellektuellem Kapital für die Zusammenarbeit im IPSS-Betrieb basiert auf Fallstudien, wie sie in den Sozialwissenschaften Anwendung finden. Diese empirische Methode wird verwendet um spezielle Gegebenheiten zu analysieren, wie bspw. die Interaktion einer Gruppe. Die Gestaltung der Fallstudien-Methode besteht aus zwei Teilen, die in Abb. 8.2 abgebildet sind. Zunächst ist ein Rollenspiel zu erstellen und durchzuführen. Dieses dient als Alltagssituation bei der die Teilnehmer an dem Rollenspiel Erfahrungen im Umgang mit den erstellten Herausforderungen sammeln.

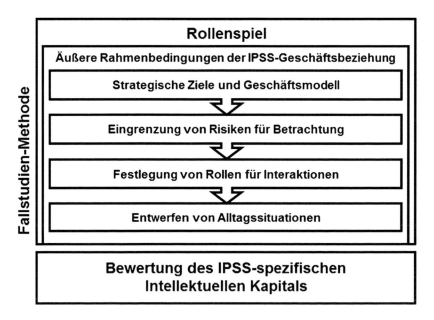

Abb. 8.2   Aufbau der Fallstudien-Methode

Im zweiten Teil erfolgt die Bewertung des IPSS-spezifischen Intellektuellen Kapitals anhand der zuvor gesammelten Erfahrungen im Rahmen des Rollenspiels.

Die Gestaltung des Rollenspiels wird beeinflusst von mehreren Faktoren. Da das Intellektuelle Kapital in Verbindung mit den unternehmerischen Zielen betrachtet wird, müssen die strategischen Ziele der am IPSS beteiligten Unternehmen sowie das vorgesehene Geschäftsmodell für die IPSS-Geschäftsbeziehung berücksichtigt werden. Aufgrund des Ziels der Fallstudien-Methode IPSS-spezifisches Intellektuelles Kapital zur erfolgreichen Zusammenarbeit in IPSS zu identifizieren, sind die Risiken zu bestimmen, die diese Zusammenarbeit gefährden können. Dieser Schritt wird detaillierter im folgenden Abschn. 8.3.2 beschrieben. Welche immateriellen Elemente in Verbindung mit IPSS beschrieben werden und zur Bewältigung von Risiken in IPSS beitragen können, wird anhand einer Literaturrecherche ermittelt und in Abschn. 8.3.3 beschrieben. Die Gestaltung der Alltagssituationen für das Rollenspiel inklusive der Festlegung der Rollen für die Teilnehmer wird in Abschn. 8.3.4 näher erläutert.

8.3.2   Risiken in IPSS

Für die Auswahl an Risiken, die eine ernsthafte Gefahr für den Betrieb eines IPSS darstellen, bedarf es einer Zusammenstellung von bekannten Risiken in IPSS. Aufgrund des Mangels eines reellen Beispiels zur Planung und Entwicklung eines IPSS erfolgt die Zusammenstellung der IPSS Risiken anhand von Risiken aus einschlägiger Literatur zum Thema IPSS. Die Resultate aus dieser Untersuchung werden erweitert um Ergebnisse, die im Rahmen einer Umfrage bei sieben Unternehmen,[1] die bereits IPSS anbieten und Erfahrungen mit Risiken im Betrieb jener sammeln konnten, ermittelt wurden. Die folgende Tab. 8.1 präsentiert insgesamt 31 identifizierte Risiken, die nach der Phase des Auftretens sortiert sind.

Das Ergebnis der Umfrage ermöglicht es die ursprünglich 26 Risiken aus der Literatur um fünf weitere Risiken zu ergänzen (jene ohne separate Quellenangabe). Zudem werden mithilfe der Umfrage Risikoschwerpunkte der befragten Unternehmen erkennbar. Die zusammengetragenen Risiken beziehen sich dabei nicht ausschließlich auf eine Zusammenarbeit im IPSS-Betrieb. Daher werden für die Validierung der Methode vor allem Risiken ausgewählt, deren Auftreten insbesondere bei der Zusammenarbeit während des IPSS-Betriebs zu erwarten ist. Zu diesen zählen insbesondere folgende vier Risiken:

- Kooperationsrisiko [ALE14, KUM12, PAS1094]
- Mitarbeiterrisiko [GEG12, RES12]

---

[1]Die Umfrage wurde mithilfe eines Formulars durchgeführt, welches online versandt wurde und anonymisiert ausgewertet. Die Rücklaufquote der Umfrage umfasste sieben Unternehmen. Alle angeschriebenen Unternehmen bieten Leistungsangebote an, die jedoch i. d. R. nicht durch die Unternehmen als IPSS bezeichnet werden.

Tab. 8.1 Risiken in IPSS in Abhängigkeit zur jeweiligen Lebenszyklusphase

Lebenszyklusphase	Risikobezeichnung
Organisation (Lebenszyklusphasenübergreifend)	Arbeitsteilungsrisiko [ALE14, MEI10]
	Kooperationsrisiko [ALE14, KUM12, PAS1094]
	Managementrisiko [ERK10]
	Mitarbeiterrisiko [GEG12, RES12]
	Organisationsrisiko [KUM12, PAS1094]
	Personalmangelrisiko [ERK10, KUM12]
	Qualifikationsrisiko
	Vorgabenrisiko [KUM12, MEI10]
	Wissensverlustrisiko [MEI10]
Planung und Entwicklung	Anforderungsrisiko
	Designrisiko [ALE14, ERK10, WEW14]
	Kalkulationsrisiko [ALE14, ERK10, MEI10, RES12, WEW14]
	Partnerwahlrisiko [ALE14]
	Vertragsgestaltungsrisiko [MEI10]
	Zugangsrisiko [ERK10]
Implementierung und Betrieb	Anforderungswechselrisiko [ERK10, KUM12]
	Beschaffungsrisiko
	Fehlfunktionsrisiko [GEG09, KUM12, RES12, WEW14]
	Fortschrittsrisiko [ERK10, MEI12b]
	Kommunikationsrisiko [KUM12, WEW14]
	Logistikrisiko [ALE14, ERK10, WEW14]
	Marktrisiko [ALE14, KEI12, KUM12, WEW14]
	Orderrisiko
	Performancerisiko [ERK10, WEW14]
	Produktionsrisiko [ALE14, MEI12b, WEW14]
	Vertragsbruchrisiko
	Wartungsrisiko [ALE14, ERK10, WEW14]
	Zugriffsrisiko [ERK10, GEG09]
Auflösung	Bindungsrisiko [ALE14, WEW14]
	Re-Integrationsrisiko [ALE14]
	Wiederverwendungsrisiko [ALE14, KUM12]

- Qualifikationsrisiko
- Kommunikationsrisiko [KUM12, WEW14]

Die ermittelten Risiken dienen als Orientierungshilfe bei der Erstellung von Alltagssituationen im Rahmen der Fallstudien-Methode. Dabei werden insbesondere Risiken für die Zusammenarbeit in IPSS betrachtet, da zur Bewältigung von diesen kaum Methoden verfügbar sind. Unterstützend zum Aufbau der Situationen sowie den damit verbundenen Aufgaben werden zusätzlich das Fehlfunktionsrisiko und das Wartungsrisiko berücksichtigt.

8.3.3   Immaterielle Faktoren für IPSS-Geschäftsbeziehungen

Zur Unterstützung der Bewertung von IPSS-spezifischem Intellektuellen Kapital im Rahmen der Fallstudien-Methode wird untersucht welche immateriellen Ressourcen in Verbindung mit IPSS thematisiert werden. Hierzu werden zunächst immaterielle Faktoren betrachtet, mithilfe derer geprüft wird, welche Intellektuelle Kapitalarten für IPSS zu betrachten sind. Anschließend werden die ermittelten immateriellen Faktoren konkretisiert, indem diesen ein oder mehrere immaterielle Elemente zugeordnet werden.

Als Grundlage für das Zusammenstellen von adäquaten immateriellen Faktoren als Teil eines IPSS spezifischen Intellektuellen Kapitals dient die einschlägige Literatur zum Thema IPSS. Diese weißt eine Vielfalt an heterogenen immateriellen Faktoren auf. Mithilfe eines Vergleichs mit Methoden zur Bestimmung von Intellektuellem Kapital, wie der „Wissensbilanz – Made in Germany", kann eine Zusammenführung von themenverwandten Faktoren sowie eine Einteilung dieser Faktoren in Intellektuelle Kapitalarten erfolgen. Die auf diese Weise gefundenen immateriellen Faktoren sind in Tab. 8.2 zusammengefasst. Hierbei zeigt sich, dass die Einteilung der immateriellen Faktoren sich zum Großteil an der Einteilung der Intellektuellen Kapitalarten der Methode „Wissensbilanz – Made in Germany" orientiert [ALW08], diese jedoch um das Flexibilitätskapital erweitert. Grund hierfür sind zwei Faktoren, die Fähigkeiten mehrerer Kapitalarten beinhalten und daher keine eindeutige Zuordnung zu den drei häufig verwendeten Kapitalarten ermöglichen. Des Weiteren fällt die Unterrepräsentation des Beziehungskapitals auf. Grund hierfür ist, dass der Betrachtungsraum nun ein Netzwerk aus Unternehmen beinhaltet. Somit sind die Beziehungen zwischen den Unternehmen innerhalb des Netzwerks intern bezogen auf den Betrachtungsraum und werden daher nicht zu den externen Beziehungen, die das Beziehungskapital charakterisieren, gezählt. Externe Beziehungen aus Sicht eines IPSS-Netzwerks werden hingegen kaum im Rahmen wissenschaftlicher Arbeiten betrachtet.

Im Rahmen der Literaturuntersuchung sind insgesamt 187 Quellen mit Angaben von immateriellen Elementen identifiziert worden. Von diesen beschreiben jedoch einige die gleichen Eigenschaften, weswegen sich die Anzahl auf 71 immaterielle Elemente reduziert. Diese immateriellen Elemente werden den zuvor vorgestellten immateriellen Faktoren zugeordnet und sind in Tab. 8.3 zusammengefasst dargestellt. Die Zuordnung ist durch

Tab. 8.2 Intellektuelle Kapitalarten und immaterielle Faktoren in Zusammenhang mit IPSS

Humankapital (personengebundene Fähigkeiten)	Strukturkapital (unternehmensgebundene Fähigkeiten)	Beziehungskapital (IPSS externe Beziehungen)	Flexibilitätskapital (Anpassungskapazitäten)
Fachkompetenz (HK1)	IPSS-Kultur (SK1) [DUB14, PAS1094]	Beziehung zu Kunden des IPSS Ergebnisses (BK1)	Strukturbezogene Flexibilität (FK1)
Sozialkompetenz (HK2)	Kompetenzmanagement (SK2) [DUB14]		Beziehungsbezogene Flexibilität (FK2)
Mitarbeitermotivation (HK3) [KRU10]	unternehmensübergreifende Kooperation, Kommunikation und Wissenstransfer (SK3)		
Führungsverhalten (HK4)	IT und dokumentiertes Wissen (SK4)		
Mitarbeiterverhalten (HK5)	Prozess- und Verfahrens-innovationen (SK5)		
	Gemeinsame Sprache und Verständnis für Inhalte (SK6) [BOR05]		
	Technische Infrastruktur (SK7) [ALW05b, HEI05]		
	Führungsinstrumente (SK8)		
	unternehmensübergreifende Ablauforganisation (SK9)		
	unternehmensübergreifende Managementprozesse (SK10)		

einen Abkürzungsschlüssel gekennzeichnet, der den jeweiligen in Tab. 8.2 dargestellten immateriellen Faktoren zu entnehmen ist.

Die immateriellen Elemente bilden eine Grundlage, um im Rahmen der Bewertung das IPSS-spezifischen Intellektuelle Kapital mit den Situationen in Verbindung bringen zu können. Anhand dessen lassen sich dann die allgemeineren immateriellen Faktoren sowie Möglichkeiten zu deren Aufbau ableiten.

8.3.4   Simulation von Alltagsroutinen in IPSS

Bei der Erstellung von Alltagssituationen in IPSS sind Rollen, die an den Interaktionen beteiligt sind, festzulegen. Die Rollen stellen dabei Verantwortungs- und Aufgabenbereiche von Personen dar, die die Teilnehmer im Rollenspiel übernehmen. Die Auswahl von Rollen erfordert das Erstellen von spezifischen Rahmenbedingungen, in denen die Geschäftsbeziehung des IPSS-Anbieters und Kunden stattfindet. In einem ersten Schritt

Tab. 8.3 Zusammenstellung von im Zusammenhang mit IPSS benannten immateriellen Elementen

Immaterielles Element	Zuordnung immaterieller Faktor
Anliegen der Kunden des IPSS-Kunden	BK1
Domänenübergreifendes Verständnis	HK1
Methoden Kompetenzen	HK1
IT-Affinität zur Nutzung von IPSS Software-Tools	HK1
Risikenbewertung	HK1
Verständnis für die Kundenprozesse	HK1
Selbstreflexion	HK2
Sozial- und Kommunikationskompetenzen	HK2
Kooperation und Konfliktlösungskompetenz	HK2
Kombinationsfähigkeit zur Komplexitätsbewältigung	HK2
Emphathievermögen	HK2
Reaktionsvermögen	HK2
Wissensaustausch durch soziale Interaktion	HK2
Flexibilität der MA auf Situationsveränderungen	HK2
Motivation durch Vorgesetzte und Kommunikation des Transformationsprozesses	HK3
Anreizsysteme	HK3
Hohe Verantwortlichkeiten und dezentrale Entscheidungen	HK4
Koordination der Heterogenität	HK4
Optimistische Sinnstiftung	HK4
Übersetzung von Strategie in transparente Projektziele	HK4
Geschickte Personalführung	HK4
Verantwortlicher Umgang mit dem Produkt	HK5
Mentalitäts- und Verständniswechsel der Mitarbeiter	HK5
Vertrauen durch Transparenz, Vertrauen in Teamfähigkeiten	SK1
Dienstleistungsorientierte Kultur und Denkweise	SK1
Gelebte Kundenorientierung	SK1
Kulturwandel durch Vermittlung von Interaktionen zwischen Mitarbeitern	SK1
Gemeinsame Verhaltensregeln für Kommunikation	SK1
Unternehmenskulturanpassung bei den Kunden	SK1
Systematisierung und Standardisierung v. Inhalten und Abläufen bei d. Zusammenarbeit	SK1
Fortbildung und Vermittlung des IPSS für Mitarbeiter, Kunden und Zulieferer	SK2
Bildungshintergrund der Mitarbeiter	SK2
Langfristige Personalplanung und -qualifizierung	SK2
Zusammenstellung der Mitarbeiter und Kompetenzen	SK2
Flexibilität durch Mitarbeiterkompetenzen Zusammensetzung	SK2

(Fortsetzung)

Tab. 8.3 (Fortsetzung)

Immaterielles Element	Zuordnung immaterieller Faktor
Zusammenarbeit, Wissensaustausch über Abteilungs- und Unternehmensgrenzen	SK3
Kommunikation über Veränderungen	SK3
Transparenter und symmetr. Informationsaustausch über gesamte Wertschöpfungskette	SK3
Wissensmanagement: unternehmensübergreifende Überführung von Erfahrungswissen	SK3
Reflektierte Koordination	SK3
Kommunikation, sowohl intern als auch zwischen zwei Unternehmenskulturen	SK3
Digitale Kommunikation	SK3
Verbale Kommunikation	SK3
Standards für Wissensdokumentation	SK4
Dienstleistungsdokumentation sowie Berichtsstrukturen für das operative Tagesgeschäft	SK4
IT-basierte Wissensintegration	SK4
Zusammenstellung des Wissens im Unternehmen	SK4
Portale und IT-Lösungen beim Kunden	SK4
Computerbasierte Informationssysteme	SK4
Feedback für kontinuierliche Verbesserung	SK5
Innovationsfähigkeit	SK5
Offener Innovationsprozess	SK5
Gemeinsame Sprache	SK6
Sichtweisen der Akteure	SK6
IT Infrastruktur	SK7
Echtzeit-Fernüberwachung	SK7
Führungsstil für funktionsübergreifende Teams	SK8
Unternehmensübergreifende, interdisziplinäre Projektteams	SK8
Bekenntnis zur Dienstleistungsorientierung sowie Unterstützung durch Führungsebene	SK8
Dynamische Strukturen zur Einbeziehung der Mitarbeiter bei Problemlösungsaktivitäten	SK8
Detaillierte Arbeitspläne und Aufgabenverteilung	SK8
Klare Verantwortlichkeiten und Vermeiden von Kompetenzkonflikten	SK9
Organisationsstrukturen	SK9
Infrastruktur zur Leistungserbringung	SK9
Unternehmensübergreifende Hierarchie	SK9
Risikomanagement und -verständnis	SK10
Kundenmanagementsystem	SK10

(Fortsetzung)

Tab. 8.3 (Fortsetzung)

Immaterielles Element	Zuordnung immaterieller Faktor
Flexible Anpassung an Kundenbedürfnisse	FK1
Flexibilität durch Beziehungen zu Subunternehmen	FK1
Substitutionsflexibilität	FK2
Dynamische Anpassung von Ressourcen an Wettbewerbsumgebung	FK2

wird der materielle Teil des IPSS festgelegt. Dies kann bspw. eine Produktionsmaschine sein, da der Maschinen- und Anlagenbau eine der größten Industriebranchen in Deutschland ist [THO10]. Bei der Gestaltung der IPSS-Geschäftsbeziehung stellt sich die Frage, ob es Unterschiede bei der Zusammensetzung des Intellektuellen Kapitals, allein aufgrund der Wahl eines IPSS-Geschäftsmodelltyps [TUK04] gibt. Bezogen auf Tukker [TUK04] und Meier et al. [MEI10] sind die verfügbarkeits- und ergebnisorientierten IPSS-Geschäftsmodelle gekennzeichnet von intensiven Interaktionen zwischen dem Personal des IPSS-Anbieters und des IPSS-Kunden. Daher werden für die Erprobung der Fallstudien-Methode zwei leicht abgewandelte Rollenspiele erstellt. Eines, welches als Geschäftsgrundlage ein verfügbarkeitsorientiertes Geschäftsmodell beinhaltet und eines mit einem ergebnisorientierten Geschäftsmodell als Rahmenbedingung.

Um die unternehmensübergreifenden Interaktionen angemessen zu gewichten, bietet es sich an eine Matrix anzulegen, in der mithilfe von Kreativitätstechniken wie dem Brainstorming das größten Aufkommens an Interaktionen ermittelt wird. Dies ist die Grundlage für die Auswahl der Rollen für die Teilnehmer.

Für die Erprobung der Fallstudien-Methode sind vier Rollen ermittelt worden, die ein hohes Interaktionspotenzial besitzen. Dies bezieht sich auf die Rahmenbedingungen und zu betrachteten Risiken, die zuvor ausgewählt wurden. Die Rollen sind zu gleichermaßen auf das IPSS-Anbieterunternehmen und das Kundenunternehmen aufgeteilt und können, inklusive der vorgesehenen rollenspezifischen Aufgabenbeschreibung, der Tab. 8.4 entnommen werden.

Tab. 8.4 Rollen und Aufgaben für die Teilnehmer der rollenspielbasierten Methode

IPSS-Anbieter		IPSS-Kunde	
Rolle	Aufgabenbeschreibung	Rolle	Aufgabenbeschreibung
Technologie Management	Technischer Berater bei Problemen mit Sachleistungsanteilen des IPSS	Produktionsmanagement	Sicherstellung eines fehlerfreien Produktionsablaufs
IPSS Prozess Management	Eigenverantwortliche Problembewältigung bei Reklamationen oder Störungen	Qualitätsmanagement	Sicherstellung der Qualitätsansprüche bei den gefertigten Produkten

Die Erstellung von Aufgaben und Verantwortlichkeiten erfolgt unter Berücksichtigung der ausgewählten Rollen. Zur Bewertung des IPSS-spezifischen Intellektuellen Kapitals sind die Interaktionen zwischen diesen Rollen entscheidend. Im Gegensatz zu einem Einsatz in einer industriellen Anwendung, bei der die Teilnehmer mit ihren Aufgabenbereichen vertraut sind, müssen für eine Erprobung der Methode mit Teilnehmern ohne Bezug zu einem realen Beispiel, die Alltagsroutinen mit möglichst vielen Vorgaben gestaltet werden. Die Teilnehmer können auf diese Weise erkennen, wo die Schwachstellen bei der Zusammenarbeit auftreten. Dies ermöglicht es Teilnehmern ohne der Erfahrung eines realen Bezugsbeispiels im Rahmen des Rollenspiels Erfahrungen zu sammeln, die für eine Bewertung des IPSS-spezifischen Intellektuellen Kapitals benötigt wird. Daher erfolgt die Erstellung der Interaktionen anhand von Problemen und Herausforderungen basierend auf den zuvor ausgewählten Risiken für die Wertschöpfungszusammenarbeit.

Um eine IPSS-Geschäftsbeziehung zu simulieren wird ebenfalls eine rudimentäre Wertschöpfungskette für jedes der beiden Rollenspiele erstellt, die sich durch die Geschäftsmodelle unterscheiden. Der Unterschied zwischen den Geschäftsmodellen betrifft die Verantwortung für den Produktionsschritt, der die Nutzung der Produktionsmaschine des IPSS-Anbieters beinhaltet. Des Weiteren wird auch das IPSS-Angebot rudimentär erstellt, um den Teilnehmern im Rollenspiel einen Bezugspunkt zu der zu erbringenden Leistungsvereinbarung zwischen den Unternehmen zu ermöglichen. Dabei wird die IPSS Definition nach MEIER ET AL. [MEI10] verwendet, die eine integrierte und sich gegenseitig determinierende Planung, Entwicklung, Erbringung und Nutzung der Produkt- und Dienstleistungsanteile des IPSS beinhaltet. Dies berücksichtigt unterschiedliche Aspekte des IPSS-Angebots, dic für das Rollenspiel berücksichtigt werden können, wie ein Monitoringsystem zur Überwachung des Produkts, ein Produktdesign, das einen erleichterten Wartungszugang ermöglicht oder ein modulares Design des Produkts, um neue Technologien schnell und kostengünstig implementieren zu können.

Zusammengefasst beinhaltet die Erstellung dieses Rollenspiels die Wahl der Rollen für die Teilnehmer, deren Verantwortlichkeiten, ein IPSS-Angebot passend zum gewählten IPSS-Geschäftsmodell sowie grobe wirtschaftliche Rahmenbedingungen für die Zusammenarbeit. Dies umfasst zudem die Zusammenstellung von Informationsblättern für die Teilnehmer und eine Vorstellung der Rahmenbedingungen. Dabei muss auf ein Gleichgewicht zwischen der schriftlichen und gesprochenen Vermittlung von Informationen an die Teilnehmer geachtet werden.

8.4   Erprobung der Fallstudien-Methode

Die zuvor vorgestellte Fallstudien-Methode ist in einem akademischen Umfeld erprobt worden. Im Rahmen dieses Kapitels werden zuerst die Erprobung des Rollenspiels und die daran beteiligten Teilnehmer vorgestellt. Anschließend wird die Bewertung des IPSS-spezifischen Intellektuellen Kapitals beschrieben, bei der die Teilnehmer befragt werden, welche Art von Fähigkeiten oder Strukturen diese beim Lösen ihrer Aufgaben als hilfreich empfinden.

8.4.1 Teilnehmerstruktur

Die Überprüfung der Funktionalität der Fallstudienmethode erfolgt zunächst im Rahmen eines Akademischen Umfeldes. Der Grund hierfür ist, dass eine Erprobung der Durchführbarkeit der Fallstudien-Methode an einem realen Anwendungsbeispiel zu kostenintensiv wäre.

Die Anforderungen an die Teilnehmer bestehen daraus die jeweiligen Rollen inklusive der Verantwortlichkeiten und Aufgaben zu verinnerlichen, die jeweiligen Aufgaben durch Interaktionen mit den Teilnehmern umzusetzen und dabei gleichzeitig die vermittelten Rahmenbedingungen, wie bspw. die geschäftsmodellbezogenen Verpflichtungen der Unternehmen, zu berücksichtigen. Aufgrund der Vorgaben ist es wichtig, dass die Teilnehmer bereits mit der Thematik der IPSS und den damit verbundenen Geschäftsbeziehungen vertraut sind. Diese Anforderungen erfüllen unter anderem auf IPSS spezialisierte Wissenschaftlerinnen und Wissenschaftler, die sich somit als Teilnehmer zur Validierung der Methode eignen.

Für die Validierung der rollenspielbasierten Fallstudien sind vier Rollen für die Teilnehmer entwickelt worden. Insgesamt haben 14 Wissenschaftlerinnen und Wissenschaftler[2] sich bereit erklärt an der Validierung der rollenspielbasierten Fallstudie teilzunehmen. Alle Beteiligten haben einschlägige Forschungserfahrung auf dem Gebiet der IPSS-Forschung im Rahmen eines interdisziplinären Forschungsprojektes gesammelt und dies auch mit eigenen Publikationen belegt.

8.4.2 Vorgehen bei der Durchführung

Die Fallstudien-Methode zur Identifikation von Intellektuellem Kapital während der Planungs- und Entwicklungsphase von IPSS berücksichtigt die Kriterien einer leichten Erlernung sowie Anwendbarkeit jener. Die Erstellung des Rollenspiels konzentriert sich auf die Anpassung der Hauptaktivitäten bei der Wertschöpfungszusammenarbeit. Des Weiteren werden die Risiken in das Rollenspiel integriert, die eine ernsthafte Gefahr für den wirtschaftlichen Erfolg der Zusammenarbeit darstellen. Die Anwendbarkeit der Methode ist im Vorfeld mithilfe von praktischen Versuchen, der Implementierung von unterschiedlichen Rollenspielelementen und unterschiedlichen Arten der Bewertung des Intellektuellen Kapitals kontinuierlich verbessert worden. Die hier vorgestellte Durchführung der

---

[2]Hierbei handelt es sich um wissenschaftliche Mitarbeiterinnen und Mitarbeiter des von der Deutschen Forschungsgemeinschaft geförderten Sonderforschungsbereichs Transregio 29 mit dem Titel „Engineering hybrider Leistungsbündel – Dynamische Wechselwirkungen von Sach- und Dienstleistungen in der Produktion". Weitere Informationen unter http://www.lps.rub.de/tr29/ (Zugegriffen am 31.03.2015).

Fallstudien-Methode ist die zweite komplette Erprobung,[3] die in einem akademischen Umfeld erfolgt. Im Folgenden wird der Ablauf beschrieben.

Zu Beginn des Rollenspiels werden den Teilnehmern zwei fiktive Unternehmen präsentiert, die in einer IPSS-Geschäftsbeziehung eine Wertschöpfungszusammenarbeit betreiben. Dies dient der Vermittlung einer Hintergrundgeschichte und unterstützt die Teilnehmer dabei, sich die Rahmenbedingungen besser einprägen zu können. Die Teilnehmer werden anschließend in zwei Gruppen aufgeteilt. Eine der beiden Gruppen übernimmt die Rollen im Rollenspiel, dass auf einer verfügbarkeitsorientierten IPSS-Geschäftsbeziehung basiert, die andere Gruppe spielt die Rollen in dem auf einer ergebnisorientierten IPSS-Geschäftsbeziehung basierendem Rollenspiel. Das parallele Durchführen der Rollenspiele verringert eine gegenseitige Beeinflussung der Teilnehmer. In beiden Gruppen werden aufgrund der Teilnehmeranzahl die Rollen mit zwei Personen besetzt, mit jeweils einer Ausnahme bei der eine Person allein eine Rolle übernimmt. Anschließend werden den Teilnehmern rollenspezifische Aufgaben zugeordnet und die Teilnehmer erhalten eine angemessene Zeit diese zu studieren. Die in Abschn. 8.3.2 ermittelten Risiken sind Teil von Aufgaben, die die Teilnehmer im Verlauf des Rollenspiels lösen müssen, ohne dabei explizit zu wissen, welche Risiken im Fokus stehen. Dieser Vorbereitung folgt die Durchführung des Rollenspiels. Die primäre Funktion des Rollenspiels ist die Vermittlung einer Vorstellung von möglichen Herausforderungen bei der Zusammenarbeit in einem IPSS, da die Teilnehmer auf eine solche Erfahrung nicht zurückgreifen können. Im direkten Anschluss an das Rollenspiel folgt die Bewertung des Intellektuellen Kapitals mithilfe eines Fragebogens. Nach dem Abschluss der Fallstudien tauschen beide Gruppen die Vorgaben und übernehmen neue Rollen im jeweils anderen Rollenspiel. Dieser Schritt wird durchgeführt, um zu vermeiden, dass die Teilnehmer ähnliche Strategien zur Lösung von ähnlichen Aufgabenstellungen anwenden und auf diese Weise die Kreativität und Konzentration zu fördern. Dieser zweite Durchgang ist entsprechend dem ersten Durchgang aufgebaut, so dass am Ende jeder Teilnehmer für beide Geschäftsbeziehungen jeweils eine Bewertung des Intellektuellen Kapitals durchführt.

Die Konzeption der Fallstudien-Methode sieht die Bewertung des Intellektuellen Kapitals jeweils direkt anschließend an das Rollenspiel vor. Dabei haben die Teilnehmerinnen und Teilnehmer eine Auswahl an immateriellen Elementen entsprechend Tab. 8.3. Diese Form der Bewertung ermöglicht es, im Gegensatz zu der freien Benennung von Begriffen, vergleichbare Werte für die Auswertung zu erhalten. Die Bewertung von immateriellen Elementen statt immateriellen Faktoren basiert darauf, das letztere einen hohen Interpretationsspielraum bei der genauen Bedeutung der Begriffe ermöglichen. Dieser wird jedoch für die Bewertung als zu ungenau angesehen. Für jedes immaterielle Element kann angegeben werden, ob dieses für eine Rolle oder eine Interaktion zwischen zwei Rollen sowie für beides als wichtig erachtet werden. Bei einer Interaktion ist es erforderlich, dass alle daran beteiligten Rollen über eine Fähigkeiten verfügen, die dem gewählten immateriellen Element entsprechen. Bei einer Auswahl werden die Teilnehmerinnen und Teilnehmer angehalten dies näher zu spezifizieren. Dabei können diese sich im Falle einer personenbezogenen

---

[3] Die erste komplette Erprobung wird beschrieben von WEWIOR [WEW15].

Relevanz auf jede der vorhandenen Rollen inklusive der eigenen beziehen. Im Falle einer Relevanz bei Interaktionen können die im Rollenspiel auftretenden Interaktionen als Bezugspunkte benannt werden.

Mit der Durchführung der Bewertung ist die Fallstudien-Methode abgeschlossen. Die auf diese Weise erhaltenen Ergebnisse liegen nun zur Analyse vor und stellen die Basis zur Einleitung von Maßnahmen zum Aufbau von dem ermittelten Intellektuellen Kapital dar.

8.5 Analyse der Ergebnisse anhand der Durchführung der Fallstudien-Methode

Die Analyse der Bewertung des Intellektuellen Kapitals erfolgt unter der Berücksichtigung der Risiken, die für die Aufgabenstellung verwendet werden. Die in Abschn. 8.3.2 vorgestellten Risiken werden in den beiden Fallstudien unterschiedlich eingesetzt. Das Kooperationsrisiko und das Kommunikationsrisiko werden überwiegend in die Aufgabenstellungen für die Teilnehmerinnen und Teilnehmer integriert und sind sowohl in dem auf einer ergebnisorientierten IPSS-Geschäftsbeziehung (kurz: EOG-RS) als auch im auf einer verfügbarkeitsorientierten IPSS-Geschäftsbeziehung (kurz: VOG-RS) basierendem Rollenspiel vorhanden. Das Fehlfunktionsrisiko ergibt sich aus der übergreifenden Aufgabenstellung des VOG-RS. Dies wird durch eine veränderte Verwendung des Sachleistungsanteils durch den Kunden verursacht, der dem Anbieter nicht vorab kommuniziert wurde. Dennoch liegt die Veränderung im Rahmen der Vereinbarungen, führt zugleich zu einer Fehlfunktion und muss im Rahmen des Rollenspiels identifiziert werden. Die Fehlfunktion geht einher mit dem Wartungsrisiko. Die von den Teilnehmern zu ermittelnde Lösung wird pauschal als eine Anpassung der Wartungszyklen der Sachleistung konzipiert. Im EOG-RS werden in der übergreifenden Aufgabenstellung das Mitarbeiterrisiko und das Qualifikationsrisiko thematisiert. Aufgrund der Durchführung der Wertschöpfungsprozesse mithilfe der Sachleistung durch Mitarbeiter des IPSS-Anbieters, ist dieser in der Verantwortung für die Qualität des erzeugten Produktes, die als nicht ausreichend vorgegeben wird. Die von den Teilnehmern zu ermittelnde Lösung wird durch Personalengpässe und unzureichende Ausbildung des Ersatzpersonals dargestellt. Die Rahmenbedingungen in den Fallstudien bleiben unverändert.

Die Teilnehmerinnen und Teilnehmer haben im Rahmen der Bewertung alle immateriellen Elemente auf eine Wichtigkeit für eine Interaktion oder eine bestimmte Rolle subjektiv bestimmt. Interaktionen werden im Rahmen der Auswertung als wichtiger erachtet im Vergleich zu Rollen, da diese mehrere Personen betreffen, wohingegen die Nennung eines immateriellen Elements in Verbindung mit einer Rolle z. T. nur bestimmte Individuen betreffen kann. Somit sind die Grafiken der Auswertung so aufgebaut, dass für jeden Begriff die Anzahl der Nennungen für die Interaktionen links von der zentralen Achse ausgeht, die Anzahl der Nennungen für die Wichtigkeit eines immateriellen Elements für eine Rolle rechts von der zentralen Achse abgebildet wird. Die Skala geht dabei jeweils von 0 bis 15, wobei der maximal zu erreichende Wert 14 beträgt, da jede Fallstudie von den 14 Teilnehmern bewertet ist und jeder Teilnehmer jeden Faktor maximal einmal benennen kann.

In den folgenden Auswertungen in Abb. 8.3 und Abb. 8.4 sind jeweils die am häufigsten genannten immateriellen Elemente der Bewertung des EOG-RS und des VOG-RS. Dabei ist das Kriterium zur Darstellung die Summe aus den Nennungen für Interaktionen und Rollen, die mindestens 13 beträgt. In beiden Fallstudien weisen die Bewertungen ausschließlich immaterielle Elemente auf, die dem Human- und dem Strukturkapital zugeordnet werden. Das Beziehungs- und Flexibilitätskapital haben relativ wenige Nennungen erhalten, was jedoch auf den Aufbau der beiden Fallstudien zurückzuführen ist, die beide Aspekte kaum thematisiert.

Abb. 8.3 Darstellung aller immateriellen Elemente für die EOG-RS basierte Fallstudie, die mindestens 13 Nennungen insgesamt aufweisen

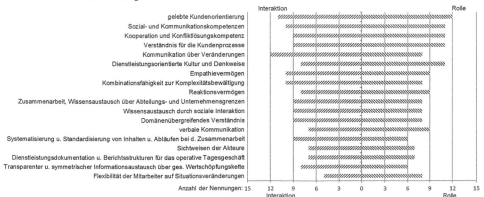

Abb. 8.4 Darstellung aller immateriellen Elemente für die VOG-RS basierte Fallstudie, die mindestens 13 Nennungen insgesamt aufweisen

Die Auswertungen in Abb. 8.5 und Abb. 8.6 stellen ausschließlich die immateriellen Elemente des Humankapitals dar. In beiden Fällen sind die acht häufigsten Begriffe identisch. Dies lässt den Rückschluss zu, dass es sich dabei um generell wichtige Bestandteile des Humankapitals handelt. Zudem sind die am häufigsten genannten Begriffe den beiden immateriellen Faktoren „Sozialkompetenz" und „Fachkompetenz" zu zuordnen. Diese haben somit eine herausragende Bedeutung in der Wahrnehmung der Teilnehmer. Den in den Fallstudien implementierten Risiken können mit diesen immateriellen Faktoren in Verbindung gebracht werden. Berücksichtigt man dies, so zeigt sich, dass in beiden Fallbeispielen die immateriellen Faktoren des Humankapitals häufiger genannt werden, die sich auf das Kooperationsrisiko und das Kommunikationsrisiko zurückführen lassen. Im VOG-RS sind Einflüsse aus den durch die rollenübergreifende Aufgabenstellung bedingten Risiken ableitbar. Diese Effekte sind jedoch verhältnismäßig schwach ausgeprägt. Als Beispiel, dass die Teilnehmer durch die Situationen in dem Rollenspiel in ihrer Auswahl beeinflusst werden, ist die häufigere Nennung des Empathievermögens. Dieses hat im VOG-RS durch die rollenbezogenen Aufgabenstellungen einen höheren Stellenwert im Lösungsfindungsprozess. Die Teilnehmerinnen und Teilnehmer haben dies aufgrund der Konzipierung der Rollenspiele entsprechend unterschiedlich bewertet. Dies ist ein Anzeichen dafür, dass

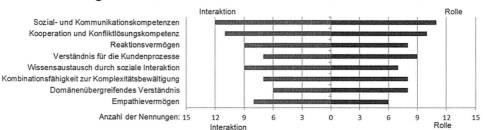

Abb. 8.5 Darstellung der immateriellen Elemente des Humankapitals für die EOG-RS basierte Fallstudie, die mindestens 13 Nennungen insgesamt aufweisen

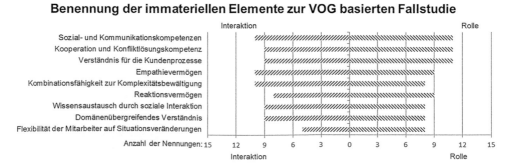

Abb. 8.6 Darstellung der immateriellen Elemente des Humankapitals für die VOG-RS basierte Fallstudie, die mindestens 13 Nennungen insgesamt aufweisen

durch die Implementierung von Situationen, die auf bestimmte Risiken zurückzuführen sind, die Bewertung des Intellektuellen Kapitals beeinflusst wird, was zugleich das Ziel der Fallstudienmethode Methode darstellt.

Die Auswertungen in Abb. 8.7 und Abb. 8.8 stellen ausschließlich die immateriellen Elemente des Strukturkapitals dar. Im Gegensatz zum Humankapital sind die Begriffe mit den häufigsten Nennungen in beiden Fallstudien teilweise unterschiedlich. So sind unter den neun am häufigsten genannten immateriellen Elementen zweidrittel identisch, so dass auch in diesem Fall davon auszugehen ist, dass diese eine herausragende Bedeutung in der Wahrnehmung der Teilnehmer haben. In der EOG-RS basierten Fallstudie haben die Risiken aus der rollenübergreifenden Aufgabenstellung eine geringere Auswirkung auf die Wahl der immateriellen Elemente im Vergleich zu dem Kooperationsrisiko und dem Kommunikationsrisiko, die durch die rollenspezifischen Aufgaben entstehen. Der immaterielle Faktor „IPSS-Kultur" ist mit vier von sieben immateriellen Elementen vertreten, gefolgt von „Kooperation, Kommunikation und Wissenstransfer" mit drei von acht. Des Weiteren sind „unternehmensübergreifenden Ablauforganisation", „Prozess- und Verfahrensinnovation" sowie „IT und dokumentiertes Wissen" mit jeweils einem immateriellen Element unter den häufigsten Nennungen vertreten. Im VOG-RS sind die immateriellen Faktoren „IPSS-Kultur" mit drei von sieben und „Kooperation, Kommunikation und Wissenstransfer" mit vier

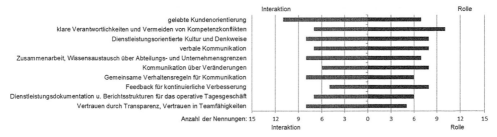

Abb. 8.7 Darstellung der immateriellen Elemente des Strukturkapitals für die EOG-RS basierte Fallstudie, die mindestens 13 Nennungen insgesamt aufweisen

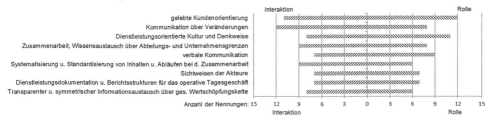

Abb. 8.8 Darstellung der immateriellen Elemente des Strukturkapitals für die VOG-RS basierte Fallstudie, die mindestens 13 Nennungen insgesamt aufweisen

von acht immateriellen Elementen die am häufigsten genannten. In dieser Fallstudie nimmt
der immaterielle Faktor „Gemeinsame Sprache und Verständnis für Inhalte" (ein von zwei
immateriellen Elementen) eine höhere Stellung ein im Vergleich zum EOG-RS. Des Weiteren ist „IT und dokumentiertes Wissen" mit einem von sechs immateriellen Elementen
unter den häufigsten Nennungen vorhanden. Auch im VOG-RS weist die Auswahl der
immateriellen Elemente einen hohen Bezug zu dem Kooperationsrisiko und dem Kommunikationsrisiko auf, die durch die rollenspezifischen Aufgaben bedingt werden. Dennoch
können drei der acht am meisten genannten immateriellen Elemente des Strukturkapitals
im VOG-RS mit den Risiken aus der rollenübergreifenden Aufgabenstellung in Verbindung
gebracht werden. In dem Zusammenhang wird die „Kommunikation über Veränderungen"
im VOG-RS deutlich stärker bewertet im Vergleich zum EOG-RS. Dies ist auf die Konzipierung der VOG-RS basierten Fallstudie zurückzuführen, bei der ein Versäumnis über die
Veränderung der Anwendungsweise der Sachleistung zu einem Problem führt. Dies begründet den Unterschied bei der Anzahl der Nennungen dieses immateriellen Elements.

Die Durchführung der Fallstudien-Methode zur Identifizierung von IPSS-spezifischem
Intellektuellen Kapital zeigt, dass bestimmte immaterielle Faktoren bereits in der Planungs-
und Entwicklungsphase von IPSS berücksichtigt werden sollten. Diese sind insbesondere
mit den Risiken in Zusammenhang mit der Kooperation und Kommunikation verbunden.
Da Kooperation und Kommunikation ein wesentlicher Bestandteil einer Zusammenarbeit
darstellen, sind diese Risiken Bestandteil der beiden durchgeführten Fallstudien. Zusätzlich
zeigt sich, dass die Teilnehmer der Fallstudien-Methode die immateriellen Elemente in
Abhängigkeit der in den Rollenspielen gemachten Erfahrungen bewerten. Dieser Rückschluss basiert auf der Analyse der Häufigkeit bei der Nennung bestimmter immaterieller
Elemente, die auf Risiken zurückgeführt werden, die die Konzeption der jeweiligen Fallstudie beeinflusst haben. Somit erfüllt die Fallstudien-Methode den Zweck, IPSS-spezifisches
Intellektuelles Kapital bereits vor der Implementierung eines IPSS zu ermitteln.

Aufgrund des verhältnismäßig geringen Aufwandes zur Konzipierung einer Fallstudie
kann ein solcher systematisch durchgeführte Ansatz relativ einfach in die Planungs- und
Entwicklungsphase eines IPSS integriert werden. Des Weiteren können die ermittelten
IPSS-spezifischen immateriellen Faktoren und Elemente (s. Tab. 8.2 und Tab. 8.3) in wei-
teren Methoden, wie einer IPSS-Wissensbilanz, Anwendung finden, um auch in der IPSS-
Betriebsphase die Zusammensetzung des erforderlichen Intellektuellen Kapitals für die
Zusammenarbeit im IPSS zu kontrollieren.

Literatur

[ALE14]   Alevifard, S.: Die Bedeutung des intellektuellen Kapitals im Kontext hybrider Leis-
           tungsbündel, Arbeitsberichte des Lehrstuhls für Produktionswirtschaft. Bochum:
           Lehrstuhl für Produktionswirtschaft, Ruhr-Universität Bochum, 2014.
[ALW05a]   Alwert, K.: Wissensbilanzen – Im Spannungsfeld zwischen Forschung und Praxis. In:
           Wissensbilanzen. Hrsg.: Mertins, K.; Alwert, K., Heisig, P. Berlin, Heidelberg: Sprin-
           ger 2005, S. 19–39.

[ALW05b]   Alwert, K.: Die integrierte Wissensbewertung – ein prozessorientierter Ansatz In: Wissensbilanzen. Hrsg.: Mertins, K.; Alwert, K., Heisig, P. Berlin, Heidelberg: Springer 2005, S. 253–277.

[ALW06]   Alwert, K.: Wissensbilanzen für mittelständische Organisationen: Entwicklung und prototypische Anwendung einer geeigneten Implementierungsmethode. Fraunhofer Verlag, Stuttgart, Fraunhofer IPK, TU Berlin, 2006.

[ALW08]   Alwert, K.; Bornemann, M.; Will, M.: Wissensbilanz – Made in Germany: Leitfaden 2.0 zur Erstellung einer Wissensbilanz. Berlin: Bundesministerium für Wirtschaft und Technologie, 2008.

[BAI07]   Baines, T. S.; Lightfoot, H. W.; Evans, S.; Neely, A.; Greenough, R.; Peppard, J.; Roy, R.; Shehab, E.: State-of-the-art in product-service systems. In: Proceedings of the Institution of Mechanical Engineers, Part B: Journal of Engineering Manufacture 221 (2007) 10, S. 1543–1552.

[BAI09]   Baines, T.; Lightfoot, H.: The Practical Challenges of Servitized Manufacture. In: Industrial Product-Service Systems. Hrsg.: Roy, R.; Shehab, E. Cranfield, U.K.: Cranfield University Press, 2009, S. 294–297.

[BOR05]   Bornemann, M.; Denscher, G.; Zinka, J.: Mit kontinuierlichen Verbesserungsprozessen zur Lernenden Organisation. In: Wissensbilanzen. Hrsg.: Mertins, K.; Alwert, K., Heisig, P. Berlin, Heidelberg: Springer 2005, S. 175–185.

[DUB14]   Dubruc, N.; Peillon, S.; Farah, A.: The Impact of Servitization on Corporate Culture. In: Product Services Systems and Value Creation – Proceedings of the 6th CIRP Conference on Industrial Product-Service Sytems, Windsor, Canada, May 1st – 2nd, 2014. Hrsg.: ElMaraghy, H., 2014, S. 289–294.

[DUR10]   Durugbo, C.; Tiwari, A.; Alcock J. R.: Managing Information Flows for Product-Service Systems Delivery. In: Industrial Product-Service Sytems (IPS2) – Proceedings of the 2nd CIRP IPS2 Conference, Linköping University, Linköping, Schweden, April 14th – 15th, 2010. Hrsg.: Sakao, T.; Larsson, T. Linköping: University, 2010, S. 365–370.

[EDV05]   Edvinsson, L.: Das unerschöpfliche Potenzial des intellektuellen Kapitals. In: Wissensbilanzen. Hrsg.: Mertins, K.; Alwert, K., Heisig, P. Berlin, Heidelberg: Springer 2005, S. 361–374.

[ERK10]   Erkoyuncu, J. A.; Roy, R.; Shehab, E.; Cheruvu, K.; Gath, A.: Impact of Uncertainty on Industrial Product-Service Systems Delivery. In: Industrial Product-Service Sytems (IPS2) – Proceedings of the 2nd CIRP IPS2 Conference, Linköping University, Linköping, Schweden, April 14th – 15th, 2010. Hrsg.: Sakao, T.; Larsson, T. Linköping: University, 2010, S. 481–487.

[GEG09]   Gegusch, R.; Geisert, C.; Höge, B.; Stelzer, C.; Roetting, M.; Seliger, G.; Uhlmann, E.: Multimodal User Support in IPS2 Business Model. In: Industrial product-service systems (IPS2) – Proceedings of the 1st CIRP IPS2 Conference, Cranfield University, Cranfield, UK, April 1st – 2nd, 2009. Hrsg.: Roy, R.; Shehab, E. Cranfield: Cranfield University Press, 2009, S. 125–131.

[GEG12]   Gegusch, R.: Wissensgenerierung in hybriden Leistungsbündeln durch die Virtual Life Cycle Unit. Berichte aus dem Produktionstechnischen Zentrum Berlin. Hrsg.: Seliger, G. Stuttgart: Fraunhofer IRB, 2012.

[HEI05]   Heisig, P.: Europäische Aktivitäten zur Wissensbilanzierung – Ein Überblick. In: Wissensbilanzen. Hrsg.: Mertins, K.; Alwert, K., Heisig, P. Berlin, Heidelberg: Springer 2005, S. 337–359.

[KEI12]   Keine genannt Schulte, J.; Steven, M.: Risk Management of Industrial Product-Service Systems (IPS2) – How to Consider Risk and Uncertainty over the IPS2 Lifecycle? In:

Leveraging Technology for a Sustainable World – Proceedings of the 19th CIRP Conference on Life Cycle Engineering, University of California at Berkeley, Berkeley, USA, May 23rd – 25th, 2012. Hrsg.: Dornfeld, D. A.; Linke, B. S. Berlin, Heidelberg: Springer, 2012, S. 37–42.

[KRU10]   Krug, C.: Framework zur strategischen Kapazitätsplanung hybrider Leistungsbündel. Schriftenreihe des Lehrstuhls für Produktionssysteme. Hrsg.: Meier, H. Aachen: Shaker, 2010.

[KUM12]   Kumar, A. A.; Trinh, G. C.; Sakao, T.: How is Uncertainty Perceived and Managed in Design by PSS Providers? – Relation to PSS Types Provided. In: The philosopher's stone for sustainability – Proceedings of the 4th CIRP International Conference on Industrial Product-Service Systems, Tokyo, Japan, November 8th – 9th, 2012. Hrsg.: Shimomura, Y.; Kimita, K. Berlin, Heidelberg: Springer, 2012, S. 91–96.

[MEI10]   Meier, H.; Roy, R.; Seliger, G.: Industrial Product-Service Systems – IPS2. In: CIRP Annals – Manufacturing Technology 59 (2010) 2, S. 607–627.

[MEI12a]   Meier, H.; Uhlmann, E.: Hybride Leistungsbündel – ein neues Produktverständnis. In: Integrierte Industrielle Sach- und Dienstleistungen. Hrsg.: Meier, H.; Uhlmann, E. Berlin, Heidelberg: Springer, 2012, S. 1–21.

[MEI12b]   Meier, H.; Uhlmann, E. (Hrsg.): Integrierte Industrielle Sach- und Dienstleistungen: Vermarktung, Entwicklung und Erbringung hybrider Leistungsbündel. Berlin, Heidelberg: Springer, 2012.

[PAS1094] PAS1094 DIN PAS 1094, (12.2009) Hybride Wertschöpfung – Integration von Sach- und Dienstleistung. Berlin: Beuth.

[RES12]   Rese, M.; Meier, H.; Gesing, J.; Boßlau, M.: An Ontology of Business Models for Industrial Product-Service Systems. In: The philosopher's stone for sustainability – Proceedings of the 4th CIRP International Conference on Industrial Product-Service Systems, Tokyo, Japan, November 8th – 9th, 2012. Hrsg.: Shimomura, Y.; Kimita, K. Berlin, Heidelberg: Springer, 2012, S. 191–196.

[RIC09]   Richter, A.; Sadek, T.; Steven, M.; Welp, E.: Use-Oriented Business Models and Flexibility in Industrial Product-Service Systems. In: Industrial product-service systems (IPS2) – Proceedings of the 1st CIRP IPS2 Conference, Cranfield University, Cranfield, UK, April 1st – 2nd, 2009. Hrsg.: Roy, R.; Shehab, E. Cranfield: Cranfield University Press, 2009, S. 186–192.

[SCH10]   Schweitzer, E.: Lebenszyklusmanagement investiver Produkt-Service Systeme. In: Produkt-Service Systeme. Hrsg.: Aurich, J. C.; Clement, M. H. Berlin, Heidelberg: Springer, 2010, S. 7–13.

[THO10]   Thomas, O.; Walter, P.; Loos, P.; Schlicker, M.; Nüttgens, M.: PIPE – Hybride Wertschöpfung im Maschinen-und Anlagenbau. In: Hybride Wertschöpfung. Hrsg.: Thomas, O.; Loos, P.; Nüttgens, M. Berlin, Heidelberg: Springer, 2010 S. 3–23.

[TUK04]   Tukker, A.: Eight types of product–service system: eight ways to sustainability? Experiences from SusProNet. In: Business Strategy and the Environment 13 (2004) 4, S. 246–260.

[WEW14]   Wewior, J.; Alevifard, S.; Kohl, H.; Steven, M.; Seliger, G.: Intellectual Capital Statement in IPS2. Procedia CIRP 16 (2014), S. 301–307.

[WEW15]   Wewior, J.: Role-play based Assessment of IPS2-specific Intellectual Capital. Procedia CIRP 30 (2015), S. 415–420.

[WIL12]   Will, M.: Strategische Unternehmensentwicklung auf Basis immaterieller Werte in KMU – Eine Methode zur Integration der ressourcen- und marktbasierten Perspektive im Strategieprozess. Berichte aus dem Produktionstechnischen Zentrum Berlin. Hrsg.: Mertins, K. Stuttgart: Fraunhofer IRB, 2012.

Multimodale Nutzerunterstützung

Ulrike Schmuntzsch, Otto Hans-Martin Lutz, Ulaş Yılmaz,
Anne Wegerich und Matthias Rötting

9.1 Unterstützung von Wartungs- und Instandsetzungstätigkeiten als Herausforderungen in IPSS

9.1.1 Einführung

Der in den vorangegangenen Kapiteln vorgestellte Ansatz der Industriellen Produkt-Service Systeme (IPSS) stellt spezifische Anforderungen an die Gestaltung und Konzeption von Mensch-Maschine-Systemen (MMS). Bei der Gestaltung von MMS können jedoch die gleichen etablierten Methoden verwendet werden wie beispielsweise auch im Usability Engineering Lifecycle [MAY99]. Ferner kommen die gleichen internationalen und europäischen Richtlinien und Normen für die Entwicklung und Evaluation von MMS zur Anwendung, welche z. B. die nutzergerechte Gestaltung von Bediensystemen für Maschinen, ergonomische Aspekte sowie gesundheits- und arbeitsschutzrechtliche Fragestellungen betreffen.

Beachtet man jedoch die der Definition von IPSS zugrunde liegende in sich verschränkte Entwicklung und Erbringung von Produkten und Dienstleistungen und die damit einhergehenden charakteristischen Eigenschaften von IPSS im Gegensatz zum klassisch getrennten Verständnis, dann gewinnen die ohnehin zu beachtenden Aspekte einer nutzergerechten Gestaltung von MMS in IPSS noch mehr an Bedeutung. Abhängig von dem von Anbieter und Kunden gewählten Geschäftsmodell können Sach- und Dienstleistungen als unterschiedliche Bündel realisiert werden [MEI05]. Demzufolge ergeben sich für IPSS

U. Schmuntzsch • O.H.-M. Lutz • U. Yılmaz • A. Wegerich • M. Rötting (✉)
Fachgebiet Mensch-Maschine-Systeme, Technische Universität Berlin, Berlin, Deutschland
E-Mail: ulrike.schmuntzsch@mms.tu-berlin.de; hans.otto@mms.tu-berlin.de; ulas.yilmaz@mms.tu-berlin.de; anne.wegerich@mms.tu-berlin.de; matthias.roetting@mms.tu-berlin.de

© Springer-Verlag GmbH Deutschland 2017
H. Meier, E. Uhlmann (Hrsg.), *Industrielle Produkt-Service Systeme*,
DOI 10.1007/978-3-662-48018-2_9

auch unterschiedliche Nutzenmodelle, je nachdem, ob der Anbieter dem Kunden die Verfügbarkeit des IPSS, das produzierte Ergebnis oder die Funktion des IPSS garantiert [MEI08]. Anders als beim Verkauf des einzelnen Produkts oder der gesonderten Dienstleistung machen es die damit eingegangenen Garantieverpflichtungen dringend notwendig, im Falle von Systemfehlern die unverzügliche Wiederherstellung des Betriebs, meist durch Wartungs- und Instandsetzungstätigkeiten, zu ermöglichen. Dies wiederum führt zu spezifischen Unterstützungsanforderungen, welche an die verschiedenen Nutzer von IPSS gestellt werden. Da der Anbieter die Verfügbarkeit garantiert und somit im Falle eines Stillstands der Maschine Entschädigungszahlungen leisten muss, hat eine unverzügliche Reparatur der Maschine und Wiederaufnahme der Produktion höchste Priorität. Durch die Vielfalt an kundenindividuellen Ausführungen der Maschinen in IPSS kann jedoch nicht jeder Servicetechniker für jede Ausführung optimal geschult sein. Um trotz dieser Einschränkung schnell und zielgerichtet Wartungs- und Instandhaltungstätigkeiten ausführen zu können, ist gerade im heterogenen IPSS-Kontext ein besonderer Unterstützungsbedarf notwendig. Hierfür müssen den Servicetechnikern optimale Unterstützungswerkzeuge während der Reparatur zur Verfügung stehen, auf die im Bedarfsfall schnell zu gegriffen werden kann. Bei einer mehrstufigen Anforderungsanalyse kristallisierten sich dabei verschiedene Aspekte heraus, welche zusammengefasst den Bereichen Kommunikation, Koordination, Kooperation sowie Qualifikation und Sicherheit zugeordnet werden können [HÖG11], vgl. Abschn. 14.2. Für die Bereich Qualifikation und Sicherheit zeigte sich, dass die in IPSS vorzufindenden heterogenen Nutzergruppen bedeutsame Auswirkungen auf die Gestaltung von Nutzerprofilen und Benutzerunterstützung sowie auf die Funktionsaufteilung und -bereitstellung innerhalb eines MMS haben. Aufgrund der IPSS-typischen Geschäftsmodelle, welche eine hohe Verfügbarkeit des Fertigungsprozesses garantieren, sind echtzeitfähige, weltweit einsetzbare und einfach zu benutzende Unterstützungssysteme nötig. Diese sollen die Servicetechniker des Kunden oder des Anbieters am Ort des Problems befähigen, selbstständig oder falls nötig durch Fernunterstützung mittels schneller und zuverlässiger Problemdiagnose und -behebung den Betriebszustand wiederherzustellen [HÖG11]. Dafür werden zumeist mehr oder weniger umfangreiche Wartungs- und Instandsetzungstätigkeiten notwendig. Hierbei kann es sich um außerplanmäßige Reparaturen oder aber geplante Instandhaltungsarbeiten, Inspektionen sowie Kalibrierungen und Funktionstests handeln [LIN08]. Durch die Vielfalt an Arbeiten sowie die verstärkt in IPSS auftretende Spezialisierung und kundenindividuelle Anpassung von Sach- und Dienstleitungsanteilen sind diese Wartungs- und Instandsetzungstätigkeiten kaum automatisierbar und stark fehleranfällig. Auch in klassischen Industrieanlagen zählen Wartungsfehler zu einer der Hauptursachen von zahlreichen schwerwiegenden Unfällen der letzten Jahrzehnte [REA03]. Aufgrund der dargestellten Herausforderungen bergen Wartungsfehler innerhalb eines IPSS ein zusätzlich verstärktes Risiko für die Sicherheit von Mensch und Umwelt sowie für die Produktivität von industriellen Anlagen [DHI09].

Zur Entwicklung und Evaluation konkreter Unterstützungswerkzeuge für Servicetechniker in IPSS wurde in der Anwendungsdomäne Mikroproduktion das spezifische Wartungsszenario „Spindelwechsel an einer Mikrofrässtation" herangezogen (vgl. Abschn. 10.3).

Dieses konkrete Wartungsszenario ist besonders geeignet, da die vom Anbieter garantierte Verfügbarkeit in Verbindung mit der Komplexität der Wartung eine speziell auf den dynamisch-heterogenen IPSS-Kontext angepasste Nutzerunterstützung des Servicetechnikers erfordert. Bevor in den folgenden Abschnitten das Anwendungsbeispiel und die dafür entstandenen Nutzerunterstützungswerkzeuge näher vorgestellt werden, folgt zunächst eine Darstellung der den Entwicklungen zugrunde liegenden theoriegeleiteten Ansätze. Weiterführend werden in Abschn. 9.6 Ansätze für die Erweiterung der Nutzerunterstützung vom Wartungskontext auf den laufenden langfristigen IPSS-Betrieb aufgezeigt, sowie deren potenzieller Nutzen und technische Voraussetzungen erläutert.

9.1.2 Fertigkeits-, regel- und wissensbasierte Tätigkeiten in IPSS

Damit Handlungen von Nutzern schnell, zielgerichtet und korrekt ausgeführt werden können, sind neben der menschlichen Wahrnehmung und Informationsverarbeitung auch die Handlungsausführung und die dabei auftretenden Fehlerarten in die Entwicklung von Nutzerunterstützungssystemen einzubeziehen. In Analogie zu dem Modell von WICKENS ET AL. [WIC00] ist die eigentliche Aktion als letzter Schritt einer Informationsverarbeitungssequenz anzusehen. Bei Wartungs- und Instandsetzungtätigkeiten kann dies eine manuell ausgeführte Reaktion, wie z. B. das Drücken einer Taste oder das Greifen eines Werkzeuges, bedeuten. Zur näheren Klassifizierung manueller Tätigkeiten existieren verschiedene handlungsregulationstheoretische Modelle, wie z. B. von RASMUSSEN [RAS83] und HACKER [HAC86]. Hierin wird zwischen drei unterschiedlichen Regulationsniveaus unterschieden. Diese drei Ebenen unterscheiden sich hinsichtlich des Automatisierungs- und Bewusstseinsgrads der jeweiligen Handlung. ⊙

Tab. 9.1 aus SCHMUNTZSCH [SCH14b] stellt die drei Ebenen der menschlichen Handlungsregulation nach RASMUSSEN [RAS83] und HACKER [HAC86] dar und führt exemplarische Tätigkeiten aus dem Bereich von Wartung und Instandsetzung für jede dieser Ebenen aus.

Nach dem Model von RASMUSSEN [RAS83] sind menschliche Fehler in folgende drei Arten einzuteilen, je nachdem auf welcher Verarbeitungsebene die jeweiligen Handlungen anzusiedeln sind:

- **Fertigkeitsbasierte Fehler** sind beispielsweise Flüchtigkeitsfehler, die bei unbewusst und hochautomatisiert ausgeführten Handlungen trotz korrekt vorhandenen Wissens geschehen (z. B. versehentlicher Griff zum falschen Werkzeug).
- **Regelbasierte Fehler** sind falsche bzw. unvollständige Ausführungen gelernter Handlungspakete (wenn …, dann …-Regeln) trotz korrekt vorhandenen Wissens (z. B. Ausführen des Arbeitsablaufes für Maschinentyp x anstatt für y, obwohl das Wissen für y abrufbar wäre).
- **Wissensbasierte Fehler** sind Fehler, die beim Problemlöseprozess bzw. Handeln in neuen Situationen ohne bereits konkret vorhandenes Wissen entstehen.

Tab. 9.1 Gegenüberstellung der Ebenen der menschlichen Handlungsregulation nach RASMUSSEN [RAS83] und HACKER [HAC86]mit Beispielen aus dem Bereich von Wartung und Instandsetzung

Ebenen nach Rasmussen (1983)	Ebenen nach Hacker (1986)	Allgemeine Beschreibung	Beispiele aus Wartung und Instandsetzung
Fertigkeitsbasiert *(skill-based)*	Sensumotorisch-bewegungsorientiert	Hochgeübte Handlungen ohne bewusste Aufmerksamkeit / Kontrolle	Greifen eines Werkzeuges ohne hinzusehen, Lösen einer Schraube
Regelbasiert *(rule-based)*	Perzeptiv-begrifflich	Gespeicherte Handlungsschemata, welche nach „wenn…-dann…" – Regeln ausgeführt werden	Reagieren auf eine bekannte Fehlermeldung, Verfolgen eines bekannten Wartungsablaufs
Wissensbasiert *(knowledge-based)*	Intellektuell	Komplexe Problemlöse- und Planungsprozesse	Planen einer neuen Wartung bzw. Verstehen eines unbekannten Fehlers

Zusammenfassend lässt sich festhalten, dass fertigkeits- und regelbasierte Fehler nicht auf Unwissenheit des Nutzers basieren, sondern u. a. durch Unaufmerksamkeit oder Ablenkung entstehen. Warnungen, welche die Aufmerksamkeit des Handelnden direkt auf den Fehler lenken, müssten in diesen Fällen ohne weitere Erklärungen erfolgreich sein, weil sie durch den situativen Hinweisreiz vorhandenes Wissen aus dem Langzeitgedächtnis aktivieren. Hingegen ist bei den wissensbasierten Fehlern falsches oder fehlendes Wissen die Ursache. Warnungen allein werden Nutzer hier nicht zur korrekten Handlung bewegen, da weiterführende Informationen und Handlungsanleitungen notwendig sind, um das fehlende Wissen zu ergänzen [SCH14b].

Nach Recherchen von REASON ET AL. [REA03] kommen im Kontext von Wartung und Instandsetzung im industriellen Kontext alle drei Fehlerarten vor. Diese haben dabei sowohl Auswirkungen auf die Produktqualität als auch auf die Arbeitssicherheit.

Um einen Servicetechniker im Fehlerfall optimal zu unterstützen, bietet sich eine kaskadierte Unterstützung in Abhängigkeit der jeweils vorliegenden Fehlerart an. Dies bedeutet, dass zunächst eine Warnung zu erfolgen hat, um die Aufmerksamkeit des Nutzers zu erregen. Im Falle eines fertigkeitsbasierten Fehlers, bei dem das korrekte Wissen bereits vorhanden ist und dieses lediglich im Langzeitgedächtnis mittels kurzer Fehlermeldung aktiviert werden muss, ist eine Warnung ausreichend. Liegt ein regelbasierter Fehler vor, so benötigt der Nutzer neben der Warnung u. U. noch weitere Anweisungen, um das korrekte Handlungspaket aufzurufen und auszuführen. Handelt es sich um einen wissensbasierten Fehler, d. h. ist der Fehlerfall gänzlich neu für den Nutzer, so müssen zusätzlich zu Warnungen und Anweisungen weiterführende Erklärungen, z. B. von Experten oder anderen Nutzern, vorliegen. Dem Servicetechniker sind daher im Fehlerfall

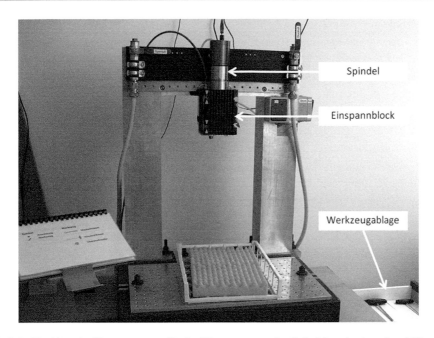

Abb. 9.1 Nachbau des Demonstrators für das Wartungsszenario „Spindelwechsel an einer Mikrofräs-station"

neben Warnungen weitere Arten der Unterstützung anzubieten, die dann nach individu-ellem Bedarf ausgewählt werden können.

Um eine umfangreiche Nutzerunterstützung für Servicetechniker in IPSS zu ermögli-chen, wurden in Anlehnung an die drei beschrieben Fehlerarten entsprechende Systeme zur Unterstützung für das Wartungsszenario „Spindelwechsel" prototypisch umgesetzt sowie in Nutzerstudien an einem Nachbau des Demonstrators (vgl. Abb. 9.1) getestet.

Um eine individuelle und kontextbezogene Nutzerunterstützung darbieten zu können, ist die Erfassung der Handlung und möglicher Fehler eine wichtige Voraussetzung. Die exemplarische Realisierung im Anwendungskontext „Spindelwechsel" wird im Folgen-den näher erläutert.

9.2 Ermittlung von Unterstützungsbedarfen bei fertigkeits- und regelbasierten Tätigkeiten der Wartung und Instandsetzung in IPSS

9.2.1 Einführung

Im IPSS-Kontext der Mikroproduktion ist im Fehlerfall mit aufwendiger Beschaffung teurer Ersatzteile und Ausfallzeiten zu rechnen. Zur Maximierung der Wertschöpfung in einem IPSS müssen deshalb Fehlhandlungen frühzeitig erkannt und durch eine geeignete Rückmel-dung an den Servicetechniker zur Fehlervermeidung oder -reduktion kommuniziert werden.

Eine frühzeitige, automatische Fehlererkennung kann durch die Entwicklung einer Methode auf Basis von kognitiven Nutzermodellen realisiert werden. Diese Modelle ermöglichen eine automatische und vorausschauende Erkennung menschlichen Fehlverhaltens. Optimale kognitive Nutzermodelle für spezifische IPSS-Tätigkeiten ermöglichen eine computerbasierte Simulation des Nutzerverhaltens und integrieren formale Beschreibungen von Problemlöse- und Handlungsstrategien spezifischer Aufgaben auf Basis psychologischer Theorien und der menschlichen Informationsaufnahme und -verarbeitung. Die Vorhersagen der kognitiven Nutzermodelle können mit erfassten Nutzerinteraktionen in Echtzeit abgeglichen werden und erlauben eine auf den Kontext bezogene Beurteilung menschlicher Handlungen. Für die Erfassung von Handlungen wird auf Systeme, die in den IPSS-Kontext integriert werden (z. B. Sensoren) zurückgegriffen. Zusätzlich wird die Bewegung des Servicetechnikers erfasst, um die durchgeführte Handlung anhand des Bewegungsablaufes mit Hilfe von maschinellem Lernen zu erkennen und der Simulation bereit zu stellen.

Die detektierten Abweichungen vom optimalen Verhalten in den Problemlöse- und Handlungsstrategien können genutzt werden, um Rückmeldungen an den Nutzer zu generieren. Es ist zu erwarten, dass eine kontextbezogene und menschzentrierte Fehlererkennung auf Grundlage kognitiver Nutzermodelle den Servicetechniker beim Handeln und Problemlösen sehr gut unterstützen und ergänzen wird. Die Integration des Faktors Mensch als gleichwertigen Aspekt in das IPSS-Modell wird zu einer schnelleren und robusteren IPSS-Erbringung und zu einer einfacheren Interaktion zwischen Mensch und Maschine führen.

9.2.2 Generierung von normativen Handlungsfolgen mittels kognitiver Modellierung

Handlungen bei möglichen Interaktionsszenarien zwischen Mensch und Maschine lassen sich grundsätzlich in vier Gruppen unterteilen: grobmotorische Handlungen des Körpers im Raum, feinmotorische Handlungen der Hände während der Werkzeugbenutzung, Überwachungsaufgaben bzw. Sichtprüfungen und Computerbedienung. Obwohl spontane Probleme bei der Lösung auftreten können, z. B. wenn der Fräskopf im Werkzeughalter durch Verschmutzung feststeckt und nur mit großer Kraftanstrengung oder roher Gewalt entfernt werden kann, sind die Prozesse zur Problemlösung der betrachteten Handlungen wohl definiert. Dieser Ansatz ermöglicht die automatische und vorausschauende Erkennung menschlichen Fehlverhaltens durch kognitive Modellierung.

Zur Erkennung von menschlichen Handlungen und bei der kognitiven Modellierung müssen manuelle Tätigkeiten des Servicetechnikers berücksichtigt werden, d. h., sowohl grobe Bewegungen des Körpers (erfassbar mittels eines Datenanzugs), als auch feine Bewegungen der Hände (erfassbar mittels Datenhandschuhen). Die Bewegungsdaten, die durch spezifische Software-Komponenten erfasst werden, werden durch maschinelles Lernen interpretiert und an eine kognitive Simulation weitergeleitet. Da die Simulation das Prozessmodell für die zu lösende Aufgabe enthält, werden mögliche Abweichungen des Prozessmodells als Risiko oder Fehler detektiert. Weiterhin werden der Beginn eines Teilprozesses, der basierend auf statistischen Auswertungen mit einem hohen Fehlerrisiko behaftet ist sowie die Abweichung der Ist-Ausführungszeit von der erwarteten Ausführungszeit als Fehler angesehen. Zusätzlich werden erwartete Verwechslungen auf Basis von ähnlichen kognitiven Prozessschritten, die Interaktion mit Gefahrenbereichen und erwartete schädigende Handlungen, z. B. die Verletzung von Arbeitsschutzmaßnahmen, als Fehler angesehen. Diese Fehler müssen bei der Umsetzung der kognitiven Simulation frühzeitig erkannt werden, damit eine Warnung über die Fehlhandlung noch vor der Auswirkung dieser an den Servicetechniker weitergeleitet werden kann. Somit kann der Servicetechniker auf diesen Fehler reagieren und die Auswirkungen im besten Fall verhindern oder zumindest abmindern.

Bei der Auswahl einer kognitiven Architektur, die im IPSS-Kontext anwendbar ist, muss beachtet werden, dass sie Weiterentwicklungsmöglichkeiten, eine funktionstüchtige Implementierung und einen erweiterbaren Aufbau in der Architektur hat und frei verfügbar ist. Die ausgewählte kognitive Architektur muss unbedingt echtzeitfähig sein. Sie muss zudem Zeitabschätzungen für einzelne Handlungsfolgen abgeben und sich stoppen lassen können. Außerdem muss sie Modifikationen bei der Ausführung ermöglichen und den Zustand des Modells abrufen können. Wenn möglich, sollten weiterhin bereits rudimentäre Lernmechanismen integriert bzw. Schnittstellen zur Integration dieser vorhanden sein.

Die Modelle der kognitiven Architektur (ACT-R) bestehen aus Produktionsregeln mit Vor- und Nachbedingungen [AND96]. Eine Simulation eines solchen Modells wertet die Vorbedingungen dieser Regeln zur Selektion aus. Die Architektur zeichnet sich durch ihren grundsätzlich modular angelegten Aufbau aus. Sie besteht aus verschiedenen Modulen für u. a. die zentrale Ausführung, Intentionen, Gedächtnisprozesse, Motorik, visuelle und auditive Verarbeitung, Sprache. Die einzelnen Module arbeiten parallel und unabhängig voneinander. Es sind Mechanismen zur Erweiterung der Handlungen und zum Eingriff in die Entscheidungsprozesse implementiert. Die Architektur ist für komplexe interaktive Aufgaben ausgelegt. Sie ist gut dokumentiert und basiert auf den Erkenntnissen der kognitiven Psychologie. Weiterhin gehört ACT-R zu den low-level Architekturen. Dies bedeutet, dass Handlungen in atomaren Teilen abgebildet werden, wodurch es grundsätzlich möglich wird, Fehlhandlungen frühzeitig zu erkennen.

In diesem Zusammenhang wurden dem motorischen Modul die möglichen Aktionen des Servicetechnikers während der Interaktion mit der Umgebung exemplarisch für die implementieren Szenarien hinzugefügt [BEC12]. Diese Aktionen umfassen Positionsänderungen des Körperschwerpunktes und der einzelnen Hände im Raum, aber auch die Handlungen zum Festhalten oder Loslassen (Ventile, Werkzeuge, usw.) und Anheben oder Drehen (Ventile). Veränderungen der Umgebungsparameter sind bezogen auf Fehlverhalten bei der Aufnahme dieser Informationen oder bei der Durchführung von Handlungen relevant. Der Abgleich dieser Daten wird in den Entscheidungsmechanismus der kognitiven Architektur integriert. Weiterhin werden die Simulationsregeln von ACT-R um einen Mechanismus zur Hinterlegung des erwarteten Ausführungsrisikos erweitert (vgl. Abschn. 9.2.4). Ausstehend ist noch die Implementierung der Verwechslungsgefahren für die IPSS-Szenarien, wodurch wahrscheinliche Verwechslungen bei ähnlichen Arbeitsschritten, Werkzeugen und Prozessen durch den Servicetechniker identifiziert werden können. Hierbei kann auf Mechanismen von ACT-R zurückgegriffen werden, jedoch muss noch untersucht werden, wann z. B. eine potenzielle Verwechslung wahrscheinlich genug ist, um eine Fehlermeldung zu rechtfertigen.

9.2.3 Von der Bewegungserfassung mittels Motion Capture zur Identifikation von Handlungen

Um die Handlungen des Servicetechnikers zu identifizieren, müssen seine Bewegungsabläufe zunächst erfasst werden. Im IPSS-Kontext bedeutet dies, dass neben den Bewegungsabläufen des Körpers auch die Bewegungsabläufe der Hände erfasst werden müssen, damit die Handlungen in den Szenarien erkannt und unterschieden werden können.

In der Literatur sind verschiedene Ansätze für Motion-Capture-Systeme zu finden. Diese unterteilen sich je nach grundlegender Technologie. Beispielsweise werden in den sogenannten passiven Systemen Tiefenkameras oder Marker (erfassbar durch mehrere Kameras in der Umgebung) benutzt, um menschliche Körperteile zu erkennen und die dementsprechenden Körperbewegungen zu rekonstruieren. Solche Systeme werden oft in der Filmindustrie benutzt; sie sind besonders erfolgreich in der Aufnahme der Gestik im Gesicht. Die Umsetzung von diesen Systemen in IPSS-Kontext ist jedoch nicht geeignet, da es bei den meisten Szenarien zu Verdeckungen zwischen den Körperregionen des Servicetechnikers und den Kameras kommt. Hierdurch können Handlungen nicht sicher erkannt werden.

Im IPSS-Kontext sowie in der Ergonomie-Forschung werden aktive Motion-Capture-Systeme, die mit tragbaren Sensoren ausgestattet sind, bevorzugt [BRO08, WEG13]. Obwohl die Bewegungsaufnahme durch Sensoren mechanisch oder elektromagnetisch realisiert werden kann, sind Systeme mit mechanischen Sensoren bzw. mit Exoskeletten wenig beliebt, da Exoskelette die Arbeiten an Standorten mit geringem Platzangebot behindern und sehr unbequem zu bedienen sind. Außerdem können am Arbeitsort vorhandene Kabel und Maschinenteile leicht am Exoskelett hängen bleiben. Diese tragbaren Systeme, die mit elektromagnetischen Sensoren ausgestattet sind, sind jedoch kostengünstig erhältlich und bieten meistens bereits eine Funkübertragung von aufgenommenen Daten an. Darüber hinaus werden diese Systeme normalerweise mit einer Datenaufnahmesoftware geliefert, die ein 3D-Modell des menschlichen Körpers sehr robust rekonstruieren kann. Die folgenden zwei aktiven Motion-Capture-Systeme sind Beispiele für Systeme, welche gut geeignet sind, um menschliche Handlungen im IPSS-Kontext zu erkennen:

- MVN BIOMECH Datenanzug der Firma XSENS für die Aufnahme der grobmotorischen Handlungen des Körpers im Raum
- 5D Data Glove 14 Ultra der Firma 5DT für die Aufnahme der feinmotorischen Handlungen der Hände während der Werkzeugbenutzung

Tab. 9.2 Beispielaktionen während der Wartungsarbeit an einer Mikrofrässtation

Hand	Vorheriger Bereich	Aktueller Bereich	Handgestik	Mögliche Aktion
Rechts	Irrelevant	Werkzeugablage	Keine	Vorbereitung zum Greifen eines Werkzeugs
Rechts	Irrelevant	Werkzeugablage	Greifen (Inbus)	Greifen eines Inbusschlüssels
Rechts	Druckluftventil	Druckluftventil	Greifen (Ventil)	Drehen des Druckluftventils
Links	Irrelevant	Spindel	Festhalten (Spindel)	Festhalten der Spindel
Beide	Spindel	Ablage	Loslassen	Loslassen der Spindel

Die Bewegungsdaten werden erfasst und den vordefinierten Gesten oder Aktionen zugeordnet, d. h. es wird bei der Datenakquise eine Aussage über die Zugehörigkeit dieser Daten zu einer Klasse von Aktionen getroffen. ◉

Tab. 9.2 zeigt einige Handgesten sowie mögliche Aktionen, die während der Wartungsarbeit an einer Mikrofrässtation vorkommen können.

Die automatische Erkennung der Handlungen findet durch überwachtes maschinelles Lernen statt. Darüber hinaus werden mehrere Sensoren zum System hinzugefügt, um den Start und das Ende von Aktionen genauer erkennen zu können, womit das Lernen von Aktionen erleichtert wird. Beispielhaft können Lichtschranken zur Erkennung der Stellung von Ventilen und Drucksensoren für die Werkzeugablage eingesetzt werden. Diese Sensorik ermöglicht eine weitere Einschätzung der Leistung der Handlungserkennung auch ohne eine hundertprozentige Erkennungsrate des Systems. Damit wird die Robustheit des entwickelten Gesamtsystems erhöht. Eine Prinzipskizze des Zusammenwirkens der einzelnen Komponenten ist in Abb. 9.2 dargestellt. Die Handlungen des menschlichen Akteurs werden durch Sensoren erfasst, die an den Interaktionspunkten eingebaut sind. Diese Handlungen werden über serielle und TCP/IP-Kanäle an das Kontrollprogramm weitergegeben, welches dann mittels kognitiver Simulation mögliche Aktionen und Fehlerfälle erkennt und notwendige weitere Schritte aufzeigt.

9.2.4 Ableitung von Unterstützungsbedarfen und Klassifizierung hinsichtlich Kritikalität und Dringlichkeit

Um den Bedarf an Unterstützung abzuleiten, müssen das kognitive Nutzermodell (Simulation mit Prozessschritten), die Sensordatenerfassung und die Module des maschinellen Lernens verknüpft werden. Das kognitive Modell gibt die validen Handlungen vor und wird mit verschiedenen Sensordaten abgeglichen. Wird ein Fehlverhalten aufgedeckt, wird ein Fehlercode generiert und an die Module zur Nutzerunterstützung des IPSS (vgl. Abschn. 9.3 und Abschn. 9.4) weitergeleitet.

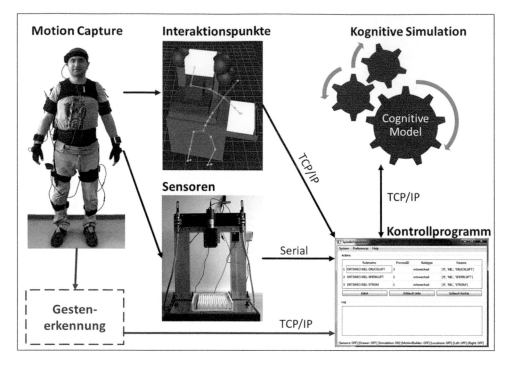

Abb. 9.2 Zusammenwirken der Komponenten zur Ermittlung von Unterstützungsbedarfen [BEC14]

Das Konzept zur Erkennung von Fehlhandlungen betrachtet daher die Bereiche „technisches System", „menschlicher Akteur", „kognitives System" und „Auswertung (maschinelles Lernen)". Der Bereich „technisches System" umfasst das Wissen über das System und dessen Zustand, z. B. die Temperatur von Komponenten und den Zustand von Ventilen und Schaltern. Für die Auswertung der Handlungen werden Positionen der Teile des Systems verfolgt. Der Bereich „menschlicher Akteur" beinhaltet die Bewegungserfassung des Servicetechnikers. Sensorwerte verschiedener Segmente des Körpers werden unter Berücksichtigung des Aufenthaltsortes des Akteurs, d. h. des Servicetechnikers, und der verwendeten Werkzeuge separat ausgewertet und nach atomaren Handlungen klassifiziert. Dies ermöglicht die Erkennung paralleler Handlungen, wie z. B. eine Halteaktion der linken und eine Schraubaktion der rechten Hand. Die kognitiven Benutzermodelle vereinen das theoretische Wissen zur Modellierung des zu simulierenden Prozesses mit den Eigenschaften des spezifischen Servicetechnikers. Durch eine Simulation des Modells werden Vorhersagen generiert und Prädiktionen weiterer Eigenschaften, wie z. B. Ausführungszeiten einer Handlungskette, ermöglicht.

Bei der Fehlererkennung ist zwischen verschiedenen Fällen zu unterscheiden. Im einfachsten Fall stimmt die beobachtete Veränderung des Systemzustandes bzw. der Handlung mit der Prognose der kognitiven Simulation überein, ist also valide. In diesem Fall beginnt der Prozess von neuem, d. h. es wird eine weitere Prognose über nachfolgende

Handlungen generiert. Im Fehlerfall wird zwischen zwei Varianten unterschieden: direkt sichtbaren und prognostizierten Fehlern. Direkt sichtbare Fehler basieren auf den Daten von Beobachtungen (Zustandsveränderungen und Handlungen), die nicht mit den ermittelten, validen Handlungen übereinstimmen, z. B. falls Arbeitsschritte ausgelassen werden. Bei den prognostizierten Fehlern (s. g. präemptive Erkennung) wird auf statistische Auswertungen des Wissens von Experten zurückgegriffen, die in dem Prozessmodell hinterlegt sind. Die präemptive Erkennung identifiziert risikobehaftete Handlungen, wie z. B. Lösen von Fixationsschrauben, während die relativ schwere Mikrofrässpindel mit nur einer Hand gesichert wird.

Wird durch das System ein Fehler erkannt, so generiert es eine Nachricht an die Nutzerunterstützung. Die Meldung enthält Angaben über die Art des Fehlers, die erwarteten Handlungen, über die angefangene invalide Aktion und den Zustand des Systems [BEC14].

Die Sensordaten können je nach Abtastrate eine zeitliche Varianz aufweisen. Dies gilt ebenso für die Erkennung der menschlichen Handlungen. In beiden Fällen muss eine solche zeitliche Schwankung bei der Fehlerermittlung berücksichtigt werden, damit es nicht zu falschen Alarmen kommt. Zu diesem Zweck wurde ein im Bereich der kognitiven Modellierung bereits untersuchtes Szenario angepasst und untersucht [BEC12]. In der konkreten Realisierung werden zeitliche Verschiebungen im Bereich von bis zu 500 Millisekunden durch Berücksichtigung von Überlappungen der verschiedenen Ausführungsreihenfolgen im Modell berücksichtigt, so dass alle Fehler erkannt werden können, ohne falsche Alarme zu generieren.

9.3   Handlungsspezifische Information und Warnung bei fertigkeits- und regelbasierten Tätigkeiten der Wartung und Instandsetzung in IPSS

9.3.1   Einführung

Nach der Identifikation einer potenziellen Fehlhandlung des Servicetechnikers (vgl. Abschn. 9.2) muss eine frühzeitige, möglichst präventive Warnung und ggf. weiterführende Nutzerunterstützung erfolgen. Diese sollte den besonderen Herausforderungen in IPSS angepasst sein. Hierfür bietet sich eine kaskadierte Unterstützung in Abhängigkeit der jeweils vorliegenden Fehlerart an (vgl. Abschn. 9.1.2). Demzufolge hat zunächst eine Warnung zu erfolgen, um die Aufmerksamkeit des Nutzers zu erregen. Im Falle eines fertigkeitsbasierten Fehlers wird dadurch das im Langzeitgedächtnis gespeicherte, korrekte Wissen aktiviert. Für diesen Fall wurde ein multimodaler Warnhandschuh entwickelt. Liegt jedoch ein regelbasierter Fehler vor, benötigt der Nutzer außer der Warnung noch weitere Anweisungen, um das korrekte Handlungspaket aufzurufen und auszuführen. Hierfür eignet sich eine virtuelle Agentin, welche kontextbezogen bestimmte Handlungssequenzen demonstriert. Beide Unterstützungssysteme werden im Folgenden näher vorgestellt.

9.3.2 Entwicklung und Evaluation eines multimodalen Warnhandschuhs

Als erster Schritt wurde ein System für die kontextbezogene Warnung bei Fehlhandlungen entwickelt, dem das Fehlerklassifikationsmodell von Rasmussen [RAS83] zugrunde liegt. Gemäß Rasmussen ist zunächst schnell und zielgerichtet die Aufmerksamkeit des Nutzers zu wecken. Im Falle von fertigkeitsbasierten Fehlern, bei denen das korrekte Wissen beim Nutzer vorhanden ist und lediglich aktiviert werden muss, ist dies der einzig notwendige Schritt, der mittels passgenauer Warnungen umzusetzen ist. Um die Ausführung einer Aufgabe angemessen zu unterstützen, ist die kontext- und nutzersensitive Gestaltung von Warnungen essenziell für die integrierte Interfacedesignstrategie. Gemäß dem Informations-verarbeitungsmodell nach Wickens et al. [WIC00] sind die Detektion und Identifikation von relevanten Signalen entscheidende Voraussetzungen für schnelle und korrekte Handlungen. Studien belegen eine Überlegenheit von multimodalen gegenüber unimodalen Nutzerinterfaces in der Fehlervermeidung und -behebung [OVI08]. Zur Beschleunigung der Verarbeitungsschritte wird daher einerseits Multimodalität eingesetzt. Andererseits ist die Lokalität der gegebenen Rückmeldung ein weiterer Aspekt zur Beschleunigung der Informationsverarbeitung. Aus dem Verarbeitungsprozess lässt sich schließen, dass, je näher ein Signal am Ort des eigentlichen Geschehens ist, es desto schneller mit diesem in Verbindung gebracht wird und desto schneller in der Folge reagiert werden kann. Die Kombination von Multimodalität und Handlungsspezifität kann daher zu schnellen und zielgerichteten Reaktionen des Nutzers beitragen. Hierfür muss die Übermittlung der Warnungen einerseits über mehrere Sinneskanäle (multimodal) erfolgen und andererseits stärker mit den eigentlichen Handlungen des Nutzers (handlungsspezifisch) verknüpft werden [SCH12b, SCH14b].

Zur multimodalen Übermittlung handlungsspezifischer Warnungen bei manuellen Wartungstätigkeiten wurde ein erster Prototyp in Form eines Handschuhs entwickelt. Dieser ist ausgestattet mit sechs LEDs für visuelle Warnungen, einem kleinen Lautsprecher für akustische Warnungen und zwei Vibrationselementen für taktile Warnungen (vgl. Abb. 9.3). Im Wartungsszenario „Spindelwechsel" wurde der Warnhandschuh gegen ein konventionelles Warnsystem getestet, bei dem identische Aktuatoren direkt am Nachbau des Demonstrators angebracht waren. Die Steuerung beider Warnsysteme, d. h. das Auslösen der Warnungen durch den Versuchsleiter, erfolgte mikroprozessgesteuert mittels eines Arduino-Board (ATMega 32) [SCH12b, SCH14b].

Zur Testung des entwickelten Warnhandschuhs wurden Nutzerstudien durchgeführt [SCH12a, SCH13a, SCH13b, SCH14a]. Der Warnhandschuh erzielte schnellere Reaktionszeiten auf Fehlermeldungen gegenüber dem konventionellen Warnsystem. In der abschließenden Befragung beurteilten die Versuchspersonen besonders die taktilen Modalitäten(-kombinationen) des Handschuh-Prototyps als geeignet für manuelle Tätigkeiten im industriellen Kontext. Darüber hinaus wurde das Konzept der handlungsspezifischen Warnungen als vielversprechende Alternative zu den informationsüberflutenden konventionellen visuell-akustischen Warnsystemen angesehen. Zusätzlich wurden Vorschläge, u. a. zur Verbesserung des Tragekomforts, unterbreitet.

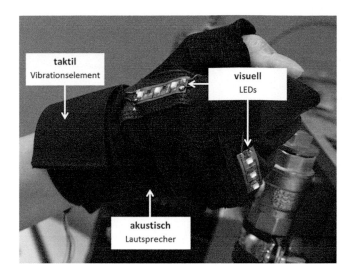

Abb. 9.3 Warnhandschuh

9.3.3   Weiterentwicklung zur multimodalen Warnmanschette

Vor der Weiterentwicklung des multimodal-handlungsspezifischen Warnsystems wurden
erneut die Meinungen und Ideen potenzieller Nutzer in einer zweiten Studie eingeholt. Als
Verfahren wurde hierfür die *Joint Interview Method* mit zwei Personen [ARS96] gewählt.
Ähnlich dazu wird auch in Usability Tests ein Verfahren namens *co-discovery method*
oder *constructive interview* verwendet [BEI02], um durch die Interaktion der beiden Personen Synergieeffekte und somit mehr Informationen zu generieren als bei der Testung
bzw. Befragung der Personen einzeln [FRI99]. In den für die Weiterentwicklung des
multimodal-handlungsspezifischen Warnsystems durchgeführten Joint Interviews wurden
jeweils zwei Personen mit unterschiedlichen Studienhintergründen (technisch-umset-
zungsorientiert und psychologisch-nutzerorientiert) gleichzeitig befragt. Zur Veran-
schaulichung des Anwendungsszenarios wurden den Probanden der Spindelwechsel,
Warnhandschuh und potenzielle Materialien für den zweiten Prototyp demonstriert. Zusammenfassend ist festzuhalten, dass durch diese Art der Paarbefragung ausgereifte Ideen
für die Weiterentwicklung generiert werden konnten. Zu den wichtigsten Ergebnissen
zählten dabei die Änderung des Designs von Handschuh zu Manschette, die Verwendung
eines Displays am Handgelenk und die Einführung einer dreistufigen Gefahrenklassifikation [SCH14b, SCH14c].

Die Neukonzeption und Weiterentwicklung des multimodal-handlungsspezifischen
Warnsystems erfolgte in mehreren Schritten auf Basis der in vorherigen Studien erhaltenen Anregungen. Zunächst wurde die Umsetzung einer Gefahrenklassifikation mit drei
verschiedenen Gefahrenstufen über eine Softwarearchitektur und Datenbank realisiert.
Eine ausführliche Darstellung der prototypischen Umsetzung ist in der Arbeit von

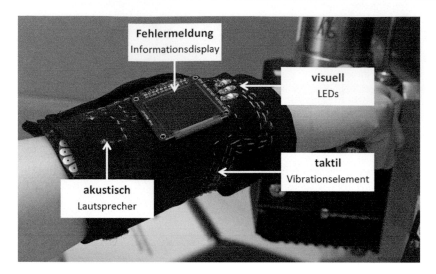

Abb. 9.4 Multimodale Warnmanschette

REICHMUTH [REI12] nachzulesen. Aus den drei Gefahrenstufen wurde eine Einteilung in unterschiedliche Warnintensitäten abgeleitet. Demzufolge existieren die drei Fehlerkategorien leicht (z. B. Werkzeug vertauscht), mittelschwer (z. B. Druckluft noch an) und schwerwiegend (z. B. Spindel wiegt 3,5 kg!).[1] Je gefährlicher ein potenzieller Fehler klassifiziert ist, umso stärker fällt die Warnung aus. Konkret bedeutet dies, dass mit steigender Gefahrenklassifikation die Frequenz der Warnungen (visuell, akustisch und taktil) des multimodal-handlungsspezifischen Warnsystems steigt.

Im zweiten Schritt erfolgte die Verbesserung des Tragekomforts, welche u. a. über eine grundsätzliche Änderung des Designs von Handschuh zu Manschette realisiert wurde (vgl. Abb. 9.4).

Um zu überprüfen, ob durch die Weiterentwicklung des multimodal-handlungsspezifischen Warnsystems von Handschuh zur Manschette tatsächlich eine Verbesserung des Tragekomforts erreicht werden kann, erfolgte eine weitere Nutzerstudie [SCH14b]. In dieser Studie kam erneut das Wartungsszenario „Spindelwechsel" zum Einsatz, wobei die Probanden die Möglichkeit bekamen, beide Warnsysteme (Handschuh und Manschette) im Einsatz zu erfahren. Zur Erhebung des Nutzererlebens wurde der *User Experience Questionnaire* (UEQ) von LAUGWITZ ET AL. [LAU08] herangezogen. Hierbei handelt es sich um einen validen und schnell anwendbaren Fragebogen, welcher das Nutzererleben anhand von sechs Kategorien erhebt. Diese Kategorien spiegeln einerseits die sogenannten „harten" Usability-Kriterien wie Effektivität, Vorhersagbarkeit und Durchschaubarkeit wider, andererseits werden ebenso „weiche" Usability-Kriterien bzw. die hedonische Qualität [HAS03] über die Skalen Stimulation und Originalität erfasst. Somit lassen sich

---

[1] Wird die Spindel bei der Demontage und Montage nicht ordnungsgemäß fixiert, so kann diese zu Boden fallen, beschädigt werden und schwerwiegende Verletzungen beim Servicetechniker hervorrufen.

Aussagen über die Benutzungs- und Designqualität eines Systems treffen. Als sechste Kategorie erlaubt die Erfassung der Attraktivität eine zusätzliche Qualitätsbeurteilung des Systems. Die Ergebnisse dieser Studie zeigen, dass durch die Weiterentwicklung eine Verbesserung des Nutzererlebens gelungen ist. So wurde die Manschette im Vergleich zum Handschuh als signifikant vorhersagbarer und effizienter sowie tendenziell durchschaubarer wahrgenommen. Für die Manschette lagen die Mittelwerte in allen sechs Kategorien des Nutzererlebens im Bereich „gut" bis „sehr gut". Hinsichtlich der Eignungseinschätzung als Warnsystem zeigten sich trotz des signifikant besseren Nutzererlebens keine statistisch bedeutsamen Unterschiede zwischen den beiden Warnsystemen. Die akustisch-taktile sowie die trimodale Kombination wurden sowohl beim Handschuh als auch bei der Manschette als „ziemlich geeignet" beurteilt. Als besonders innovativ und wirkungsvoll galt erneut die taktile Modalität, welche daher in möglichen Weiterentwicklungen bei der Manschette stärker dargeboten werden sollte.

Abschließend ist festzuhalten, dass die Mehrheit der Probanden das Konzept der multimodal-handlungsspezifischen Warnungen befürwortet und ein Warnsystem zur Nutzerunterstützung bei Wartungsarbeiten im industriellen Kontext zur schnellen Aufmerksamkeitslenkung auf einen möglichen Handlungsfehler als sinnvoll erachtet.

9.3.4 Wissensvermittlung mittels einer virtuellen Agentin

Um im Falle von regelbasierten Fehlern eine kontextbezogene Nutzerunterstützung anzubieten, wurde zur exemplarischen Anleitung des Wartungsszenarios „Spindelwechsel" ein Instruktionsvideo mit anthropomorpher pädagogischer Agentin (ANASTASIA = ANimated ASsitant for TASks in Industrial Applications) entwickelt (vgl. Abb. 9.5). Das

Abb. 9.5 Instruktionsvideo mit anthropomorpher pädagogischer Agentin ANASTASIA

Instruktionsvideo basiert dabei auf dreidimensionalen Objektdaten und führt modular beschriebene Handlungen aus (halte x fest, drehe Arm, ziehe x wieder ab, etc.). Diese Entwicklungsmethode dient dazu, effizient weitere Instruktionsvideos aus dem generischen 3D Basismaterial von ANASTASIA bilden zu können.

Das Instruktionsvideo mit anthropomorpher pädagogischer Agentin wurde in zwei Nutzerstudien am Nachbau des Demonstrators getestet. Die erste Nutzerstudie diente zur Sammlung von Erkenntnissen zur Verwendung und Ausgestaltung von Handlungsanweisungen. Die zweite Nutzerstudie zielte darauf ab, die Stärken und Schwächen einer videobasierten technischen Anleitung mit der anthropomorphen pädagogischen Agentin ANASTASIA im experimentellen Vergleich zu einer herkömmlichen schriftlichen Anleitung im PDF-Format herauszuarbeiten. Grundsätzlich erwies sich das Instruktionsvideo im Vergleich zur schriftlichen Anleitung als hilfreicher und zufriedenstellender. Die positiven Bewertungen der videobasierten Anleitung sind nicht zuletzt auf die unterstützende Vorführung der Handlungsanweisungen durch ANASTASIA zurückzuführen. Die Probanden bezeichneten ANASTASIA als freundliche, aktivierende und nützliche Assistentin, deren Handlungen menschenähnlich, nachvollziehbar und deshalb leicht umzusetzen waren. Detaillierte Studienergebnisse sind veröffentlicht in [SCH12c].

9.4 Unterstützung wissensbasierter Tätigkeiten der Wartung und Instandsetzung in IPSS

9.4.1 Einführung

Falls es sich bei Fehlern des Nutzers um wissensbasierte Fehler handelt, werden weitere Anweisungen benötigt. Mit herkömmlichen Gebrauchsanweisungen in Form von Handbüchern ist es schwierig, komplexe Sachverhalte und Handlungsabläufe eingängig darzustellen. Im Gegensatz dazu sind Animationen besonders für die Präsentation von Inhalten geeignet, welche Bewegungsabläufe und zeitliche Veränderungen beinhalten. Dabei unterstützen die bewegten Bilder den Aufbau mentaler Modelle [BET05]. Zusätzlich zeigen Studien, u. a. aus dem Bereich *e-learning*, dass sich der Einsatz von virtuellen bzw. animierten Agenten auf die Lernmotivation und Nutzerzufriedenheit sowie auf das Verständnis komplexer Inhalte und Abläufe positiv auswirkt [RIC01].

9.4.2 Ansätze zur Schaffung einer „Expertenplattform"

Um dem Servicetechniker im Falle von wissensbasierten Fehlern neben Warnungen und videobasierten Anleitungen auch umfangreichere Erklärungen zur Verfügung zu stellen, wurde eine Expertenplattform unter Verwendung von Web 2.0 Technologien entwickelt. Aufbauend auf zwei durchgeführten Onlinebefragungen von IPSS-Experten und Servicetechnikern folgte die Konzeption und prototypische Umsetzung sowie die Evaluation der

Expertenplattform [SCH13c]. Die Expertenplattform ermöglicht es Servicetechnikern, die beispielsweise einen komplexen Wartungsauftrag ausführen, Expertenwissen über Probleme und Lösungen abzurufen und auch selbst einzustellen. Die Anforderungen wurden getrennt für IPSS-Experten und Servicetechniker erhoben, um die Besonderheiten in IPSS und die speziellen Anforderungen technischer Kontexte herauszuarbeiten. Die Ergebnisse zeigen, dass die prototypische Realisierung einer **intelligenten Suche** sowie eines **Wikis** für IPSS-Experten und Servicetechniker am sinnvollsten erscheint. Die IPSS-Experten erachten zudem die Realisierung eines **Videoportals** und die Servicetechniker ein **Diskussionsforum** als sinnvoll. Zur Motivation, das eigene Wissen einzubringen, setzen IPSS-Experten auf materielle Anreize, während Servicetechniker altruistische Werte und die kontinuierliche Produktverbesserung als genuin motivierend betonen.

Auf Basis der Anforderungsanalyse wurde die Expertenplattform mittels des Content Management Systems Drupal 7.23 prototypisch umgesetzt. Über die Startseite (vgl. Abb. 9.6) haben Nutzer nach Anmeldung Zugriff auf Handbücher, ein Diskussionsforum, eine Übersicht zu typischen Fehlermeldungen und einem Videoportal (vgl. Abb. 9.5 in Abschn. 9.3.4). Die Möglichkeit, eigenes Wissen einzubringen, besteht durch eine Kommentarfunktion auf jeder Seite. Das einfache Auffinden von Inhalten ermöglicht die Schlagwortsuche. Die Option, Profile anzulegen und mit anderen Teilnehmern zu interagieren, liefert eine persönliche Komponente und gilt auch in der Literatur [FOR05] als Altruismus fördernd.

Nach der prototypischen Realisierung der Expertenplattform wurde diese mit Hilfe von Benutzertests auf ihre Gebrauchstauglichkeit untersucht. Unter Verwendung von sechs Beispielaufgaben wurden Nutzertests mit 15 Probanden durchgeführt. Aufgaben waren u. a. ein Nutzerprofil anzulegen, ein Instruktionsvideo herunterzuladen, im Handbuch eine Information zum Spindelwechsel nachzuschlagen und einen Forenbeitrag zu verfassen.

Abb. 9.6 Expertenplattform

Zur Erfassung der Gebrauchstauglichkeit wurde der DIN EN ISO 9241 Fragebogen [DIN9241-110] mit auf die Expertenplattform angepasster Formulierung verwendet. In den sechs Kategorien „Aufgabenangemessenheit", „Selbstbeschreibungsfähigkeit", „Erwartungskonformität", „Lernförderlichkeit", „Steuerbarkeit" und „Fehlertoleranz" wurde die Expertenplattform sehr positiv bis positiv beurteilt. Zudem wurde die Gebrauchstauglichkeit insgesamt als hoch eingestuft. Dieses Ergebnis wird auch dadurch gestützt, dass alle Beispielaufgaben von den Probanden erfolgreich ausgeführt werden konnten.

Um dem Nutzer eine kaskadierte Unterstützung als einheitliches Gesamtpaket anzubieten, wurde die Expertenplattform zusätzlich in die bereits entwickelten Unterstützungssysteme, Warnhandschuh bzw. -manschette und Instruktionsvideo über eine ebenfalls realisierte Softwareschnittstelle integriert.

9.4.3   Shared-Vision-System zur Unterstützung bei wissensbasierten Fehlern

Für den Fall, dass bei wissensbasierten Fehlern die Expertenplattform den Nutzer nicht ausreichend unterstützt, kann Fernunterstützung als nächste Stufe der Nutzerunterstützung angefordert werden. Der Vorteil hierbei ist, dass diese Echtzeitkommunikation zulässt und damit einen Rückkanal öffnet. Vor diesem Hintergrund wurde mit dem *Shared-Vision-System (SVS)* ein multimodales Unterstützungssystem entwickelt, das von Nutzern (d. h. Operateuren) im Ausnahmefall und von ausgebildeten Technikern im Servicefall benutzbar ist [HÖG11, HÖG12]. Der Nutzer an der Maschine (im Folgenden Novize genannt) benutzt die mobile Komponente des SVS und kann damit durch einen räumlich entfernten Servicetechniker (z. B. Beschäftigter des Herstellers, im Folgenden Experte genannt), der die stationäre Komponente des SVS benutzt, unterstützt werden. Das SVS ist damit Teil eines mehrstufigen multimodalen Unterstützungskonzepts, das sich an dem heterogenen Stand der zur Aufgabenerfüllung erforderlichen Qualifikation der Nutzer orientiert [GEG09]. Zur Fernunterstützung innerhalb des IPSS wird dem Experten die Sicht aus Nutzerperspektive auf ein Problem des Novizen ermöglicht, wodurch sich beide den Sicht- und Arbeitsbereich teilen. Zusätzlich erlaubt das SVS dem Experten innerhalb der übermittelten Nutzerperspektive, das von dem Novizen visuell fixierte Objekt wahrzunehmen. Dem Novizen ermöglicht es bei Sicht durch ein *Head-Mounted-Display* (HMD), das von dem Experten fixierte Objekt in dessen eigener Umgebung zu sehen. Die von einem Blickerfassungssystem registrierte Fixation wird hierbei grafisch dargestellt, beispielsweise durch ein in das Videobild eingeblendetes Fadenkreuz. Sowohl Novize als auch Experte erhalten zusätzlich zur verbalen Beschreibung des jeweils anderen also eine Information, welches Objekt vom jeweils anderen gerade betrachtet wird. Während der Novize das vom Experten fixierte Objekt durch das HMD eingeblendet in die eigene Umgebung wahrnimmt, sieht der Experte das durch den Novizen fixierte Objekt auf einem Videobild als überlagerte Information.

Das von HÖGE [HÖG11] entwickelte SVS besteht aus Rechner, Anzeige, Eye-Tracker zur Blickbewegungsmessung und Headset zur Sprachübertragung, jeweils sowohl für den

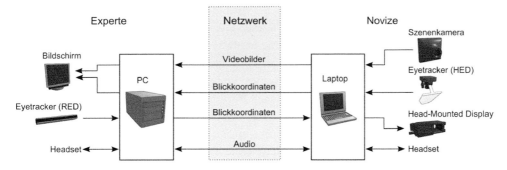

Abb. 9.7 Technische Komponenten eines Shared-Vision-Systems [HÖG09]

Experten als auch für den Novizen (vgl. Abb. 9.7), welche über ein ethernet-basiertes lo-
kales Netzwerk verbunden sind. Sowohl kabelgebundene als auch kabellose Datenübertra-
gung ist möglich. Dem Experten wird die Sicht des Novizen über einen Bildschirm
dargeboten. Die Augenbewegungen des Experten werden über einen *Remote-Eye-Tracker*
(RED) erfasst. Auf Seiten des Novizen besteht ein tragbares System, welches mit Hilfe
eines *Head-Mounted-Eye-Trackers* (HED) die Augenbewegungen des Novizen erfasst,
die mit dem über eine Szenenkamera erfassten Sichtfeld des Novizen kombiniert werden.
Der Blickort des Experten und weitere kontextabhängige Informationen werden dem Novizen direkt in dessen Sichtfeld über ein *Head-Mounted-Display* dargeboten.

Die multimodale Nutzerunterstützung durch SVS wurde in Studien von Probanden als
hilfreich empfunden. Insbesondere war die Einschätzung, inwieweit sie am Problemlösungsprozess aktiv teilgenommen haben, unter Verwendung des SVS höher als bei rein
verbaler Unterstützung, wie sie beim klassischen Telefonsupport auftritt. In einer Befragung unter Vertretern von Hochtechnologieunternehmen auf der Hannover Messe 2009
gaben 89 % an, dass ein SVS-Unterstützungssystem in vielen Fällen die Reise eines Technikers zum Kunden ersetzen könne [HÖG11]. Daher ist davon auszugehen, dass unter den
IPSS-spezifischen Bedingungen im Anbieter-Kunden-Gefüge ein SVS ebenfalls messbare
Vorteile bei der Wartungsunterstützung bietet. Neben der Unterstützung bei rein wissensbasierten Fehlern kann das SVS parallel zu anderen Unterstützungsansätzen, z. B. bei regelbasierten Fehlern oder auch zum Training und Erwerb notwendiger Fähigkeiten beim
Novizen genutzt werden [GEG09]. Fernunterstützung wird dann angefordert, wenn alle
anderen Ansätze den Benutzer nicht ausreichend unterstützen, um das Ziel zu erreichen,
das Problem zu lösen oder falls aus anderen Gründen Rückfragen an einen Experten erforderlich sind.

9.5 Zusammenfassung: Nutzerunterstützung in IPSS

Als Resümee lässt sich festhalten, dass zur Lösung der in Abschn. 9.1.1 angesprochenen
Probleme im Bereich Wartung- und Instandsetzung, besonders im dynamisch-heterogenen IPSS-Kontext, eine kaskadierte Nutzerunterstützung entwickelt und in mehreren

Nutzerstudien evaluiert wurde. Basierend auf dem theoretischen Hintergrund des Fehler-klassifikationsmodells von RASMUSSEN [RAS83], welches menschliche Handlungsfehler in fertigkeits-, regel- und wissensbasiert unterteilt, wurden mehrere Unterstützungssysteme prototypisch realisiert. Zur Warnung des Nutzers bei (potenziellen) Fehlhandlungen wurde ein multimodal-handlungsspezifisches Warnsystem in Form eines Warnhandschuhs und als weiterentwickelte Form einer Warnmanschette realisiert. Diese dient dazu, schnell und zielgerichtet die Aufmerksamkeit des Nutzers zu erregen und im Falle von fertigkeitsbasierten Fehlern das bereits korrekt vorhandene Wissen des Nutzers im Langzeitgedächtnis zu aktivieren. Sollten weiterführende Demonstrationen des Wartungsvorgangs benötigt werden, hat der Nutzer zusätzlich die Möglichkeit eine entsprechende Sequenz aufzurufen, in der der Vorgang durch eine virtuelle Agentin vorgeführt wird. Dieses Unterstützungswerkzeug wurde zur Vermeidung oder Reduktion regelbasierter Fehler entwickelt, bei denen im Gedächtnis des Nutzers die falsche oder unvollständige Handlungssequenz abgerufen wurde, obwohl die korrekte vorhanden wäre und somit nur kurz durch die Demonstration aktiviert werden muss. Als weitere Unterstützungswerkzeuge, welche die wissensbasierten Fehler adressieren, wurden eine Expertenplattform und ein Shared-Vision-System entwickelt. Die Expertenplattform dient dazu, dass der Nutzer noch nicht vorhandenes Wissen über Wartungsvorgänge mittels in der Plattform enthaltener Handbücher und Demonstrationsvideos sowie mittels Austausch mit anderen Technikern in Foren auf vielfältige Weise aufbauen und vertiefen kann. Sollte noch weiterer Unterstützungsbedarf bestehen, existiert mit dem SVS eine Möglichkeit zur Fernunterstützung des Nutzers durch einen Experten.

Diese vier Unterstützungswerkzeuge wurden vor dem Hintergrund des Wartungsszenarios „Spindelwechsel an einer Mikrofrässtation" entwickelt und evaluiert. Für den langfristigen IPSS-Betrieb ist jedoch auch eine Unterstützung des Nutzers in der IPSS-Erbringungsphase notwendig. Auf diese spezielle Form der Nutzerunterstützung und die Besonderheiten bei der Gestaltung von MMS wird im folgenden Abschnitt eingegangen.

9.6 Weiterführung: Cooperative Automation für langfristige IPSS-Erbringung

9.6.1 Einführung

Für die langfristige Erbringungsfähigkeit von kundenindividuellen IPSS unterliegen diese neuartigen arbeitsorganisatorischen und praktischen Bedingungen. Diese IPSS-spezifischen Bedingungen sind vor allem neue Weisungsketten und verschobene Verantwortlichkeiten im langfristigen Anbieter-Kunden-Gefüge. Kunden sind durch die Serviceübernahme auf Anbieterseite nicht mehr länger gezwungen, hoch qualifizierte und damit teure Operateure zu beschäftigen, welche die Maschine optimal bedienen und auch langfristig vorausschauend kooperieren. Der kundenseitige Operateur wird unter Umständen über viele Prozesse im Unklaren gelassen, kennt Maschinen nur in geringem Maße, muss möglicherweise Tages- und Nachtschichten an verschiedenen Arbeitsplätzen und in unterschiedlichem Rhythmus erledigen und erhält indirekt Anweisungen auch vom Anbieter. Bereits vielfach dokumentiert ist der sogenannte *Moral Hazard* [JOH10, SCH08]. Dieser bezeichnet unkooperatives Verhalten von Operateuren, die unbeabsichtigt oder beabsichtigt ineffizient und ineffektiv mit Maschinen umgehen [GRU00, WAL98]. Ist eine Maschine durch das angewendete IPSS-Geschäftsmodell nicht im Eigentum des Kunden befindlich und wird durch den Anbieter der Wartungs- und Reparaturservice übernommen, ist daher zu erwarten, dass kontraproduktives Verhalten in der Arbeitsorganisation und auch bei der Tätigkeit des Operateurs selbst nicht verhindert werden kann. Damit ist der Servicebedarfsfall zu Lasten des Anbieters übermäßig wahrscheinlich. Für die Lösung dieser IPSS-spezifischen Situation muss die Wartungsunterstützung auf eine langfristige Unterstützung des kundenseitigen Operateurs während der gesamten Nutzung des IPSS ausgeweitet werden. Insbesondere die dynamisch veränderlichen Anforderungen an Operateure und Maschinen, z. B. während mittelfristiger Marktveränderungen oder der flexible Einsatz wenig qualifizierter Mitarbeiter, Schichtdienste und die Arbeitsbedingungen während einer Schicht liegen hier im Fokus der Erbringungsfähigkeit. Um eine hohe Qualität der Arbeit des Operateurs sicherzustellen, soll dieser durch die Gestaltung der Maschinenkomponente zu mehr Selbstreflexion und Verantwortung, sowie motiviertem Verhalten angeregt werden. Konzeptuell definiert dazu KAZDIN [KAD00] die Kooperation als Tendenz, den Ertrag einer Interaktion nicht nur für sich selbst, sondern auch für andere zu maximieren. Dieser kann dann zurückwirken auf den Lernzuwachs und die Handlungen des Operateurs und damit auf den gesamten IPSS-Betrieb und dessen Erbringungsfähigkeit. So wird langfristig ein für Anbieter und Kunde einträglicheres Geschäftsmodell wählbar. *Cooperative Automation* (abgeleitet von der kooperativen Interaktion) gilt hier als Schlüsselkonzept zu den Anforderungen an IPSS-Arbeitsplätze [EXT12].

9.6.2 Unterstützung des Operateurs – Cooperative Automation

Das Lösungskonzept der kooperativen Interaktion wird ausgeweitet auf die automatisierte, optimal gestaltete Funktionsteilung zwischen Mensch und Maschine, der Cooperative Automation. Hierzu wird eine dynamische Funktionsallokation, angestrebt, die Funktionen je nach Qualifikation, Beanspruchungsgrad und weiteren kontextuellen Informationen in Echtzeit dem Operateur oder der Maschine zuteilt. Es ist nicht für jede Aufgabe sinnvoll, sie generell einer Maschine oder einem autonomen Dienst zu überlassen. Zum Beispiel können aktuell komplexe Mustererkennungsaufgaben oder Aufgaben, die auf verschiedenen Ebenen der Kontrolle (Daten und Metadaten einbeziehend) betrachtet werden müssen, in vielen Fällen und je nach Komplexitätsgrad noch immer besser von einem geschulten Operateur (d. h. dem Menschen) als von einem technischen System ausgeführt werden. Dies gilt jedoch meist nur für optimale Arbeitsbedingungen, also ohne Ermüdung und bei motiviert kooperativem Verhalten. Obwohl unter optimalen Bedingungen die Erkennungsraten von Maschinen schlechter sind als die des Menschen, kann sich diese Relation bei für den Menschen suboptimalen Bedingungen umkehren [WIC12]. Bei hoher Beanspruchung des Menschen übernimmt die Maschine temporär Teilaufgaben, zu denen der Operateur in der gegebenen Situation nicht mehr in der Lage ist, z. B. eine Überwachungsaufgabe. Damit wird das Erreichen von Minimalanforderungen an Qualität sichergestellt. Zusätzlich wird dem Operateur Verantwortung in wechselnden Bereichen übertragen, die ihn fordern und motivieren, sich kooperativ zu verhalten. Die Technologien und Methoden des Konzeptes können den Operateur langfristig motivieren, da er sich im Ergebnis zusammen mit der Maschine als effizientes und effektives und damit Verantwortung tragendes System begreift, das integriert eine Aufgabe erledigt [BIE08].

9.6.3 Umsetzung von Cooperative Automation für den IPSS Langzeitbetrieb

Die dynamische Funktionsallokation ist ein aus anderen Forschungsfeldern bereits etablierter Ansatz [HIL03]. Für die IPSS-Befähigung muss hier der Fokus jedoch auch spezifisch auf den motivationalen Hintergrund (subjektiv) und weniger auf Beanspruchungs- und weitere objektive Einflussgrößen gelegt werden. Ziel ist es, beide Felder mit dieser IPSS-spezifischen Verschiebung der Ursachen zu integrieren, also die Entwicklung eines auf den Operateur zurückwirkenden Systems, das ganzheitlich den Menschen und die Maschine im Sinne der langfristigen Zusammenarbeit im IPSS befähigt. Die Funktionsallokation sichert dabei notwenige Quoten der Aufgabenerledigung ab, da Phasen mit geringer Motivation oder sehr hoher Beanspruchung überbrückt werden können, indem sie für einen bestimmten Zeitraum (teil-) automatisiert werden, bis der Operateur sie wieder selbst erledigen kann.

Zur Realisierung einer dynamischen Funktionsallokation muss eine Methode zur Bestimmung der Beanspruchung im Zusammenhang mit den nötigen Ressourcen von zusätzlichen Aufgaben, bzw. der Wiederverfügbarkeit von Ressourcen bei der Delegation dieser Aufgaben, entwickelt werden. Ebenso müssen Echtzeitdaten zur Aufgabe, dem Prozess und möglichen Störfaktoren vorliegen.

Neben den technischen Voraussetzungen muss Expertenwissen für die Voraussetzungen der optimalen Arbeitsteilung und Aufgabenkategorien erfasst und systematisch geordnet werden, um als Ausgangsdatum für den Allokationsalgorithmus zu dienen.

Die dynamische Funktionsallokation erfordert beim Operateur ein Verständnis über den sich kontinuierlich anpassenden Systemzustand. Hierzu müssen dem Operateur Zusammenhänge und Konsequenzen einer (Teil-) Handlung bewusst sein und alle Informationen und Voraussetzungen zur Verfügung gestellt werden, die eine langfristige Planung seiner noch verbleibenden Aufgabe ermöglichen. Daher muss eine umwelt-, personen-, aufgaben- und zustandsangemessene Kommunikation zwischen Operateur und Maschine, welche die Funktionsallokation und deren Dynamik optimal darstellt, entwickelt werden. Die neuartige Informations- und Kommunikationsstruktur sollte ebenso durch aktiv motivierende psychologische Unterstützung der langfristigen Bedienung auf Kundenseite

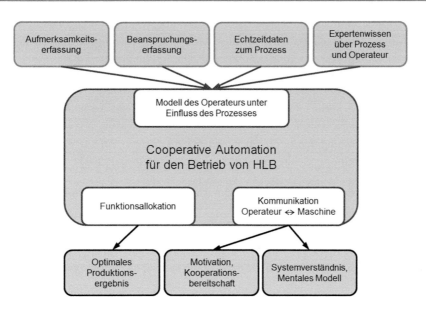

Abb. 9.8 Cooperative Automation für den Betrieb von IPSS

erweitert werden, welche das Systemverständnis und die Kooperationsbereitschaft des Operateurs fördert. Abbildung Abb. 9.8 zeigt eine Übersicht über das Zusammenwirken der Teilkomponenten von Cooperative Automation für den Langzeitbetrieb von IPSS, deren mögliche Umsetzung im Folgenden individuell erläutert wird.

Aufmerksamkeits- und Beanspruchungserfassung Die mentale Beanspruchung eines Menschen bezeichnet die Auswirkung einer bestimmten mentalen Belastung (z. B. einer Aufgabe oder Tätigkeit) auf eine individuelle Person. Sie ist daher sowohl von der objektiven Belastung, als auch von individuellen Faktoren, den Eigenschaften und der Verfassung des Menschen zum Zeitpunkt der Belastung, abhängig. Sie kann verhaltens- bzw. leistungsbasiert, sowie über verschiedene psychophysiologische Erfassungsmethoden ermittelt werden [MAN98, WIC12]. Die dynamische Funktionsallokation hat auf psychophysiologischen Messwerten zu basieren, da sie während des laufenden Betriebs keine reliablen Echtzeitdaten über die aktuelle Leistung des Operateurs erhalten kann (dies würde implizieren, dass die Maschine die Leistung des Operateurs überprüfen kann und daher in Bezug auf die konkrete Aufgabe ohnehin besser geeignet als der Mensch gestaltet sein muss). Die Messung sollte möglichst wenig invasiv gestaltet sein, um nach Möglichkeit keinen Einfluss auf die Arbeitsprozesse im IPSS auszuüben. Daher sind Messungen des Elektroenzephalogramms (Hirnaktivität), des Elektrokardiogramms (Herzrate) oder der elektrodermalen Aktivität (Hautleitfähigkeit) weniger geeignet. Einen vielversprechenden Ansatz bietet die Messung der Augenbewegung, welche nichtinvasiv und zielgerichtet mittels *Remote Eye-Tracking*, einem kamerabasierten Verfahren, umgesetzt werden kann. Hiermit können sowohl aus Veränderungen des Auges (Lidschlussfrequenz, Pupillengröße) als auch aus dem Blickverhalten selbst Rückschlüsse auf die Beanspruchung gezogen werden [RÖT01, WIC12]. Insbesondere für komplexere Multitasking Aufgaben,

z. B. von Fluglotsen, bestehen bereits Ansätze und Untersuchungen zur Bestimmung der Beanspruchung basierend auf Blickdaten [MAR11]. Die so ermittelte mentale Beanspruchung dient als Input für die dynamische Funktionsallokation. Sie kann ebenso als Ausgangsdatum zur Gestaltung einer geeigneten Mensch-Maschine-Kommunikation dienen.

Der Ort der Blickzuwendung stellt das Zentrum der visuellen Aufmerksamkeit dar. Forschung im Bereich der Blickinteraktion in Kombination mit Aufgaben der Objektmanipulation hat gezeigt, dass der Blick bei sequenziellen Aufgaben, wie dem Greifen eines Sechskantschlüssels und der anschließenden Entfernung einer Schraube, als Prädiktor für die manuellen Handlungen eingesetzt werden kann [FLA06, JOH01]. Die Bestimmung des wahrscheinlich nächsten Interaktionsortes ist ein weiteres Datum, welches durch das Blickverhalten in Verbindung mit Informationen zum Aufgabenkontext und den notwendigen Prozessschritten bestimmt werden kann. Hierdurch kann der Zeitvorsprung der Fehlererkennung vor dem Auftreten eines Fehlers vergrößert und daher die Wahrscheinlichkeit erhöht werden, dass der Operateur bereits vor der Ausführung einer Fehlhandlung gewarnt wird oder die dynamische Funktionsallokation die Aufgabenverteilung ändert.

Dynamische Funktionsallokation: Integration von Echtzeitdaten und Expertenwissen Die Umsetzung der Cooperative Automation verlangt eine Integration von Expertenwissen über den Prozess, blickbewegungsbasierten Messdaten zu mentaler Beanspruchung und Aufmerksamkeit, Echtzeitdaten zur Aufgabe, dem Prozess, dem Maschinenzustand und möglichen Störfaktoren. Zudem müssen individuelle, operateurspezifische Parameter berücksichtigt werden. Um der dynamischen Funktionsallokation diese Ausgangsgrößen zur Verfügung zu stellen, können sie in eine kognitive Modellierung der Beanspruchung überführt und mit allen relevanten Kontextfaktoren kombiniert werden. Durch die Simulation des Blickverhaltens und von Gedächtnisverfallsprozessen können durch ein kognitives Modell Fehler antizipiert und verhindert werden, sowie eine der mentalen Beanspruchung gerechte Abschätzung freier Ressourcen vorgenommen werden.

Hieraus kann dann ein Modell der Funktionsteilung entwickelt werden. Dieses Modell wird daraufhin in einen Algorithmus überführt, der die dynamische Funktionsallokation umsetzt. Dazu sind a-priori-Bewertungen zu integrieren, die das Risiko der Neuverteilung der Aufgaben bestimmen.

Die Implementierung der Lösungsansätze der Cooperative Automation stützt sich auf Handlungsmodelle. Hierfür müssen die kognitiven Modelle aus Abschn. 9.2.2 erweitert und für den Langzeitbetrieb angepasst werden. Das Vorgehen und die IPSS-spezifischen Anforderungen hierzu werden in Abschn. 9.6.4 erläutert. Ist die dynamische Funktionsallokation implementiert, ist es zwingend notwendig, ein umfassendes Konzept zu definieren, welches dem Operateur den sich anpassenden Systemzustand umwelt-, personen- und aufgabenangemessen kommuniziert.

Kommunikation zwischen Operateur und Maschine, welche die Funktionsallokation und deren Dynamik optimal darstellt Operateur und Maschine bilden ein System, welches jederzeit aus den vorliegenden Gegebenheiten (Prozess, Motivation und Beanspruchung) das bestmögliche Ergebnis erzielt. Die Rolle des Operateurs wechselt in Abhängigkeit der

Beanspruchung vermehrt vom auszuführenden zum überwachenden Akteur. Als problematisch ist jedoch zu sehen, dass der jeweilige Prozessverlauf, Maschinenzustand und die zukünftig zu erwartenden Aktionen dem Operateur zumeist nur ungenügend kommuniziert werden. Hierdurch kommt es beim Operateur zu einem Verlust des Verständnisses des Systems in der aktuellen Situation, der *Situation Awareness* [END95]. Dieses Phänomen führt auf Dauer zu demotiviertem und distanziertem Verhalten auf Seiten des Operateurs und damit zu einer schlechteren Gesamtleistung (Moral Hazard, s. o.). Um dem entgegenzuwirken muss ein Schwerpunkt auf die Entwicklung einer umwelt-, personen-, aufgaben- und zustandsangemessenen Kommunikation zwischen Operateur und Maschine gelegt werden. Hierfür ist es notwendig, neue Anzeigevarianten, wie z. B. *Augmented Reality* (computerunterstützte Darstellung, welche die reale Welt um virtuelle Aspekte erweitert) und mobile Datenbrillen, einzubeziehen und zu evaluieren. Aus der Forschung ist bekannt, dass Computersysteme mit menschenähnlicher (anthropomorpher) Schnittstelle, z. B. in Form von animierten virtuellen Agenten, zu einem Verhalten anregen, wie es auch in zwischenmenschlicher Kommunikation gezeigt wird [TSA07]. Ferner wurde in Studien belegt, dass die gezielte kontextabhängige Darbietung von Informationen zu bestimmten Zeitpunkten das Verhalten von Nutzern ändern kann [KIM10, LEE11, NAK13]. Um diese neuen Anzeigevarianten im Kontext der IPSS-Anforderungen zu evaluieren, müssen verschiedene Informations- und interaktive Kommunikationsstrategien und -technologien mittels Befragungen und Experimenten getestet werden. Dazu werden sukzessive Größen, die den langfristigen Betrieb der Funktionsteilung in ihren subjektiven und objektiven Wirkungen beeinflussen, untersucht. Ziel weiterführender Forschung ist es, einen strukturierten Überblick über IPSS-spezifische Förderung der Motivation zu erhalten und Gestaltungshinweise zu geben. Daraus lassen sich generelle Anforderungen an geeignete Kommunikationsansätze zur optimalen Zusammenarbeit zwischen Mensch und Maschine in einem Dienst- und Sachleistungsgefüge ableiten, welche als Basis für zukünftige Entwicklungen dienen.

Entwicklung einer Methode zur Beeinflussung der Bildung mentaler Modelle auf Basis von Blickführung Die Funktionsallokation der Cooperative Automation bedarf einer intensiven Informationskultur, um den Operateur zu jedem Zeitpunkt in die Lage zu versetzen, die Funktionsteilung zu verstehen, ein möglichst genaues mentales Modell des Gesamtsystems Operateur-Maschine zu entwickeln und in einem weiteren Schritt ggf. auch die Funktionsteilung abzuändern. Neben der geeigneten Mensch-Maschine-Kommunikation kann die neuartige Informationsstruktur von Cooperative Automation durch aktiv motivierende psychologische Unterstützung der langfristigen Bedienung auf Kundenseite erweitert werden. Das zugehörige noch relativ junge Forschungsfeld *Persuasive Technology* beschäftigt sich dazu mit der gezielten Beeinflussung von Einstellung und/oder Verhalten von Nutzern durch die Gestaltung von technischen Systemen [FOG03]. Durch geeignete Vermittlung von Informationen kann der Operateur langfristig implizit ein besseres Systemverständnis entwickeln. Hierzu ist in verschiedenen Experimenten und Nutzerstudien zu untersuchen, inwieweit Vigilanzeffekte durch unbewusste Blickführung reduziert und die Aufmerksamkeit des Operateurs gezielt auf die relevanten Informationen gelenkt werden können. Ferner ist im Kontext der industriellen Fertigung und Montage in IPSS experimentell zu erforschen, inwieweit sogenannte Icons (visuelle

Symbole), Earcons (auditive Symbole) und Hapticons (haptische Symbole) durch ihre deutlichere Übereinstimmung mit der Systemrealität den Aufbau angemessener mentaler Modelle vom Systemzustand fördern und zur Reduzierung des Transformationsaufwands beim Operateur beitragen.

9.6.4 Handlungsmodelle für den IPSS Langzeitbetrieb

Die Implementierung der Lösungsansätze für Cooperative Automation (Beanspruchungs-erfassung, Funktionsallokation, zugehörige Kommunikation, mentale Modellbildung und Motivation) stützt sich auf Handlungsmodelle. Hierfür müssen die bestehenden kogniti-ven Modelle (vgl. Abschn. 9.2.2) erweitert und für den Langzeitbetrieb angepasst werden. Dies ist notwendig, da im Langzeitbetrieb die kundenseitigen Operateure wiederholend multiple konkurrierende Aufgaben bearbeiten, die Zyklen oder (Arbeits-) Perioden unter-liegen. Für deren Erkennung und Bewertung müssen, anders als bei der Wartung, mehrere kognitive Modelle verknüpft und für eine Situationseinschätzung analysiert werden. Bei einer Verknüpfung von Modellen, die kurz-, mittel- und langfristige Probleme bei der Mensch-Maschine-Interaktion erkennen sollen, reicht eine Simulation des Arbeitsvorgan-ges durch einen Verbund von kognitiven Modellen nicht aus. Es müssen auch zusätzliche Informationen, wie Störfaktoren der Umgebung, die zusätzlich kognitive Ressourcen be-anspruchen, integriert werden. Die kognitive Modellierung bietet an dieser Stelle noch keine tragfähigen Lösungen an, da typischerweise kurzzeitige kognitive Phänomene simu-liert werden, jedoch keine langfristigen Prozesse, die anderen und wechselnden Einfluss-faktoren unterliegen.

Entwicklung adaptiver und vernetzter Benutzermodelle Verschiedene Arten von Multi-tasking Aufgaben und der Einfluss auf Beanspruchung wurden bereits für die kognitive Modellierumgebung ACT-R untersucht [SAL09]. Der Einfluss der Arbeitsbelastung auf die Ausführung von Aufgaben insbesondere durch Distraktor-Modelle in ACT-R wurde prototypisch betrachtet [PRÖ11]. Die Forschung in der Modellierung muss jedoch um Aspekte der Modellanpassbarkeit und Modellvernetzung für die Funktionsallokation erweitert werden. Ein den Arbeitsablauf widerspiegelndes Modell muss zusätzlich beachten, wann ein Aufgabenwechsel bzw. eine Aufgabenabgabe den Operateur optimal entlastet und wann er risikoarm durchführbar ist [KUS05]. Wegen der Wechselwirkungen zwischen den langfristig genutzten kognitiven Ressourcen (visuell, auditiv, motorisch, Arbeits- und prozedurales Gedächtnis) liefern die bisherigen Modelle keine akkurate Problemerkennung bzw. Problemvoraussage bei der Erledigung von Aufgaben durch den Operateur. Aus diesem Grund muss eine Methode zur Vernetzung verschiedener Modelle, die um die Ressourcen eines Operateurs konkurrieren, entwickelt werden, um Fehler basierend auf diesen Abhängigkeiten erkennen zu können. Damit der Arbeitsfluss der Simulation nicht gestört wird, müssen verknüpfte Modelle sich auch (semi-) automatisch optimieren können. Weiterhin ist die Methode zur Erkennung von Fehlerfällen auf paral-lele Aufgaben auszuweiten. Die Analyse einer Fehlersituation, gestützt durch Prozesse der Wissensgenerierung, verändert sich je nach dem ermittelten Zustand des analysierten

Systems. Zur Unterstützung dieses Prozesses muss sich die Simulation der Benutzermodelle anpassen, indem z. B. Teilmodelle für das weitere Vorgehen nachgeladen und andere
invalidiert werden. Die Simulation muss zudem ermitteln, wann eine solche Optimierung
zu einem Fehler führen kann.

Modularität und Generalisierung Im IPSS-Kontext werden die technischen Komponenten an die Bedürfnisse des Kunden angepasst. Dies führt dazu, dass die von einem
Operateur durchzuführenden Prozesse bis auf einzelne Teilschritte identisch sind, jedoch
jeweils eigene kognitive Modelle benötigen. Um dieses Problem zu lösen, sollte der bottom-up Ansatz der kognitiven Architektur mit einem funktional ausgelegten top-down
Ansatz verbunden werden. Hierzu ist ein Werkzeug zu entwickeln, welches die Kombination der beiden Ansätze durch eine Kapselung von Handlungsprimitiven in Teilmodule
realisiert. Diese Module können dann zu einem Gesamtprozess verbunden werden,
welcher durch eine globale Parametrisierung auf die realen Arbeitsprozesse flexibel angepasst werden kann. Hierbei sollten auch generische Module entwickelt werden, welche
Teilaufgaben entsprechen, die den an den IPSS-Kunden angepassten Maschinenkomponenten zugeordnet sind. Die Handlungsmodelle werden damit an die Modularität und
Flexibilität von IPSS angepasst.

9.6.5 Zusammenfassung: Cooperative Automation

Um die langfristige Erbringungsfähigkeit eines IPSS sicherzustellen, ist neben der Nutzerunterstützung von Wartungs- und Instandsetzungsvorgängen auch die nutzergerechte
Gestaltung des Normalbetriebs entscheidend. Zur Sicherstellung dessen wurde ein ganzheitlicher Ansatz vorgestellt, welcher sowohl motivationale als auch beanspruchungsrele-
vante Faktoren in die Ausgestaltung einer Cooperative Automation einbezieht.
Langfristiges Ziel ist es dabei, die Funktionsteilung zwischen Operateur und Maschine
dynamisch in Abhängigkeit von Aufgabe, Situation sowie dem psychischen und physiolo-
gischen Zustand des Menschen zu gestalten. Zurückgegriffen wird dabei auf einen Metho-
denmix aus Remote Eye Tracking und Augmented Reality sowie adaptiven und vernetzten
Benutzermodellen. Die Kombination der Methoden, Umsetzung und Evaluierung stellen
Herausforderungen für weiterführende Forschung dar.

Literatur

[AND96]   Anderson, J. R.: A Simple Theory of Complex Cognition. American Psychologist
           51 (1996) 4, S. 355–365.
[ARS96]   Arskey, H.: Collecting data through joint interviews. Social Research Update
           (1996) 15, S. 1–8.
[BEC12]   Beckmann, M.; Yılmaz, U.; Pöhler, G.; Wegerich, A.: A Framework for Task Ac-
           complishment using an ACT-R Simulation. In: Proceedings of the 11th Internatio-
           nal Conference on Cognitive Modeling. Hrsg.: Rußwinkel, N.; Drewitz, U.; van
           Rijn, H. Berlin: Universitätsverlag der TU Berlin, 2012, S. 127–128.

[BEC14]   Beckmann M.; Yılmaz U.: Real-Time Detection of Erroneous Behavior for a Spindle Exchange Task in IPS2. In: HCI International 2014 – Posters' Extended Abstracts International Conference, HCI International 2014 Heraklion, Crete, Greece, June 22–27, 2014, Proceedings, Part. Hrsg.: Stephanidis, C. Berlin: Springer, 2014, S. 295–300.

[BEI02]   Beier, M.; von Gizycki, V.: Usability. Berlin, Heidelberg: Springer, 2002.

[BET05]   Betrancourt, M.: The Animation and Interactivity Principles in Multimedia Learning. In: The Cambridge Handbook of Multimedia Learning. Hrsg.: Mayer, R. E. Cambridge, New York: Cambridge University Press, 2005, S. 287–296.

[BIE08]   Biester, L.: Cooperative Automation in Automobiles. Berlin, Humboldt-Universität zu Berlin, Dissertation, 2008. URL: http://edoc.hu-berlin.de/dissertationen/biester-lars-2008-12-12/PDF/biester.pdf (Zugriff: 2015-04-29).

[BRO08]   Brodie, M., Walmsley, A.; Page, W.: Fusion Motion Capture: a prototype system using inertial measurement units and GPS for the biomechanical analysis of ski racing. Sports Technologies 1 (2008) 1, S. 17–28.

[DHI09]   Dhillon, B. S.: Human Reliability, Error, and Human Factors in Engineering Maintenance: With reference to Aviation and Power Generation. Boca Raton, FL: CRC Press Taylor & Francis Group, 2009.

[DIN9241-110] DIN 9241-110, Teil 110, Beurteilung von Software auf Grundlage der Internationalen Ergonomie-Norm. Berlin: Beuth.

[END95]   Endsley, M.R.: Toward a Theory of Situation Awareness in Dynamic Systems. Human Factors: The Journal of the Human Factors and Ergonomics Society March 37 (1995) 1, S. 32–64.

[EXT12]   Externbrink, K.; Lienert, A.; Wilkens, U.: Identifikation von Mitarbeiter- und Teamkompetenzen in hybriden Leistungsbündeln. Industrie Management (2012) 3, S. 65–69.

[FLA06]   Flanagan, J.R.; Bowman, M.C.; Johansson, R.S.: Control Strategies in Object Manipulation Tasks. Current Opinion in Neurobiology 16 (2006) 6, S. 650–659.

[FOG03]   Fogg, B. J. (Hrsg.): Persuasive Technology: Using Computers to Change What We Think and Do. Oxford: Elsevier, 2003.

[FOR05]   Ford, D. P.; Staples, D. S.: Perceived Value of Knowledge: Shall I Give You My Gem, My Coal? In: System Sciences. Proceedings of the 38th Annual Hawaii International Conference on System Sciences, 2005.

[FRI99]   Frieling, E.; Sonntag, K.: Arbeitspsychologie. Bern, Göttingen: Hans Huber, 1999.

[GEG09]   Gegusch R., Geisert C., Höge B., Stelzer C., Rötting M., Seliger G., Uhlmann E.: Multimodal User Support in IPS² Business Model. In: Industrial product-service systems (IPS2) – Proceedings of the 1st CIRP IPS2 Conference, Cranfield University, Cranfield, UK, April 1st–2nd, 2009. Hrsg.: Roy, R.; Shehab, E. Cranfield: Cranfield University Press, 2009, S. 125–131.

[GRU00]   Grunberg, L.; Anderson-Conolly, R.; Greenberg, E. S.: Surviving Layoffs: The Effects on Organizational Commitment and Job Performance. In: Work and Occupations 27 (2000) 1, S. 7–31.

[HAC86]   Hacker, W.: Arbeitspsychologie. Psychische Regulation von Arbeitstätigkeiten. Bern, Göttingen: Hans Huber, 1986.

[HAS03]   Hassenzahl, M.; Burmester, M.; Koller, F.: AttrakDiff: Ein Fragebogen zur Messung wahrgenommener hedonischer und pragmatischer Qualität. In: Mensch & Computer 2003: Interaktion in Bewegung. Hrsg.: Ziegler, J.; Szwillus, G., Stuttgart, Leipzig: B.G. Teubner, 2003, S. 187–196.

[HIL03]   Hildebrandt, M.; Harrison, M.: Putting Time (Back) Into Dynamic Function Allocation. Proceedings of the Human Factors and Ergonomics Society 47th Annual Meeting, 2003, S. 488–492.

[HÖG09]   Höge, B., Schlatow, S., Rötting, M.: Geteilter Sichtbereich und Kommunikation durch Blickbewegungen als intuitive und effektive Unterstützung beim kollaborativen Problemlösen. In: Kooperative Arbeitsprozesse. DGLR-Bericht 2009-02 der 51. Fachausschusssitzung Anthropotechnik. Hrsg.: Grandt, M.; Bauch, A.; Bonn: DGLR e.V., 2009, S. 349–364.

[HÖG11]   Höge, B.: Entwicklung und Evaluation eines Shared-Vision-Systems im Kontext hybrider Leistungsbündel. Berlin, Technische Universität Berlin, Dissertation, 2011. URL: https://opus4.kobv.de/opus4-tuberlin/files/3147/hoege_bo.pdf (Zugriff: 2015-04-29).

[HÖG12]   Höge, B., Schmuntzsch, U., Rötting, M.: Multimodale Nutzerinterfaces in hybriden Leistungsbündeln. In: Integrierte Industrielle Sach- und Dienstleistungen. Hrsg. Meier, H.; Uhlmann, E., Berlin Heidelberg: Springer, 2012, S. 217–243.

[JOH01]   Johansson, R. S.; Westling, G.; Bäckström, A.; Flanagan, J.R.: Eye-Hand Coordination in Object Manipulation. The Journal of Neuroscience. 21 (2001) 17, S. 6917–6932.

[JOH10]   Johnson, J. P.; Waldman, M.: Leasing, Lemons, and Moral Hazard. Journal of Law and Economics 53 (2010), S. 307–328.

[KAD00]   Kazdin, A.E. (Hrsg.): The Encyclopedia of Psychology 1-8. New York: Oxford University Press/American Psychological Association, 2000.

[KIM10]   Kim, T.; Hong, H.; Magerko, B.: Design requirements for ambient display that supports sustainable lifestyle. In: Proceedings of the 8th ACM Conference on Designing Interactive Systems (DIS '10), New York, NY, USA, 2010, S. 103–112.

[KUS05]   Kushleyeva, Y.; Salvucci, D.D.; Lee, F.J.: Deciding when to switch tasks in time-critical multi-tasking. Cognitive Systems Research 6 (2005) 1, S. 41–49.

[LAU08]   Laugwitz, B.; Held, T.; Schrepp, M.: Construction and evaluation of a user experience questionnaire. In: HCI and Usability for Education and Work, Proceedings of the 4th Symposium of the Workgroup Human-Computer Interaction and Usability Engineering of the Austrian Computer Society, USAB 2008, Graz, Austria, November 20-21, 2008. Proceedings. Hrsg. Holziner, A., Berlin, Heidelberg: Springer Verlag, 2008, S. 125–134.

[LEE11]   Lee, M.K.; Kiesler, S.; Forlizzi, J.: Mining behavioral economics to design persuasive technology for healthy choices. Proceedings of the SIGCHI Conference on Human Factors in Computing Systems (CHI '11). ACM, New York, NY, USA, 2011, S. 325–334.

[LIN08]   Lind, S.: Types and sources of fatal and severe non-fatal accidents in industrial maintenance, International Journal of Industrial Ergonomics 38 (2008), S. 927–933.

[MAN98]   Manzey, D.: Psychophysiologie mentaler Beanspruchung. In: Ergebnisse und Anwendungen der Psychophysiologie. Enzyklopädie der Psychologie, Band C/I/5, Hrsg.: Rösler, F. Göttingen: Hogrefe, 1998, S. 799–864.

[MAR11]   Martin, C.; Cegarra, J.; Averty, P.: Analysis of Mental Workload during En-route Air Traffic Control Task Execution Based on Eye-Tracking Technique. In: Proceedings of the 9th international Conference on Engineering Psychology and Cognitive Ergonomics, Orlando, FL, USA, 2011 (EPCE'11). Berlin, Heidelberg: Springer, 2011, S. 592–597.

[MAY99]   Mayhew D.: The usability engineering lifecycle – a practitioner's handbook for user interface design. San Francisco: Academic Press, 1999.

[MEI05]   Meier, H.; Uhlmann, E.; Kortmann, D.: Hybride Leistungsbündel – Nutzenorientiertes Produktverständnis durch interferierende Sach- und Dienstleistungen. wt Werkstatttechnik online, 95 (2005) 7, S. 528–532.

214   U. Schmuntzsch et al.

[MEI08]   Meier, H.; Völker, O.: Industrial Product-Service Systems – Typology of Service
            Supply Chain for IPS² Providing, In: Manufacturing Systems and Technologies for
            the New Frontier – Proceedings of the The 41st CIRP Conference on Manufactu-
            ring Systems May 26–28, 2008, Tokyo, Japan. Hrsg.: Mitsuishi, M., Ueda, K., Ki-
            mura, F., London: Springer Verlag, 2008, S. 485–488.
[NAK13]   Nakajima, T.; Lehdonvirta, V.: Designing motivation using persuasive ambient mir-
            rors. Personal Ubiquitous Comput. 17 (2013) 1, S. 107–126.
[OVI08]   Oviatt, S.: Multimodal Interfaces. In: The Human-Computer Interaction Hand-
            book: Fundamentals, Evolving Technologies and Emerging Applications Hrsg.:
            Sears, A.; Jacko, J. A. Boca Raton, FL: CRC Press, 2008, S. 286–304.
[PRÖ11]   Pröpper, R.: Adaption of cognitive models to dynamically changing mental
            workload. Karlsruher Institut für Technologie, Diplomarbeit, 2011.
[RAS83]   Rasmussen, J.: Skills, Rules and Knowledge. Signals, Signs and Symbols and other
            Distinctions. Human Performance Models, 2-13 (1983) 3, S. 255–266.
[REA03]   Reason, J.; Hobbs, A.: Managing maintenance error: A practical guide. Aldershot,
            Hampshire, U. K., Burlington, VT: Ashgate Publishing Ltd, 2003.
[REI12]   Reichmuth, R.: Entwicklung einer Software zur Nutzerunterstützung im Kontext
            hybrider Leistungsbündel – Verknüpfung von neu entwickelter Datenbank und Ar-
            duino Controller. Berlin, Freie Universität Berlin, Unveröffentlichte Bachelorar-
            beit, 2012.
[RIC01]   Rickel, J.: Intelligent virtual agents for education and training: Opportunities and
            Challenges. IVA 3 (2001), S. 15–22.
[RÖT01]   Rötting, M.: Parametersystematik der Augen- und Blickbewegungen für arbeits-
            wissenschaftliche Untersuchungen. Schriftenreihe Rationalisierung und Humani-
            sierung, Bd. 34., 2001, Zugl. Dissertation, RWTH Aachen. Aachen: Shaker.
[SAL09]   Salvucci, D.D.; Taatgen, N.A.; Borst, J.P.: Toward a Unified Theory of the Multita-
            sking Continuum: From Concurrent Performance to Task Switching, Interruption,
            and Resumption. Proceedings of the SIGCHI Conference on Human Factors in
            Computing Systems (CHI '09). ACM, New York, NY, USA, 2009, S. 1819–1828.
[SCH08]   Schneider, H. S.: Moral Hazard in Leasing Contracts: Evidence from the New York
            CityTaxi Industry. Johnson School Research Paper Series No. 03-09, 2008.
[SCH12a]   Schmuntzsch, U.; Sturm, C.; Rötting, M.: How can multimodality be used to design
            usable interfaces in IPS2 for older employees? Work: A Journal of Prevention, As-
            sessment and Rehabilitation 41 (2012) 1, S. 3533–3540.
[SCH12b]   Schmuntzsch, U.; Reichmuth, R.; Rötting, M.: Nutzerunterstützung durch die Inte-
            gration von handlungsspezifischen Warnungen und Anleitungen. In: VDI-Berichte,
            Vol. 2171: AUTOMATION. Baden-Baden: VDI-Verlag, 2012, S. 411–414.
[SCH12c]   Schmuntzsch, U.; Sturm, C.; Reichmuth, R.; Rötting, M.: Virtual Agent Assistance
            for Maintenance Tasks in IPS² – First Results of a Study. In: Advances in Ergono-
            mics in Manufacturin. Hrsg.: Trzcielinski, S.; Karwowski, W. Boca Raton, FL:
            CRC Press, 2012, S. 221–231.
[SCH13a]   Schmuntzsch, U.; Feldhaus, L. H.: The Warning Glove: Wearable Computing Tech-
            nology for Maintenance Assistance in IPS². Proceedings of the 12th IFAC/IFIP/
            IFORS/IEA Symposium on Analysis, Design, and Evaluation of Human-Machine
            Systems, August 11th–15th 2013, Las Vegas, NV. Hrsg.: Narayanan, S. Amster-
            dam: Elsevier, 2013, S. 70–75.
[SCH13b]   Schmuntzsch, U.; Hartwig, M.; Rötting, M.; Windel, A.: Neue Formen adaptiver
            und handlungsleitender Informationen im Arbeitskontext. Zeitschrift für Arbeits-
            wissenschaft 67 (2013) 3, S. 151–157.

[SCH13c]   Schmuntzsch, U.; Freytag, S. C.: IPSS und Web 2.0 – Anforderungen und Konzept
             für eine Expertenplattform. Proceedings of the 10th Berliner Werkstatt Mensch-
             Maschine-Systeme. Hrsg: Brandenburg, E.; Doria, L.; Gross, A.; Günzler, T.;
             Smieszek, H. Berlin: Universitätsverlag der TU Berlin, 2013, S. 245–251.

[SCH14a]   Schmuntzsch, U.; Sturm, C.; Rötting, M.: The warning glove – Development and
             evaluation of a multimodal action-specific warning prototype. Applied Ergonomics
             45 (2014) 5, S. 1297–1305.

[SCH14b]   Schmuntzsch, U. : Entwicklung und Evaluation des Konzepts der multimodal-
             handlungsspezifischen Warnungen am Beispiel von Warnhandschuh und Warnman-
             schette zur Nutzerunterstützung bei Wartungstätigkeiten im industriellen Kontext.
             Berlin, Technische Universität Berlin, Dissertation, 2014. URL: https://opus4.kobv.
             de/opus4-tuberlin/files/5870/Schmuntzsch_Ulrike.pdf (Zugriff: 2015-04-29).

[SCH14c]   Schmuntzsch, U.; Feldhaus, L. H.: How two become one: Creating Synergy Effects
             by Applying the Joint Interview Method to Design Wearable Technology. In: DU-
             XU 2014, Proceedings Part I, LNCS 8517. Hrsg.: Marcus, A. Berlin, Heidelberg:
             Springer, 2014, S. 173–184.

[TSA07]   Tsai, T.-C.; Hsu, Y.-L.; Ma, A.-I.; King, T.; Wu, C.-H.: Developing a Telepresence
             Robot for Interpersonal Communication with the Elderly in a Home Environment.
             Telemedicine and e-Health 13 (2007) 4, S. 407–424.

[WAL98]   Walsh, J. P.; Tseng, S.: The Effects of Job Characteristics on Active Effort at Work.
             Journal of Work and Occupations 25 (1998), S. 74–96.

[WEG13]   Wegerich, A.; Beckmann, M.; Schmuntzsch, U.; Rötting, M.: Preventing Erroneous
             Operator Behavior and Supporting Optimal Operating Procedures within Industrial
             Product-Service Systems. In: Product-Service Integration for Sustainable Solu-
             tions – Proceedings of the 5th CIRP International Conference on Industrial Pro-
             duct-Service Systems, Bochum, Germany, March 14th–15th, 2013. Hrsg.: Meier,
             H. Berlin, London: Springer, 2013, S. 635–645.

[WIC00]   Wickens, C. D.; Hollands, J. G.: Engineering Psychology and Human Performance.
             3rd Ed., New Jersey: Prentice Hall, 2000.

[WIC12]   Wickens, C. D., Hollands, J. G., Parasuraman, R., Banbury, S.: Engineering psy-
             chology and human performance. 4th Ed. San Francisco: Pearson, 2012.

IPSS-Regelung – Automatisierung des IPSS-Betriebs

10

Niels Raue und Eckart Uhlmann

10.1 Hintergrund und Einführung

Die integrative Betrachtung von Sach- und Dienstleistungen ist ein inhärentes Charakteristikum industrieller Produkt-Service Systeme. Die Erbringung industrieller Produkt-Service Systeme ist daher mit Unsicherheiten verbunden. Der vorliegende Beitrag widmet sich aus diesem Grund einem Ansatz, der mittels Automatisierungstechnik einen stabilen und wirtschaftlichen Betrieb industrieller Produkt-Service Systeme erreichen soll.

Industrielle Produkt-Service Systeme (IPSS) sind synonym zu hybriden Leistungsbündeln zu betrachten. Diese zeichnen sich durch eine „integrierte, sich gegenseitig determinierende Planung, Entwicklung, Erbringung und Nutzung von Sach- und Dienstleistungsanteilen einschließlich ihrer immanenten Softwarekomponenten in industriellen Anwendungen" aus [MEI12]. Weitere Definitionen von hybriden Leistungsbündeln bzw. hybriden Produkten [DIN PAS1094, KER06, SPA06] heben darüber hinaus die Tatsache hervor, dass die integriert betrachteten Sach- und Dienstleistungsanteile der Erfüllung eines übergordneten Kundennutzens dienen. Eine derartig hybride Betrachtung und partielle Substituierbarkeit von Sach- und Dienstleistungen erhöht zwar die Flexibilität des Anbieters bei der Erfüllung des Kundennutzens, vergrößert jedoch gleichzeitig die Komplexität hinsichtlich der termingerechten Planung von Ressourcen und der Durchführung von Erbringungsprozessen. Dies trifft insbesondere auf kooperationsintensive IPSS-Geschäftsmodelle zu, zu denen vor allem die verfügbarkeitsorientierten IPSS-Geschäftsmodelle zu zählen sind, Abb. 10.1.

N. Raue • E. Uhlmann (✉)
Fachgebiet Werkzeugmaschinen und Fertigungstechnik, Technische Universität Berlin,
Berlin, Deutschland
E-Mail: niels.raue@iwf.tu-berlin.de; eckart.uhlmann@iwf.tu-berlin.de

© Springer-Verlag GmbH Deutschland 2017
H. Meier, E. Uhlmann (Hrsg.), *Industrielle Produkt-Service Systeme*,
DOI 10.1007/978-3-662-48018-2_10

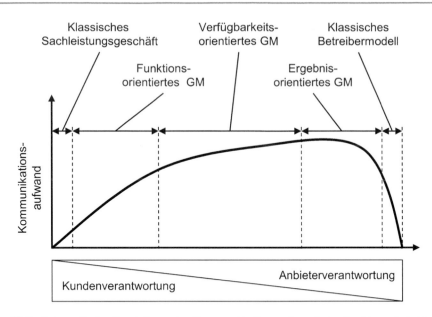

Abb. 10.1 Schematische Darstellung des Kommunikationsaufwands im Spektrum hybrider Geschäftsmodelle (GM) in Anlehnung an Rese et al. [RES13]

In klassischen, transaktionsbasierten Geschäftsmodellen ist der Kundennutzen hauptsächlich auf das physische Produkt [TUK04] zurückzuführen und zwischen Kunde und Anbieter besteht nach Abwicklung des Kaufs kein bzw. lediglich geringer Kommunikationsbedarf. Auf der anderen Seite des Spektrums liegt der hauptsächliche Kundennutzen hingegen in der Dienstleistung. Übertragen auf das industrielle Anwendungsfeld, z. B. der Mikroproduktion, sind dies in erster Linie Betreibermodelle bzw. Pay-per-Produce-Lösungen, wo der Kunde den Anbieter nur noch nach produzierten Teilen bezahlt. Zwischen diesen beiden Extrema liegen die verfügbarkeitsorientierten IPSS-Geschäftsmodelle, welche sich durch hohen Kommunikationsaufwand, Integration des Kunden und externer Netzwerkpartner sowie erheblichem Planungsbedarf auszeichnen.

Voraussetzung für das Angebot von IPSS ist die Möglichkeit des Anbieters, den Kundennutzen in objektiven Kennzahlen auszudrücken, um dessen Erfüllung nachweislich sicherzustellen. Im Rahmen der o. g. IPSS-Geschäftsmodelle bildet beispielsweise die sog. Gesamtanlageneffektivität OEE (engl. overall equipment effectiveness) eine Möglichkeit, einen Kundennutzen im Bereich der Produktionstechnik zu definieren. Die OEE dient in der fertigungsintegrierten Instandhaltung, insb. der sog. Total Productive Maintenance, als maschinenbezogene Zielgröße [NAK95, NES05]. Sie setzt sich aus drei Faktoren zusammen, Verfügbarkeit, Effektivität und Qualitätsrate [VDMA66412-1].

$$OEE = Verfügbarkeit \cdot Effektivität \cdot Qualitätsrate \qquad (10.1)$$

Die OEE dient der ganzheitlichen Beschreibung der Effektivität einer Maschine. Dal et al. [DAL00] geben mit Verweis auf Nakajima [NAK88] Idealwerte von 90 % für die

Verfügbarkeit, 95 % für die Effektivität sowie 99 % für die Qualitätsrate an, was einer OEE von ca 85 % entspricht. In diesem Rahmen soll die Verfügbarkeit näher betrachtet werden. Die Verfügbarkeit lässt sich weiterhin unterteilen in technische und organisatorische Verfügbarkeit. Die technische Verfügbarkeit einer Anlage ist auf die technische Ausfallzeit zurückzuführen, welche wiederum aus Zeiten für Instandsetzung, Warten auf Ersatzteile und Kundendienstpersonal sowie Probeläufe zur Fehlerfindung und Störungsbeseitigung besteht [VDI3423]. Die organisatorische Verfügbarkeit wird hingegen durch die organisatorische Ausfallzeit beeinflusst, welche auf das Fehlen von Energie, Werkstücken oder Werkzeugen zurückzuführen ist [VDI3423]. Zum Angebot verfügbarkeitsorientierter IPSS und zur Erfüllung der o. g. Kundennutzen muss der IPSS-Anbieter in der Lage sein, die definierten Zielvereinbarungen direkt beeinflussen zu können [MAY10].

Aufgrund der Integration von Dienstleistungsanteilen stellen PSS eine Herausforderung für die Automatisierung dar. Hier ist vor allem die Integration eines externen Faktors bzw. des Kunden bei der Leistungserstellung zu nennen [KER06, SPA06], die erforderliche Gleichzeitigkeit von Produktion und Übertragung, dem sog. Uno-Actu-Prinzip [MAL08], sowie die Notwendigkeit, jedes IPSS an individuelle Kundenanforderungen anzupassen [KOR07].

Der Kundennutzen entsteht im Gegensatz zum klassischen Sachleistungsgeschäft nicht durch den einmaligen Verkauf eines Produkts, sondern durch die ständige, bedarfsgerechte Bereitstellung von Sachleistungsanteilen, Ressourcen und Mitarbeitern im Rahmen von Erbringungsprozessen, um einen übergeordneten Kundennutzen zu erfüllen. Dies geschieht in der Regel über Erbringungsprozesse, die durch den Anbieter veranlasst und ausgeführt werden. MEIER UND KORTMANN [MEI06] haben im Zusammenhang mit der Automatisierung des IPSS-Betriebs die Frage aufgeworfen, inwiefern die Erbringungsprozesse durch das IPSS automatisiert ausführbar sind, um auf diese Weise die Wirtschaftlichkeit des IPSS-Betriebs zu erhöhen. Bereits in den 1970er Jahren hat LEVITT [LEV76] auf das Potenzial der Industrialisierung von Dienstleistungen hingewiesen, im Zuge dessen Dienstleistungen unter dem Einsatz technologischer und organisatorischer Verbesserungen zu größerer Effizienz, niedrigeren Kosten und höherer Kundenzufriedenheit verholfen wird. LEIMEISTER [LEI12] argumentiert in diesem Zusammenhang unter Verweis auf WALTHER ET AL. [WAL07], dass der Einsatz von Informationstechnologie (IT) in der Dienstleistungserbringung vergleichbar ist mit den Konsequenzen der Industrialisierung auf die Sachgüterproduktion im 19. Jahrhundert. Dienstleistungen, die sich sowohl durch einen hohen Personal- als auch einen hohen IT-Einsatz auszeichnen, werden als IT-unterstützte Dienstleistungen bezeichnet [LEI12]. Diese lassen sich weiter nach sinkendem Personal- und steigendem IT-Einsatz einteilen in [FIT14, FRO04, LEI12]:

- IT-assistierte Dienstleistungen – Nur der Dienstleistungserbringer hat Zugang zu einer IT-unterstützenden Komponente.
- IT-vereinfachte Dienstleistungen – Neben dem Erbringer wird der Dienstleistungsempfänger ebenfalls in die IT-Interaktion miteinbezogen.

- IT-vermittelte Dienstleistungen – Die Kommunikation zwischen Erbringer und Empfänger verläuft vollständig über IT, der direkte physische Kontakt vor Ort entfällt.
- IT-basierte Customer Self Services – Lediglich der Empfänger der Dienstleistung hat
  Zugang zu IT-Komponenten. Die anbieterseitige Interaktion wird vollständig über IT
  realisiert, z. B. in einem Online-Buchhandel.

SADEK [SAD09] hat in diesem Zusammenhang ein IPSS als einen auf zwei Ebenen kaskadier-
ten Regelkreis beschrieben, Abb. 10.2. Hierbei dient der äußere Regelkreis der Anpassung des
IPSS an sich ändernde Umweltbedingungen durch Neukonfigurierung der Leistungsbestandteile. Ein innerer Regelkreis, die robuste IPSS-Leistungsbasis, hat die Aufgabe, die sog. Führungsleistung w des IPSS automatisch aufrechtzuerhalten. Erst wenn der innere Regelkreis
die Störeinflüsse nicht mehr kompensieren kann, wird auf der übergeordneten Ebene durch
eine Anpassung des IPSS reagiert, um die Erfüllung des Kundennutzens bzw. die Stabilisierung der Führungsleistung zu gewährleisten. In diesem Rahmen soll der innere Regelkreis
näher betrachtet werden. Die Führungsleistung ist mit den o. g. Zielgrößen der technischen
bzw. organisatorischen Verfügbarkeit gleichzusetzen.

Die Automatisierung des IPSS-Betriebs setzt somit auch die Automatisierung der
Stellvorgänge voraus, um die Führungsleistung w zu stabilisieren. Die in diesem Beitrag

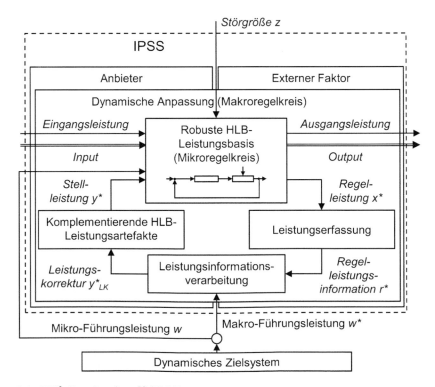

Abb. 10.2 IPS²-Grundstruktur [SAD09]

betrachteten industriellen Produkt-Service Systeme im Anwendungsfeld der Mikroproduktionstechnik zeichnen sich jedoch dadurch aus, dass sich bestimmte Dienstleistungsanteile aufgrund ihrer Eigenschaften nicht vollständig automatisieren lassen. Dies gilt insbesondere für Erbringungsprozesse im Bereich der Instandhaltung. Derartige Prozesse lassen sich nach DIN EN 13306 [DIN EN13306] in fünf verschiedene Komplexitätsstufen einteilen:

1. Einfache Tätigkeiten, welche von geringfügig geschultem Personal ausgeführt werden können
2. Grundmaßnahmen, die qualifiziertes Personal nach detaillierten Vorgehensweisen durchführen kann
3. Komplexe Tätigkeiten, die durch qualifiziertes technisches Personal gemäß detaillierten Vorgehensweisen ausgeführt werden
4. Tätigkeiten, die Kenntnisse über bestimmte Technik oder Technologien voraussetzen und daher durch darauf speziell geschultes technisches Personal bewerkstelligt werden muss
5. Tätigkeiten, die zusätzlich herstellerspezifisches Spezialwissen und industrielles Versorgungs- bzw. Unterstützungsgerät erfordern

Um verfügbarkeitsorientierte IPSS-Geschäftsmodelle anbieten zu können, muss der Anbieter in der Lage sein, Prozesse aller o.g. Ebenen erbringen zu können. Hierzu muss er eine entsprechende Erbringungsorganisation sowie Personal und Infrastruktur vorhalten.

10.2   Konzept zur agentenbasierten Automatisierung des IPSS-Betriebs

10.2.1 Architekturentwurf

Auf Basis der oben skizzierten Anforderungen wurde für die IPSS-Regelung ein Agentensystem entwickelt, um den Betrieb eines IPSS einschließlich seiner Erbringungsprozesse zu automatisieren und in Echtzeit auf Störeinflüsse zur Stabilisierung der Führungsleistung w zu reagieren [UHL12a, UHL13]. Leitbeispiel dieses Beitrags ist ein IPSS im Bereich der Mikroproduktionstechnik, Abb. 10.3.

Hierzu wurde die Gaia-Methode zum agentenorientierten Softwareentwurf verwendet [WOO00]. Dafür wurden relevante Einflüsse auf die Verfügbarkeit im Betrieb des IPSS identifiziert und Maßnahmen zur Beherrschung dieser Einflüsse abgeleitet. Anschließend wurden Rollen bestimmt, welche für die Ausführung dieser Maßnahmen verantwortlich (funktionsbedingte Rollen) bzw. an der Ausführung beteiligt sind (strukturbedingte Rollen). Diese Rollenbeschreibung ist abstrakt gehalten, sodass sie sowohl von Menschen, als auch von einem Programm oder Roboter erfüllt werden könnte. Anschließend wurden diese Rollen anhand spezieller Clustering-Kriterien [BUS04] zu Agententypen zusammengefasst, um bei der Konzeption praktische Aspekte zu berücksichtigen und z.B.

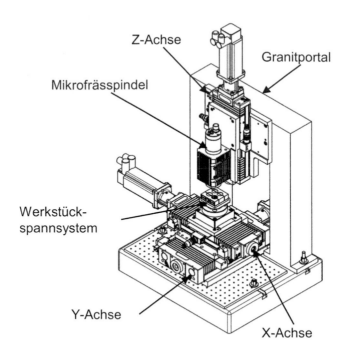

Abb. 10.3 Prototypische Dreiachs-Mikrofrässtation [UHL12b]

unnötig hohen Kommunikationsaufwand zu vermeiden. Für das Beispiel der technischen Verfügbarkeit ist diese Zuordnung in Abb. 10.4 dargestellt. Hierbei sind neben den Vertragsparteien Anbieter, Kunde und Netzwerkpartner die Akteure Werkzeugmaschine, Maschinenbediener sowie Servicetechniker durch jeweils einen Agententypen vertreten. Demzufolge werden die jeweiligen Agententypen der Kategorie der Parteienagenten bzw. der Akteursagenten zugeordnet. Systeme, welche die an der Ausführung der Erbringungsprozesse beteiligt sind, werden über sog. Schnittstellenagenten in das Agentensystem eingebunden. Hierzu gehört die Softwareschnittstelle zu einem Sensorbus des Herstellers NATIONAL INSTRUMENTS, Austin, Texas, USA, zum Auslesen von Messwertaufnehmern wie z. B. Beschleunigungs- oder Temperatursensor.

Weiterhin ist die Steuerung der Mikrofrässtation über einen Schnittstellenagenten in das Agentensystem eingebunden, um über eine bidirektionale Kommunikation Daten auszulesen und Befehle zu senden. Durch einen Werkzeugkoffer-Schnittstellenagenten können einerseits über RS232-Schnittstelle verbundende Messmittel des Servicetechnikers, z. B. digitaler Drehmomentschlüssel oder Messschieber, eingebunden werden. Andererseits können über ein RFID-Antennensystem, welches über diesen Schnittstellenagenten mit dem Agentensystem kommuniziert, Werkzeuge und Ersatzteile im Werkzeugkoffer der Servicetechniker erfasst werden. Das IPSS-Execution System (IPSS-ES), ein System zur operativen Ressourceneinsatzplanung (Kap. 7), ist über den IPSS-ES-Agenten mit dem Agentensystem verbunden. Über diese Schnittstelle kann beispielsweise der Werkzeugmaschinenagent

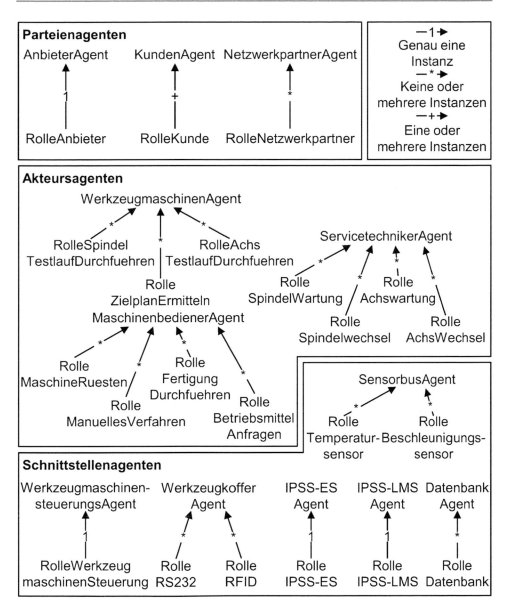

Abb. 10.4 Agentenmodell als Ergebnis des Clusterings

einen Serviceeinsatz auslösen, welcher daraufhin einschließlich der benötigten Mitarbeiter und Ressourcen vom IPSS-ES eingeplant wird. Zuletzt ist das IPSS-Lifecycle-Management-System (IPSS-LMS), ein System zur Verwaltung sämtlicher lebenszyklusrelevanter Daten eines IPSS (Kap. 11), über den IPSS-LMS-Agenten in den IPSS-Betrieb eingebunden. Über diese Schnittstelle können relevante Daten, die während des Normalbetriebs oder

eines Erbringungsprozesses entstehen, zentral beim Anbieter erfasst und verwaltet werden.
Hierzu gehört z. B. die Aktualisierung von Komponentendaten (Typennummer, Betriebsstunden etc.) bei einem Serviceeinsatz.

10.2.2 Detailentwurf

Im Anschluss an den Architekturentwurf erfolgt die Ausgestaltung der einzelnen Agententypen im Rahmen des Detailentwurfs. Hierbei wird zwischen den drei o. g. Ebenen, der
Parteien-, Akteurs- und Schnittstellenebene unterschieden, Abb. 10.5.

10.2.2.1 Parteienebene

Auf der obersten Ebene der Automatisierungsarchitektur befinden sich die Parteienagenten,
welche die Parteien der IPSS-Vertragsbeziehung repräsentieren. Sie erfüllen die Aufgabe, die
definierte Führungsleistung w durch deren Erfassung und die entsprechende Veranlassung
von Erbringungsprozessen zu stabilisieren. Der Anbieteragent als Vertreter des IPSS-Anbieters besitzt in diesem Beispiel den größten Funktionsumfang. Durch ein abstraktes Zustands-
modell wird der Kundennutzen bzw. die Führungsleistung w beschrieben. Im diesem Falle ist
dies die Verfügbarkeit und der Abnutzungsgrad der Mikrofrässtation. Die Verfügbarkeit wird
durch die Erfassung der Betriebsbereitschaft der Werkzeugmaschine ermittelt. Sie beschreibt
das Verhältnis von betriebsbereiter Zeit (Klarzeit) zu Planbelegungszeit bezogen auf ein vertraglich festgelegtes Zeitfenster, i. d. R. einen Monat. Der Abnutzungsgrad der Werkzeugmaschine wird durch die Bildung eines einheitslosen Zustandswertes gebildet, welcher durch
einen zyklischen Selbsttest bestimmt wird. Im Rahmen dieser Anwendung wird der Selbsttest
beispielhaft für die Spindel der Mikrofräsmaschine durchgeführt.

Die Planauswahl erfolgt unter Einsatz von Fuzzy Logik. Fuzzy Logik beschreibt eine
Theorie der unscharfen Mengenlehre und stellt eine Verallgemeinerung der Booleschen
Logik dar [ZAD65]. Im Vergleich zur Booleschen Mengenlehre, bei der ein Element x nur
den Aussagen wahr oder falsch zugeordnet werden kann (scharfe Zuordnung), können mittels Fuzzy Logik auch graduelle Zugehörigkeiten eines Elements zu einer Menge ausge-
drückt werden (unscharfe Zuordnung) [ROS02]. Eine solche unscharfe Menge kann somit
Elemente mit verschieden ausgeprägter Zugehörigkeit enthalten. Die jeweiligen Ausprä-
gungsgrade werden mit sog. Zugehörigkeitsfunktionen beschrieben. [FAV04]. Auf diese
Weise können im Anschluss logische bzw. fuzzylogische Operationen mit diesen Mengen
auszuführen. Die Operationen basieren auf Regeln, welche in einem Regelwerk festgehalten sind, das aus einer Menge an fuzzylogischen Aussagen in der Form WENN (Bedingung) DANN (Aktion) besteht. Der erste Teil der Regel (Bedingung) wird durch eine oder
mehrere fuzzylogisch verknüpfte Aussagen gebildet. Analog zur booleschen Logik wird
diese Verknüpfung über UND- bzw. ODER-Operatoren hergestellt, mittels derer Schnitt-
oder Vereinigungsmengen mehrerer linguistischer Terme erreicht werden können. Diese
Anwendung der Regeln wird Inferenz genannt.

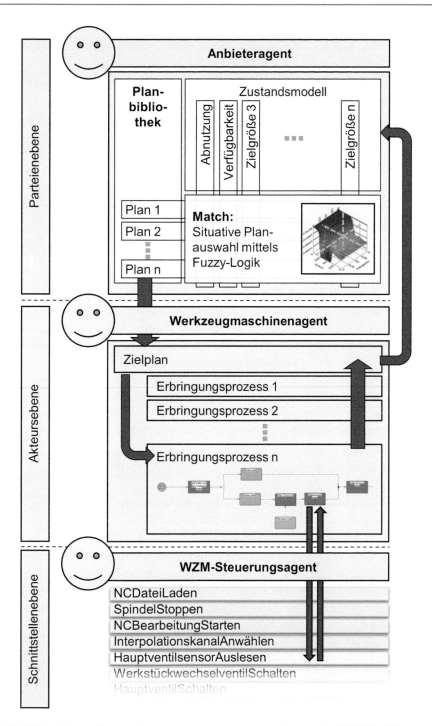

Abb. 10.5 Funktionsweise des Agentensystems zur Automatisierung des IPSS-Betriebs

Mittels des Einsatzes von Fuzzy Logik sollen im Rahmen dieses Beitrages zwei Vortei-le erreicht werden. Der erste Vorteil ist die Möglichkeit, Bezüge zwischen Ein- und Aus-gangsgrößen eines Systems unter Verwendung linguistischer Regeln ohne vollständig erfasstes physikalisches Wirkmodell herzustellen. [ROS02]. Auf diese Weise kann eine zwar vereinfachte, jedoch stabile Regelung komplexerer Systeme erreicht werden [ROM93]. Der zweite Vorteil ist die einfache Erweiterbarkeit des Reglermodells, welche aus der linguistischen Modellierung resultiert. Durch das Editieren, Hinzufügen und Ent-fernen von Regeln können neue Ein- und Ausgänge bzw. Anpassungen hinsichtlich der Führungsleistung w unter geringem Aufwand berücksichtigt werden, um bei geänderten Randbedingungen ein gefordertes Systemverhalten zu erzeugen.

10.2.2.2 Akteursebene

Zur Ausführung der Erbringungsprozesse stehen die Parteiagenten in kontinuierlichem Kontakt mit den Akteursagenten. Diese repräsentieren Akteure im IPSS-Betrieb Somit ist die Akteursebene als operative Ebene des Betriebs zu betrachten. Bei den Akteuren wird unterschieden zwischen Mitarbeitern des IPSS-Anbieters oder des Kunden (menschliche Kernressourcen nach SADEK [SAD09]) sowie mechatronischen Kernsystemen [SAD09].

Bereits in Abschn. 10.1 wurde darauf hingewiesen, dass aufgrund der inhärenten Dienst-leistungscharakteristika und der z. B. damit verbundenen Notwendigkeit der Integration eines externen Faktors eine vollständige Automatisierung nicht bei allen Erbringungspro-zessen möglich ist. Daher werden bei der Automatisierung der Erbringungsprozesse auf der Akteursebene drei verschiedene Kategorien von Prozessen unterschieden:

- Vollständige Automatisierung
- Assistenzmodus
- Beschränkung und Dokumentation

Diese Prozesstypen werden im Folgenden kurz näher erläutert.

10.2.2.2.1 Vollständige Automatisierung

In diese Kategorie fallen Erbringungsprozesse, welche vollständig automatisiert, d. h. ohne menschlichen Eingriff, vom Akteursagenten durchgeführt werden können. In dem beschrie-benen Ansatz werden die Erbringungsprozesse a-priori modelliert, in einer Prozessdaten-bank gespeichert und können anschließend durch einen Akteursagenten ausgeführt werden. Erbringungsprozesse werden somit als sequenzielle Folge von Prozessschritten betrachtet, welche wiederum als geschlossene Funktionen behandelt werden [MEI01]. Diese Funktio-nen sind in Form von Diensten auf der Schnittstellenebene implementiert und werden im Sinne einer prozessabhängigen Ablaufsteuerung [DIN19226-5] von den Akteursagenten aufgerufen.

10.2.2.2.2 Assistenzmodus

Eine vollständige Automatisierung ist für manche Erbringungsprozesse nicht möglich. Dies ist zum einen zurückzuführen auf die inhärenten Dienstleistungscharakteristika von IPSS, insb.

die notwendige Integration des externen Faktors zur Leistungserstellung. Im verfügbarkeitsorientierten Geschäftsmodell wird der Kundennutzen beispielsweise durch die Sicherung der
Verfügbarkeit erfüllt, obwohl der Kunde die Maschine frei bedienen kann. Eine vollständige
Automatisierung aller Abläufe an der Werkzeugmaschine würde daher der Intention des Geschäftsmodells widersprechen, da der Kunde in seiner Flexibilität stark eingeschränkt wäre.
Zum anderen können bestimmte Erbringungsprozesse aufgrund ihrer Prozesseigenschaften
nicht automatisiert werden. Hierzu sind insbesondere die bereits eingangs erwähnten Erbringungsprozesse aus dem Bereich der Instandhaltung zu zählen, die sich durch einen hohen Anteil an manuellen Prozessschritten sowie teilweise komplexe Verläufe auszeichnen. Eine
vollständige Automatisierung derartiger Erbringungsprozesse wäre z. B. durch einen Roboter
theoretisch möglich, würde jedoch für den IPSS-Anbieter einen unverhältnismäßig hohen Aufwand implizieren.

Der Assistenzmodus dient daher der Integration menschlicher Kernressourcen, z. B. Maschinenbediener oder Servicetechniker, in den IPSS-Betrieb. Durch die schrittweise Unterstützung auf der Handlungsebene über eine grafische Bedienschnittstelle werden Mitarbeiter
strukturiert durch den Erbringungsprozess geführt. Auf diese Weise erhält der Mitarbeiter
Anweisungen bei der Ausführung vormodellierter Erbringungsprozesse und hat darüber hinaus die Möglichkeit, durch die Kommunikation über das Agentensystem einzelne Diagnose-
und Montageschritte automatisiert durchführen und dokumentieren zu lassen.

Ähnlich wie bei den vollständig automatisierten Erbringungsprozessen wird beim Assistenzmodus ein modularer Ansatz verfolgt, welcher entsprechende Handlungen beschreibt und in einer Datenbank verwaltet, um eine Wiederverwendung zu erlauben. In
diesem Rahmen wurde eine solche Datenbank, der sog. Prozessbaukasten, mit einem initialen Bestand von 247 Handlungen erstellt. Die Handlungen sind dabei derartig attribuiert, dass eine automatische Generierung von Handlungsanweisungen zur Anzeige auf der
Bedienschnittstelle des Akteursagenten Servicetechniker möglich ist, Abb. 10.6.

10.2.2.2.3   Beschränkung und Dokumentation

Im Gegensatz zum Assistenzmodus werden in der Prozesskategorie Beschränkung und Dokumentation keine a-priori modellierten Erbringungsprozessmodelle zugrunde gelegt.
Vielmehr schränkt dieser Modus das Bedienverhalten der Anlage in Abhängigkeit des Geschäftsmodells ein, indem über die Bedienschnittstelle der Werkzeugmaschine eine Menge
bestimmter Funktionen zur Verfügung gestellt wird, die vom Bediener in selbstbestimmter
Reihenfolge und innerhalb festgelegter Parametergrenzen genutzt werden können. Zusammen mit der Dokumentation der vom Bediener hervorgerufenen Funktionsaufrufe können
auf diese Weise Formen des Opportunismus, welche ein für die Anlage nachteiliges Bedienverhalten zufolge haben und durch das verfügbarkeitsorientierte Geschäftsmodell bedingt sind, verhindert werden. Hierzu zählen beispielsweise das sog. Hold-Up (dt. aufhalten)
und die sog. Moral Hazard (dt. moralische Gefahr) [HOG07]. Hold-Up beschreibt eine
negative Verhaltensänderung des Kunden bei Abschluss eines Vertrags und damit verbundenen neuen Abhängigkeitsverhältnissen. Bei Moral Hazard hingegen handelt es sich um
die Tatsache, dass der Anbieters sich auf das korrekte Verhalten des Kunden verlässt, ohne
jedoch die Möglichkeit zu besitzen, dieses wirklich überprüfen zu können. HOGREVE

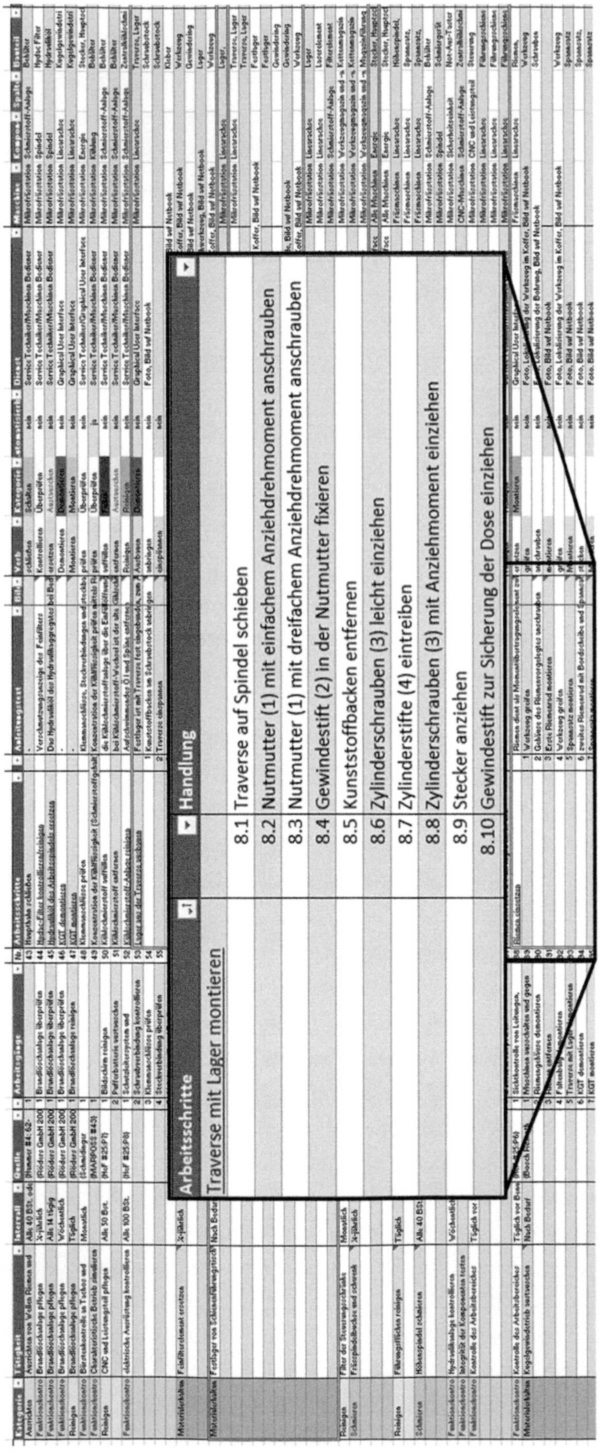

Abb. 10.6 Prozessbaukasten zur modularen Konfiguration von Erbringungsprozessen im Assistenzmodus

[HOG07] nennt als Grund für beide Formen des Opportunismus die asymmetrische Informationsverteilung zwischen Kunde und Anbieter und sieht im Monitoring („Überwachung") des Kundenverhaltens einen Ansatz, einen erhöhten Verhaltensdruck beim Kunden zu erzeugen und opportunisitisches Verhalten aufzudecken.

10.2.2.3   Schnittstellenebene

Auf der unteren Ebene des Agentensystems befinden sich die Schnittstellenagenten. Diese fungieren als Schnittstellen des Agentensystems zur Umwelt und haben die Aufgabe, eine physische Wirkung auf das IPSS zu erzielen. Sie sind daher mit den Mess- und Stellgliedern eines Regelkreises zu vergleichen. Zur Integration sämtlicher zum IPSS-Betrieb benötigten Komponenten werden hierzu Schnittstellenagenten für jedes einzubindende System implementiert. Zu diesen Systemen, die aus dem bereits o. g. Agentenmodell zu entnehmen sind, zählen sowohl mechatronische als auch informationstechnische Systeme. Die Schnittstellenagenten besitzen hierbei die Aufgabe, die für den IPSS-Betrieb relevanten Funktionen der Systeme über i.d.R. proprietäre Programmierschnittstellen (engl. application programming interfaces – API) aufrufen zu können und innerhalb des Agentensystems den Akteursagenten über das Angebot sog. Dienste bereitzustellen. Die Schnittstelle zur Werkzeugmaschinensteuerung des Herstellers BECKHOFF, Verl, mittels der sog. proprietären ADS-Schnittstelle (engl. automation device specification) wird beispielsweise über das den Schnittstellenagenten Werkzeugmaschinensteuerung realisiert. Dieser ist daher als Übersetzer zwischen der Agentenkommunikation und der ADS-Schnittstelle der Werkzeugmaschine zu betrachten, über den Informationen und Befehle mit der Werkzeugmaschine ausgetauscht werden können.

10.3   Umsetzung am Beispiel der Mikroproduktionstechnik

10.3.1 Szenario

Die Umsetzung des vorgestellten Konzepts zur Automatisierung des IPSS-Betriebs erfolgt anhand eines Anwendungsbeispiels im Bereich der Mikroproduktionstechnik. Mikroproduktion bezeichnet die Fertigung von Bauteilen mit mindestens einem kritischen Maß oder funktionalem Merkmal im Mikrometerbereich [HAN06]. Die Mikroproduktionstechnik zeichnet sich dadurch aus, dass eine Beherrschung der Produktionsprozesse im Vergleich zu konventionellen Fertigungsverfahren mit hohem Aufwand und Know-How-Aufbau verbunden sind. Daher besteht in diesem Anwendungsfeld ein hoher Bedarf an industriellen Produkt-Service Systemen, da der Kunde bei individuellen Problemstellungen durch flexibel konfigurierbare Leistungsanteile unterstützt wird. Auf diese Weise können Eintrittsbarrieren für produzierende Unternehmen abgebaut werden, z.B. durch gezielten Wissentransfer in Form von Schulungen oder dem Angebot von Verfügbarkeitsgarantien für komplexe Werkzeugmaschinen.

Im Anwendungsbeispiel beabsichtigt ein fiktives Anbieterunternehmen, der Uhrenhersteller Omichron, für die Fertigung von Präzisionsbauteilen Kompetenzen im Bereich der Mikroproduktion aufzubauen [BOS14, UHL12b]. Hierzu tritt er an den IPSS-Anbieter MicroS+ heran. Im Zuge der Geschäftsbeziehung wird zunächst eine Dreiachs-Mikrofrässtation vor Ort beim Kunden Omichron vom Anbieter MicroS+ betrieben und das Omichron-Personal geschult. Nach einem bestimmten Zeitraum wird dem Kundenunternehmen Omichron die Fertigungsverantwortung übertragen und darüber hinaus die technische Verfügbarkeit dieser Anlage vom IPSS-Anbieter garantiert. In einer späteren Lebenszyklusphase wird die Verfügbarkeitsgarantie zusätzlich auf die organisatorische Verfügbarkeit ausgeweitet, im Speziellen die Verfügbarkeit von Werkzeugen und Rohmaterial für die Fertigung an der Mikrofrässtation.

10.3.2 Implementierung

10.3.2.1 Hardwareumgebung

Im Zentrum der Hardwareumgebung des dargestellten IPSS steht die prototypische Dreiachs-Mikrofrästation, Abb. 10.7. Diese besteht aus einer wälzgelagerten Spindel SK 4064 des Herstellers SYCOTEC, Leutkirch im Allgäu, und zwei Linearachsen TKK 155 Al und einer Linearachse TKK 225 Al der Firma BOSCH REXROTH, Lohr am Main. Die Mikrofrässtation wird über die Software TwinCAT 2.11 des Herstellers BECKHOFF, Verl, gesteuert, welche auf einem Industrie-Personal Computer (IPC) betrieben wird. Die Kommunikation zwischen dem Steuerungsrechner und den Komponenten der Mikrofrässtation erfolgt über einen Profibus-Controller (Bustakt BT = 1 ms), welcher über ein entsprechendes Buskabel mit den Steuerteilen der Komponenten verbunden ist.

Abb. 10.7 Hardwareumgebung des Agentensystems zur IPSS-Automatisierung: Verkettete Produktionsumgebung mit Mikrofrässtation (links), Werkzeugkoffer zur Servicetechnikerunterstützung (rechts)

Weiterhin sind zwei piezoelektrische Sensoren vom Typ 4518-003 des Herstellers BRÜEL & KJAER, Bremen, zur Aufnahme von Wälzlagerschwingungen in das Gehäuse der Spindel integriert. Die Sensoren sind in der Nähe der Außenringe der beiden Wälzlager angebracht. Darüber hinaus sind sowohl in den beiden wälzlagernahen Bereichen als auch am Spindelstator Thermoelemente des Herstellers OMEGA, Stamford, Conneticut, USA, zur Aufnahme von Temperaturwerten eingebracht. Die Beschleunigungssensoren sind mit dem Modul NI 9233, die Thermoelemente mit dem Modul NI 9211 des Herstellers NATIONAL INSTRUMENTS, Austin, Texas, USA, verbunden. Beide Module sind wiederum mittels der Modulaufnahme NI cDAQ-9178 von NATIONAL INSTRUMENTS über Universal Serial Bus (USB) mit einem Messrechner verbunden.

Über ein mobiles Unterstützungssystem für Servicetechniker, Abb. 10.7, erfolgt die Integration der IPSS-Erbringungsprozesse für Instandhaltungsmaßnahmen in das Agentensystem zur IPSS-Automatisierung. Dieses ist in einem fahrbaren und somit leicht transportfähigen Werkzeugkoffer integriert. Kern des Unterstützungssystems bildet ein Notebookrechner Eee PC 1005PE des Herstellers ASUS, Taipeh, Taiwan. Weitere Sensoren und elektronische Werkzeuge sind über einen USB-Verteiler mit dem Rechner verbunden. Der Akteursagent Servicetechniker ist auf dem Notebookrechner instanziiert, um den Servicetechniker auf diese Weise in die IPSS-Automatisierung einzubinden. Über die Anzeige interaktiver Handlungsanweisungen und die Erfassung von Prozessschrittergebnissen wird die strukturierte Durchführung und Dokumentation von Erbringungsprozessen erlaubt. Zur Erfassung wird unter anderem ein elektronischer Drehmomentschlüssel DAZ-T 50 der Firma SALTUS, Solingen, eingesetzt, um die Messung von Drehmomenten bei der Durchführung von Montageprozessen zu ermöglichen. Auf diese Weise kann ein Abgleich von im Erbringungsprozessmodell hinterlegten Sollwerten erfolgen und die Montage entsprechend dokumentiert werden. Weiterhin ist ein digitaler Messschieber MahrCal 16 EWR des Herstellers MAHR, Göttingen, in das Unterstützungssystem integriert. Dieser wird zur Erfassung von Abständen und Durchmessern im Rahmen von Montage- und Diagnoseprozessschritten eingesetzt.

Mittels der Radio Frequency Identification (RFID)-Technologie erfolgt weiterhin die Erfassung von Werkzeugen und Ersatzteilen zwecks Identifikation und Rückverfolgbarkeit. Hierzu ist ein stiftförmiges RFID-Lesegerät vom Typ P.E.N.-Reader der Firma MICROSENSYS, Erfurt, über USB mit dem Notebookrechner verbunden. Darüberhinaus befindet sich in der unteren Schublade des Werkzeugkoffers ein stationäres RFID-System, welches aus fünf Antennen besteht, die über ein Buskabel mit dem Lesegerät Q10 der Firma MICROSENSYS verbunden sind. Dieses System soll die automatische Erfassung von Ersatzteilen und Werkzeugen innerhalb des Koffers gewährleisten, z. B. um die Mitnahme von im Erbringungsprozessmodell hinterlegten Ersatzteilen sicherzustellen oder die Mitnahme teurer Spezialwerkzeuge nach Beendigung des Erbringungsprozesses vor Ort.

Mehrere stationäre Personal Computer (PC) im Bereich der Mikrofrässtation dienen als verteilte Laufzeitumgebung für die Kernkomponenten des Agentensystems und sind über Local Area Network (LAN) oder Wireless Local Area Network (WLAN) miteinander verbunden.

10.3.2.2 Softwareumgebung

Das Agentensystem zur IPSS-Automatisierung basiert auf der Java-basierten Middleware JADE, was für die englische Bezeichnung Java Agent Development Framework steht. Durch eine derartige Middleware wird eine Verbindungsschicht zwischen einer Architektur aus verteilten Systemen und den darauf ausgeführten Anwendungen geschaffen [TAN07]. JADE kann sowohl zur Entwicklung, als auch zur Ausführung von auf dem Agentenparadigma basierenden peer-to-peer-Applikationen eingesetzt werden [BEL03]. JADE ist weiterhin auf den Spezifikationen der Foundation for Intelligent Physical Agents (FIPA) aufgebaut und daher eine systemübergreifende Interoperabilität mit anderen, FIPA-konformen Agentenplattformen. Zu dieser Interoperabilität gehören vordefinierte Interaktionsmuster (engl. interaction protocols), verschiedene Sprechakte (engl. performatives) sowie standardisierte Kommunikationselemente (Symbol, Inhalt, Nachricht, Umschlag).

Durch JADE werden sämtliche Infrastrukturkomponenten zum Betrieb des Agentensystems bereitgestellt. Hierzu gehören für jeden Agenten zugängliche Dienste wie z.B. das Lebenszyklusmanagement (engl. life cycle management), Registrierungsdienst (engl. white page service), Gelbe-Seiten-Dienst (engl. yellow page service) oder Nachrichtentransport (engl. message transport service). Über die von JADE zur Verfügung gestellten Funktionen kann der Betrieb des Agentensystems verteilt auf mehreren Rechnern im Netzwerk erfolgen, Abb. 10.8.

Auf jedem beteiligten Rechner wird dazu mindestens ein sog. Container ausgeführt, welcher die von den Agenten benötigte Infrastruktur, wie z.B. Dienste zur Kommunikation und zum Betrieb, in betriebssystemunabhängiger Weise einheitlich zur Verfügung stellt.

Zusätzlich zu sämtlichen regulären Containern im Agentensystem enthält der sog. Hauptcontainer als zentraler Bestandteil der Platform die Containertabelle (engl. container table – CT) mit den Adressen und Objektreferenzen sämtlicher anderen Container sowie die globale Agentenbeschreibungstabelle (engl. global agent description table – GADT), welche als zentrales Register sämtlicher in der Plattform befindlichen Agenten einschließlich ihres Orts und Status dient. Darüberhinaus wird im Hauptcontainer der Directory Facilitator-Agent (DF) für die Bereitstellung eines Gelbe-Seiten-Dienstes betrieben, bei dem jeder Agent seine verfügbaren Dienste registriert. Mittels des DF können Dienste von anderen Agenten angeboten und gesucht werden. Die Funktionaliät des DF ist in der FIPA-Spezifikation 023 definiert [FIPA023] und setzt das Konzept des in FIPA-Spezifikation 001 beschriebenen Agent Directory Service um [FIPA001]. Weiterhin ist der DF in der Lage, sämtliche aktive Agenten durch einen Benachrichtigungsdienst über die Neuregistrierung oder Veränderung von Diensten nach festgelegten Kriterien zu informieren.

Das Agentenmanagement-System (engl. agent management system – AMS) ist ebenfalls ein auf dem Hauptcontainer instanziierter Agent, welcher die gesamte Plattform überwacht und die sog. Agentenidentifikation (engl. agent identification – AID) nach der obligatorischen initialen Registrierung jedes Agenten vergibt. Sämtliche Container sind über das interne Nachrichtentransport-Protokoll (engl. internal message transport protocol – IMTP) miteinander verbunden. Weiterhin verfügt jeder Container über eine Kopie des GADT sowie eine lokale Agentenbeschreibungstabelle (engl. local agent description

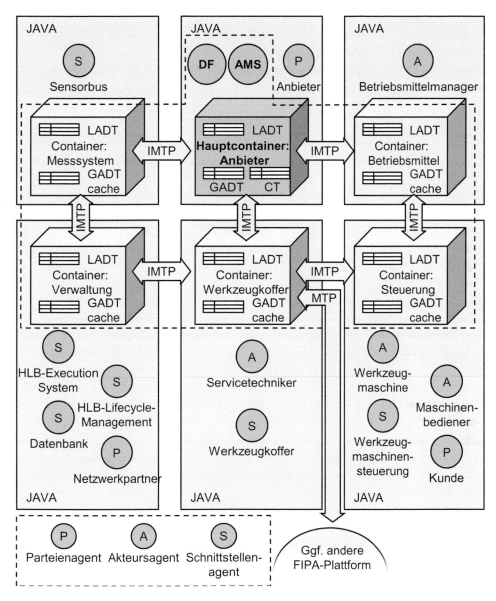

Abb. 10.8 Architektur des Agentensystems zur IPSS-Automatisierung in Anlehnung an die JADE-Architektur [BEL07]

table – LADT). Die Agenten kommunizieren untereinander über sog. ACL-Message-Objekte, welche in FIPA-konformer Weise standardisierte Sprechakte gemäß der Agent Communication Language (ACL) repräsentieren. Eine effiziente Kommunikation ist bei der Umsetzung von großer Bedeutung, insbesondere wenn man bedenkt, dass die Kommunikation zwischen Agenten ressourcen- und damit kostenintensiv ist [FRI11].

10.3.3 Anwendung

10.3.3.1 Technische Verfügbarkeit

Zunächst wird im Rahmen der dargestellten Kunden-Anbieter-Beziehung die technische Verfügbarkeit sichergestellt. Das IPSS besteht in diesem Falle aus dem Sachleistungsanteil „Werkzeugmaschine" und dem Dienstleistungsanteil „Sicherung der technischen Verfügbarkeit". Der Dienstleistungsanteil lässt sich weiter untergliedern in Erbringungsprozesse, welche in sog. Zielplänen definiert sind und zyklisch oder ereignisgesteuert zur Erfüllung des Kundennutzens – in diesem Beispiel die Aufrechterhaltung der Verfügbarkeit – vom IPSS-Anbieter oder entsprechenden Netzwerkpartnern erbracht werden. In diesem Fall zählen zu den Erbringungsprozessen zyklisch durchzuführende Selbsttests, die den Zustand kritischer Maschinenkomponenten wie Spindel und Linearachsen in festen Zeitabständen beurteilen. Über die dargestellte Architektur können sämtliche für den Selbsttest benötigten Systeme in den Erbringungsprozess eingebunden werden, z. B. Werkzeugmaschinensteuerung, Sensoren und IT-Systeme. Die jeweiligen Systeme sind über die Schnittstellenagenten in das Agentensystem integriert. Über Dienste, welche die Schnittstellenagenten zur Verfügung stellen, können die Funktionen der Systeme von den Akteursagenten, in diesem Falle dem Werkzeugmaschinenagenten, genutzt werden. Für jeden Erbringungsprozess muss der Akteursagent vorher die Verfügbarkeit aller benötigten Dienste klären, um im Anschluss die Durchführung zu veranlassen. Dies geschieht durch die Kommunikation mit den beteiligten Schnittstellenagenten, Abb. 10.9.

Im Falle eines kritischen Trends wird ein Serviceeinsatz zum Tausch der entsprechenden Komponente geplant und durchgeführt. Dieser Prozess ist ereignisgesteuert und wird vorab durch das IPSS-Execution System zur operativen Ressourceneinsatzplanung der Servicetechniker und Ersatzteile geplant [MEI13a, MEI13b]. Der anschließende Serviceeinsatz findet am Sachleistungsanteil beim Kunden vor Ort statt und wird durch das Agentensystem zur IPSS-Automatisierung durch die oben beschriebene Servicetechnikerunterstützung berücksichtigt.

Hierzu kann der Servicetechniker nach Ankunft an der Maschine des Kunden die mobile Unterstützungumgebung nutzen, Abb. 10.10 (I). Durch die Erfassung des zu tauschenden Bauteils über ein stiftförmiges RFID-Lesegerät können relevante Betriebsinformationen (Seriennummer, Laufleistung etc.) über das Agentensystem direkt zum IPSS-Lifecycle-Management-System übermittelt werden, Abb. 10.10 (II). Nach der Demontage der Spindel wird die Austauschspindel gemäß der Anweisungen im Prozessmodell vorbereitet, Abb. 10.10 (III), und eingesetzt, Abb. 10.10 (IV). Bei der Montage werden Prozessparameter wie Anzugsdrehmomente, Abb. 10.10 (V), und Einbauposition, Abb. 10.10 (VI), automatisch erfasst und dokumentiert.

10.3.3.2 Organisatorische Verfügbarkeit

Im Rahmen einer Anpassung des IPSS-Geschäftsmodells übernimmt der IPSS-Anbieter MicroS+ zusätzlich zu dem im vorangegangenen Kapitel beschriebenen Funktionsumfang die Verantwortung für die Versorgung von Betriebsmitteln im Rahmen der organisatorischen Verfügbarkeit. Das Agentensystem muss daher seinen Funktionumfang dahingehend erweitern,

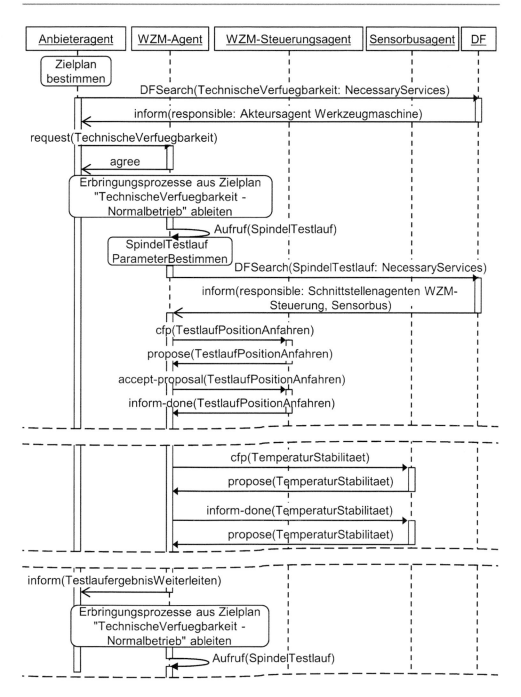

Abb. 10.9 Auszug des UML -Diagramms der Agentenkommunikation im Zielplan Technische-Verfuegbarkeit – Normalbetrieb und dem Erbringungsprozess Spindelselbsttest

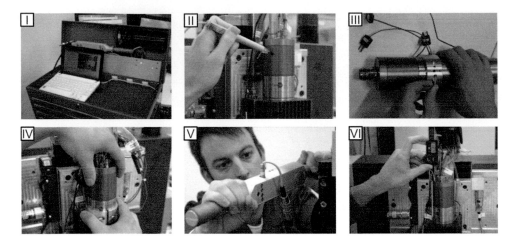

Abb. 10.10 Anwendungsszenario technische Verfügbarkeit: Serviceeinsatz

dass eine Erfassung und Verwaltung von Betriebsmitteln ermöglicht wird. In Anlehnung an die VDI-Richtlinie 5600 [VDI5600] und HESSE ET AL. [HES12] können fünf verschiedene Kategorien von Betriebsmitteln unterschieden werden: Werkzeuge, Hilfsmittel, Vorrichtungen, Prüfmittel und Messmittel. Im Rahmen dieses Beitrags soll beispielhaft die Kategorie der Werkzeuge betrachtet werden.

Zur Anpassung des Agentensystems wird die beschriebene Architektur nach analoger Anwendung der Gaia-Methode um folgende Agententypen erweitert:

- Betriebsmittelmanager – Akteursagent, der für die Erfüllung aller operativer Aufgaben des Betriebsmittelmanagements verantwortlich ist.
- OBIDAgent – Schnittstellenagent, der das RFID-System OBID zur Werkzeugerfassung der Firma FEIG, Weilburg, in das Agentensystem integriert.
- HeliCheckAgent – Schnittstellenagent, der die Kommunikation mit dem Werkzeugmesssystem Helicheck der Firma WALTER, Tübingen, gewährleistet.

Die identifizierten Funktionen des Werkzeugmanagements und die Kategorisierung gemäß Abschn. 10.2.2.2 stellen sich wie folgt dar:

- Erfassung des aktuellen Werkzeugbestandes (Vollständige Automatisierung)
- Erfassung der Standzeit (Vollständige Automatisierung)
- Fräsermessung (Assistenzmodus)
- Bestellung von Werkzeugen (Vollständige Automatisierung)
- Aktualisierung Werkzeugbestand bei Wareneingang (Assistenzmodus)

In Abb. 10.11 ist die Benutzung des Werkzeugmanagements beispielhaft dargestellt. Zunächst wird über die Bedienschnittstelle des Akteursagenten Maschinenbediener in Abhängigkeit des geladenen NC-Programms die Aufforderung zum Einsetzen eines geeigneten und – nach

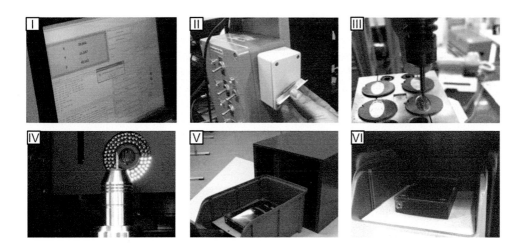

Abb. 10.11   Anwendungsszenario organisatorische Verfügbarkeit: Werkzeugmanagement

Abgleich mit der Betriebsmitteldatenbank – verfügbaren Fräsers mit entsprechender Identifikationsnummer angezeigt, Abb. 10.11 (I). Der Fräser wird in seiner Verpackung aus einer Lagerbox entnommen und an einem lokalen RFID-Lesegerät erfasst, Abb. 10.11 (II). Auf diese Weise können Daten aus dem Betrieb jedes Fräsers, z. B. die Standzeit, individuell erfasst und in der Betriebsmitteldatenbank zugeordnet werden. Nach der Einspannung des Fräsers in die Spannzange kann der Fräser an der Mikrofrässtation eingesetzt werden, Abb. 10.11 (III). Im Laufe der Benutzung des Fräsers wird sein Zustand in regelmäßigen Standzeitintervallen überprüft. Hierfür werden Fräsergeometrie und -schneidkanten, nach entsprechender Aufforderung an der Bedienschnittstelle des Maschinenbedieners, in der Anlage HeliCheck des Herstellers WALTER MASCHINENBAU GMBH, Tübingen, automatisch gemessen, Abb. 10.11 (IV). Das Messergebnis wird anschließend vom HeliCheckAgent in die Betriebsmitteldatenbank übertragen.

Nachdem der Abnutzungsvorrat eines Fräsers ausgeschöpft ist, wird dieser für eine weitere Benutzung gesperrt und entsorgt. Der Fräserbestand im Lager des Kunden wird über eine spezielle Lesestation OBID der Firma FEIG, die nach dem Prinzip der Pulkerfassung arbeitet und über den OBID-Schnittstellenagenten in das Agentensystem eingebunden ist, kontinuierlich überwacht, Abb. 10.11 (V). Mittels der Durchstrahlung der Lagerbox durch zwei gegenüberliegende RFID-Antennen kann der tatsächliche Bestand aller Fräser in Echtzeit bestimmt und an den Anbieter übermittelt werden, Abb. 10.11 (VI). So kann der Anbieter stets mit entsprechendem Vorlauf durch die Veranlassung von Erbringungsprozessen zur Beschaffung die Verfügbarkeit der Werkzeuge automatisch sicherstellen.

10.4   Zusammenfassung und Ausblick

In diesem Beitrag wurde ein Konzept zur Automatisierung des Betriebs industrieller Produkt-Service Systeme vorgestellt und umgesetzt. Hierzu wurde gemäß der Gaia-Methode eine Analyse durchgeführt, in welcher der IPSS-Betrieb für den spezifischen Anwendungsfall der Mikroproduktionstechnik in einzelne Rollen untergliedert wurde, welche in einem anschließenden Schritt nach technischen und praktischen Gesichtspunkten zu Agententypen zusammengefasst wurden. Diese wurden in einem nächsten Schritt ausgestaltet und schließlich implementiert. Abschließend wurde die Umsetzung in zwei beispielhaften IPSS-Geschäftsmodellen dargestellt. Zum einen war dies die Garantie der technischen Verfügbarkeit durch den IPSS-Anbieter, zum anderen die Garantie der organisatorischen Verfügbarkeit.

Durch einen modularen Aufbau der Funktionen in Form von Agenten und Diensten wird zum einen die Heterogenität der in den IPSS-Betrieb eingebundenen Systeme, zum anderen die benötigte Flexibilität bei kurzfristigen Geschäftsmodellwechseln berücksichtigt. Weiterhin erhält der Anbieter aufgrund des modularen Ansatzes den Vorteil der Wiederverwendbarkeit bei der Konfiguration kundenindividueller IPSS.

Aufbauend auf den dargestellten Ergebnissen würde die semantische Beschreibung der Dienste eine folgerichtige Weiterentwicklung darstellen, um das Potenzial des agenten- und dienstorientierten Ansatzes voll auszuschöpfen. Durch einen derartigen Beschreibungsansatz wären IPSS-Anbieter in der Lage, eine dynamische Auswahl von Diensten in Abhängigkeit des Anlagenzustands durch die Akteursagenten zu erreichen. Auf diese Weise würde die Abhängigkeit von statischen Prozessmodellen verringert und die Flexibilität des Anbieters bei der Automatisierung erhöht. Ansätze semantischer Beschreibung erfahren insbesondere im Zuge der Initiative Industrie 4.0 auch in der Produktionstechnik ein stetig wachsendes Interesse [HAN12, KAG13, SAU13].

Literatur

[BEL03]   Bellifemine, F.; Caire, G.; Poggi, A.; Rimassa, G.: JADE – A White Paper. exp – In Search of Innovation 3 (2003) 3, S. 6–19.
[BEL07]   Bellifemine, F.; Caire, G.; Greenwood, D.: Developing multi-agent systems with JADE. Chichester: Wiley, 2007.
[BOS14]   Bosslau, M.: Business model engineering. Schriftenreihe des Lehrstuhls für Produktionssysteme. Hrsg.: Meier, H. Aachen: Shaker, 2014.
[BUS04]   Bussmann, S.; Wooldridge, M.; Jennings, N.: Multiagent Systems for Manufacturing Control. Berlin, Heidelberg: Springer, 2004.
[DAL00]   Dal, B.; Tugwell, P.; Greatbanks, R.: Overall equipment effectiveness as a measure of operational improvement – A practical analysis. International Journal of Operations & Production Management 20 (2000) 12, S. 1488–1502.
[DIN EN13306] DIN EN 13306, (12.2010) Instandhaltung – Begriffe der Instandhaltung; Dreisprachige Fassung EN. Berlin: Beuth.
[DIN PAS1094] DIN PAS 1094, (12.2009) Hybride Wertschöpfung – Integration von Sach- und Dienstleistung. Berlin: Beuth.
[DIN19226-5] DIN 19226-5, (02.1994) Regelungstechnik und Steuerungstechnik – Funktionelle Begriffe. Berlin: Beuth.
[FAV04]   Favre-Bulle, B.: Automatisierung komplexer Industrieprozesse. Wien: Springer, 2004.
[FIPA001]   FIPA 001 (12.2002) FIPA Abstract Architecture Specification. Genf: Foundation for Intelligent Physical Agents.

[FIPA023]   FIPA 023 (03.2004) FIPA Agent Management Specification. Genf: Foundation for Intelligent Physical Agents.

[FIT14]   Fitzsimmons, J. A.; Fitzsimmons, M. J.; Bordoloi, S.: Service management. The McGraw-Hill/Irwin series operations and decision sciences. New York: McGraw-Hill, 2014.

[FRI11]   Fricke, S.: Skript zur Lehrveranstaltung Agententechnologien: Grundlagen und Anwendungen. Distributed Artificial Intelligence Laboratory, Technische Universität Berlin, Berlin, 2011.

[FRO04]   Froehle, C. M.; Roth, A. V.: New measurement scales for evaluating perceptions of the technology-mediated customer service experience. Journal of Operations Management 22 (2004) 1, S. 1–21.

[HAN06]   Hansen, H. N.; Carneiro, K.; Haitjema, H.; Chiffre, L. de: Dimensional Micro and Nano Metrology. CIRP Annals – Manufacturing Technology 55 (2006) 2, S. 721–743.

[HAN12]   Hanis, T.; Noller, D.: The role of semantic models in smarter industrial operations. IBM developerWorks Technical Library, 2012. URL: http://www.ibm.com/developerworks/library/x-ind-semanticmodels/ (Zugriff 2015-04-29)

[HES12]   Hesse, S.; Krahn, H.; Eh, D.: Betriebsmittel Vorrichtung. München: Hanser, 2012.

[HOG07]   Hogreve, J.: Die Wirkung von Dienstleistungsgarantien auf das Konsumentenverhalten. Wiesbaden: Deutscher Universitäts-Verlag, 2007.

[KAG13]   Kagermann, H.; Wahlster, W.; Helbig, J.: Recommendations for implementing the strategic initiative INDUSTRIE 4.0, Final report of the Industrie 4.0 Working Group, acatech, 2013. URL: http://www.plattform-i40.de/sites/default/files/Report_Industrie%204.0_engl_1.pdf (Zugriff: 2015-04-14).

[KER06]   Kersten, W.; Zink, T.; Kern, E.-M.: Wertschöpfungsnetzwerke zur Entwicklung und Produktion hybrider Produkte: Ansatzpunkte und Forschungsbedarf. In: Wertschöpfungsnetzwerke. Festschrift für Bernd Kaluza. Hrsg.: Kaluza, B.; Blecker, T.; Gemünden, H. G. Berlin: Erich Schmidt, 2006, S. 189–201.

[KOR07]   Kortmann, D.: Dienstleistungsgestaltung innerhalb hybrider Leistungsbündel. Aachen: Shaker. 2007.

[LEI12]   Leimeister, J. M.: Dienstleistungsengineering und -management. Berlin, Heidelberg: Springer, 2012.

[LEV76]   Levitt, T.: The Industrialization of Service. Harvard Business Review 545 (1976) S. 63–74.

[MAL08]   Maleri, R.; Frietzsche, U.: Grundlagen der Dienstleistungsproduktion. Berlin, Heidelberg: Springer, 2008.

[MAY10]   Mayer, D.; Reichwald, R.: Entwicklung kundennutzenorientierter Erlösmodelle für hybride Leistungsangebote. In: Management hybrider Wertschöpfung. Potenziale, Perspektiven und praxisorientierte Beispiele. Hrsg.: Ganz, W.; Bienzeisler, B. Stuttgart: Fraunhofer Verlag, 2010, S. 53–65.

[MEI01]   Meier, H.: Verteilte kooperative Steuerung maschinennaher Abläufe. München: Utz, 2001.

[MEI06]   Meier, H.; Kortmann, D.: Automatisierte Dienstleistungsprozesse hybrider Leistungsbündel. Handlungsfelder und Lösungsansätze. ZWF Zeitschrift für wirtschaftlichen Fabrikbetrieb 101 (2006) 10, S. 557–560.

[MEI12]   Meier, H.; Uhlmann, E.: Hybride Leistungsbündel – ein neues Produktverständnis. In: Integrierte Industrielle Sach- und Dienstleistungen. Vermarktung, Entwicklung und Erbringung hybrider Leistungsbündel. Hrsg.: Meier, H.; Uhlmann, E. Berlin, Heidelberg: Springer, 2012, S. 1–21.

[MEI13a]   Meier, H.; Dorka, T.; Morlock, F.: Architecture and Conceptual Design for IPS²-Execution Systems. In: 46th CIRP Conference on Manufacturing Systems 2013. Hrsg.: do Carmo Cunha, P. F. Amsterdam: Elsevier, 2013.

[MEI13b]   Meier, H.; Uhlmann, E.; Raue, N.; Dorka, T.: Agile Scheduling and Control for Industrial Product-Service Systems. Procedia CIRP 12 (2013) S. 330–335.

[NAK88]   Nakajima, S.: Introduction to TPM. Portland, OR.: Productivity Press. 1988.

[NAK95]   Nakajima, S.: Management der Produktionseinrichtungen. Frankfurt/Main: Campus, 1995.

[NES05]   Nesges, D.: Prognose operationeller Verfügbarkeiten von Werkzeugmaschinen unter Berücksichtigung von Serviceleistungen. Forschungsberichte aus dem wbk, Institut für Produktionstechnik. Hrsg.: Fleischer, J.; Lanza, G.; Schulze, V. Universität Karlsruhe (TH). Karlsruhe: Wbk Inst. für Produktionstechnik, 2005.

[RES13]   Rese, M.; Meier, H.; Gesing, J.; Bosslau, M.: An Ontology of Business Models for Industrial Product-Service Systems. In: The philosopher's stone for sustainability – Proceedings of the 4th CIRP International Conference on Industrial Product-Service Systems, Tokyo, Japan, November 8th – 9th, 2012. Hrsg.: Shimomura, Y.; Kimita, K. Berlin, Heidelberg: Springer, 2012, S. 191–196.

[ROM93]   Rommelfanger, H.: Fuzzy-Logik basierte Verarbeitung von Expertenregeln. OR Spektrum 15 (1993) 1, S. 31–42.

[ROS02]   Ross, T. J.; Parkinson, W. J.: Fuzzy Set Theory, Fuzzy Logic, and Fuzzy Systems. In: Fuzzy logic and probability applications. Bridging the gap. Ross, T. J.; Booker, J. M.; Parkinson, W. J. Philadelphia, PA: Society for Industrial and Applied Mathematics, 2002, S. 29–53.

[SAD09]   Sadek, T.: Ein modellorientierter Ansatz zur Konzeptentwicklung industrieller Produkt-Service-Systeme. Schriftenreihe / Institut für Konstruktionstechnik, Ruhr-Universität Bochum, Lehrstuhl für Maschinenelemente und Fördertechnik. Hrsg.: Abramovici, M.; Welp, E. Aachen: Shaker. 2009.

[SAU13]   Sauer, O.: Informationstechnik für die Fabrik der Zukunft. Stand der Technik und Handlungsbedarf. Industrie Management 29 (2013) 1, S. 11–14.

[SPA06]   Spath, D.; Demuß, L.: Entwicklung hybrider Produkte – Gestaltung materieller und immaterieller Leistungsbündel. In: Service Engineering. Entwicklung und Gestaltung innovativer Dienstleistungen. Hrsg.: Bullinger, H.-J.; Scheer, A.-W.; Schneider, K. Berlin: Springer, 2006, S. 467–506.

[TAN07]   Tanenbaum, A. S.; van Steen, M.: Distributed systems. Upper Saddle River, NJ: Pearson Prentice Hall, 2007.

[TUK04]   Tukker, A.: Eight types of product–service system: eight ways to sustainability? Experiences from SusProNet. Business Strategy and the Environment 13 (2004) 4, S. 246–260.

[UHL12a]   Uhlmann, E.; Geisert, C.; Raue, N.; Stelzer, C. Automatisierungstechnik für Erbringungsprozesse hybrider Leistungsbündel. In: Integrierte Industrielle Sach- und Dienstleistungen. Vermarktung, Entwicklung und Erbringung hybrider Leistungsbündel. Hrsg.: Meier, H.; Uhlmann, E. Berlin, Heidelberg: Springer, 2012, S. 245–263.

[UHL12b]   Uhlmann, E.; Gabriel, C.; Stelzer, C.; Oberschmidt, D.: Anwendung hybrider Leistungsbündel am Beispiel der Mikroproduktion. In: Integrierte Industrielle Sach- und Dienstleistungen. Vermarktung, Entwicklung und Erbringung hybrider Leistungsbündel. Hrsg.: Meier, H.; Uhlmann, E. Berlin, Heidelberg: Springer, 2012, S. 309–330.

[UHL13]   Uhlmann, E.; Raue, N.; Gabriel, C.: Flexible Implementation of IPS2 through a
                 Service-based Automation Approach. In: Proceedings of the 2nd International
                 Through-life Engineering Services Conference. Hrsg.: Roy, R. Amsterdam: Else-
                 vier, 2013, S. 108–113.
[VDI3423]   VDI 3423, (01.2002) Verfügbarkeit von Maschinen und Anlagen – Begriffe, De-
                 finitionen, Zeiterfassung und Berechnung. Berlin: Beuth.
[VDI5600]   VDI 5600, (12.2007) Fertigungsmanagementsysteme / Manufacturing Execution
                 Systems (MES). Berlin: Beuth.
[VDMA66412-1]   VDMA 66412-1, (10.2009) Manufacturing Execution Systems (MES) Kennzah-
                 len. Berlin: Beuth.
[WAL07]   Walter, S. M.; Böhmann, T.; Krcmar, H.: Industrialisierung der IT – Grundlagen,
                 Merkmale und Ausprägungen eines Trends. HMD – Praxis der Wirtschaftsinfor-
                 matik (2007) 256, S. 6–16.
[WOO00]   Wooldridge, M.; Jennings, N. R.; Kinny, D.: The Gaia Methodology for Agent-
                 Oriented Analysis and Design. Autonomous Agents and Multi-Agent Systems
                 3 (2000) 3, S. 285–312.
[ZAD65]   Zadeh, L. A.: Fuzzy sets. Information and Control 8 (1965) 3, S. 338–353.

Teil III

Management

Lifecycle Management industrieller Produkt-Service-Systeme

11

Youssef Aidi, Hoang Bao Dang, Michael Abramovici,
Philip Gebus und Jens Christian Göbel

11.1 Motivation

Die Lebenszyklen von industriellen Produkt-Service Systems (IPSS) sind durch ein inter-disziplinäres Zusammenspiel einer Vielzahl von Akteuren seitens der Anbieter, der Kunden und der Zulieferer gekennzeichnet. Diese setzen verschiedene, domänenspezifische IT-Systeme ein und erzeugen unweigerlich eine äußerst heterogene Datenlandschaft. Zurzeit werden die Entwicklung, die Herstellung, die Implementierung und der Betrieb von Sach- und Dienstleistungen weitgehend unabhängig von einander in separaten Prozessen durchgeführt. Für die Entwicklung und Herstellung von Sachleistungen steht eine Reihe ausgereifter Methoden und Werkzeuge zur Verfügung, wie z. B. CAD, CAE, CAM. Die Integration und das Management von Produktdaten, Engineering-Prozessen und -Anwendungen für Sachleistungen werden heute durch Product Lifecycle Management (PLM)-Lösungen unterstützt [ABR07a]. Zur Entwicklung und Erbringung von industriellen Dienstleistungen stehen dagegen nur wenige Methoden, wie z. B. das Service Blue Printing [BRU00] und prototypische Werkzeuge, wie z. B. das Service CAD [ARA05] zur Verfügung. Diese wurden vorwiegend durch Forschungseinrichtungen entwickelt und werden in der Praxis bisher kaum genutzt. Ein Lifecycle Management (LM)-Ansatz für Dienstleistungen – ähnlich wie für Sachleistungen – wurde bisher nur durch wenige Forschungsaktivitäten adressiert [AUR07]. Um eine erfolgreiche Entwicklung und Implementierung sowie einen reibungslosen Betrieb von IPSS gewährleisten zu können, ist

Y. Aidi • H.B. Dang • M. Abramovici (✉) • P. Gebus • J.C. Göbel
Lehrstuhl für Maschinenbauinformatik (ITM), Ruhr-Universität Bochum,
Bochum, Deutschland
E-Mail: Youssef.Aidi@itm.rub.de; bao.dang@itm.rub.de; Michael.Abramovici@itm.ruhr-uni-bochum.de; Philip.Gebus@itm.rub.de; jenschristian.goebel@itm.rub.de

© Springer-Verlag GmbH Deutschland 2017
H. Meier, E. Uhlmann (Hrsg.), *Industrielle Produkt-Service Systeme*,
DOI 10.1007/978-3-662-48018-2_11

jedoch eine Kollaborations- und Kommunikationsplattform zwischen allen beteiligten Akteuren erforderlich, die eine datentechnische und eine organisatorische Integration der eingesetzten IT-Systeme und Prozesse ermöglicht. Das Lifecycle Management industrieller Produkt-Service-Systems (IPSS-LM) bildet die zentrale Grundlage und die Voraussetzung für diese Integration. Der Handlungsbedarf zur Entwicklung eines IPSS-spezifischen LM-Ansatzes wurde zudem in mehreren Experten Studien bestätigt [ABR10a].

11.2 Heutige Product Lifecycle Management (PLM-)Ansätze

PLM ist ein integriertes, ganzheitliches Konzept von Methoden, Modellen und IT-Werkzeugen zum Management von Produktdaten, Engineering-Prozessen und -Anwendungen über den gesamten Lebenszyklus eines Produkts [ABR07a]. Abb. 11.1 stellt die wichtigsten Komponenten eines PLM-Konzepts dar. Die allgemeinen PLM-Methoden bilden das PLM-Daten- und -Prozessmanagement sowie übergreifende PLM-Methoden, wie z. B. das Kooperationsmanagement. Das Datenmanagement umfasst Methoden zur Analyse, Organisation, Modellierung und Verwaltung von Produktdaten (z. B. Stammdaten, Produktstrukturen, Stücklisten) sowie Methoden zum Dokumentenmanagement. Das Prozessmanagement beinhaltet Methoden zur Analyse, Modellierung, Simulation, Steuerung und Dokumentation von PLM-spezifischen Prozessen, wie z. B. Prüf-, Freigabe- oder Änderungsprozesse. Diese Methoden zum Daten- und Prozessmanagement werden durch erweiterte übergreifende PLM-Methoden ergänzt, wie beispielsweise zum Zugriffsmanagement-Methoden oder Engineering Collaboration Management Methoden. Der Kern eines PLM-Konzepts bildet ein jeweils unternehmensspezifisches PLM-Metadatenmodell, das die wichtigsten Informationsklassen, deren Merkmale und Beziehungen untereinander beschreibt und als Informationsverzeichnis für alle Prozesse dient. Weiterhin beinhaltet dieses Konzept ein zentrales Datenarchiv, in dem alle erzeugten und

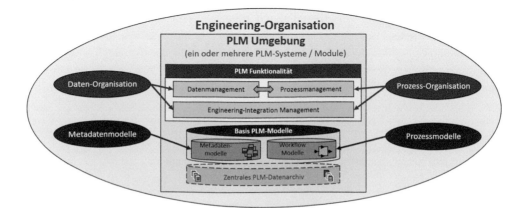

Abb. 11.1 Das heutige Product Lifecycle Management Konzept

freigegebenen Daten und Dokumente gehalten und allen berechtigten Nutzern zur Verfügung gestellt werden.

Die zurzeit vorhandenen PLM-Lösungen beziehen sich jedoch überwiegend auf die reine Sachleistungsentwicklung [EIG09]. Diese Lösungen berücksichtigen vor allem Klassen (Familien) von ähnlichen Produkten und betrachten keine einzelnen Instanzen (reale Exemplare) eines Produktes. Das Management solcher Instanzen-bezogenen Daten wird teilweise von ERP-Systemen übernommen, wobei Schnittstellen für einen Datenaustausch zwischen PLM- und ERP-Systemen vorhanden sind. Außerdem berücksichtigen heutige PLM-Lösungen nach Abschluss der Produktherstellung in der Regel keine Änderungen im weiteren Lebenslauf eines Produktes. Darüber hinaus decken aktuelle PLM-Lösungen nur formalisierte Wertschöpfungsprozesse, wie z. B. das Freigabe- und das Änderungsmanagement, überwiegend innerhalb der Produktentwicklung ab. Sie berücksichtigen nur ein einziges Produktleben und integrieren meistens keine Kunden.

Die vorhandenen PLM-Lösungen bieten allgemeine Methoden und vordefinierte Vorlagen (Templates) für Metadaten- und Prozessmodelle, die kundenspezifisch angepasst werden müssen. Die Grundlage der Metadatenmodelle von PLM-Lösungen ist die Sachleistungsstruktur. Komplexe Beziehungen, wie die Zusammenhänge zwischen den verschiedenen Sachleistungskomponenten oder deren Assoziationen zu Dienstleistungen, finden heute in der Regel keine Berücksichtigung. Die verschiedenen Versionen und Gültigkeiten der verwalteten hierarchischen, sachleistungsspezifischen Datenstrukturen werden in heutigen PLM-Lösungen durch das sogenannte Konfigurationsmanagement unterstützt.

11.3   Allgemeine Anforderungen an ein IPSS-Lifecycle Manage ment

Als Grundlagen für die Entwicklung eines IPSS-spezifischen Lifecycle Management Konzeptes wurden in einer Delphi-Studie über 40 Industrieexperten befragt und rund 20 Anwendungsfälle aus unterschiedlichen Industriebereichen (z. B. Mikroproduktion, Flugzeugindustrie, Logistik und mobile Kommunikation) analysiert, um die Erwartungen an eine LM-Lösung industrieller PSS (IPSS-LM) aufzunehmen [ABR10a]. Zusätzlich wurde der gesamte Lebenszyklus eines beispielhaften hybriden Leistungsbündels für die Mikroproduktion untersucht, um die relevanten Akteure, Prozesse und Anwendungen zu identifizieren und deren Anforderungen an ein IPSS-LM zu ermitteln. Die wichtigsten entwickelten Anforderungen werden im Folgenden beschrieben:

IPSS-Datenmanagement   Künftige IPSS-LM müssen sowohl isolierte Sach- und Dienstleistungen, als auch integrierte IPSS abbilden und managen, um die IPSS-spezifischen Geschäftskonzepte und -modelle flexibel unterstützen zu können. Aufgrund der hohen Kundenindividualität und der erweiterten Verantwortungen in der Betriebs- und Auflösungsphase muss das IPSS-LM nicht nur IPSS-Klassen/Familien (virtuelle IPSS), sondern auch individuelle IPSS-Instanzen (reale IPSS) managen, die sich innerhalb dieser späteren Phasen verändern beziehungsweise mehrere Lebenszyklen durchlaufen können [FRÄ06]. Über die klassischen PLM-Datenmanagementmethoden hinaus gewinnt beim IPSS-LM aufgrund der hohen Komplexität und Dynamik die Verdichtung bestehender Daten zu Wissen und die Anwendung von Wissensverarbeitungsmethoden an Bedeutung. Vor allem die Filterung und die Verdichtung von Kunden-, Service- und Betriebsdaten sind in einem IPSS-LM besonders wichtig. Außerdem müssen vernetzte Datenstrukturen abgebildet werden können, die Sach- und Dienstleistungsstrukturen integrieren.

IPSS-Prozessmanagement Grundsätzlich können klassische PLM-Prozessmanagement-methoden auch im IPSS-LM genutzt werden, wobei alle Aufgaben im IPSS-Lebenszyklus durchgängig unterstützt werden müssen. Schwerpunkte sollen dabei neben der Entwicklung die Planungsphase (Kundenwunsch- und Anforderungsmanagement, Feedbackmanagement) sowie die Implementierungs-, Betriebs- bis zur Auflösungsphase bilden. Neben den klassischen PLM-Routineprozessen (z. B. Freigabe- und Änderungsprozesse) müssen IPSS-LM-Lösungen wegen der hohen IPSS-Komplexität und -Dynamik auch begleitende Prozesse (z. B. Wissensbereitstellungsprozesse bzw. Entscheidungsprozesse) unterstützen. Besonders wichtig sind dabei Kundenfeedback-Prozesse, in denen subjektive und objektive Kundendaten und IPSS-Betriebsdaten zur Unterstützung von Management-Entscheidungen akquiriert, verdichtet und visualisiert werden sollen. Weiterhin sollen die Flexibilisierung und die Erweiterung heutiger Änderungsmanagementprozesse eine zentrale Komponente des IPSS-Prozessmanagements bilden. Darüber hinaus wäre wünschenswert, mit dem IPSS-Änderungsmanagement einen Änderungsassistenten zu verbinden, der die Konsequenzen bestimmter Änderungen auf kritische Komponenten oder auf Kennzahlen simulieren kann.

Übergreifende IPSS-LM Methoden Im IPSS-LM können prinzipiell klassische, übergreifende PLM-Methoden, wie das Zugriffs- und Kollaborationsmanagement genutzt werden. Diese müssen aber an die Eigenschaften von IPSS-spezifischen Partnernetzwerken angepasst bzw. erweitert werden.

IPSS-Metadatenmodell Heutige generische PLM-Metadatenmodelle sind nicht nur mit Dienstleistungsobjekten sondern auch mit weiteren IPSS-spezifischen Objekttypen (z. B. IPSS-Ressource oder IPSS-Geschäftsmodell), mit IPSS-spezifischen Attributen (z. B. IPSS-Kosten, IPSS-Kennzahlen) sowie mit IPSS-spezifischen Beziehungstypen (z. B. Assoziationen zwischen Attributen der Sach- bzw. Dienstleistungen) zu erweitern. Das IPSS-Metadatenmodell soll außerdem die unterschiedlichen, operativen Datenmodelle der eingesetzten IT-Tools, sowohl seitens der IPSS-Anbieter als auch der Kunden, die im IPSS-Lebenszyklus involviert sind, flexibel integrieren. Dabei sollen gefilterte Informationen von verschiedenen operativen Datenquellen entlang des gesamten IPSS-Lebenszyklus verwaltet werden. Dieses IPSS-Metadatenmodell bildet die Grundlage für die weiteren Erweiterungen des PLM-Ansatzes zu einer Lifecycle-Management-Lösung für industrielle PSS.

Die folgenden vorgestellten Konzepte und Softwareprototypen wurden am Lehrstuhl für Maschinenbauinformatik der Ruhr-Universität Bochum entwickelt.

11.4   Gesamtkonzept des IPSS-Lifecycle-Managements (IPSS-LM)

11.4.1 Übersicht

Aufgrund der in weiteren Teilen guten prinzipiellen Grund-Erweiterung, der Reife und der breiten Anwendung bestehender PLM-Lösungen wurde der klassische PLM-Ansatz als Basis für die Entwicklung des neuen IPSS-LM genutzt. Die vorhandenen allgemeinen PLM-Methoden (z. B. Daten- und Prozessmanagement sowie die übergreifen-den PLM-Methoden) wurden somit für das IPSS-LM als Basis genutzt und erweitert. Im Mittelpunkt des IPSS-LM steht ein semantikreiches IPSS-Metadatenmodell, das zur Erfüllung der IPSS-Anforderungen neu entwickelt wurde sowie ein zentrales Datenarchiv (s. Abb. 11.2).

Die wichtigsten Entwicklung und Erweiterungen der PLM-Methoden in Rahmen des IPSS-LM-Konzeptes betreffen:

* das serviceorientierte technische Konzept für ein IPSS-LM System,
* das IPSS-Änderungsmanagement,
* das IPSS-Feedbackmanagement sowie
* das IPSS-Executive Information Management.

Diese Aspekte werden im Folgenden detailliert beschrieben.

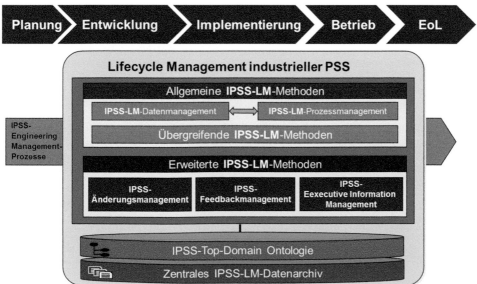

Abb. 11.2 Konzept des IPSS-Lifecycle Managements (IPSS-LM)

11.4.2 Serviceorientiertes Gesamtkonzept für das IPSS-LM-System

Um die Dynamik und Heterogenität der IPSS-IT-Systemlandschaft zu unterstützen sowie wissensintensive IPSS-LM-Konzepte zu realisieren, ist eine flexible und umfassende LM-Integrationsplattform erforderlich. Zur Realisierung dieser Integrationsplattform bietet sich als moderne und ausgereifte Architektur die Serviceorientierte Architektur (SOA) an, die eine lose und flexible Integration von heterogenen Systemen über das Internet ermöglicht. Der verfolgte SOA-Ansatz basiert auf der Bereitstellung von LM-Funktionen und -Modulen, die über informationstechnische Workflows die Services des IPSS-LM aufrufen. Abb. 11.3 veranschaulicht die wichtigsten Komponenten des serviceorientierten IPSS-LM-Konzepts.

Dieses Konzept baut auf einer SOA-Integrationsplattform auf, die systemunabhängige Datenaustauschschnittstellen auf der Basis von Webservice-Technologien (z. B. WSDL, SOAP, UDDI, JSON) anbietet. So ist gewährleistet, dass die verschiedenen, während des IPSS-Lebenszyklus eingesetzten und zukünftigen Applikationen auf standardisierte, hoch flexible Schnittstellen zugreifen können, um IPSS-LM Funktionen anzusteuern oder zu integrieren. Die Anwendung der Webservices bietet außerdem eine hohe Flexibilität hinsichtlich der Neuentwicklung oder Anpassung der LM-Module und -Anwendungen, da

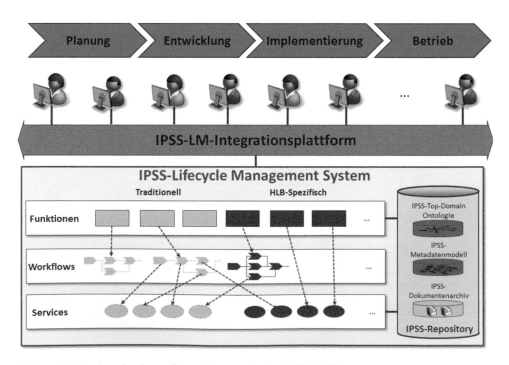

Abb. 11.3 Serviceorientiertes Gesamtkonzept für das IPSS-LM-System

die verfügbaren Webservices je nach Anforderungen oder Veränderungen auf beliebige Art und Weise kombiniert werden können.

Zur Implementierung eines SOA-basierten IPSS-LM-Systems können grundsätzlich zwei Strategien verfolgt werden. Diese bestehen zum einen in der kompletten Neuentwicklung auf Basis einer kommerziellen SOA-Plattform (wie z. B. JBoss Enterprise Application Plattform, WebSphere von IBM CORP., Armonk, USA). Zum anderen kann das Konzept auf Basis einer vorhandenen PLM-Lösung erweitert werden. Im Rahmen dieser Arbeit wurde die zweite Strategie angestrebt, da die Mehrheit der traditionellen PLM-Funktionen und deren implementierte Workflows wiederverwendet werden können. Das heißt, ein ausgereiftes kommerzielles PLM-System kann als Basis genommen und darauf aufbauend um weitere IPSS-spezifische Module erweitert werden, die für das Lifecycle Management von IPSS erforderlich sind. Zurzeit gibt es zahlreiche ausgereifte SOA-basierte PLM-Lösungen auf dem Markt wie zum Beispiel Windchill von PTC INC., Needham, USA, Aras Innovator von ARAS CORP., Anover, USA, oder SAP PLM. Zur Analyse und Auswahl einer geeigneten PLM-Lösung für die Realisierung des IPSS-LM-Systems wurde ein Katalog mit folgenden Auswahlkriterien erstellt:

• Architektur: SOA-basiert, Flexibilität, Wiederverwendbarkeit, etc.
• Allgemeine Anforderungen: Reifegrad, Lizenzmodelle, Support und Engagement des Anbieters, etc.
• Anpassungsfähigkeit: Offenheit des Datenmodells, Customizing Möglichkeit, etc.
• Schnittstellen: Verfügbarkeit der elementaren PLM-Funktionen als offene und standardisierte WebServices

Im Rahmen eines Benchmarks wurden Workshops mit Vertretern und Entwicklern der jeweiligen Anbieter durchgeführt, um die technischen Fähigkeiten der jeweiligen Systeme zu erlernen und sie einem umfangreichen Vergleich zu unterziehen. Dafür wurden in einem zweiten Schritt die drei am besten geeigneten Systeme (Enovia, TeamCenter und Windchill) installiert und näher untersucht. Dabei hat sich herausgestellt, dass die integrierte PLM-Umgebung Windchill die meisten Anforderungen erfüllt. Die Windchill PLM-Umgebung besteht aus der Integrationsplattform „Windchill InfoEngine" und dem PDM-System „Windchill PDMLink". Es wurde demensprechend das System als Integrationsumgebung installiert und den Projektpartnern Web-basiert zur Verfügung gestellt. Daraufhin wurde das zuvor entwickelte IPSS-Metadatenmodell [ABR09a] implementiert, sodass Windchill-PDMLink in der Lage ist, Dokumente aller IPSS-Komponenten managen zu können. Zusätzlich zu den traditionellen PLM-Funktionen, die im „Windchill PDMLink" vorhanden sind, wurden außerdem neue IPSS-spezifische und wissensbasierte Funktionen unter Anwendung mehrerer Webservices bereitgestellt. Diese Funktionen werden in Form von informationstechnischen Workflows ausgeführt, die die benötigten LM-Services orchestrieren (z. B. wird die IPSS-Freigabefunktion über einen Workflow gesteuert, der das betroffene Dokument für die Bearbeitung sperrt und dementsprechend

die Reviewer beauftragt und anschließend den Status sowie die Version nach erfolgreicher
Freigabe setzt). Diese Services wurden wiederum um neue IPSS-spezifische Webservices
ergänzt, die in Abstimmung mit den anderen Projektpartnern im Rahmen des Arbeitskrei-
ses IT-Integration festgelegt wurden. So wurde z. B. ein nachrichtenbasierter Webservice
entwickelt, der die heterogene IPSS-Produktstruktur bereitstellt, die automatisch in das
IPSS-Execution-System übernommen und weiterverwendet wird. Weiterhin ist die Daten-
integration eine der zentralen Komponenten des IPSS-LM. Hierfür wurde ein IPSS-
Repository als Teil der IPSS-LM-Lösung konzipiert. Die Nutzung des kommerziellen
PLM-Systems Windchill reduzierte zwar einerseits den Aufwand, der bei der Entwicklung
der PLM-Funktionen erforderlich gewesen wäre, führte aber andererseits zu einem erhöhten Zeitbedarf für die Einarbeitung in das System und die Implementierung des objektorientierten IPSS-Metadatenmodells.

11.4.3 Semantikreiches IPSS-Metadatenmodell

Auf Basis eines objektorientierten Metadatenmodells [ABR09a] wurde ein semantikreiches IPSS-Metadatenmodell entwickelt, welches als Grundlage für das Management
IPSS-relevanter Informationen (z. B. Anforderungs-, Funktions-, IPSS-Produktstruktur,
Erbringungsplanung) sowie zur Integration von heterogenen Informationsquellen (domänenspezifischen Informationsmodellen) dient. Dieses wird auch als IPSS-Top-Domain
Ontologie bezeichnet. Darüber hinaus bildet die IPSS-Top-Domain Ontologie eine gemeinsame Basis für ein einheitliches Verständnis unterschiedlicher Begriffe, bzw. Concepts
(auch als Klassen bezeichnet) innerhalb des interdisziplinären IPSS-Netzwerks. Ein einheitliches, integrierendes Datenmodell als Referenz für die Integration der äußerst heterogenen Daten aus den verschiedenen Systemen würde aufgrund der Spezifika der jeweiligen
Disziplin eine Einschränkung bezüglich der Kommunikation und des Datenaustausches
darstellen. Dieselbe Klasse kann in verschiedenen Domänen unterschiedlich definiert werden und unterschiedliche Attribute und Informationen beinhalten. Zum Beispiel beschreibt
die Klasse „Ressource" einerseits eine Hilfskomponente (Werkzeug), die bei der Erbringung einer Dienstleistung benötigt wird, aber andererseits ein „Ersatzteil", das in einem
IPSS eingesetzt werden soll und daher der Klasse „Sachleistung" angehören muss. Dies
stellt eine semantische Überschneidung der Klassen „Ressource" und „Sachleistung" dar,
welche mittels eines objektorientierten Datenmodells nicht ohne weiteres handhabbar ist.
Hierfür war es notwendig, mittels eines föderierten, semantischen IPSS-LM Metadatenmodells ein semantisches Mapping der verschiedenen Datenmodelle anzustreben. Dies ermöglicht es, komplexe Beziehungen zu definieren: wenn z. B. eine Ressource ein Ersatzteil ist,
dann ist diese Ressource außerdem eine Sachleistungskomponente des IPSS und kann entsprechend von weiteren Systemen als Objekt der Klasse Sachleistung verstanden werden.

Im Rahmen von zwei Workshops mit den Disziplinen-spezifischen (sowohl internen als
auch externen) Experten wurde das IPSS-Metadatenmodell um ca. 75 Klassen und deren
Subklassen erweitert. Diese wurden außerdem durch ca. 280 Beziehungen verknüpft und

semantisch angereichert. Einheitliche Definitionen wurden zuvor auf einer gemeinsamen Kommunikationsplattform erarbeitet und dienten als Grundlage für die Beschreibung der Ontologie-Klassen. Durch die Abbildung von Beziehungen zwischen den Klassen war es möglich, eine semantische, flexible Suchanfrage durchzuführen, die auch komplexe Kettenbeziehungen umfassen kann. Im Gegensatz zum IPSS-Metadatenmodell ermöglicht es die Topdomänen Ontologie außerdem, während der IPSS-Laufzeit neu hinzukommende Informationen und Systeme in Echtzeit innerhalb des dynamischen IPSS-Netzwerks zu integrieren und zu managen. Als Grundlagen für die Entwicklung der IPSS-Top-Domain Ontologie dienten außerdem die Analyse der wissenschaftlichen Literatur und der in Rahmen der SFB TR29 Forschungsprojekt erarbeiteten Ergebnisse sowie des Anwendungsfalls „Omichron". Zur Beschreibung und Weiterentwicklung der Klassen der IPSS-Top-Domain Ontologie ist eine ausführliche Berücksichtigung verschiedener domänenspezifischen Ontologien erforderlich. Beispielhafte, relevante Onologien sind die Produkt-Ontologie von Liyue [LIY11], die Taxonomie von Produkt, die Prozess und Ressourcen von Chandra [CHA03], die Dienstleistungs-Ontologie von Ferrario [FER11], die Dienstleistungs-Ontologie aus Kunden- und Anbietersicht von Akkermans [AKK04], sowie die Produkt-Service Ontologie von Knackstedt [KNA08] und von Annamalai [ANN10]. Im Rahmen der Zusammenarbeit mit jeweiligen disziplinspezifischen Partnern zur Validierung im Rahmen des Integrationsanwendungsfalls Omichron wurden gemeinsame Klassen, die auch Bestandteil von in anderen Disziplinen entwickelten Ontologien sind, identifiziert und abgestimmt. Dies ermöglicht ein Mapping der Ontologien und gewährleistet einen effizienten Informationsaustausch zwischen der Topdomänen Ontologie und den Ontologien auf operativer Ebene. Abb. 11.4 zeigt exemplarisch einen Ausschnitt aus der IPSS- Topdomänen Ontologie, welcher die Klasse „Dienstleistung" sowie die zugehörigen Beziehungen abbildet.

Zur Beschreibung und Modellierung der IPSS-Top-Domain Ontologie wurden verschiedene Ontologie-Sprachen (z. B. RDF, EL++, Horn-Shiq, OWL) anhand vordefinierter Anforderungen analysiert. Eine geeignete Ontologie-Sprache sollte u. a. in der Lage sein, Substitutionsbeziehungen abbilden zu können, um beispielsweise ausdrücken zu können, dass zwei Lösungskomponenten, die über die gleiche Funktion verfügen und die gleiche Anforderung erfüllen, austauschbar sind. Auf Basis der definierten Anforderungen wurde die Ontologie-Sprache RDF ausgewählt, welche über die Möglichkeit zur Modellierung komplexer semantischer Beziehungen verfügt (z. B. Substituierbarkeit, Abhängigkeiten, Umkehrbeziehungen) und Vorteile in der Handhabung bietet. Bei der Entwicklung der IPSS-Top-Domain Ontologie wurde das Modellierungstool Protégé eingesetzt, bei dem es sich um einen weit verbreiteten und seit Jahren ausgereiften Ontologie-Editor mit Grundfunktionen für die Definition und Simulation von Klassen und Beziehungen handelt.

Zur Implementierung der IPSS-Top-Domain Ontologie wurde die Neo4j-Graphdatenbank eingesetzt, welche die mit RDF modellierten Aussagen (Tripel) vollständig abbilden kann. RDF-Tripel, wie z. B. „IPSS beinhaltet Sachleistung", welche aus Subjekt (IPSS), Prädikat (beinhaltet) und Objekt (Sach-leistung) bestehen, werden in der Graphdatenbank durch Knoten (repräsentieren Subjekte und Objekte) und Kanten (Beziehungen) dargestellt. Dies steigert die Flexibilität gegenüber klassischen relationalen Datenbanken

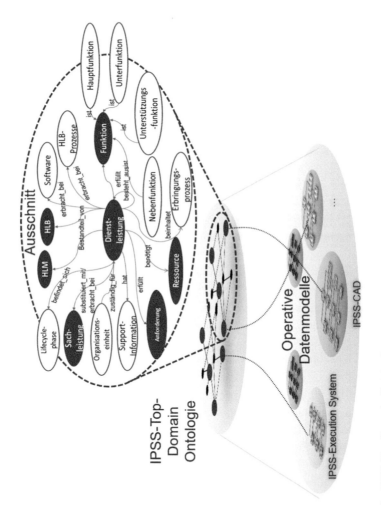

Abb. 11.4 Auszug aus der IPSS-Top-Domain Ontologie

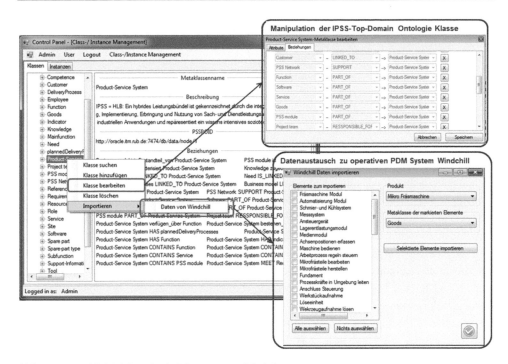

Abb. 11.5 IPSS-LM Ontologie Management Modul

erheblich und erhöht die Geschwindigkeit bei der Bearbeitung von Abfragen innerhalb großer Datenmengen [CUN10]. Das prototypische IPSS-LM Ontologie Management Modul (s. Abb. 11.5) bietet die Möglichkeit, die IPSS-Top-Domain Ontologie zu verwalten (z. B. Definition und Manipulation von Ontologie-Klassen und deren Beziehungen oder die Möglichkeit zum Mapping mit anderen Ontologien) und das in Windchill implementierte IPSS-Metadatenmodell semantisch anzureichern. Außerdem ermöglicht dieses Modul, domänenspezifische Daten (sowohl strukturierte als auch semistrukturierte Daten) dynamisch zu integrieren, zu verwalten und eine domänenübergreifende Informationssuchanfrage auszuführen. Durch die Implementierung der IPSS-Top-Domain Ontologie in das IPSS-LM System ist es möglich, eine semantische Suchanfrage unter Berücksichtigung von semantischen Beziehungen zu realisieren. Die semantische Suchanfrage kann mittels der Cypher-Abfragesprache (entwickelt für Neo4j-Graphdatenbank) formuliert werden.

11.4.4 Echtzeit Planung und Ausführung von agilen IPSS-Änderungsprozessen

Die IPSS-Geschäftsmodelle basieren auf einem Leistungsversprechen (z. B. Verfügbarkeit), das von dem IPSS-Anbieter über die gesamte Vertragsdauer eingehalten werden muss. Aufgrund einer Vielzahl kundenbezogener, technologischer, umweltbezogener,

politischer, sozialer oder wirtschaftlicher Änderungstreiber werden in dieser Vertragsdauer zahlreiche Änderungsbedarfe hervorgerufen [ABR10b, ABR10c]. Die Fähigkeit,
auf diese unvorhergesehenen Änderungsbedarfe in Echtzeit entlang des gesamten Lebenszyklus zu reagieren, ist ein entscheidender Faktor für den Erfolg eines IPSS-Anbieters.
Die Durchführung einer IPSS-Änderung erfordert einen spezifischen Änderungsprozess,
der von verschiedenen technischen und organisatorischen Rahmenbedingungen aber auch
von den Wechselwirkungen von Sach- und Dienstleistungskomponenten abhängig ist.
Änderungsprozessmanager, die für die Planung und Durchführung von Änderungsprozes-
sen, haben die Herausforderung einen spezifischen Änderungsprozess unter Berücksichtigung der herrschenden Rahmenbedingungen zu gestalten und ggf. in Echtzeit anzupassen.
Um die Reaktionsfähigkeit auf unvorhergesehene Ereignisse (z. B. zeitliche Einschränkungen, Mitarbeiterausfall) während der Durchführung des Änderungsprozesses zu erhöhen, muss zwischen den Zielen und dem Weg zur Erreichung der Ziele unterschieden
werden [BUR08]. Während Ziele vordefiniert werden können, hängt die Art und Weise
wie die Ziele erreicht werden können von momentanen herrschenden Rahmenbedingungen ab [ABR10c]. Daher sollen Änderungsprozessmanager einerseits dabei unterstützt
werden zielorientierte Prozessmodelle zu definieren, die die verschiedenen unternehmensspezifischen Ziele bzw. Meilensteine (z. B. Freigabe des Änderungsantrags) des Änderungsprozesses sowie Unterziele (z. B. Impact Analyse) beinhalten, die zur Erreichung der
Ziele beitragen. Auf der anderen Seite sollen sie dabei unterstützt werden, auf der Basis
der zielorientierten Prozessmodelle für jeden Änderungsvorgang einen spezifischen operativen Änderungsprozess abzuleiten, der Aktivitäten beinhaltet, die zur Erfüllung der
definierten Prozessziele beitragen. Dieser Vorgang beinhaltet die Zuweisung der abgeleiteten Aktivitäten zu den verschiedenen Mitarbeitern (Akteure) sowie die Festlegung der
erforderlichen und die zu erwartenden Dokumente. Dies hängt vor allem ab von der Änderung, den betroffenen IPSS-Module, der Relevanz und der Priorität der Änderung, Verfügbarkeit der menschlichen Ressourcen sowie von den IPSS-spezifischen Randbedingungen
(z. B. Geschäftsmodell) ab. Darüber hinaus, muss der definierte, operative Änderungsprozess in Echtzeit ausgeführt und angepasst werden können, falls sich die Rahmenbedingungen verändert haben.

Der Änderungsprozessmanager benötigt daher einen wissensbasierten Assistent, der eine
permanente echtzeitnahe Interaktion mit dem Änderungsprozess ermöglicht. Der Assistent
soll die Rahmenbedingungen einer Änderung analysieren, die Entscheidungen auf Plausibilität überprüfen, den definierten Änderungsprozess und den Erfüllungsgrad der Prozessziele
evaluieren und eine Echtzeit-Anpassung und -Ausführung des operativen Änderungsprozesses ermöglichen. Daraus wurden spezifische Anforderungen abgeleitet, die die Grundlage für das neu entwickelte Konzept bilden. Im Gegensatz zu voll automatisierten Ansätzen
zur Generierung von anpassungsfähigen Geschäftsprozessen [BUL03], basiert das entwickelte Konzept auf der Interaktion zwischen dem Änderungsprozessmanager und dem
Änderungsprozess. Dadurch wird die Erfahrung und Analysefähigkeit des Änderungsmanagers mit dem vorhandenen Wissen über die Zusammenhänge innerhalb eines Änderungsprozesses kombiniert. So wird seine Entscheidungsfähigkeit gestärkt, um flexibel und

effektiv auf unvorhergesehenen Veränderungen in den Randbedingungen zu reagieren. Der IPSS-Änderungsprozessassistent besteht zwei Assistenten. Der *Modellierungsassistent* sowie den *Informationsassistent*. Das benötigte Wissen für die Unterstützung des Änderungsmanagers wird in der *Änderungsprozessontologie* beschrieben. Für die Ausführung der Änderungsprozesse ist die Änderungsprozess-Engine zuständig (s. Abb. 11.6).

Der *Modellierungsassistent* bietet eine intuitive grafische Umgebung für die Modellierung von unternehmensspezifischen und zielorientierten Prozessmodellen. Diese stellen ein hierarchisches Modell dar, das die unternehmensspezifischen Änderungsprozessziele und deren Beziehungen abbildet. Die Änderungsprozessziele beinhalten sowohl die zu erreichenden Prozessziele, wie z. B. „Freigabe des Änderungsantrags" sowie Unterziele wie die „Durchführung einer Impact Analyse". Für jeden Änderungsvorgang unterstützt der Assistent weiterhin den Änderungsprozessmanager bei der Planung eines spezifischen Änderungsprozesses. Hierfür benötigt er Wissen über die involvierten Entitäten (z. B. Prozess-Ziel, Prozess-Aktivität, Rolle, Dokument, etc.) und ihre dynamischen Wechselwirkungen. Diese werden in der entwickelten *Änderungsprozessontologie* beschrieben, die den Kontext jeder Änderung darstellt und das Schlussfolgern von Erkenntnissen ermöglicht. (z. B. welcher Mitarbeiter für welche Aktivität verfügbar ist, die benötigte Kompetenz hat und welche Dokumente er für die Durchführung dieser Aktivität benötigt). Die gewonnen Erkenntnisse

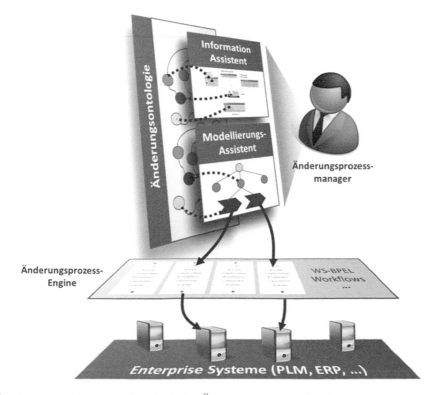

Abb. 11.6 Akchitektur des wissenbasierten Änderungsprozessassistenten

werden dem Änderungsprozessmanager mit Hilfe des *Informationsassistenten* in Form von verschiedenen Ansichten verständlich bereitgestellt (s. Abb. 11.6). Durch die visualisierte Informationsversorgung, unterstützt der Änderungsprozessassistent den Änderungspro-zessmanager einen besseren Überblick über jeden Änderungsprozess zu bekommen und somit sein Verständnis für die komplizierten Zusammenhänge verbessert, um bessere Ent-scheidungen treffen zu können. So ist er in der Lage, aus dem modellierten Änderungspro-zesszielmodell einen spezifischen Änderungsprozess zu erstellen. Dazu gehört die Festlegung von Aktivitäten, Zuständigkeiten, erforderlichen Dokumenten und zu erwartenden Doku-mente. Der definierte, im *Modellierungsassistent* definierter, Prozess wird von der *Ände-rungsprozess-Engine* in Echtzeit in einen ausführbaren Workflow überführt, der in vorhandenen Enterprise-Systemen (z. B. PLM, ERP) ausgeführt werden kann. Unvorherge-sehene Ereignisse, die während der Durchführung des Änderungsprozesses auftreten und eine Umplanung erfordern (z. B. Ausfall von Mitarbeitern) werden vom Änderungsprozess-assistenten laufend analysiert, um die Erreichbarkeit der Änderungsprozessziele einzuschät-zen. Dem Änderungsprozessmanager werden entsprechende Alternativen vorgeschlagen (z. B. welcher Mitarbeiter besitzt eine ähnliche Kompetenz und ist verfügbar).

Im Folgenden werden die einzelnen Komponenten des entwickelten Änderungsprozess-assistenten vorgestellt:

Der Modellierungsassistent: Mithilfe des Modellierungsassistenten kann der Änderungs-prozessmanager ein zielorientiertes Änderungsprozessmodell erstellen (s. Abb. 11.7). Dieses stellt ein hierarchisches Modell dar, das Änderungsprozessziele (Meilensteine) und

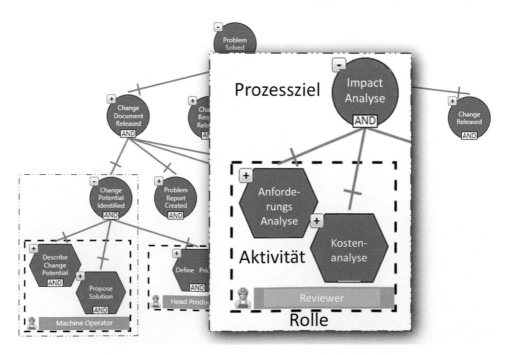

Abb. 11.7 Zielorientiertes Änderungsprozessmodells (Auschnitt aus dem Modellierungsassistent)

ihre Unterziele beschreibt. Damit wird festgelegt welche Ergebnisse erreicht werden sollen um eine Änderung durchzuführen. Es existieren unterschiedliche Ansätze zur Modellierung von zielorientierten Prozessmodellen vor allem im Bereich der künstlichen Intelligenz und im Requirements Engineering. Vor allem die Goal-oriented Requirement Language (GRL) ist grafisch, stellt verschiedene Elemente bereit, und erlaubt die Modellierung von unterschiedlichen Beziehungen zwischen den Zielen und erweiterte Evaluierungsmöglichkeiten des gesamten Änderungsprozess [AMY02]. Die GRL-Sprache ist dabei in einzelne Modellierungselemente unterteilt.

Die GRL Sprache stellt vier Konstrukte Bereit:

- „Intentional Elements" (Ziele) beschreiben das „Warum". Sie stellen Teilergebnisse dar, die bei einer Änderung erreicht werden sollen. Dadurch können Meilensteine sowie untergeordnete Ziele definiert werden. Das gesamte Modell dreht sich dabei um die Ziele und die Aktivitäten, die für deren Erfüllung benötigt werden.
- „Tasks" (Aktivitäten) beschreiben das „Was" und stellen die Aktivitäten, die zur Erfüllung eines Ziels beitragen.
- „Actors" (Rollen) beschreiben das „Wer". Die Rollen können dabei ganze Gruppen oder auch einzelne Personen darstellen, welche zur Erfüllung bestimmter Aufgaben benötigt werden (z. B. Reviewer)
- „Links" (Beziehungen): Decomposition um eine Hierarche abzubilden. Contribution bilden ab welche Aktivitäten welchen Beitrag leisten um bestimmte Ziele zu erreichen. Dependency bildet Abhängigkeiten ab.

In einem ersten Schritt werden die Ziele und ihre Zusammenhänge modelliert. In einem zweiten Schritt sollten in Abhängigkeit von dem Kontext der Änderung die benötigten Aktivitäten und die Verantwortlichkeiten festgelegt werden. Das benötigte Wissen wird von der Änderungsprozessontologie bereitgestellt.

Die Änderungsprozessontologie: Die Art einer Änderung, die betroffenen Module, die vorhandene Kapazitäten und weitere Rahmenbedingungen stellen den Kontext jeder Änderung dar und haben einen entscheidenden Einfluss auf den Änderungsprozess. Um aus dem zielorientierten Änderungsprozessmodell einen spezifischen, operativen Änderungsprozess zu generieren, muss dieser Kontext analysiert werden. Der Änderungsprozessassistent basiert daher auf einer entwickelten Änderungsprozessontologie (s. Abb. 11.8), die das erforderliche Wissen hierfür bereitstellt. Diese Änderungsprozessontologie beschreibt Konzepte (Entitäten), und ihre Interaktion durch Beziehungen, Regeln und Axiome, die den Kontext eines jeden Änderungsprozesses darstellen. Das Einbeziehen von Echtzeitinformationen (Instanzen) und die Nutzung von Inferenzmechanismen ermöglichen automatische Schlussfolgerungen (z. B. Verfügbarkeit von Kapazitäten, zeitliche Einschränkungen, vorhandene Daten), die darüber entscheiden, welche Aktivitäten in welcher Form benötigt werden, um die Prozessziele zu erreichen. Die Grundlage für die Änderungsprozessontologie bildet die folgende Taxonomie:

- „**Content**" stellt alle Dokumente dar, die während des Änderungsprozesses benötigt oder generiert werden. Diese werden in 3 Kategorien unterteilt.

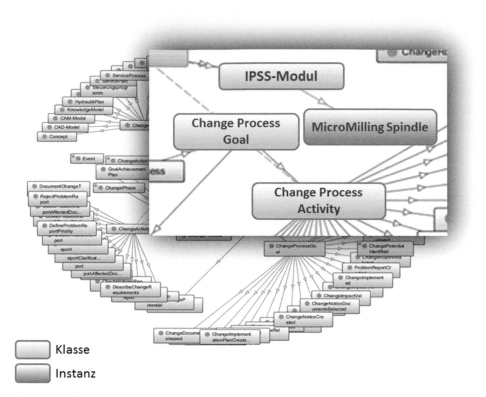

Klasse

Instanz

Abb. 11.8 Änderungsprozessontologie (Ausschnitt)

- „**Change Object**" enthält alle Dokumente, Modelle oder Daten, die von einer Änderung betroffen sind wie z. B. ein CAD-Modell.
- „**Administrative document**" enthält die offiziell freigegebenen Dokumente, die das Ergebnis eines Meilensteines darstellen und darüber entscheiden ob der Änderungsprozess fortgesetzt oder abgebrochen wird, wie z. B. ECR.
- „**Operative document**" enthält die operativen Dokumente, die aus den verschiedenen Aktivitäten entstehen wie z. B. eine Impact-Analyse.
- „**Organisation**" fasst die organisatorischen Konzepte zusammen.
  - „**Partner**" stellt die beteiligten Firmen an einer Änderung dar. Diese sind der Anbieter, Kunde und die Zulieferer.
  - „**Department**" stellt die verschiedenen Abteilungen dar, die an einer Änderung beteiligt sind.
  - „**Actor**" stellt die verschiedenen Mitarbeiter dar wie z. B. Service-Mitarbeiter.
  - „**Role**" stellen die Änderungsprozessspezifischen Rollen dar, die von den Mitarbeitern (Actor) eingenommen werden, wie z. B. Reviewer.

- „**Change Process**" fasst die prozessbezogenen Konzepte zusammen.
  - „**Process Goal**" stellt Prozessziele (Meilensteine) oder Unterziele dar, die durch bestimmte Aktivitäten erreicht werden können.
  - „**Process Activity**" stellt Aktivitäten dar, die zur Erreichung eines Zieles beitragen und von einer Rolle durchgeführt werden.

Die entwickelte Änderungsprozessontologie wird durch zahlreiche Beziehungen, Axiome und Regeln semantisch angereichert, um relevante Zusammenhänge und Fakten zu beschreiben. Beispielsweise wenn das HLM „Mikrofrässpindel" von einer Änderung betroffen ist, beinhaltet die Änderungsprozessontologie den Fakt, dass beim Prozessziel „Impact-Analyse" der Zulieferer „SpindleTEC" einbezogen werden muss, um die Anforderung „Verfügbarkeit" zu überprüfen. Es erfolgt weiterhin die Schlussfolgerung, dass die Aktivitäten „Anforderungsanalyse", „Analyse des Wartungsprozesses" und „Kostenanalyse" für diese spezielle Änderung erforderlich sind.

Der Informationsassistent Um Aktivitäten festzulegen für die Erfüllung der definierten Ziele im Änderungsprozessmodell benötigt der Änderungsmanager Informationen über den Kontext jeder Änderung. Für die Zuweisung von Aktivitäten an Mitarbeitern, sollen die Mitarbeiter identifiziert werden, die bereits eine solche Aktivität durchgeführt haben und die benötigte Kompetenz besitzen und verfügbar sind. Darüber hinaus es sollen die erforderlichen Dokumente (z. B. „Wartungsplan" identifiziert und der Aktivität „Analyse des Wartungsprozesses") angehängt werden. Der Änderungsprozessmanager bekommt die gewonnen Erkenntnisse und Schlussfolgerungen mithilfe des Informationsassistenten intuitiv und verständlich bereitgestellt (s. Abb. 11.9). Er kann weiterhin die vorgeschlagenen Aktivitäten und Mitarbeiter ergänzen oder modifizieren. Bei jeder Änderung erfolgen im Hintergrund eine Plausibilitätsprüfung sowie eine Evaluierung des Änderungsprozesszielmodells, wobei mögliche Unstimmigkeiten identifiziert und gemeldet werden.

Änderungsprozess-Engine: Die Änderungsprozess-Engine übernimmt die Überführung von den festgelegten Prozessaktivitäten in ausführbaren Prozessbausteinen in Echtzeit. Sie wird bereitgestellt durch ein Workflow Management System (WfMS), das eine Bibliothek von ausführbaren Workflows beinhaltet. Ein Workflow beschreibt die einzelnen Schritte, die rechnerunterstützt ausgeführt werden und unternehmensspezifisch ist. So zum Beispiel kann die Freigabe eines Änderungsantrags bei jedem Unternehmen anders erfolgen. Die vordefinierten BPEL-basierten Workflows werden in den verschiedenen Enterprise-Systemen durchgeführt (z. B. PLM, ERP, etc.), sowohl beim Anbieter als auch bei den anderen Partnern. Die Änderungsprozess-Engine instanziiert eine Prozessaktivität, wobei die betroffenen Mitarbeiter informiert werden und die entsprechenden Zugriffe auf die Dokumente eingestellt werden. Während der Ausführung der Workflows werden unvorhergesehene Ereignisse registriert und in die Änderungsprozessontologie hinzugefügt um eine neue Evaluierung zu veranlassen. Dabei kann der Änderungsprozessmanager eine mögliche Gefährdung der Erreichbarkeit der Prozessziele feststellen und mit Hilfe des Assistenten Alternativen ausarbeiten.

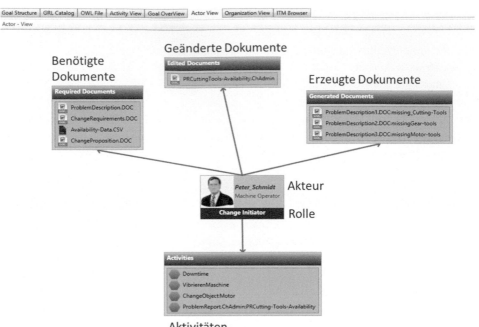

Abb. 11.9 Akteur-Sicht aus dem Informationsassistent

Die Workflows werden mit Hilfe der WS-BPEL (Web-Service-Business Process Execution Language) Sprache abgebildet. WS-BPEL ist eine XML-basierte Sprache für die
Modellierung von Workflows auf der Basis von Webservices, die die Interaktion mit Menschen ermöglichen [ALO04]. Dabei beruht die Sprache auf den Standard „BPEL for Peo-
ple" (BPEL4P), welches ein neue Aufgaben-Typ (Human Task) definiert. Diese stellen
explizit, die Aufgaben dar, die von Menschen durchgeführt werden und sind Teil des ausführbaren Workflows. Die Interaktion zwischen Menschen und dem WfMS werden koordiniert und kontrolliert. Weiterhin ermöglicht der Standard eine Terminierung der Aufgaben
und das Festlegen von Fristen, die eine Eskalation hervorrufen wenn eine Frist verstrichen
ist [AGR07].

11.4.5 IPSS-Feedbackmanagement

Traditionelle, industrielle Geschäftsmodelle basieren auf dem Verkauf von Investitionsgütern und separaten Zusatzdienstleistungen. Dabei haben die Produkthersteller keinen
Zugang zu den Betriebsinformationen. Ausnahmen bilden wenige Fälle, in denen Condition Monitoring Lösungen von den Produktnutzern eingesetzt werden. Jedoch ist eine
systematische Erfassung dieser Informationen relativ selten. Ohne Berücksichtigung der
wertvollen Feedback-Informationen aus der Produktnutzung, können die Folgegeneratio-
nen des Produkts nicht gezielt optimiert und die Wartungsplanungsprozesse nicht effizient
gestaltet werden.

In den verfügbarkeits- und ergebnisorientierten Geschäftsmodellen garantiert der IPSS-Anbieter vertraglich eine Verfügbarkeit der Funktionen (z. B. 99 % Verfügbarkeit) oder die Erbringung eines bestimmten Ergebnisses (z. B. der Anzahl der hergestellten Erzeugnisse). Um den Vertrag zu erfüllen, muss der IPSS-Anbieter alle notwendigen Dienstleistungen rechtzeitig, optimal vornehmen bzw. automatisiert initiieren können. Die Voraussetzung für die Einhaltung dieser vertraglichen Verpflichtungen sind der Zugang zu und die Herrschaft über die IPSS-Betriebs- und Dienstleistungsprozessdaten.

Der technische Fortschritt im Bereich der eingebetteten Mikrosensorik vereinfacht eine kontinuierliche Erfassung der Betriebsdaten für die Steuerung und Planung des IPSS-Betriebs und der damit verbundenen Wartungsprozesse. Darüber hinaus ergeben sich durch die Verfügbarkeit solcher IPSS-Betriebsdaten neue Chancen zur Bildung von Betriebswissen als Feedback für IPSS-Entwickler und IPSS-Service-Planer.

Grundsätzlich wird dabei zwischen objektivem und subjektivem Feedback unterschieden. Während objektives Feedback vor allem aus bestehenden Datenbanken (DB) (wie z. B. Condition Monitoring DB, Service Prozess DB, Kunden DB, Service Personal DB) extrahiert werden kann, wird subjektives Feedback direkt durch Kundenbefragungen oder -datenerfassung gewonnen. Die Anwender des IPSS-Feedbacks sind sowohl Mitarbeiter der IPSS-Betriebsphase (z. B. Service-Planer, Techniker) als auch IPSS-Entwickler. Zum operativen Betrieb bzw. zur Steuerung von Service-Prozessen benötigen IPSS-Anbieter einzelne, IPSS-individuelle Informationen. IPSS-Entwickler und -Service-Planer benötigen aber vor allem logische, kausale Zusammenhänge zwischen den Informationen, um daraus Schlussfolgerungen für wichtige Entscheidungen zu ziehen. Diese kontextbezogenen, assoziierten Informationen werden als Feedbackwissen bezeichnet. Das Feedbackmanagementmodul des IPSS-LM muss daher sowohl Feedback-Informationen, als auch verdichtetes Feedbackwissen abbilden, verwalten und bereitstellen. Um eine direkte Assoziation der Feedback-Informationen und des Feedbackwissens mit den einzelnen IPSS-Komponenten sicherzustellen, wurde das Feedbackmanagement-Modul als Erweiterungsmodul innerhalb des IPSS-LM konzipiert (s. Abb. 11.10).

Das Feedbackwissen-Modul der IPSS-LM-Lösung beinhaltet daher die Module zur Generierung von subjektivem und von objektivem Kunden-Feedbackwissen, das im IPSS-Metadatenmodell integriert wird. Auf der Basis dieses Wissens können IPSS-Entwickler und -Service-Planer die allgemeinen IPSS-LM-Datenmanagementmethoden (zur Datenorganisation, -suche oder -visualisierung) anwenden. Darüber hinaus wurde auch ein wissensbasierter Feedback-Assistent als Modul des IPSS-Feedbackmanagements entwickelt, das Ursachen-Wirkungsanalysen („What-If"-Analysen) bzw. Simulationen ermöglicht.

Das erste Feedbackmodul erfasst subjektives Kundenfeedback in Bezug auf IPSS wie z. B. subjektive Verbesserungsvorschläge, Kundenkritiken sowie von Anwendern geäußerte Anforderungen. Es wurde eine Methodik entwickelt, die eine Akquisition von sowohl prospektivem Kundenfeedback zu zu-künftigen IPSSs, als auch von retrospektivem Kundenfeedback zu bestehenden Sach- und Dienstleistungskomponenten von IPSSs ermöglicht [ABR07b, ABR07c]. Die gewonnenen subjektiven Feedbackinformationen, die in verdichteter Form als Wissen in die IPSS-Top-Domain Ontologie integriert werden,

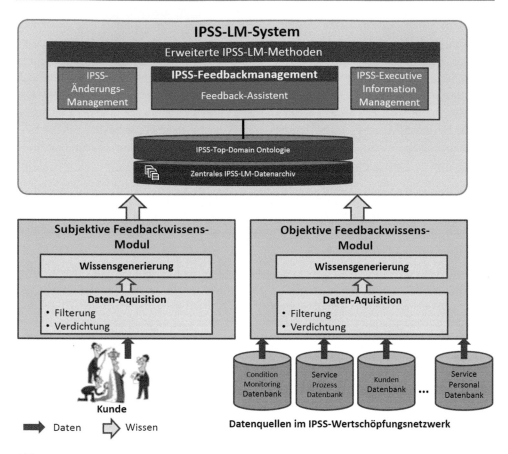

Abb. 11.10 Konzept des IPSS-Feedbackmanagements

erlauben sowohl eine frühzeitige IPSS-Validierung vor der Markteinführung, als auch eine Analyse dynamischer Kundenanforderungen an Sachleistungs- und Dienstleistungskomponenten bestehender IPSSs.

Das zweite Feedbackwissen-Modul behandelt die Erfassung, Verdichtung und Generierung von objektivem Feedbackwissen. Die Hauptkategorien von objektiven Feedbackdaten sind:

- „Condition Monitoring"-Daten (z. B. Maschinenlaufzeiten, Belastungsverläufe, Umgebungstemperaturen)
- Service-Prozessdaten (z. B. Wartungshäufigkeit, Wartungsereignisse, Störungen/Fehler)
- Kundendaten (z. B. Kundenprofile)
- Servicepersonaldaten (z. B. Qualifikation, Erfahrung, Alter der Service-Mitarbeiter)

Diese Daten werden aus verschiedenen bestehenden Kunden-Datenbanken (z. B. „Condition Monitoring"-Datenbanken) gewonnen und im Datenakquisitionsmodul bereinigt, gefiltert und verdichtet. Durch Anwendung von Data-Mining und „Knowledge Discovery"-Methoden wird aus diesen Daten weiterhin objektives Feedbackwissen generiert und in der IPSS-Top-Domain Ontologie abgelegt.

Das im Rahmen des IPSS-LM Systems verwaltete Wissen kann nicht nur für Informationszwecke unter Anwendung allgemeiner IPSS-LM-Datenmanagementmethoden eingesetzt werden, sondern auch zur Durchführung von kontextspezifischen „What-If"-Analysen oder Prognosen genutzt werden. Zur Umsetzung dieser Aufgaben wurde ein wissensbasierter Assistent als Teil des IPSS-LM-Systems konzipiert [ABR08a, ABR08b, ABR08c]. Dieser wissensbasierte Feedbackassistent erfordert über die IPSS-Top-Domain Ontologie hinaus zusätzliche, wissensbasierte Modelle (z. B. Diagnosemodelle). Die in der Wissensgenerierungsschicht gewählte Wissensrepräsentationsform hängt sehr stark vom späteren Anwendungszweck ab. Je nach Aufgabe bzw. End-User des Wissens sind daher verschiedene Wissensrepräsentationsformen in Betracht zu ziehen und auszuwählen. Prototypisch wurde ein auf Bayes'schen Netzen beruhender Ansatz zur Wissensgenerierung entwickelt, der speziell auf die Bedürfnisse der IPSS-Entwicklung abgestimmt ist [ABR09b, ABR10d].

Unter Nutzung der wissensbasierten Algorithmen in der Wissensgenerierungsschicht können kundenbezogene, individuelle Diagnosemodelle erstellt und im IPSS-LM-Datenarchiv verwaltet werden. Durch die Wissensaggregation verschiedener, individueller Diagnosemodelle können auch unterschiedliche Umgebungs- und Belastungsszenarien (die je nach Kunde variieren) und Einflüsse (beispielsweise auf den Maschinenzustand) abgebildet bzw. erkannt werden. Beispiele für solche Diagnosen sind:

- Identifizierung der am häufigsten ausfallenden Komponenten
- Aufdeckung der Faktoren (Umgebungs-, Belastungs- und Wartungsszenarien), die Einfluss auf bestimmte Ausfälle beziehungsweise Störungen haben
- Ableitung quantitativer Abhängigkeiten auf der Basis von empirischen IPSS-Nutzungsinformationen

Die adressierten Aspekte zur Wissensgenerierung werden in [ABR08d] ausführlich vorgestellt.

11.4.6 IPSS-Executive Information Management (IPSS-EIM)

Die hohe Komplexität und Änderungsdynamik von IPSS stellen IPSS-Manager vor schwierige Entscheidungen [ABR08e]. Zur Unterstützung dieser Entscheidungen sind geeignete „Executive Information Management"-Systeme (IPSS-EIM) unumgänglich [BAL00, NAN96].

Im Vergleich zu vorhandenen EIM-Ansätzen, die alle einen Schwerpunkt im Bereich kaufmännischer Daten und Anwendungen haben [GLU08, KNA08], wurde der Schwerpunkt von IPSS-EIM auf technische IPSS-Lifecycle-übergreifende Informationen gelegt, das die Daten aus den Metadatenwerten des IPSS-LM extrahiert und anschließend verdichtet, auswertet und visualisiert. Relevante nicht-technische Informationen (z. B. kaufmännische oder dispositive Management-Informationen) werden durch andere Daten-quellen oder IT-Systeme (z. B. ERP-Systeme) bereitgestellt.

Analyse- und Reporting-Methoden sowie -Funktionen aus bestehenden PLM-Systemen unterstützen in der Regel eine managementgerechte Extraktion, Auswertung und Bereit-stellung von Daten aus Werten von PLM-Metadaten. Daher betrachtet das IPSS-LM-Konzept eine Anpassung und Erweiterung bestehender IPSS-Methoden und -Funktionen für IPSS-Anwendungen. Eine selektive Übernahme von Kosten- bzw. Planungsdaten in die IPSS-LM-Datenbasis, z. B. aus dem IPSS-Controlling bzw. -Execution System wurde im Konzept ebenfalls berücksichtigt. Als Anwender der entscheidungsunterstützenden Management-Informationen im IPSS-Lebenszyklus wurden fünf Zielgruppen identifiziert:

- Mitarbeiter der ausführenden IPSS-Ebene (z. B. IPSS-Entwickler, IPSS-Service-Planer)
- Mitarbeiter des mittleren, phasenbezogenen Managements (z. B. IPSS-Entwicklungs-leiter, IPSS-Service-Techniker)
- Phasenübergreifende IPSS-Projektmanager
- Mitarbeiter des strategischen Managements (Geschäftsführer, IPSS-Portfolioplaner, Unternehmer)
- Mitarbeiter/Manager der IPSS-Kunden/-Anwender

Für diese einzelnen Zielgruppen wurden die Informationsbedarfe rollenspezifisch struktu-riert bzw. spezifiziert. Diese Informationen werden sowohl für die Projektsteuerung (z. B. Status eines Projektes, Soll/Ist-Abweichungen) als auch für die Bewertung von IPSSs bzw. für die Verbesserung von Planungs- oder Entwicklungsentscheidungen genutzt. Der IPSS-EIM-Baustein innerhalb des IPSS-LM, der diese Informationen bereitstellen soll, besteht aus drei Modulen (s. Abb. 11.11): Informationsextraktion, Informationsana-lyse, Informationsbereitstellung und Visualisierung. Bei der Datenextraktion werden rele-vante Werte der IPSS-Metadaten-Attribute direkt ausgelesen bzw. gefiltert und bereinigt. Diese Rohdaten können z. B. für Status-Analysen genutzt werden. Für Management-Ent-scheidungen werden aber vor allem aggregierte, verdichtete Daten benötigt. Die Verdich-tung, Aggregation und Auswertung der extrahierten rohen IPSS-EIM-Daten erfolgt im Datenanalyse-Modul. Im dritten IPSS-EIM-Modul des IPSS-LM werden die im Analy-se-Modul ermittelten Informationen im Informationsversorgungs-Modul in grafischer Form visualisiert und den verschiedenen Zielanwendern gefiltert zur Verfügung gestellt. Für eine intuitive und managergerechte Visualisierung werden 2D-/3D-Darstellungs-methoden aus der Business-Grafik im Bereich Scientific Visualization bzw. Business Intelligence genutzt.

Zur Konkretisierung und Bearbeitung sowie Implementierung dieser Methode steht die folgende Frage im Fokus: „Wann wird eine Anpassung der IPSS-Konfiguration in der Betriebsphase benötigt?".

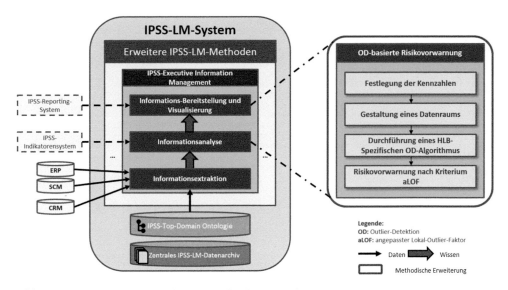

Abb. 11.11   Risikowarnung auf Basis der Outlier-Detaktions-Technik

Um den Zeitpunkt zu identifizieren, an dem eine Anpassung erforderlich wird, wurde zunächst ein Kennzahlensystem für ein kontinuierliches Monitoring des IPSS-Zustands in der Betriebsphase zusammengestellt. Das Monitoring des IPSS-Zustands ergänzt das IPSS-Condition Monitoring um taktische Informationen (wie z. B. die laufenden Kosten). Das Kennzahlensystem umfasst fünf Perspektiven: Verfügbarkeit, IPSS-Lebenszykluskosten (IPSS-LCC), Produkt-, Service- und Kooperationsqualität (s. Abb. 11.12). Eine detaillierte Beschreibung des Kennzahlensystems sowie der Monitoring-Methode wurde von ABRAMOVICI ET AL. [ABR13] veröffentlicht.

Im Allgemeinen ist eine Anpassung der IPSS-Konfiguration dann erforderlich, wenn die Kennzahlen ihre vordefinierten Korridore verlassen. Dabei kann eine Vielzahl an relevanten Kennzahlen gemeinsam für die Erkennung einer Abweichung berücksichtigt werden. Zur Ermittlung der Abweichungen wurden zwei Methoden eingesetzt: Neben der Methode des Ist-Soll-Vergleichs, bei der aktuelle Ist-Werte mit vordefinierten Grenzwerten verglichen werden, konzentriert sich die Outlier-Detektions-Methode auf die Identifizierung von Abweichungen durch die integrierte Analyse von historischen Daten im IPSS-Monitoring. Die historischen Daten in der Datenbank bilden die Basisdaten zur Gestaltung eines mathematischen Datenraums für die Durchführung eines Outlier-Detektions-Algorithmus. Zur Identifizierung der Outlier wurde eine distanzbasierte Methode eingesetzt, die das Kriterium aLOF (angepasster Lokal-Outlier-Faktor) auf Basis der traditionellen LOF [BRE00] verwendet. Diese Methode ermöglicht eine frühzeitige Erkennung von Risiken und unterstützt darin, den rechtzeitigen Zeitpunkt für eine Anpassung der IPSS-Konfiguration zu identifizieren, um die Stabilität des IPSS in der Betriebsphase zu gewährleisten.

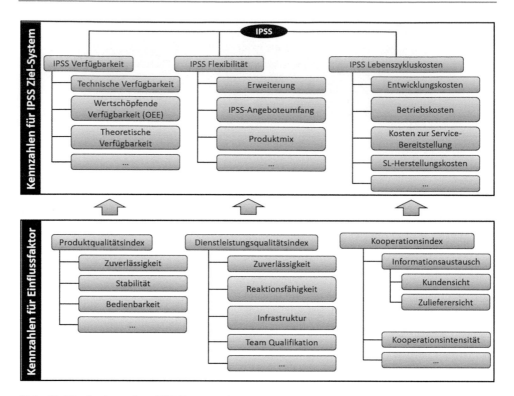

Abb. 11.12 Struktur eines KPI-Frameworks

11.5   Zusammenfassung und Ausblick

Die IPSS-Lebenszyklen sind gekennzeichnet durch eine enge Anbieter-Kunden-Interaktion und stark vernetzte Sach- und Dienstleistungsstrukturen sowie eine hohe Änderungsdynamik in der Betriebsphase. Eine weitere Herausforderung für das Management von IPSS besteht in der besonders engen Zusammenarbeit zwischen Anbieter, Netzwerkpartnern und Kunden während des IPSS-Betriebs. Konventionelle Product Lifecycle Management (PLM)-Methoden, -Prozesse und -Werkzeuge reichen für ein integriertes Management von IPSS entlang des Lebenszyklus leider nicht aus, da sie diese IPSS-Spezifika nur unzureichend berücksichtigen. Ein Schwerpunkt der Forschungsaktivitäten am Lehrstuhl für Maschinenbau Informatik der Ruhr-Universität Bochum liegt daher im Bereich der Entwicklung IPSS-spezifischer PLM-Konzepte sowie IT-gestützter IPSS-LM-Umgebungen und der dazugehörigen Assistenzsysteme als Unterstützungswerkzeuge für die ganzheitliche und konsistente Verwaltung aller IPSS-bezogener und prozessbezogener Daten innerhalb dynamischer IPSS-Netzwerke. Zu den Assistenzsystemen zählen zum Beispiel das Feedbackmanagement, flexible und agile Änderungsmanagement und das IPSS Executive Information Management.

Da ein Großteil der IPSS-bezogenen Informationen (vor allem in der Betriebs- bzw. Erbringungsphase) innerhalb von unstrukturiert aufgebauten Dokumenten (z. B. Protokolle, Fehlerberichte) enthalten ist und diese innerhalb eines zentralen Datenarchivs im IPSS-LM-System gemanagt werden, bietet die IPSS-Lösung große Potenziale zur Entwicklung und Erweiterung weiterer, wissensbasierter LM-Methoden und -Module. Beispielsweise können diese Informationen (aus Text-Dokumenten) zur Optimierung der Informationsbereitstellung beitragen. Diese werden derzeit in aktuellen, kommerziellen PLM-Lösungen nicht ausreichend ausgewertet. Ziel eines zukünftigen Forschungsvorhabens ist daher die Erschließung und Ausschöpfung bestehender Informationen aus unstrukturierten Textinformationen (z. B. Pflichtenheft, Änderungsprotokolle, Änderungskommentare, Fehlerberichte) für semantische, kontextspezifische Such- und Analysezwecke. Dies soll beispielsweise IPSS-Entwickler und -Planer auf operativer Ebene sowie IPSS-Manager auf taktischer Ebene in allen IPSS-Lifecycle-Phasen dabei unterstützen, Risiken beim Treffen von Echtzeit-Entscheidungen zu minimieren, indem mittels intelligenter semantischer Informationssuche eine effektive Informationsversorgung gewährleistet und die Analysefähigkeit erhöht wird. So kann etwa die Analyse von Zusammenhängen zwischen den, in Instandhaltungsberichten dokumentierten Fehlerbehebungszeiten und den Anforderungen aus dem Pflichtenheft (z. B. hinsichtlich der Zeitdauer zur Behebung eines Fehlers) die unmittelbare Entdeckung von Anforderungsverletzungen ermöglicht werden. Um die Qualität der bereitgestellten Informationen zu gewährleisten, sollen unterschiedliche IPSS-spezifische Rollenprofile innerhalb des IPSS-Netzwerks (Entwicklungs-, Erbringungsnetzwerk) identifiziert und definiert werden. Diese rollenspezifischen, verknüpften Informationen sollen dem Nutzer über eine intuitive Benutzeroberfläche visualisiert und bedarfsgerecht zur Verfügung gestellt werden.

Literatur

[ABR07a] Abramovici, M.; Schulte, S.: Study "Benefits of PLM – The Potential Benefits of Product Lifecycle Management in the Automotive Industry", ITM Ruhr-University Bochum, IBM BSC, Detroit, USA, 2007.

[ABR07b] Abramovici, M.; Schulte, S.: Optimizing Customer Satisfaction by Integrating the Customer´s Voice into Product Development. In: Proceedings of 16th International Conference on Engineering Design (ICED'07), Paris, France, 2007.

[ABR07c] Abramovici, M.; Schulte, S.: PLM – Neue Wege zu kundenorientierten Produkten und Dienstleistungen. CAD-CAM-Report 6, S. 1–6, 2007.

[ABR08a] Abramovici, M.; Neubach, M.; Fathi, M.; Holland, A.: PLM-basiertes Integrationskonzept für die Rückführung von Produktnutzungsinformationen in die Produktentwicklung. wt Werkstattstechnik online 98 (2008) 7/8: S. 561–567.

[ABR08b] Abramovici, M.; Neubach, M.; Fathi, M.; Holland, A.: Integration of Product Use Information into PLM. In: Proceedings of the 15th CIRP International Conference on Life Cycle Engineering (LCE). Sydney, Australia, 2008

[ABR08c] Abramovici, M.; Neubach, M.; Fathi, M.; Holland, A.:Integration von Feedbackdaten aus der Produktnutzungsphase im Rahmen des PLM-Konzepts. In: Multikonferenz Wirtschaftsinformatik (MKWI). München, Germany, 2008

[ABR08d]   Abramovici, M.; Neubach, M.; Fathi, M.; Holland, A.: Competing Fusion for Bayesian
           Applications. In: Proceedings of the 12th International Conference on Information
           Processing and Management of Uncertainty in Knowledge-Based Systems (IPMU).
           Malaga, Spain, 2008.
[ABR08e]   Abramovici, M.; Michele, J.; Neubach, M.: Erweiterung des PLM-Ansatzes für hybri-
           de Leistungsbündel, Zeitschrift für wirtschaftlichen Fabrikbetrieb ZWF (2008) 9,
           S. 619–622.
[ABR09a]   Abramovici, M.; Neubach, M.; Schulze, M.; Spura, C.: Metadata Reference Model for
           IPSS Lifecycle Management. In: Proceedings of the 1st CRIP IPSS Conference, Cran-
           field, UK, 2009.
[ABR09b]   Abramovici, M.; Neubach, M.: Knowledge-based Representation and Analysis of Pro-
           duct Use Information for Feedback to Design. In: Proceedings of the 2nd International
           Seminar on IPSS. Berlin, Germany, 2009.
[ABR10a]   Abramovici, M.; Bellalouna, F.; Neubach, M.: Delphi-Studie PLM 2020 – Experten-
           einschätzungen zur künftigen Entwicklung des Product Lifecycle Management. Indus-
           trie Management (2010) 3, S. 47–51.
[ABR10b]   Abramovici, M.; Bellalouna, F.; Goebel, J. C.: Towards Adaptable Industrial Pro-
           duct-Service Systems (IPSS) with an Adaptive Change Management. In: Industrial
           Product-Service Sytems (IPS^2) – Proceedings of the 2nd CIRP IPS^2 Conference, Lin-
           köping University, Linköping, Schweden, April 14th – 15th, 2010. Hrsg.: Sakao, T.;
           Larsson, T. Linköping: University, 2010, S. 467–474.
[ABR10c]   Abramovici, M.; Bellalouna, F.; Goebel, J. C.: Adaptive Change Management for
           Industrial Product-Service Systems (IPSS). In: Proceedings of the TMCE 2010. Anco-
           na, Italy, 2010.
[ABR10d]   Abramovici, M.; Meier, H.; Gegusch, R.; Neubach, M.: Knowledge-Based Feedback
           of IPS" Use Information. In: Proceedings of the 60th CIRP General Assembly. Pisa,
           Italy, 2010.
[ABR13]   Abramovici, M.; Feng, J.; Dang, H. B.: An indicator framework for monitoring IPSS
           in the use phase. In: Proceedings of the 5th International Conference on Industrial
           Product-Service Systems (IPSS), Bochum, Germany, DOI:10.1007/978-3-642-30820-
           8_27, 2013.
[AGR07]   Agrawal, A.; Amend, M.; Das, M.; Ford, M.; Keller, C.; Kloppmann, M; König, D.;
           Leymann, F.; Müller, R.; Pfau, G.; Plösser, K.; Rangaswamy, R.; Rickayzen, A.; Rowley,
           M.; Schmidt, P.; Trickovic, I.; Yiu, A.; Zeller, M.: Web Services Human Task (WS-Hu-
           manTask), Version 1.0, 2007.
[AKK04]   Akkermans, H.; Baida, Z.; Gordijn, J.; Peiia, N.; Altuna, A.; Laresgoiti, I.:Value Webs:
           using ontologies to bundle real-world services, IEEE Intelligent Systems 19 (2004) 4,
           S. 57–66.
[ALO04]   Alonso, G.; Casati, F.; Kuno, H.; Machiraju, V.: Webservices: Concepts, Architectures
           and Applications, Berlin: Springer, 2004.
[AMY02]   Amyot, D.; Mussbacher, G.: Towards a New Standard for the Visual Description of
           Requirements. In: 3rd SDL and MSC Workshop (SAM02), Aberystwyth, U.K., 2002
           S. 21–37.
[ANN10]   Annamalai, G.; Hussain, R.; Cakkol, M.; Roy, R.; Evans, S.; Tiwari, A.: An Ontology
           for Product-Service Systems. In: Functional Thinking for Value Creation – Procee-
           dings of the 3rd CIRP International Conference on Industrial Product Service Systems,
           Technische Universität Braunschweig, Braunschweig, Germany, May 5th–6th, 2011.
           Hrsg.: Hesselbach, J.; Herrmann, C. Berlin, Heidelberg: Springer, 2011, S. 231–236.
[ARA05]   Arai, T.; Shimomura, Y.: Service CAD System-Evaluation and Quantification. In:
           CIRP Annals – Manufacturing Technology (2005) 1, S. 463–466.

[AUR07]   Aurich, J. C.; Schweitzer, E.; Fuchs, C.: Life Cycle Management of Industrial Product-Service Systems. In: Proceedings of the 14th CIRP International Conference on Lifecycle Engineering (LCE). Tokio, Japan, 2007.

[BAL00]   Ballensiefen, K.: Informationsplanung im Rahmen der Konzeption von Executive Information System (EIS). Josel Eul Verlag, Köln, Deutschland, 2000.

[BRE00]   Breunig, M.; Kriegel, H. P.; Nguyen R. T.; Sander, J.: LOF Identifying Density-Based Local Outliers. In: Proceedings of ACM SIGMOD International Conference on Management of Data, Dallas, USA, 2000, S. 93–104.

[BUL03]   Bullinger, H.; Schreiner, P.: Service Engineering – Ein Rahmenkonzept für die systematische Entwicklung von Dienstleistungen. In: Service Engineering – Entwicklung und Gestaltung innovativer Dienstleistungen. Berlin, Heidelberg: Springer, 2003.

[BUR08]   Burmeister, B.; Arnold, M.; Copaciu, F.; Rimmassa, G.: BDI-Agents for Agile Goal-Oriented Business Processes. In: Proceedings of the 7th International Conference on Autonomous Agents and Multiagent Systems (AAMAS). Estorial, Portugal, 2008, S. 37–48.

[CHA03]   Chandra, C.; Kamrani, K. A.: Knowledge management for consumer-focused product design, Journal of Intelligent Manufacturing, 2003.

[CUN10]   Cunningham, H. C.; Ruth, P.; Kraft, N. A.; Vicknair, C.; Macias, M.; Zhao, Z.: A comparison of a graph database and a relational database. In: the 48th Annual Southeast Regional Conference. Oxford, Article No. 42, Mississippi, USA, 2010.

[EIG09]   Eigner, M.; Stelzer, R.: Product Lifecycle Management – Ein Leitfaden für Product Development und Lifecycle Management. Berlin, Heidelberg: Springer, 2009.

[FER11]   Ferrario, R.; Guarino, N.; Janiesch, C.; Kiemes, T.; Oberle, D.; Probst, F.: Towards an on-tological foundation of services science: The general service model, In: Wirtschaftsinformat-ik, Zurich, Switzerland, 2011.

[FRÄ06]   Främling, K.; Harrison, M.; Brusey, J.: Globally Unique Product Identifiers – Requirements and Solutions to Product Lifecycle Management. In: Proceedings of 12th IFAC Symposium on Information Control Problems in Manufacturing (INCOM). Saint-Etienne, France, 2006.

[GLU08]   Gluchowski, P.; Gabriel, R.; Dittmar, C.: Management-Support-Systeme und Business intelligence. Computergestützte Informationssysteme für Fach- und Führungskräfte, 2. Auflage, Berlin, Heidelberg: Springer, 2008.

[KNA08]   Knackstedt, R.; Kuropka, D.; Müller, O.; Polyvyanyy, A.: An Ontology-Based Service Discovery Approach for the Provisioning of Product- Service Bundles, ECIS, 2008.

[LIY11]   Liyue, S.; Ming, D.: Modeling a Configuration System of Product-Service System Based on Ontology Under Mass Customization, Advanced Science Letters, 2011.

[NAN96]   Nandhakumar, J.: Executive Information System Development: a Case Study of a Manufacturing Company. Journal of Information Technology (1996) 11, S. 199–209.

Integriertes IPSS-Controlling

12

Solmaz Alevifard, Lisa Grandjean und Marion Steven

12.1 Einführung

12.1.1 Industrielle Produkt-Service Systeme (IPSS)

Unter **IPSS** werden ganzheitliche und individualisierte Problemlösungen, bestehend aus systematisch konfigurierten und integriert entwickelten Sach- und Dienstleistungsanteilen, verstanden [MEI05]. Dadurch stehen unterschiedliche mögliche Kombinationen von Sach- und Dienstleistungsanteilen zur Erfüllung des Nutzenversprechens zur Verfügung (Substitution). Die Auswahl der konkreten Kombination ist kundenspezifisch und kann sich im Zeitverlauf ändern [RES07]. Die Wertschöpfung im IPSS-Kontext ist charakterisiert durch eine unternehmensübergreifende und kooperationsintensive Zusammenarbeit innerhalb eines IPSS-Netzwerks [ALE14]. IPSS besitzen einen wissensintensiven sozio-technischen Systemcharakter [BOS14, LAU12, STE05]. Weiterhin ist kennzeichnend für ein IPSS, dass ein Eigentumsübergang auf den Kunden nicht zwingend vorausgesetzt wird [ROY00]. Im Mittelpunkt eines IPSS steht somit die Erfüllung eines industriellen Nutzenversprechens entlang des gesamten IPSS-Lebenszyklus [MEI05]. Der **IPSS-Lebenszyklus** erstreckt sich über die fünf Phasen Planung, Entwicklung, Implementierung, Betrieb und Auflösung und ist durch eine iterative Rückkopplung gekennzeichnet [BOS12, MEI12]. Der Kundennutzen ist über alle Phasen sicherzustellen. Dazu ist es nötig, das IPSS an die im Zeitverlauf veränderten Bedürfnisse des Kunden anzupassen [BOS12, GRA14, MEI10].

S. Alevifard • L. Grandjean • M. Steven (✉)
Lehrstuhl für Produktionswirtschaft, Ruhr-Universität Bochum, Bochum, Deutschland
E-Mail: Solmaz.Alevifard@ruhr-uni-bochum.de; lisa.grandjean@rub.de; marion.steven@ruhr-uni-bochum.de

© Springer-Verlag GmbH Deutschland 2017
H. Meier, E. Uhlmann (Hrsg.), *Industrielle Produkt-Service Systeme*,
DOI 10.1007/978-3-662-48018-2_12

Neben der Lebenszyklusorientierung sind die besonderen **Geschäftsmodelle** ein weiteres charakteristisches Merkmal von IPSS. Im Rahmen der Geschäftsmodelle von IPSS wird u. a. die Verteilung der Verantwortlichkeiten für die Wertschöpfungsprozesse innerhalb der Lebenszyklusphasen festgelegt. Es werden drei generische Arten von Geschäftsmodellen – transaktionsbasiert, kooperationsintensiv und anbietergetrieben – unterschieden [RES13]. Unter einem Geschäftsmodell wird dabei die Abbildung der Wertschöpfungsgestaltung sowie der Nutzenerbringung eines Unternehmens verstanden [TEE10]. In **transaktionsbasierten** oder auch funktionsorientierten Geschäftsmodellen ist der IPSS-Anbieter im Wesentlichen für die Funktionsfähigkeit des IPSS verantwortlich. Der Anbieter übernimmt daher bspw. die regelmäßige Wartung der Anlage. In einem **kooperationsintensiven** oder auch verfügbarkeitsorientierten Geschäftsmodell gewährleistet der IPSS-Anbieter zusätzlich die ständige Verfügbarkeit der Anlage. In diesem Kontext übernimmt der Anbieter vermehrt Prozesse des Kunden und somit auch die entsprechenden Risiken. Diese Form des Geschäftsmodells ist durch eine enge Zusammenarbeit und ausgeprägte Koordination von Anbieter und Kunden gekennzeichnet. In **anbietergetriebenen** oder auch ergebnisorientierten Geschäftsmodellen übernimmt der Anbieter sämtliche Produktionsprozesse und trägt daher auch das entsprechende Risiko. Der Kunde erhält als Ergebnis fehlerfrei produzierte Teile [MEI10, RES13].

12.1.2 Motivation und Aufbau des Beitrags

Im Laufe der letzten Jahre wurden viele Arbeiten veröffentlicht, die sich mit dem Konzept von IPSS beschäftigen (siehe Beiträge aus diesem Sammelband und die zugrundeliegende Literatur). Ein wesentlicher Anteil dieser Arbeiten stammt aus dem **Sonderforschungsbereich Transregio 29**: „Engineering hybrider Leistungsbündel". Der Begriff hybride Leistungsbündel ist mit IPSS synonym. Aus der **Vielfalt von Instrumenten und Methoden** des Engineerings und des Managements von IPSS resultiert die Motivation des vorliegenden Beitrags, einen ganzheitlichen Blickwinkel einzunehmen und das Zusammenspiel zwischen den genannten Arbeiten, Instrumenten und Methoden zu veranschaulichen. Der **Fokus** der Betrachtungen wird im vorliegenden Kapitel auf das **Zusammenspiel zwischen Controlling-Instrumenten und Instrumenten und Methoden aus anderen Disziplinen** gelegt.

Dazu werden zunächst die grundlegenden Begriffe des IPSS-Controllings sowie IPSS-Controlling-Instrumente präsentiert. Ferner werden Instrumente und Methoden aus anderen Fachdisziplinen in ihrer grundlegenden Form sowie ihrer Verknüpfung zum IPSS-Controlling vorgestellt. Anschließend wird die Wissensbilanz als eine Methode vorgestellt, welche dazu dient, auf einer übergeordneten Ebene bzw. aus einer ganzheitlichen Sichtweise das oben genannte Zusammenspiel zu veranschaulichen. Schließlich wird die Anwendung der Wissensbilanz im IPSS-Kontext anhand eines Fallbeispiels konkretisiert.

12.2   Controlling von IPSS

12.2.1 Konkretisierung des Begriffs Controlling

Das **Hauptziel des Controllings** ist es, die **Rationalität** der **Entscheidungsfindung** sicherzustellen. Dabei hat das Controlling die **Aufgabe**, die Führungsebene mit **entscheidungsrelevanten Informationen** zu versorgen. Diese Informationen werden auf der Führungsebene dazu verwendet, um kurz- und langfristige Erfolgspotenziale zu schaffen sowie deren Ausschöpfung sicherzustellen. Somit ist das Controlling ein essenzieller Bestandteil der Unternehmenssteuerung [BUC09].

Das Controlling hat **drei wesentliche Funktionen**. Unter **Planung** sind alle Maßnahmen zu verstehen, die zur gedanklichen Vorwegnahme zukünftiger Ereignisse dienen [WEB11]. Hier geht es darum, verschiedene Handlungsmöglichkeiten zur Erreichung der Unternehmensziele aufzuzeigen und aus der Gesamtheit der Alternativen eine geeignete Auswahl zu treffen. Um das Top Management bei der Auswahl zu unterstützen, sind Handlungsalternativen bezüglich ihrer Kosten- und Erlöswirkung sowie ihrer Realisierbarkeit zu beurteilen [STE06, WEB11]. Die **Steuerung** ist eine weitere Funktion des Controllings. Einen gewünschten Systemzustand durch externe Eingriffe zu realisieren, ist das Ziel der Steuerung. Abstimmungsprozesse, die zur Erreichung der Ziele erforderlich sind, gehören zu den wesentlichen Prozessen im Rahmen der Steuerungsfunktion. Mögliche Steuerungsgrößen sind Kosten, Umsatz, Gewinn, Risiken usw. Die **Kontrolle** als dritte Funktion des Controllings umfasst die Überwachung der Prozesse und Ermittlung von Abweichungen zwischen Soll- und Ist-Größen sowie die Analyse der Abweichungsursachen [BER01, WEB99a, WEB99b, WEB11]. Die aus Abweichungsanalysen gewonnenen Erkenntnisse gehen über eine Rückkopplung als Input in die Planung und Steuerung ein und bilden damit die Basis für Anpassungsprozesse [STE10].

12.2.2 Instrumente des IPSS-Controlling

Eine ökonomische Betrachtung von IPSS erfordert ein umfassendes und auf die spezifischen Besonderheiten von IPSS ausgerichtetes Controlling-System. Im Rahmen von IPSS ist das **Nutzenversprechen** über den gesamten **Lebenszyklus** zu erfüllen. Das IPSS ist demnach dynamisch an die sich im Zeitverlauf verändernden Kundenanforderungen anzupassen [BOS12, BUR07, GRA14, MEI10]. Da ex ante jedoch nicht sämtliche eintretende Umweltzustände antizipiert werden können, hat die Berücksichtigung von **Unsicherheiten** (Abwesenheit vollkommener Informationen) eine besondere Relevanz im IPSS-Kontext. Vor diesem Hintergrund ist die Flexibilität, d. h. die Fähigkeit sich zeitnah und mit geringem Aufwand an veränderte Umweltbedingungen anzupassen, ein geeignetes Mittel, um mit Unsicherheiten umzugehen [BAL11]. Das IPSS-Controlling muss daher die Flexibilität berücksichtigen.

Die Sicherstellung der Ausgestaltung und Erbringung von IPSS unter Effizienzgesichtspunkten steht im Vordergrund des **IPSS-Kostenmanagements** [STE09]. Die maßgebliche Determinierung der Kosten eines IPSS erfolgt in der Planungs- und Entwicklungsphase [SCH03, WAS09]. Hierbei stehen vor allem die Kosten für spätere Anpassungen und damit für das Planen und Vorhalten von **Flexibilität** im Mittelpunkt. Es lassen sich zwei zeitlich unterschiedliche Arten für das Planen und Vorhalten von Flexibilität unterscheiden: die ex-ante und die ex-post Flexibilität [STE11]. Wird während der Planung- und Entwicklung bereits auf ein flexibel anpassbares IPSS abgestellt, z. B. durch schnell auswechselbare Bauteile, so fallen höhere Kosten für die Planung und Entwicklung des IPSS an (**ex-ante Flexibilität**). Wird der flexiblen Anpassbarkeit des IPSS in der Planung und Entwicklung wenig Beachtung geschenkt, so sind die Kosten für die Planung und Entwicklung zwar geringer. Dem gegenüber stehen jedoch die Kosten für Anpassungen in der Betriebsphase, falls sich der Kundenbedarf ändert (**ex-post Flexibilität**) [STE11]. Es herrscht demnach ein **Zielkonflikt** zwischen den Kosten für die Planung- und Entwicklung eines IPSS und den Kosten für Anpassungen in der Betriebsphase. Die Aufgabe des IPSS-Kostenmanagements ist es, bereits in der Planung- und Entwicklungsphase des IPSS dessen Kosten über den gesamten Lebenszyklus abzubilden [STE09]. Vor diesem Hintergrund werden im Rahmen des IPSS-Kostenmanagementsystems zur Kostenplanung, Kostenkontrolle und Kostensteuerung die Instrumente Target Costing, hybride Prozesskostenrechnung sowie die Prozesswertanalyse miteinander kombiniert [STE09]. Das Kostenmanagementsystem wird durch ein dynamisches Verfahren zur monetären Bewertung verschiedener Flexibilitätsoptionen bei der IPSS-Konfiguration ergänzt.

Das **Target Costing** dient der retrograden Kostenkalkulation eines IPSS. Das heißt, dass der Ausgangspunkt für die Planung der Kosten eines IPSS die Zahlungsbereitschaft des Kunden und damit der am Markt durchsetzbare Preis ist. Mithilfe des Target Costings werden die kundenseitigen Erwartungen an das IPSS mit den Vorstellungen des Anbieters abgestimmt. Auf diese Weise unterstützt das Target Costing eine marktorientierte **Kostenplanung** des IPSS [STE09].

Um eine **Kostenkontrolle** bei IPSS durchzuführen, ist eine möglichst verursachungsgerechte Kostenerfassung und -zurechnung zu den zu erfüllenden Funktionen notwendig. Aufgrund der Dienstleistungsbestandteile zeichnen sich IPSS durch einen hohen Anteil an Gemeinkosten sowie durch eine fehlende Lagerfähigkeit des Dienstleistungsergebnisses aus. Ebenso sind die Leistungsprozesse bei IPSS durch Individualität und die Integration des Kunden gekennzeichnet [STE09]. Die traditionelle Prozesskostenrechnung stößt hier an ihre Grenzen. Daher wurde für IPSS die **hybride Prozesskostenrechnung** entwickelt. Im Rahmen der hybriden Prozesskostenrechnung wird die traditionelle Prozesskostenrechnung um die Berücksichtigung nichtlinearer Kostenverläufe sowie die Möglichkeit der Definition mehrerer Kostentreiber je Prozess erweitert. Dadurch leistet die hybride Prozesskostenrechnung einen Beitrag dazu, den Trade-off zwischen den Planungs- und Entwicklungskosten und den späteren Anpassungskosten im vornherein mittels einer lebenszyklusorientierten Kostenprognose sichtbar zu machen [SOT11]. Die Kostenkontrolle erfolgt mittels einer Gegenüberstellung der tatsächlichen Kosten aus der hybriden Prozesskostenrechnung mit den geplanten Kosten aus dem Target Costing [STE09].

Durch die Anwendung der **Prozesswertanalyse** werden Möglichkeiten für kostenseitige Verbesserungsmaßnahmen der Leistungsprozesse eines IPSS aufgedeckt und somit die Kostensteuerung unterstützt. Dies erfolgt dadurch, dass die Leistungsprozesse systematisch auf die Bedeutung zur Funktionserfüllung und auf ihren Beitrag zur Erfüllung des Kundennutzens untersucht werden. Auf diese Weise wird das Aufwand-Nutzen-Verhältnis der Leistungsprozesse analysiert und Maßnahmen zur Kostensenkung werden abgeleitet. Je nach Aufwand-Nutzen-Verhältnis werden Maßnahmen zur Elimination bzw. Automatisierung oder Vereinfachung der Leistungsprozesse erarbeitet [OST92, WAS09].

Das **dynamische Verfahren zur monetären Bewertung verschiedener Flexibilitätsoptionen bei der IPSS-Konfiguration** nach KEINE GENANNT SCHULTE [KEI13] hilft dabei, kostenseitige Auswirkungen verschiedener Unsicherheitsquellen frühzeitig transparent zu machen. Unter einer Flexibilitätsoption wird eine die anfängliche Konfiguration des IPSS verändernde Gestaltungsmöglichkeit verstanden. Dabei ist weiterhin auf die Erfüllung des vorgegebenen Kundennutzens abzustellen. Bei diesem Ansatz wird das Kapitalwertverfahren um die Anwendung des Realoptionenansatzes ergänzt. Auf diese Weise ist es möglich, das IPSS in verschiedenen Entscheidungszeitpunkten monetär zu bewerten und somit flexible Handlungsmöglichkeiten herauszustellen [KEI13].

12.2.3 Integration ingenieurwissenschaftlicher Methoden in das IPSS-Controlling

In diesem Abschnitt werden einige **ingenieurwissenschaftliche Methoden und Instrumente** vorgestellt, die zur Erfüllung von **Controlling-Funktionen** bei IPSS einen Beitrag leisten: das IPSS-Assistenzsystem, das IPSS-Lifecycle Management und die Virtual Life Cycle Unit.

Das **IPSS-Assistenzsystem** (Kap. 5) ist ein Instrument, das zur integrierten Planung und Entwicklung von IPSS eingesetzt wird. Es berücksichtigt Wechselwirkungen zwischen Sach- und Dienstleistungsbestandteilen des IPSS und verwendet Modulbibliotheken und Technologiedatenbanken. Auf diese Weise wird – neben einer Neuentwicklung – die Möglichkeit von Änderungsentwicklungen und der Konfiguration bereits vorhandener Komponenten geschaffen. Die dem IPSS-Assistenzsystem zugrunde liegende Softwarearchitektur ist modular aufgebaut und beinhaltet fünfzehn Module. Im vorliegenden Beitrag werden diejenigen Module fokussiert, welche für das IPSS-Controlling eine besondere Rolle spielen. Die Module „Interaktives Erfassen der Kundenbedürfnisse" und „Ermitteln der Anforderungen an das IPSS" sind mit dem Modul „Ableiten des optimalen Geschäftsmodells" verbunden, sodass das IPSS-Controlling erste Schätzungen über die künftige Erlösstruktur im betroffenen IPSS erlangen kann. Das Modul IPSS-Konfigurator enthält seinerseits wiederum die Module sieben, acht und neun. Das achte Modul heißt „Bewertung" und befasst sich mit der technischen und wirtschaftlichen Beurteilung der betrachteten Konfiguration. Der IPSS-Konfigurator ist weiterhin mit weiteren Modulen verbunden und kann damit auf

Wissen über Wechselwirkungen, Kompatibilitätsbeziehungen und Technologieverfahren zurückgreifen. Diese Informationen gehen in Kosteneinschätzungen ein und bilden eine erste Orientierungsgröße für die Entscheidungsfindung. Aus Sicht des IPSS-Controllings sind die genannten Module von hoher Bedeutung, weil hier verschiedene IPSS-Konfigurationen, welche denselben Kundennutzen erzeugen, miteinander verglichen und anhand ökonomischer Kriterien wie z. B. Kosten bewertet und ausgewählt werden können [UHL 12].

Das Ziel des **IPSS-Lifecycle Managements** (IPSS-LM) (Kap. 11) ist die Schaffung einer Kollaborations- und Kommunikationsplattform, die die verschiedenen Akteure aus dem IPSS-Netzwerk datentechnisch und organisatorisch integriert. Das IPSS-LM stellt eine Erweiterung des klassischen Product Lifecycle Management-Ansatzes (PLM-Ansatz) dar. Das PLM dient zur Verwaltung von Produktdaten, Engineering-Prozessen und -Anwendungen über den Produktlebenszyklus. Die wesentlichen Erweiterungen im IPSS-Kontext beziehen sich auf drei Bereiche: IPSS-Änderungsmanagement, IPSS-Feedbackmanagement und IPSS-Executive Information Management (IPSS-EIM). Das IPSS-LM befasst sich sowohl mit qualitativen als auch mit quantitativen Aspekten, versorgt das Management mit entscheidungsrelevanten Informationen und zeigt alternative Wege zur Reaktion auf Änderungsbedarfe auf. Es wird nicht für jedes IPSS individuell entwickelt. Vielmehr wird der Datenbestand mit neu hinzukommenden IPSS-Informationen erweitert und ergänzt [ABR12]. Das Erfahrungswissen des Anbieters wird damit teilweise systematisiert und kodifiziert. Vor diesem Hintergrund dient das IPSS-LM zu Planungs-, Steuerungs- und Kontrollzwecken. Das IPSS-LM stellt eine wichtige Informationsquelle für die Ausarbeitung von Entscheidungsvorlagen durch das IPSS-Controlling dar.

Die **Virtual Life Cycle Unit** (VLCU) ist ein auf Informationstechnik basierendes Tool, welches Wissen in Form von Zustandsdiagnosen (Lebensdauerprognosen) und über Wechselwirkungen zwischen Sach- und Dienstleistungskomponenten des IPSS liefert. Über den gesamten IPSS-Lebenszyklus werden Informationen gesammelt, verarbeitet und kommuniziert. Die VLCU nimmt räumlich und zeitlich verteilte Produkt- und Prozessdaten auf, verarbeitet diese zu Wissen und stellt dieses den Entscheidungsträgern zur Verfügung. Insgesamt ist festzuhalten, dass die VLCU durch die beschriebene Art der Wissensgenerierung die Planung, Steuerung und Kontrolle neuer sowie bestehender IPSS hinsichtlich der Aspekte Effektivität und Effizienz unterstützt. Die Objekte der Wissensgenerierung können dabei sowohl qualitativer (Qualifikation der Mitarbeiter) als auch quantitativer Art (Kosten) sein [GEG12, PRO12]. Damit stellt auch die VLCU eine bedeutende Informationsquelle für das IPSS-Controlling dar.

Im nächsten Abschnitt wird die Wissensbilanz präsentiert, welche zu einer integrierten Betrachtung der vorgestellten Methoden und Instrumente dient. Dabei sind die Methoden und Instrumente bzw. das für ihre Anwendung erforderliche Know-how als bedeutende Bereiche des intellektuellen Kapitals einer Organisation zu verstehen. Der Begriff des intellektuellen Kapitals wird ebenfalls im Folgenden ausführlicher behandelt.

12.3   Wissensbilanz im IPSS-Controlling

12.3.1 Begriff und Zielsetzung

Unter Wissensbilanz ist im Allgemeinen eine Methode zu verstehen, die zur **strategischen Planung, Steuerung und Kontrolle von Unternehmensressourcen** dient. Unternehmensressourcen können bspw. in Humankapital, Strukturkapital, Beziehungskapital klassifiziert werden. Unter **Humankapital** (HK) fallen personengebundene Fähigkeiten wie soziale Kompetenzen und Qualifikationen. Unter **Strukturkapital** (SK) werden Ressourcen wie Kommunikations- und Führungssystem subsumiert, welche im Unternehmen verbleiben, wenn die Mitarbeiter das Unternehmen verlassen. Schließlich bezieht sich das **Beziehungskapital** (BK) auf die Beziehungen eines Unternehmens zu seinen Bezugsgruppen wie Banken, Kunden und Lieferanten. Als Zielgruppe für die Kommunikation der Wissensbilanz kommen sowohl interne (Mitarbeiter) als auch externe Stakeholder (Kunden, Lieferanten etc.) in Frage. Dabei ist die Zielsetzung der Kommunikation aus interner Sicht eher die interne Steuerung, während aus externer Sicht die Kommunikation der Zukunftsfähigkeit eines Unternehmens von Bedeutung ist [ALE14, ALW05, ALW13, BOR05].

Ursprünglich wurde in **Deutschland** die Wissensbilanz im Projekt „**Wissensbilanz – Made in Germany**" (WMG) vom Fraunhofer Institut für Produktionsanlagen und Konstruktionstechnik (Fraunhofer IPK) entwickelt. Dieses Projekt wurde vom Bundesministerium für Wirtschaft und Technologie gefördert und adressiert insbesondere kleine und mittelständische Unternehmen. Zur praktischen Anwendung der Methode wurde ein Software-Tool „Wissensbilanz-Toolbox" bereitgestellt, welches mittlerweile in der zweiten Version verfügbar und frei zugänglich ist. Für eine tiefergehende Auseinandersetzung mit der Entstehungsgeschichte der Wissensbilanz können ALWERT ET AL. [ALW05], ALWERT ET AL. [ALW13], ALEVIFARD [ALE14] und BORNEMANN ET AL. [BOR05] herangezogen werden. Zu beachten ist, dass in der oben aufgeführten, allgemeinen Definition der Wissensbilanz Unternehmensressourcen sowohl materielle als auch immaterielle Ressourcen umfassen. Hingegen steht bei der WMG lediglich das **intellektuelle Kapital (IK) im Vordergrund**. Dazu zählen weder physische Ressourcen wie Betriebsmittel noch finanzielle Mittel.

Zu den **Anlässen**, die ein Unternehmen zur Erstellung einer **Wissensbilanz** motivieren können, zählen bspw. die Neugründung, eine strategische Neuausrichtung, die Erschließung neuer Geschäftsfelder, die Suche nach ungenutzten Ressourcen etc. Ebenfalls kann die Wissensbilanz als ein Projektmanagement-Tool verstanden werden, da einige der genannten Anlässe einen Projektcharakter aufweisen. Insgesamt lässt sich die Wissensbilanz zu Zwecken der Bestandsaufnahme und strategischen Planung und Begleitung von Veränderungen einsetzen. Der Begriff Wissen als ein Teilbegriff des Begriffs Wissensbilanz soll einerseits den immateriellen Charakter des intellektuellen Kapitals zum Ausdruck bringen und andererseits die Funktion der Wissensbilanz, nämlich die Generierung von Wissen über das vorhandene Wissen, Können und schließlich die Leistungsfähigkeit einer Organisation betonen.

Damit ist die Wissensbilanz nicht als ein Instrument zur Dokumentation von Wissen zu verstehen, sondern vielmehr als ein Managementinstrument auf der Metaebene.

Konkret bedeutet das, dass potenzielle IPSS-Anbieter mithilfe der Wissensbilanz evaluieren können, inwiefern sie ihr intellektuelles Kapital, welches z. B. die Verfügbarkeit der bereits vorgestellten Methoden und Instrumente und ihr Anwendungswissen umfasst, gezielt entwickeln müssen. Ferner bietet sich die Erstellung einer Wissensbilanz für jedes einzelne IPSS, um kundenspezifisch den Entwicklungsbedarf des intellektuellen Kapitals zu ermitteln. Dies erscheint vor dem Hintergrund der Know-how-Intensität und Komplexität von IPSS zielführend. Insbesondere macht die Heterogenität von Expertisen im IPSS-Kontext [EXT13] die Erzeugung einer ganzheitlichen Sichtweise notwendig. Im Folgenden wird das Vorgehen zur Erstellung einer Wissensbilanz präsentiert.

12.3.2 Vorgehen

In diesem Abschnitt wird zuerst das grobe Vorgehen zur Erstellung einer Wissensbilanz erläutert. Eine exemplarische Darstellung erfolgt im Abschn. 12.3.4. Die Vorgehensweise zur Erstellung einer Wissensbilanz (nach dem Projekt WMG) ist durch acht Schritte gekennzeichnet. Diese Vorgehensweise wurde von ALEVIFARD [ALE14] hinsichtlich ihres Aufbaus und Inhalts modifiziert und liegt den Ausführungen im weiteren Verlauf zugrunde.

Schritt1: Ermittlung von Vision und Zielhierarchie Im ersten Schritt ist die Vision bzw. die Hauptzielsetzung, die der Erstellung der Wissensbilanz zugrunde liegt, zu konkretisieren. Dabei werden ausgehend von der Hauptzielsetzung Zwischen- und Unterziele abgeleitet. Die Zwischen- und Unterziele fungieren dabei im Rahmen von Projekten als Projektmeilensteine.

Schritt 2: Erstellung der IK Scorecard Der zweite Schritt besteht darin, die zur Erreichung der Ziele erforderlichen Ressourcenbedarfe zu ermitteln. Dazu können die genannten Klassen Human-, Struktur- und Beziehungskapital mithilfe von Einflussfaktoren weiter untergliedert und konkretisiert werden. Typische Einflussfaktoren des Humankapitals sind u. a. Fachkompetenzen bzw. Qualifikationen und soziale Kompetenzen. Im vorliegenden Beitrag wird der Fokus wie bei WMG auf das IK gelegt.

Schritt 3: Quantität-Qualität-Systematik-Messung (QQS-Messung) Die Bestimmung der aktuellen Lage des IK, d. h. die Messung des Ist-Bestands, ist Gegenstand des dritten Schritts. Jedem Einflussfaktor des IK werden dabei drei Kennzahlen zugeordnet: eine Kennzahl zur Erfassung und Abbildung der Quantität, eine zur Erfassung und Abbildung der Qualität und eine zur Erfassung und Abbildung der Systematik (QQS). Diese Kennzahlen werden für die Messung des IK zugrundegelegt. Dabei wird die Messung auf einer Prozentskala zwischen 0 %–120 % vorgenommen, wobei 0 % eine fehlende Verfügbarkeit und 120 % eine Übererfüllung des Bedarfs signalisieren.

Schritt 4: Quantität-Qualität-Systematik -Evaluation (QQS-Evaluation) Im vierten Schritt wird untersucht, ob der Ist-Bestand des IK ausreicht, um die Ziele zu erreichen. Die Evaluation erfolgt mithilfe der Positionierung des aggregierten QQS-Werts für jeden Einflussfaktor auf einer Skala zwischen 0-120 %. Bereits hier werden Entwicklungspotenziale erkennbar. Für den Fall einer Bedarfsüberdeckung wäre zu erwägen, ob aus Flexibilitätsgründen eine solche Überdeckung gerade sinnvoll ist.

Schritt 5: Untersuchung von Zielbeziehungen Schritt fünf befasst sich mit der Untersuchung von Wechselwirkungen zwischen den verschiedenen Einflussfaktoren mithilfe einer Wirkungsmatrix. Das heißt, es wird untersucht, wie die Verbesserung eines Einflussfaktors auf den Bestand bzw. die Entwicklung der anderen Einflussfaktoren wirkt. Dabei gibt es die Ausprägungen „kein Einfluss" (0 als Kennziffer), „schwacher Einfluss" (1 als Kennziffer), „mittlerer Einfluss" (2 als Kennziffer) und „starker Einfluss" (3 als Kennziffer). Ebenso können die Wirkungszeiten untersucht werden, wobei die Ausprägungen kurzfristig (a), mittelfristig (b) und langfristig (c) in Frage kommen.

Schritt 6: Ausarbeitung einer Lösungsstrategie Die Ausarbeitung einer Lösungsstrategie erfolgt dadurch, dass für die gezielte Entwicklung jedes Einflussfaktors des IK Handlungsfelder priorisiert und entsprechende Maßnahmen auf der strategischen Ebene erarbeitet werden.

Schritt 7: Maßnahmencontrolling Schließlich werden im siebten Schritt die Maßnahmen in ihrer Umsetzung überwacht, sodass nach einem bestimmten Zeitraum nach der Umsetzung Maßnahmenwirkungen erfasst werden können. Dem Maßnahmencontrolling liegen die QQS-Kennzahlen zugrunde.

12.3.3 Wissensbilanz als ein IPSS-Controlling-Instrument

Ausgehend von der beschriebenen Vorgehensweise kann die **Wissensbilanz** als ein **strategisches Controlling-Instrument** bezeichnet werden. Das **Controlling-Objekt** ist in diesem Zusammenhang das **IK**. Der strategische Charakter bedeutet, dass mit einer zielgerichteten Planung, Steuerung und Kontrolle des IK langfristige Erfolgspotenziale für das Unternehmen generiert werden können. Die **Planung und Steuerung** des IK erfolgt durch die **Ausarbeitung und Umsetzung des Maßnahmenprogramms**. Im Rahmen der **strategischen Kontrolle** wird die Entwicklung des IK durch eine erneute QQS-Messung und -Evaluation erfasst und hinsichtlich eines weiteren Handlungsbedarfs überprüft. Falls ein weiterer Handlungsbedarf identifiziert wird, sind die Schritte 5-7 zu wiederholen. Insbesondere ist eine erneute Untersuchung der Zielbeziehungen von Bedeutung, um mögliche Zielkonflikte und Ursachen für Soll-Ist-Abweichungen in der Entwicklung des IK zu ermitteln.

Die **Eignung** der Wissensbilanz als ein **strategisches Controlling-Instrument** basiert insbesondere darauf, dass mit ihrer Hilfe **entscheidungsrelevante Informationen über die verfügbaren Fähigkeiten und Potenziale** generiert werden können. Damit kann die grundsätzliche Entwicklungsrichtung des IK langfristig festgelegt werden. Insbesondere für **potenzielle IPSS-Anbieter**, die ihre „IPSS-Angebotspotenziale" erfassen und beurteilen müssen, bietet sich die Wissensbilanz als ein geeignetes Instrument zur Erstellung von **Entscheidungsvorlagen für das Top-Management** an. Die in Abschn. 12.2.2 und Abschn. 12.2.3 vorgestellten Methoden und Instrumente werden als ein Teil des IK verstanden und dementsprechend bei der Erstellung der Wissensbilanz erfasst. Dieser Sachverhalt wird im nächsten Abschnitt anhand eines fiktiven Fallbeispiels ausführlicher behandelt.

12.3.4 Fallbeispiel

Im Fallbeispiel geht es um einen traditionellen Maschinen- und Anlagenbauer (Anbieter), der beabsichtigt, sich langfristig als ein IPSS-Anbieter auf dem Markt zu positionieren. Die Ausführungen im gesamten Abschn. 12.3.4 sind angelehnt an ALEVIFFARD [ALE14]. Das Anbieterunternehmen ist ein mittelständisches Unternehmen und Spezialist für Mikrofräsanlagen. Dabei handelt es sich um Anlagen, die sowohl in der Herstellung als auch im Betrieb hochkomplex und wissensintensiv sind. Diese Anlagen werden zur Herstellung von Hochpräzisionsteilen, wie sie z. B. bei hochwertigen Uhrwerkplatten vorliegen, eingesetzt. Vor dem Hintergrund des hohen Wettbewerbsdrucks plant der Anbieter eine strategische Neuausrichtung als IPSS-Anbieter (Anlass der Erstellung einer Wissensbilanz). Das Ziel der Wissensbilanzerstellung ist die Ermittlung der vorhandenen Potenziale (IK), welche für die Migration zu einem IPSS-Anbieter genutzt werden können, sowie die Erfassung des noch benötigten IK und des daraus resultierenden Veränderungsbedarfs.

12.3.4.1   Schritt 0: Projektvorbereitung
Unter Beachtung der im Abschn. 12.3.2 erläuterten Schritte wird ein Wissensbilanz-Team aus einem repräsentativen Querschnitt des Unternehmens gebildet, welches die Erstellung der Wissensbilanz zur Aufgabe hat (Tab. 12.1). Der Inhouse-Berater und ein externer Berater übernehmen die Leitung und die Moderation des interdisziplinären Prozess der Wissensbilanzerstellung. Für den Erstellungsprozess werden insgesamt vier Tage vorgesehen.

1. **Projekttag:** Am ersten Projekttag werden der erste und zweite Schritt der Wissensbilanzerstellung vollständig durchgeführt. Ferner wird die Festlegung der Kennzahlen für die QQS-Messung und Evaluation vorgenommen.
2. **Projekttag:** Die eigentliche QQS-Messung (Schritt 3) und -Evaluation (Schritt 4) finden am zweiten Projekttag statt. Außerdem werden die Wechselbeziehungen zwischen verschiedenen Zielen bezüglich der Entwicklung des IK ermittelt (Schritt 5).
3. **Projekttag:** Der dritte Projekttag umfasst die Priorisierung der identifizierten Handlungsfelder, welche für die gezielte Entwicklung des IK relevant sind (Schritt 6).
4. **Projekttag:** Schließlich beinhaltet der vierte Projekttag die Ausarbeitung der Lösungsstrategie, die durch ein Maßnahmenprogramm gekennzeichnet ist (Schritt 7).

Tab. 12.1 Zusammensetzung
des Wissensbilanz-Teams

Funktion/Abteilung	Position	Anzahl
Geschäftsführung	–	1
Controlling	Leiter	1
Controlling	Mitarbeiter	1
Personal	Leiter	1
Personal	Mitarbeiter	1
Einkauf	Leiter	1
Einkauf	Mitarbeiter	1
Entwicklung	Leiter	1
Entwicklung	Mitarbeiter	1
Produktion	Leiter	1
Produktion	Mitarbeiter	1
Marketing und Vertrieb	Leiter	1
Marketing und Vertrieb	Mitarbeiter	1

12.3.4.2 Schritt 1: Ermittlung von Vision und Zielhierarchie

Die Vision des Top-Managements im Anbieterunternehmen besteht darin, langfristig einer der führenden Anbieter von Mikrofräslösungen (IPSS) zu sein. Ausgehend davon entwickelt das Wissensbilanz-Team die Zielhierarchie (Abb. 12.1) für die bevorstehenden fünf Jahre. In Abb. 12.1 werden der Einfachheit halber lediglich die Zielobjekte (ohne Zielrichtung) aufgeführt. Abgesehen vom Zielobjekt Kosten liegt ein Erhöhungs- bzw. Maximierungsbestreben vor. Die Plausibilisierung der Ziele erfolgt durch einen moderierten Austausch im Wissensbilanz-Team. Dies wird im Folgenden exemplarisch anhand der Verknüpfung des Zwischenziels „Umsatzerhöhung" mit den zugehörigen Unterzielen veranschaulicht. Als **Oberziele** werden die **Erhöhung des Marktanteils**, die **Erhöhung des Gewinns** und die **Erhöhung der Liquidität** festgesetzt. Aus den Oberzielen werden im nächsten Schritt die **Zwischenziele Umsatz (-erhöhung)**, **Kosten (-senkung)**, die **Neukundengewinnung** sowie die **Kundenbindung** abgeleitet.

Das Zwischenziel Umsatzerhöhung wird in die **Unterziele Ausbau der externen Kommunikation**, **Ausbau des Service** und **Förderung und Umsetzung von Innovationen** unterteilt, weil die Team-Mitglieder davon ausgehen, dass Umsatzsteigerungen durch Verbesserungen in diesen Bereichen herbeigeführt werden können. Die externe Kommunikation adressiert potenzielle und bestehende Kunden. Mögliche Kommunikationskanäle sind dabei der Webauftritt, Messeauftritte und Kundenevents. Dabei wird das Ziel verfolgt, die potenziellen und bestehenden Kunden über das Leistungsspektrum und Neuheiten laufend zu informieren. Dadurch sollen neue Kunden gewonnen sowie bestehende Kundenbeziehungen ausgebaut und gestärkt werden. Die Verbindung zum Unterziel Ausbau des Service bedeutet, dass durch das zusätzliche Angebot von Vorverkaufsaktivitäten wie Machbarkeitsstudien und Präsentation alternativer Lösungskonzepte höhere Umsätze realisiert werden sollen. Die Verbindung der Umsatzerhöhung mit dem Unterziel Förderung und Umsetzung von Innovationen signalisiert, dass das Leistungsportfolio dynamisch zu gestalten und die bestehenden sowie die potenziellen Kunden mit neuartigen Lösungskonzepten zu begleiten sind.

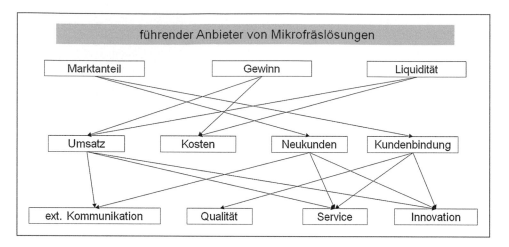

Abb. 12.1 Zielhierarchie und Zielobjekte (Quelle: in Anlehnung an ALEVIFARD [ALE14])

Die Umsatzerhöhung wird mit der Qualitätsverbesserung nicht verbunden, weil die Qualität im Falle kundenindividueller Mikrofräslösungen eine Erfahrungseigenschaft darstellt, welche ex ante nicht zwingend zu Umsatzsteigerungen führen muss. Vielmehr sollen das Image des Anbieters und seine Leistungsqualität durch eine gezielte Kommunikation von Erfolgen aus vergangenen und laufenden Kundenbeziehungen potenziellen Kunden vermittelt werden, also im Rahmen der externen Kommunikation. Auf die beschriebene Art werden die übrigen Ziele miteinander verknüpft und einer Plausibilisierung im Team unterzogen.

12.3.4.3   Schritt 2: Erstellung der IK Scorecard

Nach der Aufstellung der Zielhierarchie sind die drei Bereiche des IK mithilfe der Definition von Einflussfaktoren zu konkretisieren. Ferner ist der Zielbezug zur Zielhierarchie herzustellen. Das Wissensbilanz-Team entwickelt das nötige Set an IK wie folgt.

Konkretisierung des Humankapitals: In Bezug auf Fachkompetenzen bei IPSS ist zu berücksichtigen, dass die Mitarbeiter in der Lage sein müssen, Wechselwirkungen zwischen Sach- und Dienstleistungen explizit zu erfassen und zu berücksichtigen [EXT12, EXT13, MEI06, NEM13]. Daher definiert das Wissensbilanz-Team **integrative Fachkompetenz**, welche für das Unterziel Förderung und Umsetzung von Innovationen als relevant erachtet wird, als einen Einflussfaktor des Humankapitals. Das bedeutet, dass mithilfe von integrativen Fachkompetenzen innovative Mikrofräslösungen bereitgestellt werden sollen. Schließlich umfassen integrative Kompetenzen auch das Wissen bzw. die Fähigkeiten zur Anwendung der in Abschn. 12.2.2 und Abschn. 12.2.3 vorgestellten Methoden und Instrumente.

Weiterhin wird **Selbstreflexionskompetenz** als bedeutend erachtet, damit die Mitarbeiter ihr eigenes Verhalten und Möglichkeiten zur Verbesserung der Wertschöpfungsergebnisse reflektieren können. Auf diese Weise soll der Beitrag des Einzelnen zur Erhöhung der Qualität, Ausbau des Service und Herbeiführung von Innovationen gesteigert werden [EXT12, EXT13].

Zur Erfüllung des Unterziels Förderung und Umsetzung von Innovationen wird **Kombinationskompetenz** als bedeutend erachtet. Kombinationskompetenz umfasst die Fähigkeit, das eigene Wissen in verschiedenen Problembereichen einzusetzen und neu zu kombinieren [EXT12, EXT13].

Anschließend wird **Kooperationskompetenz** (zielgerichtete Gestaltung von Beziehungen und Interaktionen zu anderen Akteuren im IPSS-Kontext) [BON09] als ein Einflussfaktor des Humankapitals definiert, um sicherzustellen, dass Kooperationsintensität im IPSS-Kontext bewältigt werden kann. Insbesondere soll durch ausgeprägte Kooperationskompetenzen die Erreichung der Unterziele Erhöhung der Qualität, Ausbau des Service sowie Förderung und Umsetzung von Innovationen unterstützt werden [EXT12, EXT13].

Auf die gleiche Art und Weise werden das Struktur- und Beziehungskapital konkretisiert und die entsprechenden Einflussfaktoren mit den jeweiligen Zielen verbunden. Zu beachten ist, dass die Instrumente und **Methoden aus Abschn. 12.2.2 und Abschn. 12.2.3** als Einflussfaktoren des Strukturkapitals berücksichtigt werden. Demnach werden die Methoden und Instrumente aus den genannten Abschnitten in drei Bereiche unterteilt, nämlich **Methoden in der Planung und Entwicklung, Methoden im Betrieb** und **phasenübergreifende Methoden**.

Ein Überblick über alle Einflussfaktoren des IK, welche für das Fallbeispiel als relevant erachtet werden, befindet sich im nächsten Abschnitt. Das Set an IK ist flexibel und kann darüber hinaus bedarfsspezifisch um andere Faktoren ergänzt werden.

12.3.4.4   Schritt 3: QQS-Messung

Im diesem Schritt werden für jeden Einflussfaktor Kenzahlen festgelegt, die zur Messung der Einflussfaktoren bezüglich QQS dienen. Die QQS-Kennzahlen entsprechen dem Quotienten aus dem Ist- und dem Soll-Wert (Ist-Soll-Quotient: ISQ) für Quantität, Qualität und Systematik eines Einflussfaktors.

QQS-Kenzahlen für das Humankapital am Beispiel von integrativer Fachkompetenz
Beispielsweise entspricht die Quantitäts-Kennzahl für die integrative Fachkompetenz dem ISQ aus der Anzahl der verfügbaren (66) und der Anzahl der erforderlichen (120) Mitarbeiter mit integrativer Fachkompetenz, d. h. 55 %. Zur Messung der Qualität der integrativen Fachkompetenz wird z. B. die Erfahrungsdauer in IPSS-ähnlichen Arbeitskontexten zugrunde gelegt. Hier wird eine Mindesterfahrungsdauer von zwei Jahren vorausgesetzt. Da von 120 erforderlichen Mitarbeitern lediglich 35 diese Voraussetzung erfüllen, kommt ein ISQ von 29 % zustande. Um die integrative Fachkompetenz von Mitarbeitern gezielt zu gestalten, wird eine Fortbildung pro Jahr und Mitarbeiter vorgesehen. Da bisher IPSS nicht als Zukunftsvision galten, wurden auch keine diesbezüglichen Weiterbildungen angeboten bzw. absolviert. Somit kommt ein ISQ von 0 % für die Systematik bei integrativer Fachkompetenz zustande.

QQS-Kennzahlen für das Strukturkapital am Beispiel von Planungs- und Entwicklungs-Tools

Zu den Planungs- und Entwicklungs-Tools im IPSS-Kontext gehören bspw. der IPSS-Kompass (Kap. 2), das IPSS-Assistenzsystem, das IPSS-Lifecycle Management und das Kostenmanagement-System für IPSS. Die **Quantität** kann in diesem Zusammenhang durch den ISQ aus Anzahl verfügbarer und der Anzahl erforderlicher Planungs- und Entwicklungs-Tools erfasst werden. Es sei angenommen, dass der Anbieter noch keine dieser IPSS-spezifisch ausgerichteten Tools anwendet und dass insgesamt acht solcher Tools erforderlich sind. Dann kommt ein ISQ von 0 % zustande. Es ist zu erwarten, dass dieser Wert steigt, wenn die entsprechenden Tools und Systeme im Unternehmen eingeführt worden sind.

Hinsichtlich des **Qualitäts**-Werts lässt sich noch keine Beurteilung vornehmen, da keine Erfahrungen mit diesen Tools gemacht wurden. Dennoch lassen sich ISQ bilden, die einer erneuten QQS-Messung zugrunde gelegt werden könnten. Beispielsweise sind die mit einem Tool verbundenen Ausfall- und/oder Fehlerhäufigkeit bzw. Ausfallzeiten geeignete Ansatzpunkte für eine Messung. Um die „Optimierungsrichtung" (Minimierung/Maximierung) für alle ISQ einheitlich zu gestalten (Maximierung), würde sich zum Beispiel die Verfügbarkeitsquote (negative Ausfallquote) anbieten:

$$1 - \left(\frac{Ausfallzeit_{ist}}{Nutzungszeit_{gesamt}} \right) \qquad (12.1)$$

Im vorliegenden Beispiel beträgt diese Kennzahl 0 %, da noch keine Aussagen über die Ist-Verfügbarkeitszeit gemacht werden können. Hinsichtlich der **Systematik** gibt es die Möglichkeit, den ISQ bspw. aus der Anzahl tatsächlicher und der Anzahl erforderlicher Wartungs- und Schulungsmaßnahmen zu bilden. Aufgrund bisher fehlender Konzentration auf IPSS wird auch dieser Wert im vorliegenden Beispiel mit 0 % veranschlagt.

QQS-Kennzahlen für das Beziehungskapital am Beispiel von Kundenbeziehungen

Die Anzahl bestehender Kunden wird hier exemplarisch zur Messung der **Quantität** von Kundenbeziehungen zugrunde gelegt. Es sei angenommen, dass es von erwünschten 50 Kundenbeziehungen momentan 32 bestehen, wodurch sich ein ISQ von 64 % ergibt. Zur Messung der **Qualität** von Kundenbeziehungen wird die Festlegung eines Mindestumsatzes zugrundelegt. Dabei wird eine Mindestanzahl von 40 Kunden mit einem Mindestumsatz von 50.000 Euro im Jahr festgelegt. Hier beträgt der ISQ 52 %, weil lediglich 26 Kunden aus dem aktuellen Kundenstamm diese Bedingung erfüllen. Das bedeutet, dass für die nächsten fünf Jahre eine Erhöhung der Qualität von 52 % auf 80 % (=40/50) erwünscht ist. Zur Sicherstellung einer systematischen Vorgehensweise (**Systematik**) im Kundenbeziehungsmanagement wird die Häufigkeit von Messeauftritten und verkaufsfördernden Kundenevents pro Jahr gemessen. Der ISQ beträgt in diesem Fall 50 %, da im vergangenen Jahr von erforderlichen sechs Maßnahmen lediglich drei durchgeführt wurden.

In Abb. 12.2 ist ein Überblick über die Ergebnisse der QQS-Messung zu sehen. Auf die oben beschrieben Weise werden alle Einflussfaktoren des IK konkretisiert. Zur Bildung

IK-Bezeichnung	Quanlität			Qualität			Systematik		
	Ansatz-punkt	Ist/Soll	%	Ansatzpunkt	Ist/Soll	%	Ansatzpunkt	Ist/Soll	%
HK1 integrative Fachkompetenz (int. FK)	Anzahl Mitarbeiter mit int. FK	66/120	55%	Anzahl Mitarbeiter mit mind.2 Jahren Erfahrung im HLB-Geschäft	35/120	29%	Anzahl Weiter-bildung pro Jahr und Mitarbeiter	0/1	0%
HK2 Selbstreflexions-kompetenz (SRK)	Anzahl Mitarbeiter mit SRK	70/120	58%	Anzahl Mitarbeiter mit SRK-Grad mind. 8	44/120	29%	Anzahl SRK-Workshops pro Jahr und Mitarbeiter	0/1	0%
HK3 Kombinations-kompetenz (KK)	Anzahl Mitarbeiter mit KK	103/120	86%	Anzahl Mitarbeiter mit SRK-Grad mind. 8	96/120	80%	Anzahl KK-Workshops pro Jahr und Mitarbeiter	0/1	0%
HK4 Kooperations-kompetenz (KoK)	Anzahl Mitarbeiter mit KoK	116/120	97%	Anzahl Mitarbeiter mit KoK-Grad mind. 8	114/120	95%	Anzahl KoK-Workshops pro Jahr und Mitarbeiter	1/1	100%
SK1 Methoden und Tools in der Planung und Entwicklung (MTPE)	Anzahl der Methoden und Tools	0/8	0%	Verfügbarkeits-zeit $1-\left(\dfrac{Ausfallzaf_{ist}}{Nutzungszait_{gesamt}}\right)$		0%	Anzahl Wartungs- und Schulungs-maßnahmen	0/1	0%
SK2 Methoden und Tools im Betrieb (MTB)	Anzahl der Methoden und Tools	0/6	0%	Verfügbarkeits-zeit $1-\left(\dfrac{Ausfallzaf_{ist}}{Nutzungszait_{gesamt}}\right)$		0%	Anzahl Wartungs- und Schulungs-maßnahmen	0/1	0%
SK3 Methoden und Tools im Management (MTM)	Anzahl der Methoden und Tools	0/5	0%	Verfügbarkeits-zeit $1-\left(\dfrac{Ausfallzaf_{ist}}{Nutzungszait_{gesamt}}\right)$		0%	Anzahl Wartungs- und Schulungs-maßnahmen	0/1	0%
BK1 Kunden-beziehungen (KuB)	Anzahl Kunden-beziehun-gen	32/50	64%	Anzahl Kunden mit MIndestumsatz	26/50	52%	Anzahl Messeauftritte und Kundenvents	3/6	50%
BK2 Beziehungen zu Kooperations-partnern (KoB)	Anzahl bestehender Koope-rations-partner	6/7	86%	Anzahl erfolgreicher Kooperationen mit bestehenden Partnern/Ge-samtanzahl Kooperationen	5/7	71%	Anzahl informaler Koordinations-mechanismen	4/5	80%

Abb. 12.2 Ergebnisse der QQS-Messung

eines aggregierten QQS-Werts wird der Minimum-Operator (ermittelt den kleinsten Wert aus einer Menge) zugrunde gelegt und damit eine vorsichtige Grundhaltung (Annahme im Fallbeispiel) bei der Planung eingenommen.

Bei einer optimistischen Grundhaltung ließe sich der Maximum-Operator (ermittelt den größten Wert aus einer Menge) anwenden, welcher eine Kompensation von z. B. einer zu geringen Quantität durch eine sehr hohe Qualität bei einem Einflussfaktor zulassen würde. Das arithmetische Mittel wird an dieser Stelle nicht als geeignet betrachtet, weil durch das arithmetische Mittel Extremwerte wie bspw. 0% und 120% geglättet und dadurch Verzerrungen erzeugt werden. Die Anwendung des Minimum-Operators bei HK-1 hat einen aggregierten QQS-Wert von 0% (Minimum aus 55%, 29% und 0%) zum Ergebnis. Dabei bedeutet 0% für integrative Fachkompetenz (HK-1) nicht, dass der aggregierte QQS-Wert tatsächlich 0% beträgt. Vielmehr dient die Anwendung des Minimum-Operators dazu, akute Handlungsbedarfe zu erkennen.

12.3.4.5   Schritt 4: QQS-Evaluation

Die QQS-Evaluation ist die Grundlage für die Identifikation von Handlungsfeldern und Ableitung von Handlungsmaßnahmen. Dazu wird zuerst der aggregierte QQS-Wert als eine linguistische Variable definiert. Unter einer linguistischen Variablen ist allgemein eine Variable zu verstehen, für deren Beschreibung sprachliche Ausdrücke bzw. Terme benutzt werden [BOT95]. Weiter wird der aggregierte QQS-Wert mithilfe von vier linguistischen Termen [MIß01, ROM88] „Bedarf nicht gedeckt" (BNG), „Bedarf meistens gedeckt" (BMG), „Bedarf gedeckt" (BG) und „Bedarf überdeckt" (BÜ) bewertet bzw. evaluiert.

Die Berechnung von Zugehörigkeitsgraden von QQS-Werten (Zuordnung von QQS-Werten zu linguistischen Termen) wird mithilfe der folgenden Zugehörigkeitsfunktionen durchgeführt. Die Zugehörigkeitsfunktionen definiert das Wissensbilanz-Team auf Basis von charakteristischen Stützstellen. Im Folgenden ist die formale Darstellung zu sehen.

$$\widetilde{LRI}_{Bedarf\ nicht\ gedeckt} = \left(50\%, 80\%\right)_{LR}$$

$$\mu_{Bedarf\ nicht\ gedeckt}\left(x,c,d\right) = \begin{cases} 1 & f\ddot{u}r & 0\% \le x \le 50\% \\ \dfrac{80\% - x}{80\% - 50\%} & f\ddot{u}r & 50\% < x \le 80\% \\ 0 & f\ddot{u}r & x > 80\% \end{cases}$$

$$\widetilde{LRI}_{Bedarf\ meistens\ gedeckt} = \left(70\%, 80\%, 90\%, 95\%\right)_{LR}$$

$$\mu_{Bedarf\ meistens\ gedeckt}\left(x,a,b,c,d\right) = \begin{cases} 0 & f\ddot{u}r & x \le 70\% \\ \dfrac{x - 70\%}{80\% - 70\%} & f\ddot{u}r & 70\% < x \le 80\% \\ 1 & f\ddot{u}r & 80\% < x \le 90\% \\ \dfrac{95\% - x}{95\% - 90\%} & f\ddot{u}r & 90\% < x \le 95\% \\ 0 & f\ddot{u}r & x \le 95\% \end{cases}$$

$$\widetilde{LRI}_{Bedarf\ gedeckt} = \left(90\%, 100\%, 110\%, 115\%\right)_{LR}$$

Tab. 12.2 Aggregierte QQS-Werte

IK-Einflussfaktor	Aggr. QQS-Wert	Evaluation	IK-Einflussfaktor	Aggr. QQS-Wert	Evaluation
Int. FK	0%	BNG	MTB	0%	BNG
SRK	0%	BNG	MTM	0%	BNG
KK	0%	BNG	KuB	50%	BNG
KoK	100%	BG	KoB	29%	BNG
MTPE	0%	BNG			

$$\mu_{Bedarf\ gedeckt}\left(x,a,b,c,d\right)=\begin{cases} 0 & \text{für} & x \leq 90\% \\ \dfrac{x-90\%}{100\%-90\%} & \text{für} & 90\% < x \leq 100\% \\ 1 & \text{für} & 100\% < x \leq 110\% \\ \dfrac{115\%-x}{115\%-110\%} & \text{für} & 110\% < x \leq 115\% \\ 0 & \text{für} & x \leq 115\% \end{cases}$$

$$\widetilde{LRI}_{Bedarf\ überdeckt}=\left(105\%,115\%\right)_{LR}$$

$$\mu_{Bedarf\ überdeckt}\left(x,a,b\right)=\begin{cases} 0 & \text{für} & x \leq 105\% \\ \dfrac{x-105\%}{115\%-105\%} & \text{für} & 105\% < x \leq 115\% \\ 1 & \text{für} & x > 115\% \end{cases}$$

Durch das Einsetzen der mit dem Minimum-Operator generierten aggregierten QQS-Werte (Tab. 12.2) in die Zugehörigkeitsfunktionen wird die Evaluation des IK hinsichtlich QQS vorgenommen. Es fällt auf, dass abgesehen von Kooperationskompetenzen der Ist-Zustand der übrigen Einflussfaktoren des IK einen Handlungsbedarf signalisiert.

12.3.4.6 Schritt 5: Untersuchung von Zielbeziehungen

In diesem Schritt werden die Wechselbeziehungen zwischen den Einflussfaktoren des IK untersucht, um eine weitere Konkretisierung in Richtung des Maßnahmenplans vorzunehmen. Dafür ist die in diesem Schritt zu ermittelnde Größe „Steuerbarkeit" bzw. der Stellhebelcharakter eines Einflussfaktors von entscheidender Bedeutung.

Die Wirkungsmatrix, welche das Wissensbilanz-Team zur Untersuchung der Wechselbeziehungen ausgearbeitet hat, ist in Tab. 12.3 zu sehen. An dieser Stelle werden nicht alle Wechselwirkungen erläutert und plausibilisiert, da im vorliegenden Beitrag das Vorgehen im Mittelpunkt steht. Die inhaltliche Ausgestaltung der Wirkungsmatrix hat einen firmenspezifischen Charakter und wird hier daher nur beispielhaft gezeigt. Die Matrix ist wie folgt zu lesen (Zeile beeinflusst Spalte): eine Verbesserung der integrativen Kompetenz

Tab. 12.3 Wirkungsmatrix

	int. FK	SRK	KK	KoK	MTPE	MTB	MTM	KuB	KoB	Aktivsumme	Steuer-barkeit
int. FK			3	3				3	3	12	0,9
SRK	1		1	3				3	3	11	2,2
KK	1	1		2				3	3	10	0,7
KoK	2	1	2					3	3	11	0,6
MTPE	3		3	3			2	3	3	17	2,8
MTB	1		1	2			2	3	3	12	2,0
MTM	2	2	1	1	2	2		3	3	16	2,7
KuB	1	1	1	1	1	1	1			7	0,3
KoB	3		3	2	3	3	1	3		18	0,9
Passivsumme	14	5	15	17	6	6	6	24	21	114	

bewirkt eine starke Verbesserung der Kooperationskompetenz. Zellen, in denen keine Zahl zu erkennen ist, signalisieren, dass das Wissensbilanz-Team zwischen den betrachteten Einflussfaktoren keine Wechselwirkungen sieht.

Die Aktivsumme sagt aus, inwiefern die Verbesserung eines Einflussfaktors sich auf die Entwicklung der anderen auswirkt. Dagegen sagt die Passivsumme aus, inwiefern die Entwicklung eines Einflussfaktors von der Entwicklung der anderen abhängt. Der Quotient aus der Aktiv- und der Passivsumme wird als Steuerbarkeit eines Einflussfaktors bezeichnet und gibt Aufschluss über den Stellhebelcharakter eines Einflussfaktors. Je größer dieser Quotient ist, desto größer ist damit die Steuerbarkeit und desto größer die Bedeutung des betrachteten Einflussfaktors bei der Maßnahmenplanung. Von einer hohen Steuerbarkeit wird gesprochen, wenn der Quotient größer ist als eins. Das bedeutet, dass Veränderungen bei diesen Einflussfaktoren erhebliche Veränderungen bei anderen Einflussfaktoren erzeugen.

12.3.4.7   Schritt 6: Ausarbeitung einer Lösungsstrategie

Für die Ausarbeitung einer Lösungsstrategie bietet das Potenzialportfolio (Abb. 12.3) eine visuelle Hilfestellung. Es zeigt auf, welche Einflussfaktoren des IK Handlungsmaßnahmen erfordern. Die Steuerbarkeit und das QQS-Niveau (Verdeutlichung anhand des aggregierten QQS-Werts) bilden dabei die Portfolio-Dimensionen. Eine dreidimensionale Darstellung ist ebenfalls denkbar, wobei zum Beispiel die Wirkungszeiträume von Maßnahmen als dritte Dimension in Frage kämen. Die Ausarbeitung der Lösungsstrategie in diesem Beitrag beschränkt sich auf das Potenzialportfolio als ein Priorisierungstool, um den vorliegenden Rahmen nicht zu sprengen. Eine umfassende Darstellung der Erfassung und Berücksichtigung mehrerer Kriterien bei der Maßnahmenplanung nimmt ALEVIFARD [ALE14] vor.

Das **Potenzialportfolio** ist durch die **Strategiefelder** „Entwickeln", „Stabilisieren", „Analysieren" und „kein Handlungsbedarf" gekennzeichnet. Die Grenzen, welche die

Steuerbarkeit

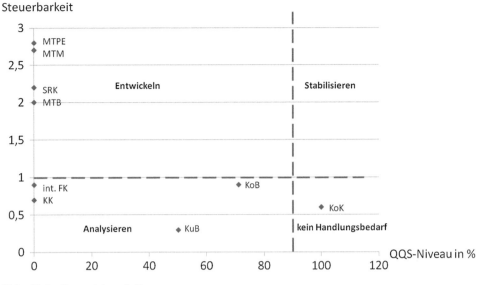

Abb. 12.3 Potenzialportfolio

beschriebenen vier Felder voneinander trennen, werden durch das Wissensbilanz-Team festgelegt. Die Strategie **Entwickeln** ist bei Einflussfaktoren relevant, die eine hohe Steuerbarkeit, jedoch eine geringe QQS-Ausprägung besitzen. Die Strategie **Stabilisieren** ist geeignet
für Einflussfaktoren, die sowohl einen großen Stellhebelcharakter aufweisen als auch ein
hohes QQS-Niveau. Bei Einflussfaktoren, die sowohl eine geringe QQS-Ausprägung haben
als auch eine geringe Bedeutung als Stellhebelcharakter ist die Strategie **Analysieren** zu
wählen, um herauszufinden, inwiefern diese Einflussfaktoren tatsächlich erfolgskritisch
sind. Ferner ist zu untersuchen, ob und inwiefern sich diese Einflussfaktoren indirekt, d. h.
durch Verbesserung anderer Einflussfaktoren mit Stellhebelcharakter, entwickeln und steuern lassen. Schließlich ist die Strategie **kein Handlungsbedarf** bei Einflussfaktoren relevant, die die gewünschte QQS-Ausprägung aufweisen und aufgrund ihres geringen
Stellhebelcharakters bei der Maßnahmenplanung eine untergeordnete Rolle spielen.

Das durch das Potenzialportfolio erzeugte Bild zeigt, dass es sich beim betrachteten
Unternehmen um einen traditionellen Industriegüterhersteller handelt, der sich auf dem
Migrationsweg hin zu einem IPSS-Anbieter befindet. Ein dringender Handlungs- bzw. Entwicklungsbedarf besteht beim Strukturkapital und im Bereich von Selbstreflexionskompe-
tenzen. Da sich der Anbieter auf dem Migrationsweg befindet, ist es nicht überraschend, dass
das Feld Stabilisieren nicht belegt ist. Einer Analyse sind die Einflussfaktoren integrative Fach-
und Kombinationskompetenzen sowie Kooperations- und Kundenbeziehungen zu unterziehen. Hier sollte ggf. eine indirekte Steuerung durch andere Stellhebel sichergestellt werden. Zu
Analysezwecken können visuelle Hilfsmittel wie Ursache-Wirkungs-Diagramme genutzt werden. Der einzige Einflussfaktor, bei dem kein Handlungsbedarf besteht, ist die Kooperationskompetenz. Hier liegen die erwünschte QQS-Ausprägung und ein geringer Stellhebelcharakter
vor. Abb. 12.4 beinhaltet Handlungsempfehlungen, die durch das Wissensbilanz-Team

IK-Bezeichnung	Quanlität			Qualität			Systematik			Handlungsempfehlung
	Ansatzpunkt	Ist/Soll	%	Ansatzpunkt	Ist/Soll	%	Ansatzpunkt	Ist/Soll	%	
HK1 integrative Fachkompetenz (int. FK)	Anzahl Mitarbeiter mit int. FK	66/120	55%	Anzahl Mitarbeiter mit mind.2 Jahren Erfahrung im HLB-Geschäft	35/120	28%	Anzahl Weiterbildung pro Jahr und Mitarbeiter	0/1	0%	Einführung von Weiterbildungen für Mitarbeiter ohne int.FK und HLB-Erfahrung
HK2 Selbstreflexionskompetenz (SRK)	Anzahl Mitarbeiter mit SRK	70/120	58%	Anzahl Mitarbeiter mit SRK-Grad mind. 8	44/120	37%	Anzahl SRK-Workshops pro Jahr und Mitarbeiter	0/1	0%	Workshops zur Entwicklung und Stärkung von SRK, vorrangig für Mitarbeiter ohne SRK und Mitarbeiter mit einem SRK-Grad unter 8
HK3 Kombinationskompetenz (KK)	Anzahl Mitarbeiter mit KK	103/120	86%	Anzahl Mitarbeiter mit SRK-Grad mind. 8	103/120	80%	Anzahl KK-Workshops pro Jahr und Mitarbeiter	0/1	0%	Workshops zur Entwicklung und Stärkung von KK, vorrangig für Mitarbeiter ohne KK und Mitarbeiter mit einem KK-Grad unter 8
HK4 Kooperationskompetenz (KoK)	Anzahl Mitarbeiter mit KoK	116/120	97%	Anzahl Mitarbeiter mit KoK-Grad mind. 8	114/120	95%	Anzahl KoK-Workshops pro Jahr und Mitarbeiter	1/1	100%	Workshops zur Entwicklung und Stärkung von KopK, vorrangig für Mitarbeiter ohne KopK und Mitarbeiter mit einem KopK-Grad unter 8
SK1 Methoden und Tools in der Planung und Entwicklung (MTPE)	Anzahl der Methoden und Tools	0/8	0%	Verfügbarkeitszeit $\frac{Ausfallzaf_{ist}}{Nutzungszait_{gesamt}}$		0%	Anzahl Wartungs- und Schulungsmaßnahmen	0/1	0%	Bereitstellung der benötigten Methoden und Tools
SK2 Methoden und Tools im Betrieb (MTB)	Anzahl der Methoden und Tools	0/6	0%	Verfügbarkeitszeit $\frac{Ausfallzaf_{ist}}{Nutzungszait_{gesamt}}$		0%	Anzahl Wartungs- und Schulungsmaßnahmen	0/1	0%	Bereitstellung der benötigten Methoden und Tools
SK3 Methoden und Tools im Management (MTM)	Anzahl der Methoden und Tools	0/5	0%	Verfügbarkeitszeit $\frac{Ausfallzaf_{ist}}{Nutzungszait_{gesamt}}$		0%	Anzahl Wartungs- und Schulungsmaßnahmen	0/1	0%	Bereitstellung der benötigten Methoden und Tools
BK1 Kundenbeziehungen (KuB)	Anzahl Kundenbeziehungen	32/50	64%	Anzahl Kunden mit Mlndestumsatz	26/50	52%	Anzahl Messeauftritte und Kundenevents	3/6	50%	Messeauftritte und Kundenevents
BK2 Beziehungen zu Kooperationspartnern (KoB)	Anzahl bestehender Kooperationspartner	6/7	86%	Anzahl erfolgreicher Kooperationen mit bestehenden Partnern/Gesamtanzahl Kooperationen	5/7	71%	Anzahl informaler Koordinationsmechanismen	4/5	80%	Suche nach geeigneten weiteren Kooperationspartnern: Erhöhung der Anzahl von informalen Koordinationsinstrumenten für die zielgerichtete Gestaltung von Beziehungen zu Kooperationspartnern

Abb. 12.4 Handlungsempfehlungen für eine Lösungsstrategie

ausgesprochen wurden. Die Priorisierung und Konkretisierung der Handlungsmaßnahmen kann nun erfolgen. Dabei wird der Entwicklung von Einflussfaktoren mit dem niedrigsten QQS-Niveau und der höchsten Steuerbarkeit eine höhere Priorität zugeordnet. Als zusätzliche Prioritätsregel sind, wie bereits erwähnt Wirkungszeiträume, oder auch der Zeit- und Finanzaufwand für die Durchführung der Maßnahmen denkbar.

12.3.4.8 Schritt 7: Maßnahmencontrolling

Zur Überwachung und Beurteilung der Maßnahmenwirkungen beschließt das Wissensbilanz-Team, dass die QQS-Messung und -Evaluation jährlich stattfinden soll, um die Entwicklung des IK erfassen und abbilden zu können. Dafür wird ein Maßnahmencontrolling-Blatt erstellt, das in Tab. 12.4 zu sehen ist.

Der Zeitpunkt t_0 ist der Zeitpunkt, zu dem die erste QQS-Messung stattfindet. Der Zeitpunkt t_1 bezieht sich auf die QQS-Messung im darauffolgenden Jahr. Da der Maßnahmenplan einen Zeithorizont von fünf Jahren aufweist, wird zu den Zeitpunkten t_2, t_3, t_4 und t_5 das

Tab. 12.4 Maßnahmencontrolling-Blatt (a)

Maßnahme	IK	QQS in t_0			QQS in t_1			Δ Kosten	Kommentare
		Qn.	Ql.	Sys.	Qn.	Ql.	Sys.		

Tab. 12.5 Maßnahmencontrolling-Blatt (b)

Maßnahme	IK	QQS in t_0			QQS in t_5			Δ Kosten	Kommentare
		Qn.	Ql.	Sys.	Qn.	Ql.	Sys.		

Maßnahmencontrolling-Blatt gestaltet sein wie in Tab. 12.4. Weiterhin ist ein Abgleich zwischen den Ist- und Soll-Kosten (berechnet aus Zeit-, Finanz- und sonstigen Aufwendungen) der Maßnahmenimplementierung durchzuführen. Die Abweichung wird in Tab. 12.4 durch den griechischen Buchstaben Δ abgebildet.

Für den Fall, dass in t_0 einmalig durchzuführende Maßnahmen eingeleitet werden, welche in t_1 bereits abgeschlossen sind, kann die Ist-Soll-Abweichung ohne Weiteres eingetragen werden. Falls die jeweilige Maßnahme einmalig durchzuführen ist, in t_1 jedoch noch nicht abgeschlossen werden konnte, ist die Ist-Soll-Abweichung zu dem Zeitpunkt einzutragen, zu dem die Maßnahme abgeschlossen wurde. Erläuterungen für mögliche Abweichungen bzw. Schwierigkeiten bei der Maßnahmenimplementierung sind ebenfalls festzuhalten (Spalten Kommentare). Für die Überwachung und Beurteilung des Gesamtergebnisses werden die Werte von t_0 und t_5 einander gegenüber gestellt (Tab. 12.5).

12.4 Zusammenfassung

Das Ziel des vorliegenden Beitrags war es, den Begriff IPSS für die Controlling-spezifischen Erfordernisse zu konkretisieren, einen Überblick über das IPSS-Controlling-Instrumentarium zu geben sowie eine integrierte Betrachtung des Instrumentariums mithilfe der Wissensbilanz vorzunehmen.

Dazu wurde der Einsatz der Controlling-Instrumente Target Costing, hybride Prozesskostenrechnung, sowie Prozesswertanalyse im Rahmen des IPSS-Kostenmanagements präsentiert. Ebenso wurde das dynamische Verfahren zur monetären Bewertung von Flexibilitätsoptionen bei der IPSS-Konfiguration erläutert. Darüber hinaus wurden die ingenieurwissenschaftlichen Instrumente und Methoden IPSS-Assistenzsystem, IPSS-Lifecycle Management und Virtual

Life Cycle Unit hinsichtlich ihres Beitrags zur Erfüllung von Controlling-Funktionen (Planung, Steuerung und Kontrolle) im IPSS-Kontext behandelt.

Schließlich wurde mithilfe der Wissensbilanz als ein IPSS-Controlling-Instrument auf der Metaebene eine disziplinübergreifende Betrachtung von Methoden und Instrumenten im IPSS-Kontext vorgenommen. Es wurde aufgezeigt, inwiefern die genannten Methoden und Instrumente einen wesentlichen Teil des IK ausmachen, dessen gezielte Planung, Steuerung und Kontrolle die wesentlichen Aufgaben der Wissensbilanz sind.

Das konzeptionelle Beispiel zur Anwendung der Wissensbilanz im IPSS-Kontext zeigt, wie traditionelle Industrieunternehmen ihre Ressourcen und Fähigkeiten daraufhin überprüfen können, ob sie (die Unternehmen) in der Lage sind, sich als erfolgreiche IPSS-Anbieter auf dem Markt zu positionieren. Schließlich dient die Wissensbilanz dazu, die Migration zu einem IPSS-Anbieter zielgerichtet zu gestalten und zu begleiten. Eine weitere interessante Einsatzmöglichkeit der Wissensbilanz besteht in ihrer Anwendung auf der Ebene einzelner IPSS, sodass das erfolgskritische IK im Falle eines bestimmten IPSS-Kunden gezielt geplant, gesteuert und kontrolliert werden kann.

Literatur

[ABR12]   Abramovici, M.; Aidi, Y.; Jin, F.; Göbel, J.-C.: Lifecycle Management von hybriden Leistungsbündeln. In: Integrierte industrielle Sach- und Dienstleistungen – Vermarktung, Entwicklung und Erbringung hybrider Leistungsbündel. Hrsg.: Meier, H.; Uhlmann, E. Berlin, Heidelberg: Springer, 2012, S. 265–284.

[ALE14]   Alevifard, S.: Anwendung der Wissensbilanz im Kontext hybrider Leistungsbündel. Bochum, Ruhr-Universität Bochum, Diss, Hamburg: Dr. Kovac, 2014.

[ALW05]   Alwert, K.; Heising, P.; Mertins, K.: Wissensbilanzen, Intellektuelles Kapital erfolgreich nutzen und entwickeln. In: Wissensbilanzen, Intellektuelles Kapital erfolgreich nutzen und entwickeln. Hrsg.: Mertins, K.; Alwert, K.; Heising, P. Berlin, Heidelberg, New York: Springer, 2005, S. 1–17.

[ALW13]   Alwert, K.; Bornemann, M.; Will, M.; Wuscher, S.: Wissensbilanz – Made in Germany, Leitfaden 2.0 zur Erstellung einer Wissensbilanz. Hrsg.: Bundesministerium für Wirtschaft und Technologie, Berlin, 2013.

[BAL11]   Balzer, J.: Bedeutung und Erzielung von Flexibilität hybrider Leistungsbündel. Bochum, Ruhr-Universität Bochum, Diss, Hamburg: Dr. Kovac, 2011.

[BEL97]   Belz, C.; Schuh, G.; Groos, S. A.; Reinecke, S.: Industrie als Dienstleister. St. Gallen: THEXIS, 1997.

[BER01]   Bergauer, A.: Erfolgreiches Krisenmanagement in der Unternehmung – Eine empirische Analyse. Berlin: Erich Schmidt, 2001.

[BON09]   Bonnemeier, S.; Burianek, F.; Reichwald, R.: Hybride Wertschöpfung – Die Fähigkeit zur Kundenintegration. Industrie Management 25 (2009) 2, S. 29–32.

[BOR05]   Bornemann, M.; Edvinsson, L.; Mertins, K.; Heising, P.; Alwert, K.; Kivikas, M.: Wissensbilanzen – "Made in Germany", Ein Praxisbericht aus dem Mittelstand. In: Wissensbilanzen, Intellektuelles Kapital erfolgreich nutzen und entwickeln. Hrsg.: Mertins, K.; Alwert, K.; Heising, P. Berlin, Heidelberg, New York: Springer, 2005, S. 41–53.

[BOS12]   Bosslau, M.: Dynamic Business Models for Industrial Product-Service Systems, in: Proceedings of the 30th CIRP International Conference of the System Dynamics Society, 13th PhD Colloquium, Plenary Session, St. Gallen, Schweiz, 2012.

[BOS14]   Bosslau, M.: Business Model Engineering – Gestaltung und Analyse dynamischer Geschäftsmodelle für industrielle Produkt-Service-Systeme. Bochum, Ruhr-Universität Bochum, Diss, Aachen: Shaker, 2014.

[BOT95]   Bothe, H.-H.: Fuzzy Logic. Einführung in Theorie und Anwendungen, Berlin/Heidelberg: Springer, 2. Aufl., 1995.

[BUC09]   Buchholz, L.: Strategisches Controlling. Grundlagen – Instrumente – Konzepte. Wiesbaden: Gabler, 2009.

[BUR07]   Burianek, F.; Ihl, C.; Bonnemeier, S.; Reichwald, R.: Typologisierung hybrider Produkte – Ein Ansatz basierend auf der Komplexität der Leistungserbringung, Arbeitsbericht Nr. 1/2007 des Lehrstuhls für Betriebswirtschaftslehre – Information, Organisation und Management der Technischen Universität München.

[EXT12]   Externbrink, K.; Lienert, A.; Wilkens, U.: Identifikation von Mitarbeiter- und Teamkompetenzen in hybriden Leistungsbündeln. Industrie Management 28 (2012), S. 65–69.

[EXT13]   Externbrink, K.; Wilkens, U.; Lienert, A.: Antecedents to the Successful Coordination of IPS^2 Networks – A Dynamic Capability Perspective on Complex Work Systems in the Engineering Sector. In: The Philosopher´s Stone for Sustainability, Proceedings of the 4th CIRP International Conference on Industrial Product-Service Systems, Tokyo, Japan, November 8th-9th, 2012. Hrsg.: Shimomura, Y.; Kimita, K. Berlin/Heidelberg: Springer, 2013, S. 103–108.

[GAR98]   Garbe, B.: Industrielle Dienstleistungen. Wiesbaden: Gabler, 1998.

[GEG12]   Gegusch, R.; Seliger, G.: Wissensgenerierung in hybriden Leistungsbündeln. In: Integrierte Industrielle Sach- und Dienstleistungen. Hrsg.: Meier, H.; Uhlmann, E. Berlin, Heidelberg: Springer, 2012, S. 191–215.

[GRA14]   Grandjean, L., Alevifard, S., Steven, M., Strategic Adaptability of Industrial Product-Service-Systems – Dynamic Effective IPS^2. Procedia CIRP 16 (2014) S. 314–319.

[HUB08]   Huber, F.; Bauer S. K.: Marktorientiertes Dienstleistungsmanagement und Dienstleistungscontrolling für Automobilzulieferer im Automotiv-Aftermarkt. Controlling 20 (2008) 4/5, S. 237–246.

[KEI13]   Keine genannt Schulte, J.: Hybride Leistungsbündel und Flexibilität – Entwicklung eines Fallbeispiels zur Ermittlung des Wertes von Flexibilität, in: Arbeitsberichte des Lehrstuhls für Produktionswirtschaft Nr.13, Ruhr-Universität Bochum 2013.

[LAU12]   Laurischkat, K.: Product-Service Systems – IT-gestützte Generierung und Modellierung von PSS-Dienstleistungsanteilen. Bochum, Ruhr-Universität Bochum, Diss, Aachen: Shaker, 2012.

[MEI05]   Meier, H.; Uhlmann, E.; Kortmann, D.: Hybride Leistungsbündel – Nutzenorientiertes Produktverständnis durch interferierende Sach- und Dienstleistungen. wt Werkstattstechnik online 95 (2005), S. 528–532.

[MEI06]   Meier, H.; Kortmann, D.; Golembiewski, M.: Hybride Leistungsbündel in kooperativen Anbieter-Netzwerken – Anforderungen hybrider Leistungsbündel an die unternehmensinterne und kooperative Organisation von Anbieter-Netzwerken. Industrie Management 22 (2006) 4, S. 25–28.

[MEI10]   Meier, H.; Roy, R.; Seliger, G.: Industrial Product-Service Systems-IPS^2. CIRP Annals-Manufacturing Technology 59 (2010), S. 607–627.

[MEI12]   Meier, H.; Uhlmann, E.: Hybride Leistungsbündel – ein neues Produktverständnis. In: Integrierte industrielle Sach- und Dienstleistungen. Hrsg.: Meier, H.; Uhlmann, E. Berlin, Heidelberg: Springer, 2012, S. 1–21.

[MIß01]   Mißler-Behr, M.: Fuzzybasierte Controlling-Instrumente, Entwicklung von unscharfen Ansätzen. Wiesbaden: Deutscher Universitäts-Verlag, Gabler, 2001.

[MÖL08]   Möller K.; Cassack, I.: Prozessorientierte Planung und Kalkulation (kern-) produktbegleitender Dienstleistungen. Zeitschrift für Planung & Unternehmenssteuerung 19 (2008) 2, S. 159–184.

[NEM13]   Nemoto, Y.; Akasaka, F.; Shimomura, Y.: A Knowledge-Based Design Support Method for Product-Service Contents Design. In: The Philosopher´s Stone for Sustainability, Proceedings of the 4th CIRP International Conference on Industrial Product-Service Systems, Tokyo, Japan, November 8th-9th, 2012. Hrsg.: Shimomura, Y.; Kimita, K. Berlin, Heidelberg: Springer, 2013, S. 49–54.

[OST92]   Ostrenga, M.R.; Probst, F.R.: Process Value Analysis: The missing link in Cost Management. Journal of Cost Management 6 (1992) 3, S. 4–13.

[PRO12]   Probst, G.; Raub, S.; Rohmhardt, K.: Wissen managen. Wie Unternehmen ihre wertvollste Ressource optimal nutzen. Wiesbaden: Springer, Gabler, 2012.

[RES07]   Rese, M.; Karger, M.; Strotmann, W.: Welche hybriden Leistungsbündel für welchen Kunden? Eine die Marktseiten integrierende Betrachtung. wt Werkstattstechnik online, 97 (2007), S. 533–537.

[RES13]   Rese, M.; Meier, H.; Gesing, J.; Boßlau, M.: An Ontology of Business Models for Industrial Product-Service Systems. In: The Philosopher's Stone for Sustainability, Proceedings of the 4th CIRP International Conference on Industrial Product-Service Systems, Tokyo, Japan, November 8th-9th, 2012. Hrsg.: Shimomura, Y.; Kimita, K. Berlin, Heidelberg: Springer, 2013, S. 191–196.

[ROM88]   Rommelfanger, H.: Entscheiden bei Unschärfe – Fuzzy Decision Support-Systeme. Berlin: Springer, 1988.

[ROY00]   Roy, R.: Sustainable product-service systems. Futures 32 (2000), S. 289–299.

[SCH03]   Schwengels, C.: Kostenorientierte Entwicklung von Dienstleistungen. In: Service Engineering – Entwicklung und Gestaltung innovativer Dienstleistungen. Hrsg.: Bullinger, H.-J.; Scheer, A.-W. Berlin: Springer, 2003, S. 507–529.

[SOT11]   Soth, T.: Prozesskostenrechnung für hybride Leistungsbündel, in: Arbeitsberichte des Lehrstuhls für Produktionswirtschaft Nr.11, Ruhr-Universität Bochum 2011.

[STE03]   Steven, M.; Große-Jäger, S.: Industrielle Dienstleistungen in Theorie und Praxis. Wirtschaftswissenschaftliches Studium 32 (2003) 1, S. 27–33.

[STE05]   Steinbach, M.: Systematische Gestaltung von Product-Service Systems – Integrierte Entwicklung von Product-Service Systems auf Basis der Lehre von Merkmalen und Eigenschaften. Saarbrücken: LKT, 2005.

[STE06]   Steven, M.; Wasmuth, K.: Controlling für hybride Leistungsbündel. wt Werkstattstechnik online 96 (2006) 7/8, S. 472–476.

[STE09]   Steven, M.; Soth, T.; Wasmuth, K.: Kostenmanagement für hybride Leistungsbündel im Maschinen und Anlagenbau. In: Entwicklungen in Produktionswirtschaft und Technologieforschung, Festschrift für Professor Dieter Specht. Hrsg.: Mieke, C., Beherens, S. Berlin: Logos, 2009, S. 277–299

[STE10]   Steven, M.; Richter, A.: Hierarchical Planning for Industrial Product Service Systems. In: Industrial Product-Service Sytems (IPS²) – Proceedings of the 2nd CIRP IPS² Conference, Linköping University, Linköping, Schweden, April 14th–15th, 2010. Hrsg.: Sakao, T.; Larsson, T. Linköping: University, 2010, S. 151–158.

[STE11]   Steven, M.; Alevifard, S.; Keine genannt Schulte, J. : Economic Relevance of IPS^2 Flexi-
           bility. In: Functional Thinking for Value Creation, Proceedings of the 3th CIRP Internatio-
           nal Conference on Industrial Product-Service Systems, Braunschweig, Germany, May
           5th-6th, 2011. Hrsg.: Hesselbach, J.; Herrmann, C. Berlin, Heidelberg: Springer, 2011, S.
           261–265.
[TEE10]   Teece, D.: Business Models, Business Strategy and Innovation. Long Range Planning 43
           (2010), S. 172–194.
[UHL12]   Uhlmann, E.; Bochnig, H.: Assistenzsystem zur Ausgestaltung hybrider Leistungsbün-
           del. In: Integrierte Industrielle Sach- und Dienstleistungen. Hrsg.: Meier, H.; Uhlmann,
           E. Berlin, Heidelberg: Springer, 2012, S. 89–111.
[WAS09]   Wasmuth, K.: Kostenmanagement im Service Engineering industrieller Dienstleistun-
           gen. Bochum, Ruhr-Universität Bochum, Diss, Hamburg: Dr. Kovac, 2009.
[WEB99a]   Weber, J.: Einführung in das Controlling. Stuttgart: Schäffer-Poeschel 1999.
[WEB99b]   Weber, J.; Schäffer, U.: Sicherstellung der Rationalität von Führung als Aufgabe des
           Controlling? Die Betriebswirtschaft 59 (1999) 6, S. 731–747.
[WEB11]   Weber, J.; Schäffer, U.: Einführung in das Controlling. Stuttgart: Schäffer-Poeschel, 2011.

Geschäftsmodelle für Industrielle Produkt-Service Systeme

Mario Boßlau, Judith Gesing, Horst Meier und Jan Wieseke

13.1 Relevanz von Geschäftsmodellen für Industrielle Produkt-Service Systeme

Industrielle Produkt-Service Systeme (IPSS) stellen einen neuartigen Ansatz der Wertschöpfung dar [DIN PAS1094]. Da nicht mehr einzelne Sach- oder Dienstleistungen verkauft werden, sondern integrierte Lösungen, welche für kundenspezifische Bedürfnisse geplant, entwickelt und erbracht werden, verändert sich die Kunden-Anbieter-Beziehung über den Lebenszyklus des Industriellen Produkt-Service Systems grundlegend. Die Wertschöpfung von Industriellen Produkt-Service Systemen findet in der Interaktion zwischen Kunde und Anbieter statt, was in der Literatur auch als „co-creation of value" bezeichnet wird [COV08]. Das Resultat ist eine enge Zusammenarbeit, die dabei ebenso individuell ausgestaltet ist wie das angebotene Industrielle Produkt-Service System. Dies ermöglicht bzw. erfordert neue Mechanismen und Ansätze für die Art und Weise, wie die

M. Boßlau • J. Gesing
Ruhr-Universität Bochum, Bochum, Deutschland
E-Mail: mario@bosslau.de; judith.gesing@rub.de

H. Meier (✉)
Lehrstuhl für Produktionssysteme (LPS), Ruhr-Universität Bochum, Bochum, Deutschland
E-Mail: Meier@lps.ruhr-uni-bochum.de

J. Wieseke
Sales & Marketing Department, Ruhr-Universität Bochum, Bochum, Deutschland
E-Mail: jan.wieseke@ruhr-uni-bochum.de

© Springer-Verlag GmbH Deutschland 2017
H. Meier, E. Uhlmann (Hrsg.), *Industrielle Produkt-Service Systeme*,
DOI 10.1007/978-3-662-48018-2_13

beteiligten Akteure über den IPSS-Lebenszyklus hinweg gemeinsam Werte schaffen. Diese Mechanismen und Ansätze werden gemeinhin als Geschäftsmodell bezeichnet [BIE02].

Eine allgemein anerkannte Definition oder Konzeptualisierung des Geschäftsmodell-begriffs hat sich jedoch bisher nicht etabliert [TEE10]. Insbesondere für Industrielle Produkt-Service Systeme konnte noch kein branchen- und industrieübergreifendes Verständnis von Geschäftsmodellen und ihren Komponenten geschaffen werden. Bisher existiert nur die von MEIER ET AL. erarbeitete relativ einfache Einteilung in funktions-, verfügbarkeits- und ergebnisorientierte Geschäftsmodelle, welche den jeweils für den Kunden entstehenden Nutzen beschreibt [MEI05] (s. Kap. 1.2.3). Eine detaillierte Betrachtung scheint aber dringend notwendig, da IPSS-Geschäftsmodelle weitreichende Auswirkungen nicht nur auf die Erzeugung von Kundennutzen, sondern auch auf die Kosten und Erlöse, auf die Risikoverteilung und die Organisation sämtlicher Lebenszyklusaktivitäten aller beteiligten Partner haben. Um also Industrielle Produkt-Service Systeme zum gleichseitigen Nutzen von Anbieter und Kunden erbringen zu können, muss ein auf die speziellen Bedürfnisse von Industriellen Produkt-Service Systemen angepasstes Geschäftsmodell gewählt werden [RES11]. Diese Wahl muss auf Grund seiner Auswirkungen auf die Lebenszyklusaktivitäten bereits in der Entstehung des Industriellen Produkt Service Systems stattfinden und beeinflusst die Entwicklung der einzelnen Komponenten des Industriellen Produkt-Service System maßgeblich (s. auch Kap. 4).

Aus diesem Grund thematisiert der vorliegende Beitrag Geschäftsmodelle für den speziellen Anwendungskontext von Industriellen Produkt-Service Systemen. Da in der Literatur sehr unterschiedliche Betrachtungsebenen für die Definition von Geschäftsmodellen herangezogen werden [WIR11], ist es notwendig, eine eigene Definition für IPSS-Geschäftsmodelle abzuleiten. Um eine differenziertere Betrachtung von IPSS-Geschäftsmodellen vornehmen zu können, wird in der Literatur oftmals der Ansatz der Partialmodellierung herangezogen, bei dem Geschäftsmodelle in ihre Komponenten zerlegt werden. Welche Partialmodelle dies im Falle von IPSS-Geschäftsmodellen sind und welche Ausprägungen diese Partialmodelle annehmen können, ist bisher nicht Gegenstand der Forschung. Um eine bessere Übersichtlichkeit über die zahlreichen möglichen Geschäftsmodelle und deren Auswirkungen zu erhalten, ist es darüber hinaus sinnvoll, diese anhand eines geeigneten Kriteriums zu kategorisieren.

Die in diesem Kapitel zu beantwortenden Fragen lassen sich dementsprechend wie folgt zusammenfassen:

- Wie lassen sich Geschäftsmodelle im IPSS-Kontext definieren, um ein einheitliches und branchen- sowie industrieübergreifendes Verständnis zu schaffen? Was sind die besonderen Charakteristika von IPSS-Geschäftsmodellen?
- Durch welche Partialmodelle sind IPSS-Geschäftsmodelle gekennzeichnet? Durch welche Merkmale und welche möglichen Merkmalsausprägungen lassen sich diese näher charakterisieren?
- Wie lassen sich IPSS-Geschäftsmodelle anhand eines geeigneten Kriteriums systematisieren? Welche Folgen ergeben sich durch die verschiedenen Geschäftsmodellkategorien für Kunden und Anbieter?

Die Beantwortung der aufgestellten Fragen sollen Anbieter von Industriellen Produkt-Service Systemen helfen ein detailliertes Verständnis von IPSS-Geschäftsmodellen zu entwickeln. Dabei ist ein wesentlicher Punkt, Industrielle Produkt-Service Systeme als lebenszyklusübergreifende Wertschöpfungspartnerschaften zu verstehen, in denen Anbieter und Kunden u. a. unterschiedliche Verantwortlichkeiten und Risiken übernehmen. So sollen Anbieter in die Lage versetzt werden diese innovativen Konzepte erfolgreich umzusetzen.

Die weiteren Abschnitte dieses Kapitels sind entsprechend den zuvor genannten Forschungsfragen und -zielen strukturiert. Als Grundlage für die weiteren Ausführungen wird im folgenden Abschnitt zunächst der relevante Stand der Forschung zu Geschäftsmodellen zusammengefasst.

13.2   Stand der Forschung zu Geschäftsmodellen

Die bestehende Literatur zu Geschäftsmodellen ist sehr heterogen. Es existiert bisher keine einheitlich genutzte Definition des Begriffes Geschäftsmodell und auch kein einheitliches Verständnis darüber welche Komponenten ein Geschäftsmodell umfasst [MOR05]. Oft wird der Begriff Geschäftsmodell synonym zu Geschäftsstrategie, Geschäftskonzept, Ertragsmodell oder Wirtschaftsmodell verwendet [MOR05]. Ein Grund für diese Heterogenität ist, dass Geschäftsmodelle in unterschiedlichsten Disziplinen und damit sehr unterschiedlichen Forschungsfeldern untersucht werden.

Betrachtet man die Geschäftsmodellliteratur genauer, so lassen sich verschiedene Forschungsbereiche identifizieren. Nach WIRTZ [WIR01] existieren drei unterschiedliche disziplinäre Strömungen, in denen Geschäftsmodelle untersucht werden: Informationstechnologie (z. B. [KAG11, OST02, TIM98, WIR01]), Organisationstheorie (z. B. [BAD10, ZOT07, ZOT10]) und Strategie (z. B. [CHE02, JOH08, TEE10]). Der Bereich der Informationstechnologie stellt dabei einen der größten Forschungszweige im Bereich der Geschäftsmodellforschung dar. Viele der hier veröffentlichten Beiträge entstanden im Rahmen des Booms der New Economy. In etwa seit dem Jahr 2000 finden Geschäftsmodelle aber auch in der Organisationstheorie als auch in der Strategieforschung zunehmende Beachtung [BOß14, WIR11].

Darüber hinaus unterscheiden sich die Untersuchungsebene, der Abstraktionsgrad sowie die Methoden, mit Hilfe derer Geschäftsmodelle betrachtet werden. In Bezug auf die Untersuchungsebene eines Geschäftsmodells reichen die verschiedenen Arbeiten von der Betrachtung ganzer Branchen bis hin zur Produktebene. So werden auf einer sehr generischen Ebene beispielsweise Geschäftsmodelle für die Branche „eBusiness" betrachtet [TIM98]. Spezifischere Betrachtungen nehmen eine unternehmensweite Perspektive ein, die das Geschäftsmodell eines Unternehmens betrachtet, z. B. das Geschäftsmodell von Xerox [CHE02]. Zum anderen werden Geschäftsmodelle auf einer detaillierteren Ebene auf Produkt oder Systemebene untersucht. Hier stehen einzelne Leistungen im Fokus. Beispiele sind Arbeiten zu Betreibermodellen [MEI04] oder Performance Contracting [KLE02]. In Bezug auf den Abstraktionsgrad analysiert ein

Großteil der Forscher Geschäftsmodelle auf einer generischen Ebene und stellt Definitionen bereit [BAD10] oder kategorisiert unterschiedliche Arten von Geschäftsmodellen [TIM98]. Eine zweite Gruppe teilt Geschäftsmodelle in Partialmodelle ein und analysiert diese separat [MOR05, OST02]. Darüber hinaus gibt es Wissenschaftler/innen, die industriespezifische Geschäftsmodelle auf Basis von Fallstudien wie bspw. Xerox [CHE02] untersuchen. Zudem unterscheiden sich die Methoden, mit denen Geschäftsmodelle analysiert werden. Der Großteil der Forschung ist konzeptionell (z. B. [BAD10]). Einige Arbeiten analysieren Geschäftsmodelle mit Hilfe von qualitativen Modellierungsansätzen (z. B. [MAG02]), aber auch quantitativen dynamischen Modellierungsansätzen wie System Dynamics (z. B. [GRA09]). Zahlreiche Arbeiten nutzen Fallstudien, um Geschäftsmodelle bestimmter Unternehmen zu betrachten (z. B. [CHE02]).

Resultierend aus den sehr unterschiedlichen Forschungsrichtungen und Ansätzen sind auch die Definitionen von Geschäftsmodellen sehr heterogen. Der Geschäftsmodellbegriff wird von vielen Autoren vorrangig zur Typologisierung und Systematisierung von innovativen Geschäftsideen [WIR01], zur Modellierung und Analyse von Geschäftsstrategien [BIE02] sowie zur Qualifizierung eines Geschäftserfolgs [KRÜ01] genutzt. TIMMERS, AMIT UND ZOTT und WIRTZ definieren Geschäftsmodelle enumerativ als Architektur bzw. als vereinfachte Beschreibungen einer Unternehmung, wobei die Darstellung der Geschäftsprozesse und Akteure bzw. der Arbeits-, Material- und Informationsflüsse sowie der Erlösströme im Vordergrund stehen [AMI01, TIM98, WIR01]. Nach KNYPHAUSEN-AUFSESS UND MEINHARDT beschreiben Geschäftsmodelle vereinfacht die Strategie eines gewinnorientierten Unternehmens, um potenziellen Investoren die Sinnhaftigkeit und Erfolgsaussicht ihres Engagements deutlich zu machen [KNY02]. Weiterhin wird dargelegt, dass es sich bei einem Geschäftsmodell um eine ganzheitliche Beschreibung der Geschäftstätigkeit einer Unternehmung in aggregierter Form handelt. STÄHLER betrachtet Geschäftsmodelle als Analyseeinheit für die Entwicklung von Strategien, um eine Abbildung von komplexen Wertschöpfungsarchitekturen über Zuliefer- und Abnehmerbeziehungen hinaus zu ermöglichen [STÄ02]. JOHNSON, CHRISTENSEN UND KARGERMANN verfolgen den Ansatz, dass ein Geschäftsmodell aus miteinander verknüpften Elementen besteht, welche letztendlich Werte für das Unternehmen generieren. Sie identifizieren vier solcher Elemente, die „customer value proposition" – die Werte, die für den Kunden generiert werden, eine „profit formula" – wie Werte für das eigene Unternehmen erzeugt werden, die Ressourcen, die benötigt werden, um diese Werte zu erzeugen, sowie die Wertschöpfungsprozesse, die hierfür nötig sind [JOH08]. TEECE rückt in seiner Definition den Kundennutzen in den Mittelpunkt. Für ihn beschreibt ein Geschäftsmodell den Kundenbedarf sowie die Reaktion des Anbieterunternehmens darauf in der Form, dass es dem Kunden ein Nutzenversprechen gibt und dieses durch die Elemente seiner Wertschöpfungskette verwirklicht [TEE10].

Um Geschäftsmodelle für Industrielle Produkt-Service Systeme strukturiert betrachten zu können, ist es also zunächst notwendig, eine Definition für diesen Anwendungskontext aufzustellen.

13.3   Definition und Abgrenzung von IPSS-Geschäftsmodellen

Der Stand der Forschung hat deutlich gemacht, dass die bestehenden Geschäftsmodelldefinitionen und die damit einhergehenden Ansätze durch eine hohe Heterogenität und inhomogene Verwendung gekennzeichnet sind. Das Geschäftsmodell dient im vorliegenden Beitrag als strategisches Instrument zur systematischen Beschreibung von langfristigen IPSS-Geschäftsbeziehungen und wird vor diesem Hintergrund in Anlehnung an [BOß14] wie folgt definiert:

▶ Ein IPSS-Geschäftsmodell ist eine aggregierte Beschreibung einer kundenspezifischen, nutzenorientierten Problemlösung und wird über die Geschäftsbeziehung zwischen einem Anbieter, seinen potenziellen Schlüsselpartnern und einem Kunden definiert.

Dabei ist insbesondere hervorzuheben, dass die Analyseebene für IPSS-Geschäftsmodelle die einzelne Anbieter-Kunden Beziehung fokussiert. Industrielle Produkt-Service Systeme sind individuelle auf den Kunden zugeschnittene Lösungen, die also folglich ebenfalls eine sehr individuelle Betrachtung von Geschäftsmodellen erfordern. Die Summe der verschiedenen Geschäftsmodelle, die ein Unternehmen in sein Portfolio aufnimmt und den Kunden potenziell anbietet, wird übergreifend durch das sogenannte Geschäftskonzept festgelegt [RES11]. Das Geschäftsmodell stellt dementsprechend die kundenspezifische konkrete Ausprägung der für ihn konfigurierten Problemlösung über einen Lebenszyklus hinweg dar. Abb. 13.1 greift

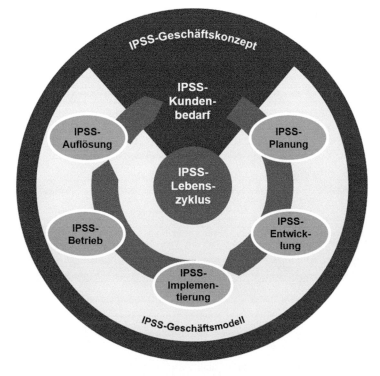

Abb. 13.1 IPSS-Geschäftskonzept und IPSS-Geschäftsmodell

auf den in Kap. 1.2.4 vorgestellten Lebenszyklus Industrieller Produkt-Service Systeme zurück und verdeutlicht diesen Zusammenhang.

Um eine verbesserte Übersichtlichkeit und Komplexitätsreduktion im Rahmen der Geschäftsmodellgestaltung zu realisieren, wird von einigen Autoren i. S. einer komponentenbasierten Betrachtung die Partialmodellbildung verwendet [SAN06]. Ein Partialmodell ermöglicht die Analyse zentraler Dimensionen eines Geschäftsmodells und kann für eine differenzierte Betrachtung im Zusammenhang mit der zugrunde liegenden Forschungsfrage hilfreich sein [WIR01].

In der Literatur existieren bereits zahlreiche Ansätze, Geschäftsmodelle in ihre Bestandteile zu zerlegen. Es existieren jedoch noch keine Arbeiten, die sich mit den Besonderheiten von Geschäftsmodellen für Industrielle Produkt-Service Systeme beschäftigen. Um dem spezifischen Charakter von Industriellen Produkt-Service Systemen gerecht zu werden, wurden deshalb bestehende Partialmodellierungsansätze hinsichtlich ihrer IPSS-Tauglichkeit bewertet und um weitere Partialmodelle ergänzt, um sie für den IPSS-Kontext tauglich zu machen [BOß14, RES13a, TAN06].

In Abb. 13.2 werden die grundlegenden Bausteine eines IPSS-Geschäftsmodells durch vier Partialmodelle und vier relationale Komponenten in einem Klassifikationsschema dargestellt [BOß14]:

- Das zentrale Partialmodell *Nutzen* adressiert die Fragestellung, durch welche *Leistungen* welches *Nutzenversprechen* gemeinsam mit dem Kunden realisiert werden kann. Das Nutzenversprechen beschreibt den Wert, der dem Kunden entsteht, als Produkt, Service oder eine Kombination beider [MOR05].

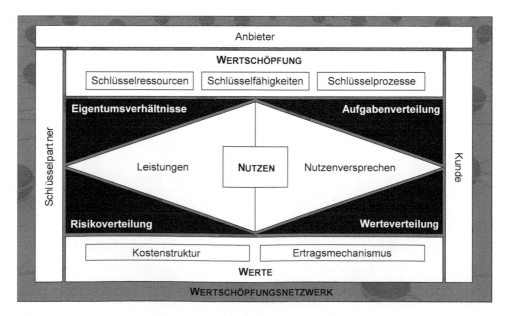

Abb. 13.2 Partialmodelle und relationale Komponenten

- Das Partialmodell *Wertschöpfung* adressiert die Fragestellung, wie ein Nutzen durch die Allokation von *Schlüsselressourcen*, *Schlüsselfähigkeiten* und *Schlüsselprozessen* generiert werden kann.
- Das Partialmodell *Wertschöpfungsnetzwerk* adressiert die Fragestellung, welche Akteure in der Wertschöpfung welche Schlüsselressourcen und -fähigkeiten bereitstellen. Dabei werden die Akteure *Kunde*, *Anbieter* und ggf. erforderliche *Schlüsselpartner* im Wertschöpfungsnetzwerk berücksichtigt.
- Das Partialmodell *Werte* adressiert einerseits die Fragestellung, wie Erlöse durch den *Ertragsmechanismus* generiert werden, und andererseits, welche *Kostenstruktur* dem Geschäftsmodell zugrunde liegt. Es bildet auf der einen Seite den geschaffenen ökonomischen Nutzen ab [KOU06], auf der anderen Seite werden im Ertragsmechanismus Erlöse des Geschäftsmodells festgelegt [PET01]. Der Anbieter wird für den Wert, den er dem Kunden liefert und damit für die von ihm getragenen Risiken kompensiert. Darauf aufbauend kann die Profitabilität des Geschäftsmodells abgeleitet werden.

Weiterhin werden die vier relationalen Komponenten Aufgabenverteilung, Risikoverteilung, Eigentumsverhältnisse und Werteverteilung integriert. Diese dienen vorrangig zur Beschreibung der Verantwortlichkeiten der beteiligten Akteure im Wertschöpfungsnetzwerk und charakterisieren die Geschäftsbeziehung über den Lebenszyklus des Industriellen Produkt-Service Systems [BOß14]:

- Die Komponente *Aufgabenverteilung* (bzw. Organisationsmodell) weist den Akteuren im Wertschöpfungsnetzwerk je nach Fähigkeitsprofil und Ressourcenverfügbarkeit die für die Wertschöpfung relevanten Schlüsselprozesse zu. Sie analysiert die Fähigkeiten oder Kenntnisse und die Rolle des Unternehmens (Anbieter, Kunde, dritte Parteien) in der Wertschöpfungskette [MOR05]. Es beschreibt, welcher Partner bei der Erbringung des IPSS welche Aufgaben übernimmt und wie die Arbeit aufgeteilt wird. Die Aufgabenverteilung resultiert aus dem Nutzenversprechen und ist somit eng damit verknüpft.
- Die *Risikoverteilung* legt fest, welcher Akteur im Wertschöpfungsnetzwerk welches Risiko bei der Wertschöpfung trägt und steht damit in enger Relation zur Aufgabenverteilung und zum Nutzenversprechen. Beispielsweise übernimmt der Anbieter bei einem Betreibermodell häufig das Marktrisiko vom Kunden. Die Übernahme von Risiken wird über die Werteverteilung kompensiert.
- *Eigentumsverhältnisse* von materiellen Schlüsselressourcen und Leistungsbestandteilen sind in einem komplexen und dynamischen Wertschöpfungsnetzwerk für die Erbringung von IPSS zwingend zu berücksichtigen. Hierbei wird geregelt, über welche Herrschaftsrechte (Eigentum und Besitz) ein Akteur in Bezug auf einen materiellen Leistungsbestandteil oder eine materielle Schlüsselressource verfügt.
- Die *Werteverteilung* beinhaltet die Verteilung der im Rahmen des Geschäftsmodells generierten Werte auf alle beteiligten Akteure. Sie verbindet damit das Partialmodell Werte mit dem Wertschöpfungsnetzwerk. Weiterhin berücksichtigt die Werteverteilung die Risikoverteilung im Wertschöpfungsnetzwerk.

Bei näherer Prüfung sind alle Bausteine eines Geschäftsmodells voneinander abhängig [TEE10]. Obwohl die bereits erläuterten Partialmodelle und deren Merkmalsausprägungen sich gegenseitig beeinflussen, besitzen Kunde und Anbieter Freiheitsgrade, um die Variationen innerhalb von Partialmodellen zu verhandeln. Dazu ist eine genauere Betrachtung der Ausprägungen der verschiedenen Partialmodelle notwendig. Den Lösungsraum der verschiedenen Ausprägungen, aus denen Unternehmen auswählen können, zeigt die im nachfolgenden Kapitel dargestellte Morphologie auf.

13.4   IPSS-Geschäftsmodell Morphologie

Die konstituierenden Merkmale von Geschäftsmodellen werden insbesondere in technologieorientierten Fachbeiträgen häufig unter Zuhilfenahme eines morphologischen Kastens dargestellt. (vgl. [GLA12, RES13a, TAN06]) Entsprechend werden in Abb. 13.3 wichtige IPSS-spezifische Geschäftsmodellmerkmale sowie deren Ausprägungen dargestellt. Dabei haben die Inhalte des morphologischen Kastens exemplarischen Charakter und erheben keinen Anspruch auf Vollständigkeit. Um weitere Merkmalsausprägungen identifizieren zu können, werden insbesondere in wirtschaftswissenschaftlichen Fachbeiträgen Leitfragen als Instrument zur Spezifizierung der Geschäftsmodelldimensionen vorgeschlagen. (z. B. [GAS13, SCH13, WIR11]). Analog wird in diesem Beitrag jedes Partialmodell im morphologischen Kasten durch verschiedene Leitfragen ergänzt, die zur Erweiterung der Ausprägungen bzw. bei der Anwendung auf ein bestimmtes Fallbeispiel unterstützend eingesetzt werden können.

Im Partialmodell *Nutzen* sind Fragen zum Nutzenversprechen und zu den Leistungen, die für die Nutzengenerierung erforderlich sind, zu beantworten:

• Welche Sach- und Dienstleistungsanteile sind erforderlich, um das Nutzenversprechen zu erfüllen?
• Welches Nutzenversprechen soll realisiert werden?
• Wie kann das Nutzenversprechen quantifiziert werden?

Bei der Operationalisierung des Nutzens kann zwischen dem Nutzenversprechen selbst und dessen Auswirkungen unterschieden werden. Auswirkungen resultieren aus der Inanspruchnahme der Leistungen [SEI08]. Eine Quantifizierung des Nutzenversprechens ist für die Verknüpfung mit dem Ertragsmechanismus erforderlich, z. B. kann die Anzahl produzierter Soll-Einheiten eine Vorgabe für einen ergebnisorientierten Ertragsmechanismus sein. Anbieter von Aufzügen offerieren ihren Kunden neben klassischen Nutzenversprechen, die lediglich eine Basiswartung beinhalten, auch Verfügbarkeitsgarantien (siehe Fallbeispiel 1), die über entsprechende Kennzahlen quantifiziert und mit dem Ertragsmechanismus verknüpft werden [BOß14].

Nutzen							
Leistungsorientierung	reine materielle Kernleistung		Systemleistung		Integrationsleistung		reine Dienstleistung
Dienstleistungen	planend	beratend	schulend	logistisch	funktionsschaffend	funktionserhaltend	optimierend
Sachleistungen	einfaches, produktionsbezogenes Investitionsgut		komplexes, produktionsbezogenes Investitionsgut		einfaches, nicht-produktionsbezogenes Investitionsgut		komplexes, nicht-produktionsbezogenes Investitionsgut
Nutzenversprechen	Eigentumserwerb	Verbrauchsgarantie	Verfügbarkeitsgarantie	Know-how-Aufbau		Leistungsflexibilität	Ergebnisgarantie
Ausmaß des Nutzenversprechens	Kernnutzen		Aggregierte Nutzenversprechen			Integrierte Nutzenversprechen	
Quantifizierung des Nutzenversprechens	Störungshäufigkeit	Verfügbarkeitskennzahl	Liefertreue	zeitliche Verfügbarkeit	Kosteneinsparung	Soll-Einheiten	
Auswirkungen des Nutzenversprechens	Funktionssicherheit	Risikominimierung	Kostensenkung	Innovationssicherheit	Kunden-Know-how	Strategische Partnerschaft	
Wertschöpfungsarchitektur							
Schlüsselprozesse	Instandhaltung	Beschaffung	Installation	Upgrading	Kontinuierliche Verbesserung	Betrieb	
Schlüsselressourcen	Humanressourcen	finanzielle Ressourcen	organisatorische Ressourcen	physische Ressourcen	technologische Ressourcen		
Schlüsselfähigkeiten	Wandlungsfähigkeit	Kooperationsfähigkeit	Vermittlungsfähigkeit	Entwicklungsfähigkeit	Implementierungsfähigkeit	Entscheidungsfähigkeit	Innovationsfähigkeit / Erbringungsfähigkeit
Wertschöpfungsnetzwerk							
Kundensegment	kundenindividuell		spezifisches Kundensegment		Massenmarkt		Nischenmarkt
Kundenkanäle	Direktvertrieb		Fachmessen		Buying-/Selling Center		
Schlüsselpartner	Zulieferer		Berater		Banken und Kreditinstitute		industrielle Dienstleister
Marktpotenzial	Ertragspotenzial		Entwicklungspotenzial		Loyalitätspotenzial		
Ressourcenpotenzial	Referenzpotenzial		Kooperationspotenzial	Informationspotenzial		Internes Synergiepotenzial	
Werte							
Ertragsmechanismus	transaktionsbasiert	ausstattungsabhängig	volumenabhängig	Pauschale	zeitbasiert	verfügbarkeitsorientiert	ergebnisorientiert
Variabilität der Ertragsströme	Einmalzahlung		periodische, fixe Ertragsströme		periodische, variable Ertragsströme		
Kostentreiber	Personal	Material	Forschung und Entwicklung	Miete	Abschreibungen	Verwaltung	Marketing und Vertrieb / Subcontracting

Abb. 13.3 Merkmale und Ausprägungen von Partialmodellen

Fallbeispiel 1
Beispielsweise bietet die ThyssenKrupp Aufzüge GmbH, Stuttgart, ein integriertes Leistungsangebot für kundenindividuelle Aufzugssysteme, das eine Vollwartung mit Verfügbarkeitsgarantien von 98 Prozent pro Jahr sowie ein Kundenportal mit Telemonitoring-System umfasst. Der Kunde kann somit jederzeit das Nutzenversprechen des Anbieters durch Echtzeitauswertungen von Leistungskennzahlen überprüfen. Der Service-Preis ist einerseits fahrtenabhängig und richtet sich nach der Nutzung, andererseits wird er entsprechend der Einhaltung der Verfügbarkeitsgarantie variabel angepasst. Bei Nichteinhaltung der Verfügbarkeitsgarantie kommen vertraglich vereinbarte Maluszahlungen zum Tragen [BOß14, GAS13, THY13].

Im Rahmen der *Wertschöpfungsarchitektur* sind Fragen zu den Schlüsselprozessen, Schlüsselressourcen und Schlüsselfähigkeiten zu beantworten [BEL05, SCH13]:

- Welche Schlüsselressourcen, -fähigkeiten und -prozesse sind für die Erfüllung des Nutzenversprechens unabdingbar?
- Welche Schlüsselressourcen, -fähigkeiten und -prozesse sind erfolgskritisch?

In Anlehnung an Teece et al. werden unter Schlüsselfähigkeiten diejenigen Handlungsmuster von Akteuren im Wertschöpfungsnetzwerk verstanden, die notwendig sind, um Schlüsselressourcen und Schlüsselprozesse im Hinblick auf das gewählte Nutzenversprechen zu integrieren, zu adaptieren und zu rekonfigurieren. Die Fähigkeiten eines Akteurs im Wertschöpfungsnetzwerk zeigen sich in der erfolgreichen Aufgabenbewältigung [TEE97]. Im Kontext des Performance Based Contracting kann die Relevanz der Architektur der Wertschöpfung besonders verdeutlicht werden (siehe Fallbeispiel 2), da es bei diesem Geschäftsmodell zu einer Neuordnung der Wertschöpfungskette durch die Übernahme zusätzlicher Leistungen seitens des Performance-Contracting-Anbieters kommt. Dabei ändert sich zudem die Aufgabenverteilung zwischen Anbieter und Kunde, die mit einer Änderung der Wertschöpfungsarchitektur einhergeht [KLE02].

Fallbeispiel 2
So übernimmt z. B. das Chemieunternehmen BASF Coatings, Münster, insbesondere bei Kunden der Automobilbranche die Verantwortung für den Lackierprozess von Fahrzeugen. Der Lösungsanbieter ist damit direkt vor Ort beim Kunden in die Fertigungsprozesse integriert und trägt somit auch zu einer stetigen Effizienzverbesserung bei. Die Einsparungen die aus dem niedrigeren Lackverbrauch resultieren, werden zwischen den Parteien aufgeteilt, wodurch eine Win-Win-Situation entsteht. Die Vergütung erfolgt leistungsabhängig für jede einwandfrei lackierte Karosserie im Rahmen des sog. Cost per Unit Models [BOß14, GAS13].

Neben der Wertschöpfungsarchitektur werden in diesem Fallbeispiel auch ein innovativer Ertragsmechanismus sowie der Aspekt der Werteverteilung deutlich. Fragestellungen zu diesen Aspekten werden im Partialmodell *Werte* gestellt [BOß14, MÜL11, SCH13]:

- Wie kann der für den Kunden gestiftete Nutzen in Form von Erträgen abgeschöpft werden?
- Für welche Leistungen können Erträge generiert werden?
- Wie kann der Ertragsmechanismus konkret ausgestaltet werden?
- Welche Kosten werden während der Geschäftsbeziehung entstehen und welche Kosten sind wesentlich (Kostentreiber)?

In klassischen Geschäftsmodellen ist eine einmalige Zahlung bei einer Transaktion üblich. Bei IPSS können Einnahmen allerdings auch über den gesamten Lebenszyklus generiert werden. Dies wird mit der Variabilität der Ertragsströme zum Ausdruck gebracht. Erträge können beispielsweise zeitbasiert (z. B. Betriebsstunden), nach spezifischen Kennzahlen (z. B. Verfügbarkeit) oder nach einem Ergebnis (z. B. produzierte Einheiten) generiert werden. Eine innovative Umsetzung des Wertemodells wird in Fallbeispiel 3 deutlich [BOß14].

Fallbeispiel 3
Der britische Flugzeugturbinenhersteller Rolls-Royce, **Derby, UK, erzielt mehr als die Hälfte seiner Erträge mit dem Dienstleistungsgeschäft, wobei Margen von etwa 35 Prozent erzielt werden. Folglich ist dieses Geschäft auch für potenzielle Wettbewerber interessant. Um diese Konkurrenzsituation zu entschärfen, schließt das Unternehmen mit den Fluggesellschaften spezielle Verträge ab, bei denen pro geleisteter Flugstunde abgerechnet wird. Mit diesem Geschäftsmodell, das auch als „Power by the hour" Modell bezeichnet wird, übernimmt das Unternehmen die Wartung und tauscht die Triebwerke bei Bedarf aus. Diese Form der Abrechnung steht auch in enger Relation zum Nutzenversprechen, da die Kunden nur dann zahlen müssen, wenn die Triebwerke auch wirklich einen Mehrwert für sie liefern** [MÜL11].

Die für die Erzielung von Erträgen aufzubringenden Kosten für Schlüsselressourcen und -prozesse werden in der Kostenstruktur zusammengefasst [MÜL11]. Bei der Ermittlung der Kostenstruktur sind wichtige Kostentreiber zu identifizieren.

   Das Partialmodell *Wertschöpfungsnetzwerk* adressiert die Akteure in der Geschäftsbeziehung. Dabei gilt es zunächst Fragen zum Kundensegment und den Kundenkanälen zu beantworten. Für die Ausrichtung des Wertschöpfungsnetzwerks sind zudem Fragen zu Markt- und Ressourcenpotenzialen zu beantworten [BEL05, SCH13]:

- Welches Kundensegment muss selektiert werden? Welche Kundenbedürfnisse liegen vor?
- Welche Anforderungen können daraus abgeleitet werden?
- Welche Kommunikations- und Vertriebskanäle sind zur Erfüllung der Kundenbedürfnisse erforderlich?
- Welche Schlüsselpartner sind für die anzubietenden Leistungen und das zu generierende Nutzenversprechen erforderlich?
- Welche Potenziale ergeben sich aus der Zusammenarbeit und Arbeitsteilung im Wertschöpfungsnetzwerk für die Geschäftsbeziehung?

Die Integration von Schlüsselpartnern in das Wertschöpfungsnetzwerk wird in Fallbeispiel 4 an einem industriellen Dienstleister aus dem Bereich des Werkzeugmanagements verdeutlicht [BOß14].

Fallbeispiel 4
Als unabhängiger Technologie- und Servicepartner offeriert die TCM TOOL CONSULTING AND MANAGEMENT GMBH, Stainz, Österreich, lösungsorientierte Servicepakete im Bereich der Werkzeugversorgung und -optimierung für Kunden der spanenden Fertigung. In der höchsten Stufe des angebotenen Leistungsspektrums ist TCM als Schlüsselpartner direkt am Fertigungsstandort des Kunden in die Wertschöpfungsprozesse eingebunden und stellt die Versorgung der Werkzeuge sowie deren technische Optimierung sicher. Dabei werden die Erträge über das sog. Cost per Unit Modell generiert, wobei nach kundenseitig gefertigten Einheiten, z. B. Getrieben, abgerechnet wird. Als Schlüsselpartner im Wertschöpfungsnetzwerk des Kunden trägt TCM damit anteilig das Absatzrisiko [RES13a].

Zur Verdeutlichung der Relationen zwischen den vier grundlegenden Partialmodellen bedarf es der Berücksichtigung relationaler Komponenten (siehe Abbildung 13.4) die wichtige Aspekte der Geschäftsbeziehung zwischen den Partnern regeln. Dabei sind Fragestellungen zu den Eigentumsverhältnissen sowie zur Aufgaben-, Risiko- und Werteverteilung zu beantworten [BOß14]:

- Welche *Eigentums- und Besitzverhältnisse* an materiellen Leistungsbestandteilen und Ressourcen liegen im Wertschöpfungsnetzwerk vor?
- Wie sollen die Schlüsselressourcen und -fähigkeiten von Partnern in das Geschäftsmodell integriert werden? Welche Schlüsselprozesse werden von Partnern bzw. vom Kunden übernommen und welche *Aufgabenverteilung* resultiert daraus?

Eigentumsverhältnisse						
Eigentum	Anbieter		Kunde		Schlüsselpartner	
Besitz	Anbieter	Kunde	Schlüssel-partner	temporär beim Anbieter	temporär beim Kunden	temporär bei einem Schlüssel-partner
Aufgabenverteilung						
Dienstleistungsinitiierung	Anbieter		Kunde		Schlüsselpartner	
Art der Aufgabenteilung	Co-creation	individuelle Betreuung	Kundeninitiative		automatisierte Services	Netzwerk
Risikoverteilung						
Finanzielle Risiken	Rechtsrisi-ko	Liquiditäts-risiko	Adressen-ausfallrisiko	Sachwert-ausfallrisiko	Wechsel-kursrisiko	Zinsrisiko	Rohstoff-preisrisiko
Betriebliche Risiken	Absatz-risiko	Beschaf-fungsrisiko	Produkti-ons-/Erbrin-gungsrisiko	Personal-risiko	EDV-Risiko	Verfügbar-keitsrisiko	Ergebnis-risiko
Werteverteilung						
Art der Werteteilung	Bruttoverteilung ohne Kostenverrechnung			Nettoverteilung mit Kostenverrechnung		
Kostenverrechnung	Verursacher			Risikoträger		

Abb. 13.4 Merkmale und Ausprägungen von relationalen Komponenten

- Wer trägt welche *Risiken* im Wertschöpfungsnetzwerk? Welche Rolle spielt die Risikoverteilung bei der Verteilung von Werten?
- Wie erfolgt die *Verteilung von Werten* im Wertschöpfungsnetzwerk? Wie werden die entstehenden Kosten im Wertschöpfungsnetzwerk verrechnet?

13.5   Kategorien von IPSS-Geschäftsmodellen

Die im vorangegangenen Kapitel erarbeiteten Partialmodelle zeigen, dass IPSS-Geschäftsmodelle sehr kundenspezifisch sind, im Extremfall kann ein Anbieter für jeden Kunden ein anderes Geschäftsmodell erarbeiten. Wegen der hohen Heterogenität ist es für IPSS-Anbieter sinnvoll, die Geschäftsmodelle in Kategorien einzuteilen und abzuleiten, welche Konsequenzen sich aus den verschiedenen Geschäftsmodellarten sowohl für den Anbieter selbst, als auch für den Kunden ergeben. Eine solche Systematisierung kann es für IPSS-Anbieter einfacher machen, ihr Geschäftsmodellportfolio zu managen.

Das zentrale Partialmodell von Geschäftsmodellen ist das Nutzenmodell, welches das Nutzenversprechen adressiert [MOR05, ZOT10]. Aus dem Nutzenversprechen resultiert in der relationalen Komponente der Aufgabenverteilung, welcher Partner bei der Erbringung des Industriellen Produkt-Service Systems welche Aufgaben übernimmt und welche Schlüsselprozesse in der Wertschöpfungsarchitektur welchem Partner zugewiesen werden. Als zentrales Unterscheidungskriterium zwischen verschiedenen Geschäfts-modellarten kann somit die Aufgabenverteilung zwischen den beteiligten Personen herangezogen werden. Dabei kann sowohl der Kunde als auch der Anbieter den Hauptteil der entstehenden Prozesse in der IPSS-Erbringung übernehmen.

Betrachtet man die Ausprägungen der Geschäftsmodellmerkmale, welche sich im Nutzenmodell der Morphologie links befinden, so wird das Eigentum an Sachleistungen an den Kunden übertragen und dieser ist für die Ausführung der Prozesse mit der erworbenen Sachleistung zuständig (s. Abb. 13.3). Kunden fragen hier typischerweise Produkte und möglicherweise auch Dienstleistungen im Rahmen von Einzeltransaktionen nach [GES14]. Diese Art von Geschäftsmodellen war lange Zeit gängige Praxis in produzierenden Unternehmen [BRA05]. Die entstehenden Transaktionen werden alle unabhängig voneinander abgewickelt. Die Intensität der Zusammenarbeit zwischen Kunde und Anbieter ist eher gering und es gibt wenig persönliche Beziehungsstrukturen. Der Kunde führt fast alle Prozesse, die im Rahmen seiner Geschäftstätigkeit anfallen, selber durch. Die stattfindende Interaktion in diesen Geschäftsmodellen ist transaktionsbezogen. Folglich wird diese Art von Geschäftsmodellen auch *transaktionsbasierte Geschäftsmodelle* genannt [GES14, RES13a]. Transaktionsbasierte Geschäftsmodelle (siehe Fallbeispiel 5) stellen jedoch keine Industriellen Produkt-Service Systeme dar. Im Falle von Industriellen Produkt-Service Systemen liegt der Fokus, anders als bei Einzeltransaktionen, auf der Integration von Produkten und Dienstleistungen in die Prozesse des Kunden und auf einer langfristigen Kundenbeziehung [MEI10, TUL07].

> **Fallbeispiel 5**
> **Der Hersteller TRUMPF, Ditzingen, bietet seinen Kunden ein umfassendes Angebot an Werkzeugmaschinen für die flexible Blechbearbeitung. Im klassischen Geschäftsmodell werden diese an den Kunden verkauft. Der Kunde übernimmt den Betrieb der Maschine in seiner eigenen Produktion und ist für alle notwendigen Prozesse rund um die Maschine zuständig. Im Falle eines Ausfalls der Maschine kann er auf einzelne Serviceleistungen wie den technischen Kundendienst oder die Ersatzteillieferung von TRUMPF zurückgreifen. Diese Dienstleistungen können vom Kunden einzeln angefordert werden [TRU15].**

Betrachtet man die Ausprägungen der Partialmodelle auf der ganz rechten Seite des Nutzenmodells, so übernimmt hier der Anbieter den Großteil der Prozesse seines Kunden. In diesem Fall spricht man in der Literatur von Betreibermodellen [MEI05]. Der Anbieter garantiert beispielsweise den Output eines bestimmten Prozesses, übernimmt diesen mit seinen eigenen Mitarbeitern in der Produktion des Kunden und wird für das Ergebnis bezahlt. Diese vollständige Einbindung des Anbieters in den Produktionsprozess des Kunden geht mit einer hohen Verantwortung einher (siehe Fallbeispiel 6), da der Kunde ganze Prozessschritte an den Anbieter auslagert und der Anbieter die alleinige Prozessverantwortung für diese übernimmt [GES14]. Eine Zusammenarbeit zwischen den beteiligten Personen ist insofern notwendig, als dass das Ergebnis in der gewünschten Qualität zur gewünschten Zeit vom Anbieter zur Verfügung gestellt werden muss. Diese Modelle werden als *anbieterbetriebene Geschäftsmodelle* bezeichnet [GES14, RES13a].

> **Fallbeispiel 6**
>
> **Das Unternehmen TCM Tool Consulting and Management, Stainz, Österreich, bietet lösungsorientierte Servicepakete im Bereich der Werkzeugversorgung und -optimierung für seine Kunden an. Eines der angebotenen Geschäftsmodelle beinhaltet die Übernahme des kompletten Tool Managements am Fertigungsstandort des Kunden durch TCM eigene Mitarbeiter. Dabei lagert der Kunde, zum Beispiel aus dem Bereich Automotive in der Getriebeproduktion, das gesamte Tool Management an TCM aus und bezahlt pro produziertem Getriebe (cost per unit). TCM übernimmt die alleinige Prozessverantwortung und somit alle Schritte, die zur Bereitstellung der benötigten Werkzeuge in der gewünschten Qualität notwendig sind [RES13a].**

Die Geschäftsmodelle zwischen diesen beiden Extremen sind durch einen hohen Grad der Zusammenarbeit gekennzeichnet. Sowohl Kunde als auch Anbieter übernehmen Subprozesse innerhalb des gesamten Produktionsprozesses. Als Beispiel hierfür sind Performancegarantien des Anbieters zu nennen [ULA11]. Ein Anbieter kann beispielsweise die Verfügbarkeit einer Produktionsanlage zu 90 oder 95 % garantieren (Contracting for Availability) [DAT10]. In diesem Fall übernimmt der Anbieter alle Prozesse, die mit der Wartung und Instandhaltung der Produktionsanlage in Verbindung stehen, die Produktion selber wird aber weiter vom Kunden selber ausgeführt. Die arbeitsteilige Durchführung der Prozesse in der Produktion erfordert eine intensive Zusammenarbeit und zieht einen hohen Abstimmungsbedarf nach sich (siehe Fallbeispiel 7). Um die Beziehungsaspekte entsprechend zu berücksichtigen, werden solche Modelle *kooperationsintensive Geschäftsmodelle* genannt [GES14, RES13a].

> **Fallbeispiel 7**
>
> **In Abschn. 13.4 wurde bereits das Beispiel des Flugzeugturbinenhersteller Rolls-Royce, Derby, UK, angeführt, welcher die Wartung und ggf. einen Austausch von Flugzeugturbinen pro geleisteter Flugstunde abrechnet und so die Bezahlung abhängig von der Verfügbarkeit der Turbinen erfolgt – „Power by the hour". Zwischen Rolls-Royce und seinen Kunden findet eine arbeitsteilige Prozessverantwortung statt. Während der Flugzeugbetreiber den Flugbetrieb und alle damit in Verbindung stehenden Prozesse weiter selber durchführt, übernimmt Rolls-Royce alle Prozesse rund um die Wartung und den Austausch der Turbinen. Vertraglich festgelegt werden dazu die Anforderungen, wie diese erreicht werden und welche Tätigkeiten dafür notwendig sind, entscheidet der Anbieter selbst [KIM07]. Um diesen Service anbieten zu können, unterhält Rolls Royce ein internationales Netzwerk autorisierter Service-Center.**

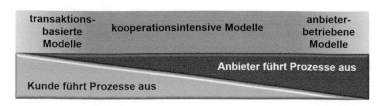

Abb. 13.5 Arten von IPSS-Geschäftsmodellen

Geschäftsmodelle lassen sich also je nachdem, ob der Kunde oder der Anbieter den Großteil der Prozesse durchführt, wie in Abb. 13.5 dargestellt in transaktionsbasierte Modelle, kooperationsintensive Modelle und anbieterbetriebene Modelle einteilen [GES14, RES13a]. Die beiden letzten Arten von Geschäftsmodellen stellen dabei Industrielle Produkt-Service Systeme dar, wohingegen transaktionsbasierte Modelle keine Industriellen Produkt-Service Systeme sind.

Charakteristisch für IPSS-Geschäftsmodelle ist folglich eine intensive Zusammenarbeit zwischen Anbieter und Kunde. Die entstehende Zusammenarbeit geht einher mit Koordinationsnotwendigkeiten. Je intensiver Kunde und Anbieter in einem Prozess zusammenarbeiten, desto mehr müssen sie diese Zusammenarbeit planen und sich koordinieren. Diese Koordination erzeugt wiederum *Koordinationskosten* [GES14].

Bei transaktionsbasierten Geschäftsmodellen sind der Koordinationsaufwand und somit auch die entstehenden Kosten der Koordination sehr gering. Der Kunde erwirbt vom Anbieter ein Produkt welches er im Anschluss in seinem Produktionsprozess selber betreibt. Geht man zum Angebot von Industriellen Produkt-Service Systemen über, so steigen die Koordinationskosten. Bei anbieterbetriebenen Modellen muss der Kunde die Teilprozesse, die der Anbieter übernimmt, in seine Prozesse integrieren. Da diese allerdings vom Anbieter vollständig übernommen werden, obliegt dem Anbieter die Koordination der einzelnen notwendigen Teilschritte. Die entstehenden Koordinationskosten bleiben also relativ gering. In kooperationsbasierten Geschäftsmodellen entstehen die höchsten Koordinationskosten. Da Kunde und Anbieter jeweils Teilprozesse innerhalb des gesamten Produktionsprozesses übernehmen, sind sie vom Ergebnis der anderen Partei abhängig und müssen ihre Tätigkeiten intensiv koordinieren [GES14].

Darüber hinaus werden Industrielle Produkt-Service Systeme oftmals nicht von einem Anbieter alleine erbracht, sondern in einem Anbieterkonsortium [MEI10, TUL07]. Ein IPSS-Anbieter hat oftmals nicht die Kapazitäten oder Fähigkeiten, eine komplette IPSS-Lösung für den Kunden alleine zu stellen. In diesem Fall integriert er dritte Parteien in das Industrielle Produkt-Service System, die z. B. einzelne Dienstleistungsprozesse dauerhaft, oder aber vorübergehend bei erhöhter Nachfrage, übernehmen. So kann ein Anbieter seine Flexibilität und Leistungsfähigkeit erhöhen um auf Kundennachfragen zu reagieren. Die Hinzunahme weiterer Parteien in ein Geschäftsmodell führt zu einer Steigerung der Abstimmungsnotwendigkeiten. Es müssen Incentivierungs- sowie Kontrollmechanismen etabliert werden, die wiederum die Koordinationskosten erhöhen. Erhöhte Koordinationskosten treten dabei insbesondere in der Anfangsphase der Integration dritter Parteien auf, da diese sich mit den Arbeitsmethoden und Gepflogenheiten des IPSS-Anbieters vertraut machen müssen [GES14]. Eine langfristige vertrauensvolle Zusammenarbeit kann die entstehenden Koordinationskosten wieder senken, da z. B. keine engmaschige Kontrolle der dritten Parteien mehr notwendig ist.

Die durch die verschiedenen Geschäftsmodellarten und Anzahl der involvierten Parteien entstehenden Koordinationskosten sind in Abb. 13.6 schematisch dargestellt.

Die entstehende enge Beziehung zwischen Anbieter und Kunden wird von der Literatur bisher größtenteils positiv diskutiert. Auf Anbieterseite wird eine langfristige Bindung des Kunden angeführt [BAI09], welche zu kontinuierlichen und ggf. zusätzlichen Erlösen führen. Der IPSS-Kunde wiederum kann sich auf seine eigenen Kernkompetenzen konzentrieren [COV07] und durch die Auslagerung von Prozessen von der Expertise des Anbieters profitieren [HEL07]. Allerdings müssen diese Vorteile gegen die entstehenden Koordinationskosten abgewogen werden. Diese können sowohl für den Anbieter als auch für den Kunden Barrieren darstellen, IPSS-Geschäftsmodelle zu wählen [GES14].

Für IPSS-Anbieter ist es sehr schwer, die entstehenden Koordinationskosten vorher abzuschätzen. Der Anbieter ist insbesondere bei kooperationsintensiven Geschäftsmodellen in hohem Maße abhängig von der Mitarbeit des Kundenunternehmens. Im Falle einer Verfügbarkeitsgarantie müssen z. B. mögliche Fehler verursachungsgemäß zugeordnet werden. Kooperationsbasierte Geschäftsmodelle werden daher von Anbietern oft als risikoreich und unvorhersehbar eingeschätzt [GES14]. Anbieter nehmen die Koordinationskosten in diesen Modellen als sehr hoch wahr, so dass es bisher zu einer insgesamt niedrigen Marktdurchdringung kooperationsbasierter Geschäftsmodelle gekommen ist [GES14]. Stattdessen greifen Anbieter oft auf transaktionsbasierte Geschäftsmodelle zurück.

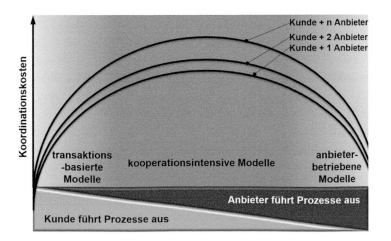

Abb. 13.6 Arten von IPSS-Geschäftsmodellen und resultierende Koordinationskosten

Auch für Kunden ergeben sich durch IPSS-Geschäftsmodelle Veränderungsnotwendigkeiten. Um den IPSS-Anbieter in die unternehmensinternen Geschäftsprozesse zu integrieren, muss der Kunde dem IPSS-Anbieter weitreichende Einblicke gewähren, sowie die eigenen Prozesse auf die des Anbieters abstimmen. Voraussetzung dafür ist ein hohes Maß an Vertrauen in den Anbieter. Von Seiten des IPSS-Anbieters sind an dieser Stelle umfangreiche Implementierungshilfen und der Einsatz eines anbieterseitigen Change Managements notwendig [RES13b].

13.6 Innovative IPSS-Geschäftsmodelle in der Mikroproduktion

Die in diesem Kapitel vorgestellten Grundlagen zu IPSS-Geschäftsmodellen sollen exemplarisch an dem in Kap. 1.3 vorgestellten fiktiven Fallbeispiel aus dem Bereich der Mikroproduktionstechnik veranschaulicht werden. Da es sich bei der Mikroproduktion um einen noch relativ jungen Industriezweig des Maschinenbaus handelt, ist bisher noch kein umfassendes Anwendungs-Know-how vorhanden. Durch die lösungsorientierte Integration von Dienstleistungen in das Leistungsangebot, z. B. Schulungen für das Bedienerpersonal, kann für die potenziellen Kunden ein Mehrwert geschaffen werden. Zudem bieten innovative IPSS-Geschäftsmodelle dem Kunden eine Investitionssicherheit. Im Folgenden wird anhand einer exemplarischen Anbieter-Kunden-Beziehung in der Uhrenindustrie aufgezeigt, wie sich IPSS-Geschäftsmodelle dynamisch über den Lebenszyklus anpassen können.

Der Uhrenhersteller Omichron produzierte bisher ausschließlich mechanische Armbanduhren im mittleren Preissegment und möchte in Zukunft besonders hochwertige und konstruktiv aufwendige, mechanische Chronographen im Hochpreissegment anbieten. Aufgrund der hohen Individualität dieser hochpreisigen Uhren ist die eigenständige Fertigung von Uhrwerken erforderlich. Da Omichron bisher Abnehmer extern gefertigter Uhrwerke war, gehört die Entwicklung und Fertigung von Uhrwerkplatten nicht zur Kernkompetenz des Uhrenherstellers. Dementsprechend fehlt das notwendige mikroproduktionstechnische Know-how zur eigenständigen Fertigung der Uhrwerkplatte. Aus dieser strategischen Neuausrichtung resultiert ein sehr spezifisches Anforderungsprofil, das die Zusammenarbeit mit einem Lösungsanbieter aus dem Bereich der Mikroproduktionstechnik erfordert. Omichron beauftragt das IPSS-Anbieterunternehmen MicroS+, das die erforderlichen Schlüsselfähigkeiten aufweist, um den gewünschten Fertigungsprozess beim Kunden zu implementieren. Das Anbieterunternehmen MicroS+ hat sich über viele Jahre von einem Hersteller von Mikrofräsmaschinen zu einem Lösungsanbieter etabliert und offeriert seinen Kunden hoch individuelle Komplettlösungen zur Entwicklung, Realisierung, Distribution sowie Integration von Mikroproduktionsprozessen in bestehende Fertigungsabläufe. MicroS+ agiert bereits seit vielen Jahren in einem Markt, der durch eine steigende Nachfrage an Mikrosystemlösungen geprägt ist. [BOß14]

Zum Aufbau des mikroproduktionstechnischen Know-hows beim Kunden, wird initial ein anbieterbetriebenes Geschäftsmodell zugrunde gelegt, bei dem der Anbieter alle Fertigungsprozesse übernimmt. Dabei liegt es in der Verantwortung von MicroS+ die Bereitstellung qualifizierter Mitarbeiter, die Durchführung fertigungsbegleitender Prozesse sowie die Produktion des vereinbarten Teilespektrums sicherzustellen. Der Anbieter garantiert für das Fertigungsergebnis des Industriellen Produkt-Service Systems und rechnet nach produzierten Einheiten ab (Stückerlöse). In Abb. 13.7 ist eine Auswahl der zentralen Ausprägungen für das initiale IPSS-Geschäftsmodell dargestellt. [BOß14]

Das initiale anbieterbetriebene Geschäftsmodell beinhaltet eine Integrationsleistung aus einem komplexen, produktionsbezogenen Investitionsgut (Mikrofrässtation) sowie funktionsschaffenden, funktionserhaltenden und schulenden Dienstleistungen. Diese Leistungen erzeugen integrierte Nutzenversprechen mit den interdependenten Ausprägungen, Ergebnisgarantie, Know-how-Aufbau und Leistungsflexibilität. Das Nutzenversprechen der Ergebnisgarantie kann über die zu produzierenden Soll-Einheiten (Uhrwerkplatten) quantifiziert werden. Das Angebot integrierter Nutzenversprechen hat verschiedene Auswirkungen auf die Geschäftsbeziehung. Im Rahmen der Ergebnisgarantie seitens MicroS+ wird eine Risikominimierung für den Kunden realisiert, da von dem Anbieter Markt- und Absatzrisiken übernommen werden. Überdies wird das für die Uhrwerkfertigung erforderliche Kunden-Know-how geschaffen. Ferner ist der Anbieter für die Ausführung aller Schlüsselprozesse, z. B. Installation, Beschaffung, Instandhaltung, Betrieb und Werkzeugmanagement verantwortlich. MicroS+ liefert zudem alle erforderlichen Schlüsselressourcen und -fähigkeiten zur Erbringung dieser Prozesse. Das Wertschöpfungsnetzwerk besteht aus dem Kunden Omichron, einem Sachleistungszulieferer (Spindel) und dem Anbieter. Aus der Zusammenarbeit und Arbeitsteilung im Wertschöpfungsnetzwerk ergeben sich primär Ertrags- und Kooperationspotenziale. Der Ertragsmechanismus wird durch eine ergebnisorientierte Abrechnung mit einer monatlichen Pauschale kombiniert. Aufgrund dieser Kombination von periodisch fixen und variablen Ertragsströmen kann die Übernahme des Absatzrisikos seitens des Anbieters eingegrenzt werden. Kostentreiber sind dabei insbesondere die Personalkosten und die Abschreibungen auf das Fertigungssystem [BOß14].

Sobald das Know-how für die Maschinenbedienung beim Kunden vorhanden ist, kann ein Geschäftsmodellwechsel zu einem kooperationsintensiven Geschäftsmodell mit Verfügbarkeitsgarantie erfolgen (Abb. 13.8) [BOß14].

Vor diesem Hintergrund wird dem Kunden eine Optimierung der Overall Equipment Effectiveness (OEE) als Maß für die Wertschöpfung des Fertigungssystems angeboten. Hierbei gilt es für den Anbieter, das Ausfallrisiko für diejenigen Komponenten der Mikrofrässtation zu minimieren, deren Ausfall die Funktionsfähigkeit des gesamten Fertigungssystems beeinträchtigen. Um dies sicherzustellen, erfolgt beispielsweise die Optimierung ausfallkritischer Baugruppen bzw. Bauteile. Weiterhin lassen sich unterschiedliche Sensoren integrieren, mittels derer der Betriebszustand des Fertigungssystems überwacht werden kann. Folglich stehen funktionserhaltende, optimierende und beratende

Kategorie	Ausprägungen
Nutzen	
Leistungsorientierung	reine materielle Kernleistung · Systemleistung · Integrationsleistung · reine Dienstleistung
Nutzenversprechen	Eigentums-erwerb · Verbrauchs-garantie · Verfügbarkeits-garantie · Know-how-Auf-bau · Leistungs-flexibilität · *Ergebnis-garantie*
Wertschöpfungsarchitektur	
Schlüsselprozesse	*Instandhal-tung (A)* · *Beschaffung (A)* · *Installation (A)* · *Betrieb (A)* · *Werkzeugma-nagement (A)* · *Upgrading (A)* · *Kontinuierli-che Verbesse-rung (A)*
Schlüsselressourcen	*Humanressourcen (A)* · finanzielle Ressourcen · organisatorische Ressourcen · *physische Ressourcen (A)* · technologische Ressourcen
Schlüsselfähigkeiten	*Wandlungs-fähigkeit (A)* · Kooperati-onsfähigkeit · Vermittlungs-fähigkeit · Entwick-lungsfähig-keit · Implementie-rungsfähig-keit · Entschei-dungfähig-keit · Innovationfä-higkeit · *Erbrin-gungsfähig-keit (A)*
Wertnetzwerk	
Schlüsselpartner	*Zulieferer (SP 1)* · Berater · Banken und Kreditinstitute · industrielle Dienstleister
Werte	
Ertragsmechanimus	transaktions-basiert · ausstattungs-abhängig · volumen-abhängig · *Pauschale* · zeitbasiert · *Abschrei-bungen* · verfügbarkeits-orientiert · *ergebnis-orientiert*
Kostentreiber	*Personal* · Material · Forschung und Entwick-lung · Miete · Verwaltung · Marketing und Vertrieb · Subcontrac-ting

Abb. 13.7 Exemplarische Partialmodellausprägungen im anbieterbetriebenen Geschäftsmodell (initiale Geschäftsmodellphase)

Nutzen

Wertschöpfungsarchitektur

Wertnetzwerk

Werte

Leistungsorientierung	reine materielle Kernleistung		Systemleistung			reine Dienstleistung	
Nutzenversprechen	Eigentumserwerb	Verbrauchsgarantie	*Verfügbarkeitsgarantie*	Know-how-Aufbau	*Leistungsflexibilität*	Ergebnisgarantie	
Schlüsselprozesse	Instandhaltung (A)	*Beschaffung (A)*	*Installation (A)*	*Betrieb (K)*	*Werkzeugmanagement (A / SP 2)*	*Upgrading (A)*	*Kontinuierliche Verbesserung (A)*
Schlüsselressourcen	Humanressourcen	finanzielle Ressourcen	*organisatorische Ressourcen (A / SP 2)*	*physische Ressourcen (A)*	technologische Ressourcen	
Schlüsselfähigkeiten	*Wandlungsfähigkeit (A)*	*Kooperationsfähigkeit (A / K)*	Vermittlungsfähigkeit	Entwicklungsfähigkeit	Implementierungsfähigkeit	Entscheidungsfähigkeit	Innovationfähigkeit	*Erbringungsfähigkeit (A / K)*
Schlüsselpartner	*Zulieferer (SP 1)*	Berater		Banken und Kreditinstitute		*industrielle Dienstleister (SP 2)*	
Ertragsmechanismus	transaktionsbasiert	ausstattungsabhängig	volumenabhängig	zeitbasiert	*Pauschale*	*verfügbarkeitsorientiert*	ergebnisorientiert
Kostentreiber	*Personal*	Material	Forschung und Entwicklung	Miete	Verwaltung	*Abschreibungen*	Marketing und Vertrieb	Subcontracting

Abb. 13.8 Exemplarische Partialmodellausprägungen im kooperationsintensiven Geschäftsmodell (sekundäre Geschäftsmodellphase)

Dienstleistungen im Vordergrund. Die Quantifizierung des Nutzenversprechens erfolgt über die Kennzahl OEE. Die Schlüsselprozesse werden zwischen den Parteien aufgeteilt. Der Kunde übernimmt nun eigenständig den Betrieb der Mikrofrässtation. Die monatliche Pauschale wird durch eine verfügbarkeitsorientierte Abrechnung in Abhängigkeit der Kennzahl OEE ergänzt. Für das Werkzeugmanagement kann bei Bedarf ein industrieller Dienstleister aktiviert werden. [BOß14]

13.7   Fazit

Industrielle Produkt-Service Systeme bieten vielen deutschen Unternehmen einen entscheidenden Wettbewerbsvorteil, so dass in der deutschen Industrielandschaft ein verstärkter Wandel vom traditionellen Produktanbieter hin zum Anbieten von Industriellen Produkt-Service Systemen zu beobachten ist. Jedoch scheitern viele Unternehmen an der erfolgreichen Umsetzung dieser innovativen Konzepte. Eine Studie von STANLEY UND WOJCIK zeigt, dass nur etwa die Hälfte der Unternehmen mit Produkt-Service Strategien erfolgreich sind und ein Viertel von ihnen sogar Verluste realisiert [STA05]. Ein entscheidender Erfolgsfaktor ist, dass IPSS-Anbieter verstehen, dass sie eine langfristige Wertschöpfungspartnerschaft mit ihren Kunden eingehen [TUL07], bei der sich wesentliche Bestandteile klassischer Geschäftsmodelle verändern müssen. Es sind auf die speziellen Bedürfnisse von Industriellen Produkt-Service Systemen angepasste Geschäftsmodelle notwendig, die diese langfristige Zusammenarbeit zwischen Anbieter und Kunden über den Lebenszyklus hinweg abbilden.

Jedoch weisen IPSS-Geschäftsmodelle auf Grund der Umverteilung von Aufgaben, Risiken, Erlösen und Eigentumsverhältnissen eine erhöhte Komplexität auf. Für eine intensive Auseinandersetzung mit IPSS-Geschäftsmodellen ist aus diesem Grund eine detaillierte Betrachtungsweise einzelner Partialmodelle notwendig. Die in diesem Beitrag gezeigte Morphologie bietet einen ersten Ansatz zur differenzierten Betrachtung und damit auch Ausgestaltung von IPSS-Geschäftsmodellen. Es wurden vier grundlegende Partialmodelle identifiziert, aus denen ein IPSS-Geschäftsmodell besteht, das Nutzenversprechen, welches die zentrale Komponente eines Geschäftsmodells darstellt, die Wertschöpfung, das Wertschöpfungsnetzwerk, sowie die dadurch entstehenden Werte. Diese Partialmodelle werden durch die relationalen Komponenten Aufgabenverteilung, Risikoverteilung, Eigentumsverhältnisse sowie Werteverteilung ergänzt. Diese bilden die Geschäftsbeziehung zwischen dem Anbieter und dem Kunden über den Lebenszyklus des Industriellen Produkt-Service Systems hinweg ab. Jedem der Partialmodelle und relationalen Komponenten wurden anschließend mögliche Ausprägungen zugeordnet, welche IPSS-Anbietern einen Lösungsraum aufzeigen sollen, um kundenindividuelle IPSS-Geschäftsmodelle zu entwerfen.

Um die vielfältigen Möglichkeiten von Geschäftsmodellen besser einschätzen zu können, wurden Geschäftsmodelle nach dem Grad ihrer Zusammenarbeit drei Kategorien zugeordnet, transaktionsbasierte Geschäftsmodelle, kooperationsintensive Geschäftsmodelle und anbieterbetriebene Geschäftsmodelle. Industrielle Produkt-Service Systeme bilden dabei die letzten beiden Kategorien ab und erzeugen höhere Koordinationskosten als klassische transaktionsbasierte Geschäftsmodelle. Für IPSS-Anbieter ist es von zentraler Bedeutung zu verstehen, dass die langfristigen, intensiven Geschäftsbeziehungen, welche durch Industrielle Produkt-Service Systeme entstehen, auch Kosten in Form von Koordinationsnotwendigkeiten hervorrufen. Bevor ein Anbieter Industrielle Produkt-Service Systeme in sein Portfolio aufnimmt, sollte er sicher sein, dass die Vorteile von Industriellen Produkt-Service Systemen diese Kosten überwiegen und dass er in der Lage ist, die erhöhten Koordinationsnotwendigkeiten zu handhaben. Auch für Kunden kann die Integration des Anbieters in die eigenen Prozesse einen Hinderungsgrund darstellen, Industrielle Produkt-Service Systeme zu erwerben. Ist sich der Anbieter dessen bewusst, kann er an dieser Stelle gegensteuern und entsprechende Veränderungsprozesse aktiv unterstützen [RES13b].

Zusammenfassend kann vor dem Hintergrund der in diesem Beitrag definierten Merkmalsausprägungen sowie Kategorien für IPSS-Geschäftsmodelle die eingangs in Abschn. 13.3 vorgestellte Definition für IPSS-Geschäftsmodelle wie folgt konkretisiert werden. [BOß14]

▶ Ein IPSS-Geschäftsmodell ist eine aggregierte Beschreibung einer kundenspezifischen, nutzenorientierten Problemlösung und wird über die Geschäftsbeziehung zwischen einem Anbieter, seinen potenziellen Schlüsselpartnern und einem Kunden definiert. Ein IPSS-Geschäftsmodell beinhaltet die vier Partialmodelle (1) Nutzen, (2) Wertschöpfung, (3) Werte und (4) Wertschöpfungsnetzwerk, deren Abhängigkeiten durch die vier relationalen Komponenten (I) Eigentumsverhältnisse, (II) Aufgabenverteilung, (III) Risikoverteilung und (IV) Werteverteilung spezifiziert werden. Die Ausprägungen dieser Komponenten werden durch die Fähigkeitsprofile der Akteure im Wertschöpfungsnetzwerk determiniert. Als dynamisches System von interdependenten Komponenten kann ein IPSS-Geschäftsmodell flexibel über den gesamten Lebenszyklus an geänderte Kundenbedarfe angepasst werden. Es bildet dabei ein Kontinuum, das in Abhängigkeit der Koordinationsnotwendigkeiten der beteiligten Akteure transaktionsbasierte, kooperationsintensive und anbieterbetriebene Geschäftsmodellausprägungen umfassen kann.

Abschließend lässt sich also festhalten, dass das Konzept der Industriellen Produkt-Service Systeme vielversprechend sowohl für den Anbieter als auch für den Kunden ist, die erhöhte Zusammenarbeit aber bisher eine erfolgreiche Marktdurchdringung verhindert. Um die entstehenden langfristigen Partnerschaften zum gleichseitigen Nutzen zu gestalten sind angepasste Geschäftsmodelle notwendig. Wie diese aussehen können, hat der vorliegende Beitrag aufgezeigt. Zukünftige Forschung sollte nun adressieren, wie die interdisziplinäre Entwicklung von Geschäftsmodellen unter aktiver Einbeziehung des Kunden erfolgreich im Anbieterunternehmen implementiert werden kann. Zudem müssen die Erfolgs- und Misserfolgsfaktoren einzelner Geschäftsmodelle in verschiedenen Marktsituationen analysiert werden, um deutschen Industrieunternehmen die Wandlung zum IPSS-Anbieter zu erleichtern.

Literatur

[AMI01]   Amit, R.; Zott, C.: Value Creation in E-Business. Strategic Management Journal 22 (2001) 6–7, S. 493–520.

[BAD10]   Baden-Fuller, C.; Morgan, M. S.: Business Models as Models. Long Range Planning 43 (2010), S. 156–171.

[BAI09]   Baines, T. S.; Lightfoot, H. W.; Benedettini, O.; Kay, J. M.: The servitization of manufacturing. A review of literature and reflection on future challenges. Journal of Manufacturing Technology Management 20 (2009) 5, S. 547–567.

[BEL05]   Belz, C. Customer Value – Kundenbewertung und Kundenvorteile. Controlling 6 (2005) S. 324–330.

[BIE02]   Bieger, T.; Bickhoff, N.; Knyphausen-Aufseß, D. zu Einleitung. In: Zukünftige Geschäftsmodelle. Konzept und Anwendung in der Netzökonomie. Bieger, T.; Bickhoff, N.; Caspers, R.; Knyphausen-Aufseß, D. zu; Reding, K. Berlin, Heidelberg: Springer, 2002, S. 1–11.

[BOß14]   Boßlau, M.: Business Model Engineering – Gestaltung und Analyse dynamischer Geschäftsmodelle für industrielle Produkt-Service-Systeme. Schriftenreihe des Lehrstuhls für Produktionssysteme, Ruhr-Universität Bochum. Hrsg.: Meier, H. Aachen: Shaker, 2014.

[BRA05]   Brax, S.: A manufacturer becoming service provider – challenges and a paradox. Managing Service Quality 15 (2005) 2, S. 142–155.

[CHE02]   Chesbrough, H.; Rosenbloom, R. S.: The Role of the Business Model in Capturing Value from Innovation: Evidence from Xerox Corporation's Technology Spin-Off Companies. Journal of Industrial and Corporate Change 11 (2002) 3, S. 529–555.

[COV07]   Cova, B.; Salle, R. Introduction of the IMM Special Issue on "Project Marketing and the Marketing of Solutions" A Comprehensive Approach to Project Marketing and the Marketing of Solutions. Industrial Marketing Management 36 (2007) 2, S. 138–146.

[COV08]   Cova, B.; Salle, R. Marketing Solutions in Accordance with the S-D logic: Co-creating Value with Customer Network Actors. Industrial Marketing Management 37 (2008) 3, S. 270–277.

[DAT10]   Datta, P. P.; Roy, R. Cost modelling techniques for availability type service support contracts: A literature review and empirical study. CIRP Journal of Manufacturing Science and Technology 3 (2010) 2, S. 142–157.

[DIN PAS1094]   DIN PAS 1094, 2009 Hybride Wertschöpfung – Integration von Sach- und Dienstleistung. Berlin: Beuth.

[GAS13]   Gassmann, O. Geschäftsmodelle entwickeln: 55 innovative Konzepte mit dem St. Galler Business Model Navigator. München: Hanser. 2013.

[GES14]   Gesing, J.; Wieseke, J.; Ryari, H. Geschäftsmodelle für innovative Produkt-Service Kombinationen. In: Vorausschau und Technologieplanung. 10. Symposium für Vorausschau und Technologieplanung- 20. und 21. November 2014 Berlin. Gausemeier, J. Paderborn: Heinz Nixdorf Institut, HNI Verlagsschriftenreihe, 2014, S. 243–257.

[GLA12]   Glas, A. H.: Grundlagen von Performance-based Contracting (PBC). In: Public Performance-based Contracting. Hrsg.: Glas, A. H. Wiesbaden: Springer Fachmedien, 2012, S. 25–54.

[GRA09]   Grasl, O.: Professional Service Firms: Business Model Analysis. Sipplingen: Bookstation GmbH. 2009.

[HEL07]   Helander, A.; Möller, K.: System supplier's customer strategy. Industrial Marketing Management 36 (2007) 6, S. 719–730.

[JOH08]   Johnson, M. W.; Christensen, C. M.; Kagermann, H.: Reinventing Your Business Model. Harvard Business Review 36 (2008) 12, S. 50–59.

[KAG11]   Kagermann, H.; Österle, H.; Jordan, J. M.: IT-driven business models. Hoboken, N.J.: John Wiley & Sons. 2011.

[KIM07]   Kim, S.-H.; Cohen, M. A.; Netessine, S.: Performance Contracting in After-Sales Service Supply Chains. Management Science 53 (2007) 12, S. 1843–1858.

[KLE02]   Kleikamp, C. Performance Contracting auf Industriegütermärkten. Lohmar – Köln: Josef Eul. 2002.

[KNY02]   Knyphausen-Aufseß, D. v.; Meinhardt, Y. Revisiting Strategy: Ein Ansatz zur Systematisierung von Geschäftsmodellen. In: Zukünftige Geschäftsmodelle. Konzept und Anwendung in der Netzökonomie. Bickhoff, N.; Bieger, T.; Caspers, R.; Knyphausen-Aufseß, D. zu; Reding, K. Berlin [u. a.]: Springer, 2002,

[KOU06]   Koulamas, C.: A Newsvendor Problem with Revenue Sharing and Channel Coordination. Decision Science 37 (2006) 1, S. 91–100.

[KRÜ01]   Krüger, Q.; Bach, N. Geschäftsmodelle und Wettbewerb im e-Business. In: Supply chain solutions. Best practices in e-Business. Buchholz, W.; Werner, H. Stuttgart: Schäffer-Poeschel, 2001.

[MAG02]   Magaretta, J. Why Business Models Matter. Harvard Business Review 80 (2002) 5, S. 86–92.

[MEI04]   Meier, H. Hrsg. Dienstleistungsorientierte Geschäftsmodelle im Maschinen-und Anlagenbau. Vom Basisangebot bis zum Betreibermodell. Springer. Berlin, Heidelberg: 2004.

[MEI05]   Meier, H.; Uhlmann, E.; Kortmann, D. Hybride Leistungsbündel. Nutzenorientiertes Produktverständnis durch interferierende Sach- und Dienstleistungen. wt Werkstattstechnik online 95 (2005) 7/8, S. 528–523.

[MEI10]   Meier, H.; Roy, R.; Seliger, G.: Industrial Product-Service Systems – IPS2. CIRP Annals – Manufacturing Technology 59 (2010) 2, S. 607–627.

[MOR05]   Morris, M.; Schindehutte, M.; Allen, J.: The entrepreneur's business model: toward a unified perspective. Journal of Business Research 58 (2005) 6, S. 726–735.

[MÜL11]   Müller-Stewens, G.; Lechner, C. Strategisches Management. Stuttgart: Schäffer-Poeschel. 2011.

[OST02]   Osterwalder, A.; Pigneur, Y.: An e-Business Model Ontology for Modeling e-Business. In: 15th Bled Electronic Commerce Conference, 2002.

[PET01]   Petrovic, O., Kittl, C., Teksten, R. D.: Developing Business Models for eBusiness. International Electronic Commerce Conference. Vienna, 2001.

[RES11]   Rese, M.; Meier, H.; Gesing, J.; Boßlau, M.: HLB-Geschäftsmodelle. Partialmodellierung zur Systematisierung von Geschäftsmodellen „Hybrider Leistungsbündel" (HLB). wt Werkstattstechnik online 101 (2011) 7/8, S. 498–504.

[RES13a] Rese, M.; Meier, H.; Gesing, J.; Boßlau, M.: An ontology of business models for industrial product-service systems. In: The Philosopher's Stone for Sustainability. Proceedings of the 4th CIRP International Conference on Industrial Product-Service Systems. Hrsg.: Shimomura, Y.; Kimita, K. Berlin Heidelberg: Springer, 2013, S. 191–196.

[RES13b] Rese, M.; Maiwald, K.; Gesing, J.: Selling Product-Service Systems Means Selling Change. In: The Philosopher's Stone for Sustainability. Proceedings of the 4th CIRP International Conference on Industrial Product-Service Systems. Hrsg.: Shimomura, Y.; Kimita, K. Berlin Heidelberg: Springer, 2013, S. 221–226.

[SAN06]   Sandrock, J. System Dynamics in der strategischen Planung. Gabler Edition Wissenschaft. Wiesbaden: Deutscher Universitäts-Verlag / GWV Fachverlage GmbH, Wiesbaden. 2006.

[SCH13] Schallmo, D. Geschäftsmodell-Innovation: Grundlagen, bestehende Ansätze, methodisches Vorgehen und B2B-Geschäftsmodelle. Wiesbaden: Springer. 2013.

[SEI08] Seiter, M.; Schwab, C.; Ahlert, D.; Heußler, T.; Michaelis, M. Nutzenmessung von produktbegleitenden Dienstleistungen im Industriegüter- Pricing. Rostock: Forschungs- und Projektberichte, Studien und Arbeitspapiere. 2008.

[STÄ02] Stähler, P. Geschäftsmodelle in der digitalen Ökonomie. Reihe: Electronic Commerce. Lohmar, Köln: Eul. 2002.

[STA05] Stanley, J.; Wojcik, P. Better B2B Selling. McKinsey Quarterly 38 (2005) 3, S. 15.

[TAN06] Tan, A.; McAloone, T. C.: Characteristics of Strategies in Product/ Service-System Development. In: 9th International Design Conference. Faculty of Mechanical Engineering and Naval Architecture. Hrsg.: Marjanovic, D., 2006, S. 1–8.

[TEE97] Teece, D. J.; Pisano, G.; Shuen, A.: Dynamic capabilities and strategic management. Strategic Management Journal 18 (1997) 7, S. 509–533.

[TEE10] Teece, D.: Business Models, Business Strategy and Innovation. Long Range Planning 43 (2010) 2–3, S. 172–194.

[THY13] ThyssenKrupp Aufzüge GmbH Next Level Service, URL: http://www.thyssenkrupp-aufzuege.de.

[TIM98] Timmers, P. Business Models for Electronic Markets. Electronic Markets 8 (1998) 2, S. 3–8.

[TRU15] TRUMPF Gruppe, URL: http://www.trumpf.com/de.

[TUL07] Tuli, K. R.; Kohli, A. K.; Bharadwaj, S. G. Rethinking Customer Solutions: From Product Bundles to Relational Processes. Journal of Marketing 71 (2007) 3, S. 1–17.

[ULA11] Ulaga, W.; Reinartz, W. J. Hybrid Offerings: How Manufacturing Firms Combine Goods and Services Successfully. Journal of Marketing 75 (2011) 6, S. 5–23.

[WIR01] Wirtz, B. W. Electronic Business. Wiesbaden: Gabler. 2001.

[WIR11] Wirtz, B. W. Business model management. Wiesbaden: Gabler. 2011.

[ZOT07] Zott, C.; Amit, R.: Business Model Design and the Performance of Entrepreneurial Firms. Organization Science 18 (2007) 2, S. 181–199.

[ZOT10] Zott, C.; Amit, R. Business Model Design: An Activity System Perspective. Long Range Planning 43 (2010) 2-3, S. 216–226.

Personal, Führung und Organisation in IPSS 14

Uta Wilkens, Bernd-Friedrich Voigt, Antje Lienert und
Thomas Süße

14.1 Einleitung

Industrielle Produkt-Service Systeme (IPSS) sind darauf gerichtet, durch die wechselseitige Integration von Sach- und Dienstleistungsanteilen einen zusätzlichen und nachhaltigen Kundennutzen zu erzeugen, daraus sollten Wettbewerbsvorteile für Anbieter und Kunde erwachsen. Die am Geschäftsmodell beteiligten Akteure agieren im Wertschöpfungsnetzwerk [MEI07]. Die Planung, Entwicklung und Implementierung eines IPSS ist dabei kein einmaliger Prozess. Vielmehr kommt es zu einer kontinuierlichen Erneuerung und Weiterentwicklung der Kunden-Anbieter-Prozesse im Sinne eines Lebenszyklus-Modells [MEI12]. Dies stellt das Personalmanagement, die Mitarbeiterführung und die Gestaltung damit zusammenhängender organisationaler Rahmenbedingungen vor besondere Herausforderungen. Mitarbeiter müssen einen kontinuierlichen Anpassungsprozess vollziehen und sich immer wieder auf neue Akteure und Interaktionspartner innerhalb und außerhalb der Organisation einstellen. Sie müssen eigene Arbeitsweisen und Optimierungsziele mit denen anderer so vereinbaren, dass die Heterogenität nicht zu Reibungsverlusten führt, sondern aus ihr ein Mehrwert im Leistungserstellungsprozess erwächst [BLA95]. Die Anforderungen an die Zusammenarbeit sind in einem IPSS Arbeitsumfeld demnach besonders hoch: Die an der Umsetzung beteiligten Mitarbeiter entstammen unterschiedlichen Organisationen, bringen unterschiedliche Expertisen mit und sind in unterschiedlichen Arbeitskulturen sozialisiert [BAI09, GEB05]. Gleichzeitig agieren die beteiligten Akteure unter Bedingungen von hoher Dynamik und relativer Unsicherheit [MAR10], für eine weitere

U. Wilkens • B.-F. Voigt (✉) • A. Lienert • T. Süße
Ruhr-Universität Bochum, Bochum, Deutschland
E-Mail: Uta.Wilkens@ruhr-uni-bochum.de; bernd.voigt@rub.de; antje.lienert@ruhr-uni-bochum.de; thomas.suesse@rub.de;

© Springer-Verlag GmbH Deutschland 2017   325
H. Meier, E. Uhlmann (Hrsg.), *Industrielle Produkt-Service Systeme*,
DOI 10.1007/978-3-662-48018-2_14

Beschreibung der Unsicherheitsfaktoren s. Kap. 6. Insgesamt spannt ein IPSS damit aus der Sicht der Organisations- und Personalforschung ein neuartiges und komplexes Arbeitssystem auf, das besondere Integrationsanforderungen hinsichtlich der strukturellen Rahmenbedingungen, der Erbringungsorganisation, der Mitarbeiterführung und in besonderem Maße hinsichtlich der Mitarbeiterkompetenzen stellt. Diese Arbeitsanforderungen sollen in diesem Beitrag ebenso spezifiziert werden wie die zu ihrer Bewältigung erforderlichen Kompetenzen und Rahmenbedingungen.

14.2   Eigener Zugang im Vergleich zu bisherigenForschungsarbeiten

Auf die besonderen Integrationserfordernisse in IPSS wird in unterschiedlichen Forschungsarbeiten aufmerksam gemacht [dazu SAD07, MÜL07a]. Die Ideenfindung, Anforderungsgenerierung, Funktionsallokation und Vertragsgestaltung, inkl. Annahmen über Zahlungsbereitschaft der Kunden, stehen dabei im Vordergrund. Bei der Suche nach Lösungswegen für die besonderen organisatorischen Herausforderungen wurden vor allem informationstechnische Ansätze verfolgt [HÖG09, MÜL07b], die intelligente Such- und Interpretationsalgorithmen in einem Softwarebaustein einbinden [SAD07]. Dies sind wichtige organisatorische Unterstützungstools. Ob sie wirksam werden können, hängt jedoch von weiteren Voraussetzungen ab. Zunächst einmal müssen Mitarbeiter und Führungskräfte in ihren Kompetenzen und Verhaltensweisen den Anforderungen gerecht werden, sich unter den dynamischen Systembedingungen überhaupt zurechtfinden. Nur dann können verfügbare Tools im Gesamtorganisationsgeschehen wirksam eingesetzt werden. Dementsprechend sollen bisherige Untersuchungsansätze und -befunde um sozialwissenschaftliche Perspektiven ergänzt werden. Es geht in diesem Beitrag darum, den Faktor Mensch im IPSS genauer zu untersuchen. Die Ausführungen stützen sich dabei primär auf Befunde der empirischen Feldforschung als wichtige Voraussetzung, um ein realitätsnahes Abbild der Arbeitszusammenhänge zeichnen zu können. Im Schwerpunkt wird auf Befunde aus dem Teilprojekt „Kompetenzen zur Integration von Heterogenität in hybriden Leistungsbündeln" des SFB TR29 zum „Engineering hybrider Leistungsbündel" zurückgegriffen.

14.3   Spezifische Integrationserfordernisse und Anforderungen von IPSS-Arbeitskontexten

Ein wichtiges Integrationserfordernis wechselseitige Feedbackprozesse, damit beim Auftreten veränderter Kundenwünsche diese unmittelbar für den Entwicklungsprozess rückgekoppelt und genutzt werden können [MÜL07b]. Dabei ist eine gleichberechtigte Interaktion zwischen Kunde und Anbieter erforderlich [SCH08], weil sich die Weiterentwicklung der Leistungskomponenten in allen beteiligten Organisationen gleichermaßen zeigt. Dies erfordert spezifische Kompetenzen, nicht nur auf Anbieter- sondern auch auf Kundenseite. MÜLLER [MÜL07a] spricht von Kundenintegrationskompetenz, die sie als

Kompetenz des Kunden auffasst, sich in den Gestaltungsprozess einer individuellen Leistung im Austausch mit dem Anbieter einzubringen. Der Wertschöpfungsbeitrag bemisst sich somit an der Vermittlung der hybriden Leistung, so dass die Anschlussfähigkeit der Kompetenzen zwischen Kunde und Anbieter erfolgsentscheidend ist [MEI07]. Als besonders erfolgskritisch wird dabei die Serviceleistung und -orientierung der Mitarbeiter angesehen [MAT09], weil die Arbeitsweisen in der Regel stark durch produktionsbezogene Prozesse und Optimierungsansätze vorgeprägt sind.

MÄNZ ET AL. [MÄN13] haben die HIS-Absolventenbefragung 2012 als Grundlage genommen, um über die Aussagen von 474 befragten Ingenieuren (davon 89 % männlich, 11 % weiblich) mit mindestens zehn Jahren Berufserfahrung eine Bestimmung spezifischer Arbeitsanforderungen in IPSS-nahen Arbeitskontexten vornehmen zu können. Laut Befragung geben 35 % der Ingenieure an, dass ihre Arbeit oft den Umgang mit neuen Problemen, für die es keine eindeutige Lösung gibt, beinhaltet. Bei 23 % der Befragten hängt der Erfolg ihrer Arbeit davon ab, dass das Fachwissen vieler Experten erfolgreich kombiniert wird. 20 % der Befragten arbeiten mit Personen mit sehr unterschiedlichen fachlichen Hintergründen zusammen und 16 % geben an, dass ihre Arbeit verlangt, dass sie ihre Aufgaben erledigen, bevor andere ihre Arbeit machen können. 2 % der Befragten charakterisierten ihre Arbeitsumgebung mit allen vier genannten Elementen. Bei diesen 2 % kann davon ausgegangen werden, dass sie in Arbeitsumgebungen tätig sind, die in einem hohen Maß IPSS-Spezifika aufweisen (Abb. 14.1). Dies wird durch eine Faktorenanalyse bestätigt, weil das Zusammentreffen der vier Merkmale einen eigenen Faktor bildet, der als IPSS-Anforderungsrahmen beschrieben werden kann [WIL13].

Darauf aufbauend zeigt die Untersuchung durch Unterscheidung der Stichprobe in eine IPSS-Gruppe und eine Nicht-IPSS-Gruppe mittels Varianzanalyse (ANOVA), dass IPSS Mitarbeiter in ihren Antworten im Mittel durchgehend höhere Belastungsausprägungen zeigen als Mitglieder des Nicht-IPSS Samples.

Mit Blick auf die Arbeitsanforderungen in IPSS ist somit festzuhalten, dass es für die beteiligten Individuen in besonderer Weise erforderlich ist, neben der fachlichen Qualifikation,

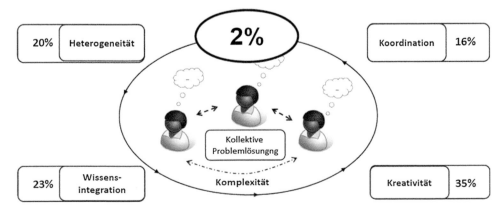

Abb. 14.1 Der IPSS-Anforderungsrahmen [WIL13]

die für die Planung, Entwicklung, Erbringung und Nutzung der Leistung benötigt wird, sich auf die unterschiedlichen Perspektiven, Denk- und Handlungsmodelle der Interaktionspartner innerhalb des Anbieters sowie unter Einbeziehung der Zulieferer und Kunden einzustellen. Die Akteure müssen unternehmerische Ziele in einem komplexen und dynamischen Aufgabenfeld verfolgen. Für das Individuum folgt daraus die Notwendigkeit, den Gesamtprozess der Integration von Sach- und Dienstleistung zu verstehen. Insbesondere für Ingenieure stellt sich dabei die Herausforderung, Dienstleistungen mitzudenken und Service-Orientierung aufzubauen. Ferner müssen die Akteure als Team die Informationen, Anforderungen und Erwartungen systematisieren und ihre Handlungen kollektiv unter Integration der Wissensbestände und Expertisen zum Einsatz bringen.

14.4   Kompetenzen zur Bewältigung der Integrationserfordernisse

Damit Individuen mit den beschriebenen Integrationserfordernissen umgehen und adäquate Bewältigungsstrategien entwickeln können, benötigen sie Kompetenzen. Während Qualifikationen auf den Umgang mit bekannten, strukturierten Anforderungen abstellen, betrachtet man Kompetenzen vor allem dann, wenn es um Arbeitskontexte mit hoher Dynamik, vielfältigen Wechselwirkungen und oftmals unscharfen, auch mehrdeutigen Aufgabenstellungen geht [ROS01]. „Unter Kompetenz versteht man Fähigkeiten, die soziale Akteure befähigen, selbstgesteuert Lösungsmuster bei sich wandelnden Anforderungen und offenen Aufgabenstellungen hervorzubringen" [WIL15]. Im Zentrum steht die situationsübergreifende Handlungs- und Problemlösungsfähigkeit [ERP07, WIL06]. Diese wurde für IPSS-Arbeitskontexte im Rahmen einer Ingenieurbefragung im deutschsprachigen Raum näher untersucht.

In den Jahren 2012 und 2013 wurde eine Online-Befragung in Kooperation mit dem VDI durchgeführt. Insgesamt konnte ein Rücklauf von 172 auswertbaren Fragebögen realisiert werden. Die Stichprobe gliedert sich in 22 weibliche (12.8 %) und 148 männliche Teilnehmer (86.0 %). 2 Teilnehmer (1,2 %) haben keine Angabe über ihr Geschlecht gemacht. Die Mehrheit der Teilnehmer ist zwischen 30 und 49 Jahren alt (54 %) und verfügt über einen Universitäts- oder Fachhochschulabschluss (81,8 %) sowie über mehr als 5 Jahre Berufserfahrung (60,2 %). Tab. 14.1 weist die deskriptive Verteilung des Samples für die Alters-, Bildungs- und Berufserfahrungsvariablen aus.

In der Ingenieurbefragung wurden Kompetenzen in Form von Selbstauskünften zu Handlungsvollzügen, die das Kompetenzniveau für die befragte Person nicht offenbaren, erhoben. Dafür wurden Skalen zur Operationalisierung von Kompetenz verwendet, die auf Vorarbeiten von WILKENS ET AL. [WIL06, WIL08] beruhen. Die verwendeten Items übersetzen entsprechend der o. g. Definition das handlungstheoretische Grundverständnis von Kompetenz und stellen tatsächliche Handlungsvollzüge ins Zentrum der Analyse. Zudem verwendet die Befragung weitere bereits getestete Skalen zur Kompetenzerfassung, zum Führungsverhalten, zum Teamumfeld, zu strukturellen

Tab. 14.1 Deskriptive Beschreibung der Stichprobe

Altersverteilung						
bis 29	30–39	40–49	50–59	60 und mehr	keine Angabe	
48 27,3%)	57 (32,4%)	38 21,6%)	25 14,2%)	7 (4,0%)	1 (0,6%)	
Bildungsabschluss						
Promotion	(Fach-) Hochschul-abschluss	Berufs-akademie	Lehre*	keine Angabe		
14 (8%)	144 81,8%)	6 (3,4%)	8 (4,5%)	4 (2,3%)		
Berufserfahrung (in Jahren)						
bis 5	6–10	11–15	16–20	21–25	26–30	31 und mehr	keine Angabe
70 (39,8%)	25 (14,2%)	17 (9,7%)	13 (7,4%)	20 (11,4%)	17 (9,7%)	11 (6,3%)	3 (1,7%)

* Personen ohne Ingenieurstudium, die in ihren Unternehmen ingenieurnahe Tätigkeiten ausüben

Rahmenbedingungen und zur Arbeitsbelastung [SPR95, SCH99, UDR99, BAS00, CAR00, STE07]. Eine Operationalisierung von typischen Merkmalen für einen IPSS-Arbeitsbereich erfolgte zusätzlich als Modifikation der Skalen zu IPSS-Geschäftsmodellen, indem diese auf Arbeitsbereiche bezogen wurden [COV07]. Die Befragten beantworteten die Beschreibungen auf einer Likert-Skala von 1 „trifft überhaupt nicht zu" bis 7 "trifft voll und ganz zu".

Auf der Grundlage einer Clusteranalyse können die Teilnehmer der Ingenieurbefragung in drei Sub-Samples unterteilt werden. Die erste Gruppe der Teilnehmer (N = 68) ist in Arbeitsbereichen tätig, in denen eine hochindividualisierte Kombination von Produkten und Dienstleistungen vorzufinden ist. Angesichts der kundenspezifischen Integration von Produkt und Service bei der Leistungserbringung können diese Arbeitsbereiche als IPSS-nah bezeichnet werden. Die zweite Gruppe von Teilnehmern (N = 51) ist in Arbeitsbereichen tätig, die zwar Kombinationen von Produkten und Dienstleistungen anbieten, welche aber durch eine geringe Individualisierung gekennzeichnet sind. Da die Dienstleistungen nur als Erweiterung des Produktangebots fungieren, wie bspw. ein produktbezogener Kundendienst, dabei aber nicht in den Produktionsprozess als solchen eingreifen, können diese Arbeitsbereiche als Produkt-orientiert gekennzeichnet werden. Die dritte Gruppe von Ingenieuren (N = 51) ist in Arbeitsfeldern tätig, die ein hoch-individualisiertes Service-angebot aufweisen. Dieses sind dementsprechend Service-orientierte Arbeitsfelder.

Mittels einer multiplen Diskriminanzanalyse können die zentralen Unterscheidungsmerkmale hinsichtlich aller in der Befragung operationalisierten Konstrukte zu Arbeitscharakteristika, Kompetenzen, Führungshandeln und strukturellen Rahmenbedingungen herausgearbeitet werden. Demnach grenzen sich IPSS-nahe von Produkt-orientierten Arbeitsbereichen durch die hohe Interaktion mit Kunden und Zulieferern, Kommunikationsschnittstellen außerhalb des Unternehmens sowie eine kontinuierliche Lernkultur ab [SÜS13, SÜS16a].

Welche Kompetenzausprägungen und -unterschiede ergeben sich jetzt korrespondierend zu den drei Arbeitsbereichen? Eine explorative Faktorenanalyse über die verwendeten Kompetenzitems (Kaiser-Meyer-Olkin Kriterium=0,770) erlaubt es, die spezifische Konfiguration und Bündelung von Kompetenzen im IPSS-nahen Arbeitskontext aufzuzeigen. Für Mitarbeiter, die im IPSS-nahen Arbeitskontext tätig sind, zeigt sich eine einzigartige Bündelung aus drei Faktoren (15 Items mit Faktorladungen zwischen 0,400 und 0,683; 7 Items mit Faktorladungen zwischen 0,345 und 0,886; 4 Items mit Faktorladungen zwischen 0,325 und 0,664), die sich von den Kompetenzbündeln in den anderen beiden Arbeitsfeldern abgrenzen lässt. Die Unterschiede liegen also weniger in dem Vorhandensein einer einzelnen Kompetenzfacette, sondern in der spezifischen Konfigurierung mehrerer Kompetenzfacetten. Bei diesen Facetten handelt es sich um:

Koordination/Vermittlung: An erster Stelle steht die Fähigkeit, Kommunikation mit dem Ziel der koordinierenden Problemlösung im Austausch mit internen und externen Akteuren einzusetzen. Dazu kombinieren und implementieren die Akteure vorhandenes Wissen und reflektieren den Umstellungsprozess. Diese Handlungsmuster sind auf die Lösung neuartiger Probleme im Unternehmensnetzwerk bezogen. Im Schwerpunkt sind die Kompetenzen, die hier zum Ausdruck kommen, darauf gerichtet, die Dynamiken, die in heterogenen Arbeitskontexten auftreten, einzufangen und konzertierte Problemlösungsbeiträge sicherzustellen.

Komplexitätsbewältigung: An zweiter Stelle steht eine Kompetenzfacette, die es ermöglicht, aus der Vielfalt von Informationen die relevanten Informationen zu filtern und dabei Chancen und Risiken des organisationalen Wandels zu erkennen. Diese Facette sorgt zugleich dafür, dass auch in schwierigen Situationen der Glaube an die eigenen Fähigkeiten nicht verloren geht und der eigene Beitrag zur Wertschöpfung positiv eingeschätzt wird. Hier wird Heterogenität einerseits mittels Informationsmanagement bewältigt, aber auch in einen Lernprozess überführt.

Vertiefungslernen/Teamorientierung: Bei der dritten Kompetenzfacette steht die Nutzung des vorhandenen externen Wissens im Vordergrund. Damit werden vor allem von Dritten entwickelte Lösungen angewendet und im Sinne einer Optimierung des eigenen Vorgehens nutzbar gemacht. Darüber hinaus beinhaltet diese Facette die Bereitschaft, den eigenen Pfad zu verlassen, die eigene Lösung zu verwerfen und das Team bei einer abweichenden Entscheidung zu unterstützen. Mit anderen Worten wird Lernen durch das rekursive Anpassen von Wissensbeständen (Wissenskombination) geleistet. Dabei wird das eigene Interesse hinter das Interesse des Teams gestellt, was in einem heterogenen Team als stabilisierender Faktor wirken kann.

Im IPSS-nahen Arbeitskontext ist also ein Kompetenzbündel anzutreffen, das die Mitarbeiter in die Lage versetzt, Möglichkeiten und Potenziale in einer sich wandelnden Arbeitsumgebung zu erkennen, diese zu bewerten, zu integrieren und für die Neuausrichtung nutzbar zu machen. Die Facetten des Bündels erlauben zudem, sowohl mögliche negative Effekte von Heterogenität der beteiligten Akteure und Kontexte abzufedern als auch deren inhärente Problemlösungspotenziale zu nutzen.

Im Ergebnis kommt es in IPSS-nahen Arbeitskontexten auf besonders hohe Kompetenz-ausprägungen an, die eine Kombination aus sozialer Kompetenz, selbstregulativer Kompetenz und hoher intellektueller Abstraktions- und Problemlösungsfähigkeit aufweisen. Diese Kompetenzen können am ehesten bei Personen vermutet werden, die eine anspruchsvolle akademische Ausbildung auf einem Gebiet absolviert und zugleich unter Beweis gestellt haben, dass sie auch in fachferneren Arbeitszusammenhängen erfolgreich agieren können.

Auch die Kompetenzentwicklung stellt für IPSS-nahe Arbeitsfelder eine besondere Herausforderung dar, um Mitarbeiter mit den notwendigen Voraussetzungen, z. B. im Umgang mit den hohen Integrationsanforderungen, auszustatten. Die empirischen Befunde deuten darauf hin, dass entsprechende Kompetenzen insbesondere im Prozess der Arbeit selbst erworben werden können. Um diesen Prozess zielgerichtet zu unterstützen und dabei nicht nur einzelne Mitarbeiter, sondern idealerweise alle am IPSS beteiligten Akteure gleichzeitig zu fördern, bieten sich Unternehmensplanspiele als Entwicklungsmethode an. Sie erlauben es komplexe Handlungsszenarien zu durchlaufen und dabei ggf. auch Rollenwechsel zu vollziehen, so dass möglichst viele Perspektiven innerhalb des Trainingsprozesses eingenommen und verstanden werden können. Da sich die Methode Planspiel nicht nur allgemein für die Förderung von Kompetenzen im Umgang mit komplexen Systemen eignet, sondern auch der gezielten Unterstützung des Kompetenzerwerbs in ganz bestimmten Kontexten dient [HÖG96, KRI00, KRI01], wurde ein auf IPSS-spezifische Arbeitskontexte zugeschnittenes Planspiel entwickelt. Dieses IPSS-Planspiel ist auf die Entwicklung der oben angeführten Kompetenzfacetten ausgerichtet. Zugleich schafft es eine Laborsituation, an der sich auch die Effekte zielgerichteter Interventionen erkennen lassen. Das Design und die Implementierung des IPSS-Planspiels, sowie dessen Einsatzmöglichkeiten in Aus- und Weiterbildung bzw. Forschung und Lehre werden in Kap. 20 „Unternehmensplanspiel zur IPSS-spezifischen Kompetenzentwicklung von Mitarbeitern" im Detail ausgeführt.

14.5 Mitarbeiterführung

Mitarbeiterführung ist definiert als die zielbezogene Einflussnahme auf das Verhalten anderer in einem organisierten Arbeitskontext [NEU02]. Ihr Erfolg bemisst sich an der Zielerreichung bzw. Aufgabenbewältigung unter Wahrung einer Interaktionsqualität der am Führungsgeschehen beteiligten Personen. Schon in früheren Studien finden sich deutliche Hinweise auf die Bedeutung von Führungsverhalten für die Leistungserbringung in IPSS [BEN10, OLI03, MAR10]. Als eine Herausforderung bezogen auf das Führungsverhalten gilt dabei die Unterstützung des Kooperationshandelns zwischen Mitarbeitern aus unterschiedlichen Organisationen [WIN06]. Mehr noch muss es der Führung in einem IPSS gelingen, die unterschiedlichen Arbeitskulturen, -abläufe und Optimierungsansätze, die bei der Integration einer Produkt-orientierten und einer Service-orientierten Organisationsweise aufeinander treffen, zu vereinen bzw. eine dynamische Balance zwischen den zum Teil widersprüchlichen Anforderungen zu finden [SÜS13, SÜS16b].

Mittels multipler Diskriminanzanalyse zwischen Produkt-orientierten, Service-orientierten und IPSS-nahen Arbeitsfeldern im Rahmen der schon vorgestellten Ingenieurbefragung (s. Abschn. 14.4) lassen sich Hinweise auf die zu leistende Mitarbeiterführung gewinnen. Demnach grenzen sich IPSS-nahe von Produkt-orientierten Arbeitsbereichen durch die hohe Interaktion mit Kunden und Zulieferern, Kommunikationsschnittstellen außerhalb des Unternehmens sowie eine kontinuierliche Lernkultur ab (s. Abb. 14.2). Die Rolle der Führungskraft besteht in IPSS-nahen in Angrenzung zu Produkt-orientierten Arbeitsbereichen darin, ihre Mitarbeiter besonders zu aktivieren, Probleme auf neue Art und Weise zu betrachten [SÜS13, SÜS16b].

Der Unterschied zwischen IPSS-nahen und Service-orientierten Arbeitsbereichen (s. Abb. 14.3) basiert auf einer in IPSS höheren Standardisierung, einer hohen Neuartigkeit der Aufgaben sowie einer Feedback-Kultur, die jedoch nicht mit einer Wertschätzungskultur durch Vorgesetzte einhergeht. Motivation und Anerkennung werden in IPSS-nahen Arbeitsbereichen als deutlich geringer ausgeprägt bewertet als in Service-orientierten Arbeitsbereichen [SÜS13, SÜS16b].

IPSS-nahe Arbeitsbereiche können damit als besonderes Spannungsfeld verstanden werden [WIL15]. Angemessene Führungsstrategien müssen nach JANSEN ET AL. [JAN09] diese besonderen Umweltdynamiken berücksichtigen, um unter einem hohen Maß der Erneuerung zielbezogen handeln zu können, d. h. Exploration und Exploitation gleichzeitig zu verfolgen. Die im Rahmen der Führung zu berücksichtigende Kontextspezifität eines IPSS wird zudem wesentlich durch die dynamische Kunden-Anbieter-Beziehung definiert.

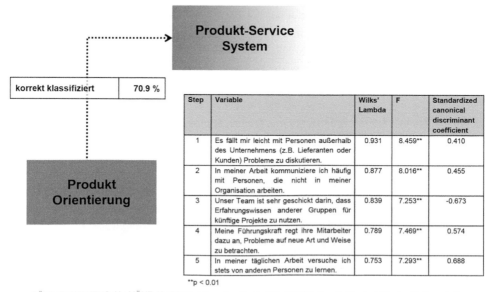

SÜßE, T.; WILKENS, U.; MÄNZ, K. (2013): Integrating Production and Services for Product-Service Systems in the Engineering Sector

Abb. 14.2 Abgrenzung IPSS-naher von eher Produkt-orientierten Arbeitsbereichen [SÜS13]

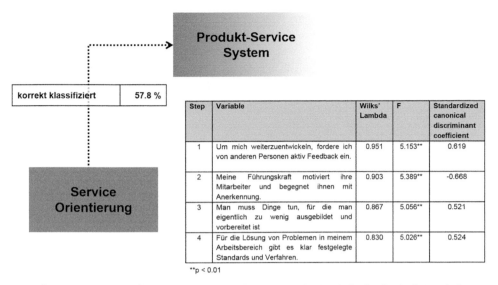

Step	Variable	Wilks' Lambda	F	Standardized canonical discriminant coefficient
1	Um mich weiterzuentwickeln, fordere ich von anderen Personen aktiv Feedback ein.	0.951	5.153**	0.619
2	Meine Führungskraft motiviert ihre Mitarbeiter und begegnet ihnen mit Anerkennung.	0.903	5.389**	-0.668
3	Man muss Dinge tun, für die man eigentlich zu wenig ausgebildet und vorbereitet ist	0.867	5.056**	0.521
4	Für die Lösung von Problemen in meinem Arbeitsbereich gibt es klar festgelegte Standards und Verfahren.	0.830	5.026**	0.524

**p < 0.01

SÜßE, T.; WILKENS, U.; MÄNZ, K. (2013): Integrating Production and Services for Product-Service Systems in the Engineering Sector

Abb. 14.3 Abgrenzung IPSS-naher von eher Service-orientierten Arbeitsbereichen [SÜS13]

Welches Führungshandeln erweist sich unter diesen Kontextbedingungen als erfolgreich? Auch hierzu gibt die Ingenieurbefragung Auskunft. Eine faktoranalytische Datenauswertung zeigt drei Führungsfacetten, die in ihrem Zusammenwirken ein Erfolgsmuster ergeben:

- des „Empowerment", das im strukturellen und psychologischen Sinne die Eigenverantwortung der Mitarbeiter stärkt [SPREI95].
- der „Zielorientierung und Schaffung von Transparenz", die der transaktionalen Führung entsprechen [BUR78, DRU76], sowie
- eine besondere Form direkter Führung, die Elemente transformationalen, inspirierendes Führungshandelns mit Blick auf kreative Problemlösungen ausweist [BAS98, JUN03].

Das beschriebene IPSS-Führungsmuster kombiniert für den spezifischen Arbeitskontext wesentliche Verhaltensmuster miteinander. Führungskräfte wirken als ermutigende und leitende Sinnstifter sowie unmittelbare, generelle (übers rein Technische hinausgehende) Problemlöser bei gleichzeitiger Befähigung dezentraler Entscheidungsfindung durch strukturelles und psychologisches Empowerment. Aus der Sicht der Befragten wirkt vor allem die transparente Vermittlung und kontinuierliche Justierung des Zielsystems jenseits operativer Teilziele positiv. Zudem geht es gerade in IPSS darum, Sinnstiftung und die Orientierung auf das „große Gemeinsame" als Führungsaufgabe zu verstehen, um mit den Unsicherheiten, die sich aus der Heterogenität und Uneindeutigkeit im Problemlösungsprozess immer wieder ergeben, auch umgehen zu können [EXT13]. Im Kap. 6 werden konkrete technologische Methoden und Werkzeuge zur Bewertung der Produktivität, Qualität und Stabilität der Erbringungsprozesse eines IPSS vorgestellt, eine wichtige Aufgabe der Führungskräfte in der Entwicklungsphase.

14.6   Zusammenwirken von Arbeitsanforderungen, Kompetenzen und Mitarbeiterführung im IPSS-Arbeitssystems

Die berichteten Teilergebnisse zu den Anforderungscharakteristika, zu den spezifischen Kompetenzbündeln und den anzutreffenden Führungsmustern lassen sich zu einer Gesamtbetrachtung des IPSS-Arbeitssystems zusammenführen. Dabei wird deutlich, dass IPSS zwar aus Produkt-, bzw. Service-orientierten Arbeitssystemen hervorgehen, aber keine bloße Kombination aus beiden darstellen, sondern spezifische Ausprägung in den Anforderungen, Kompetenzen und Führungsmustern ein eigenes Arbeitssystem begründen. Versucht man die Nähe bzw. Distanz zu anderen Arbeitssystemen zu bestimmen, so lässt die Anlage von IPSS insbesondere hinsichtlich der Arbeitskultur, der Führungsaspekte sowie der zu Grunde liegenden Lernorientierung eine größere Ähnlichkeit mit einem Service-orientierten als mit einem Produkt-orientierten Arbeitssystem erkennen [SÜS13, SÜS16b].

Hervorzuheben ist ebenso, dass in IPSS dabei keine völlig neuen, in anderen Bereichen nicht beobachtbaren Anforderungen, Kompetenzen oder Führungsmuster auftreten, sondern ganz spezifische Konfigurierungen von Anforderungen, Kompetenzfacetten und Führungshandlungen erforderlich sind, die sich in anderen Arbeitssystemen so nicht beobachten lassen. Dies soll durch Abb. 14.4 zusammenfassend zum Ausdruck gebracht werden.

Vor diesem Hintergrund stellt sich die Frage, wie das Zusammenwirken der beschriebenen Variablenfelder genauer gekennzeichnet werden kann. Aus diesem Grund wurden Moderations- bzw. Mediationseffekte modelliert.

Dabei zeigt sich, dass mit den Arbeitsanforderungen auch die Kompetenzausprägungen steigen. Es kann angenommen werden, dass die Mitarbeiter diese Kompetenzen durch die

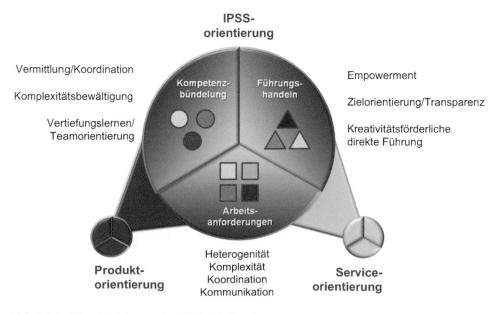

Abb. 14.4 Charakterisierung des IPSS-Arbeitssystems

Umgebungseinflüsse im Zeitverlauf ausgebildet haben bzw. aufgrund ihrer besonderen Fähigkeiten in IPSS-Arbeitskontexten eingesetzt werden. Genauer lässt sich die Ursache derzeit nicht bestimmen. Erkennbar wird, dass in IPSS-nahen Arbeitsbereichen die Anforderungen zwar höher sind, es aber nicht vermehrt zu Überforderungen der Mitarbeiter kommt, weil diese auch höhere Kompetenzen vorweisen können.

Prüft man den Einfluss von Führungsverhaltensmustern auf die Ausprägung der IPSS-spezifischen Kompetenzfacetten mittels multipler Regression (s.Abb. 14.5), so zeigt sich, dass „Empowerment" hier einen positiven direkten Effekt auf die Gesamtkompetenz als auch auf die einzelnen Facetten „Koordination/Vermittlung" und „Komplexitätsbewältigung" hat. Ein vergleichbarer Effekt lässt sich weder für „Kreativitätsförderliche direkte Führung" noch „Zielorientierung/Transparenz" feststellen, sofern man diese Verhaltensmuster für sich betrachtet. Umso interessanter ist es, dass die Kombination dieser beiden Führungsverhaltensmuster sich direkt positiv auf die Gesamtkompetenz sowie auf die einzelne Facette „Koordination/Vermittlung" auswirkt.

Das Ergebnis weist aus, dass in IPSS-Arbeitskontexten Arbeitsanforderungen und Führungsmuster sowohl für die Gesamtkompetenz als auch für einzelne Kompetenzfacetten erfolgskritisch sind. Außerdem unterfüttert die Modellierung der Interaktionseffekte noch einmal die Aussage, dass es vor allem um spezifische Konfigurationen von aufgaben-, mitarbeiter- und führungsbezogenen Facetten in IPSS-Arbeitskontexten geht.

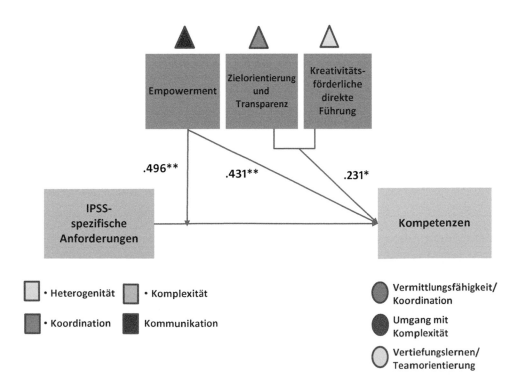

Abb. 14.5 Zusammenhang zwischen Anforderungen und Kompetenzbündeln unter dem Einfluss von Führung

14.7 Zusammenwirken mit anderen Komponenten des Managementsystems

Wie wirken nun die mitarbeiter- und führungsbezogenen Facetten mit anderen Bereichen des Managementsystems zusammen? Erste Hinweise zur Beantwortung dieser Frage liefert die qualitative Expertenbefragung (n = 7) von EXTERNBRINK ET AL. [EXT13]. Im Untersuchungssample vertreten sind Repräsentanten von sechs Organisationen, die den Prozess der Serviceintegration fortsetzen und einer Organisation, die das Vorhaben abgebrochen hat. Aus Expertensicht kommt es auf das Zusammenwirken von Strukturen, Prozessen und individuellen Fähigkeiten an. Individuelle Kompetenzen, und zwar von Mitarbeitern und Führungskräften, bilden danach eines der relevanten Variablenfelder. Korrespondierend zu den schon aufgezeigten Befragungsergebnissen geht es auf Seiten der Mitarbeiter insbesondere um eine hohe Ambiguitätstoleranz als Voraussetzung für den Umgang mit dem heterogenen Arbeitsumfeld. Bei den Führungskräften steht ein Führungsverhalten im Zentrum, welches gleichermaßen transaktionale und transformationale Muster aufweist. Zugleich sind Kompetenzaspekte dabei im Zusammenwirken mit Strukturen und Prozessen zu sehen. Dazu zählen die strukturellen Weichenstellungen für eine dezentrale Entscheidungsfindung und der Aufbau von IPSS in parallelen Projektstrukturen. Schließlich betonen die Experten, dass eine IT-basierte Wissensintegration gerade bei IPSS eine wichtige Voraussetzung bildet, um die Schnittstellenprobleme lösen zu können. Dies steht im Einklang mit den frühen Forschungsarbeiten auf diesem Gebiet (vgl. Abschn. 14.2 sowie Kap. 11). Ebenso zentral sind reflexive Koordinationsprozesse mit anderen Managementbereichen (vgl. Abb. 14.6).

Zu den weiteren Managementbereichen zählen neben der IT-basierten Wissensintegration insbesondere das Controlling und die Geschäftsmodellentwicklung. Der Anforderungsrahmen

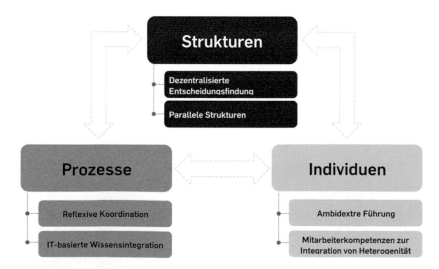

Abb. 14.6 Strukturen, Prozesse und individuelle Fähigkeiten als Variablenfelder der Leistungserbringung in IPSS

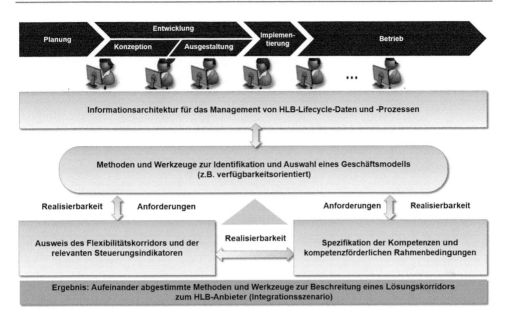

Abb. 14.7 Integrative Betrachtung unterschiedlicher Managementfelder von IPSS

verändert sich kontinuierlich vor dem Hintergrund der verfolgten und angepassten Geschäftsmodelle. Zugleich geben die Kompetenzen dabei Hinweise auf die Machbarkeit neuer Geschäftsmodelle (s. Kap. 13). Als weiteres in der Gesamtkoordination zu berücksichtigendes
Managementfeld gibt das Controlling den Handlungsrahmen durch entsprechende Steuerungsgrößen vor (s. Kap. 12). In diese sind auch kompetenzbezogene Indikatoren zu integrieren, da sie Implikationen für die Machbarkeit haben (s. Kap. 12). Zugleich sind die im
Controlling zugrunde gelegten Flexibilitätskorridore von Relevanz, weil dadurch das Maß der
Änderungsdynamik mit beeinflusst wird.

Insgesamt bleibt festzuhalten, dass nur durch das Zusammenspiel unterschiedlicher
Managementfunktionen (vgl. Abb. 14.7) der Weg zur integrierten Produkt-Service-Lösung
sowohl beim Anbieter als auch beim Kunden erfolgreich beschritten werden kann.

14.8 Ausblick

Die vorgestellten Befunde aus der Feldforschung bieten eine gute Grundlage, um das Zusammenwirken unterschiedlicher Managementbereiche als wesentliche Voraussetzung für die Entwicklung zu einem IPSS veranschaulichen zu können. Insbesondere wurden in diesem Kapitel
die erfolgskritischen Kompetenzen und Führungshandlungen spezifiziert. An seine Grenzen
gerät der gewählte Ansatz der Feldforschung, wenn es darum geht, die spezifischen Wirkungen
einzelner Maßnahmen, z. B. zur Kompetenzentwicklung, exakt zu bestimmen. Dafür sind
Laborbedingungen vorteilhaft, weil die Effekte von Interventionsmaßnahmen dann von Regu-
lativen im Feld, die u. a. durch Selbstselektionen und Personalselektionen erfolgen (z. B. nur

die kompetentesten Mitarbeiter arbeiten im IPSS-Arbeitskontext), unterscheidbar bleiben. Eine Differenzierung von Gestaltungsmaßnahmen folgt daher den Befunden der weitergehenden Analyse im Rahmen des Transferprojektes „Unternehmensplanspiel zur IPSS-spezifischen Kompetenzentwicklung – Realisierung eines Prototyps zur Simulation hybrider Wertschöpfungsprozesse entlang des HLB-Lifecycles". Die geschaffene Laborumwelt erlaubt die Erfassung von Ausgangsniveaus und die Spezifizierung der interventionsbedingten Effekte (s. Abschn. 14.4 sowie Kap. 20).

Nächste wichtige Untersuchungsschritte sind auf konkrete Feldstudien gestützte Differenzierungen des erarbeiteten Aussagesystems. Zwar ließen sich Produkt-orientierte, Service-orientierte und IPSS-nahe Arbeitskontexte auf varianzanalytischer Basis unterscheiden. Unterschiedliche Entwicklungsstufen auf dem Weg zum IPSS konnten dabei aber nicht abgegrenzt werden. Eine solche Betrachtung fokussiert den strategischen Wandel vom reinen Produkthersteller hin zum Lösungsanbieter [BAI09, VAN88]. Ziel zukünftiger Forschung wird es sein, den gesamten Transformationsprozess mit seinen förderlichen und hinderlichen Faktoren näher zu untersuchen und dabei die Aussagen zu den anforderungs-, kompetenz- und führungsbezogenen Konfigurationen für unterschiedliche Entwicklungsstadien entlang des Transformationsprozesses zu differenzieren (vgl. Abb. 14.8).

Dabei ist vom besonderen Interesse, welche Neukonfigurationen von Kompetenzen für das erfolgreiche Durchlaufen mehrerer Phasen erforderlich sind, welche Mechanismen

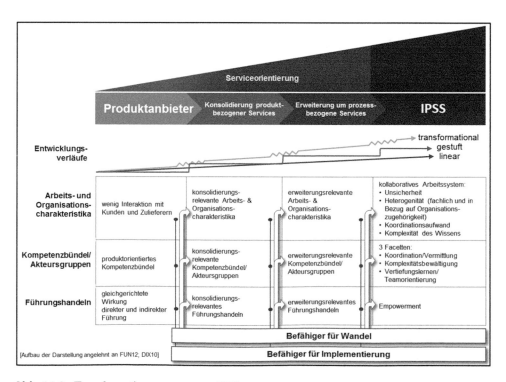

Abb. 14.8 Transformationsprozess zum IPSS

dies befördern und welche Pfadabhängigkeiten dies erschweren. Damit wird auf Forschungsarbeiten rekurriert, die Phasenmodelle im Übergang zum IPSS-Anbieter und die entlang dieser Phasen zu vollziehenden Veränderungen ins Zentrum stellen [FUN12, OLI03].

Entlang dieser Phasenbetrachtung können die Mitarbeiterkompetenzen und Führungshandlungen im Sinne eines IPSS benannt werden. Aus der Sicht der Transformationsforschung ist hierzu vor allem interessant, zu welchem Entwicklungszeitpunkt welche Kompetenzen welcher Akteursgruppen besonders relevant sind und wie durch Führungshandeln die Entwicklung der Mitarbeiter unterstützt werden kann. Hierzu müssen das Verlaufsmuster des Transformationspfades mit spezifischen Übergängen vom traditionellen Anbieter zum IPSS analysiert und in voneinander differenzierbare Phasen eingeteilt werden. Die Beschreibung des Verlaufsmusters weist die Art der Entwicklung (z. B. lineare vs. sprunghaft), phasenspezifische Treiber und Hindernisse sowie die für das Durchlaufen der jeweiligen Phasen erforderlichen Mitarbeiterkompetenzen und Führungshandlungen aus. Ebenso gilt es die Fähigkeiten zu identifizieren, die jeweils den erfolgreichen Phasenübergang ermöglichen. Das erfolgreiche Bewältigen der Phasenübergänge beschreibt die Wandlungsfähigkeit entlang des Transformationspfades zum IPSS. Die Handlungsfähigkeit der in einer Phase maßgeblichen Akteure wird als Indikator für die IPSS-Implementierungsfähigkeit gesehen.

Erste Erhebungen bei Praxispartnern die sich innerhalb des Transformationsprozesses befinden, lassen insbesondere auf eine hohe Bedeutung von Pfadabhängigkeiten in einer produkt-orientierten Organisationskultur schließen. Als Manifestationen von Pfadabhängigkeiten fungieren in diesem Fall insbesondere Key Performance Indicators (KPIs), die als organisationale Routinen die Integration der produkt- und service-orientierten Arbeitssysteme erschweren [ELF14].

Literatur

[BAI09]   Baines, T. S.; Lightfood H. W.; Benedettini O.; Kay J. M.: The servitization of manufacturing: A review of literature and reflection on future challenges. Journal of Manufacturing Technology Management 20 (2009) 5, S. 547–567.

[BAS98]   Bass, B. M.: Transformational leadership: industrial, military, and educational impact. Mahwah: Erlbaum, 1998.

[BAS00]   Bass, B. M.; Avolio, B. J.: Multifactor Leadership Questionnaire. Redwood City, CA: Mindgarden, 2000.

[BEN10]   Benade, S, Weeks, R.V., 2010. The formulation and implementation of servitization strategy: factors that ought to be taken into consideration. J. of Contemporary Management 7, 2010, S. 402–419.

[BLA95]   Blackler, F.: Knowledge, knowledge work and organizations: An overview and interpretation. Organization Studies 16 (1995) 6, S. 1047–1075.

[BUR78]   Burns, J. M.: Leadership. New York: Harper & Row, 1978.

[CAR00]   Carless, S. A.; Wearing, A. J.; Mann, L.: A short measure of transformational leadership. Journal of Business and Psychology 14, 2000, S. 389–405.

[COV07]   Cova, B.; Salle, R.: Introduction to the IMM special issue on "Project marketing and the marketing of solutions". A comprehensive approach to project marketing and the marketing of solutions. Industrial Marketing Management 36, 2007, S. 138–146.

[DIX10]   Dixon, S. E. A.; Meyer, K. E.; Day, M.: Stages of Organizational Transformation in Transition Economies: A Dynamic Capabilities Approach. Journal of Management Studies, 47, 2010, S. 416–436.

[DRU76]   Drucker, P. F.: What results should you expect? A user's guide to MBO. Public Administration Review, 36 (1976) 1, S. 12–19.

[ELF14]   Elfving, S. W.; Washington, N.; Lienert, A.; Mänz, K.; Wilkens, U.: At a Crossroads: Analysis of the Organizational Challenges within the Transformation Path to an IPS^2. In: Procedia CIRP 2014: Product Services Systems and Value Creation. Proceedings of the 6th CIRP Conference on Industrial Product-Service Systems, Elsevier; 2014, S. 326–331.

[ERP07]   Erpenbeck, J.; Rosenstiel, L. v. (Hrsg.): Handbuch Kompetenzmessung. 2. Auflage, Stuttgart: Schäffer-Poeschel, 2007.

[EXT13]   Externbrink, K., Wilkens, U., Lienert, A.: Antecedents to the Successful Coordination of IPS^2 Networks – A Dynamic Capability Perspective on Complex Work Systems in the Engineering Sector. In: The Philosopher's Stone for Sustainability. (Hrsg.): Shimomura, Y.; Kimita, K. Berlin Heidelberg: Springer, 2013, S. 103–108

[FUN12]   Fundin, A.; Witell, L.; Gebauer, H.: Service transition: finding the right position on the goods-to-services continuum. International Journal of Modelling in Operations Management 2 (2012) 1, S. 69–88.

[GEB05]   Gebauer, H.; Fleisch, E; Friedli, T.: Overcoming the Service Paradox in Manufacturing Companies. European Management Journal, 23 (2005) 1, S. 14–26.

[HÖG96]   Högsdal, B.: Planspiele. Der Einsatz von Planspielen in Aus- und Weiterbildung, Bonn, 1996.

[HÖG09]   Höge, B.; Gegusch, R.; Schlatow, S.; Rötting, M.; Seliger, G.: Wissensbasierte Benutzerunterstützung in HLB, Werkstatttechnik online, 151 (2009) 7/8, Springer-VDI-Verlag, S. 544–550.

[JAN09]   Jansen, J. J. P.; Vera, D.; Crossan, M.: Strategic leadership for exploration and exploitation: the moderating role of environmental dynamism. The Leadership Quarterly 20 (2009) 1, S. 5–18.

[JUN03]   Jung, D. I.; Chow, C.; Wu, A.: The role of transformational leadership in enhancing organizational innovation: hypotheses and some preliminary findings. The Leadership Quarterly 14 (2003) 4, S. 535–544.

[KRI00]   Kriz, W.: „Gestalten" von/in Lernprozessen im Training von Systemkompetenz. Gestalt Theory 23 (2000), S. 185–207.

[KRI01]   Kriz, W.: Die Planspielmethode als Lernumgebung, in: Mandl, Heinz/Keller, Christel/ Reiserer, Markus/Geier, Boris (Hrsg.), Planspiele im Internet. Konzepte und Praxisbeispiele für die Aus- und Weiterbildung, Bielefeld, 2001, S. 41–64.

[MÄN13]   Mänz, K; Wilkens, U.; Süße, T.; Lienert, A.: Die Bewältigung hoher Arbeitsanforderungen in HLB. Mitarbeiterkompetenzen als ermöglichender Faktor in HLB-Arbeitsbereichen. Werkstatttechnik online 103 (2013) 7/8, S. 583–588.

[MAR10]   Martinez, V.; Bastl, M.; Kingston, J.; Evans, S.: Challenges in transforming manufacturing organisations into product-service providers. Journal of Manufacturing Technology Management 21 (2010) 4, S. 449–469.

[MAT09]   Matyas K.; Rosteck, A.; Sihn, W: Empirical Study Concerning Industrial Services within the Austrian Machinery and Plant Engineering Industry, Conference Proceedings of the 1st CIRP IPSS Conference, Cranfield, in: Rajkumar, R., Essam, S. (Hrsg.): Industrial Production-Service Systems (IPSS), Cranfield University Press, Cranfield, 2009, S. 40–45.

[MEI07] Meier, H.; Kortmann, D.; Völker, O.: Gestaltung und Erbringung hybrider Leistungsbündel. Werkstatttechnik online, 97 (2007) 7/8, S. 510–515.

[MEI12] Meier, H.; Uhlmann, E. (Hrsg.): Integrierte industrielle Sach- und Dienstleistungen: Vermarktung, Entwicklung und Erbringung hybrider Leistungsbündel Berlin: Springer, 2012.

[MÜL07a] Müller, M.: Integrationskompetenz von Kunden bei individuellen Leistungen: Konzeptualisierung, Operationalisierung und Erfolgswirkung, DUV Gabler, Wiesbaden, 2007.

[MÜL07b] Müller, P.; Blessing, L: Entwicklungsprozesse hybrider Leistungsbündel. Werkstatttechnik online, 97 (2007) 7/8, S. 516–521.

[NEU02] Neuberger, O: Führen und führen lassen. 6. Aufl. Stuttgart, 2002.

[OLI03] Oliva, R.; Kallenberg, R.: Managing the transition from products to services. International Journal of Service Industry Management 14 (2003) 2, S. 160–172.

[ROS01] Rosenstiel, L.; Wastian, M.: Wenn Weiterbildung zum Innovationshemmnis wird: Lernkultur und Innovation. In: Arbeitsgemeinschaft Betriebliche Weiterbildungsforschung, Projekt Qualifikations-Entwicklungs-Management (Hrsg.), Kompetenzentwicklung 2001. Tätigsein – Lernen – Innovation. Münster: Waxmann, 2001, S. 203–246.

[SAD07] Sadek, T.; Müller, P.; Welp, E. G.; Blessing, L.: Integrierte Modellierung von Produkten und Dienstleistungen – Die Konzeptphase im Entwicklungsprozess hybrider Leistungsbündel. 18. Symposium „Design for X", Lehrstuhl für Konstruktionstechnik Erlangen, 2007, S. 171–182.

[SCH99] Schwarzer, R., Jerusalem, M.: Skalen zur Erfassung von Lehrer- und Schülermerkmalen – Dokumentation der psychometrischen Verfahren im Rahmen der wissenschaftlichen Begleitung des Modellversuchs Selbstwirksame Schulen. Freie Universität Berlin, 1999.

[SCH08] Schmitz, G.: Der wahrgenommene Wert hybrider Produkte: Konzeptionelle Grundlagen und Komponenten, in: Bichler, M. et al. (Hrsg.): Multikonferenz Wirtschaftsinformatik 2008, GITO-Verlag, Berlin, S. 665–683.

[SPR95] Spreitzer, G. M.: Psychological empowerment in the workplace: Dimensions, measurement, and validation. Academy of Management Journal 38, 1995, S. 1442–1465.

[STE07] Stegmann, S.; van Dick, R.; Ullrich, J.; Charalambous, J.; Menzel, B.; Egold, N.; Wu, T.: Work design questionnaire – Vorstellung und erste Validierung einer deutschen Version. Zeitschrift für Arbeits- und Organisationspsychologie 54 (2007) 1, S. 1–28.

[SÜS13] Süße, T.; Wilkens, U.; Mänz, K.: Integrating production and services for product-service systems in the engineering sector: The challenge of bridging two organizational paradigms as a question of structures, leadership and competencies. 29th EGOS Colloquium „Bridging Continents, Cultures and Worldviews", Montréal, Canada, 04. – 06. Juli 2013.

[SÜS16a] Süße, T., Voigt, B.-F. & Wilkens, U.: An application of Morgan's images of organization: Combining metaphors to make sense of new organizational phenomena. In: Örtenblad, A., Trehan, K. & Putnam, L. (Eds.): Exploring Morgan's Metaphors: Theory, Research, and Practice in Organizational Studies, SAGE 2016, S.111–137.

[SÜS16b] Süße, T.: Organizing the Integration Demands Across PSS Life Cycles: Towards a Specific form of Improvisation for Creating Customer-specific Solutions. Proceedings of the 8th CIRP Conference on Industrial Product-Service Systems, Elsevier 2016, S. 270–275.

[UDR99] Udris, I.; Riemann, M.: SAA und SALSA – Zwei Fragebögen zur subjektiven Arbeitsanalyse. In: Handbuch psychologischer Arbeitsanalyseverfahren. Schriftenreihe Mensch-Technik-Organisation, Band 14. Hrsg.: Dunckel, H. Zürich: Hochschulverlag AG, 1999, S. 397–420.

[VAN88] Vandermerwe, S.; Rada, J.: Servitization of Business: Adding Value by Adding Services. European Management Journal 6 (1988) 4, S. 314–324.

[WIL06] Wilkens, U.; Keller, H.; Schmette, M.: Wirkungsbeziehungen zwischen Ebenen individueller und kollektiver Kompetenz. Theoriezugänge und Modellbildung, In: Managementforschung Band 16: Management von Kompetenz, Hrsg.: Schreyögg, G.; Conrad, P. Wiesbaden: Gabler, 2006, S. 121–161.

[WIL08]   Wilkens, U.; Gröschke, D.: Kompetenzbeziehung zwischen Individuen, Gruppen und Communities – Empirische Einblicke am Beispiel des Wissenschaftssystems. In: Jahrbuch Strategisches Kompetenz-Management. Hrsg.: Freiling, J., Rasche, C., Wilkens, U. München und Mering: Hampp, 2008, S. 35–67.

[WIL13]   Wilkens, U.; Süße, T.; Mänz, K.; Schiffer, B.; Fabian, G.: Preparing University Graduates for Product-Service Work Environments. In: LNPE 6. Product-Service Integration for Sustainable Solutions, Berlin: Springer, 2013, S. 621–633.

[WIL15]   Wilkens, U.; Sprafke, N.; Voigt, B.-F. (im Druck). Kompetenz 2020: Bewältigung von Änderungsdynamik im Arbeitskontext. Tagungsband der innteract conference „Mensch 2020", Chemnitz: aw&I, 2015.

[WIN06]   Windahl, C.; Lakemond, N.: Developing integrated solutions: the importance of relationships within the network. Industrial Marketing Management 35 (2006) 7, S. 806–818.

Modellierung von IPSS-Geschäftsprozessen mit Prozess-Fraktalen

15

Christian Gabriel und Eckart Uhlmann

15.1 Einleitung

Industrielle Produkt-Service Systeme (IPSS) sind durch die Lösung kundenindividueller Probleme charakterisiert. Diese Nutzenorientierung über den gesamten IPSS-Lebenszyklus setzt voraus, dass ein IPSS auf die mit der Zeit veränderlichen Kundenanforderungen anpassbar sein muss. Da die Kundenbedürfnisse durch eine spezielle Kombination aus Sach- und Dienstleistungsanteilen erfüllt werden, übernimmt der IPSS-Anbieter Prozessverantwortung innerhalb der einzelnen IPSS-Lebenszyklusphasen, die speziell in der Implementierungs-, Betriebs- und Auflösungsphase über das bisher übliche Maß in der Branche des Maschinen- und Anlagenbaus hinausgeht.

Die gesamte Prozessverantwortung in den Phasen der Implementierung, Betrieb und Auflösung wird im Rahmen der zu entwickelnden Methode in einem IPSS-Geschäftsprozess abgebildet. Dieser IPSS-Geschäftsprozess muss für jeden Kunden individuell modelliert, simuliert und ausgeführt werden, so dass sich IPSS-Geschäftsprozesse von klassischen Geschäftsprozessen unterscheiden. Üblicherweise werden Geschäftsprozesse in einzelnen Abschnitten, wie bspw. Angebotserstellung oder Materialbeschaffung, modelliert [STA06], die für unterschiedliche Kunden ohne Veränderung des Ablaufs zum Einsatz kommen. Im Rahmen der zu entwickelnden Methode definiert der IPSS-Anbieter die Übernahme der Verantwortung für die korrekte Durchführung der Aufgaben innerhalb des IPSS-Geschäftsprozesses bereits in der IPSS-Entwicklung durch die Prozessmodellierung und definiert somit die Verpflichtungen, die mit der Kunden-Anbieter-Beziehung

C. Gabriel • E. Uhlmann (✉)
Fachgebiet Werkzeugmaschinen und Fertigungstechnik, Technische Universität Berlin,
Berlin, Deutschland
E-Mail: eckart.uhlmann@iwf.tu-berlin.de

© Springer-Verlag GmbH Deutschland 2017
H. Meier, E. Uhlmann (Hrsg.), *Industrielle Produkt-Service Systeme*,
DOI 10.1007/978-3-662-48018-2_15

einhergehen unter Unsicherheit. Die Bewertung des sich daraus ergebenden Risikos stellt eine Herausforderung für die Etablierung des Ansatzes industrieller Produkt-Service Systeme in Unternehmen dar. Bei der Betrachtung der Implementierungs-, Betriebs und Auflösungsphase kann die Spannweite der Aufgaben sehr hoch sein, für die der IPSS-Anbieter die Verantwortung übernimmt, um die kundenindividuellen Bedürfnisse erfüllen zu können (Abb. 15.1).

Die große Spannweite möglicher Aufgaben resultiert aus den unterschiedlichen Geschäftsmodellausprägungen, die vom Verkauf einer Werkzeugmaschine mit vorgeplanten Dienstleistungsanteilen wie Inbetriebnahme und Schulung über die Garantie der Verfügbarkeit der Werkzeugmaschine bis hin zur Garantie einer Menge von Erzeugnissen, die die Übernahme von Produktionsprozessen durch den IPSS-Anbieter erfordert, reichen. Für die Prozessmodellierung in den Phasen der Planung und Entwicklung wird auf Kap. 3 innerhalb dieses Sammelwerks verwiesen.

Die Zielsetzung der vorzustellenden Methode ist die effiziente Modellierung, Simulation und Ausführung der IPSS-Geschäftsprozesse. Die Effizienz der Modellierung ist von besonderem Interesse, da die Aktivitäten der Modellierung für jeden Kunden durchgeführt werden müssen. Darüber hinaus ermöglicht die Simulation des individuellen IPSS-Geschäftsprozesses u. a. die Beantwortung von Fragestellungen hinsichtlich der entstehenden Kosten, der erzielbaren Verfügbarkeiten von Sachleistungsanteilen sowie der produzierbaren Bauteile in ergebnisorientierten IPSS-Geschäftsmodellen.

Um die formulierte Zielsetzung zu erreichen wird innerhalb dieses Beitrags wie folgt vorgegangen: Zunächst wird die Methode für die IPSS-Geschäftsprozessmodellierung mit dem Einsatz von Prozess-Fraktalen und Konfigurationsparametern unter Berücksichtigung formulierter Anforderungen entwickelt. Anschließend werden die einzelnen Modellierungselemente detailliert ausgestaltet. Anhand des Leitbeispiels dieses Sammelwerks (vgl. Abschn. 1.3) erfolgt eine beschreibende, szenariobasierte Evaluation der Ergebnisse. Das Kapitel schließt mit einer Zusammenfassung, in der die wesentlichen Ergebnisse

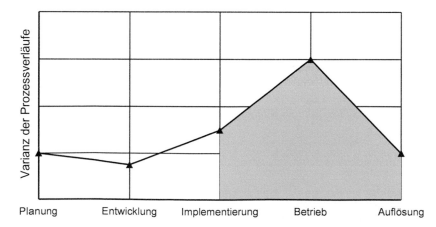

Abb. 15.1 Varianz der Prozessverläufe innerhalb der IPSS-Lebenszyklusphasen

komprimiert aufbereitet werden und ein Ausblick für weiteren Forschungsbedarf und Handlungsbedarf für die industrielle Anwendung der Forschungsergebnisse gegeben wird.

15.2 Methode der IPSS-Geschäftsprozessmodellierung

15.2.1 Anforderungen

15.2.1.1 Methodenorientierte Anforderungen

Für die Entwicklung der Methode werden zunächst Anforderungen definiert, die sich in methodenorientierte und IPSS-orientierte Anforderungen unterteilen lassen. Die methodenorientierten Anforderungen beschreiben übergeordnete Anforderungen, die sich an den Zielgrößen Effizienz, Robustheit sowie Mächtigkeit für Methoden orientieren. Die IPSS-orientierten Anforderungen basieren auf den besonderen Eigenschaften industrieller Produkt-Service Systeme und sichern die Anwendbarkeit der Methode für IPSS-Anbieter ab.

Einsatz wiederverwendbarer Prozess-Fraktale Da die Modellierungsmethodik für jede Kunden-Anbieter-Beziehung durchgeführt werden muss, ist ein effizientes Vorgehen notwendig. Der Einsatz wiederverwendbarer Prozess-Fraktale ermöglicht eine Verkürzung der Modellierungszeit, führt somit zur Erhöhung der Effizienz und ermöglicht eine kostengünstige und reaktionsschnelle Modellierung. Die Wiederverwendung von Prozess-Fraktalen führt zu einer robusteren Prozessmodellierung, da die Wahrscheinlichkeit von Modellierungsfehlern verringert wird. Ein modularer Aufbau führt darüber hinaus zur Sicherung von Erfahrungswissen, da die Prozess-Fraktale im Betrieb sukzessive optimiert werden können. Gleichzeitig wird dem Dilemma subjektiver Prozessmodelle entgegengewirkt, da die Wiederverwendung von Prozessmodellen zur Objektivierung der Prozessmodellierung beiträgt.

Unterstützung der Anwender Die zu entwickelnde Methode muss zum einen den jeweiligen Anwender bei der Modellierung der IPSS-Geschäftsprozesse unterstützen und zum anderen die Kollaboration unterschiedlicher Rollen von Anwendern absichern. Die Unterstützung des jeweiligen Anwenders ist für die Vermeidung von Fehlern notwendig und dient darüber hinaus der effizienten Anwendung der Methode. Für die Vermeidung von Flüchtigkeitsfehlern müssen dem Anwender während der Modellierung automatisch generierte Vorschläge für die Auswahl von Prozess-Fraktalen auf Grundlage der Kundenbedürfnisse oder bereits im IPSS-Geschäftsprozessmodell existierender Prozess-Fraktale zur Verfügung gestellt werden. Ein weiterer Mechanismus für die Anwenderunterstützung ist im Bereich der Kollaboration zu identifizieren. Durch den Bedarf mehrerer Rollen mit unterschiedlichen Kompetenzen, die an der Modellierung beteiligt sind, müssen jeweils die durchzuführenden Aufgaben zugeordnet werden und ein konsistenter Informationsaustausch auf der operativen Ebene zwischen den Rollen sichergestellt werden.

Ausführbarkeit der Prozessmodelle Generell werden Prozessmodelle für unterschiedliche Zwecke eingesetzt [ROS08]. Im Rahmen der zu entwickelnden Methode dienen die zu modellierenden Prozessmodelle der Simulation und Ausführung. Zur Sicherstellung der Effizienz der IPSS-Geschäftsprozessmodellierung insbesondere vor dem Hintergrund der Ausführbarkeit müssen die erstellten Prozessmodelle durch eine Workflow-Engine interpretierbar sein.

Unabhängigkeit Anwendungssystem Die zu entwickelnde Methode soll in der Branche des Maschinen- und Anlagenbaus eingesetzt werden. Für die interdisziplinäre Anwendbarkeit und Interaktivität der beteiligten Netzwerkpartner ist die Unabhängigkeit von einem konkreten Anwendungssystem erstrebenswert. Daraus ergibt sich die Anforderung die Überführung der Geschäftsprozessmodelle in ein Anwendungssystem zu einem möglichst späten Zeitpunkt der Modellierung durchzuführen. Für die Kopplung der Systeme mit standardisierten Schnittstellen kommt ein Austauschformat zum Einsatz.

15.2.1.2 IPSS-orientierte Anforderungen

Neben den methodenorientierten Anforderungen existieren IPSS-orientierte Anforderungen, die in der Folge erarbeitet und beschrieben werden.

Sach- und Dienstleistungsanteile Die Modellierung von IPSS-Geschäftsprozessen bedarf der Berücksichtigung sowohl von Sachleistungsanteilen als auch von Dienstleistungsanteilen. Durch den Prozesscharakter der Dienstleistungen finden sich diese in den Prozessabläufen der jeweiligen Modelle wieder. Darüber hinaus führt die Berücksichtigung von Sachleistungsanteilen zu einer Beeinflussung der IPSS-Geschäftsprozessmodelle. Dies äußert sich unter anderem in variierenden Prozessabläufen, der Modellierung einer spezifischen Dauer für Prozessschritte sowie Wahrscheinlichkeiten an Verzweigungen des Prozessablaufs und unterstreicht die wechselseitige Beeinflussung von Sach- und Dienstleistungsanteilen im Rahmen des Ansatzes industrieller Produkt-Service Systeme.

Netzwerk Eine zentrale Herausforderung bei der Entwicklung und Erbringung industrieller Produkt-Service Systeme besteht in der Integration von Netzwerkpartnern [VÖL12]. Die zu entwickelnde Methode muss daher die Möglichkeit bieten die Netzwerkpartner innerhalb der IPSS-Geschäftsprozessmodelle abzubilden. Somit wird die Voraussetzung für die explizite Modellierung der Kommunikationsflüsse zwischen den Netzwerkpartnern in den Lebenszyklusphasen Implementierung, Betrieb und Auflösung geschaffen und das Methodenergebnis fungiert als Kollaborationsplattform für das gesamte IPSS-Netzwerk.

Kundenindividualität Die Motivation industrieller Produkt-Service Systeme besteht in dem Angebot von Leistungen für die Lösung kundenindividueller Probleme. Demzufolge müssen die IPSS-Geschäftsprozesse auf das Nutzenversprechen ausgerichtet sein. Der zentrale Ansatz der Kundenindividualität führt zu zwei Herausforderungen, die bei der IPSS-Planung und IPSS-Entwicklung berücksichtigt werden müssen und denen durch die im Rahmen dieser Arbeit zu entwickelnde Methode begegnet wird. Zum einen benötigt jeder Kunde einen individuellen IPSS-Geschäftsprozess, der darüber hinaus in seinem zeitlichen Auftreten und Ablauf variiert (Abb. 15.2).

Zum anderen müssen diese Verläufe in Abhängigkeit von sich verändernden Kunden-anforderungen anpassbar sein und die Möglichkeit von Flexibilitätsoptionen oder Weiter-entwicklungen bieten.

Lebenszyklusorientierung Industrielle Produkt-Service Systeme müssen die Kundenan-forderungen über den gesamten IPSS-Lebenszyklus erfüllen und Flexibilitätsoptionen sowie Weiterentwicklungen ermöglichen. Dafür muss der IPSS-Anbieter durch die zu entwickelnde Methode die gesamte Prozessverantwortung von sich und den anderen Netz-werkpartnern abbilden können. Somit stellen die IPSS-Geschäftsprozesse alle kunden-individuellen Informationen durch die Ablauf- und Aufbauorganisation über den gesamten Lebenszyklus hinweg im Sinne eines integrierten Produktmodells dar. Die Darstellung über den gesamten Lebenszyklus schafft für die Mitarbeiter und Projektbeteiligte eine bessere Transparenz und Nachvollziehbarkeit der durchzuführenden Prozesse. Darüber hinaus ermöglicht die Darstellung eine Nachvollziehbarkeit der Erbringung und somit die Generierung von Erfahrungswissen für die Entwicklung zukünftiger Kunden-Anbieter-Beziehungen.

Simulation der IPSS-Geschäftsprozessmodelle Die Erbringung industrieller Produkt-Service Systeme geht mit der Übernahme von Prozessverantwortung des IPSS-Anbieters einher. Bereits in den frühen Phasen der IPSS-Planung und IPSS-Entwicklung muss diese lebenszyklusübergreifende Prozessverantwortung spezifiziert werden. Darüber hinaus zeichnen sich industrielle Produkt-Service Systeme durch die Integration des Kunden in der Erbringung aus. Diese beiden Punkte führen zu Unsicherheit, mit der der IPSS-An-bieter umgehen muss. Im Rahmen der Methode der IPSS-Geschäftsprozessmodellierung

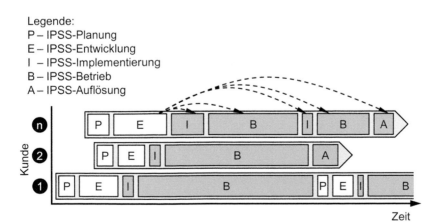

Abb. 15.2 Beispielhafte IPSS-Geschäftsprozessverläufe

sollen die entwickelten Modelle simuliert werden können. Somit sollen bereits in der frühen Phase der Kunden-Anbieter-Beziehung die Aufwände für den IPSS-Anbieter, bspw. der Ressourceneinsatz bei der Prozessausführung, sichtbar werden. Gleichzeitig soll der Kundennutzen, bspw. anhand von produzierten Stückzahlen oder Verfügbarkeiten von Sachleistungsanteilen, bereits in der IPSS-Entwicklung szenariobasiert quantifiziert werden und somit eine Unterstützung für den IPSS-Vertrieb ermöglichen.

15.2.2 Aktivitäten

Die Aktivitäten im Rahmen der IPSS-Geschäftsprozessmodellierung werden in Analogie zu den Phasen des Multi-Projektmanagements definiert (Abb. 15.3). Zu Beginn der Kunden-Anbieter-Beziehung werden die Kundenstammdaten von Neukunden erfasst oder aktualisiert sofern es sich um Bestandskunden handelt. Da IPSS immer der Lösungsfindung für bestehende Herausforderungen des Kunden dienen, müssen initiale Informationen

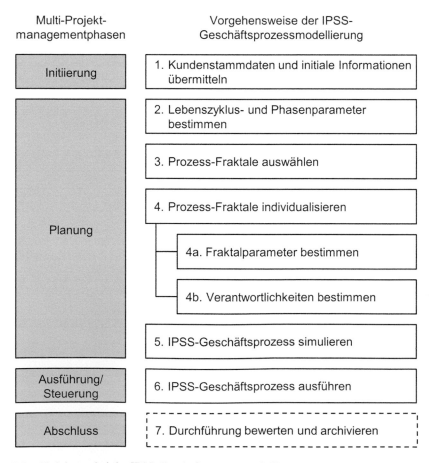

Abb. 15.3 Aktivitäten bei der IPSS-Geschäftsprozessmodellierung

ausgetauscht werden, die die vorherrschenden Herausforderungen charakterisieren. Im Fall eines ergebnisorientierten IPSS-Geschäftsmodells kann es sich dabei um Zeichnungen von herzustellenden Bauteilen handeln oder im verfügbarkeitsorientierten IPSS-Geschäftsmodell um Informationen, wo das IPSS betrieben werden soll und wie die Zugangsbestimmungen für den Betriebsort sind.

Nachdem die initialen Informationen bekannt sind, erfolgt die Modellierung des IPSS-Geschäftsprozesses. Dabei wird der Anwender durch eine Datenbank unterstützt, in der die Prozess-Fraktale und Konfigurationsparameter mit den Typen Lebenszyklusparameter, Phasenparameter und Fraktalparameter gespeichert sind. Darüber hinaus ermöglicht diese Datenbank die Zuordnung der Prozess-Fraktale und Attribuierung der Konfigurationsparameter für die jeweiligen Kunden. Bei der Auswahl der Prozess-Fraktale wird der Anwender durch Regeln unterstützt.

Die Modellierung eines IPSS-Geschäftsprozesses beginnt durch die Instanziierung der Lebenszyklus- und Phasenparameter. Die Lebenszyklusparameter definieren etwaige Flexibilitätsoptionen, die innerhalb des IPSS-Lebenszyklus Weiterentwicklungen notwendig machen und demzufolge während des Betriebs eine weitere Implementierung erfordern und bestimmen den Startzeitpunkt des IPSS-Geschäftsprozesses. Die Phasenparameter beziehen sich auf die einzelnen IPSS-Lebenszyklusphasen und definieren bspw. das gewünschte IPSS-Geschäftsmodell oder den Aufstellort der Sachleistungsanteile.

Nachdem die IPSS-Lebenszyklusphasen angelegt sind, werden diese mit notwendigen Prozess-Fraktalen gefüllt und die Prozess-Fraktale in eine sinnvolle Abfolge gebracht. Für jedes einzelne Prozess-Fraktal werden Fraktalparameter ausgewählt und die Verantwortlichen für die innerhalb der Prozess-Fraktale auszuführenden Aufgaben bestimmt. Dadurch erfolgt die Anpassung der Prozess-Fraktale an die kundenindividuellen Anforderungen.

Die Auswahl und Konfiguration der Prozess-Fraktale innerhalb der einzelnen IPSS-Lebenszyklusphasen führt zu einem phasenübergreifenden IPSS-Geschäftsprozess, der im Anschluss simuliert werden kann. Dabei erfolgt die Beantwortung der Frage inwieweit der modellierte IPSS-Geschäftsprozess die Kundenanforderungen erfüllt und aus Sicht des IPSS-Anbieters unter wirtschaftlich vertretbaren Randbedingungen durchgeführt werden kann. Im Rahmen der Simulation können Anpassungen notwendig werden, die anschließend zu einem optimierten IPSS-Geschäftsprozess führen. Dieser optimierte IPSS-Geschäftsprozess wird freigegeben und ausgeführt und stellt die Basis für die Zusammenarbeit der beteiligten IPSS-Netzwerkpartner dar. Die Bewertung der durchgeführten und archivierten IPSS-Geschäftsprozesse ist für die Informationsgewinnung möglich, wird aber im Rahmen dieses Kapitels nicht näher betrachtet.

15.2.3 Rollen

Für die Anwendung der Methode der IPSS-Geschäftsprozessmodellierung sind unterschiedliche Rollen innerhalb der Unternehmen der IPSS-Netzwerkpartner notwendig. Im direkten Kundenkontakt identifiziert die Rolle „Vertrieb" die Herausforderungen innerhalb des Kundenunternehmens und die dafür geeigneten Leistungspotenziale des IPSS-

Anbieters. Diese Rolle benötigt die Fähigkeit innerhalb eines begrenzten Zeitraums die Kundenbedürfnisse zu identifizieren und mit Hilfe der vorhandenen Prozess-Fraktale einen Lösungsansatz abzubilden. Sollte die beim Kunden bestehende Herausforderung nicht mit den vorhandenen Prozess-Fraktalen zu lösen sein, muss die Rolle „Prozessmodellierung" ein geeignetes Prozess-Fraktal modellieren. Dafür ist eine enge Interaktion mit der Rolle „Ingenieur" notwendig, die das Know-how über die fachliche Gestaltung von Prozess-Fraktalen und Konfigurationsparametern unter Berücksichtigung der technischen Rahmenbedingungen besitzt.

Nach der Modellierung des gesamten IPSS-Geschäftsprozesses zur Lösung einer kundenindividuellen Herausforderung führt die Rolle „Simulation" die Simulation des IPSS-Geschäftsprozesses durch. Dafür sind Kenntnisse über bereits ausgeführte IPSS-Geschäftsprozesse zur Ermittlung der geeigneten Simulationsparameter notwendig. Etwaige Anpassungen des IPSS-Geschäftsprozesses, die auf Grundlage der durchgeführten Simulation notwendig werden, müssen unter Umständen bis zur Rolle „Vertrieb" abgestimmt werden. Die Simulationsergebnisse der IPSS-Geschäftsprozesse werden der Rolle „Leitung" mit der Bitte um Freigabe vorgelegt. Die Verbesserungsvorschläge müssen für das Erlangen der Freigabe anschließend eingearbeitet werden. Ist der IPSS-Geschäftsprozess von der Rolle „Leitung" freigegeben, kann dieser gestartet werden.

15.2.4 Einordnung in den IPSS-Lebenszyklus

Die Anwendung der Methode soll für die Operationalisierbarkeit innerhalb einer Kunden-Anbieter-Beziehung in den IPSS-Lebenszyklus und die IPSS-Lebenszyklusphasen eingeordnet werden. Dieser IPSS-Lebenszyklus wurde im von der Deutschen Forschungsgemeinschaft (DFG) geförderten Sonderforschungsbereich Transregio 29 (SFB/TR29) „Engineering hybrider Leistungsbündel" entwickelt und dient als Integrationsplattform aller entwickelten Methoden und Werkzeuge innerhalb der einzelnen Teilprojekte des SFB/TR29. Die Einordnung der im Rahmen dieses Kapitels zu entwickelnden Methode soll die vorhandenen Schnittstellen innerhalb dieses Sammelwerks aufzeigen (Abb. 15.4).

Die Modellierung und Simulation der IPSS-Geschäftsprozesse findet in den Phasen der IPSS-Planung und IPSS-Entwicklung statt. Der erste Kundenkontakt in der IPSS-Planung ist durch den Abgleich der identifizierten Herausforderungen auf Kundenseite und möglichen Lösungsansätzen des IPSS-Anbieters charakterisiert. Da der Ansatz industrieller Produkt-Service Systeme innerhalb der Wertschöpfungsketten des Maschinen- und Anlagenbaus nicht etabliert ist, kommt dem Abbau kundenseitiger Vorbehalte vor einer langfristigen Kunden-Anbieter-Beziehung eine zentrale Bedeutung zu. Für die skizzierten Fragestellungen wurde im Rahmen des IPSS-Vertriebs eine Methode für die Kundenanalyse entwickelt, deren Ergebnisse in einem IPSS-Kompass sichtbar gemacht werden können (Kap. 2) [RES09]. Auf diesen erzielten Ergebnissen basiert die Methode der IPSS-Geschäftsprozessmodellierung, da somit die initialen Informationen für den Beginn der Modellierung vorliegen. Im Anschluss an die Kundenanalyse folgt die IPSS-

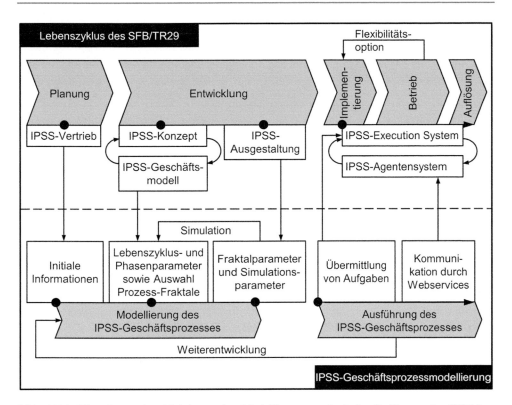

Abb. 15.4 Einordnung der Aktivitäten der Modellierungsmethode in die Phasen des IPSS-Lebenszyklus

Entwicklungsphase, die in Konzeption und Ausgestaltung unterteilt werden kann. Die IPSS-Konzeptentwicklung zeichnet sich dadurch aus, dass bei der Generierung von Prinziplösungen durch sowohl Sach- als auch Dienstleistungsanteile ein größerer Lösungsraum existiert und die Prinziplösungen durch die Integration von IPSS-Netzwerkpartnern erarbeitet werden müssen. Somit muss der Prozess der IPSS-Konzeptentwicklung methodisch unterstützt werden, um ein optimiertes IPSS-Konzept entwickeln zu können (Kap. 4) [SAD09].

Iterativ zu den erarbeiteten Konzepten werden die zugrunde liegenden dynamischen IPSS-Geschäftsmodelle im sogenannten Business Model Engineering methoden- und modellbasiert gestaltet und analysiert (Kap. 13) [BOß14]. Aus der Konzeptionsphase resultiert die initiale Auswahl von Prozess-Fraktalen auf Basis des IPSS-Konzepts sowie die erste mögliche Auswahl von Konfigurationsparametern, bspw. der Ausprägung des IPSS-Geschäftsmodells. Auf Grundlage des erarbeiteten IPSS-Konzepts erfolgt die Ausgestaltung (Kap. 5). Dabei werden industrielle Produkt-Service Systeme durch das IPSS-Assistenzsystem [UHL12b] und die Generierung und Modellierung der Dienstleistungsanteile (Kap. 6) [LAU12] integriert entwickelt. Die Gestaltung der Sach- und Dienstleistungsanteile ermöglicht die weitere Konkretisierung von Konfigurationsparametern innerhalb der IPSS-Geschäftsprozessmodellierung sowie die Angabe von Simulationsparametern, bspw. für Wartungsmaßnahmen. Der Abschluss der IPSS-Entwicklung bildet gleichzeitig den Abschluss der IPSS-Geschäftsprozessmodellierung. Anschließend erfolgt die Simulation des IPSS-Geschäftsprozesses für die Beantwortung der Fragestellung inwieweit dieser Prozess die Kundenbedürfnisse erfüllt und mit den Zielen des IPSS-Anbieters vereinbar ist. Sollte dabei Optimierungspotenzial identifiziert werden, wird das entwickelte IPSS angepasst.

In den Phasen IPSS-Implementierung, IPSS-Betrieb und IPSS-Auflösung stellt der durch eine Workflow-Engine ausgeführte IPSS-Geschäftsprozess die Kollaborationsplattform der beteiligten IPSS-Netzwerkpartner dar. Für das beteiligte Personal findet die Zuordnung von Aufgaben zur Laufzeit des IPSS-Geschäftsprozesses statt. Im Rahmen des IPSS-Execution Systems ist eine Methode für die Ressourceneinsatzplanung implementiert [MEI13]. Dafür benötigt das System die Informationen der durchzuführenden Erbringungsprozesse aus dem IPSS-Produktmodell. Das Workflow-Management-System, das den IPSS-Geschäftsprozess ausführt, kann die Informationen aller auszuführenden IPSS-Geschäftsprozesse für die jeweiligen Kunden an das IPSS-Execution System übermitteln, das auf Grundlage dieser Informationen die Erbringungsprozesse einplant und die Zuweisung von Ressourcen vornimmt (Kap. 7).

Die Automatisierung des Betriebs industrieller Produkt-Service Systeme erfordert sowohl die Berücksichtigung der Sach- als auch der Dienstleistungsanteile. Um diese Anforderung sicherzustellen wurde innerhalb des SFB/TR29 ein Agentensystem entwickelt, das alle beteiligten Akteure und Systeme bei der Erbringung eines IPSS integriert (Kap. 10) [UHL13]. Aufgaben innerhalb des IPSS-Geschäftsprozesses, die automatisiert durchgeführt werden können, werden über eine durch Webservices implementierte Schnittstelle zwischen Workflow-Management-System und IPSS-Agentensystem direkt aufgerufen.

In der Phase des IPSS-Betriebs dient das IPSS der Problemlösung beim Kunden durch den IPSS-Anbieter und den Netzwerkpartnern. SADEK [SAD09] weist dem IPSS eine robuste Leistungsbasis zu, die als Mikro-Regelkreis aufgefasst werden kann, welcher die Fähigkeit besitzt ohne äußeren Eingriff auf Störgrößen zu reagieren. Diese Fähigkeit ist innerhalb des IPSS-Geschäftsprozesses abgebildet und repräsentiert ein funktionierendes IPSS. Die Reaktion auf bestimmte exogene Faktoren kann mit sogenannten Flexibilitätsoptionen in der IPSS-Planung und IPSS-Entwicklung berücksichtigt werden und die Leistungsbasis wiederherstellen. Da die Leistungsbasis jedoch nicht in der Lage ist auf sämtliche einwirkenden endogenen und exogenen Faktoren selbstständig zu reagieren, existiert ein weiterer Mechanismus, der dann zur Anwendung kommt und einen zusätzlichen Makro-Regelkreis erforderlich macht. In diesem Fall muss der IPSS-Geschäftsprozess unter Berücksichtigung der neu identifizierten Einflussfaktoren weiterentwickelt werden und den gesamten Prozess der IPSS-Geschäftsprozessmodellierung erneut durchlaufen. Somit wird die Berücksichtigung der sich veränderten Kundenanforderungen sichergestellt. Allerdings ist dieses Vorgehen in der initialen Planung des IPSS-Geschäftsprozesses nicht bekannt gewesen, so dass die daraus resultierenden Aufwendungen in der ursprünglichen Kalkulation nicht vorhanden sind. Dementsprechend müssen die einzuleitenden Maßnahmen zwischen IPSS-Anbieter und Kunden abgestimmt und ggf. erneut verhandelt werden.

15.3 Gestaltung der IPSS-Geschäftsprozessmodellierung

15.3.1 Prozess-Fraktale

15.3.1.1 Fraktale Fabrik

WARNECKE [WAR92] beschreibt den Ansatz der Fraktalen Fabrik und formuliert damit den Anspruch neuentstehende Anforderungen an die Leitlinien der Unternehmensorganisation, Mitarbeiterführung und Produktionsstruktur in Folge einer turbulenten, komplexeren Welt zu erfüllen. Die entwickelten Methoden wie strategische Allianzen, Reduzierung der Komplexität, Konzentration der Kerngebiete, Senkung der Fertigungstiefe, Gemeinkosten-Wertanalyse, Segmentierung, Bildung von Fertigungszellen, Gruppenarbeit oder schlankes Management sollen in einer ganzheitlichen Denkweise zusammengefasst werden. Dabei geht es zunächst um die Wahrnehmung der Notwendigkeit einer mentalen Veränderung, die sich in dem Ansatz der Fraktalen Fabrik äußert. Fraktale, angelehnt an die mathematische Beschreibung von Organismen und Gebilden in der Natur, stellen Bausteine dar, die mit wenigen, sich wiederholenden Instanzen sehr vielfältige komplexe, aber aufgabenange-passte Lösungen realisieren. Demzufolge stellt das Fraktal eine selbstständig agierende Unternehmenseinheit dar, deren Ziele und Leistungen eindeutig beschreibbar sind. Somit wird das Fraktal zum zentralen Gestaltungselement in Unternehmen. Die Vieldimensionalität des vorgestellten Ansatzes spiegelt sich in den Eigenschaften der Fraktale wider (Tab. 15.1).

ZAHN ET AL. [ZAH97] konkretisieren im Rahmen ihrer Forschungsaktivitäten das Modell eines Fraktals als Organisationseinheit in der Fraktalen Fabrik. Zur Konkretisierung der strukturellen Selbstähnlichkeit wurde der innere Aufbau der Fraktale durch die Elemente Leistungsnachfrage, Leistungsangebot, Leistungspotenzial, Entwicklungsraum und Führung charakterisiert. Weiterhin spiegelt das Leistungspotenzial eines Fraktals das Vorhandensein

Tab. 15.1 Eigenschaften von Fraktalen nach Warnecke [WAR92]

Eigenschaft	Erklärung
Selbstähnlichkeit	Die Selbstähnlichkeit bezieht sich sowohl auf die strukturellen Eigenschaften, als auch auf die Formulierung und Verfolgung von Zielen. Die Vielfalt denkbarer Lösungen äußert sich in identischen Zielen sowie Ein- und Ausgangsgrößen mit unterschiedlicher interner Struktur.
Selbstorganisation	Unterschiedliche Fraktale setzen unterschiedliche Methoden ein, um operativ die Abläufe optimal zu organisieren.
Selbstoptimierung	Die taktische und strategische Ebene ermöglicht einen dynamischen Strukturierungsprozess, um Fraktale zu verändern, zu erstellen oder aufzulösen und somit den wandelnden Anforderungen gerecht zu werden.
Zielorientierung	Das Zielsystem ist widerspruchsfrei und dient der Erreichung der Unternehmensziele.
Dynamik	Fraktale müssen Vitalität aufweisen, um adaptiv auf jeweilige Umgebungseinflüsse reagieren zu können.

von Ressourcen, Fähigkeiten, Kompetenzen, Verantwortlichkeiten, Qualifikationen und Informationen zu einem bestimmten Zeitpunkt wider [ZAH97]. Obwohl das Spektrum der zu
verrichtenden Arbeit eines Fraktals durch die Extremausprägungen einer Arbeitsweise mit
tayloristischer Prägung bis hin zu wissensintensiven Aktivitäten charakterisiert ist, kann dieser innere Aufbau die Fraktale dennoch ausreichend beschreiben.

Die Organisation der Fraktale zur optimalen Ablaufsteuerung ist einem Spannungsfeld
aus Selbst- und Fremdorganisation unterworfen. Die Selbstorganisation ist demnach nicht
als Autonomie zu verstehen, sondern findet unter Berücksichtigung bestimmter Regeln
statt, die zentral definiert werden und mit den Unternehmenszielen in Einklang stehen.
Dementsprechend verhält es sich mit der Selbstoptimierung, die unter Einhaltung bestimmter Randbedingungen erfolgen kann. Demzufolge ist eine zentrale Führung für den
Ansatz der Fraktalen Fabrik nicht überflüssig, sondern von zentraler Bedeutung [ZAH97].

Bereits bei der Vorstellung des Ansatzes wurde die Idee der Gestaltung eines Unternehmens aus selbstständig agierenden Unternehmenseinheiten relativiert. WARNECKE
[WAR92] beschreibt bestimmte Aufgabentypen, bei denen die Dezentralisierung nicht
realisierbar sei. Darunter fallen bspw. Aufgaben, bei denen auf Spezialwissen zurückgegriffen werden muss, das nicht innerhalb eines Fraktals vorgehalten werden kann.

Bis heute ist die vollständige praktische Anwendung der Fraktalen Fabrik ausgeblie-
ben. Einzelne Aspekte, wie dezentrale Organisationsstrukturen sind darüber hinaus nicht
trennscharf von Gruppenorganisationen abzugrenzen. Dennoch wird dem Ansatz das Ver-
dienst zugesprochen, einen großen Beitrag für die Weiterentwicklung industrieller Unternehmen hin zu dezentralen und flexiblen Strukturen der Fabriken geleistet zu haben
[SYS06]. Dementsprechend wurde WARNECKE in seiner ursprünglichen Zielsetzung bei
der Vorstellung des Ansatzes bestätigt, da er das Bewusstsein für notwendige Veränderungen schuf.

15.3.1.2   Aufbau

Im Rahmen der Methodik für die IPSS-Geschäftsprozessmodellierung werden Prozess-
Fraktale eingesetzt, um den Modellierungsaufwand zu reduzieren (Abb. 15.5). Der standardisierte Aufbau der Prozess-Fraktale ermöglicht die kundenindividuelle Auswahl und
Attribuierung der Prozess-Fraktale für einen IPSS-Geschäftsprozess und verringert somit,
nach der initialen Entwicklung der Prozess-Fraktale, den Modellierungsaufwand.

Die Analogie der Prozess-Fraktale zu den Fraktalen der Fraktalen Fabrik basiert auf
dem generischen Aufbau eines Prozess-Fraktals und dessen Ähnlichkeit zu den Eigen-

Abb. 15.5 Generischer
Aufbau eines Prozess-Fraktals

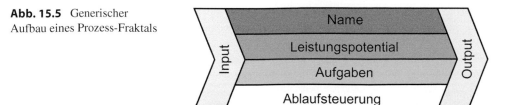

schaften, die in Tab. 15.1 erläutert wurden. Prozess-Fraktale weisen eine selbstähnliche Struktur auf, da sie immer durch den Namen, das Leistungspotenzial, die Aufgaben, der Ablaufsteuerung sowie der In- und Outputs beschrieben werden. Die Selbstorganisation entsteht durch die Aufgaben und deren Ablaufsteuerung, die bei der Auswahl des Prozess-Fraktals für einen IPSS-Geschäftsprozess nicht verändert sondern nur durch spezifische Konfigurationsparameter attribuiert werden. Demzufolge ist es möglich, die Prozess-Fraktale losgelöst vom Anwendungsfall zu optimieren und in laufenden oder neu zu entwickelnden IPSS-Geschäftsprozessen einzusetzen. Neben den In- und Outputs zur Anordnung der Prozess-Fraktale bestimmt das Leistungspotenzial die Einsatznotwendigkeit im Rahmen eines IPSS-Geschäftsprozesses, was somit zu einer eindeutigen Zielorientierung der Prozess-Fraktale führt. Die Dynamik der Prozess-Fraktale entsteht durch die Möglichkeiten von situationsabhängigen Verzweigungen im Rahmen der Ablaufsteuerung sowie der kundenindividuellen Attribuierung.

15.3.2 Konfigurationsparameter

15.3.2.1 Einführung

Für den kundenindividuellen Einsatz von allgemeingültigen Prozess-Fraktalen entsteht das Dilemma, dass der Anpassungsbedarf der Prozess-Fraktale vom Detaillierungsgrad der modellierten Prozess-Fraktale abhängt. Erfüllen Prozess-Fraktale spezifische Kundenanforderungen ohne einen Anpassungsbedarf, sind sie für diesen Kunden einsetzbar. Für weitere Kunden ist dieses Prozess-Fraktal wahrscheinlich ungeeignet, so dass sich die Allgemeingültigkeit dieser Prozess-Fraktale verschlechtert. Mit der Erhöhung der Allgemeingültigkeit wird der mögliche Kundenkreis für das jeweilige Prozess-Fraktal erhöht, die Heterogenität der Anforderungen, die durch industrielle Produkt-Service Systeme erfüllt werden müssen, führt aber zu einem kundenindividuellen Anpassungsbedarf. Ein Ausweg aus dem Dilemma ist durch konfigurierbare Prozessmodelle gegeben [BEC02]. Der Einsatz von konfigurierbaren Prozessmodellen erhöht die Effizienz der kundenindividuellen IPSS-Geschäftsprozessmodellierung. Durch Konfigurationsparameter sind Regeln gegeben, wie sich der Ablauf der Tätigkeiten innerhalb der Prozess-Fraktale in Abhängigkeit gewählter Ausprägungen von Konfigurationsparametern verändert, welche Prozess-Fraktale überhaupt zum Einsatz kommen müssen und wie die IPSS-Lebenszyklusphasen für einen kundenindividuellen IPSS-Geschäftsprozess angeordnet und ausgeführt werden.

Unter Berücksichtigung des Geltungsbereichs können die Konfigurationsparameter in die drei Kategorien Lebenszyklus-, Phasen- sowie Fraktalparameter eingeteilt werden (Abb. 15.6).

Die Lebenszyklusparameter werden in der frühen Phase der Modellierung definiert und gelten über den gesamten IPSS-Geschäftsprozess. Die Ausprägungen der Phasenparameter werden für jede einzelne IPSS-Lebenszyklusphase definiert, nachdem im Rahmen der IPSS-Entwicklung bereits konkretere Informationen über die Eigenschaften des IPSS erarbeitet wurden. Sie gelten für alle Prozess-Fraktale innerhalb einer IPSS-Lebenszyklusphase.

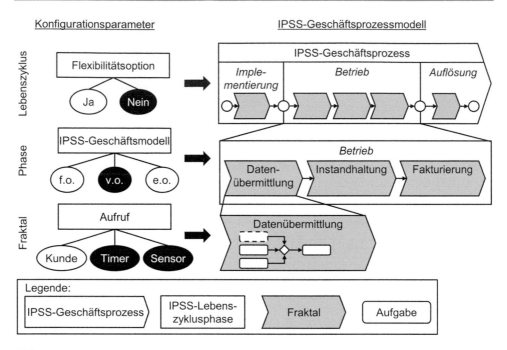

Abb. 15.6 Geltungsbereich der Konfigurationsparameter

Ausprägungen der Fraktalparameter sind nur für eine Instanz eines Prozess-Fraktals gültig. Die Bezeichnung und mögliche Ausprägungen der Konfigurationsparameter sind für jedes Prozess-Fraktal individuell. Im Folgenden werden die Konfigurationsparameter und die davon abgeleiteten Konsequenzen für die IPSS-Geschäftsprozessmodelle beschrieben.

15.3.2.2 Lebenszyklusparameter
Für jede Kunden-Anbieter-Beziehung werden zu Beginn der Modellierung die Ausprägungen der beiden Lebenszyklusparameter Start des IPSS-Geschäftsprozesses und Anzahl der Flexibilitätsoptionen bestimmt (Abb. 15.7).

Die Ausprägungen der globalen Konfigurationsparameter sind notwendig, um die Struktur des IPSS-Geschäftsprozesses zu definieren. Das Datum für den Start des IPSS-Geschäftsprozesses bestimmt den Zeitpunkt, an dem die IPSS-Entwicklung abgeschlossen ist und die IPSS-Implementierungsphase beginnt. Alle zeitlichen Angaben im Rahmen der Prozesssimulation basieren auf Berechnungen von diesem Termin aus. Die zweite Wirkung der globalen Konfigurationsparameter auf den IPSS-Geschäftsprozess ergibt sich durch die Anzahl der Flexibilitätsoptionen. Die Ausprägung dieses Parameters bestimmt die initiale Anordnung der IPSS-Lebenszyklusphasen. Über den zeitlichen Verlauf einer Kunden-Anbieter-Beziehung können sich Rahmenbedingungen beim Kunden verändern. Sind das Rahmenbedingungen, die bereits während der IPSS-Geschäftsprozessmodellierung bekannt sind, können sogenannte Flexibilitätsoptionen

Abb. 15.7 Lebenszyklusparameter und deren
Ausprägungsmöglichkeiten

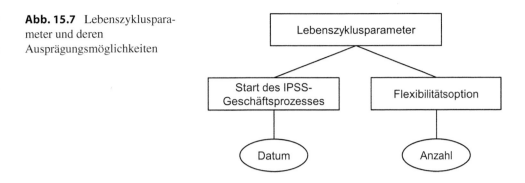

geplant und in der Betriebsphase durchgeführt werden. Die Flexibilitätsoptionen können zu einem vereinbarten Zeitpunkt, auf Kundenwunsch oder durch ein bestimmtes
Ereignis in Kraft treten. Als Konsequenz der Inanspruchnahme von Flexibilitätsoptionen wird die Betriebsphase unterbrochen, in einer Implementierungsphase bereits entwickelte Anpassungen vorgenommen, und mit einem veränderten IPSS in einer weiteren
Betriebsphase fortgesetzt.

15.3.2.3 Phasenparameter

Die Bestimmung der Ausprägung der Konfigurationsparameter vom Typ Phasenparameter
erfolgt für jede Lebenszyklusphase innerhalb des IPSS-Geschäftsprozesses. Dabei existieren
die drei möglichen Phasenparameter IPSS-Geschäftsmodell, Endzeitpunkt der Lebenszyklusphase sowie Betriebsort des Sachleistungsanteils mit ihren jeweiligen Ausprägungsmöglichkeiten (Abb. 15.8). Konfigurationsparameter des Typs Phasenparameter
wirken durch zwei Mechanismen auf die Modellierung und Ausführung eines IPSS-
Geschäftsprozesses. Zum einen ermöglichen sie die Generierung von Vorschlägen für die
Berücksichtigung von Prozess-Fraktalen innerhalb der Lebenszyklusphase bei der Nutzung
der Datenbank und zum anderen steuern sie die Prozessabläufe innerhalb der Prozess-
Fraktale dieser Lebenszyklusphase in der Prozessausführung. Die skizzierte Funktionsweise
soll am Beispiel des Phasenparameters IPSS-Geschäftsmodell für eine Betriebsphase und
das Prozess-Fraktal Fakturierung verdeutlicht werden (Tab. 15.2).

Wird der Phasenparameter mit der Ausprägung „funktionsorientiert" spezifiziert, führt
diese Auswahl zu keiner Auswirkung bei der Auswahl der Prozess-Fraktale. Innerhalb des
Prozess-Fraktals Fakturierung erfolgt die Rechnungsstellung direkt nach der Leistungserbringung. Für den Fall der Ausprägung „verfügbarkeitsorientiert" schlägt die Datenbank
die Berücksichtigung des Prozess-Fraktals Instandhaltung in der Betriebsphase vor. Darüber hinaus wird die Fakturierung monatlich auf Grundlage der erzielten Verfügbarkeit
durchgeführt. Bei der Auswahl „ergebnisorientiert" visualisiert das System den Vorschlag
das Prozess-Fraktal Fertigung in der Betriebsphase zu nutzen. In diesem Fall erfolgt die
monatliche Rechnungsstellung auf Grundlage der produzierten Erzeugnisse.

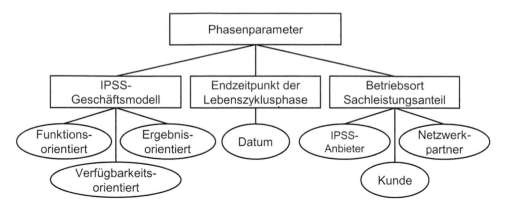

Abb. 15.8 Phasenparameter und deren Ausprägungensmöglichkeiten

Tab. 15.2 Auswirkung des Phasenparameters IPSS-Geschäftsmodell für die Betriebsphase

Ausprägung	Auswirkung auf die Auswahl der Prozess-Fraktale	Auswirkung auf den Ablauf innerhalb des Prozess-Fraktals
Funktionsorientiert	Keine Auswirkung	Rechnungsstellung nach Erbringung der Leistung
Verfügbarkeitsorientiert	Instandhaltung in der Betriebsphase	Monatliche Rechnungsstellung auf Grundlage der Verfügbarkeit
Ergebnisorientiert	Fertigung in der Betriebsphase	Monatliche Rechnungsstellung auf Grundlage der produzierten Erzeugnisse

15.3.2.4 Fraktalparameter

Jedes Prozess-Fraktal besitzt eine unterschiedliche Anzahl an Fraktalparametern, deren Ausprägung für jede Instanz festzulegen ist. Auf Grundlage der gewählten Parameterausprägungen erfolgt die Steuerung des Prozessablaufs innerhalb der Prozess-Fraktale, so dass diese Parameter die Individualisierung der IPSS-Geschäftsprozesse unterstützen. Die Ausprägungen der Fraktalparameter können entweder vom Typ Zahl sein, bspw. bei der Angabe der herzustellenden Stückzahl des Prozess-Fraktals Fertigung oder vom Typ Auswahl, in dem Ausprägungsmöglichkeiten vordefiniert sind, bspw. beim Fraktalparameter Fertigungstyp und dessen Ausprägungsmöglichkeiten Einzel-, Serien- oder Massenfertigung. Die absolute Anzahl dieser Fraktalparameter ist zu umfangreich, um sie im Rahmen dieses Kapitels explizit zu benennen.

15.4 Anwendung

Die entwickelte Methode soll an einer beispielhaften Kunden-Anbieter-Beziehung in der Branche der Mikroproduktionstechnik angewendet werden. Bei der Herstellung von Mikrobauteilen existieren Eintrittsbarrieren, da die Beschaffung sehr genauer Werkzeugmaschinen mit hohen Investitionen einhergeht und Kunden mit geringen

Erfahrungswerten die Leistungsfähigkeit der Werkzeugmaschinen unter Umständen gar nicht ausschöpfen können [UHL12a]. Innerhalb des fiktiven Szenarios möchte das Kundenunternehmen Omichron Uhrwerkplatten in einer Serienfertigung herstellen und ist sich den Eintrittsbarrieren der Mikrofräsbearbeitung bewusst. Das Unternehmen MicroS+ entwickelt als IPSS-Anbieter Lösungen im Maschinen- und Anlagenbau und ist auf Mikrofräsmaschinen spezialisiert.

15.4.1 Kundenstammdaten und initiale Informationen übermitteln

Im Rahmen eines Meetings identifiziert die Rolle „Vertrieb" von MicroS+ die Kundenstammdaten sowie die initialen Informationen der Kunden-Anbieter-Beziehung, in der Omichron die Mikrofräsmaschine in die eigene Fertigung integrierten möchte. Auf Grund des fehlenden Anwendungs-Know-hows soll die Fertigungsverantwortung zunächst bei MicroS+ liegen. Während des Betriebs sollen die Mitarbeiter/innen von Omichron an der neuen Mikrofräsmaschine geschult werden und nach 12 Monaten die Fertigung an der Mikrofräsmaschine übernehmen. Ab diesem Zeitpunkt soll MicroS+ nur noch die technische Verfügbarkeit der Maschine sicherstellen. Somit identifiziert der Vertrieb, dass eine Flexibilitätsoption notwendig ist und in der ersten Betriebsphase ein ergebnisorientiertes IPSS-Geschäftsmodell erbracht werden muss. Dabei wird die Maschine beim Kunden aufgestellt, in die Fertigung integriert und vom Personal des IPSS-Anbieters betrieben. Gleichzeitig soll das Personal des Kundenunternehmens in dieser Zeit an der Maschine unter Produktionsbedingungen geschult werden. Omichron entlohnt den IPSS-Anbieter in Abhängigkeit der Anzahl fehlerfrei produzierter Teile, so dass die Fertigungsverantwortung bei MicroS+ verbleibt. Nachdem die Flexibilitätsoption realisiert worden ist, erfolgt der Wechsel in ein verfügbarkeitsorientiertes IPSS-Geschäftsmodell. Dabei garantiert der IPSS-Anbieter MicroS+ eine bestimmte Verfügbarkeit der Mikrofräsmaschine. Die Fertigungsverantwortung übernimmt das Kundenunternehmen, so dass dessen geschultes Personal die Mikrofräsmaschine nutzt. Der gesamte Zeitraum der Planung unter Berücksichtigung der skizzierten Randbedingungen der Kunden-Anbieter-Beziehung wird zunächst für fünf Jahre vereinbart.

15.4.2 Lebenszyklusparameter und Phasenparameter bestimmen

Der Wechsel des IPSS-Geschäftsmodells erfordert eine Flexibilitätsoption nach einem Jahr. Demzufolge ergibt sich eine Abfolge der IPSS-Lebenszyklusphasen der Form Implementierung, Betrieb, Implementierung, Betrieb und Auflösung (Abb. 15.9). Der Beginn der ersten Implementierungsphase wird mit dem 01.07.2015 terminiert. Die aus den globalen Konfigurationsparametern entstandene Prozessstruktur wird durch lokale Konfigurationsparameter ergänzt. Die erste Betriebsphase basiert auf einem ergebnisorientierten IPSS-Geschäftsmodell und die zweite auf einem verfügbarkeitsorientierten. Alle IPSS-Lebenszyklusphasen haben gemein, dass der Betrieb der Sachleistung Mikrofräsmaschine im Kundenunternehmen stattfindet.

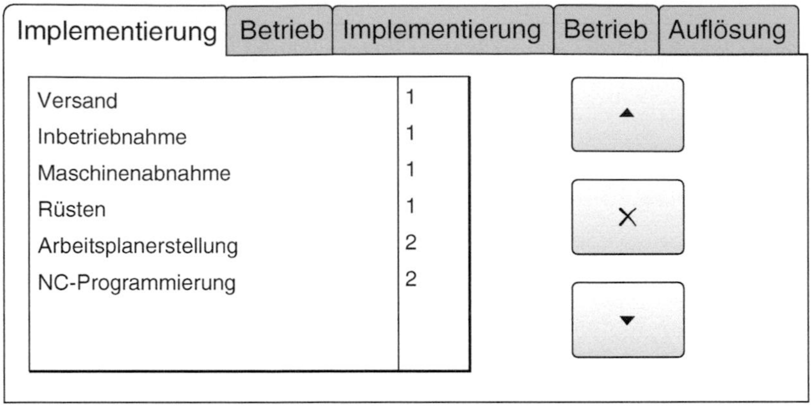

Abb. 15.9 Auswahl der Prozess-Fraktale innerhalb der Lebenszyklusphasen

Nach der Bestimmung der initialen Prozessstruktur durch die Lebenszyklus- und Phasenparameter erfolgt die Auswahl der einzelnen Prozess-Fraktale innerhalb der IPSS-Lebenszyklusphasen (Abb. 15.9). Dabei wird der Anwender durch das Vorschlagen geeigneter Prozess-Fraktale durch die Datenbank unterstützt. Für die erste Implementierungsphase und der Tatsache, dass der Betrieb der Sachleistung beim Kunden stattfindet, schlägt das System das Prozess-Fraktal Versand vor.

Im Anschluss an den Versand erfolgen sequenziell die Prozess-Fraktale Inbetriebnahme und Maschinenabnahme der Mikrofräsmaschine. Parallel können dazu die Prozess-Fraktale Arbeitsplanerstellung und NC-Programmierung durchgeführt werden. Die Implementierungsphase endet mit dem Rüsten der Maschine. Das gleiche Vorgehen erfolgt für die weiteren Lebenszyklusphasen (Abb. 15.9). In der ersten Betriebsphase übernimmt der IPSS-Anbieter die Verantwortung für die Fertigung an der Maschine, die Instandhaltung, die Beschaffung der Werkzeuge, des Rohmaterials und etwaiger Ersatzteile, die Schulung des Personals sowie die regelmäßige Fakturierung der erbrachten Leistungen. Alle Prozess-Fraktale der Betriebsphase werden regelmäßig bis zum Eintritt der Flexibilitätsoption aufgerufen. Zur Realisierung der Flexibilitätsoption muss die vorhandene Mikrofrässpindel gegen eine Mikrofrässpindel mit integrierter Sensorik ausgetauscht werden, um durch proaktive und zustandsbasierte Instandhaltungsmaßnahmen die technische Verfügbarkeit sicherstellen zu können. Demzufolge zeichnet sich die zweite Implementierungsphase durch die sequenzielle Anordnung der Prozess-Fraktale Versand und Montage der modifizierten Mikrofrässpindel sowie Maschinenabnahme aus. Nach der Bewältigung der Flexibilitätsoption übernimmt der IPSS-Anbieter in der zweiten IPSS-Betriebsphase die Verantwortung für die Instandhaltung, die Beschaffung etwaiger Ersatzteile sowie die Fakturierung der erbrachten Leistungen bis zum Ende der Geschäftsbeziehung, einer noch nicht bekannten weiteren Flexibilitätsoption oder einer Weiterentwicklung des IPSS. Sollte der IPSS-Geschäftsprozess wie vereinbart nach fünf Jahren enden, finden in der IPSS-Auflösungsphase der Abbau der Mikrofräsmaschine und der Versand zurück zum IPSS-Anbieter statt.

15.4.3 Spezifische Konfigurationsparameter bestimmen

Für jedes Prozess-Fraktal, das Bestandteil des IPSS-Geschäftsprozesses ist, erfolgt im Anschluss die Bestimmung der spezifischen Konfigurationsparameter. Das Prozess-Fraktal Fertigung besitzt die Konfigurationsparameter Fertigungstyp, Automatisierter Werkstückwechsel, Stückzahl, Messfrequenz und die Art der Messung (Abb. 15.10).

Die Modellierung der Fertigung des Kunden Omichron sieht eine Serienfertigung mit automatisiertem Werkstückwechsel vor. Innerhalb des ersten Jahres soll der IPSS-Anbieter die Herstellung von mindestens 2.000 Bauteilen pro Monat sicherstellen, Omichron würde aber auch bis zu 2.500 Bauteile abnehmen. Für die Sicherstellung der Qualität sieht der IPSS-Anbieter die Messung jedes zwanzigsten Bauteils parallel zur Fertigung vor.

15.4.4 Verantwortlichkeiten bestimmen

Die meisten Aufgaben innerhalb der Prozess-Fraktale werden durch den IPSS-Anbieter ausgeführt. Dafür steht Personal zur Verfügung, das den Rollen Bürokaufmann, Ingenieur, Industriemechaniker und Zerspanungsmechaniker zuzuordnen ist. Darüber hinaus wird innerhalb des gesamten IPSS-Geschäftsprozesses Verantwortung vom Kunden und der Netzwerkpartner übernommen. In der ersten Implementierungsphase fungiert ein Netzwerkpartner als Modulzulieferer und erbringt die Maschinenabnahme. Dabei setzt dieser Netzwerkpartner das Ballbar System QC10 der Firma RENISHAW PLC für die Messaufgaben

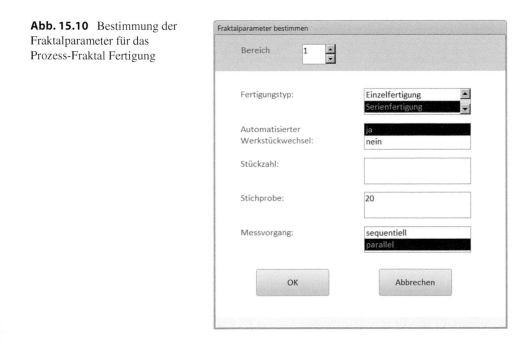

Abb. 15.10 Bestimmung der Fraktalparameter für das Prozess-Fraktal Fertigung

im Rahmen der Maschinenabnahme ein und entwickelt und fertigt die dafür notwendigen Vorrichtungen. Die Durchführung des Transports der Mikrofräsmaschine in der ersten Implementierungsphase sowie der modifizierten Mikrofrässpindel in der zweiten Implementierungsphase erfolgt durch einen Dienstleistungspartner. In der ersten Betriebsphase übernimmt der IPSS-Anbieter die Verantwortung für die Fertigung der Uhrwerkplatten. Zulieferer von Ressourcen unterstützen diese Tätigkeit durch die Lieferung der notwendigen Mikrofräswerkzeuge und des benötigten Rohmaterials. Da für die NC-Programmierung ein auf die Mikrofräsmaschine abgestimmter Postprozessor notwendig ist, übernimmt ein Netzwerkpartner die Programmierung. In der zweiten Betriebsphase geht die Fertigungsverantwortung an den Kunden über. Dessen Personal übernimmt demzufolge die Verantwortung für die Aufgaben innerhalb des Prozess-Fraktals Fertigung.

15.4.5 IPSS-Geschäftsprozess simulieren

Die Vorgehensweise der IPSS-Geschäftsprozesssimulation unterteilt sich in die drei Tätigkeiten Ziele bestimmen, Modell erstellen sowie Experiment durchführen. Demzufolge werden zunächst die Simulationsziele für diesen IPSS-Geschäftsprozess formuliert. Für den betrachteten Anwendungsfall besteht die Zielsetzung der Simulation in der Quantifizierung der folgenden Größen:

1. Die mit einer Mikrofräsmaschine herstellbare Stückzahl von Uhrwerkplatten unter Berücksichtigung von Wartungseinsätzen sowie der Schulung der Mitarbeiter des Kunden an der Mikrofräsmaschine.
2. Die anfallenden Kosten für die erste Implementierungs- und Betriebsphase des IPSS für die Ableitung der regelmäßig anfallenden Kosten im ergebnisorientierten IPSS-Geschäftsmodell.
3. Die technische Verfügbarkeit der Mikrofräsmaschine in der zweiten Betriebsphase unter Berücksichtigung der notwendigen Wartungseinsätze und etwaiger Instandsetzungsmaßnahmen.

Für die Simulation der beschriebenen Größen ist die Erweiterung des Geschäftsprozessmodells um Simulationsparameter notwendig. Dafür werden den beteiligten Rollen Stundensätze zugewiesen, Kosten für HLM, Sach- oder Dienstleistungen von Netzwerkpartnern ergänzt, Kosten für technische Ressourcen ermittelt sowie Durchführungszeitpunkte und regelmäßigkeit der Prozess-Fraktale bestimmt.

Nachdem das IPSS-Geschäftsprozessmodell mit den Simulationsparametern angereichert wurde, erfolgt die Durchführung von Simulationsexperimenten. Da bestimmte Simulationsparameter durch Verteilungen beschrieben sind, bspw. eine Normalverteilung für die Wartungsdauer oder eine Weibull-Verteilung für das Auftreten von Instandsetzungsmaßnahmen, wird das Simulationsexperiment zehnmal mit jeweils unterschiedlichem Seed durchgeführt. Aus den Resultaten der zehn Experimente wird für die Ermittlung der Simulationsergebnisse jeweils der Mittelwert berechnet.

Ein Simulationsziel besteht in der Identifikation der Anzahl herstellbarer Bauteile pro Monat, um sicherzustellen, dass die geforderten Bauteile mit den spezifizierten Geschäftsprozesseigenschaften herstellbar sind (Abb. 15.11). Über den simulierten Zeitraum von einem Jahr können 24.954 Uhrwerkplatten hergestellt werden. Demzufolge ist im Mittel die Kundenanforderung von 2.000 Uhrwerkplatten pro Monat erfüllbar. Die schwankenden Stückzahlen innerhalb der Monate ergeben sich aus einer unterschiedlichen Anzahl an Arbeitstagen in den jeweiligen Monaten. Darüber hinaus werden im sechsten Monat unterdurchschnittlich viele Bauteile hergestellt, da in diesem Monat ein siebenstündiger Wartungseinsatz zu einem Stillstand der Mikrofräsmaschine führt. Die Verringerung der Stückzahlen im elften und zwölften Monat ist auf die wöchentliche Schulung zurückzuführen, die im elften Monat fünfmal und im zwölften Monat dreimal durchgeführt werden soll. In dieser Zeit ist die Mikrofräsmaschine nicht für die Uhrwerkplattenherstellung einsetzbar.

Auf Grundlage der einzusetzenden Ressourcen, Module, Sach- und Dienstleistungen innerhalb der einzelnen Prozess-Fraktale erfolgt die Berechnung der Gesamtkosten der Implementierungs- und Betriebsphase. Diese Kosten bilden die Basis für die Berechnung der Kosten der Herstellung eines Bauteils und ermöglichen somit eine Aussage über die notwendigen Zahlungen des Kunden an den IPSS-Anbieter im ergebnisorientierten IPSS-Geschäftsmodell.

Das Simulationsergebnis für die Kosten in der Implementierungs- und Betriebsphase ergibt 226.280 Euro. Da innerhalb dieses Zeitraums 25.154 Bauteile hergestellt werden, berechnen sich die Kosten pro Bauteil zu 9 Euro. Neben den im Rahmen des IPSS-Geschäftsprozesses berücksichtigten Faktoren existieren weitere Kostentreiber, die für den IPSS-Anbieter pauschal mit 20 % angenommen werden und unter dem Begriff Gemeinkostenzuschlag Berücksichtigung finden. Auf die dadurch berechneten Kosten pro Bauteil in Höhe von 10,80 Euro erfolgt abermals ein Aufschlag von 10 % für die Marge dieser Kunden-Anbieter-Beziehung. Letzten Endes ergibt sich somit insgesamt ein Preis

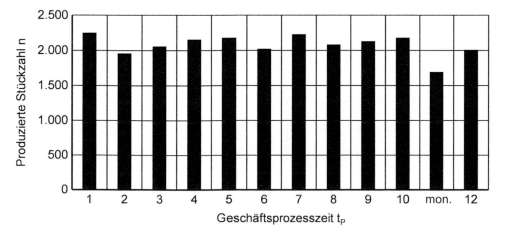

Abb. 15.11 Simulationsergebnis der produzierten Stückzahlen pro Monat

in Höhe von 11,88 Euro für jedes hergestellte Bauteil, die dem Kunden monatlich in Rechnung gestellt werden.

Nach dem ersten Jahr der Kunden-Anbieter-Beziehung im ergebnisorientierten IPSS-Geschäftsmodell tritt die Flexibilitätsoption mit dem Wechsel in ein verfügbarkeitsorientiertes IPSS-Geschäftsmodell ein. Demzufolge wird die Zielsetzung des Simulationsexperiments um die Fragestellung nach der Höhe der technischen Verfügbarkeit T_V und der technischen Gesamtverfügbarkeit $T_{V, ges.}$ erweitert (Abb. 15.12).

Die Dauer der zweiten Betriebsphase beträgt aufgrund der Vereinbarung im Rahmen der IPSS-Geschäftsprozessmodellierung 48 Monate. Im ersten Simulationsexperiment wird die technische Verfügbarkeit T_V separat auf den jeweiligen Monat bezogen und die technische Gesamtverfügbarkeit $T_{V, ges.}$ auf den Gesamtzeitraum bezogen ohne den Einsatz eines Agentensystems simuliert. Einmal pro Jahr, beginnend im sechsten Monat, muss eine Wartung an der Mikrofräsmaschine durchgeführt werden. Darüber hinaus führen Instandsetzungsmaßnahmen, die infolge spontaner Maschinenausfälle notwendig werden, im achten und 44. Monat zu einer Verringerung der technischen Verfügbarkeit T_V. Im 44. Monat erfordert die Instandsetzungsmaßnahme die nachträgliche Beschaffung eines Ersatzteils und bewirkt somit einen hohen Verfügbarkeitsverlust. Als Ergebnis ergibt sich in diesem Monat die niedrigste technische Verfügbarkeit T_V mit 80,9 %. Über den gesamten Zeitraum betrachtet erreicht die technische Gesamtverfügbarkeit $T_{V, ges.}$ ihr Minimum im achten Monat mit einem Betrag von 98,5 %. Der durchschnittliche Wert der technischen Gesamtverfügbarkeit $T_{V, ges.}$ über den gesamten Betrachtungszeitraum liegt bei 99,3 %.

Für das zweite Simulationsexperiment zur Prognose des IPSS-Verhaltens wird der Einsatz eines Agentensystems berücksichtigt. Mit Hilfe des Agentensystems können Sensorsignale für die Zustandsermittlung kritischer Komponenten ausgewertet werden und die Signalverläufe mit Erfahrungswissen über das Ausfallverhalten dieser Komponenten abgeglichen werden. Somit ist eine zustandsbasierte Planung von Instandsetzungsmaßnahmen

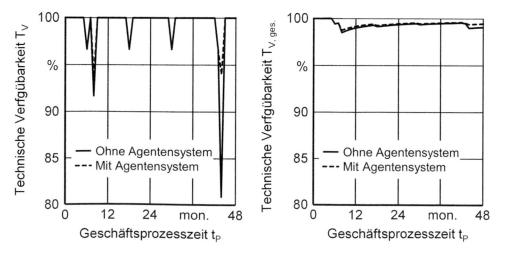

Abb. 15.12 Simulationsergebnis der technischen Verfügbarkeit

möglich. In der Folge wird der Servicetechnikereinsatz vor dem Ausfall der Werkzeugmaschine gestartet und die Dauer der Aufgaben Diagnose und Ersatzteilbeschaffung innerhalb des Prozess-Fraktals Instandsetzung verkürzt. Der Einsatz des Agentensystems führt daher zu einer Steigerung der technischen Verfügbarkeit. Demgegenüber stehen die finanziellen Aufwände für die Softwarelizenz und die Integration von Sensoren in die Maschinenkomponenten.

Die Durchführung des Simulationsexperiments unter Berücksichtigung des Agentensystems führt zu einem Minimum der technischen Verfügbarkeit T_V im achten Monat mit einem Wert von 93,7 %. In diesem Monat erreicht die technische Gesamtverfügbarkeit $T_{V, ges.}$ ebenfalls ihr Minium mit 98,8 %. Der durchschnittliche Wert der technischen Gesamtverfügbarkeit $T_{V, ges.}$ über den gesamten Betrachtungszeitraum liegt bei 99,5 % und somit 0,2 % über dem Ergebnis des Simulationsexperiments ohne den Einsatz des Agentensystems. Unter Berücksichtigung der Ergebnisse der beiden Simulationsexperimente erfolgt die Entscheidung über den Einsatz des Agentensystems. Es muss geprüft werden, ob die durch die gesteigerte Anlagenverfügbarkeit erzielbaren, höheren Erlöse für den Kunden die Kosten für den Einsatz des Agentensystems übersteigen. In diesem Fall sind der Einsatz des Agentensystems und eine zustandsorientierte Instandhaltung zu empfehlen.

15.4.6 IPSS-Geschäftsprozess durchführen

Nachdem der kundenindividuelle IPSS-Geschäftsprozess modelliert und im Rahmen der Simulation optimiert wurde, kann der Prozess an das Workflow-Management-System übertragen und die Prozessinstanz gestartet werden. Das Workflow-Management-System steuert den IPSS-Geschäftsprozess vom Start bis zum Ende, in dem es die Ausführung von Aktivitäten unter Einhaltung der Ablaufspezifikation veranlasst und somit die Termine überwacht [MEI01, ÖST95]. Der Überblick über alle IPSS-Geschäftsprozesse ermöglicht dem IPSS-Anbieter gleichzeitig eine erhöhte Transparenz hinsichtlich der erfolgreichen Erfüllung der Kundenanforderungen sowie hinsichtlich der Arbeitsbelastung von Ressourcen und Sachleistungsanteilen.

15.5 Zusammenfassung und Ausblick

Im Rahmen dieses Kapitels wurde eine Methode für die Entwicklung von IPSS-Geschäftsprozessen durch den Einsatz von Prozess-Fraktalen entwickelt. Dafür erfolgt zunächst eine Abgrenzung von IPSS-Geschäftsprozessen gegenüber anderen Prozesstypen. Auf Grundlage methodenorientierter und IPSS-orientierter Anforderungen konnten die Aktivitäten sowie die beteiligten Rollen der Methode identifiziert und die Methode in den IPSS-Lebenszyklus des SFB/TR29 eingeordnet werden. Anschließend wurden die Methodenelemente Prozess-Fraktal und Konfigurationsparameter detailliert beschrieben. Eine beispielhafte Kunden-Anbieter-Beziehung aus der Branche der Mikroproduktionstechnik, das Leitbeispiel dieses Sammelwerks, diente als Basis einer der Anwendung der Methode. Somit konnte gezeigt werden, dass auf Grundlage der IPSS-Geschäftsprozesse die Prognose und Quantifizierung der Aufwände des IPSS-Anbieters für die kundenindividuelle Nutzenstiftung möglich ist. Demzufolge bietet die Methode eine Unterstützung für die Angebotserstellung in der frühen Phase einer Kunden-Anbieter-Beziehung. Das Beispiel des Einsatzes des Agentensystems zeigt, dass die Wirkung alternativer Konfigurationen des IPSS auf bspw. die technische Verfügbarkeit T_V miteinander verglichen werden können und demzufolge die Methode der IPSS-Geschäftsprozessmodellierung eine Entscheidungsunterstützung in der IPSS-Entwicklung ermöglicht.

Die entwickelte Methode und die detaillierten Elemente der IPSS-Geschäftsprozessmodellierung sind in einem Software Funktionsmuster implementiert. Für eine tiefergehende Evaluation des operativen Nutzens der Methode und der Benutzerunterstützung der Software müsste das Funktionsmuster in einen Prototyp überführt werden und könnte somit im Rahmen einer Evaluation zum Einsatz kommen.

Ferner wurden die Prozess-Fraktale auf Grundlage des Standes der Technik und existierender Referenzmodelle modelliert. Für den industriellen Einsatz müssten diese an die jeweiligen Randbedingungen und der Best-Practices der Unternehmen angepasst werden. Somit existiert die Fragestellung inwiefern die Entwicklung der Prozess-Fraktale unterstützt werden muss und wie ein adäquater Detaillierungsgrad bei der Modellierung dieser Prozess-Fraktal aussehen kann.

Literatur

[BEC02] Becker, J.; Delfmann, P.; Knackstedt, R.; Kuropka, D.: Konfigurative Referenzmodellierung. In: Wissensmanagement mit Referenzmodellen – Konzepte für die Anwendungssystem- und Organisationsgestaltung. Hrsg.: Becker, J.; Knackstedt, R. Heidelberg: Physica, 2002, S. 25–144.

[BOß14] Boßlau, M.: Business Model Engineering – Gestaltung und Analyse dynamischer Geschäftsmodelle für industrielle Produkt-Service-Systeme. Schriftenreihe des Lehrstuhls für Produktionssysteme, Ruhr-Universität Bochum. Hrsg.: Meier, H. Aachen: Shaker, 2014.

[LAU12] Laurischkat, K.: Product-Service Systems – IT-gestützte Generierung und Modellierung von PSS-Dienstleistungsanteilen. Schriftenreihe des Lehrstuhls für Produktionssysteme, Ruhr-Universität Bochum. Hrsg.: Meier, H. Aachen: Shaker, 2012.

[MEI01] Meise, V.: Ordnungsrahmen zur prozessorientierten Organisationsgestaltung – Modelle für das Management komplexer Reorganisationsprojekte. Hamburg: Kovač, 2001.

[MEI13] Meier, H.; Dorka, T.; Morlock, F.: Architecture and Conceptual Design for IPS2-Execution Systems. Procedia CIRP 7 (2013), S. 365–370.

[ÖST95] Österle, H.: Business Engineering – Prozeß- und Systementwicklung. Berlin: Springer, 1995.

[RES09] Rese, M.; Strotmann, W.; Karger, M.: Which industrial product service system fits best? – Evaluating flexible alternatives based on customers' preference drivers. Journal of Manufacturing Technology Management 20 (2009) 5, S. 640–653.

[ROS08] Rosemann, M.; Schwegmann, A.; Delfmann, P.: Vorbereitung der Prozessmodellierung. In: Prozessmanagement – Ein Leitfaden zur prozessorientierten Organisationsgestaltung. Hrsg.: Becker, J. Berlin u. a.: Springer, 2008, S. 45–103.

[SAD09] Sadek, T.: Ein modellorientierter Ansatz zur Konzeptentwicklung industrieller Produkt-Service Systeme. Schriftenreihe des Lehrstuhls für Maschinenelemente und Konstruktionslehre, Ruhr-Universität Bochum. Aachen: Shaker, 2009.

[STA06] Staud, J. L.: Geschäftsprozessanalyse – Ereignisgesteuerte Prozessketten und objektorientierte Geschäftsprozessmodellierung für Betriebswirtschaftliche Standardsoftware. Berlin, Heidelberg: Springer, 2006.

[SYS06] Syska, A.: Produktionsmanagement – Das A – Z wichtiger Methoden und Konzepte für die Produktion von heute. Wiesbaden: Gabler, 2006.

[UHL12a] Uhlmann, E.; Gabriel, C.; Stelzer, C.; Oberschmidt, D.: Anwendung hybrider Leistungsbündel am Beispiel der Mikroproduktion. In: Integrierte Industrielle Sach- und Dienstleistungen – Vermarktung, Entwicklung und Erbringung hybrider Leistungsbündel. Hrsg.: Meier, H.; Uhlmann, E. Berlin, Heidelberg: Springer, 2012, S. 309–330.

[UHL12b] Uhlmann, E.; Bochnig, H.: PSS-CAD: An Approach to the Integrated Product and Service Development. In: The philosopher's stone for sustainability – Proceedings of the 4th CIRP International Conference on Industrial Product-Service Systems, Tokyo, Japan, November 8th–9th, 2012. Hrsg.: Shimomura, Y.; Kimita, K. Berlin, Heidelberg: Springer, 2012, S. 61–66.

[UHL13] Uhlmann, E.; Raue, N.; Gabriel, C.: Flexible Implementation of IPS^2 through a Service-based Automation Approach. Procedia CIRP 11 (2013), S. 108–113.

[VÖL12] Völker, O.: Erbringungsorganisation hybrider Leistungsbündel. Schriftenreihe des Lehrstuhls für Produktionssysteme, Ruhr-Universität Bochum. Hrsg.: Meier, H. Aachen: Shaker, 2012.

[WAR92] Warnecke, H.-J.: Die Fraktale Fabrik – Revolution der Unternehmenskultur. Berlin, Heidelberg: Springer, 1992.

[ZAH97] Zahn, E.; Dillerup, R.; Foschiani, S.: Ansätze eines ganzheitlichen strategischen Produktionsmanagement. In: Ganzheitliche Unternehmensführung – Gestaltung, Konzepte und Instrumente. Hrsg.: Seghezzi, H. D. Stuttgart: Schäffer-Poeschel, 1997, S. 129–166.

Teil IV

Anwendung

Maintenance Service Support System

Serviceunterstützungssystem für Planer und Techniker bei der SCHAUDT MIKROSA GMBH

Franz Otto und Eckart Uhlmann

16.1 Einleitung & Motivation

Die Forderungen nach einer hohen und gesicherten technischen Verfügbarkeit von Maschinen und Anlagen nehmen aufgrund der globalen Wettbewerbssituation ständig zu. So wird beispielsweise in der Automobilindustrie bereits von einigen Unternehmen im Rahmen von LCC-Konzepten (Life Cycle Costing) eine Verfügbarkeitsgarantie von Werkzeugmaschinenherstellern gefordert [FLE07, WIE09]. Gerade im Kontext zukünftiger IPSS-Geschäftsmodelle ist eine Exzellenz in den Instandhaltungsprozessen sehr wichtig. Bei verfügbarkeits- und ergebnisorientierten Geschäftsmodellen ist es für den IPSS-Anbieter essenziell, dass die eingesetzten Maschinen und Anlagen effektiv und effizient gewartet und repariert werden, um eine hohe Verfügbarkeit zu gewährleisten. Dies ist eine Grundvoraussetzung für die planungssichere Erfüllung der Vertragsinhalte der neuen IPSS-Geschäftsmodelle. Werden vertraglich garantierte Anlagenverfügbarkeiten oder zu produzierende Stückzahlen nicht erreicht, können Konventionalstrafen und Vertrauensverluste bei den Kunden und im schlimmsten Falle eine Kündigung des Vertragsverhältnisses die Folge sein.

Das im diesem Artikel porträtierte Transferprojekt des SFB TR 29 trug den Titel „Bereitstellung und Nutzung serviceorientierter Softwarefunktionen zur strategischen und operativen Unterstützung und Optimierung des technischen Kundendienstes an Werkzeugmaschinen". In dem zugrunde liegenden Teilprojekt mit dem Titel „Automatisierung von HLB-Erbringungsprozessen für den geregelten HLB-Betrieb" wurden die Grundlagen zur Automatisierung von HLB-Erbringungsprozessen erforscht. Es wurde analysiert,

F. Otto • E. Uhlmann (✉)
Fachgebiet Werkzeugmaschinen und Fertigungstechnik, Technische Universität Berlin,
Berlin, Deutschland
E-Mail: otto@iwf.tu-berlin.de; eckart.uhlmann@iwf.tu-berlin.de

© Springer-Verlag GmbH Deutschland 2017
H. Meier, E. Uhlmann (Hrsg.), *Industrielle Produkt-Service Systeme*,
DOI 10.1007/978-3-662-48018-2_16

welche prinzipiellen Objekte und Prozesse die HLB-Erbringung charakterisieren und inwiefern sie in Automatisierungskonzepte integriert und geregelt werden können. Als Ergebnis wurde eine auf Softwareagenten basierende Kommunikationsarchitektur konzipiert, mit welcher die Informationsflüsse zwischen den beteiligten Objekten informationstechnisch umgesetzt werden können [UHL09].

Der Industrietransferpartner, die Schaudt Mikrosa GmbH stellt Werkzeugmaschinen für spitzenloses Außenrundschleifen sowie Rund- und Unrundschleifen (zwischen den Spitzen) her. Sie ist Teil der United Grinding Group (ehemals Schleifringgruppe). Das Applikationsspektrum dieser Werkzeugmaschinen beim Kunden reicht von kleinen Düsennadeln über Nockenwellen bis hin zu schweren Eisenbahnachsen. Zum Kundenkreis gehören die Automobil- und Zulieferindustrie, die Wälzlagerindustrie und der allgemeine Maschinenbau. Schaudt Mikrosa bietet neben der Herstellung von Werkzeugmaschinen eine umfangreiche Palette von Dienstleistungen an. Schon vor der Auslieferung werden die Kunden mit Schleifversuchen und Schulungen unterstützt. Für den Zeitraum nach der Inbetriebnahme wird ein großes Spektrum von After-Sales-Services angeboten. Dieses umfasst vor allem die Beratung am Telefon, Reparaturen und Wartungen, aber z. B. auch Remote-Service und Überholung von Maschinen. Trotz des großen Dienstleistungsangebotes ist Schaudt Mikrosa stetig bestrebt, sich im Sinne seiner Kunden fortzuentwickeln, in die Zukunft zu blicken und Alleinstellungsmerkmale auszubilden.

Nach einer Analyse der Ist-Situation des technischen Kundendienstes von Schaudt Mikrosa wurde gemeinsam ein Prototyp des Maintenance Service Support Systems (MS3) entwickelt und evaluiert [UHL12a, UHL12b, UHL13]. Das MS3 unterstützt Planer und Techniker von Serviceeinsätzen in ihrer täglichen Arbeit. Die Serviceplanung wird bei Schaudt Mikrosa durch Regionalserviceleiter vorgenommen. Sie arbeiten in der Servicezentrale und verwenden eine Bedienoberfläche für Desktop-PCs. Servicetechniker arbeiten mit einem Tablet beim Kunden vor Ort und nutzen aus diesem Grund eine spezielle auf Finger- und Digitizer-Stiftbedienung zugeschnittene Bedienoberfläche. Die auf Papier gedruckte Liste von Arbeitsschritten wird durch die MS3-Bedienoberfläche auf dem Tablet ersetzt, die Informationssuche, -aufbereitung und -ablage automatisiert übernommen und die Interaktion zwischen Sach- und Dienstleistungen optimiert.

Zwar wurde das MS3 aus der Bedarfsanalyse des technischen Kundendienstes von Schaudt Mikrosa heraus entwickelt und angepasst, jedoch ist es prinzipiell für Instandhaltungsmaßnahmen an unterschiedlichsten Maschinen und Anlagen verwendbar, da diese in der Regel ähnlichen, checklistenbasierten Prozessen unterliegen. Abschn. 16.2 erläutert aus diesem Grund den ganz allgemeinen Stand der Technik im technischen Kundendienst vieler heutiger Firmen. Abschn. 16.3 stellt das MS3, seine Funktionsweise, seine Features vor und gibt einen Einblick, wie es zusammen mit dem technischen Kundendienst von Schaudt Mikrosa entwickelt wurde. Anschließend wird die Evaluation des Prototyps bei Schaudt Mikrosa dargestellt und letztendlich das gesamte Kapitel zum portraitierten Transferprojekt zusammengefasst.

16.2 Stand der Technik im technischen Kundendienst von Maschinen- und Anlagenherstellern

Nach Walter werden „unter dem technischen Kundendienst (TKD) alle Kundendienstleistungen verstanden, die zur dauerhaften Sicherung des Nutzwerts einer Primärleistung nach ihrer Anschaffung unabdingbar sind, insbesondere Installations- und Instandhaltungsleistungen" [WAL10]. Neben der hausinternen Instandhaltung bieten Maschinen- und Anlagenhersteller Instandhaltungs-dienstleistungen an [BAC07]. Weiterhin kann die Instandhaltung durch spezialisierte, externe Firmen übernommen werden.

Da die Entwicklung von Instandhaltungsdienstleistungen weitestgehend getrennt von der funktionsorientierten Sachleistungsentwicklung erfolgt, werden dienstleistungsbezogene Aspekte bei der Konstruktion von Maschinen und Anlagen bislang nur unzureichend berücksichtigt.

Dies betrifft sowohl die situationsbezogene Bereitstellung benötigter Informationen während der unterschiedlichen Phasen der Dienstleistungserbringung als auch die operative Unterstützung der Dienstleistungsprozesse vor Ort durch sachleistungsintegrierte Funktionen. Generell lässt sich feststellen, dass Serviceeinsätze im technischen Kundendienst dem Ablauf des Kernprozesses „Störungsbehebung" nach DIN PAS 1047 [DIN05] folgen (Abb. 16.1). Über die beteiligten Rollen und Informationsflüsse werden jedoch keine konkreten Angaben gemacht. In der Praxis können zur Unterstützung einzelner Teilschritte IT-gestützte Systeme eingesetzt werden. So lässt sich beispielsweise die Annahme und Verwaltung von Anfragen mit sogenannten Trouble-Ticket-Systemen unterstützen. Instandhaltungsplanungssysteme können zur Planung und Steuerung von Serviceeinsätzen verwendet werden. Problematisch ist jedoch die IT-basierte Unterstützung des Teilschrittes „Auftrag durchführen und rückmelden" (Abb. 16.1), welcher die eigentliche Dienstleistung beinhaltet. Sie beschränkt sich in der Regel auf die Bereitstellung von digitalen Informationen ohne eine aktive Einbeziehung der Mensch-Maschine-Interaktion. Müssen im Rahmen der technischen Diagnostik Messungen durchgeführt und ausgewertet werden, so handelt es sich bei den dafür eingesetzten Systemen meist um Messgeräte, welche aufgrund ihrer proprietären Software nur schwer in ein Gesamtsystem zur Unterstützung von Prozessen des technischen Kundendienstes integriert werden können.

Die Planer und Techniker der Serviceeinsätze benötigen bei ihrer Arbeit umfangreiche Informationen über die Maschine oder Anlage, über Einzelkomponenten, den aktuellen Zustand und die Servicehistorie. In traditionell geprägten Firmen wird ein Großteil der

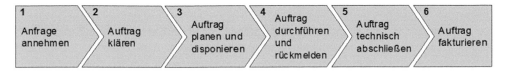

Abb. 16.1 Ablauf des Kernprozesses „Störungsbehebung" nach [DIN05]

Informationen auf Papier festgehalten. Nötige Dokumente werden oftmals ausgedruckt, neue Informationen zunächst handschriftlich erfasst, um dann im Nachgang manuell in eine Datei oder Datenbank übertragen zu werden.

Weiterhin finden sich oftmals langjährig gewachsene heterogene IT-Strukturen. Die Vielzahl der zu verwendenden Systeme und Ablageorte sowie resultierende Medienbrüche bringen nicht nur Zeitverluste mit sich, sondern führen auch dazu, dass deutlich weniger Informationen aktiv in der Planung und Serviceerbringung genutzt werden, als dies theoretisch möglich wäre. Gründe dafür sind u. a. die teilweise hohen Aufwände, um bestimmte Informationen zu erlangen oder das Unwissen, dass weitere Informationen überhaupt vorliegen. Der Zugang zu allen vorhandenen Informationen ist oftmals mit der Verwendung verschiedener Programme mit unterschiedlichen Bedienoberflächen verbunden. Teilweise müssen auch andere PCs oder spezielle Datenbanken verwendet werden – ein Gang zum Aktenschrank oder ins Archiv ist auch keine Seltenheit. Hinzu kommt die schiere Flut an Informationen, die im besten Fall strukturiert vorliegen. Die Logik der Datenhaltung ist in der Regel ebenso sehr heterogen (z. B. chronologisch, alphabetisch, nach Thema oder verantwortlichen Personen sortiert). Hierfür können Standards in der eigenen Firma gesetzt werden. Wenn aber z. B. viele Dateien verschiedener Zulieferer mit Spezifikationen zu den jeweiligen Komponenten integriert werden sollen, treten erneut Probleme auf.

Im Einsatz vor Ort nutzen die Servicetechniker ihre Laptops u. a. zum Lesen und Schreiben von E-Mails, zum Abrufen von Informationen aus dem Internet und zum Betrachten von Dokumenten. Gleichzeitig liegt ein Großteil der Informationen weiterhin in Papierform vor. Die Strukturierung und Ablage der digitalen und nicht-digitalen Informationen findet teilweise standardisiert, teilweise individuell statt. Serviceeinsätze werden in der Regel durch ausgedruckte Listen von durchzuführenden Arbeiten dokumentiert, erledigte Arbeitsschritte abgehakt und Besonderheiten, Hinweise oder auch Messwerte handschriftlich notiert. Diese handschriftliche Protokollierung der Serviceinhalte bringt enorme Nachteile mit sich. Unter Umständen ist das Handgeschriebene schwer zu entziffern und eine elektronisch auswertbare Ablage ist in der Regel nur durch manuelles Abtippen der Protokolle zu gewährleisten.

16.3 Serviceunterstützungssystem für den technischen Kundendienst

Um den beschriebenen Herausforderungen zu begegnen, wurde das MS3 entwickelt. Manuelles Zusammentragen relevanter Informationen aus den vielen verschiedenen digitalen und nicht-digitalen Quellen stellt einen erheblichen Aufwand dar, der seitens der Mitarbeiter des technischen Kundendienstes als störend empfunden wird und die Kerninhalte der Arbeit immer wieder unterbricht. Im MS3 übernehmen Softwareagenten mit Hilfe von Prozessmodellen diese mühsame Aufgabe für die Mitarbeiter, präsentieren diesen das Ergebnis in einer einzigen Bedienoberfläche und pflegen die in einem Serviceeinsatz generierten Daten selbstständig in die zentrale Datenbank ein. Bei der Vorbereitung des Serviceeinsatzes werden

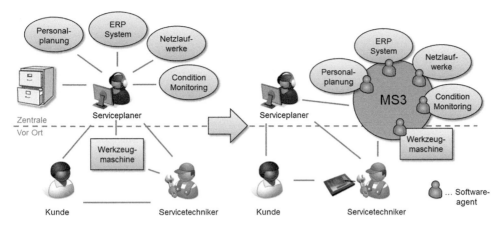

Abb. 16.2 Beispielhafter Ist-Zustand der Serviceerbringung (links), geplanter Zustand mit MS3 (rechts)

MS3 Desktop							

Übersicht für Maschine 390-10-008

390-10-008

Maschine, Kunde, Techniker

Maschinenstammdaten		Kundendaten	
Maschinen-ID:	390-10-008	**Kunden-ID**	528677
Maschinentyp:	KRONOS M 400	**Adresse**	Industriestraße 1-3, 71560 Sulzbach
Standort:	Bubsheim	**Kundenname**	Erkert
Bemerkung:		**Ansprechpartner**	Florian Brettschneider
Kundenname:	Erkert	**Telefonnummer**	0176/4783239

Suchen

Leeren

Aufträge | Techniker (Stammdaten) | Techniker (Gantt) | Ersatzteile | Dateien/Dokumente | VM

Auftrags-ID ▼	Auftragsart	Technikername	Techniker-ID	Erstelldatum	Start-Datum	End-Datum	Status	Bemerkung
42089552	Wartung	Rother, William	1160	21.04.2015	25.11.2015	26.11.2015	offen	
42089500	Wartung	Otto, Franz	1200	20.06.2011	10.10.2011	11.10.2011	abgeschlossen	Neuer Ansprechpartner: Herr Brettschneider
42089333	Wartung	Otto, Franz	1200	09.07.2008	05.11.2008	06.11.2008	abgeschlossen	
42066314	Wartung	Otto, Franz	1200	01.05.2006	18.09.2006	19.09.2006	abgeschlossen	Alle Antriebsriemen auf Kundenwunsch getauscht
42054590	Reparatur	Rother, William	1160	26.03.2004	29.03.2004	30.03.2004	abgeschlossen	RS-Abrichter defekt
42053456	Wartung	Otto, Franz	1200	18.12.2003	03.02.2004	04.02.2004	abgeschlossen	
42049588	Reparatur	Otto, Franz	1200	03.03.2003	05.03.2003	05.03.2004	abgeschlossen	RS-Abdeckung undicht
42011245	Wartung	Otto, Franz	1200	08.01.2002	20.02.2002	21.02.2002	abgeschlossen	
42011234	Inbetriebnahme	Otto, Franz	1200	25.10.1999	10.01.2000	15.01.2000	abgeschlossen	Problemlos gelaufen

Prozessmodel

Auftrag erstellen

Ereignisse

Starte Suchanfrage für "390-10-008"

Abb. 16.3 Bedienoberfläche des Serviceplaners (auf dem Monitor eines Desktop PCs)

alle nötigen Dokumente und Informationen für den Einsatz vor Ort von einem Software-agenten des MS3 zusammengetragen und auf den Tablet-PC des Servicetechnikers kopiert. Abb. 16.2 zeigt beispielhaft den Ist-Zustand einer Serviceabteilung und den geplanten Zustand mit dem agenten-basierten MS3.

Der Serviceplaner wird entlastet, indem das MS3 für ihn die Informationsbeschaffung aus den vielen unterschiedlichen digitalen und papierbasiert Quellen übernimmt. Diese Informationen werden in einer einzigen Programmoberfläche aggregiert dargestellt (Abb. 16.3).

Er kann sich somit beim Telefonat mit dem Kunden einfach einen Überblick über die betreffende Maschine verschaffen und schneller und gezielter helfen. Zeichnet sich ab, dass ein Einsatz vor Ort notwendig ist, wird der entsprechende Auftrag in der MS3-Bedienoberfläche eingegeben und kann durch ein IPSS-Execution System (Kap. 7) eingeplant werden. Beim Kunden stehen dem Servicetechniker dieselben aggregierten Informationen in einer zweiten Programmoberfläche zur Verfügung. Diese wird auf einem Tablet dargestellt und durch Fingerberührung gesteuert. Das MS3 auf dem Tablet ersetzt beim Einsatz vor Ort die Liste von Arbeitsschritten, die bis jetzt in Papierform ausgefüllt und archiviert wurden. Abb. 16.4 zeigt einen Screenshot der touch-basierten Bedienoberfläche für die Servicetechniker. Alle für den Serviceeinsatz nötigen Arbeitsschritte werden zusammen mit Hinweisen angezeigt.

Der Servicetechniker kann Bemerkungen und Messwerte eingeben und quittiert die Bearbeitung der Arbeitsschritte jeweils mit i. O. („in Ordnung") oder n. i. O. („nicht in Ordnung"). Weiterhin kann eine Funktion integriert werden, die es ermöglicht, Bilder mit der im Tablet integrierten Kamera aufzunehmen. Genauso wie alle Bemerkungen und Messwerte würden diese Bilder bei zukünftigen Serviceeinsätzen in Form einer Historie des jeweiligen Arbeitsschrittes angezeigt. Da die Daten vergangener Serviceeinsätze automatisch erfasst wurden, ist es weiterhin ein Leichtes z. B. einen Verlauf von aufgenommenen Messwerten zu visualisieren. Abb. 16.5 zeigt einen Screenshot des MS3 beim Arbeitsschritt „Achsspiel ermitteln".

Durch das MS3 haben die Servicetechniker vor Ort immer die gesamte Service- und Maschinenhistorie verfügbar. Für jeden Arbeitsschritt ist ersichtlich, welche Arbeiten in vergangenen Serviceeinsätzen durchgeführt, welche Messwerte und Zustandsinformationen aufgenommen und welche Kommentare eingegeben wurden.

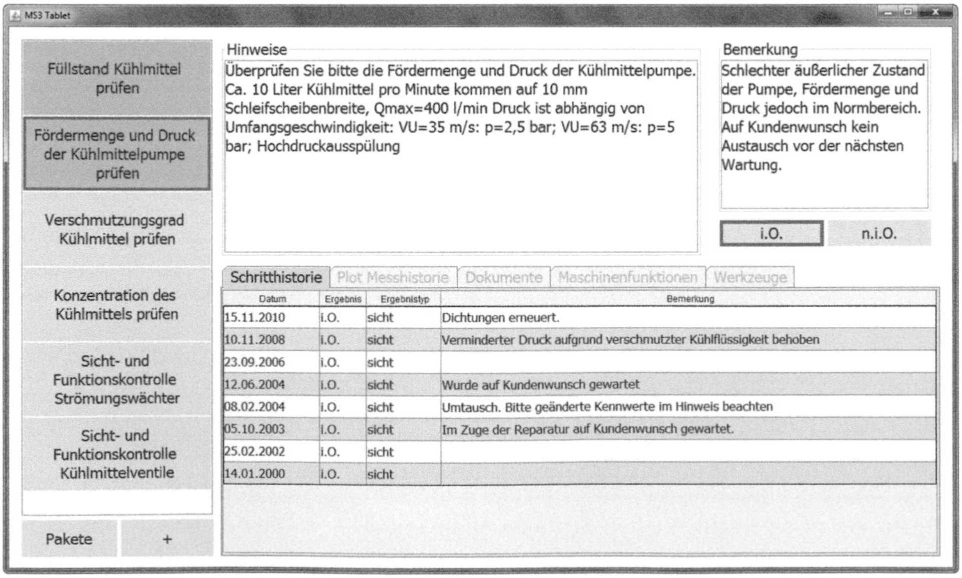

Abb. 16.4 Bedienoberfläche des Servicetechnikers (auf einem Tablet PC)

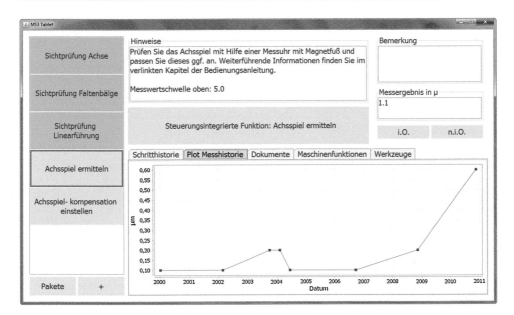

Abb. 16.5 Bedienoberfläche des Servicetechnikers (Tablet PC) – Achsspielermittelung mit Plot

Um die Liste von Arbeitsschritten im System verfügbar zu machen, werden diese in einfachen Prozessmodellen erfasst. Dabei kam das Prozessmodellierungstool MO^{2}GO [MOO15] zum Einsatz. Die einzelnen Arbeitsschritte werden jeweils mit Ressourcen verlinkt, die für den Servicetechniker im jeweiligen Kontext relevant sein könnten. Das sind in erster Linie Dokumente wie Anleitungen, Spezifikationen sowie technische Zeichnungen aber auch passende Ersatzteile, benötigte Werkzeuge und kritische Schwellwerte für durchzuführende Messungen. Weiterhin verlinkt werden steuerungsintegrierte Funktionen der Werkzeugmaschinen, die am jeweiligen Arbeitsschritt Verwendung finden können. Abb. 16.6 zeigt beispielhaft den in MO^{2}GO modellierten Arbeitsschritt „Achsspiel ermitteln" mit drei angehängten Ressourcen.

Die Prozessmodelle werden in Zusammenarbeit von Experten für die Instandhaltung der jeweiligen Firma und Experten für die Prozessmodellierung für MS3 erstellt. Abb. 16.7 gibt einen Überblick über die Informationsflüsse im MS3 unter der Verwendung von Prozessmodellen. In Workshops mit Serviceplanern und -technikern werden die Arbeitsabläufe und Serviceprozesse in Planung und Durchführung analysiert, modelliert und validiert. Die fertigen Prozessmodelle werden im XML-Format in der sogenannten Prozessmodell Datenbank (PM DB) abgelegt und sind somit für zukünftige Serviceeinsätze sofort verfügbar.

Vor dem Serviceeinsatz beim Kunden wird das entsprechende Prozessmodel zusammen mit allen wichtigen Daten und Dokumenten (in Form eines Datenbankauszuges) durch das MS3 automatisch auf das Tablet übertragen. Nach dem Serviceeinsatz werden die neu generierten Daten automatisiert in der MS3 Datenbank (MS3 DB) beim abgelegt. Die MS3 DB befindet sich je nach Konstellation und Geschäftsmodell beim Maschinenhersteller, dem Instandhaltungsdienstleister oder auch dem IPSS-Anbieter.

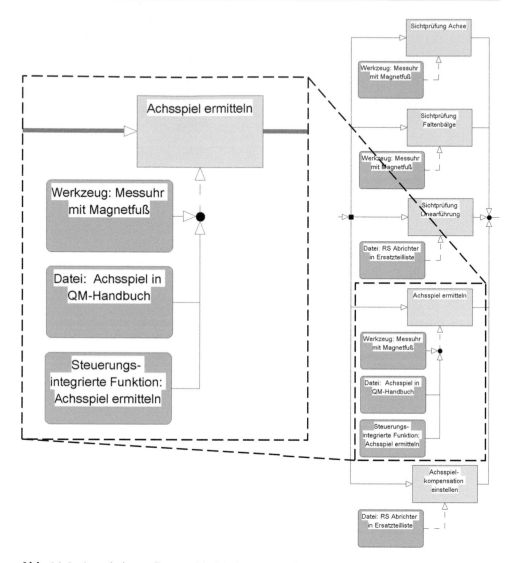

Abb. 16.6 Ausschnitt aus Prozess-Modell für den Arbeitsschritt „Achsspiel ermitteln"

Weiterhin kann der Serviceplaner das Prozessmodell für einen Serviceeinsatz, den er in seiner MS3 Bedienoberfläche eingibt, eigenhändig modifizieren. So können Arbeitsschritte entfernt oder neue hinzugefügt werden. Zusätzliche Ressourcen können mit bestimmten Arbeitsschritten verknüpft und somit dem Servicetechniker vor Ort bei genau diesem Arbeitsschritt automatisch eingeblendet werden.

Das Tablet ist drahtlos mit der Steuerung der Maschine verbunden und kann u. a. Sensorwerte, Achszustandsinformationen oder auch Alarm- und Protokollmeldungen auslesen. Dabei wird zum einen eine OPC UA Schnittstelle [OPC05] und zum anderen eine direkte Verbindung zum Speichermedium der Steuerung verwendet. Ein automatisiertes Abholen und Ablegen der Alarm- und Protokollmeldungen der Maschinen wurde verwirklicht.

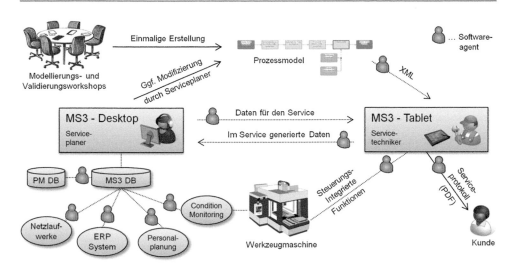

Abb. 16.7 Informationsflüsse und Verwendung von Prozessmodellen im MS3

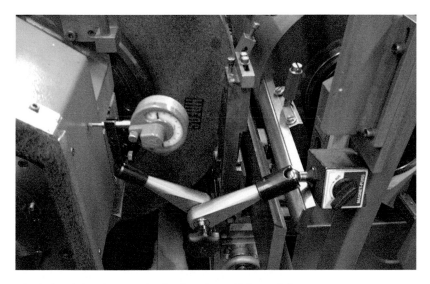

Abb. 16.8 Achsspielermittlung mittels Messuhr und Magnetfuß

Steuerungsintegrierte Programme und Funktionen entlasten die Servicetechniker weiter und ermöglichen standardisierte Messergebnisse. Bisher werden Achsspiele üblicherweise mit einer Messuhr und einem Magnetfuß ermittelt (s. Abb. 16.8).

Dabei ist es nicht für alle Maschinen möglich, die Messuhr an der exakt selben Stelle anzubringen, da diese in der Regel unterschiedlich ausgestattet sind. Verschiedene Positionen der Befestigung und andere mechanische Einflüsse verursachen variierende Messgenauigkeiten. Um dieser Problematik zu begegnen, hat SCHAUDT MIKROSA einen steuerungsintegrierten, voll automatischen Achsspielumkehrtest entwickelt. Er umgeht die Verwendung einer mechanischen Messuhr mittels steuerungsinterner Testprogramme. Mit Verwendung dieser

Testprogramme wird ist eine standardisierte, immer exakt gleich durchgeführte Achsspielermittelung gewährleistet. Dieser steuerungsintegrierte Achstest wurde im Prozessmodell mit
dem Arbeitsschritt „Achsspiel ermitteln" verknüpft (Abb. 16.6) und ist somit per Touch auf
den entsprechenden Button in der MS3-Bedienoberfläche durch den Servicetechniker an diesem Arbeitsschritt aktivierbar (Abb. 16.5). Die ermittelten Werte werden nach Durchlauf des
Achstests an das Tablet übermittelt und automatisch bei dem durchgeführten Arbeitsschritt
der Achsspielermittelung und letztendlich in der MS3 DB gespeichert.

All diese Funktionalitäten sind im MS3 so realisiert, dass sich weder Serviceplaner
noch -techniker um die Datenhaltung kümmern müssen. Lediglich eine Synchronisation
von Tablet und MS3 DB vor und nach den Serviceeinsätzen z. B. über das Internet ist notwendig. Am Ende des Serviceeinsatzes unterschreiben Kunde und Techniker den Service-
verlauf direkt auf dem Tablet mittels eines Digitizer-Stiftes. Ein Serviceprotokoll im
PDF-Format wird generiert und kann sofort auf einem USB-Stick bereitgestellt werden.
Ein automatisiertes Versenden an eine hinterlegte Kunden-Adresse und den Serviceplaner
in der Zentrale ist ebenfalls möglich, setzt allerdings eine Verbindung über das Internet
voraus. Da dies in Produktionshallen in der Regel nicht erwünscht ist, wurde MS3 auf
reinen Offlinebetrieb beim Kunden beschränkt.

16.4   Evaluierung des MS3 bei der SCHAUDT MIKROSA GmbH

Die Evaluierung des MS3 fand im Werk von SCHAUDT MIKROSA in Leipzig unter Einbeziehung der Experten des technischen Kundendienstes statt. Die folgenden Mitarbeiter
von SCHAUDT MIKROSA nahmen teil:

• Leiter Kundendienst,
• der Leiter Service und der Montagekoordinator,
• der hauptverantwortliche Entwickler der Steuerungssoftware,
• ein Regionalserviceleiter (Serviceplaner) und
• drei Servicetechniker.

Nach einer Vorstellung der beiden Bedienoberflächen (für Regionalserviceleiter und Servicetechniker), Funktionen und Features des MS3 in Form einer Präsentation hatte jeder
Evaluationsteilnehmer 30 Minuten Zeit, selbst an der realen Maschine mit dem System zu
arbeiten. Hierfür wurde sowohl ein Regionalserviceleiter-Arbeitsplatz mit Desktop-PC
aufgebaut als auch die Arbeitssituation des Servicetechnikers – die Arbeit an der Maschine unterstützt durch das MS3 auf dem Tablet – nachempfunden. Zunächst nahmen die
Evaluierungsteilnehmer die Rolle des Regionalserviceleiters ein und erstellten in einem
Telefonat mit einem (durch einen Mitarbeiter im Transferprojekt simulierten) Kunden einen Wartungsauftrag. Danach wurde die MS3 DB auf dem Desktop-PC mit dem Tablet
synchronisiert und somit der Wartungsauftrag mit allen relevanten Dokumenten und Daten auf das Tablet übertragen. Nun wechselten die Evaluationsteilnehmer ihre Rolle von

Regionalserviceleiter zu Servicetechniker. Mit Hilfe der Liste von Arbeitsschritten auf dem Tablet konnten sie die geplante Wartung an der echten Werkzeugmaschine durchführen. Aufgrund der begrenzten Zeit wurde nur ein repräsentativer Teilumfang und nicht die komplette Liste aller Arbeitsschritte bearbeitet. Dabei war das Tablet per WLAN mit der Steuerung der Maschine verbunden und alle neuen Funktionen konnten somit live ausprobiert werden. Zum Abschluss wurde das Serviceprotokoll digital am Tablet unterschrieben und automatisch in PDF-Form generiert.

Im direkten Anschluss an die Arbeit mit beiden Bedienoberflächen des MS3 füllte jeder Teilnehmer einen Fragebogen zu seinen Einschätzungen aus. Die Ergebnisse waren hervorragend. Auf einer Skala von 0 („kein Potenzial") über 5 („großes Potenzial") bis 6 („sehr großes Potenzial") erhielten die neuen Features des MS3 durchschnittlich eine Bewertung von 5,2. Abschließend fand eine angeleitete Expertendiskussion (mit den oben genannten Teilnehmern) zu den gemachten Erfahrungen bei der Arbeit mit dem MS3 statt. In der Diskussion und den Fragebögen wurden die folgenden Vorteile des MS3 hervorgehoben:

- Höherer Informationsgrad von Regionalserviceleitern und Servicetechnikern,
- Potentiell gesteigertes Qualitätsempfinden und eine stärkere Transparenz für die Kunden,
- Verbesserte, automatisierte Informationsflüsse zwischen Regionalserviceleitern und Servicetechnikern,
- Standardisierung der Prozesse und Serviceprotokolle,
- Sofort digital verfügbare, elektronisch auswertbare Serviceprotokolle,
- Zeitersparnisse durch Automatisierung der Datenhaltung und der Integration von Maschinenfunktionen in die Serviceprozesse.

Die Kunden können besser über den Zustand der Maschinen informiert und einfacher in die Entscheidungsfindung einbezogen werden. Die digitalen Serviceprotokolle sind besser lesbar und reduzieren die Anzahl der nötigen Schritte in der von Medienbrüchen geprägten bisherigen Prozesskette. Das automatisierte Abholen und Ablegen der Alarm- und Protokollmeldungen und NC-Archive der Maschine spart viel Zeit und reduziert den Aufwand für den technischen Kundendienst.

16.5   Zusammenfassung

Im beschriebenen Transferprojekt sollten die Erkenntnisse und Methoden der ersten Förderperiode des SFB TR 29 angewendet und evaluiert werden. Ziel war es, die Interaktion zwischen Sach- und Dienstleistung im zukünftigen IPSS-Betrieb weitestgehend automatisiert zu unterstützen. In enger Zusammenarbeit mit der Abteilung für den technischen Kundendienst von SCHAUDT MIKROSA entstand mit dem MS3 ein umfassendes Unterstützungssystem für Serviceplaner und -techniker.

Serviceplaner werden in ihrer täglichen Arbeit unterstützt, in dem sie alle Daten und Informationen zu einer bestimmten Maschine oder Anlage in einer Bedienoberfläche strukturiert zur Verfügung gestellt bekommen. Sie können z. B. im Telefonat mit einem Kunden dessen Problem effektiver und effizienter erörtern, da die mühsame Suche nach Informationen entfällt und die Servicehistorie der betreffenden Werkzeugmaschine in einer nie gekannten, umfassenden Übersicht präsentiert bekommt. Notwendig werdende Einsätze vor Ort können direkt im MS3 eingegeben werden. Den Rest übernimmt das System.

Die Liste von Arbeitsschritten auf Papier wird durch die Bedienoberfläche des MS3 auf dem Tablet ersetzt. Am Serviceende wird ein Serviceprotokoll in Form eines PDF-Dokumentes mit elektronischer Unterschrift generiert. Jeglicher Datentransfer zwischen der Datenbank in der Servicezentrale, den weiteren Datenquellen und dem Tablet wird durch MS3 automatisiert durchgeführt. Das Tablet wird außerdem mit der Maschine oder Anlage verbunden und unterstützt Servicetechniker durch einfach aktivierbare, steuerungsintegrierte Funktionen. Hierzu gehören Achstests, das Auslesen von Sensorwerten, das Erkennen des Maschinenzustandes sowie ein automatisiertes Abholen und Ablegen der Alarm- und Protokollmeldungen.

Serviceplaner und -techniker werden durch das MS3 deutlich umfangreicher über die Maschinen und Anlagen informiert, Medienbrüche in den Prozessen werden stark reduziert. Die Interaktion zwischen Sach- und Dienstleistung wird durch die Einbindung von steuerungsintegrierten Funktionen, die touch-basierte Bedienoberfläche des Tablets sowie die Automatisierung von als lästig empfundenen Routineaufgaben optimiert.

Das MS3 ermöglicht es zukünftigen IPSS-Anbietern, die Transparenz und Qualität ihrer Erbringungsprozesse zu steigern, die zu erwartenden Servicezeiten zu verkürzen und besser abzuschätzen. Somit kann die Verfügbarkeit und Präzision der Maschinen und Anlagen gesteigert und die Planungssicherheit erhöht werden.

Wie bei den meisten Einführungsprozessen erfordert die Einführung des MS3 einen entsprechenden Aufwand an Zeit und Geld. Es ist allerdings zu erwarten, dass sich dieser Aufwand über die erwarteten Zeit- und Kosteneinsparungen durch die Nutzung von MS3 amortisiert [UHL14].

Literatur

[BAC07] Backhaus, K.; Frohs, M.; Weddeling, M.: Produktbegleitende Dienstleistungen zwischen Anspruch und Wirklichkeit. Arbeitspapier Nr. 2 in der Reihe „ServPay – Zahlungsbereitschaften für Geschäftsmodelle produktbegleitender Dienstleistungen", Betriebswirtschaftliches Institut für Anlagen und Systemtechnologien, 2007. URL: http://www.servpay.de/servpay/papers/AP_Servpay2_final.pdf (Zugriff: 2010-10-20).

[DIN05] DIN PAS 1047 (01.2005) Referenzmodell für die Erbringung von industriellen Dienstleistungen – Störungsbehebung. Berlin: Beuth.

[FLE07] Fleischer, J.; Wawerla, M.: Abschlussbericht ViLMA – Verfügbarkeit im Lebenszyklus von Maschinen und Anlagen. Abschlussbericht zum Forschungsvorhaben Nr. S 689 (Stiftung Industrieforschung), 2007. URL: http://www.stiftung-industrieforschung.de/images/stories/dokumente/forschung/life_cycle/lcc_vilma_Abschlussbericht_2007.pdf (Zugriff: 2010-11-29).

[MOO15] N. N.: Webseite zum System MO^{2}GO. Fraunhofer IPK, Berlin, Website: http://www. moogo.de (Zugriff: 2015-03-18).

[OPC05] N. N.: OPC Unified Architecture, OPC Foundation, Website: https://opcfoundation.org/ about/opc-technologies/opc-ua/ (Zugriff: 2015-03-18).

[UHL09] Uhlmann, E.; Geisert, C.: Availability Oriented IPS^2 Supported by Software Agents. In: Proceedings of the 2nd International Seminar on IPS^2, March, 23rd–24th, 2009, Berlin. Hrsg.: Meier, H. Aachen: Shaker, 2009, S. 63–68.

[UHL12a] Uhlmann, E.; Otto, F.; Geisert, C.: Software optimiert Serviceprozesse an Werkzeugmaschinen – Integrierte Softwarefunktionen und Agententechnologie unterstützen Serviceplanung und -einsatz. wt Werkstattstechnik online 102 (2012) 7/8, S. 480–484.

[UHL12b] Uhlmann, E.; Otto, F.; Geisert, C.: Improving Maintenance Services for Machine Tools by Integrating Specific Software Functions. In: The philosopher's stone for sustainability – Proceedings of the 4th CIRP International Conference on Industrial Product-Service Systems, Tokyo, Japan, November 8th–9th, 2012. Hrsg.: Shimomura, Y.; Kimita, K. Berlin, Heidelberg: Springer, 2012, S. 459–464.

[UHL13] Uhlmann, E.; Otto, F.: Maintenance Service Support System (MS3) – Work in Progress. In: Procedia CIRP 11 (2013), S. 105–107.

[UHL14] Uhlmann, E.; Otto, F.: Processes for the Introduction of the Maintenance Service Support System. In: Procedia CIRP 16 (2014), S. 332–337.

[WAL10] Walter, P.: Technische Kundendienstleistungen: Einordnung, Charakterisierung und Klassifikation. In: Hybride Wertschöpfung – Mobile Anwendungssysteme für effiziente Dienstleistungsprozesse im technischen Kundendienst. Hrsg.: Thomas, O.; Loos, P.; Nüttgens, M. Berlin: Springer, 2009, S. 24–41.

[WIE09] Wieser, J.: Intelligente Instandhaltung zur Verfügbarkeitssteigerung von Werkzeugmaschinen. Forschungsberichte aus dem wbk Institut für Produktionstechnik Universität Karlsruhe (TH). Hrsg.: Fleischer, J.; Lanza, G.; Schulze, V. Aachen: Shaker, 2009.

Die frühen Phasen der IPSS-Entwicklung in der Anwendung

17

Charakteristische Herausforderungen und methodische Unterstützung (2)

Michael Herzog, Matthias Köster, Tim Sadek und Beate Bender

17.1 Ausgangssituation

Dieses Buchkapitel ist in direkter Erweiterung und Ergänzung zu Kap. 4 zu verstehen. Während die dort erarbeiteten Ergebnisse theoretisch hergeleitet und mithilfe einer Fallstudie verdichtet wurden, setzt der vorliegende Abschnitt auf diesen Erkenntnissen auf und beschreibt deren Erprobung in einem anwendungsnahen Kontext. Dies dient einerseits dazu, die grundsätzliche Eignung nachzuweisen und andererseits weiteren Forschungsbedarf ableiten zu können. Die industrielle Anwendung erfolgte im Rahmen eines Transferprojektes innerhalb des Sonderforschungsbereiches TR29. Industriepartner war in diesem Fall die Firma CARAT ROBOTIC INNOVATION GMBH, Dortmund.[1]

Das Unternehmen CARAT ist Anbieter für kundenindividuelle Roboterfertigungssysteme im Bereich der Oberflächentechnik. War es hier in der Vergangenheit noch ausreichend sich über technologische Merkmale vom Wettbewerb zu differenzieren, ist diesbezüglich in den letzten Jahren eine zunehmende Angleichung zu beobachten. Um sich auf umkämpften Märkten dennoch behaupten zu können erfolgte bisher ein zusätzliches Angebot industrieller Dienstleistungen ad hoc, bei Kundenwunsch bzw. Aufforderung. Häufig mangelt es in diesen Fällen jedoch an kundenseitiger Zahlungsbereitschaft. Aus Sicht des Unternehmens ist diese Art des Dienstleistungsgeschäfts wenig vorteilhaft und wünschenswert. Durch die mangelnde systematische Entwicklung des Angebotsportfolios sowie die fehlende integrative Betrachtung

---

[1] www.carat-robotic.de.

M. Herzog • M. Köster • T. Sadek • B. Bender (✉)
Lehrstuhl für Produktentwicklung (LPE), Ruhr-Universität Bochum,
Bochum, Deutschland
E-Mail: herzog@lpe.ruhr-uni-bochum.de; sadek@lpe.rub.de; bender@lpe.ruhr-uni-bochum.de

© Springer-Verlag GmbH Deutschland 2017
H. Meier, E. Uhlmann (Hrsg.), *Industrielle Produkt-Service Systeme*,
DOI 10.1007/978-3-662-48018-2_17

von Sach- und Dienstleistungen entstehen letztendlich häufig ineffiziente Erbringungsprozesse was sich in hohen Aufwänden niederschlägt. Diese Umstände bescheren Dienstleistungen innerhalb des Unternehmens den Ruf als „Kostentreiber", „notwendiges Übel" oder „Ausrede für schlechte Produktqualität". Industrielle Produkt-Service Systeme stellen daher eine mögliche Strategie dar, die vorhandenen sach- und dienstleistungsbezogenen Kompetenzen kundenorientiert zu bündeln und damit den langfristigen Unternehmenserfolg sicherzustellen. Der beschriebene Fall ist ein repräsentatives Beispiel für zahlreiche Unternehmen, welche die Wichtigkeit und Bedeutung des Dienstleistungsgeschäftes aus Marktsicht zwar erkannt haben, sich demgegenüber jedoch am Anfang eines unternehmensbezogenen Transformationsprozesses[2] hin zu einem IPSS-Anbieter befinden und daher häufig nicht profitabel agieren können [NEE08, OLI03].

Wie in Abb. 17.1 veranschaulicht, bringt die Entscheidung für eine Diversifikation in Richtung industrieller Produkt-Service Systeme weitreichende Veränderungen des gesamten Unternehmens mit sich [BEY01], die weit über eine isolierte Anpassung der Marktleistung hinwegreicht. Vielmehr handelt es sich um einen „radikalen" Wechsel der Unternehmensphilosophie, welche die Serviceorientierung und die Ausrichtung am Kundennutzen auf allen Ebenen (Leistung, Strategie, Organisation, Führung) vorsieht. Der Ausweg aus der „Service-Wüste" mit Misserfolgsquoten von bis zu 50 Prozent [BUL06] stellt Industrieunternehmen in der konkreten Umsetzung vor enorme Herausforderungen, die sich bereits in den frühen Phasen der IPSS-Entwicklung manifestieren. Die in Kap. 4 hergeleiteten IPSS-spezifischen Herausforderungen können mithilfe der in der Praxis gesammelten Erfahrungen um

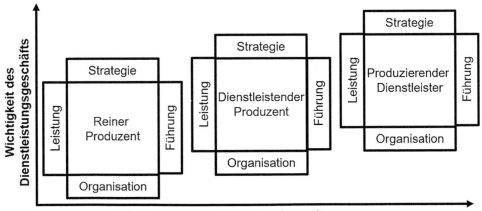

Abb. 17.1 Transformationsprozess vom reinen Produzenten zum produzierenden Dienstleister

---

[2]OLIVA UND KALLENBERG veranschaulichen diesen Transformationsprozess als ein Kontinuum, welches durch die Extrempositionen „Reiner Produzent" und „Produzierender Dienstleister" begrenzt wird. Das darin skizzierte Bild des „Produzierenden Dienstleisters" kommt dem Verständnis eines IPSS-Anbieters gleich.

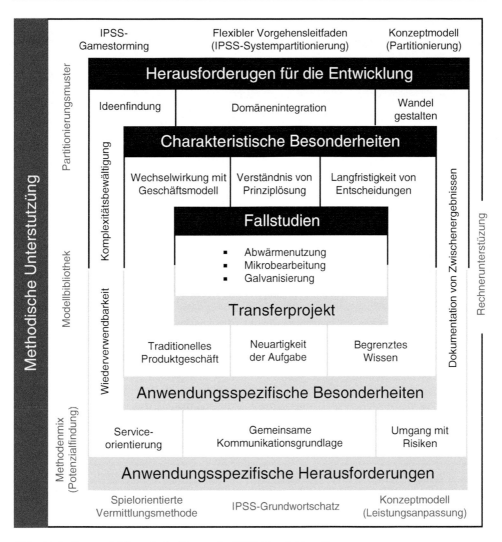

Abb. 17.2 Research Map „frühe Phasen der IPSS-Entwicklung"

anwendungsspezifische Besonderheiten und der daraus resultierenden Herausforderungen ergänzt und konkretisiert werden (S. Abb. 17.2)

Die Kernkompetenz der Firma CARAT liegt historisch im traditionellen Produktgeschäft bzw. Anlagenbau begründet; das Dienstleistungsangebot erfolgte wie bereits beschrieben reaktiv, auf Kundenwunsch. Die Etablierung einer „Serviceorientierung" im Zuge eines organisationalen Lernprozesses ist daher zwingend zu durchlaufen. Die IPSS-Entwicklungsaufgabe weist einen hohen Neuigkeitsgrad auf. Die Entwickler müssen mit neuen Domänen (Vgl. Abschn. 4.2) innerhalb und eventuell außerhalb des Unternehmens in einem interdisziplinären Team zusammenarbeiten. Eine gemeinsame Kommunikationsgrundlage (Terminologie und Semantik) ist hierfür von essenzieller

Bedeutung. Wurde die Produktentwicklung bisher durch den Kunden und eine konkrete Bearbeitungsaufgabe initiiert, ist es im IPSS-Kontext notwendig, zunächst ein Nutzensteigerungspotenzial in den kundenseitigen Wertschöpfungsketten zu identifizieren und daraus neuartige Geschäftsmodellideen abzuleiten. Aufgrund des bisherigen Angebotsportfolios ist das vorhandene Wissen und Know-How jedoch auf konkrete Roboteranwendungen (z. B. Schleifen, Polieren, Galvanisieren) limitiert. Die Entwicklung und anschließende Erbringung industrieller Produkt-Service Systeme ist somit mit einer hohen Unsicherheit verbunden, die es zu handhaben gilt. Nicht IPSS- und anwendungsfallspezifisch, jedoch nicht weniger wichtig sind die Ansprüche an die Effizienz in der Abwicklung von Entwicklungsprojekten. Dabei spielen die Dokumentation von Zwischenergebnissen sowie die Wiederverwendbarkeit einzelner Lösungsbestandteile eine zentrale Rolle [VDI93, VDI97].

Die beschriebenen Herausforderungen begründen den anwendungsspezifischen Bedarf und die Anforderungen an eine Unterstützung der frühen Phasen der IPSS-Entwicklung. Abb. 17.2 fügt die Ergebnisse zweier Teilprojekte des Sonderforschungsbereichs TR29 im Sinne einer „Forschungslandkarte" logisch zusammen und erleichtert somit eine problemorientierte Einordnung und Auswahl der entstandenen Methoden und Werkzeuge. Nachdem in Kap. 4 bereits Ansätze zur Beherrschung der Domänenintegration und zur Ideenfindung (IPSS-Konzeptmodell und Vorgehensleitfaden zur Systempartitionierung, Partitionierungsmuster) verdeutlicht wurden, ergänzt der nachfolgende Abschnitt diese um besonders im anwendungsbezogenen Kontext relevante Bausteine (Operativer Methodeneinsatz in der Ideenfindung, IPSS-Gamestorming, Rechnerunterstützung). Der Beitrag schließt mit einer kapitelübergreifenden (Kap. 4 und Kap. 17) Zusammenfassung und einem Ausblick zum Thema Konzeptentwicklung industrieller Produkt-Service Systeme.

17.2   Methodische Unterstützung für die industrielle IPSS-Konzeptentwicklung

17.2.1 Auf dem Weg zur IPSS-Idee

Die Ideenfindung ist eine herausfordernde Aufgabe im Kontext der IPSS-Entwicklung. Um den Kundennutzen in das Zentrum des Angebots stellen zu können, ist umfangreiches Wissen über die kundenseitigen Wertschöpfungsprozesse notwendig, um daraus Problemfelder und damit Bedarfe zur Nutzensteigerung ableiten zu können. Grundlegend ist ein solches markt- und kundenorientiertes Vorgehen nahezulegen um das Risiko von Produktflops zu minimieren. Jedoch steht in der industriellen Anwendung aus Effizienzgründen und aufgrund einer stark „produktzentrierten Denkweise" häufig zunächst die Frage im Raum, ob sich die bisherigen Produkte des Unternehmens überhaupt dafür eignen, im Kontext innovativer Geschäftsmodelle integriert zu werden. So stand im Rahmen des vorliegenden Anwendungsfalls eine robotergeführte Galvanisierungsanlage (Gavaro) im Zentrum der Betrachtung. Ausgehend von diesem Produkt sollten innovative IPSS-Ideen generiert werden. Vor diesem Hintergrund soll der nachfolgende

Abschnitt die Ideenfindungsphase industrieller Produkt-Service Systeme beleuchten und dabei besonders den operativen bzw. industriellen Einsatz von Methoden und Hilfsmitteln veranschaulichen, welche im Kontext des Sonderforschungsbereiches Transregio 29 hervorgegangen sind (Kap. 2 (IPSS-Kompass), Kap. 3 (IPSS-Layermethode), Kap. 13 (Geschäftsmodellmorphologie). Darüber hinaus wird auf ergänzende und bereits etablierte Methoden hingewiesen, welche aufgrund ihres generischen und übertragbaren Charakters im IPSS-Kontext Anwendung finden können.

17.2.1.1 Probleme identifizieren

Unter den Verfahren der Oberflächenveredelung stellt die Galvanotechnik mit rund einem Viertel der beschichteten Flächen den größten Anteil. Der Begriff der Galvanotechnik umfasst im Verständnis der Gütergemeinschaft Galvanotechnik e.V. alle Verfahren zur Oberflächenbehandlung von Metallen und Nichtmetallen, die zur Herstellung metallischer Überzüge aus Elektrolytlösungen und Salzschmelzen unter Ausnutzung eines Ionen- und Elektronentransportes dienen. Die Erzeugung dieser Oberflächen hat dabei neben funktionalen (Verschleiß- und Korrosionsschutz) häufig rein dekorative Zwecke. Die Branche ist traditionell mittelständisch geprägt und umfasst in Deutschland rund 800 Betriebe mit mehr als 20 Beschäftigten [ZVO05]. Akteure der Branche sind sogenannte Formulierer, welche die Prozesschemikalien (Elektrolyte) zur Verfügung stellen. Des Weiteren können die Anlagenbauer genannt werden, welche Galvanisierungsanlagen für die verschiedenen Anwender; die industriellen Galvanikbetriebe offerieren. Die Anwender lassen sich weiter in Inhouse- und Lohngalvaniken differenzieren. Lohngalvaniken verfolgen meist branchenübergreifend ein reines Auftragsgeschäft und werden durch ihre Kunden für galvanisierte Teile bezahlt. Inhouse-Galvaniken führen den Beschichtungsprozess hingegen innerhalb der eigenen Herstellung durch. Für die Beschichtungsaufgaben kommen bei beiden Anwendern verschiedene Anlagentypen zum Einsatz. Je nach Fertigungsaufgabe eignen sich entweder hochautomatisierte Trommel- und Gestellgalvanikanlagen oder aber manuell zu bedienende Handgalvaniken (S. Abb. 17.3 rechts).

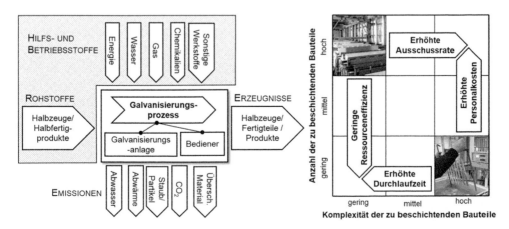

Abb. 17.3 Branchen- und kundenseitige Ausgangssituation

Die Effizienz des Galvanisierungsprozesses wird hinsichtlich der Kriterien Zeit, Kosten und Qualität dabei maßgeblich durch die Anzahl und die Komplexität[3] der zu beschichtenden Teile determiniert. So führt die Nutzung von Gestellgalvanikanlagen bei komplexen Bauteilen zu hohen Ausschussquoten von bis zu 15 Prozent und damit zu Mehrkosten aufgrund von Nacharbeit. Daher kommen für diese Aufgaben Handgalvanikanlagen zum Einsatz. Durch das zeitaufwendige, manuelle Führen der Bauteile durch die Prozessbäder ist dieser Anlagentyp jedoch lediglich für Einzel- oder Kleinserien geeignet. Die Erhöhung der Stückzahl führt daher zu enormen Personalkosten.

Aus Sicht des Anbieters stellt die Entwicklung eines möglichen IPSS-Geschäftsmodells eine strategische Entscheidung dar, da hier der Grundstein für die langfristige Anbieter-Kundenbeziehung gelegt wird. Die von GAUSEMEIER im Bereich der strategischen Produktplanung etablierte Szenariotechnik ermöglicht es, mithilfe von Einflussfaktoren aus dem Umfeld der Anwender, komplexe Zukunftsbilder zu beschreiben [GAU09]. Unter Einsatz des, in Abb. 17.4 angedeuteten „Cognitive Mapping" wurden in Kunden- und Expertenbefragungen die wichtigsten Einflussfaktoren für den Bereich der Galvanisierung herausgearbeitet [HER12].

Diese wurden anschließend einerseits hinsichtlich ihrer Vernetzung untereinander untersucht. Andererseits wurden mögliche zukünftige Ausprägungen der Faktoren (z. B. Entwicklungen von Rohstoffpreisen oder Gesetzesänderungen) sowie die Konsistenz der nun entstandenen Zukunftsbilder analysiert und in einem schlüssigen Szenario wie folgt zusammengefasst:

> „Trotz der Entwicklung zu einer Schlüsseltechnologie in Deutschland, ist die Galvanisierungsbranche den negativen Auswirkungen der Globalisierung ausgesetzt. So sehen sich die Anwender zunehmend umkämpften Märkten und hohem Kosten- und Qualitätsdruck gegenüber. Investitionsentscheidungen sind daher stets mit großen Unsicherheiten verbunden. Die stetig steigenden Energiekosten sowie hohe Aufwände für das Management der Prozesschemikalien (Zulassungsverfahren, Prozessoptimierung etc.) haben einen starken Einfluss auf die Lebenslaufkosten der Anlagen."

Auf diesem Szenario aufbauend wird mithilfe des IPSS-Kompasses [RES10] sowie der IPSS-Layermethode [MÜL09] die Ausgangssituation analysiert sowie die Bedürfnisse der Kunden abgebildet (S. Abb. 17.5). Die Ausprägung des IPSS-Kompasses bezüglich einer grundsätzlichen „Make-or-Buy"-Entscheidung kann in diesem Fall keine eindeutigen Hinweise liefern. Zwar deuten die Ausprägungen einzelner Einflussfaktoren im Kompass (z. B. Wichtigkeit des Galvanisierungsprozesses innerhalb der eigenen Wertschöpfungskette) darauf hin, dass die potenziellen Kunden eine Anlage kaufen würden. Jedoch stehen andere Prozesscharakteristika einem reinen Kauf entgegen, sodass die grundsätzliche Akzeptanz für eine IPSS-Lösung aus Kundensicht möglich erscheint. Die Tendenz zur Kaufentscheidung auf Seiten der Lohngalvaniken ist dabei im Vergleich höher anzusiedeln. Die

---

[3]Komplexität bezieht sich dabei auf die Geometrien der zu beschichtenden Bauteile: Scharfe Kanten, spitze Ecken, schöpfende Bauteile, innenliegende Flächen, große ebene Flächen stellen höchste Ansprüche an die Beschichtung.

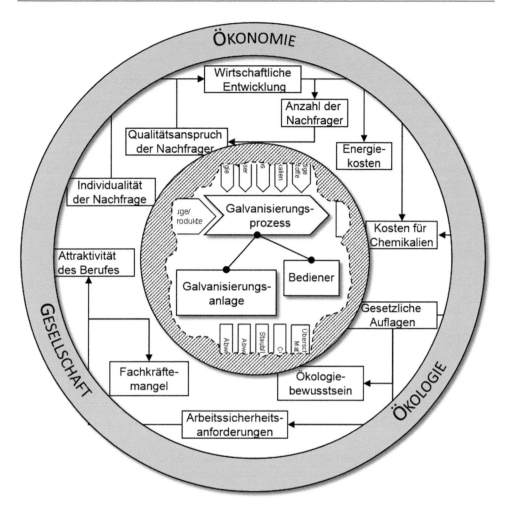

Abb. 17.4 Identifikation von Einflussfaktoren mithilfe des Cognitive Mapping

Analyse der einzelnen, im Kompass berücksichtigten Treiber macht deutlich, dass grundsätzlich enorme Unterschiede in den Bedürfnissen der beiden Kundensegmente zu verzeichnen sind. Bei Lohngalvaniken steht vor allem die Flexibilität der Galvanisierung im Vordergrund. Im Zeitverlauf schwankt hier nicht nur die Art der Galvanisierungsaufgabe (Branche, Bauteil, Art der Beschichtung) sondern auch die Nachfrage selbst. Der effiziente Umgang mit den Ressourcen (Chemikalien und Energie) ist für beide Kundensegmente von Relevanz, da sich dieser wie im Szenario beschrieben, nachhaltig auf die Lebenslaufkosten auswirkt.

Darüber hinaus möchten sich Anwender mit Inhouse-Galvanik auf ihre Kernkompetenzen fokussieren und die Ver- und Entsorgung der Betriebsmittel (Chemikalien) als Neben- bzw. Unterstützungsprozess fremdvergeben. Auf diesen Erkenntnissen aufbauend können nun geeignete IPSS-Geschäftsmodelle identifiziert werden. An dieser Stelle soll jedoch

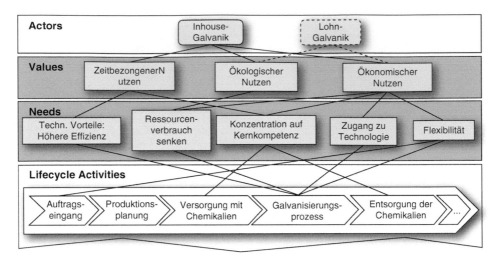

Abb. 17.5 Nutzung der IPSS-Layermethode zur Beschreibung der Ausgangssituation

darauf hingewiesen werden, dass es sich zu diesem frühen Zeitpunkt der Entwicklung lediglich um Ideen für Geschäftsmodelle handelt (Nutzenmodelle, Erlösmodelle), diese sind im Laufe der weiteren Entwicklung zu konkretisieren und abzusichern. Um initiale Ideen für mögliche Geschäftsmodelle zu identifizieren, kann die in Kap. 13 beschriebene Geschäftsmodellmorphologie und die darin enthaltenen Partialmodelle zur Unterstützung (i. S. v. Ideengeber/Suchkriterien) genutzt werden. Darüber hinaus liefert der durch die Hochschule St. Gallen entwickelte Business-Model Navigator mit seinen 55 Geschäftsmodellmustern [GAS13] sowie eine umfassende Literaturrecherche zu bereits realisierten Geschäftsmodellen im erweiterten Kontext der Anwendung „Galvanisierung" wertvolle Hinweise. Bezüglich der analysierten kundenseitigen Ausgangssituation werden folgende Geschäftsmodelle als erfolgsversprechend beurteilt. Diese könnte CARAT seinen Kunden direkt oder in einem umfassenden Netzwerk anbieten (z. B. mit einem Chemikalienlieferant, Ver- und Entsorgungsdienstleister):

- **Chemikalienleasing**: Die Erlösströme sind nicht an den Verkauf der Galvanisierungsanlage, sondern direkt an den Chemikalieneinsatz gekoppelt (z. B. € pro galvanisierte Teile). Die Chemikalien verbleiben im Besitz des Chemikalienzulieferers. Dieser optimiert den Einsatz (Galvanisierung, Bestellvorgang, Lagerung etc.).
- **Rent-a-Gavaro**: Dem Kunden wird eine bedarfsspezifische Beschichtungskapazität zugesichert. Er zahlt nur dann, wenn die Anlage betriebsbereit vor Ort steht. Somit kann sich der Kunde ausschließlich auf den eigentlichen Fertigungs-/Galvanisierungsprozess konzentrieren ohne sich über Auslastung und Handhabung der Chemikalien Gedanken machen zu müssen.
- **Shared Savings**: Die Zahlungsströme ergeben sich aus den Einsparungen an Ressourcen (Chemikalien und Energie) im Vergleich zu einer zu definierenden IST-Situation (z. B. Verwendung einer klassischen Gestallgalvanikanlage).

17.2.1.2 Potenziale aufdecken

Um die Marktpotenziale der drei identifizierten Geschäftsmodelle zu bewerten, wurde mit Hilfe von Kunden und Experten der Galvanisierungsbranche eine auf die Spezifika sach- und dienstleistungsintegrierter Lösungen angepasste SWOT-Analyse[4] durchgeführt [OST10]. Dabei kann festgestellt werden, dass die Charakteristika der identifizierten Geschäftsmodelle deutliche Marktpotenziale aufweisen. Um jedoch letztendlich eine Entscheidung über die Eignung der Geschäftsmodelle aus Anbietersicht treffen zu können ist es notwendig, dem marktseitigen Potenzial, die unternehmensbezogenen Fähigkeiten zur Leistungserbringung gegenüberzustellen. Zur Analyse dieser Fähigkeiten eignet sich der Business-Model-Canvas [OST10], der mithilfe einer semi-formale Modellierungssprache, Partialmodelle eines Geschäftsmodells und darin relevante Aspekte zusammenführt (Abb. 17.6).

Im Rahmen von Experteninterviews sowie umfangreichen Produktstudien wurden die Partialmodelle der Schlüsselpartner (Key Partners), der Schlüsselressourcen (Key Ressources) sowie der Schlüsselaktivitäten (Key Activities) näher betrachtet. Es kann festgestellt werden, dass die Firma CARAT über ein umfassendes Netzwerk an strategischen Partnern im Bereich der Galvanisierung verfügt. Besondere Relevanz hat dabei die enge Bindung zu einem Anwender (Inhouse-Galvanik im Bereich der Sanitärarmaturen) sowie zu einem Chemikalienlieferanten. Mit dem genannten Lead-User wurden in der Vergangenheit bereits Galvanisierungsanlagen (Gavaro) entwickelt, die mithilfe von Industrierobotern, die zu beschichtenden Bauteile durch Prozessbäder befördern (S. Abb. 17.7). Hierdurch ist es möglich, die Vorzüge der hohen Automatisierung der Gestellanlagen, mit denen der bauteilspezifischen Handhabung (Führen durch Prozessbad, Abtropfbewegung) der Handgal vanisierungsanlagen zu verbinden. Besonders bei

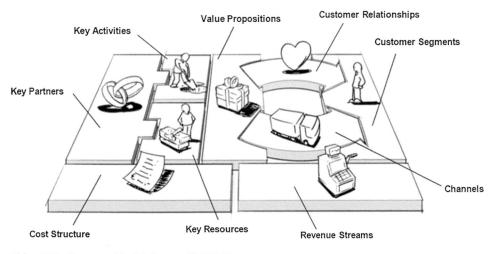

Abb. 17.6 Business Model Canvas [OST10]

---

[4] SWOT (Strenghts, Weaknesses, Opportunities, Threats).

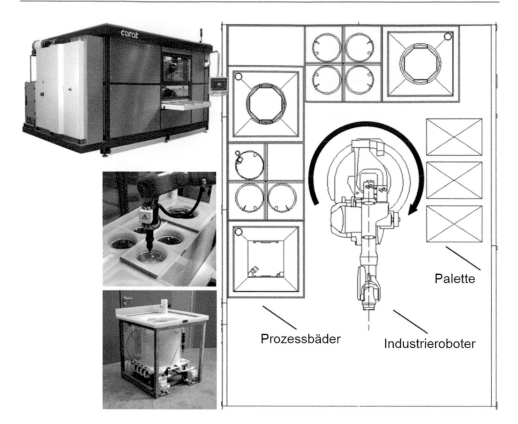

Abb. 17.7 Galvanisierung mit Industrierobotern

komplexen Bauteilen können die Ausschussraten so enorm reduziert werden. Darüber hinaus werden die Standzeiten der Prozessbäder aufgrund der reduzierten Verschleppungen (durch Abtropf- und Ausgießbewegung) signifikant verlängert.

Die Anlage verfügt über einen mobilen Aufbau, sodass der Transport sehr einfach mithilfe eines Gabelstaplers möglich ist. Die Prozessbäder sind in flexibel konfigurierbaren Modulen ausgeführt, um eine schnelle Anpassung an neue Beschichtungsaufgaben und damit Prozessfolgen zu ermöglichen. Die Zelle und die darin integrierten Komponenten weisen eine gute Zugänglichkeit auf, sodass die Ver- und Entsorgungsprozesse der Chemikalien zeitoptimiert erbracht werden können. Den Nachteilen des Einsatzes von Industrierobotern bezüglich der Stillstandszeiten zur Programmierung kann durch die Verwendung der Offline-Programmiersoftware Famos entgegengewirkt werden. Mit dieser unternehmensbezogenen Analyse konnte das grundsätzliche Potenzial für die Erbringung der identifizierten Geschäftsmodelle nachgewiesen und damit der Übertritt von der Ideen- in die Konzeptphase der IPSS-Entwicklung initiiert werden.

17.2.2 Förderung kollaborativer Kreativität mit spielorientierten Ansätzen: IPSS – Gamestorming

Wie im einleitenden Abschnitt dieses Buchkapitels beschrieben stellt die im IPSS-Kontext notwendige kundennutzenzentrierte Neuausrichtung, Industrieunternehmen vor enorme Schwierigkeiten. Im Rahmen der IPSS-Konzeptentwicklung müssen Entwickler aus unterschiedlichen sach- und dienstleistungsbezogenen Domänen gemeinsam an interdisziplinären Problemstellungen arbeiten. Die Güte der Problemlösungen ist dabei unter anderem abhängig von den kreativen Leistungen der handelnden Akteure [STE07]. Kreative Leistungen sind demnach nicht als Spontanergebnisse zu verstehen, sondern stellen das Ergebnis eines umfassenden, kollaborativen Arbeitsprozesses dar, dessen Effizienz maßgeblich von den kognitiven, kreativen und kommunikativen Fähigkeiten der involvierten Akteure abhängt [STE11]. Dieses kreative Leistungsvermögen von kollaborierenden Akteuren (etwa eines interdisziplinären Entwicklerteams), gemeinschaftlich originäre kreative Leistungen zu erbringen wird mit kollaborativer Kreativität bezeichnet. Zur Unterstützung und Beförderung der kollaborativen Kreativität muss eine methodische Unterstützung charakteristische, kreativitätshemmende Faktoren adressieren [STE11]. Neben heterogenen Denk- und Verhaltensweisen sowie Kommunikationshemmnissen, führen Motivations- und Wahrnehmungsbarrieren in ihrer Folge zu einer Einschränkungen der kollaborativen kreativen Leistungsfähigkeit und behindern somit den effizienten und effektiven Entwicklungsablauf. Um sowohl das kollaborative als auch das individuelle Kreativitätspotenzial von interdisziplinären IPSS-Entwicklerteams voll ausschöpfen zu können sind somit gezielt kreativitätsfördernde Mechanismen vorzusehen. Dies geschieht traditionell mithilfe diskursiv-analytischer (z. B. Mindmapping, Morphologische Analyse) und intuitiver Kreativitätsmethoden (z. B. Brainstorming, Brainwriting) und stellt in der industriellen Praxis den Status Quo dar [STE07]. Dabei liegen den genannten Methoden, trotz der Unterschiedlichkeit hinsichtlich der Vorgehensweisen, generelle Prinzipien zugrunde [COR06]. Neben dem Prinzip der „Verfremdung" und der „verzögerten Bewertung" erfährt aktuell insbesondere das Prinzip des „spielerischen Problemlösens" zunehmende Aufmerksamkeit in Wissenschaft und Praxis. Die Literatur spricht bei der Anwendung von spieltypischen Elementen und Prozessmustern in einem spielfremden Kontext von „Gamifizierung (engl. Gamification)" [DET11]. Die Gamifizierung als Handlungsstrategie besitzt allerdings nicht nur Potenzial im Hinblick auf die Behandlung pädagogischer und wirtschaftlicher Problemstellungen, sondern insbesondere auch im Hinblick auf das Lösen von komplexen Entwicklungsproblemen. Auf Basis dieser Erkenntnis erfolgte die Umsetzung einer spielorientierten Methode für die Lösungsvariation in der IPSS-Konzeptentwicklungsphase – das „IPSS-Gamestorming" [KÖS14, MEU13]. Zur Initiierung einer IPSS-Gamestorming-Session wurden die folgenden fünf Gestaltungsbereiche determiniert (S. Abb. 17.8):

- **Beteiligte Akteure**: Neben dem Moderator müssen die Spielteilnehmer festgelegt werden. Als entscheidungsrelevante Merkmale bezüglich der Gruppenzusammensetzung sind neben den unterschiedlichen Fach- und Problemlösungskompetenzen sowie kommunikativen Fähigkeiten der Teilnehmer insbesondere individuelle Persönlichkeitseigenschaften,

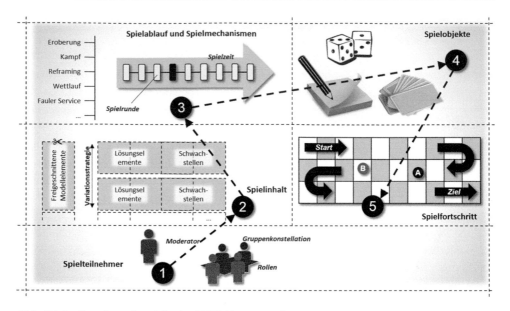

Abb. 17.8 Gestaltungsbereiche des IPSS-Gamestorming

wie z. B. Introversion, Extraversion, Temperament, Stimmungslage und Interesse relevant. Vor diesem Hintergrund können einzelnen Teilnehmern spezifische Rollen zugewiesen werden, um bestimmte Verhaltensweisen zu „erzwingen" und den Blickwinkel auf ein „Problem" bewusst zu verändern.

• **Spielinhalte**: Besonders relevante oder kritische Bestandteile des bestehenden IPSS-Konzeptes werden extrahiert und anschließend systematisch variiert. Hierfür stehen zahlreiche Variationsstrategien im Sinne von konträren Strategiepaaren (z. B. Anteil technischer oder menschlicher Elemente, Zentralisierungsgrad, Ortsgebundenheit, Frequenz von Prozessen, Nutzung des externen Faktors) bereit, die die Akteure bewusst zum verlassen bestehender „Denkmuster" bewegen und somit zu einer systematischen Erkundung des Lösungsraumes beitragen.

• **Spielablauf und Mechanismen**: Hier wird der zeitliche Ablauf der Gamesession determiniert. Um den anwendungsspezifischen Rahmenbedingungen gerecht zu werden können verschiedene Spielrunden flexibel konfiguriert werden. In der Spielrunde „Eroberung" müssen die Teams beispielsweise möglichst viele Lösungen innerhalb eines definierten Zeitraumes finden. Dabei müssen möglichst innovative Lösungen gefunden werden. Ähnlich der Punktevergabe bei dem allseits bekannten Spiel „Stadt-Land-Fluss" werden für einmalige Lösungen drei Punkte vergeben, für diejenigen Lösungen die mehrmals identifiziert werden hingegen nur ein Punkt. Werden hier bewusst alle Lösungen zugelassen, ist es während der Spielrunde „Kampf" das Ziel, möglichst viele Schwachstellen für die Lösungen des gegnerischen Teams zu ermitteln um damit weitere Punkte zu gewinnen.

• **Spielobjekte**: Das IPSS-Gamestorming orientiert sich grundlegend an klassischen Brettspielen. Zugunsten einer direkten Interaktion der Akteure wurde hier auf eine

Virtualisierung der Spielumgebung verzichtet. In Abhängigkeit von der Spielrunde werden zusätzliche Spielobjekte wie Karten, Würfel und Post-It's benötigt, um Lösungen z. B. niederschreiben oder arrangieren zu können.

- **Spielfortschritt**: Den Spielteilnehmern wird einerseits das finale Spielziel vermittelt und andererseits ein ständiges Feedback über den Spielfortschritt gegeben. Im direkten Vergleich zum jeweils anderen Team entsteht somit eine stetige Motivation durch Konkurrenz.

17.2.3 Rechnerunterstützung der frühen Phasen der IPSS-Entwicklung

Um die Effizienz der IPSS-Entwicklung besonders in den frühen Phasen zu unterstützen erfolgte die Implementierung verschiedener Methoden und Werkzeuge (Vgl. Abb. 17.2) innerhalb eines Softwareprototypen [MEU14]. Dieser ermöglicht durch eine aufgabenbezogene Programmlogik die nahtlose Einbettung der IPSS-Konzeptentwicklung in ein konkretes IPSS-Entwicklungsprojekt. Durch das Aufbrechen der Modellierung in einzelne notwendige Entwicklungstätigkeiten (Tasks) sowie die Trennung von Modelldarstellung (in Partialsichten) und Modell, ist es möglich, die enorme Komplexität welche im zu entwickelnden System IPSS begründet liegt, zu reduzieren. Abb. 17.9 zeigt auf der linken Seite die verschiedenen Aufgaben die für die Konzeptentwicklung im Kontext der identifizierten Geschäftsmodelle (Chemikalienleasing, Rent-a-Gavaro, Shared Savings) notwendig sind.

Zur Bearbeitung dieser Aufgaben kann der Entwickler spezifische Modellierungsbereiche nutzen (Leistungs- und Funktionsmodellierung, Objekt-/Prozessdesign). Um die gezielte Suche nach und Wiederverwendung von bewährten Lösungsbestandteilen zu befördern, wurde eine Modellbibliothek konzipiert, welche im Sinne eines gesamtheitlichen Katalogsystems folgende Katalogarten vereinigt:

- Operationskataloge enthalten die Verfahrensschritte des methodischen Entwickelns industrieller Produkt-Service Systeme (Kap. 3 und Abschn. 4.3).
- Objektkataloge speichern aufgabenunabhängiges Wissen (z. B. Arten von Industrierobotern, Prozessabfolge bei der Inbetriebnahme eines Roboters).
- Lösungskataloge speichern aufgabenbezogenes Wissen. Es wird eine Zuordnung von Lösungen zu bestimmten Funktionen vorgenommen (z. B. Verwendung eines spezifischen Ultraschallsensors, um die Güte eines Prozessbades zu überwachen).

Durch diese umfassende Betrachtung kann die Modellbibliothek effizienter in das Werkzeug integriert werden. Die Objekt- und Lösungskataloge sowie die darin hinterlegten Standardbausteine (z. B. Partitionierungsmuster) und anwendungsbezogene Modellelemente strukturieren sich entlang der hinterlegten IPSS-spezifischen Entwicklungsschritte und geben dem Entwickler somit eine zusätzliche Anleitung und Orientierungshilfe. Neben den Entwicklungssichten, die einen spezifischen Zustand des Systems adressieren, ist dem

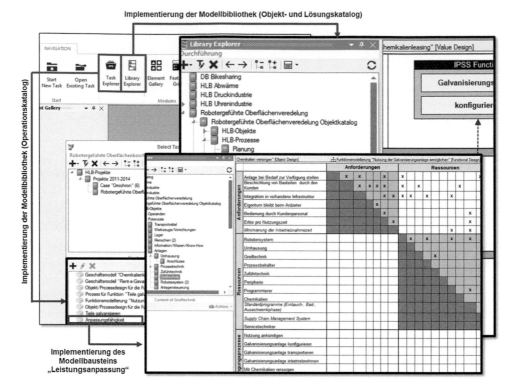

Abb. 17.9 Rechergestütze IPSS-Konzeptentwicklung

Operationskatalog auch der Task „Anpassungsfähigkeit" zu entnehmen (Abb. 17.9 rechts unten). Mithilfe eines matrizenbasierten Modellbausteins kann die lebenszyklusübergreifende Dynamik bereits während der IPSS-Konzeptentwicklung berücksichtigt werden [HER15]. Besonders dieses Dokument ist nicht an die Phase der IPSS-Konzeptentwicklung gebunden. Vielmehr kann es zur übergreifenden Koordination von Entwicklungs- und Erbringungsaktivitäten herangezogen werden.

17.3 Zusammenfassung und Ausblick

Der Paradigmenwechsel hin zu kundennutzenorientierten Geschäftsmodellen stellt Unternehmen vor enorme Herausforderungen. Besonders der sach- und dienstleistungsintegrierte Entwicklungsprozess unterscheidet sich fundamental von klassisch produktzentrierten Abläufen im Maschinen- und Anlagenbau. Die größten Besonderheiten bestehen derweil in den frühen Phasen der IPSS-Ideenfindung und Konzeptentwicklung. Zeitgleich kommt eben diesen Phasen eine enorme Bedeutung zu, da hierin grundlegende und langfristig wirkende Entscheidungen getroffen werden. Gemeinsam mit Kap. 4 dieses Buches thematisiert der vorliegende Beitrag genannte Phasen. Hierdurch entsteht sowohl von theoretisch fundierter als auch von praktisch erprobter Seite ein ganzheitliches Bild. Der interessierte Leser sollte grundlegend für die Neu- und Andersartigkeit der Entwicklungsaufgabe sensibilisiert werden, um auf die „Hürden" auf dem Migrationspfad zum IPSS-Anbieter vorbereitet zu sein. Darüber hinaus wurde mithilfe einer Forschungslandkarte eine Übersicht über vorhandene methodische Unterstützung geliefert, die je nach konkreter Problemstellung, Anwendung finden sollte. Die vorliegenden Buchbeiträge zeigen bezüglich der vorgestellten methodischen Unterstützung einen tendenziell breiten Überblick. Die Umfänglichkeit der Darstellung geht dabei stellenweise zulasten des Detaillierungsgrades der Erläuterung. An dieser Stelle sei allerdings auf die vermerkte weiterführende Literatur verwiesen. Im Zuge der beschriebenen Forschungsprojekte ergaben sich im Laufe der Bearbeitungszeit zahlreiche interessante Fragestellungen, die einer weiterführenden Untersuchung zugeführt werden sollten, um eine Migration des innovativen IPSS-Ansatzes in die industrielle Anwendung zu ermöglichen. Besonders vor dem Hintergrund der aktuellen Entwicklungen hin zur vierten industriellen Revolution ist zu betonen, dass die hier aufgeworfenen Herausforderungen und Lösungsansätze eine bedeutende Rolle spielen.

Literatur

[BEY01] Beyer, M.: Servicediversifikation in Industrieunternehmen. Kompetenztheoretische Untersuchung der Determinanten nachhaltiger Wettbewerbsvorteile. Hohenheim, Universität Hohenheim, Diss, Wiesbaden: Deutscher Universitätsverlag, 2007.

[BUL06] Bullinger, H.-J.; Scheer, A.-W. (Hrsg.): Service Engineering – Entwicklung und Gestaltung innovativer Dienstleistungen. Berlin: Springer, 2006.

[COR06] Corsten, H.; Gössinger, R.; Schneider, H.: Grundlagen des Innovationsmanagements. München: Vahlen Franz, 2006.

[DET11] Detering, S.; Khaled, R.; Nacke, L. E.; Dixon, D.: Gamification: Toward a Definition. In: Proceeding of the CHI 2011 Gamification Workshop, Vancouver, Canada, 2011.

[GAS13] Gassmann, O.; Frankenberger, K.; Csik, M.: Geschäftsmodelle entwickeln – 55 innovative Konzepte mit dem St. Galler Business Model Navigator. München: Hanser, 2013.

[GAU09] Gausemeier, J.; Plass, C.; Wenzelmann, C.: Zukunftsorientierte Unternehmensgestaltung – Strategien, Geschäftsprozesse und IT-Systeme für die Produktion von morgen. München, Wien: Hanser, 2009.

[HER12] Herzog, M.; Sadek, T.: Sustainable IPS^2-Business Models for Galvanizing high quality sanitary fittings. In: The philosopher's stone for sustainability – Proceedings of the 4th CIRP International Conference on Industrial Product-Service Systems, Tokyo, Japan, November 8th–9th, 2012. Hrsg.: Shimomura, Y.; Kimita, K. Berlin, Heidelberg: Springer, 2012, S. 79–84.

[HER15] Herzog, M.; Bender, B.; Sadek, T.: Dienstleistungsorientierte Geschäftsmodelle als Innovationstreiber für Industrie 4.0 – Implikationen aus Sicht der Produktentwicklung. In: Proceedings of the Stuttgarter Symposium für Produktentwicklung, Stuttgart, Germany, 2015.

[KÖS14] Köster, M.: Ein Beitrag zur modellbasierten Systempartitionierung industrieller Produkt-Service Systeme. Bochum, Ruhr-Universität Bochum, Diss, München: Dr. Hut, 2014.

[MEU13] Meuris, D.; Herzog, M.; Köster, M.; Sadek, T.: Playful conceptual design of industrial product service systems: An Experiment. In: Proceedings of the 19th International Conference on Engineering Design ICED, Seoul, Südkorea, 2013.

[MEU14] Meuris, D.; Herzog, M.; Bender, B.; Sadek, T.: IT Support in the Fuzzy Front End of Industrial Product Service Design. Procedia CIRP 16 (2014), S. 379–384.

[MÜL09] Müller, P.; Kebir, N.; Stark, R.; Blessing, L.: PSS Layer Method – Application to Micro-energy Systems. In: Introduction to Product/Service-System Design. Hrsg.: Sakao, T.; Lindahl, M. London: Springer, 2009, S. 3–30.

[NEE08] Neely, A. D.: Exploring the financial consequences of the servitization of manufacturing. Operations Management Research 1 (2008) 2, S. 103–118.

[OLI03] Oliva, R.; Kallenberg, R.: Managing the transition from products to services. International Journal of service industry management 14 (2003) 2, S. 160–172.

[OST10] Osterwalder, A.; Pigneur, Y.: Business Model Generation – A Handbook for Visionaries, Game Changers, and Challengers. New Jersey: John Wiley & Sons, 2010.

[RES10] Rese, M.; Strotmann, W.-C.; Karger, M.: Which industrial product service system fits best? – Evaluating flexible alternatives based on customers' preference drivers. Journal of Manufacturing Technology Management 20 (2010) 5, S. 640–653.

[STE07] Steiner, G.: Kreativitätsmanagment: Durch Kreativität zur Innovation. In: Innovations- und Technologiemanagement. Hrsg.: Strebel, H. Wien: Facultas, 2007.

[STE11] Steiner, G.: Das Planetenmodell der kollaborativen Kreativität – Systemisch-kreatives Problemlösen für komplexe Herausforderungen. Wiesbaden: Gabler, 2011.

[VDI93] VDI-Richtlinie 2221 (05.1993) Methodik zum Entwickeln und Konstruieren technischer Systeme und Produkte. Berlin: Beuth.

[VDI97] VDI-Richtlinie 2222 (06.1997) Blatt 1: Konstruktionsmethodik – Methodisches Entwickeln von Lösungsprinzipien. Berlin: Beuth.

[ZVO05] Zentralverband Oberflächentechnik: Branchenanalyse der deutschen Galvano- und Oberflächentechnik, 2005.

Methoden für die operative und strategische Erbringungsplanung

18

Industrielle Anwendung bei der Firma TRUMPF Werkzeugmaschinen GmbH + Co. KG

Henning Lagemann und Horst Meier

18.1 Die Ausgangssituation

18.1.1 Hintergrund

Obwohl Industrieunternehmen im Maschinen- und Anlagenbau die zunehmende Bedeutung industrieller Dienstleistungen für den nachhaltigen Unternehmenserfolg erkennen, stellt sie die Migration zum Anbieter industrieller Produkt-Service Systeme (IPSS) vor große Herausforderungen. Bei diesen werdenden IPSS-Anbietern handelt es sich häufig um Technologieunternehmen, die traditionell einen sehr starken Sachleistungsfokus haben, und sich durch den systematischen Ausbau des Dienstleistungsangebots und durch eine höhere Integration in die kundenseitigen Wertschöpfungsprozesse zunehmend als *produzierende Dienstleister* verstehen. Dennoch entspricht der industrielle Reifegrad der Sach- und Dienstleistungsintegration in vielen Fällen noch nicht dem eines IPSS-Anbieters, was unterschiedlichste Ursachen haben kann. Insbesondere in den technologie- und sachleistungszentrierten Bereichen vieler Unternehmen wird der technische Kundendienst nach wie vor als „notwendiges Übel" gesehen, der häufig nur durch Quersubventionierung durch den Ersatzteilverkauf schwarze Zahlen schreibt. Von einer umfassenden Kundennutzenfokussierung, die auch innovative Geschäftsmodelle (Kap. 13) beinhaltet, sind diese Unternehmen häufig noch weit entfernt.

Ein wichtiger Schritt hin zum Angebot von industriellen PSS ist die effektive und effiziente Organisation der Erbringung. Zum einen müssen auf strategischer Ebene regionale,

H. Lagemann • H. Meier (✉)
Lehrstuhl für Produktionssysteme (LPS), Ruhr-Universität Bochum, Bochum, Deutschland
E-Mail: lagemann@lps.ruhr-uni-bochum.de; Meier@lps.ruhr-uni-bochum.de

© Springer-Verlag GmbH Deutschland 2017
H. Meier, E. Uhlmann (Hrsg.), *Industrielle Produkt-Service Systeme*,
DOI 10.1007/978-3-662-48018-2_18

401

nationale oder auch internationale Anbieternetzwerke, bestehend aus Kunden, eigenen Tochtergesellschaften oder Serviceniederlassungen sowie externen Sach- und Dienstleistungszulieferern, systematisch aufgebaut werden. Dies ist erforderlich, damit für die IPSS- bzw. Dienstleistungserbringung die benötigten Ressourcen (insbesondere Techniker, Ersatzteile und Werkzeuge) in der richtigen Quantität und Qualität bzw. mit der richtigen Qualifikation zur Verfügung stehen. Zum anderen muss auf operativer Ebene das vorhandene Potenzial effizient genutzt werden – denn zur frist- und qualitätsgerechten Dienstleistungs- bzw. IPSS-Erbringung müssen interne und externe Ressourcen zum richtigen Zeitpunkt am richtigen Ort sein.

In diesem Kapitel werden Möglichkeiten zum Einsatz von IPSS-Planungsmethoden im technischen Kundendienst am Beispiel des Technologieunternehmens TRUMPF WERKZEUGMASCHINEN GMBH + CO. KG, Ditzingen, aufgezeigt. Dabei wird der Tatsache Rechnung getragen, dass sich auch stark dienstleistungsorientierte Unternehmen wie TRUMPF in der Regel vom idealtypischen IPSS-Anbieter unterscheiden und somit eine andere Ausgangslage haben als die in den Forschungsansätzen meist adressierten IPSS-Anbieter. Auf dieser Grundlage werden die Planungsherausforderungen im technischen Kundendienst herausgearbeitet und Anforderungen an operative und strategische Planungsmethoden abgeleitet. Für die operative Ressourceneinsatzplanung wird daraufhin eine metaheuristische Planungsmethode vorgestellt und am Beispiel der Firma TRUMPF evaluiert. Für die strategische Netzwerkplanung wird anschließend eine simulationsbasierte Methodik eingeführt, mit der die Gestaltung des Anbieternetzwerks über einen Planungshorizont von mehreren Jahren szenariobasiert unterstützt werden kann. Die vorgestellten Ergebnisse sind im Rahmen des Transferprojekts T3 des von der Deutschen Forschungsgemeinschaft geförderten Sonderforschungsbereichs TR 29 in Zusammenarbeit mit der Firma TRUMPF Werkzeugmaschinen erarbeitet worden.

18.1.2 Das Unternehmen TRUMPF Werkzeugmaschinen

Das Unternehmen TRUMPF WERKZEUGMASCHINEN GMBH + KO. KG ist ein Unternehmen der familiengeführten TRUMPF Gruppe. TRUMPF Werkzeugmaschinen bietet Hochtechnologie-Produkte für die Blechbearbeitung mit Schwerpunkten in den Anwendungsbereichen 2-D-Laserschneiden und Laser-Rohrschneiden, Stanzen, Stanz-Laser-Bearbeitung und Biegen, sowie Lager- und Automatisierungstechnik an. Im Sinne eines Lösungsanbieters ergänzt TRUMPF seine Produkte durch eine große Bandbreite an komplementären Dienstleistungen. Das Dienstleistungsangebot umfasst den kompletten Lebenszyklus einer Maschine – von Financing, Beratung und Kundenschulungen, über Software, Werkzeuge und Ersatzteile, bis hin zu den klassischen Leistungen des technischen Kundendienstes Wartung und Reparatur, die in unterschiedlichen Servicepaketen angeboten werden. Zur Betreuung der weltweiten installierten Basis an Werkzeugmaschinen stehen ca. 1300 Servicetechniker zur Verfügung.

Aufgrund des bereits sehr vollständigen Dienstleistungsangebots und der zunehmenden Integration der Sach- und Dienstleistungsanteile befindet sich TRUMPF auf dem

Weg, ein IPSS-Anbieter zu werden [LAG14b]. TRUMPF steht dabei jedoch vor der Herausforderung, dass der Bedarf an hoch qualifizierten Servicetechnikern im Innen- und Außendienst durch das Unternehmenswachstum sowie durch die steigende Dienstleistungsorientierung weiter zunimmt. Verschärft wird diese Entwicklung durch eine zunehmende Produktdiversifizierung mit steigender Variantenvielfalt, da ein Trend zu immer spezifischeren Kundenlösungen mit sinkenden Stückzahlen besteht. Damit einher geht ein steigender Kapazitätsbedarf im Kundendienst und eine dynamische Veränderung der Qualifikationsanforderungen der Servicetechniker.

Innerhalb der weltweiten Dienstleistungsnetzwerke ist es daher notwendig, die von eigenen Niederlassungen und Standorten sowie von Kooperationspartnern bereitgestellten Ressourcen einem sich dynamisch verändernden Leistungsangebot anzupassen. Die sich daraus ableitenden wesentlichen Fragestellungen, welche TRUMPF hinsichtlich der effektiven und effizienten Organisation der Dienstleistungserbringung beschäftigen und die in diesem Beitrag adressiert werden, können wie folgt zusammengefasst werden:

1. Wie können die unterschiedlichen Servicetechniker des Außendienstes mit ihren individuellen Qualifikationen, Erfahrungen und zeitlichen Verfügbarkeiten möglichst effektiv und effizient zur Erfüllung konkreter Kundenbedarfe eingeplant werden?
2. Wie kann langfristig der Bedarf an Servicetechnikern hinsichtlich Anzahl, Qualifikation und räumlicher Verteilung vor dem Hintergrund unsicherer zukünftiger Dienstleistungsbedarfe ermittelt werden? Wie kann dabei auch der Einfluss zukünftiger technologischer Weiterentwicklungen (z. B. Condition Monitoring / Remote Service Systeme) sowie möglicher Veränderungen der Geschäftsmodelle im Rahmen einer zunehmenden IPSS-Orientierung Berücksichtigung finden?

Die konkreten Anforderungen an die methodische Planungsunterstützung, welche aus diesen übergeordneten praxisbezogenen Fragestellungen resultieren und im Rahmen von Workshops mit Anwendern und Entscheidern von TRUMPF ermittelt wurden, werden im Folgenden zusammengefasst.

18.1.3 Anforderungen von TRUMPF an die Planungsunterstützung

Entsprechend der gängigen Unterteilung von Planungsaufgaben in kurz- und langfristige bzw. operative und strategische Aufgaben [HAL12, SCH01] werden die den oben genannten Fragestellungen zugrundeliegenden Planungsprobleme in eine operative und eine strategische Ebene unterschieden (vgl. Abb. 18.1).

Die kurzfristige, dispositive Planung wird als *operative Ressourceneinsatzplanung* bezeichnet, die schwerpunktmäßig in Abschn. 18.2 behandelt wird. Hier wird basierend auf konkreten, vorliegenden Einsätzen und einer relativ hohen Planungssicherheit entschieden, welche Ressourcen für welche Erbringungsprozesse eingesetzt werden sollen und wann diese ausgeführt werden. Die industriellen Anforderungen an die operative Ressourceneinsatzplanung lassen sich wie folgt zusammenfassen [LAG14c]:

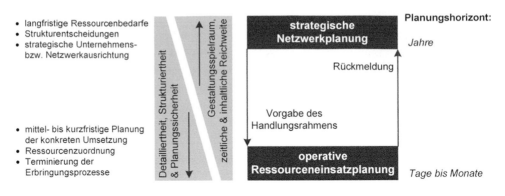

Abb. 18.1 Planungsebenen

1. automatisiertes Generieren von Erbringungsplänen basierend auf vorliegenden Einsätzen
2. Berücksichtigung von diversen harten und weichen Nebenbedingungen, insbesondere: Abgleich von Ressourcenanforderungen und -fähigkeiten, Berücksichtigung individueller Ressourcen- und Prozesszeitfenster und möglichst gleichmäßige Auslastung der Servicetechniker
3. automatisierte Routenplanung zwischen Erbringungsorten und Ressourcenstandorten, um zum einen die Prozesszeiten so genau wie möglich festzulegen und zum anderen möglichst reisezeitoptimale Auftragsreihenfolgen zu generieren
4. zeitnahe Reaktion auf ungeplante Störungen bei bestehenden Erbringungsplänen (z. B. durch Ressourcenausfall oder zusätzliche Bedarfe bei Maschinenausfall), ohne eine komplette Neuplanung durchzuführen
5. Einplanung aller Ressourcen innerhalb eines Netzwerks in einer aggregierten Plantafel, um Kapazitätsschwankungen besser ausgleichen zu können, Reisezeiten zu reduzieren und/oder Skaleneffekte durch eine höhere Spezialisierung realisieren zu können
6. manuelle Eingriffe durch den Serviceplaner zulassen, um z. B. die Verschiebung von bereits mit dem Kunden vereinbarten Einsätzen zu unterbinden

Damit in der operativen Ressourceneinsatzplanung die notwendigen Ressourcen (insbes. Servicetechniker) zur Verfügung stehen, muss im Rahmen der *strategischen Netzwerkplanung* zunächst der Ressourcenbedarf auf einer übergeordneten Ebene festgestellt und ggf. Maßnahmen zum Abgleich von Ressourcenbestand und -bedarf vorgenommen worden sein. Die strategische Netzwerkplanung muss langfristig für mehrere Jahre im Voraus erfolgen, da die Einstellung und Schulung weiterer Techniker oder ggf. die Umschulung bestehender Techniker eine Vorlaufzeit von bis zu einem Jahr benötigt. Strukturelle Veränderungen innerhalb des Anbieternetzwerks werden sogar noch langfristiger geplant und beinhalten meist Entscheidungen mit nachhaltigen finanziellen Konsequenzen [HÖC05]. Derartige strategische Entscheidungen fallen somit in der Regel nicht mehr in den Kompetenzbereich des operativen Serviceplaners, sondern werden unter Beteiligung der

Serviceleiter oder gar der Geschäftsführung getroffen. Eine Methodik sowie ein prototypisch implementiertes Simulationsmodell zur Unterstützung der strategischen Netzwerkplanung werden in Abschn. 18.3 kurz vorgestellt. Die folgenden praxisrelevanten Anforderungen müssen dabei im Wesentlichen erfüllt werden:

1. Unterstützung bei der Ableitung von Handlungsempfehlungen bzgl. zukünftiger Ressourcenbedarfe hinsichtlich Anzahl, Qualität bzw. Fähigkeiten und Standorte der Ressourcen vor dem Hintergrund einer zum Planungszeitpunkt unbekannten oder in hohem Maße unsicherheitsbehafteten Auftragslage
2. Berücksichtigung von Wechselwirkungen zwischen Sach- und Dienstleistungsbestandteilen, z. B. die Auswirkgen von technischen Weiterentwicklungen der Sachleistung sowie von Einflüssen der angebotenen Geschäftsmodelle auf den Dienstleistungs- und somit Ressourcenbedarf
3. Berücksichtigung von Lerneffekten durch Erfahrungsaufbau bei den Servicetechnikern über den strategischen Planungshorizont hinweg
4. Modellierung von Wachstum und Veränderung der Zusammensetzung der installierten Basis
5. Bewertung unterschiedlicher Umwelt- und Gestaltungsfeld-Szenarien der Netzwerkplanung anhand von aussagekräftigen, monetären und nicht-monetären Kennzahlen sowie durch graphisch-visuelle Auswertungsmöglichkeiten zur Auswahl geeigneter strategischer Maßnahmen, sowohl zur Anpassung des Ressourcenangebots als auch zur Beeinflussung der Ressourcennachfrage

18.2   Operative Ressourceneinsatzplanung

18.2.1   Beherrschung der Komplexität durch eine metaheuristische Planungsmethode

Die Komplexität in der operativen Ressourceneinsatzplanung ist erheblich. Schon bei relativ kleinen Planungsproblemen ist der Lösungsraum so groß, dass eine optimale Planungslösung mit deterministischen Verfahren nicht mehr möglich ist. Allein für die Reihenfolge von bspw. 30 Erbringungsprozessen ergibt sich ein Lösungsraum von $30! = 2,65 \bullet 10^{32}$ möglichen Kombinationen. Im industrieller PSS vergrößert sich jedoch der Lösungsraum durch erweiterte Optimierungspotenziale wie die Verwendung von Alternativressourcen und -prozessen, die Einbindung von Kunden- und Netzwerkressourcen sowie die partielle Substitution von Sach- und Dienstleistungsanteilen noch einmal bedeutend [MEI12a]. Darüber hinaus sind in der Ressourceneinsatzplanung auch vielfältige Nebenbedingungen zu beachten. Bspw. können Techniker entsprechend ihres Qualifikationsprofils nur für bestimmte Erbringungsprozesse eingeplant werden. Des Weiteren müssen die Verfügbarkeitszeitfenster der einzelnen am Erbringungsprozess beteiligten Ressourcen beachtet werden. Unter der Woche können häufig Übernachtungen für die mobilen Außendiensttechniker eingeplant werden, während diese am Wochenende in der Regel zu Hause sein müssen. Viele Erbringungsprozesse erfordern die gleichzeitige Koordination mehrerer Ressourcen, wobei insbesondere Teamprozesse mit mehreren Servicetechnikern, die jeweils separat an- und abreisen müssen, den operativen Planer vor große Herausforderungen stellen.

Aufgrund der geschilderten Komplexität lässt sich das operative Planungsproblem, welches ein kombinatorisches Optimierungsproblem [KOR12] darstellt, weder manuell noch computergestützt optimal lösen. Daher wurden metaheuristische Lösungsverfahren entwickelt, welche zwar auch nicht immer die (global) optimale Lösung finden, jedoch mit Hilfe heuristischer Algorithmen durch eine Begrenzung des Lösungsraums potenziell zumindest zu guten Lösungen (lokale Optima) führen können [FUN12, HÜB11]. So entwickelten z. B. MEIER UND FUNKE eine adaptive Planungsmethode zur Terminierung der Erbringungsprozesse industrieller PSS [FUN12, MEI10, MEI12a], die im Folgenden näher beschrieben wird und im industriellen Kontext bei TRUMPF evaluiert wurde.

Die adaptive Planungsmethode [FUN12, MEI10, MEI12a] greift für die Optimierung der operativen Ressourceneinsatzplanung auf einen genetischen Algorithmus zurück. Angelehnt an die Evolution biologischer Organismen wird hierbei eine Anzahl (Population) von Planungslösungen (Individuen) in einem iterativen Verfahren (Evolution) anhand von inkrementellen Planänderungen (Mutation), durch die Kombination von Teilplänen (Rekombination) sowie die Eliminierung der hinsichtlich einer Bewertungsfunktion (Fitness) schwächsten Planungslösungen (Selektion) sukzessive verbessert. Der sogenannte Fitnesswert von Planungslösungen, welcher über viele Iterationen (Generationen) hinweg verbessert wird, ergibt sich durch die gewichtete Multiplikation der Zielkriterien Kosten, Pünktlichkeit sowie Ressourcenauslastung [FUN12].

Für die Anwendung in realen Planungsproblemen des Anwendungspartners TRUMPF musste die Planungsmethode wie folgt angepasst werden [DOR15, LAG14c]:

- Im Planungsalgorithmus wurde die Möglichkeit implementiert, Erbringungsprozesse sowie Reisen in mehrere Prozessabschnitte zu unterteilen. Dies ist unumgänglich, da in realen Planungsproblemen umfangreiche Erbringungsprozesse eingeplant werden müssen, welche häufig nicht innerhalb eines Arbeitstages abgeschlossen werden können.
- Im Zusammenhang mit der Prozessteilung wurde auch die Möglichkeit, Übernachtungen mit einzuplanen, implementiert. Übernachtungskosten gehen mit einem fixen Kostenwert in die Kostenfunktion und somit in den Fitnesswert mit ein.
- Die Berechnung der Zielfunktionswerte für Kosten, Pünktlichkeit und Ressourcenauslastung wurde angepasst. Die modifizierte Ressourcenauslastungskennzahl berechnet sich aus der um Überstunden reduzierten eingeplanten Arbeitszeit der Ressourcen innerhalb der Verfügbarkeitszeiträume der eingeplanten Techniker und Werkzeuge, dividiert durch deren Gesamtverfügbarkeit. Die Berechnung der Kostenfunktion wurde neben der Berücksichtigung von Übernachtungskosten noch dahingehend angepasst, dass nun die minimalen und maximalen Kostenwerte, welche der Berechnung des relativen Kostenwertes zugrunde liegen, nicht mehr von einer Generation zur nächsten

veränderlich sind. Stattdessen werden die tatsächlichen Kosten einer Planungslösung in Relation gesetzt zu den theoretisch kleinst- sowie größtmöglichen Kosten einer Planungslösung, welche über alle Generationen unveränderlich sind. Die Berechnung der relativen Pünktlichkeitskennzahl wurde um eine zusätzliche Gewichtung der innerhalb eines Planungszeitraums maximal möglichen Verfrühung bzw. Verspätung für jeden einzelnen Erbringungsprozess erweitert.

Um die erweiterte Planungsmethode im industriellen Kontext bei TRUMPF evaluieren zu können, wurde diese innerhalb des IPSS Execution Systems (IPSS-ES) implementiert (Kap. 7 sowie z. B. [MEI13b, MEI13c]). Das zugrunde liegende Datenmodell, die notwendige Datenaufbereitung sowie die Ergebnisse der Evaluationsstudie werden in den folgenden Abschnitten kurz vorgestellt.

18.2.2 Datenmodell und Datenaufbereitung

Das Datenmodell, auf welchem die Planungsmethode basiert, ist in Abb. 18.2 vereinfacht dargestellt. Es lässt sich wie folgt zusammenfassen: Jeder durchzuführende Erbringungsprozesse ist genau einem IPSS zugeordnet. Er enthält Informationen bzgl. der Prozessdauer, des Zeitfensters, innerhalb dessen er auszuführen ist, sowie seines Serientyps (z. B. einmalig oder wöchentlich wiederkehrend). Ein Erbringungsprozess kann weiterhin einen oder mehrere Alternativprozesse haben, durch die er substituiert werden kann. Jedem Erbringungsprozess sind eine oder mehrere Fähigkeiten zugeordnet, welche von den ausführenden Ressourcen bereitgestellt werden müssen. Ressourcen können Techniker, Werkzeuge oder Ersatzteile sein (aus Gründen der Vereinfachung sind in Abb. 18.2 nur Techniker dargestellt). Jeder Techniker (wie auch jedes Ersatzteil und Werkzeug) verfügt über mindestens eine Fähigkeit, ist anhand von zeitraumbezogenen Kosten bewertet und gehört genau einer virtuellen Organisationseinheit an [MEI12b]. Für jeden Verfügbarkeitszeitraum eines Technikers kann ein definierter Start- und/oder Endort festgelegt sein (z. B. Heimatort des Technikers). Falls dies nicht der Fall ist, können Techniker zwischen zwei Verfügbarkeitszeiträumen an einem beliebigen Ort übernachten (wie auch in der realen Organisation Hotelübernachtungen möglich sind). IPSS sind ebenso wie Techniker

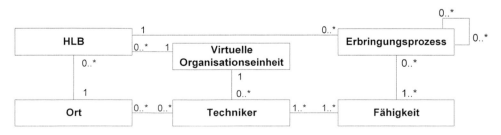

Abb. 18.2 Vereinfachtes Datenmodell

einer virtuellen Organisationseinheit zugeordnet und haben individuelle Verfügbarkeitszeitfenster mit definierten Start- und Endorten – in der Regel ein unveränderlicher Maschi-
nenstandort.

Innerhalb des IPSS-ES können die Daten in einem Datenmodell-Editor eingegeben und
verwaltet werden (Kap. 7). Für die Evaluierung im industriellen Kontext wurde eine Im-
portschnittstelle implementiert, die einen Datenimport vom betrieblichen Ressourcenma-
nagementsystem (z. B. ERP-System) in das IPSS-ES ermöglicht. Die dazu notwendige
Datenvorbereitung für die untersuchten Anwendungsszenarien bei TRUMPF kann wie
folgt zusammengefasst werden:

- Alle Maschinen werden anhand von diskreten Maschinentypen systematisiert.
- Für jeden Erbringungsprozess eines jeden Maschinentyps wird eine individuelle Fähig-
  keit angelegt, bspw. „Wartung_Maschinentyp_xy_Skill".
- Da für die Techniker keine in dieser Form formalisierten Qualifikationsprofile vorla-
  gen, wurden die individuellen Technikerfähigkeiten auf Grundlage ihrer jeweiligen
  bisherigen Erfahrung sowie vorher festgelegter Schwellwerte definiert (bspw. hat
  Techniker A die Fähigkeit „Wartung_Maschinentyp_xy_Skill", wenn er bereits x
  Wartungsprozesse an Maschinen dieses Typs durchgeführt hat).
- Die Verfügbarkeitszeiträume der Techniker wurden für jeden Werktag innerhalb des
  Planungszeitraums von 8 bis 16 Uhr angegeben. Die Verfügbarkeit der IPSS zur Durch-
  führung von Erbringungsprozessen wurde während des Planungszeitraums nicht einge-
  schränkt.
- Es wurde mit fiktiven Kostenwerten für die Techniker gerechnet, da Realdaten aus
  Gründen der Datenvertraulichkeit nicht verfügbar waren.
- Für die Dauer der maschinentypbezogenen Erbringungsprozesse wurden mit Hilfe his-
  torischer Daten ermittelte Durchschnittswerte angesetzt.

18.2.3 Evaluationsstudie

In der Evaluationsstudie wurde ein Planungszeitraum von 4 Wochen betrachtet. Um eine
gute Vergleichbarkeit mit der bei TRUMPF manuell durchgeführten Planung zu ermöglichen, wurden ausschließlich Wartungsprozesse betrachtet, die mit einer Vorlaufzeit von
ca. einem Monat simultan eingeplant wurden. Das Servicegebiet für die insgesamt 118
betrachteten Erbringungsprozesse war Deutschland. Vier der 118 Erbringungsprozesse
erforderten die Zusammenarbeit von zwei Technikern, einer die Zusammenarbeit von 3
Technikern.

Im Vorfeld der eigentlichen Evaluationsstudie wurden Parameterstudien durchgeführt.
Dabei wurden für dieses Planungsproblem 198 Planungsdurchläufe mit 66 unterschiedlichen Konfigurationen von 16 der insgesamt 18 Parameter des Planungsalgorithmus durchgeführt und ausgewertet. Anschließend erfolgten mit der auf diese Weise optimierten
Parameterkonfiguration mehrere Planungsdurchläufe mit einer jeweiligen Rechenzeit von

jeweils 24 Stunden. Sämtliche Planungsdurchläufe wurden auf einem Intel Xeon CPU (E5645, 8 Kerne, 2,4 Ghz, 23,4 GB RAM) durchgeführt.

Die beispielhaften Ergebnisse eines repräsentativen Planungsdurchlaufs sind im Diagramm in Abb. 18.3 dargestellt. Es ist darin sowohl die Anzahl der Techniker, als auch die Gesamtreisezeit der Planungslösung über der Rechenzeit (log 2-skaliert) aufgetragen. Bei der nach 24 Stunden gefundenen Planungslösung wurden insgesamt 22 Techniker eingeplant, die zusammen eine Reisezeit von ca. 294 Stunden innerhalb des vierwöchigen Planungszeitraums haben. Das entspricht einem Reisezeitanteil, bezogen auf die Summe aus Einsatz- und Reisezeit, von ca. 12,5 %. Im Vergleich zur manuell durchgeführten Referenzplanung bei TRUMPF, aus der insgesamt 414 Stunden Reisezeit resultierten, konnten somit rund 29 % Reisezeit eingespart werden. Darüber hinaus wurden sechs Techniker weniger eingesetzt (bei TRUMPF waren es 28). Bereits nach ca. 8 Minuten erreichte der Planungsalgorithmus eine hinsichtlich der Reisezeit mit der Referenzplanung vergleichbare Planungslösung, nach 70 Minuten Rechenzeit betrug die Gesamtreisezeit weniger als 300 Minuten, was einer Verbesserung von ca. 27,5 % entspricht.

Insgesamt deuten die Ergebnisse darauf hin, dass die adaptive Planungsmethode nach der Anpassung in den oben geschilderten Punkten eine geeignete Planungslösung für die operative Ressourceneinsatzplanung darstellt. Es konnten gültige Planungslösungen generiert werden, die keine unzulässigen Überstunden (stets weniger als 10 Stunden Arbeitszeit pro Tag) beinhalten und alle harten Anforderungen erfüllen (Berücksichtigung der Qualifikationsprofile, korrektes Einplanen von Reisen und Übernachtungen, korrekte Berücksichtigung der Teamprozesse). Darüber hinaus sind die quantitativen Ergebnisse vielversprechend, da eine deutliche Planungsverbesserung gegenüber der bisherigen manuellen Planung bei TRUMPF erreicht werden konnte.

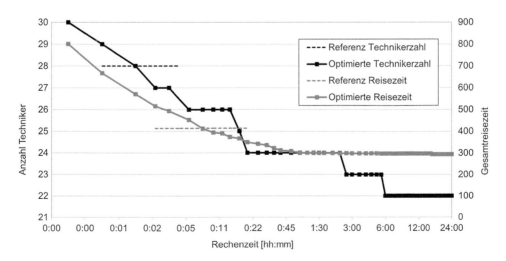

Abb. 18.3 Quantitative Ergebnisse der Evaluationsstudie

Neben den industriellen Anwendungsszenarien bei TRUMPF konnte die gute Planungsqualität auch anhand von klassischen Rundreiseproblemen (TSP) belegt werden. Für diese vergleichsweise einfachen, standardisierten Planungsprobleme liegen Vergleichsergebnisse von anderen, auf diesen Anwendungsfall spezialisierten Planungsalgorithmen vor. Im Mittel wiesen die mit der adaptiven IPSS-Planungsmethode gefundenen Lösungen eine Pünktlichkeit von mehr als 98 % auf und waren im Schnitt nur rund 3,25 % länger als die bisher besten Referenzlösungen [DOR15].

Es bleibt allerdings hinsichtlich des vorgestellten Evaluationsszenarios bei TRUMPF einschränkend anzumerken, dass es sich bei der Referenz-Reisezeit um die Summe der von den Servicetechnikern tatsächlich gemeldeten Reisezeiten handelt, während die durch den Algorithmus optimierte Reisezeit eine geplante Reisezeit ist. In der Realität wird die geplante stets von der durch die Techniker zurückgemeldeten Reisezeit abweichen. Darüber hinaus wurde im Datenmodell für die Evaluierung des Planungsalgorithmus vernachlässigt, dass einzelne Techniker in der realen Planung bei TRUMPF aufgrund von Krankheit, Urlaub oder der Teilnahme an Schulungen während des Planungszeitraums nicht vollständig zur Verfügung standen, was aus Gründen der Vereinfachung im Evaluationsszenario vernachlässigt wurde. Somit ist insbesondere der Vergleich der eingeplanten mit der tatsächlich benötigten Servicetechnikerzahl nur eingeschränkt aussagekräftig.

18.3 Simulationsgestützte strategische Netzwerkplanung

Während die operative Ressourceneinsatzplanung konkret vorliegende Aufträge für einen kurzen Zeitraum von wenigen Tagen bis Wochen einplant, muss in der strategischen Netzwerkplanung vor dem Hintergrund einer unbekannten Auftragssituation ein langfristiger Entwicklungsplan des Anbieternetzwerks für einige Jahre im Voraus entwickelt werden. Dabei liegt der Schwerpunkt insbesondere auf Servicetechnikern, welche die wesentlichen Determinanten für die erfolgreiche und pünktliche Durchführung von Erbringungsprozessen darstellen und gleichzeitig auch den größten Fixkostenblock ausmachen. Ein wesentliches Ziel der strategischen Netzwerkplanung ist somit auch, langfristig für eine möglichst hohe und gleichmäßige Auslastung der Servicetechniker zu sorgen. Daher geht es nicht lediglich darum, ob und wenn ja wie viele zusätzliche Servicetechniker eingestellt werden sollen, sondern auch z. B. darum, wie neue und bestehende Techniker (weiter) zu qualifizieren sind und in welchen Regionen bevorzugt Techniker eingestellt werden sollen.

Der Handlungsbedarf, im Rahmen der strategischen Netzwerkplanung eine Anpassung des Anbieternetzwerks vorzunehmen, ergibt sich dabei allerdings häufig schon direkt aus der operativen Planung und Durchführung der Erbringungsprozesse. Wenn z. B. mit Hilfe der Performance Messmethode (Kap. 7) während des laufenden IPSS-Betriebs oder bei der Erbringungsplanung von den Zielvorgaben abweichende Leistungskennzahlen festgestellt werden, kann dies ein Hinweis darauf sein, dass innerhalb des Anbieternetzwerks ein Kapazitätsengpass für bestimmte Qualifikationen bzw. Ressourcenarten in bestimmten Regionen besteht. Da strategische Maßnahmen zur Anpassung des Anbieternetzwerks

durch Ressourcenauf- oder -abbau in der Regel mit einem hohen, irreversiblen Kostenein-
satz verbunden sind [HÖC05], müssen diese Maßnahmen auf Grundlage der zu erwartenden Konsequenzen sorgfältig abgewogen werden. Dies gestaltet sich insofern als besonders
schwierig, da die IPSS-Erbringungsorganisation in Netzwerken ein äußerst dynamisches
System darstellt, und z. B. die Einstellung neuer Techniker vielschichtige Auswirkungen
auf das gesamte System haben kann, die ex ante nicht absehbar sind [MEI13a]. Insbesondere dann, wenn zeitgleich interne Stellgrößen (z. B. Kapazitätsanpassungen, neue Netzwerkpartner, neue Geschäftsmodelle) und exogene Parameter (z. B. Wachstum bestimmter
Marktsegmente mit unterschiedlichen Auswirkungen auf die Nachfrage, technologische
Produktveränderungen mit Auswirkungen auf Wartungsintervalle und Störungsanfällig-
keit) verändert werden, stellt die strategische Netzwerkplanung ein sehr komplexes Optimierungsproblem dar, welches eine systematische Entscheidungsunterstützung erfordert.
Daher wurde unter Berücksichtigung der oben genannten praktischen Anforderungen eine
Methode für die simulationsgestützte strategische Netzwerkplanung entwickelt, welche
im Folgenden vorgestellt wird.

18.3.1 Ablaufmodell der simulationsgestützten Netzwerkplanung

Das in Abb. 18.4 dargestellte Ablaufmodell fasst die Technik der simulationsgestützten
Netzwerkplanung zusammen. Es wurden in Analogie zu dem von MÄRZ vorgestellten
Ablaufmodell von Simulationsstudien in der Produktionslogistik entwickelt [MÄR11]
und entspricht dabei Aufbau und Logik nach einem Regelkreismodell, da in einem

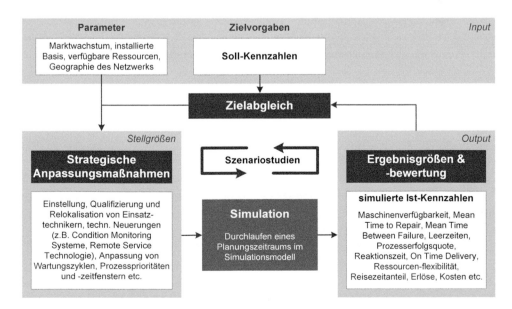

Abb. 18.4 Ablaufmodell der simulationsgestützten Netzwerkplanung

iterativen Verfahren durch zielgerichtete Anpassung der Stellgrößen das zu regelnde System (simuliertes Anbieternetzwerk) an einen Soll-Zustand angenähert werden soll. Die Feststellung des Zielerreichungsgrads (Regeldifferenz) erfolgt dabei mit Hilfe unterschiedlicher Kennzahlen zur Bewertung der Erbringungsorganisation. Die simulierten Kennzahlen (z. B. Maschinenverfügbarkeit, Auslastung der Servicetechniker, Erlöse und Kosten) dienen dabei nicht nur der Überprüfung des Zielerreichungsgrades, sondern auch der gezielten Auswahl von Anpassungsmaßnahmen. Hierbei unterstützen auch unterschiedliche Möglichkeiten der graphisch-visuellen Auswertung, wie z. B. sogenannte Heatmaps zur Verdeutlichung von regionalen, qualifikationsbezogenen Kapazitätsunter- oder -überdeckungen.

Im Rahmen der simulationsbasierten Netzwerkplanung kann u. a. auch die Robustheit von Planungslösungen untersucht werden [LAG14a]. Unter der Robustheit eines Plans wird dessen Fähigkeit verstanden, für eine Vielzahl denkbarer Umweltlagen gute oder zumindest akzeptable Ergebnisse im Hinblick auf die verfolgten Ziele zu ermöglichen [SCH01]. Zwei wesentliche Robustheitskriterien bezogen auf das Anbieternetzwerk sind dessen Resilienz und Adaptionsfähigkeit. Die Resilienz eines Plans entspricht dabei im Wesentlichen dessen operativer Flexibilität. Das heißt, dank einer hohen Resilienz können, z. B. durch breit ausgebildete und vielseitig einsetzbare Servicetechniker, exogene Schwankungen ohne strategische Anpassungen des Anbieternetzwerks abgefangen werden. Eine hohe Adaptionsfähigkeit widerspricht dabei keinesfalls dem Resilienzkriterium. Vielmehr bedeutet Adaptionsfähigkeit, dass Ergänzungspläne, welche kompatibel mit der jeweiligen Konfiguration des Anbieternetzwerks sind, bereits im Rahmen der strategischen Netzwerkplanung mit berücksichtigt und vorgedacht werden. So können im Falle größerer, unvorhergesehener Umweltveränderungen, welche nicht mehr allein durch operative Anpassungsmaßnahmen kompensiert werden können, schnell und möglichst kostengünstig strategische Alternativkonfigurationen des Anbieternetzwerks im Sinne strategischer Flexibilitätsoptionen umgesetzt werden [LAG14a].

18.3.2 Das Simulationsmodell

Das Simulationsmodell wurde mit Hilfe der agentenbasierten Modellierung (ABM) umgesetzt. Die wesentlichen Stärken der ABM gegenüber anderen Modellierungstechniken für die Simulation (System Dynamics, Ereignisdiskrete Modellierung) bestehen u. a. im Bottom-up Modellierungsansatz, bei dem das Realsystem mit Hilfe von autonom handlungs- und entscheidungsfähigen Agenten abgebildet wird. Somit ist es nicht notwendig, das komplexe Verhalten des Gesamtsystems Top-down anhand von mathematischen Gleichungen zu beschreiben. Des Weiteren können zu jeder Zeit eindeutige Aussagen bzgl. des jeweiligen Status einzelner Individuen gemacht werden. Auch kann die räumliche Dimension des Servicegebiets geeignet abgebildet werden, was u. a. für die Reisezeitberechnung und kartografische Auswertungen wichtig ist.

Innerhalb des Simulationsmodells werden Maschinen sowie Servicetechniker durch Agenten repräsentiert, deren Verhalten auf Basis von Zustandsdiagrammen abgebildet wird [LAG14a]. Aufträge stellen dabei das wichtigste Mittel der Kommunikation zwischen den Agenten dar. Sie enthalten neben den Informationen bzgl. der Maschine und dem ausführenden Servicetechniker auch nähere Angaben zu der Art des Erbringungsprozesses und dem Zeitfenster, innerhalb dessen der Erbringungsprozess auszuführen ist. Aufträge werden durch die einzelnen Maschinenagenten erzeugt und einem geeigneten Servicetechniker auf Grundlagen dessen Fähigkeiten, zeitlicher Verfügbarkeit und Standort zugewiesen. Dies erfolgt anhand einer Heuristik innerhalb einer im Simulationsmodell abgebildeten Auftragsdisposition. Die Generierung von Erbringungsbedarfen erfolgt innerhalb des Modells auf Grundlage von Wahrscheinlichkeitsverteilungen (z. B. Reparatureinsätze, Maschineninstallationen) oder auf Basis fester, regelmäßiger Zyklen (z. B. präventive Wartungen). Das Datenmodell der simulationsbasierten Netzwerkplanung entspricht im Wesentlichen dem in Abb. 18.2 dargestellten Datenmodell der operativen Ressourceneinsatzplanung.

Das Simulationsmodell wurde innerhalb der Simulationsumgebung *AnyLogic 6.9 University* implementiert. Es wurde im Rahmen von realen Anwendungsszenarien in zwei verschiedenen Organisationseinheiten von TRUMPF mit einer installierten Basis von jeweils über 2500 bzw. 5000 Maschinen evaluiert. Die dabei untersuchten Fragestellungen betrafen insbesondere die optimale Anzahl an Serviceeinsatztechnikern sowie die Qualifizierungsstrategie, aber auch die regionale Organisation und Verteilung der Servicetechniker sowie die Untersuchung unterschiedlicher Wachstumsszenarien und die Auswirkungen der Einführung von unterschiedlich effektiven Zustandsüberwachungssystemen.

18.4   Zusammenfassung und Ausblick

Die operative Ressourceneinsatzplanung und die strategische Netzwerkplanung stellen zwei herausfordernde Planungsprobleme dar, die eine umfassende methodische Planungsunterstützung erfordern. In diesem Beitrag wurden die praxisbezogenen Anforderungen zusammengefasst und mit der adaptiven Planungsmethode für die Erbringung industrieller PSS sowie der simulationsgestützten IPSS-Netzwerkplanung zwei Lösungsansätze vorgestellt. Es konnte mit Hilfe des Anwendungspartners der Firma TRUMPF Werkzeugmaschinen und unterschiedlicher Evaluationsszenarien gezeigt werden, inwiefern die Methoden zur Optimierung der industriellen Dienstleistungserbringung beitragen können.

Die erfolgreiche Anwendung der angepassten und erweiterten Planungsmethoden für die IPSS-Erbringungsplanung legt eine Anwendbarkeit der Planungsmethoden auch bei anderen Unternehmen nahe. Wesentliche Voraussetzung hierfür ist, dass die benötigten Daten in der erforderlichen Qualität vorliegen. Ist dies gegeben, lassen sich die angepassten Planungsmethoden grundsätzlich auch bei Unternehmen anwenden, welche noch nicht einem IPSS-Anbieter sondern eher einem Dienstleistungsunternehmen entsprechen. Die entwickelte Methode für die simulationsgestützte strategische Netzwerkplanung kann auch dazu eingesetzt werden, die Potenziale einer stärkeren Produkt-Service-Integration aufzuzeigen und zu quantifizieren, um somit bestehende Unternehmen bei der Migration zum IPSS-Anbieter zu unterstützen.

In Zukunft ist eine weitergehende Evaluation der Planungsmethoden in weiteren Anwendungsszenarien anzustreben. Bezogen auf die adaptive Planungsmethode für die operative Ressourceneinsatzplanung ist zu prüfen, inwiefern der Planungsalgorithmus im Hinblick auf kürzere Rechenzeiten noch optimiert werden kann. Darüber hinaus ist zu untersuchen, inwiefern die beiden Planungssysteme in ein gemeinsames Softwaresystem integriert werden können. Da beide Planungsmethoden auf denselben Stammdaten basieren und aufgrund der Offenheit des auf einem Plug-In-Framework basierenden IPSS-Execution Systems [MEI13b] könnte die simulationsgestützte Netzwerkplanung als ein weiterer Dienst in das IPSS-ES eingebunden werden.

Literatur

[DOR15] Dorka, T.; Lagemann, H.; Meier, H.: Quantitative analysis of an IPS^2 delivery planning approach. Procedia CIRP 30 (2015), S. 474–479.
[FUN12] Funke, B.: Adaptive Planungsmethode zur Terminierung der Erbringungsprozesse hybrider Leistungsbündel. Schriftenreihe des Lehrstuhls für Produktionssysteme. Bochum: Shaker. 2012.
[HAL12] Haller, S.: Dienstleistungsmanagement. Wiesbaden: Gabler. 2012.
[HÖC05] Höck, M.: Dienstleistungsmanagement aus produktionswirtschaftlicher Sicht. Betriebswirtschaftliche Forschung zur Unternehmensführung. Wiesbaden: Deutscher Universitäts-Verlag. 2005.
[HÜB11] Hübbers, M.: Modell zur Kapazitätsplanung von Dienstleistungsressourcen in Leistungssystemen. Aachen: Apprimus. 2011.
[KOR12] Korte, B.; Vygen, J.: Kombinatorische Optimierung. Springer-Lehrbuch Masterclass. Berlin: Springer. 2012.
[LAG14a] Lagemann, H.; Meier, H.: Robust capacity planning for the delivery of Industrial Product-Service Systems. Procedia CIRP 19 (2014), S. 99–104.
[LAG14b] Lagemann, H.; Tonn, K.; Meier, H.: Charakterisierungsdimensionen hybrider Leistungsbündel. Implikationen für die Organisation von Erbringungsnetzwerken. wt Werkstattstechnik online 104 (2014) 7/8, S. 424–429.
[LAG14c] Lagemann, H.; Dorka, T.; Meier, H.: Evaluation of an IPS2 Delivery Planning Approach in Industry – Limitations and Necessary Adaptations. Procedia CIRP 16 (2014), S. 187–192.
[MÄR11] März, L. (Hrsg.): Simulation und Optimierung in Produktion und Logistik. Praxisorientierter Leitfaden mit Fallbeispielen. Berlin: Springer, 2011.
[MEI10] Meier, H.; Funke, B.: Resource planning of Industrial Product-Service Systems (IPS^2) by a heuristic resource planning Approach. In: : Industrial Product-Service Sytems (IPS^2) – Proceedings of the 2nd CIRP IPS^2 Conference, Linköping University, Linköping, Schweden, April 14th–15th, 2010. Hrsg.: Sakao, T.; Larsson, T. Linköping: University, 2010, S. 339–346.
[MEI12a] Meier, H.; Funke, B.: Planungsmethoden für den Betrieb hybrider Leistungsbündel. In: Integrierte Industrielle Sach- und Dienstleistungen. Vermarktung, Entwicklung und Erbringung hybrider Leistungsbündel. Hrsg.: Meier, H.; Uhlmann, E. Berlin, Heidelberg: Springer, 2012, S. 163–190.
[MEI12b] Meier, H.; Völker, O.: Aufbau- und Ablauforganisation zur Erbringung hybrider Leistungsbündel. In: Integrierte Industrielle Sach- und Dienstleistungen. Vermarktung,

Entwicklung und Erbringung hybrider Leistungsbündel. Meier, H.; Uhlmann, E. Berlin, Heidelberg: Springer, 2012, S. 137–161.

[MEI13a] Meier, H.; Lagemann, H.; Boßlau, M.: Dynamic Influences on Workforce Capacity Planning for IPS^2 Delivery. In: Product-Service Integration for Sustainable Solutions. Proceedings of the 5th CIRP International Conference on Industrial Product-Service Systems, Bochum, Germany, March 14th–15th, 2013. Meier, H. Berlin, Heidelberg: Springer, 2013, S. 323–334.

[MEI13b] Meier, H.; Dorka, T.; Morlock, F.: Hybride Leistungsbündel-Execution System (IPSS-ES). Plug-In-Framework für eine offene und selbstkonfigurierende Managementsoftware zur IPSS-Erbringung. wt Werkstattstechnik online 103 (2013) 7/8, S. 571–576.

[MEI13c] Meier, H.; Morlock, F.; Dorka, T.: Functional Specification for IPS^2-Execution Systems. In: Product-Service Integration for Sustainable Solutions. Proceedings of the 5th CIRP International Conference on Industrial Product-Service Systems, Bochum, Germany, March 14th–15th, 2013. Hrsg.: Meier, H. Berlin, Heidelberg: Springer, 2013, S. 507–519.

[SCH01] Scholl, A.: Robuste Planung und Optimierung. Heidelberg: Physica-Verlag, 2001.

Definition eines integrierten IPSS-Entwicklungsprozesses bei der TEREX MHPS GmbH

19

Industrielle Anwendung bei dem Unternehmen TEREX MHPS GmbH

Christian Schnürmacher, Rainer Stark und Hoai Nam Nguyen

19.1 Einleitung

Produzierende Unternehmen stehen vor der Herausforderung, neben dem reinen Angebot von Produkten der Kundennachfrage nach produktbegleitenden Dienstleistungen wie beispielsweise Wartung und Instandsetzung nachzukommen [MEI12]. Infolgedessen wandeln sich produzierende Unternehmen zunehmend zu Anbietern von Industriellen Produkt-Service Systemen (IPSS) [NEE11]. Um IPSS erfolgreich anbieten zu können, müssen in den Unternehmen jedoch gewisse Voraussetzungen erfüllt sein. Darunter fällt neben dem Vorhandensein einer Servicestrategie, einer produkt- und serviceorientierten Unternehmenskultur sowie einer Serviceinfrastruktur auch die Entwicklung eines integrierten IPSS-eines Entwicklungsprozesses [SCH15].

Die in Kap. 3 vorgestellte Methode zur Operationalisierung des IPSS-Entwicklungsprozesses unterstützt Unternehmen bei der Definition eben dieses Entwicklungsprozesses, indem ein detaillierter IPSS-Entwicklungsprozess an ein spezifisches Entwicklungsprojekt angepasst wird. Grundlage dafür bildet ein vorläufiges IPSS-Konzept, aus dem Anforderungen abgeleitet und in den Ausprägungen der sogenannten Zuschnittskriterien zusammengefasst werden (vgl. Kap. 3). Aus diesen Anforderungen wird dann mit Hilfe eines IT-Tools automatisch der detaillierte Entwicklungsprozess erstellt, indem die für das spezielle Entwicklungsprojekt nicht notwendigen Vorgehensbausteine gestrichen werden [NGU14].

C. Schnürmacher • R. Stark (✉) • H.N. Nguyen
Fachgebiet Industrielle Informationstechnik, Technische Universität Berlin,
Berlin, Deutschland
E-Mail: rainer.stark@tu-berlin.de

© Springer-Verlag GmbH Deutschland 2017
H. Meier, E. Uhlmann (Hrsg.), *Industrielle Produkt-Service Systeme*,
DOI 10.1007/978-3-662-48018-2_19

Nachfolgend wird die Anwendung dieser Methoden anhand eines Anwendungsbeispiels in Zusammenarbeit mit der TEREX MHPS GMBH, Düsseldorf, beschrieben. Das dafür notwendige vorläufige IPSS-Konzept wurde bereits im Vorfeld entwickelt und mit Hilfe der IPSS-Layer-Methode erfasst und dargestellt. Die IPSS-Layer-Methode ist eine Methode zur Analyse und Synthese von IPSS-Ideen und -Konzepten [MUE09]. In diesem Rahmen wurden zusätzliche Erkenntnisse mit Bezug zur industriellen Anwendung dieser Methode erzielt, welche in Abschn. 19.3.2 beschrieben werden. Anschließend erfolgt die Anwendung und Evaluierung der Methode zur Operationalisierung des IPSS-Entwicklungsprozesses.

19.2 Das Unternehmen TEREX MHPS GMBH

Die TEREX MHPS GMBH ist einer der weltweit führenden Anbieter von Industriekranen und Krankomponenten, Hafenkranen und Technologien zur Hafenautomatisierung. Die Aktivitäten der TEREX MHPS GMBH sind in die Geschäftsbereiche Material Handling (Industriekrane) und Port Solutions gegliedert. Dienstleistungen (Services), insbesondere Instandhaltung und Modernisierung, sind dabei ein Kernelement des Leistungsspektrums. Die TEREX MHPS GMBH hat daher bereits frühzeitig den Bereich Service gegründet, um die langfristige Profitabilität und Wettbewerbsfähigkeit des Unternehmens sicherzustellen. Seitdem verfolgt das Unternehmen konsequent die Errichtung notwendiger Strukturen und den Aufbau zentraler Kompetenzen, welche die Grundlagen für einen professionellen, kundenorientierten Anbieter von Dienstleistungen darstellen. Das Unternehmen hat in den letzten Jahren daher einen Wandel weg von einer reinen Produktorientierung hin zu einem Anbieter von Sach- und Dienstleistungen vollzogen. Der heutige Dienstleistungsanteil am Gesamtumsatz in Höhe von über 30 % bestätigt diese Entwicklung. Zwar sind bereits viele der Voraussetzungen zum erfolgreichen Anbieten von IPSS vorhanden, jedoch fehlt ein integrierter Entwicklungsprozess für Sach- und Dienstleistungen.

19.3 Konzipierung und Beschreibung des zugrundeliegenden vorläufigen IPSS-Konzeptes

Die Kunden der TEREX MHPS GMBH äußern vermehrt den Wunsch nach Transparenz von Sach- und Dienstleistungserbringung in Form von Nachweisen des „Return on Investment". Zudem streben die Kunden nach Budgetsicherheit durch eine herstellerseitige Garantie der maximalen Kosten, die mit der Akquise, dem Betrieb und der Verwertung des Produktionsmittels Kran einhergehen. Um den Kundenwünschen entgegen zu kommen, wurden entsprechende Geschäftsmodelle auf Basis von „Life Cycle Cost" und „Total Cost of Ownership" in Betracht gezogen und sollen durch die Einführung einer Anbieter-Kunden-Schnittstelle rund um das Produktionsmittel Kran und den damit verbundenen Dienstleistungen ermöglicht werden. Diese Service Platform besteht auf der Sachleistungsebene im Wesentlichen aus einem Software-Informationssystem und verteilten Datenerhebungs- und Datenübertragungsmodulen. Die Datenpflege und die funktionalen

Erweiterungen sollen bei diesem System sowohl auf der Anbieterseite als auch auf der Kundenseite erfolgen. Aufbauend auf diese Service Plattform erzeugen unterschiedliche Geschäftsmodellausprägungen auf der Dienstleistungsebene den gewünschten Nutzen für Kunden und die Terex MHPS GmbH.

Zusätzlich hat die Terex MHPS GmbH das Produkt „StatusControl" ins Leben gerufen. Dieses wurde mit Hilfe der IPSS-Layer-Methode skizziert und ermöglichte zusätzlich eine Bewertung der Methode.

19.3.1 Konzipierung des vorläufigen IPSS-Konzepts

Die Konzipierung des vorläufigen IPSS-Konzepts fand in einem dreistündigen Workshop mit Vertretern der Terex MHPS GmbH und unter Verwendung der IPSS-Layer-Methode statt. Dabei wurde zunächst eine kurze Einführung zur Methode gegeben, bevor mit der Anwendung fortgefahren wurde. Die Einführung bestand aus einer Präsentation der theoretischen Grundlagen sowie eines exemplarischen Anwendungsbeispiels. Anschließend wurde das vorläufige IPSS-Konzept im Hinblick auf die Kundenbedürfnisse, den Nutzen für den Kunden, die Ergebnisse zur Erfüllung des geforderten Nutzens, die Lebenszyklusaktivitäten zur Implementierung der Ergebnisse, die verwendeten Ressourcen zur Umsetzung der Lebenszyklusaktivitäten und die Rahmenbedingungen für das Geschäftsmodell analysiert und die Zusammenhänge dargestellt. Als Ergebnis des Workshops stand ein vorläufiges Konzept des IPSS, welches in Abschn. 19.3.3 beschrieben wird.

19.3.2 Vorläufige Erkenntnisse aus der Methodenanwendung

Die Anwendung der Methode erfolgte zunächst lediglich zur Erfassung und Darstellung des vorläufigen IPSS-Konzeptes. Aus dieser exemplarischen Anwendung sollten zum einen die Zusammenhänge des vorläufigen IPSS-Konzepts dargestellt und zum anderen vorläufige Erkenntnisse für die Anwendung der Methode im späteren Verlauf des Entwicklungsprojektes gewonnen werden. Die Methode wird im weiteren Verlauf des Entwicklungsprojektes bei der IPSS-Konzeptionierung erneut angewandt und evaluiert.

Zunächst wurde von den Beteiligten bestätigt, dass die Methode zur übersichtlichen Darstellung eines IPSS-Konzeptes im industriellen Kontext gut geeignet ist. Die Zusammenhänge lassen sich klar darstellen und ermöglichen somit einen ganzheitlichen Blick auf das IPSS-Konzept, was besonders bei der Komplexität der IPSS-Ansätze von herausragender Bedeutung ist. Des Weiteren konnte beobachtet werden, dass während der Anwendung der Methode vereinzelt inhaltliche Fragen auftraten. Daraus lässt sich schließen, dass bei der Einführung der Methode anders vorgegangen werden sollte. Hier wurde eine gemeinsame Anwendung der Methode an einem Beispiel als hilfreicher empfunden, als eine bloße Präsentation eines exemplarischen Anwendungsbeispiels. Diese Anforderung wurde aufgenommen und wird bei der nächsten Anwendung der Methode im Rahmen der IPSS-Konzeptionierung umgesetzt.

19.3.3 Beschreibung des vorläufigen IPSS-Konzepts

Das Produkt „StatusControl" stellt den Kundennutzen in den Mittelpunkt der Entwicklung neuer Lösungen. Dabei werden Betriebsdaten des Krans gesammelt und per GSM-Kommunikation an die TEREX MHPS GMBH übertragen. Aus diesen Daten sollen Rückschlüsse auf den Kranzustand gezogen und Dienstleistungen zur präventiven Instandhaltung generiert werden (vgl. Abb. 19.1). Dadurch sollen eine höhere Verfügbarkeit des Krans und eine Reduzierung der Instandhaltungskosten erreicht werden. Die Analyse der Daten soll dabei durch einen externen Partner erfolgen. Nähere Informationen zur methodischen Unterstützung für die Konzept- und Ideenfindung von IPSS sind Kap. 4 zu entnehmen.

19.4 Anwendung der Methode zur Operationalisierung des IPSS-Entwicklungsprozesses

Die Anwendung der Methode zur Operationalisierung des IPSS-Entwicklungsprozesses erfolgte in einem Workshop mit vier Vertretern der TEREX MHPS GMBH, welche die folgenden Positionen im Unternehmen bekleiden:

- Nicht leitende Position aus dem Bereich Service
- Nicht leitende Position aus dem Bereich Forschung und Entwicklung
- Leitende Position aus dem Bereich Service
- Leitende Position aus dem Bereich Produktmanagement/Vertrieb

Zu Beginn des Workshops wurde den Mitarbeitern einleitend die IPSS-Theorie und -Terminologie sowie die theoretischen Grundlagen zur Anwendung der Methode vermittelt. Diese theoretischen Grundlagen wurden durch die Präsentation eines konkreten

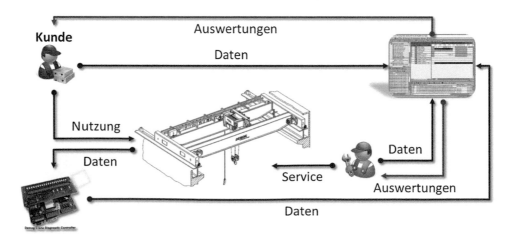

Abb. 19.1 IPSS-Konzept

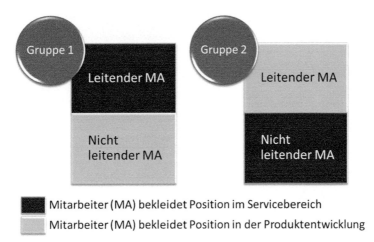

Mitarbeiter (MA) bekleidet Position im Servicebereich
Mitarbeiter (MA) bekleidet Position in der Produktentwicklung

Abb. 19.2 Gruppenaufteilung im Workshop

Anwendungsbeispiels ergänzt. Diese Vorgehensweise zur Vermittlung beruht auf dem in Kap. 3 vorgestellten Modell zur Vermittlung der IPSS-Entwicklungsmethodik.

Im Anschluss an die Vermittlung der IPSS-Entwicklungsmethodik, wurden die Teilnehmer in zwei Gruppen aufgeteilt, wobei jeweils ein Mitarbeiter der Gruppe eine nicht leitende und der andere eine leitende Position im Unternehmen bekleidet. Weiter wurden die beiden Mitarbeiter aus dem Servicebereich unterschiedlichen Gruppen zugeteilt (vgl. Abb. 19.2). Dadurch wurde eine Verteilung der Kompetenzen erreicht, wodurch die Qualität der Ergebnisse der Anwendung sowie der Evaluierung gesteigert werden konnten.

Im Anschluss haben die zwei Gruppen unabhängig voneinander die Ausprägungen der Zuschnittskriterien festgelegt, bevor deren Ergebnisse gemeinsam diskutiert wurden. Nachfolgend wurde mit Hilfe eines Projektmanagementtools der detaillierte IPSS-Entwicklungsprozess zugeschnitten sowie dargestellt und den beiden Gruppen zur Verfügung gestellt. Abschließend wurden die Aktivitäten und Meilensteine in diesem entwicklungsspezifischen Projektplan von beiden Gruppen in Hinblick auf deren Relevanz und richtige Reihenfolge hin analysiert und Anpassungen im Entwicklungsplan vorgenommen, bevor ein konkreter Zeitplan und die einzelnen Verantwortlichkeiten definiert wurden.

19.4.1 Ausprägungen der Zuschnittskriterien

Wie bereits in Kap. 3 beschrieben, existieren vier verschiedene Zuschnittskriterien mit jeweils unterschiedlichen Ausprägungen. Diese sind zum besseren Verständnis erneut in Abb. 19.3 dargestellt.

Grundlage für die Festlegung der Ausprägungen der Zuschnittskriterien ist das bereits erstellte vorläufige Konzept des zu entwickelnden IPSS (vgl. Abb. 19.1). Die Auswahl der Ausprägungen erfolgte in den zuvor definierten Gruppen. Da sich beide Gruppen teilweise auf unterschiedliche Ausprägungen der Zuschnittskriterien festgelegt hatten, wurden diese

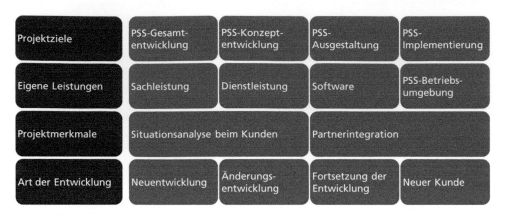

Projektziele	PSS-Gesamt-entwicklung	PSS-Konzept-entwicklung	PSS-Ausgestaltung	PSS-Implementierung
Eigene Leistungen	Sachleistung	Dienstleistung	Software	PSS-Betriebs-umgebung
Projektmerkmale	Situationsanalyse beim Kunden		Partnerintegration	
Art der Entwicklung	Neuentwicklung	Änderungs-entwicklung	Fortsetzung der Entwicklung	Neuer Kunde

Abb. 19.3 Zuschnittskriterien

vor der Erstellung des daraus resultierenden Projektplans zunächst gemeinsam diskutiert. Folgende Ausprägungen wurden von den unterschiedlichen Gruppen ausgewählt:

Gruppe 1:

- Projektziele: IPSS-Konzeptentwicklung
- Art der Entwicklung: Änderungsentwicklung
- Eigene Leistungen: Dienstleistung
- Kundenanalyse/Partnerintegration: Beide Ausprägungen wurden ausgewählt

Gruppe 2:

- Projektziele: IPSS-Implementierung
- Art der Entwicklung: Fortsetzung der Entwicklung
- Eigene Leistungen: Dienstleistung und Software
- Kundenanalyse/Partnerintegration: Beide Ausprägungen wurden ausgewählt

In der anschließenden Diskussion wurde festgestellt, dass die unterschiedliche Auswahl auf ein falsches Verständnis der einzelnen Ausprägungen zurückzuführen ist (vgl. Abschn. 19.6). Nach Beseitigung der Unklarheiten wurden die folgenden Ausprägungen für den weiteren Verlauf der Methodenanwendung festgelegt.

- Projektziele: IPSS-Gesamtentwicklung
- Art der Entwicklung: Änderungsentwicklung
- Eigene Leistungen: Dienstleistung und Software
- Kundenanalyse/Partnerintegration: Beide Ausprägungen wurden ausgewählt

Die Ausprägung „IPSS-Gesamtentwicklung" wurde ausgewählt, da die TEREX MHPS GMBH mit dem Projekt eine Implementierung beim Kunden beabsichtigt. Die Ausprägung „Änderungsentwicklung" wurde ausgewählt, da bereits produktbegleitende Dienstleistungen angeboten werden und diese durch neue Dienstleistungen zur präventiven Instandhaltung ergänzt

bzw. durch diese ersetzt werden sollen. Weiter ist eine Änderung der bisherigen Geschäftsmodelle denkbar. Die Ausprägungen „Dienstleistung" und „Software" wurden ausgewählt,
da diese im Rahmen des Projektes eigenständig durch den IPSS-Anbieter, die TEREX MHPS
GMBH, entwickelt werden. Die Ausprägungen „Situationsanalyse beim Kunden" und „Partnerintegration" wurden ausgewählt, da die Betriebsumgebung für die Erbringung der Dienstleistungen von großer Bedeutung ist und die Auswertung der Betriebsdaten durch einen
externen Partner erfolgen soll.

19.4.2 Überprüfung der im Entwicklungsprozess enthaltenen Aktivitäten und Meilensteine

Auf Grundlage der ausgewählten Ausprägungen der Zuschnittskriterien wurde mit Hilfe
eines Projektmanagementtools der detaillierte Entwicklungsprozess automatisiert erstellt
und dargestellt. Dieser entwicklungsspezifische Projektplan beinhaltet fünf Phasen, welche durch Quality Gates voneinander getrennt sind und durch 41 Vorgehensbausteine mit
insgesamt 170 Aktivitäten und 41 Meilensteinen beschrieben werden (vgl. Abb. 19.4).

Da es dennoch unternehmens- und projektspezifische Umstände geben kann, die bestimmte
Aktivitäten überflüssig machen können oder einige der Meilensteine anders positionieren würden, muss der Projektplan von dem für das Projekt zuständigen Manager noch einmal auf die
Relevanz und richtige Reihenfolge hin überprüft werden. Im Workshop wurde dieser Schritt
wieder von beiden Gruppen getrennt durchgeführt und die jeweiligen Ergebnisse anschließend
diskutiert. Als Ergebnis wurden die im Folgenden beschriebenen Anpassungen durchgeführt.

Der Vorgehensbaustein „Partnerintegration in die IPSS-Entwicklung" und die damit
verbundenen Aktivitäten sind zu früh im Projektplan positioniert. Die konkrete Partnerintegration erfolgt erst nach der Konzeptentwicklung, da erst ab diesem Zeitpunkt bekannt
ist, wie beispielsweise die Leistungserbringung zwischen den Partnern vereinbart werden
kann. Es wurde jedoch durchaus als sinnvoll erachtet, sich auch schon zu diesem Zeitpunkt Gedanken über die Partnerintegration zu machen, jedoch nicht in diesem Umfang.

Weiter wurde der Schritt „Strafen und Anreize festlegen" des Vorgehensbausteins
„IPSS-Geschäftsmodellentwurf" in den Schritt „Strategie für die schlechte Behandlung
von Produkten durch den Kunden" des Vorgehensbausteins „IPSS-Konzeptentwicklung"
integriert, da eine Festlegung der Strafen und Anreize bereits dort Berücksichtigung finden
muss. In dem Vorgehensbaustein „IPSS-Geschäftsmodellentwurf" fließen diese zuvor festgelegten Strafen und Anreize dann in das entworfene Geschäftsmodell mit ein. Die Anpassungen der entsprechenden Vorgehensbausteine sind zusätzlich in Abb. 19.5 dargestellt.

Diese Anpassungen gelten nicht nur für dieses spezielle Projekt, sondern sind allgemein-
gültig. Aus diesem Grund wurden diese ebenfalls in den detaillierten IPSS-Entwicklungsprozess,welcher der Methode zugrunde liegt, übernommen. Alle weiteren Vorgehensbausteine
werden in dem Projektplan so wie vorgegeben beibehalten. Abschließend wurden in dem
Projektplan der Zeitplan und die Verantwortlichkeiten ergänzt. Da dies nach den Richtlini-
en des klassischen Projektmanagements erfolgte, wird an dieser Stelle nicht näher darauf
eingegangen.

```
⊟ IPSS-Planung
    ⊞ Auftraggeberintegration in die IPSS-Entwicklung
    ⊞ Kundenintegration in die IPSS-Entwicklung
    ⊞ Situationsanalyse beim Kunden
    ⊞ Analyse des eigenen Potentials
    ⊞ Analyse der möglichen Partnerschaften
    Gate G01 (Projekt zur Konzeptionierung freigegeben)
⊟ IPSS-Konzeptionierung
    ⊞ Unternehmensvorbereitung für die IPSS-Entwicklung
    ⊞ Entwicklung der Szenarien für den IPSS-Betrieb
    ⊞ IPSS-Konzeptentwicklung
    ⊞ IPSS-Geschäftsmodellentwurf
    ⊞ Analyse des eigenen Potentials für ausgewählte Konzepte
    ⊞ Bewertung der Partnerschaften
    ⊞ Spezifikation der Lebenszyklusrisiken
    ⊞ Berechnung der Lebenszykluskosten
    ⊞ Abgleich der Projektziele mit der Unternehmensausrichtung
    Gate G02 (IPSS-Grobkonzept freigegeben)
⊟ IPSS-Ausgestaltung
    ⊞ Erarbeitung einer Strategie für langfristige Kundenbindung
    ⊞ Erarbeitung einer Strategie zur Vermarktung des IPSS
    ⊞ Partnerintegration in die IPSS-Entwicklung
    ⊞ Definition eines Zusammenarbeitsplans für die integrierte Entwicklung von IPSS-Bestandteilen
    ⊞ Ausdetaillierung der Szenarien für den IPSS-Betrieb
    ⊞ Spezifizierung der IPSS-Bestandteile und ihrer Schnittstellen
    ⊞ Lieferantenauswahl
    ⊞ Ausgestaltung der Dienstleistungen
    ⊞ Softwareentwicklung
    ⊞ Finalisierung des Geschäftsmodells
    Gate G03 (Freigabe zum Test des entwickelten HLBs)
⊞ IPSS-Prototypisierung
    Gate G04 (Freigabe zur Implementierung des IPSS)
⊞ IPSS-Implementierung
    Gate G05 (Übergabe des IPSS an den Kunden)
```

Abb. 19.4 Entwicklungsspezifischer Projektplan

19.5 Herausforderungen im Hinblick auf die Etablierung eines integrierten IPSS-Entwicklungsprozesses bei der TEREX MHPS GMBH

Um eine integrierte IPSS-Entwicklung auch langfristig und nachhaltig sicherzustellen, muss eine Etablierung des integrierten IPSS-Entwicklungsprozesses erfolgen. Nach Aussagen der Workshopteilnehmer müssen dafür bei der TEREX MHPS GMBH die im Folgenden beschriebenen Herausforderungen bewältigt werden:

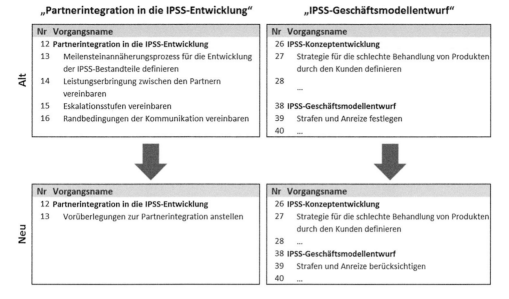

Abb. 19.5 Anpassung der Vorgehensbausteine

Zunächst müsste der detaillierte IPSS-Entwicklungsprozess mit dem vorhandenen Entwicklungsprozess abgeglichen und zusammengeführt werden. Eine der größten Herausforderungen stellt dabei die unterschiedliche Strukturierung beider Entwicklungsprozesse dar. Der vorhandene Entwicklungsprozess ist funktionsorientiert aufgebaut, wohingegen der detaillierte IPSS-Entwicklungsprozess ablauforientiert aufgebaut ist. Mit einem gewissen Aufwand wäre jedoch eine Überführung des vorhandenen Prozesses in eine Ablauforientierung möglich. Besonders im Bereich der Dienstleistungsentwicklung würde der detaillierte IPSS-Entwicklungsprozess den bestehenden Entwicklungsprozess sinnvoll ergänzen.

Weiterhin stellt die noch nicht ausreichende Beschreibung der Vorgehensbausteine und Aktivitäten auch hier ein Problem dar. Dadurch können die einzelnen Aktivitäten der beiden Prozesse teilweise nur sehr schwer miteinander verglichen werden, was die Integration beider Prozesse erschwert. Neben den Schwierigkeiten der Integration könnte die nicht ausreichende Beschreibung der Aktivitäten auch zu Frust bei den Projektmitarbeitern führen. Sie wüssten bei manchen Aktivitäten nicht, was konkret zu tun wäre, was automatisch zu einer Abneigung gegen den neuen Entwicklungsprozess führen und eine Implementierung erschweren würde. Eine detaillierte Beschreibung der Vorgehensbausteine und Aktivitäten spielt demnach sowohl bei der Integration beider Prozesse als auch bei der Implementierung des Prozesses eine entscheidende Rolle.

Um einen Erfolg der Implementierung nachhaltig sicherzustellen, ist es von entscheidender Bedeutung, dass der dem Zuschnitt zu Grunde liegende operationalisierte IPSS-Entwicklungsprozess einer kontinuierlichen Verbesserung unterliegt. Erfahrungen aus laufenden Projekten müssen in diesen Prozess einfließen, sodass diese bei den nächsten Projekten Berücksichtigung finden können und in der Vergangenheit gemachte Fehler vermieden werden. Dabei ist es wichtig, dass der dem Zuschnitt zugrunde liegende operationalisierte IPSS-Entwicklungsprozess auch als solcher verstanden wird und mit Hilfe der Methoden des Prozessmanagements einer kontinuierlichen Verbesserung unterliegt. Nur so kann eine nachhaltige und integrierte IPSS-Entwicklung sichergestellt werden.

19.6   Bewertung der Methode zur Erstellung eines projektspezifischen Entwicklungsplans

Die Methode zur Erstellung eines projektspezifischen Entwicklungsplans wurde im Hinblick auf die Kriterien Verständlichkeit, Anwendung und Ergebnisqualität evaluiert. Dabei wurden die Evaluierungsergebnisse über Beobachtungen während der Anwendung der Methode über direktes Feedback durch die Teilnehmer und über einen Fragebogen generiert.

Zunächst konnte bei der Festlegung der Ausprägungen der Zuschnittskriterien festgestellt werden, dass diese von unterschiedlichen Anwendern teilweise auch unterschiedlich verstanden wurden. Beispielsweise wurde unter der Ausprägung „Software" des Zuschnittskriteriums „Eigene Leistungen" verstanden, dass diese wie auch die Dienstleistungen und das Produkt direkt an den Kunden verkauft wird. Tatsächlich muss diese Ausprägung jedoch auch dann ausgewählt werden, wenn eine Software von IPSS-Anbieter entwickelt werden muss, um die dem Kunden verkauften Dienstleistungen zu ermöglichen. Dies trifft beispielsweise im Anwendungsfall auf die Analysesoftware der Betriebsdaten zu. Durch eine detailliertere Beschreibung der Ausprägungen hätte dieser Fehler bei der Auswahl der Ausprägungen verhindert werden können.

Überdies wurden viele der in dem operationalisierten IPSS-Entwicklungsprozess vorhandenen Aktivitäten nicht richtig verstanden, was ebenfalls auf eine nicht ausreichend detaillierte oder verständliche Beschreibung der Aktivitäten zurückzuführen ist. Missverständnisse gab es beispielsweise hinsichtlich der Aktivität „Endpreise vereinbaren" im Vorgehensbaustein „Bestellung der ergänzenden Bestandteile". Dabei wurden die Teilnehmer davon verwirrt, dass im vorangehenden Vorgehensbaustein im Schritt „Vertrag vereinbaren und unterzeichnen" bereits der Vertrag mit dem Kunden geschlossen wurde und nun nachträglich noch Preise für die darin beinhalteten Bestandteile verhandelt werden sollen. Der Aspekt, dass diese ergänzenden Bestandteile sich unter Umständen täglich im Preis verändern und somit nicht vorher explizit festgelegt werden können, wurde in diesem Kontext nicht erkannt. Auch hier hätte dies durch eine entsprechend detaillierte Beschreibung verhindert werden können.

Weitere Evaluierungserkenntnisse lassen sich aus dem durch die Teilnehmer ausgefüllten Fragebogen ableiten (vgl. Abb. 19.6).

Die Methode wurde insgesamt als hilfreich bewertet und nach Ansicht der Workshopteilnehmer würde durch deren Anwendung eine Zeitersparnis bei der Erstellung der Projektpläne sowie eine Qualitätssteigerung dieser erreicht werden. Ferner wurde die Anwendung der Methode als einfach und unkompliziert erachtet. Es gilt dabei zu berücksichtigen, dass diese

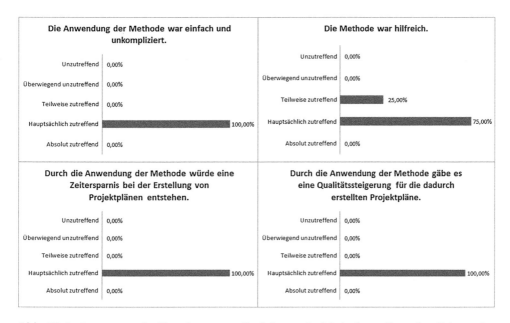

Abb. 19.6 Auswertung des Fragebogens zur Evaluierung der Methode zur Operationalisieung des IPSS-Entwicklungsprozesses

Bewertung lediglich durch vier Personen erfolgte und die Methode in nur einem Projekt Anwendung fand. Um eine abschließende Beurteilung vorzunehmen sind für die Zukunft weitere Anwendungen geplant.

19.7 Zusammenfassung

Zusammenfassend lässt sich sagen, dass der detaillierte IPSS-Entwicklungsprozess in Verbindung mit der Methode zum Zuschnitt dieses Prozesses eine gute Grundlage darstellt, um eine integrierte IPSS-Entwicklung zu ermöglichen. Jedoch gilt es zu berücksichtigen, dass der projektspezifische Entwicklungsprozess und die darin enthaltenen Vorgehensbausteine, Aktivitäten und Meilensteine im Hinblick auf das durchzuführende Entwicklungsprojekt überprüft und gegebenenfalls angepasst werden müssen. Weiter muss geprüft werden, ob eine Integration mit den im Unternehmen bereits vorhandenen Prozessen möglich ist.

Ein weiterer Aspekt, den es in diesem Zusammenhang zu berücksichtigen gilt, sind die Veränderungen in der Arbeitsweise der Mitarbeiter, welche durch die Etablierung des neuen integrierten IPSS-Entwicklungsprozess entstehen. Solche Umstellungen werden teilweise durch Probleme wie eine schlechte Akzeptanz der neuen Arbeitsweise begleitet. Hier gilt es bereits während des Veränderungsprozesses geeignete Maßnahmen zu ergreifen, um diesen Problemen vorzubeugen. Hier sind vor allem Methoden und Werkzeuge des Change Managements zu berücksichtigen [RAN10].

Abschließend gilt es anzumerken, dass das in dieser Ausarbeitung beschriebene IPSS-Entwicklungsprojekt zu diesem Zeitpunkt noch nicht abgeschlossen ist und der dem Projekt zugrunde liegende IPSS-Entwicklungsprozess während der Projektbearbeitung weiter überprüft und bei Bedarf angepasst wird.

Literatur

[MEI12] Meier, H.; Uhlmann, E. Hybride Leistungsbündel – ein neues Produktverständnis. In: Integrierte Industrielle Sach- und Dienstleistungen. Vermarktung, Entwicklung und Erbringung hybrider Leistungsbündel. Meier, H.; Uhlmann, E. Berlin, Heidelberg: Springer, 2012, S. 1–22.

[MUE09] Müller, P.; Kebir, N.; Stark, R.; Blessing, L.: PSS Layer method – application to microenergy systems. In: Introduction to product/service-system design. Hrsg.: Sakao, T.; Lindahl, M. Berlin: Springer, 2009.

[NEE11] Neely, A.; Benedetinni, O.; Visnjic, I.: The servitization of manufacturing: Further evidence. 18th European Operations Management Association Conference. Cambridge, 2011.

[NGU14] Nguyen, H. N.; Exner, K.; Schnürmacher, C.; Stark, R. Operationalizing IPS^2 development process: A method for realizing IPS^2 developments based on Process-based project planning In: Product-Service Systems and Value Creation. In: Product Services Systems and Value Creation – Proceedings of the 6th CIRP Conference on Industrial Product-Service Sytems, Windsor, Canada, May 1st–2nd, 2014. Hrsg.: ElMaraghy, H., Windsor: Elsevier, 2014.

[RAN10] Rank S.; Scheinpflug R. Einführung in das Change Management. In: Change Management in der Praxis. Beispiele, Methoden, Instrumente. Hrsg.: Rank, S.; Scheinpflug, R. Berlin: Schmidt. 2010, S. 15–35.

[SCH15] Schnürmacher, C.; Hayka, H.; Stark, R.: Providing Product-Service-Systems – The Long Way from a Product OEM towards an Original Solution Provider (OSP). Procedia CIRP 30 (2015), S. 233–238.

Unternehmensplanspiel zur IPSS-spezifischen Kompetenzentwicklung von Mitarbeitern

20

Thomas Süße, Uta Wilkens und Bernd-Friedrich Voigt

20.1 Einleitung

Veränderte Kundenanforderungen und eine steigende Wettbewerbsintensität in einem immer dynamischeren internationalen Umfeld haben dazu geführt, dass neue Entwicklungen in der strategischen Positionierung und marktorientierten Ausrichtung von Unternehmen und deren Ressourcen zu beobachten sind. Ein bedeutender Trend ist der Wandel von stärker produktdominierten Branchen, wie z. B. dem Maschinenbau, wo Unternehmen die Potenziale ganzheitlicher Lösungen als Kombinationen aus Produkten und Services erkannt haben. In dieser Branche gewinnen hoch individualisierte und vergleichsweise komplexe Leistungsangebote als Kombinationen aus Produkten und Dienstleistungen stark an Bedeutung und verändern auf diese Weise eine ganze Branche [MEI10a, OLI03, VEL11]. Integrierte und eng aufeinander abgestimmte Produkt- und Dienstleistungsanteile mit einem hohen Individualisierungsgrad der Gesamtlösung werden als Antwort auf individuelle Kundenanforderungen in der Literatur unter der Bezeichnung IPSS und übergreifend auch unter der Bezeichnung PSS (Product-Service Systems) zusammengefasst [VAN05]. Eine umfassende Definition hierzu liefert Mont [MON04]: „A product-service system is a system of products, services, networks of actors and supporting infrastructure that continuously strives to be competitive, satisfy customer needs and have a lower environmental impact than traditional business models". Mit zunehmender Popularität von IPSS haben sich gleichzeitig neuartige Arbeitssettings herausgebildet [SÜß13, SÜS16]. Die Integration von Produkt- und Dienstleistungskomponenten führt dazu, dass die Grenzen zwischen diesen traditionell eher voneinander

T. Süße • U. Wilkens (✉) • B.-F. Voigt
Ruhr-Universität Bochum, Bochum, Deutschland
E-Mail: Thomas.Suesse@ruhr-uni-bochum.de; Uta.Wilkens@ruhr-uni-bochum.de; bernd.voigt@rub.de

© Springer-Verlag GmbH Deutschland 2017
H. Meier, E. Uhlmann (Hrsg.), *Industrielle Produkt-Service Systeme*,
DOI 10.1007/978-3-662-48018-2_20

getrennten Domänen weiter verschwimmen [MEI10b, WIL14], um den Kunden ein Nutzenversprechen zu bieten, das über das Angebot einzelner Produkte oder Services hinausgeht.
Meist wird ein IPSS hierzu in einem Anbieternetzwerk erbracht und betrieben, das entsprechende Integrationsleistungen von den beteiligten Akteuren fordert. Hierdurch soll langfristig ein Wettbewerbsvorteil gegenüber der Konkurrenz gesichert werden. Besonders
erfolgskritisch ist die Anpassungsfähigkeit an individuelle Kundenbedürfnisse und die Orientierung des Angebots an einem Lifecycle, ausgehend vom ersten Konzept über das Design
und die Leistungserbringung bis zum Recycling und die Neuausrichtung auf einer erweiterten Niveaustufe. IPSS werden im Rahmen eines hoch interaktiven Prozesses entwickelt,
angeboten und betrieben, bei dem der Wertbeitrag der Gesamtlösung ein Ergebnis aus einer
engen Kooperation zwischen Kunden und Anbieter(n) ist. In Anlehnung an Mont [MON04]
findet auf diese Weise ein Wechsel von der „Massenproduktion" als Paradigma der traditionellen Produktorientierung hin zur „Massenindividualisierung" statt. Ein Paradigmenwechsel
vom traditionellen Produktverkauf hin zu einem serviceorientierten Angebot mit Produkt-
anteilen wird hierdurch vorangetrieben [KIM97]. Die Geschäftsbeziehung zwischen Anbieter und Kunde verändert sich von einer eher kurzfristig orientierten transaktionsbasierten
Interaktion zu einer langfristig orientierten beziehungsbasierten Interaktion [KOW10, STE10].
Dies verlangt gleichzeitig nach erweiterten bzw. neuen Fähigkeiten von IPSS-Anbietern und
hat ebenso Einfluss auf die organisationalen Strukturen traditioneller Produkt- oder Dienst-
leistungsanbieter, die sich zu einem IPSS-Anbieter wandeln [STO11]. Konkret verändert
sich durch die IPSS-Orientierung das Geschäftsmodell der Gesamtorganisation als Ergebnis
einer Verschmelzung von Produkt- und Dienstleistungsorientierung zu einem funktions- bis
hin zu einem ergebnisorientierten Geschäftsmodell. In Abb. 20.1 ist dieser Wandel hin zu
einem IPSS-orientierten Geschäftsmodell in Anlehnung an TUKKER [TUK04] dargestellt.

Der Prozess der Entwicklung einer Organisation von der reinen Produktorientierung hin
zu einem kundenindividualisierten Angebot aus eng aufeinander abgestimmten Produkt-
und Servicekomponenten wird in der wissenschaftlichen Literatur auch als Servitization

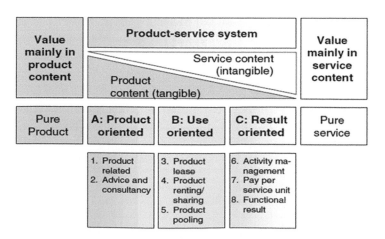

Abb. 20.1 Haupt- und Unterkategorien von PSS [TUK04, S. 248]

[VAN98] bezeichnet. Dieser Wandel ist einerseits durch zahlreiche Herausforderungen geprägt, aber auch mit hohen Chancen für die Unternehmen verbunden [MAR10]. So werden in IPSS sowohl Produkt- und Dienstleistungskomponenten als auch die relevanten Akteure verschiedener Netzwerkpartner (z. B. Zulieferer, Anbieter, Kunden etc.) und notwendige Infrastrukturkomponenten gleichsam berücksichtigt und integriert. Der Integrationsgedanke in Hinblick auf eine Gesamtlösung steht im Mittelpunkt dieses Ansatzes. Folglich können weder einzelne Produkt- noch einzelne Dienstleistungselemente für sich isoliert betrachtet einen entsprechenden Mehrwert liefern. Vor dem Hintergrund der aufgezeigten zunehmenden Komplexität von Geschäftsmodellen im Kontext von IPSS verlangen die veränderten Arbeitsanforderungen an Mitarbeiter in diesem Arbeitsfeld nach neuen Entwicklungs- und Weiterbildungsansätzen [BEC06, BOR03]. Um diese spezifischen Anforderungen auf innovative Weise zu adressieren, wurde ein IPSS Planspiel als Methode zur Kompetenzentwicklung und Kompetenzforschung entwickelt. Mit diesem Planspiel sollen vor allem die Fähigkeiten von Mitarbeitern und Führungskräften im Hinblick auf deren Integrationsleistung, z. B. dem Umgang mit Heterogenität, deren Wandlungsfähigkeit und deren Komplexitätsbewältigung Rechnung getragen werden. Darüber hinaus wird mit diesem Planspiel ein Tool vorgestellt, das ein grundsätzliches Verständnis von IPSS vermitteln soll. Gleichzeitig dient das entwickelte IPSS Planspiel als Forschungslabor, um weitere Erkenntnisse in Bezug auf Kompetenzanforderungen an Mitarbeiter in IPSS zu generieren. Die Planspielmethode trägt beiden Anforderungen Rechnung, da sie sowohl für die klassische Kompetenzentwicklung als auch für das Erlernen des Umgangs mit komplexen Systemen geeignet ist [KRI07]. Hierzu wird zunächst die Methode „Planspiel" und deren Komponenten erläutert und darauf aufbauend das Design und die Implementierung des IPSS Planspiels vorgestellt.

20.2   IPSS Planspiel

Das in diesem Beitrag vorgestellte IPSS Planspiel basiert und ist eng angelehnt an eine vorhandene Konzeption eines PSS Planspiels [SÜß14a] und stellt darauf aufbauend eine Weiterentwicklung hin zu IPSS-orientierten Arbeitskontexten dar. Die Methode Planspiel wird charakterisiert als eine besondere Form des Experiments oder der Simulation. Hierbei werden Teilnehmern vordefinierte (fiktive) Positionen und mittels Regeln determinierte Handlungsräume zugeordnet. Durch dieses Setting soll es Teilnehmern an einem Planspiel ermöglicht werden, komplexe Strukturen und Prozesse studieren zu können [KRI88]. Vor diesem Hintergrund unterstützen Planspiele beides: Sie dienen erstens dazu, ein grundsätzliches Verständnis von IPSS zu erwerben und dabei entsprechende Kompetenzen zu erweitern. Sie schaffen zweitens eine Laborsituation, wobei innerhalb des Forschungslabors analysiert werden kann, welchen Effekt welche Interventionsmaßnahme zeigt, um schließlich besonders effektive Trainingsmethoden zu identifizieren [CAP00, KLA03, KRI00]. Teilnehmer eines IPSS Planspiels lernen mithin das Zusammenspiel zwischen Inhalten, Prozessen und dem Kontext eines (komplexen) Themenfelds zu verstehen. Anbieter von

IPSS Planspielen lernen vor dem Hintergrund der Trainingseffekte, die eingesetzten Methoden kontinuierlich zu optimieren.

Das Design des nachfolgend näher vorzustellenden IPSS Planspiels ist auf folgende Ziele ausgerichtet:

1. Kompetenzwicklung im Hinblick auf den Umgang mit Heterogenität und Integrationserfordernissen sowie die Wandlungsfähigkeit von Individuen und Teams (vgl. Kap. 14),
2. Förderung eines einheitlichen Verständnisses von IPSS und PSS,
3. Schaffung eines Laborumfelds zum Einsatz und zur Weiterentwicklung wissenschaftlich fundierter Methoden und Instrumente,
4. Integration interdisziplinärer Forschungsergebnisse (z. B. aus Betriebswirtschaft, Psychologie, Ingenieurwissenschaften u. a.).

Die Designelemente des Planspiels setzen sich aus einem Simulationsmodell, dem didaktischen Konzept und dem Evaluationsmodell zusammen [KRI12]. Das Zusammenspiel dieser drei Komponenten bildet die Basis für die Planspielentwicklung.

20.2.1 Simulationsmodell

Das Simulationsmodell stellt ein Abbild eines oder mehrerer realer Systeme oder Systemelemente dar und beschreibt die Wechselwirkungen sowohl innerhalb des Systems als auch mit seiner Umwelt. Das Simulationsmodell als komplexes Konstrukt des Planspiels wird für das Design in seine wesentlichen Komponenten aufgeteilt, um deren Ausgestaltung darzustellen und im Anschluss die Verzahnung dieser Komponenten anhand der praktischen Implementierung aufzuzeigen. Ein in der Literatur etabliertes Framework für die Strukturierung und Ausgestaltung des Simulationsmodells ist die von Klabbers [KLA99] definierte Einteilung in die Simulation, die sozialen Akteure und das Regelwerk (vgl. Abb. 20.2).

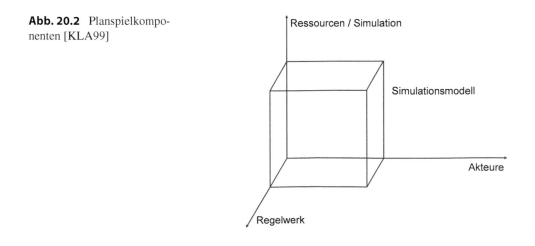

Abb. 20.2 Planspielkomponenten [KLA99]

Das Simulationsmodell umfasst eine Schilderung der virtuellen Realität (Ressourcen/ Simulation), eine angemessene Auswahl von Methoden zur Flankierung des Ablaufs (Regeln) und eine klare Orientierung an einer sozialen Ordnung (Akteure). Diese Teilfacetten stehen je nach Planspiel in unterschiedlicher Weise in Zusammenhang. Mit dem Ziel, das Design eines IPSS-Planspiels vorzustellen, werden in Anlehnung an den wissenschaftlichen Diskurs zu IPSS unter Bezug auf die Chancen und Risiken des organisationalen Wandels hin zu einem IPSS-Angebot, die drei Dimensionen Simulation, soziale Akteure und Regelwerk aufgezeigt und deren Implementierung skizziert. Ausgehend von der Definition von IPSS und der zugrunde liegenden Transformation des Geschäftsmodells von einem produktorientierten zu einem ergebnisorientierten oder funktionsorientierten Geschäftsmodell dient dieser Geschäftsmodellwechsel als konzeptioneller Rahmen und begründet auch die Erfolgstreiber in dem spielerischen Setting des Planspiels. Zentraler Bestandteil ist der organisationale Transformationsprozess mit Bezug auf die Herausforderungen der Integration von Produktion und Service. Der Auslöser des organisationalen Wandels entsteht hierbei, wie in der Literatur beschrieben, zunächst durch die sich verändernden marktlichen Rahmenbedingungen. Die Literatur zu Servitization gibt spezifische Hinweise zu den einzelnen Stufen des Prozesses [MAR10], wie ein Lösungsangebot aus eng verbundenen nicht isoliert zu betrachtenden Produkt-Service Kombinationen sukzessive entsteht (vgl. Abb. 20.3).

Das Planspiel ist entsprechend dieser prozessualen Betrachtung aufgebaut. Dabei werden nachfolgend die drei Elemente Simulation, Akteure und Regelwerk näher beschrieben.

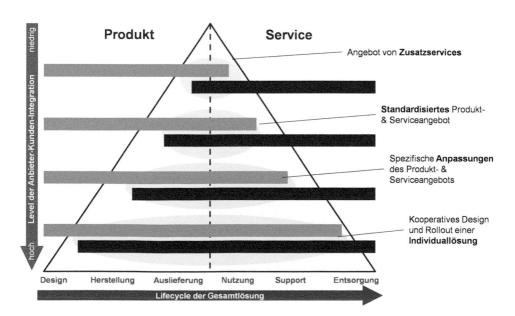

Abb. 20.3 Servitization Kontinuum in Anlehnung an MARTINEZ ET AL. [MAR10]

Simulation Die Simulation bietet den Teilnehmern des Planspiels ein spezifisches Abbild fiktiver Ressourcenelemente und deren Vernetzung. Dies sind beispielweise technische Anlagen, Kunden oder Ingenieure die als virtuelle Elemente simuliert werden. Vor allem wird der Ressource Know-how eine hohe Bedeutung beigemessen, um den sich dynamisch verändernden und gleichzeitig hoch individualisierten Kundenanforderungen eines IPSS-Angebots Rechnung zu tragen. Die simulierten Ressourcenelemente bzw. deren Eigenschaften sind durch die Teilnehmer des Planspiels vor dem Hintergrund der IPSS-spezifischen Zielstellung einer Integration unterschiedlicher Wissensbestände zu steuern. Während des Planspielverlaufs müssen hierzu einzelne Ressourcenelemente bzw. deren Eigenschaften durch konkrete Entscheidungen der Teilnehmer zielgerichtet verändert werden. Durch die in der Simulation hinterlegten Ursache-Wirkungszusammenhänge können so die Effekte zwischen Teilnehmeraktivitäten und deren Konsequenzen in der Laborumgebung des Planspiels aufgezeigt und auf reale Situationen aus der Praxis transferiert werden. In dem Planspielszenario kann so z. B. die Kapazität einer technischen Anlage erhöht oder es können die Fähigkeiten der simulierten Mitarbeiter gezielt ausgebaut werden, um die daraus resultierenden Konsequenzen zu studieren. Die Simulation spiegelt somit das Zusammenspiel der fiktiv abgebildeten Ressourcenelemente als ein reales bzw. realitätsnahes Setting eines Unternehmens wider. Dieses Setting ist in der Ausgangssituation des entwickelten IPSS-Planspiels wie folgt angelegt:

Beim Einstieg in das IPSS-Planspiel werden den Teilnehmern zwei zunächst unabhängig voneinander agierende und unterschiedlich charakterisierte Organisationen A und B durch die Simulation zur Verfügung gestellt. Die Teilnehmer erhalten zu beiden Organisationen umfangreiches Informationsmaterial in Form von Geschäftsberichten, Expertenmeinungen und weiteren Analysen. Um dem zentralen Anspruch eines integrationsfördernden Settings IPSS-orientierter Arbeitsfelder (vgl. Kap. 14) gerecht zu werden, müssen die Teilnehmer darauf aufbauend im Verlauf des Planspiels verschiedene Ressourcen der beiden Organisationen (z. B. Know-how) für die Erbringung eines IPSS-Angebots integrieren. Hierzu ist Organisation A als Traditionsunternehmen simuliert, das ein stark produktorientiertes Geschäftsmodell verfolgt, während Organisation B durch seine Erfahrung im Servicegeschäft geprägt ist und deutliche Charakteristika eines Serviceanbieters in seinem Geschäftsmodell verankert sind (vgl. Abb. 20.1). In Organisation A ist eine stark maschinendominierte Sichtweise auf die Organisation anzutreffen (z. B. ein sehr hoher Grad an Standardisierung). Demgegenüber unterscheidet sich Organisation B durch einen eher organischen Charakter der Organisation im Sinne deutlicher Anzeichen von Flexibilität und Dynamik als Merkmal einer serviceorientierten Organisation [BUR61, MAR10, MOR86]. In dem dramaturgischen Aufbau der Simulation sehen sich beide Organisationen A und B mit einem zunehmend intensiveren Wettbewerb, sich stark wandelnden Kundenanforderungen und vor allem in Organisation A mit einem deutlichen Rückgang der Profitabilität konfrontiert [MAR10, VAN88]. Die virtuelle Ressource „Finanzmittel" spielt daher in dem IPSS-Planspiel, das darauf abstellt, den zu bewerkstelligenden Wandel unter einer betriebswirtschaftlichen Perspektive zu leisten, neben dem Aspekt der Kundenindividualisierung ebenfalls eine zentrale Rolle. Dabei werden im Planspiel einer Kooperation zwischen beiden Organisationen A und B zur Erstellung einer integrierten Lösung für einen Kunden C langfristig hohe finanzielle Potenziale beigemessen. Mit der Entscheidung, d. h. dem entsprechenden „Spielzug", sich in Richtung eines IPSS zu „bewegen", entstehen gleichzeitig kurzfristige finanzielle Risiken für die einzelnen Organisationen. Sowohl Chancen als auch Risiken lassen sich zu Beginn des Transformationsprozesses nur sehr rudimentär von den Teilnehmern des Planspiels bestimmen. Im Simulationsmodell gilt jedoch der hinterlegte Zusammenhang, dass mehr Integrationsleistungen der einzelnen Organisationen die Chancen des Wandels transparenter aufzeigen. Diese lassen sich über alle drei Ebenen der Organisationen vom Individuum über das Team bis zur organisationalen Ebene analysieren. Des Weiteren wird die Wettbewerbsposition des reinen Serviceanbieters (Organisation B) zu Beginn weniger kritisch bewertet. Der Serviceanbieter sollte jedoch in der Zusammenarbeit mit dem Produktanbieter mittelfristig ein gewisses finanzielles Potenzial erkennen. Demzufolge liegt das Interesse zur Entwicklung eines IPSS-Angebots vor allem auf der Seite des Produktanbieters, der die Existenz seines Unternehmens bzw. Geschäftsmodells als gefährdet ansieht. Beide Organisationen A und B sollen sich im Sinne des Servitization Kontinuum (vgl. Abb. 20.3) im Simulationsverlauf in Richtung eines IPSS entwickeln. Besonders der ursprüngliche Produktanbieter ist hierbei gefordert, diesen Prozess voranzutreiben. Konkret bedeutet dies, dass sich zu Beginn zunächst ein Angebot von Zusatzservices herausbilden wird. Nach der Absolvierung weiterer Transformations- bzw. Integrationsstufen soll schließlich in der höchsten Ausbaustufe ein IPSS mit hohem Integrationsgrad von Produkt- und Servicekomponenten durch die Teilnehmer des Planspiels erreicht werden. Die Erreichung des IPSS-Levels wird mittels spezifischen Kennzahlensystems in einem „IPSS-Cockpit" als Bestandteil des Planspiels den Teilnehmern aufgezeigt (vgl. Abb. 20.7). Demzufolge besteht die Herausforderung der Teilnehmer über voneinander getrennte Spielperioden darin, die beiden Organisationen so miteinander zu „verzahnen", dass am Ende ein ökonomisch nachhaltiges IPSS am Markt Bestand haben kann (vgl. Abb. 20.4).

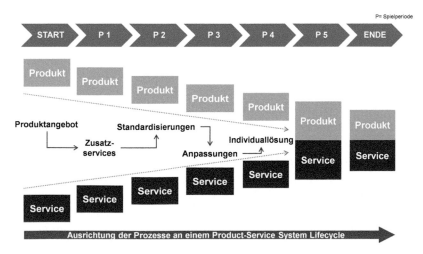

Abb. 20.4 Rundenspezifischer Simulationsverlauf des PSS Planspiels

Die durch dieses Simulationsmodell entstehende Komplexität des zugrunde liegenden Algorithmus wurde dabei als vergleichsweise hoch eingestuft [SHI13]. Daher basiert das Simulationsmodell auf einem computergestützten Rechenkern. Computergestützte Planspiele haben gegenüber rein haptischen Planspielen den Vorteil, dass sie auch sehr komplexe Sachverhalte realitätsnah in einem Softwaremodell darstellen können [HÖG04]. Dennoch erscheint eine ergänzende Verwendung haptischer Elemente als sinnvoll, da diese zusätzlich den Lernprozess und das Verständnis der Teilnehmer für die Dynamiken eines Gesamtsystems fördern [HÖG04].

Akteure Durch das Setting von Planspielen wird, ähnlich wie bei anderen „Spielen" auch, von der Entstehung besonderer sozialer Systemen ausgegangen. In diesen sozialen Systemen entsprechen die Teilnehmer des Planspiels in der Regel den Akteuren, wobei ein Planspielleiter gleichzeitig als Akteur auftreten kann. Die Teilnehmer / Akteure können unterschiedliche Rollen innehaben, die sich im Verlauf des Spielgeschehens durch vorgegebene Regeln oder soziale Gruppenprozesse verändern. Akteure formen das soziale System und gestalten es mit besonderen Merkmalen aus. Dies geschieht durch Interaktionsprozesse und Aktivitäten unter Beachtung des Regelwerks. Des Weiteren können die Teilnehmer in einem Planspiel als „Einzelspieler" oder in Teams organisiert sein. Besonders bei den weit verbreiteten Unternehmensplanspielen sorgt die Schaffung von Konkurrenz- oder Konfliktsituation zwischen den Teams für zusätzliche Dynamik während des Planspiels [HÖG04, KER03] und ist daher ein wertvolles didaktisches Element [HÖG04]. Konzeptionell werden in dem entwickelten IPSS-Planspiel die Teilnehmer in Gruppen von drei bis fünf Personen eingeteilt und gruppenweise den jeweiligen Organisationen A und B zugeordnet. Dieses Setting dient auch dazu, möglichst realitätsnahe Abläufe von Organisationen widerzuspiegeln, in denen durch Teamarbeit sowohl ein individueller als auch ein organisatorischer Nutzen im Hinblick auf die Zielerreichung generiert werden kann [STA99].

Teamentwicklungsprozesse stellen Individuen gleichzeitig vor neue Herausforderungen, wie z. B. die Integration unterschiedlicher mentaler Modelle der Teammitglieder. Dies kann potenzielle Konflikte in der Kooperation und Kollaboration auslösen [STA07, TUC77]. Dadurch entstehen neue Rahmenbedingungen und Herausforderungen für die beteiligten Individuen, die es zu bewältigen gilt [ROS00]. Dies trifft insbesondere für IPSS als einen Arbeitsbereich zu, in dem die Arbeit vor allem durch die Kooperation und Kollaboration innerhalb und zwischen heterogenen Teams [BEV08] geprägt ist. Der Aspekt der Heterogenität kann einerseits durch entsprechende Auswahl der Teilnehmer, andererseits anhand des Simulationsmodells im Sinne der Gegenüberstellung von Produkt- und Serviceorganisation und durch die Interventionen des Kunden (z. B. dargestellt durch die Seminarleitung oder die Computersimulation) generiert werden. Im Verlauf der Simulation werden die Teilnehmer auf dem Entwicklungspfad zum IPSS mit der Herausforderung konfrontiert, über die Grenzen der eigenen Organisation (A oder B) hinaus mit Teilnehmern der anderen Organisation zu kooperieren. Auf diese Weise werden auch Facetten organisationsübergreifender Teamarbeit im Planspiel realisiert. Für die Abbildung eines IPSS in einem Planspiel ist dieses Element ein essenzieller Aspekt, um die Herausforderungen und auch die Chancen von IPSS möglichst realitätsnah und dynamisch darzustellen. In Abb. 20.5

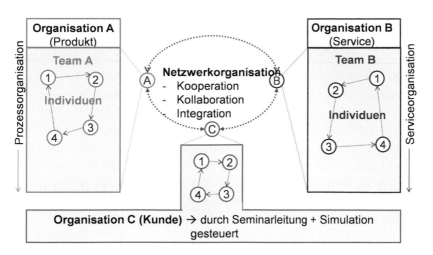

Abb. 20.5 Netzwerkbeziehungen zwischen Organisationen und Teams im PSS Planspiel

ist das Setting der Akteure in der Stufe eines bereits etablierten IPSS Angebots schematisch abgebildet.

Regelwerk Schließlich wird im Rahmen der Komponente Regelwerk definiert, wie und in welchem Umfang die Akteure die durch das Simulationsmodell abgebildeten virtuellen Ressourcen modifizieren können. Konkret handelt es sich hierbei um die Spielentscheidungen, die die Teilnehmer in ihrer Rolle als „Weichensteller zum IPSS" im Produkt- und im Servicebereich treffen können. Konkrete Entscheidungs- bzw. Beeinflussungsmöglichkeiten müssen hierbei auf strategischer und operativer Ebene kooperativ getroffen werden:

- Strategische Ebene: Auf der strategischen Ebene wird über Zielstellungen verhandelt. Als Ergebnis stehen beispielsweise Entscheidungen darüber, welche Art von IPSS-nahem Geschäftsmodell (funktions- oder ergebnisorientiert) die jeweilige Organisation mittragen soll. Diese Entscheidungen beeinflussen maßgeblichen die Handlungen auf der operativen Ebene.
- Operative Ebene: Auf der operativen Ebene werden einerseits konkrete Entscheidungen darüber getroffen, wie die Umsetzung aus den vorgegebenen Maßnahmen der strategischen Ebene erfolgt und andererseits Maßnahmen ergriffen, die dazu beitragen den strategischen Möglichkeitsraum zu erweitern.

Die Interdependenzen der Entscheidungen zwischen strategischer und operativer Ebene werden im Planspiel anhand des Rahmenszenarios hinterlegt und lassen sich anhand entstehender Zielkonflikte zwischen beiden Organisationen und auch innerhalb der Organisationen durch die Planspielleitung aufzeigen. Je nach „IPSS-Reife" verfestigen sich die integrativen Routinen der beteiligten Organisationen und damit ebenfalls die Interdependenzen zwischen den Entscheidungen der einzelnen Organisationen auf strategischer und operativer Ebene. In Anlehnung an diese konzeptionelle Beschreibung des Simulationsmodells wird im folgenden Abschnitt die Implementierung des IPSS-Planspiels skizziert.

20.2.2 Implementierung des IPSS-Planspiels

Die Attraktivität und damit Wirksamkeit der Methode Planspiel für den Einsatz in der Aus- und Weiterbildung als auch für den Aufbau von Experimenten in Laborumgebungen entsteht durch eine für die Teilnehmer spannende und innovative Beschreibung einer Rahmenhandlung als Kontextualisierung des Simulationsmodells. Die übergreifende Rahmenhandlung bietet eine authentische Beschreibung der Ist-Situation in Zusammenhang mit aktuellen Herausforderungen und in der Zukunft liegenden Chancen und Risiken für die Akteure in einem Planspiel. Hierbei bildet die Rahmenhandlung als wesentliche Komponente der praktischen Implementierung des Simulationsmodells nicht die Realität in ihrer vollständigen Komplexität ab, sondern repräsentiert das Modell einer bewusst gewählten Realität. Diese Realität ist in ihren Charakteristika sowohl für die Teilnehmer als auch für die Seminarleitung zu beschreiben. Des Weiteren soll mit der Rahmenhandlung des Planspiels die Vielfalt der Möglichkeiten von IPSS-Geschäftsmodellen aufgezeigt werden. Hierzu werden bis zu drei unterschiedliche IPSS-Kunden simuliert, die sich jeweils in die in Abb. 20.1 dargestellte Kategorisierung einordnen lassen.

Rahmenhandlung Angelehnt an die Vorarbeiten des Forschungsverbundes wird die Fallstudie des fiktiven Unternehmens „MicroS⁺" in diesem IPSS-Planspiel aufgegriffen. MicroS+ ist ein Unternehmen aus der Mikroproduktion, das für seine Kunden maßgeschneiderte Produktionsanlagen und je nach Kundenbedarf darauf abgestimmte Produktionsprozesse, Instandhaltungsarbeiten, Support und Logistikdienstleistungen zur Verfügung stellt. Je nach Kunden ist das IPSS unterschiedlich konfiguriert (vgl. Abb. 20.6).

Für die Steuerung des IPSS-Angebots aus Kosten- und Leistungsperspektive steht den Teilnehmern des IPSS Planspiels ein IPSS-Cockpit zur Verfügung. Das Kennzahlensystem dieses Cockpits basiert auf dem Framework von ABRAMOVICI ET. AL. [ABR13] welches die Balance zwischen Performance und Kosten vor dem Hintergrund von Managemententscheidungen adressiert.

Die Teilnehmer übernehmen für vier bis sechs Spielperioden die Verantwortung für eine Produkt- und eine Serviceorganisation, welche mittels Integrationsleistungen das IPSS betreiben. Der Ablauf des Planspiels über die einzelnen Spielrunden sieht einen Wechsel zwischen Gruppenphasen, in denen die Teilnehmer Entscheidungen im Planspiel treffen müssen, und Reflexionsphasen, die durch den Planspielleiter moderiert werden. In den Reflexionsphasen werden die Ergebnisse des Planspiels und die kooperativen Entscheidungsprozesse reflektiert.

Planspielelemente Das IPSS-Planspiel steht den Teilnehmern in einer Online-Umgebung zur Verfügung.[1] Die Planspielumgebung enthält folgende Elemente:

1. IPSS-Cockpit und ein umfangreiches Berichtswesen zur Steuerung des IPSS-Angebots
2. Kundenprofile von bis zu 3 verschiedenen IPSS-Kunden
3. Wirtschaftsnachrichten pro Spielrunde zur Kontextualisierung des Spielgeschehens

---

[1] http://www.sim.product-service-systems.com.

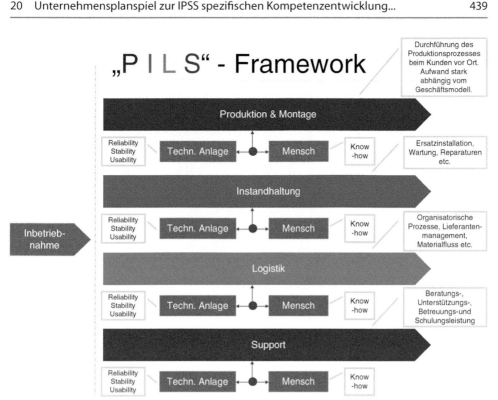

Abb. 20.6 Rahmenhandlung Technologie und Seviceprozesse in Anlehnung an [KÖS14]

Hierbei stellt das IPSS-Cockpit zentrale Steuerungselement für die Teilnehmer des Planspiels dar (vgl. Abb. 20.7).

Dieses Cockpit ist angelehnt an das von Abramovici et. al. [ABR13] entwickelte Kennzahlensystem zur Steuerung und zum Monitoring von IPSS-Angeboten. Der Algorithmus der Computersimulation übernimmt im Hintergrund die Berechnung der Kennzahlen auf Basis der rundenbasierten Teilnehmerentscheidungen. Mittels IPSS-Cockpit können sich die Teilnehmer im Planspiel einen Überblick über die Balance von Kosten- und Leistung des IPSSs verschaffen und mittels Entscheidungen direkten Einfluss auf die Indikatoren nehmen. Die Ursache-Wirkungszusammenhänge sind für die Teilnehmer zu jeder Zeit im Planspiel transparent. Gleichwohl wird ein gewisser Unsicherheitsfaktor mit berücksichtigt. Als zusätzliches didaktisches Mittel bietet das IPSS-Cockpit eine Informationsasymmetrie zwischen dem Produktions- und dem Dienstleistungsbereich. Je nach Kontext werden die für den jeweiligen Bereich relevanten Kennzahlen dargestellt. Dieses Designelement soll integrative Kooperations- und Kollaborationshandlungen auslösen, um die Dynamiken eines „echten IPSS" im Spielszenario anzudeuten.

Die Elemente „Kundenprofile" und „Wirtschaftsnachrichten" dienen der Kontextualisierung und Einbettung der Planspielerlebnisse in ein authentisches Rahmenszenario. Innerhalb des Planspiels lernen die Teilnehmer bis zu drei unterschiedliche IPSS-Kunden

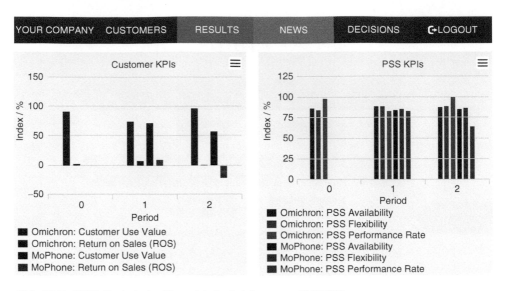

Abb. 20.7 IPSS-Cockpit des Planspiels in Anlehnung an [ABR13]

kennen und übernehmen die Verantwortung für das jeweilige kundenspezifische IPSS während der Betriebsphase. Die Kunden sind Industrieunternehmen. Sie setzen sich zusammen aus einer traditionellen Uhrenmanufaktur, einem hoch innovativen Smartphone Hersteller sowie einem Unternehmen aus der Medizintechnik, das Prothesen unterschiedlichster Art herstellt und vermarktet. In Anlehnung an die Merkmale von IPSS wurden diese drei sehr unterschiedlichen Kunden gewählt, um den Teilnehmern des Planspiels zu verdeutlichen, dass IPSS hoch individualisierte Angebote sind und die spezifische Kundenintegration einen wesentlichen Erfolgsfaktor darstellt. Während des Planspielverlaufs führen vor allem Marktdynamiken (beschrieben in der Wirtschaftsprognose des Planspiels) dazu, dass die IPSS-Kunden zusätzliche Flexibilitätsansprüche stellen und umfangreiche Änderungswünsche an den IPSS-Anbieter herantragen. Diesen Situationen müssen die Teilnehmer über Ihre Entscheidungen im Planspiel Rechnung tragen.

Einsatzfelder Das entwickelte IPSS-Planspiel kann für sehr heterogene Zielgruppen in unterschiedlichsten Seminar- und Lehrformen eingesetzt werden. Es kann sowohl mit Experten aus diesem Feld eingesetzt werden als auch im Sinne einer Grundlagenveranstaltung, um die „IPSS-Idee" heterogenen Zielgruppen zu verdeutlichen. Seit 2014 wird das IPSS-Planspiel mit Studierenden der Ingenieur- und Wirtschaftswisenschaft regelmäßig an der Ruhr-Universität Bochum eingesetzt. Ebenso nutzen es Studierende der Ecole de Mines in Saint Etienne. Weiterentwicklungen des Planspiels wurden und werden auf internationalen Fachkonferenzen diskutiert, darunter die CIRP Conference on Industrial Product-Service Systems 2015.

20.2.3 Evaluationsmodell

Das IPSS-Planspiel als virtuelle „Spielumgebung" bietet ein laborähnliches Umfeld. Hierin können Handlungsvollzüge der Teilnehmenden empirisch erfasst und evaluiert werden. Die Datenerhebung kann mittels Beobachtung oder Befragung als Selbsteinschätzung durchgeführt werden. In Anlehnung an die Kompetenzforschung im IPSS-Kontext (Kap. 14) [MÄN13, SÜß14b] wurden bereits IPSS-spezifische Kompetenzfacetten identifiziert, die als Basis des Evaluationsmodells für das IPSS-Planspiel dienen. Wilkens et al. haben für IPSS-nahe Arbeitsfelder die Konfiguration von drei Kompetenzdimensionen als erfolgskritisch identifiziert (vgl Kap. 14), auf die sich das Evaluationsmodell für das IPSS-Planspiel bezieht:

1. Kombination und Vermittlung: Dieser Faktor beschreibt Kompetenzfacetten, die zur Entwicklung neuer Herangehensweisen bei der Bewältigung neuartiger Problemlösungen beitragen. Er basiert auf der Kombination bereits vorhandener Erfahrungen, die mit einem hohen Grad an Selbstreflexion und Offenheit für Neues gepaart werden und setzt so eine Prozess zur Reallokation von Ressourcen in Gang.
2. Umgang mit Komplexität: Dieser Faktor kombiniert Kompetenzfacetten, die dazu beitragen, relevante Informationen zielorientiert zu filtern; besonders vor dem Hintergrund der Identifizierung und Bewertung der Risiken und Chancen von Innovationen und Veränderungen.
3. Beteiligung an kollektiven Lernprozessen: Dieser Faktor umfasst Kompetenzfacetten, die zur Integration und Nutzung von externem Wissen und dem dadurch ausgelösten möglichen Verlassen vorhandener Routinen beitragen.

Im Evaluationsmodell wird getestet, in welchem Umfang die im Feld identifizierte IPSS-spezifische Kompetenzkonfiguration über das Planspiel und dessen Dynamiken ausgelöst werden. Dies dient der Evaluation des Planspiels und der dadurch entstehenden Dynamiken vor dem Hintergrund der Abbildung eines virtuellen IPSS-orientierten Arbeitsfeldes. Hierdurch wird ein zielgerichteter Einsatz für die IPSS-spezifische Kompetenzentwicklung in Lehre und Weiterbildung abgesichert.

20.3 Ausblick

Das übergeordnete Ziel bei der Entwicklung eines IPSS-Planspiels ist es, Modelle und wissenschaftliche Erkenntnisse aus der Forschung in einer vereinfachten, aber realitätsnahen virtuellen Umgebung für unterschiedliche Teilnehmerkreise erfahr- und erlebbar zu machen und auf diese Weise auch die Kompetenzentwicklung für diesen spezifischen Arbeitskontext voranzutreiben. Dieses Ziel wird durch das IPSS-spezifische Design und Setting des Planspiels und anhand der Verzahnung IPSS-spezifischer Erfolgstreiber und Key Performance Indicators (KPIs) mit einem realitätsnahen Kontext verfolgt. Des Weiteren stellt das Planspiel in Anlehnung an das Design von SÜSSE UND WILKENS [SÜß14b] einen organisationalen Lernprozess hin zu einem IPSS dar und gibt somit den Teilnehmern die Möglichkeit, eine Transformation zum IPSS-Anbieter mitzuerleben und mitzugestalten. Auf Basis der zu generierenden Ergebnisse des beschriebenen Evaluationsmodells können in einem weiteren Schritt nun zusätzliche Verbesserung des didaktischen Konzepts erfolgen, um dem Ziel der Entwicklung eines IPSS-spezifischen Kompetenzforschungslabors gerecht zu werden.

Literatur

[ABR13]   Abramovici, M.; Jin, F.; Dang, H.B.: An indicator framework for monitoring IPS^2 in the use phase. In: Product-Service Integration for Sustainable Solutions – Proceedings of the 5th CIRP International Conference on Industrial Product-Service Systems, Bochum, Germany, March 14th – 15th, 2013. Hrsg.: Meier, H. Berlin, London: Springer, 2013, S. 311–322.

[BEC06]   Becker, F. S.: Globalization, curricula reform and the consequences for engineers working in an international company. European Journal of Engineering Education, 31 (2006) 3, S. 261–272.

[BEV08]   Beverungen, D.; Kaiser, U.; Knackstedt, R.; Krings, R.; Stein, A.: Konfigurative Prozessmodellierung der hybriden Leistungserstellung in Unternehmensnetzwerken des Maschinen- und Anlagenbaus. In: Proceedings zur Multikonferenz Wirtschaftsinformatik, München, 2008.

[BOR03]   Borri, C.: Reshaping the engineer for the 3rd millennium. European Journal of engineering Education 28 (2003) 2, S. 132–138.

[BUR61]   Burns, T.; Stalker, G. M.: The management of innovation. London: Tavistock, 1961.

[CAP00]   Capaul, R.: Die Planspielmethode in der Schulleiterausbildung. Bad-Heilbrunn: Klinkhardt, 2000.

[HÖG04]   Högsdal, N.: Blended Learning im Management-Training. Tübingen, Lohmar, zgl., Diss, 2004.

[KER03]   Kern, M.: Planspiele im Internet. Wiesbaden: Springer. 2003.

[KIM97]   Kimura, F.: Inverse Manufacturing: from product to services. The First International Conference on Managing Enterprises – Stakeholder, Engineering, Logistics and Achievements (ME-SELA-97), 1997, Loughborough University, United Kingdom.

[KLA99]   Klabbers, J.: Three easy pieces: A Taxonomy of Gaming. In: The international Simulation & Gaming Research Yearbook: Simulation and Games for Strategy and Policy Planning. Hrsg.: Saunders, D.; Sever, J. London: Kogan Page, 1999, S. 16–33.

[KLA03]   Klabbers, J.: The gaming landscape: A taxonomy for classifying games and simulations. In: LEVEL UP: Digital Games Research Conference. Hrsg.: Copier, M.; Raessens, J., 4. – 6. November 2003, University of Utrecht, Netherlands, S. 54–68.

[KÖS14]   Köster, M.: Ein Beitrag zur modellbasierten Systempartitionierung industrieller Produkt-Service Systeme. Bochum, Ruhr-Universität Bochum, Diss, München: Dr. Hut, 2014.

[KOW10]   Kowalkowski, C.: What does a Service-Dominant Logic Really Mean for Manufacturing Firms? In: Industrial Product-Service Sytems (IPS^2) – Proceedings of the 2nd CIRP IPS^2 Conference, Linköping University, Linköping, Schweden, April 14th – 15th, 2010. Hrsg.: Sakao, T.; Larsson, T. Linköping: University, 2010, S. 229–235.

[KRI88]   Kriz, W. C., Lisch, R.: Methodenlexikon. München, 1988.

[KRI00]   Kriz, W. C.: „Gestalten" von/in Lernprozessen im Training von Systemkompetenz. In: Gestalt Theory 23 (2000) 3, S. 185–207.

[KRI07]   Kriz, W. C.: Planspiele für die Organisationsentwicklung. In: Schriftenreihe Wandel und Kontinuität in Organisationen, Bd. 8, Berlin: Wissenschaftlicher Verlag Berlin, 2007.

[KRI12]   Kriz W. C.: Die Wirklichkeit spielen. Gaming Simulation in der Organisationsberatung. In: Medien in der Beratung. Hrsg.: Gsöllpointner, K. Wien: Facultas, 2012.

[MAR10] Martinez V.; Bastl M.; Kingston J.; Evans S.: Challenges in transforming manufacturing organisations into product-service providers. Journal of Manufacturing Technology Management 21 (2010) 4, S. 449–469.

[MÄN13] Mänz, K.; Wilkens, U.; Süße, T.; Lienert, A.: Die Bewältigung hoher Arbeitsanforderungen in HLB. Mitarbeiterkompetenzen als ermöglichender Faktor in HLB-Arbeitsbereichen. wt Werkstattstechnik online 103 (2013) 7/8, S. 583–588.

[MEI10a] Meier, H.; Uhlmann, E.; Völker, O.; Geisert, C.; Stelzer, C.: Reference architecture for dynamic organization of IPS2 service supply chains in the delivery phase. In: Industrial Product-Service Sytems (IPS^2) – Proceedings of the 2nd CIRP IPS^2 Conference, Linköping University, Linköping, Schweden, April 14th – 15th, 2010. Hrsg.: Sakao, T.; Larsson, T. Linköping: University, 2010, S. 331–338.

[MEI10b] Meier, H.; Roy, R.; Seliger, G.: Industrial Product-Service Systems – IPS^2. CIRP Annals – Manufacturing Technology (2010) 59, S. 607–627.

[MON04] Mont, O.: Product-service systems: Panacea or myth? The International Institute for Industrial Environmental Economics (IIIEE). Lund, Sweden, PhD thesis, Lund University, 2004.

[MOR86] Morgan, G.: Images of organization. Newbury Park: Sage, 1986.

[OLI03]   Oliva, R.; Kallenberg, R.: Managing the transition from products to services. International Journal of Service Industry Management 14 (2003) 2, S. 160–180.

[RIC10]   Richter A.: Planung, Steuerung und Koordination industrieller Produkt-Service-Systeme. Bochum, Germany, 2010. URL: http://d-nb.info/100963822X, zuletzt geprüft am 15.01.2014.

[RIS00]   Rosenstiel, L. v.: Grundlagen der Organisationspsychologie, 4. Auflage, Stuttgart: Schäffer-Poeschel, 2000.

[SHI13]   Shi, V. G., Baldwin, J., Ridgway, K. & Scott, R.: Gamification for servitization a conceptual paper. In: Baines, T., Ben, C. & David, H., (Hrsg.): Proceedings of the Spring servitization conference, Birmingham, UK, May 20th – 21st, 2013. 114.

[STA99]   Staehle, W.: Management, München, 1999.

[STA07]   Stahl, E.: Dynamik in Gruppen, Handbuch der Gruppenleitung, 2. Auflage, Basel: Beltz, 2007.

[STE10]   Steven, M.; Richter, A.: Hierarchical Planning for Industrial Product Service Systems. In: Industrial Product-Service Sytems (IPS^2) – Proceedings of the 2nd CIRP IPS^2 Conference, Linköping University, Linköping, Schweden, April 14th – 15th, 2010. Hrsg.: Sakao, T.; Larsson, T. Linköping: University, 2010, S. 151–157.

[STO11]   Storbacka, K.: A solution business model: Capabilities and management practices for integrated solutions. In: Industrial Marketing Management 40 (2011) 5, S. 699–711.

[SÜß13]   Süße, T.; Wilkens, U.; Mänz, K.: Integrating production and services for product-service systems in the engineering sector: The challenge of bridging two organizational paradigms as a question of structures, leadership and competencies. Paper accepted at the 29th EGOS Colloquium „Bridging Continents, Cultures and Worldviews", Montréal, Canada, 04. – 06.07.2013.

[SÜß14a] Süße, T.: PSS Lifecycle Management Planspiel. In: Zürn, B.; Trautwein F. (Hrsg.):Planspiele – Erleben, was kommt: Entwicklung von Zukunftsszenarien und Strategien, 5, BoD–Books on Demand, 2014, S. 69–86.

[SÜß14b] Süße, T.; Wilkens, U.: Preparing individuals for the demands of PSS work environments through a game-based community approach – design and evaluation of a learning scenario. In: Procedia CIRP 2014: Product Services Systems and Value Creation. Proceedings of the 6th CIRP Conference on Industrial Product-Service Systems.

[SÜS16] Süße, T., Voigt, B.-F. & Wilkens, U.: An application of Morgan's images of organization: Combining metaphors to make sense of new organizational phenomena. In: Örtenblad, A., Trehan, K. & Putnam, L. (Eds.): Exploring Morgan's Metaphors: Theory, Research, and Practice in Organizational Studies, SAGE 2016, S.111–137.

[TUC77] Tuckman, B. W.; Jensen, M. C.: Stages of small-group development revisited. In: Group & Organization Management, 2 (1977) 4, S. 419–427.

[TUK04] Tukker, A.: Eight types of product–service system: eight ways to sustainability? Experiences from SusProNet. Business Strategy and the Environment 13 (2004) 4, S. 246–260.

[VAN88] Vandermerwe, S.; Rada, J.: Servitization of business: Adding value by adding services. European Management Journal 6 (1988) 4, S. 314–324.

[VAN05] Van Halen, C.; Vezzoli, C.; Wimmer R.: Methodology for product service system innovation: how to develop clean, clever and competitive strategies in companies. Uitgeverij Van Gorcum, 2005.

[VEL11] Velamuri, V.; Neyer, A.; Möslein, K. M.: Hybrid value creation: A systematic review of an evolving research area. Journal für Betriebswirtschaft 61 (2011), S. 3–35.

[WIL14] Wilkens, U.; Süße, T.; Voigt, B.-F.: Umgang mit Paradoxien von Industrie 4.0 – Die Bedeutung reflexiven Arbeitshandelns. In: Industrie 4.0 – Wie intelligente Vernetzung und kognitive Systeme unsere Arbeit verändern. Hrsg.: Kersten, W., Koller, H.; Lödding, H. Berlin: Gito, 2014, S. 199–210.

Glossar

Das Glossar soll dem Leser einen raschen Zugriff auf spezifische Begriffe aus dem Forschungsgebiet Industrieller Produkt-Service Systeme bieten. Es wurde vom Herausgeber unter Zuhilfenahme von Zuarbeiten der Autoren der einzelnen Kapitel dieses Sammelwerks erstellt. **DL-Zulieferer** Ein DL-Zulieferer (Dienstleistungszulieferer) wird vom IPSS-Anbieter eingeplant und gesteuert, um dessen Ressourcen für eine Dienstleistung zu nutzen.

Industrielles Produkt-Service System (IPSS) Ein Industrielles Produkt-Service System ist gekennzeichnet durch die integrierte, sich gegenseitig determinierende Planung, Entwicklung, Erbringung und Nutzung von Sach- und Dienstleistungsanteilen einschließlich ihrer immanenten Softwarekomponenten in industriellen Anwendungen und repräsentiert ein wissensintensives soziotechnisches System.

IPSS-Anbieter Der IPSS-Anbieter unterhält die Geschäftsbeziehung mit dem Kunden. Er gestaltet das IPSS-Geschäftsmodell und organisiert das Erbringungsnetzwerk.

IPSS-Auflösung Die IPSS-Auflösung beinhaltet die Beendigung der vertraglichen Beziehungen zwischen IPSS-Anbieter und Kunde.

IPSS-Betrieb Der IPSS-Betrieb umfasst die Erbringung von Dienstleistungsanteilen, die Nutzung des Industriellen Produkt-Service Systems sowie dessen dynamische Anpassung.

IPSS-Execution System (neu) Ein IPSS-Execution System ist das grundlegende Softwaresystem für die IPSS-Betriebsphase, welches den IPSS-Anbieter bei der Erbringung von Kundennutzen durch IPSS-Erbringungsplanung, IPSS-Netzwerkmanagement und eine integrierten Performance Messmethode unterstützt.

IPSS-Entwicklung Die IPSS-Entwicklung basiert auf den in der IPSS-Planung identifizierten Kundenbedürfnissen und -anforderungen und beinhaltet die Entwicklung von IPSS-Konzepten sowie die sich daran anschließende Ausgestaltung der konzipierten Sach- und Dienstleistungsanteile. Ergebnis der IPSS-Entwicklung ist ein IPSS-Produktmodell.

© Springer-Verlag GmbH Deutschland 2017
H. Meier, E. Uhlmann (Hrsg.), *Industrielle Produkt-Service Systeme*,
DOI 10.1007/978-3-662-48018-2

IPSS-Erbringungsnetzwerk Ein IPSS-Erbringungsnetzwerk wird aus Kunde, IPSS-Anbieter und Modul-, SL- sowie DL-Zulieferern für einen konkreten IPSS-Erbringungsprozess gebildet.

IPSS-Erbringungsprozess IPSS-Erbringungsprozesse erzielen am Nachfrager selbst oder an dessen Verfügungsobjekten eine Wirkung (immateriell). Ihre Durchführung kann sowohl unter Integration externer Faktoren als auch unter Nutzung ausschließlich anbieterseitiger Faktoren erfolgen.

IPSS-Geschäftsbeziehung (neu) Die IPSS-Geschäftsbeziehung beginnt mit der Ausarbeitung des IPSS-Vertrages und beschreibt die lebenszyklusübergreifende Zusammenarbeit zwischen dem IPSS-Anbieter und dem Kunden.

IPSS-Geschäftskonzept Das IPSS-Geschäftskonzept stellt die Basis eines IPSS-Geschäftsmodells aus Sicht des IPSS-Anbieters dar. Es legt übergreifend die Summe der verschiedenen Geschäftsmodelle fest, die ein Unternehmen in sein Portfolio aufnimmt und den Kunden anbietet.

IPSS-Geschäftsmodell Ein IPSS-Geschäftsmodell ist eine aggregierte Beschreibung einer kundenspezifischen, nutzenorientierten Problemlösung und wird über die Geschäftsbeziehung zwischen einem IPSS-Anbieter, seinen potenziellen Schlüsselpartnern und einem Kunden definiert.

IPSS-Implementierung Die IPSS-Implementierung umfasst die Produktion der im IPSS-Produktmodell enthaltenen Sachleistungsanteile, die logistischen Prozesse, die mit der Anlieferung dieser Sachleistungsanteile in Verbindung stehen, den Potenzialaufbau für eine zukünftige Dienstleistungserbringung sowie die Inbetriebnahme des IPSS.

IPSS-Konzeptmodell Das IPSS-Konzeptmodell beschreibt die prinzipielle Lösungsarchitektur eines industriellen Produkt-Service Systems. Es beinhaltet sowohl die zu erfüllenden IPSS-Funktionen als auch die konzipierten Sach- und Dienstleistungsanteile.

IPSS-Lebenszyklus Der IPSS-Lebenszyklus beschreibt den Prozess aus einem Kundenbedarf einen Kundennutzen zu generieren. Er besteht aus den Phasen IPSS-Planung, IPSS-Entwicklung, IPSS-Implementierung, IPSS-Betrieb und IPSS-Auflösung.

IPSS-Netzwerk Ein IPSS-Netzwerk wird aus Kunde, IPSS-Anbieter und Modul-, SL-sowie DL-Zulieferern gebildet.

IPSS-Performance Messmethode (neu) Die IPSS-Performance Messmethode unterstützt den IPSS-Anbieter bei der Überwachung und Bewertung der Effektivität und Effizienz der IPSS-Erbringung. Sie ist in ein IPSS-Execution System integriert und betrachtet die Bereiche Erbringungsplanung, Erbringungsdurchführung und IT-Systemverhalten des IPSS-Execution Systems.

IPSS-Planung Die IPSS-Planung wird durch den Kundenkontakt initialisiert und umfasst die Identifikation der Kundenbedürfnisse, die Ableitung der daraus resultierenden, IPSS-spezifischen Kundenanforderungen sowie die Vertragsgestaltung. Die Kundenanforderungen beziehen sich nicht auf konkrete Sach- und Dienstleistungen, sondern beschreiben Funktionen und Eigenschaften. Das Ergebnis der IPSS-Planung ist ein erstes Umsetzungskonzept für die identifizierten Kundenanforderungen.

IPSS-Produktmodell Das IPSS-Produktmodell beschreibt den Zustand des industriellen Produkt-Service Systems nach der IPSS-Entwicklungsphase. Dieser Zustand ist Ausgangspunkt für die IPSS-Implementierungs- und -Betriebsphase.

IPSS-Vertrag Der IPSS-Vertrag ist ein Rechtsgeschäft, welches die im IPSS-Geschäftsmodell definierten Partialmodelle und deren dynamische Relationen operationalisiert. Es besteht aus inhaltlich übereinstimmenden, mit Bezug aufeinander abgegebenen Willenserklärungen (Angebot und Annahme) von mindestens zwei Parteien (IPSS-Anbieter, Kunde), die eine grundsätzliche Flexibilität bei der anbieterseitigen Nutzung von Sach- und Dienstleistungsanteilen erlauben.

Modul Das Modul ist ein Leistungsbestandteil Industrieller Produkt-Service Systeme, das aus integrierten Sach- und Dienstleistungsanteilen besteht.

Modul-Zulieferer Der Modul-Zulieferer erhält vom IPSS-Anbieter über einen vereinbarten Zeitraum innerhalb der Erbringungs- und Nutzungsphase die Verantwortung für die Erbringung eines Moduls. Der Modul-Zulieferer hat eine Gestaltungsfreiheit bei der Erbringung, indem er Sach- und Dienstleistungsanteile variieren kann oder auch Anteile extern vergeben kann.

Kunde Der Kunde ist der Empfänger des Industriellen Produkt-Service Systems und gleichzeitig der externe Faktor für die Organisation der Erbringung. Das IPSS ist für den Kunden dabei eine Lösung für sein spezifisches Problem, wobei je nach Kundenanforderungen das IPSS-Geschäftsmodell ausgewählt wird.

SL-Zulieferer Der SL-Zulieferer (Sachleistungszulieferer) erhält vom IPSS-Anbieter den Auftrag, ein Sachleistungsanteil einschließlich der benötigten Dokumentation zu liefern.

Stichwortverzeichnis